一级注册建筑师考试通关攻略

建筑结构模拟试卷及解析

李　明　编著

中国建筑工业出版社

图书在版编目（CIP）数据

建筑结构模拟试卷及解析/李明编著.—北京：中国建筑工业出版社，2019.12（2021.1重印）
（一级注册建筑师考试通关攻略）
ISBN 978-7-112-24319-8

Ⅰ.①建… Ⅱ.①李… Ⅲ.①建筑结构—资格考试—题解 Ⅳ.①TU-44

中国版本图书馆CIP数据核字（2019）第216661号

责任编辑：刘 丹 徐 冉
责任校对：李欣慰

一级注册建筑师考试通关攻略
建筑结构模拟试卷及解析
李 明 编著
*
中国建筑工业出版社出版、发行（北京海淀三里河路9号）
各地新华书店、建筑书店经销
北京雅盈中佳图文设计公司制版
北京圣夫亚美印刷有限公司印刷
*
开本：787×1092毫米 1/16 印张：20¾ 字数：474千字
2020年1月第一版 2021年1月第二次印刷
定价：60.00元
ISBN 978-7-112-24319-8
（36861）

版权所有 翻印必究
如有印装质量问题，可寄本社退换
（邮政编码100037）

前　　言

　　一级注册建筑师考试是国家评价建筑设计从业人员水平的重要方式，具有考察范围广、考试难度高、强度大、通过率低等特点，是建筑从业人员公认的最具有难度的考试之一。通过该种考试实现广大建筑师从业者的梦想。

　　一级注册建筑师考试科目一共9门，建筑结构是其中最难通过的考试科目之一，而有关该门考试的辅导书市面上并不多，主要包括中国建筑工业出版社曹纬浚主编的《一级注册建筑师考试历年真题与解析　第二分册建筑结构》，中国电力出版社宋晓冰编著的《全国一级注册建筑师执业资格考试历年真题解析与模拟试卷——建筑结构》，大连理工大学出版社任乃鑫主编的《一、二级注册建筑师资格考试——建筑结构模拟知识题》。这些辅导书排版和章节划分具有较高的相似性，都是以知识点为模块划分章节，可以满足考生总结归纳和记忆知识点的需求，适合作为第一轮复习的教材和习题，但其排版与真题相去甚远，并不适合作为考前第二轮复习的模拟题使用。尤其是2018年建筑结构考试的内容又进行了重大调整，由原来的120题改为100题，考生对于考题的形式更是迷茫。为此，笔者撰写了以2018、2019年一级注册建筑师考试建筑结构真题为模板的模拟试题辅导书，按2018、2019年的真题形式出题，以满足广大考生第二轮复习进行考前冲刺，查缺补漏、适应新考试形式的需求。

　　本书在形式上独一无二，几乎是每个参加建筑结构这门考试的考生冲刺必选的辅导书。在内容上，一共9套模拟题，前3套主要以2012年以前的真题为基础编写，模拟题的知识点依据2018年的真题范围，使考生了解出题人的最新思路，把握试题的变化趋势；中间3套以2013、2014、2017、2018、2019年真题为基础编写，模拟题的知识点依据2018、2019年的真题范围，难度中等，主要满足考生自测，查缺补漏的需求；后3套，在形式上与2018、2019年真题高度相近，在考题知识点上主要以超出2018、2019年真题的其他年份的真题知识点为基础编写，主要满足对该门课程复习充分，考试通过把握较大的考生的需求。

　　本书模拟题配套答案解析详细，可使读者了解力学原理，做到举一反三，建筑结构知识题的答案均参考最新版本规范，可保证答案的正确性和权威性。为便于读者学习，作者开通了QQ群，供使用本书的考生学习交流，**作者也会在群内答疑，提供最新习题**，为本书读者顺利通过考试提供保障。群号785763180，二维码如图。

目　录

一级注册建筑师考试建筑结构模拟题Ⅰ ………………………………………………… 1
模拟题Ⅰ参考答案及解析 …………………………………………………………………… 15
一级注册建筑师考试建筑结构模拟题Ⅱ ………………………………………………… 39
模拟题Ⅱ参考答案及解析 …………………………………………………………………… 52
一级注册建筑师考试建筑结构模拟题Ⅲ ………………………………………………… 75
模拟题Ⅲ参考答案及解析 …………………………………………………………………… 89
一级注册建筑师考试建筑结构模拟题Ⅳ ………………………………………………… 114
模拟题Ⅳ参考答案及解析 …………………………………………………………………… 128
一级注册建筑师考试建筑结构模拟题Ⅴ ………………………………………………… 152
模拟题Ⅴ参考答案及解析 …………………………………………………………………… 166
一级注册建筑师考试建筑结构模拟题Ⅵ ………………………………………………… 193
模拟题Ⅵ参考答案及解析 …………………………………………………………………… 206
一级注册建筑师考试建筑结构模拟题Ⅶ ………………………………………………… 233
模拟题Ⅶ参考答案及解析 …………………………………………………………………… 247
一级注册建筑师考试建筑结构模拟题Ⅷ ………………………………………………… 264
模拟题Ⅷ参考答案及解析 …………………………………………………………………… 277
一级注册建筑师考试建筑结构模拟题Ⅸ ………………………………………………… 295
模拟题Ⅸ参考答案及解析 …………………………………………………………………… 309

一级注册建筑师考试建筑结构模拟题 I

1. 在下列荷载中,哪一项为活载(   )。
（A）风荷载　　　　（B）土压力　　　　（C）结构自重　　　　（D）结构的面层做法

2. 判断图 1 零杆数量(   )。

（A）2 根
（B）3 根
（C）4 根
（D）5 根

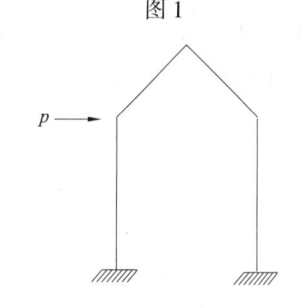

图 1

3. 求图 2 超静定次数(   )。
（A）1
（B）2
（C）3
（D）4

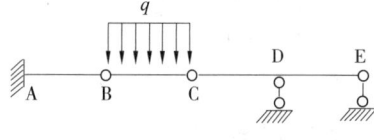

图 2

4. 如图 3 所示结构在外荷载 q 作用下,产生内力的杆件为(   )。

（A）AE 段
（B）BC 段
（C）AC 段
（D）BE 段

图 3

5. 如图 4 所示结构,在荷载作用下各弯矩图中,哪个是正确的(   )。

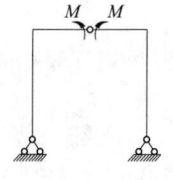

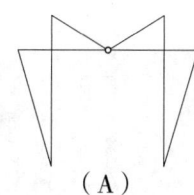
（A）

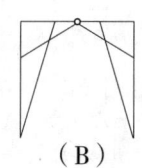
（B）

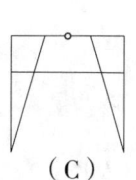
（C）

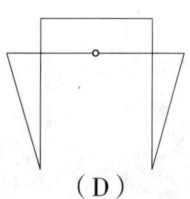
（D）

图 4

6. 如图 5 所示结构在荷载 q 的作用下产生正确的剪力图是（　　）。

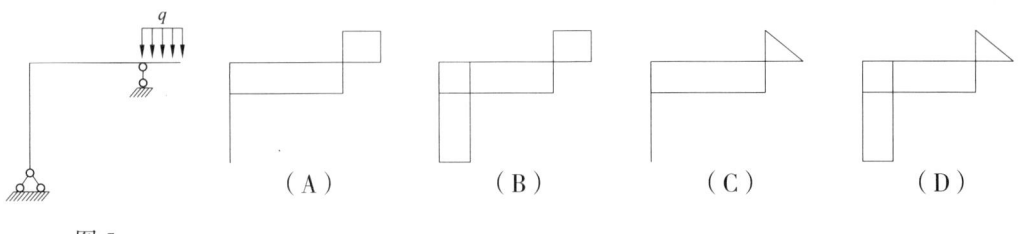

图 5

7. 如图 6 所示的结构，下列叙述哪项正确（　　）。

Ⅰ．1、2 点处弯矩值相同
Ⅱ．1、2 点处弯矩值不同
Ⅲ．2 点处剪力最大
Ⅳ．2 点处剪力为零

（A）Ⅰ，Ⅲ　　　（B）Ⅰ，Ⅳ　　　（C）Ⅱ，Ⅲ　　　（D）Ⅱ，Ⅳ

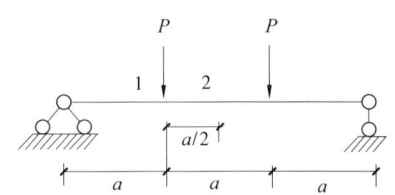

图 6

8. 如图 7 所示简支梁，跨中最大弯矩是（　　）。

（A）25.0 kN·m
（B）30.0 kN·m
（C）37.5 kN·m
（D）50.0 kN·m

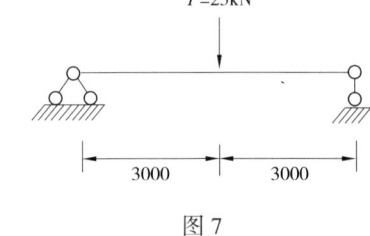

图 7

9. 如图 8 所示结构在荷载 P 的作用下，A 支座反力为（　　）。

（A）$M_A=0$ $R_A=\dfrac{P}{2}\uparrow$
（B）$M_A=0$ $R_A=P\uparrow$
（C）$M_A=PL$ $R_A=P\uparrow$
（D）$M_A=PA$ $R_A=P\downarrow$

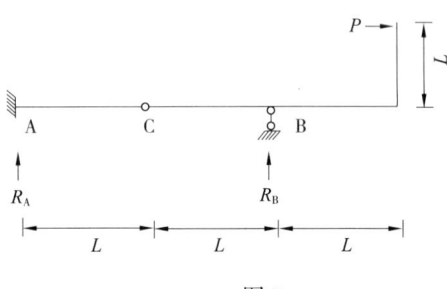

图 8

10. 如图 9 所示的结构在外力作用下，哪一个轴力图是正确的（　　）。（结构自重不计）

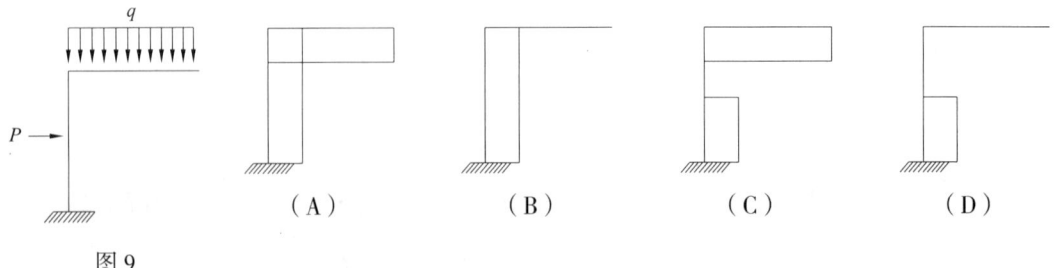

图 9

11. 带悬臂的单跨简支梁如图 10 所示，B 支座的反力（向上为正，向下为负）是下列哪一个数值（　　）。

（A）18kN

（B）14.67kN

（C）−2.0kN

（D）−5.33kN

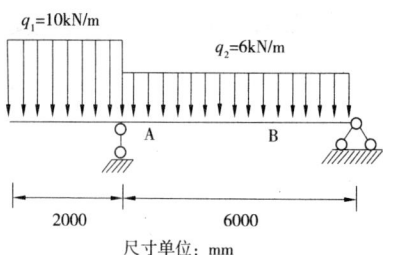

图 10

12. 如图 11 所示的结构内力图，以下说法正确的是（　　）。

（A）M 图、V 图均正确

（B）M 图正确，V 图错误

（C）M 图、V 图均错误

（D）M 图错误，V 图正确

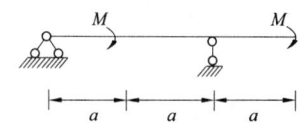

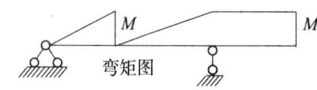

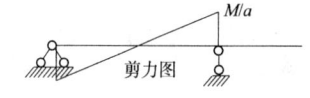

图 11

13. 如图 12 所示的刚架在外力的作用下（刚架自重不计），判断下列弯矩图哪一个正确（　　）。

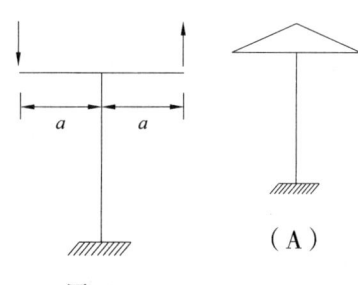

图 12

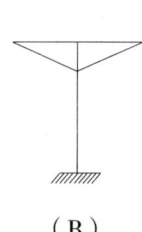

（A）

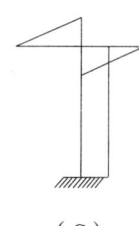

（B）

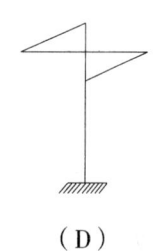

（C）

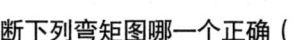

（D）

14. 求图 13 所示的结构轴力图（　　）。

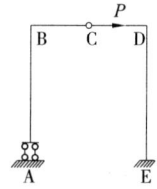

图 13

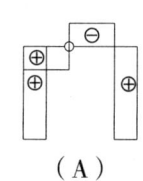

（A）

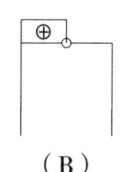

（B）

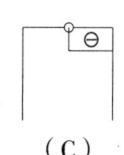

（C）

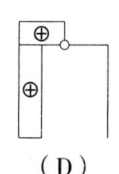

（D）

15. 如图 14 所示的结构，要使支座 1 处的竖向反力为零，则 P_1 应为下列何值（　　）。

（A）$P_1=0$　　　　　　　　（B）$P_1=\dfrac{P}{2}$

（C）$P_1=P$　　　　　　　　（D）$P_1=2P$

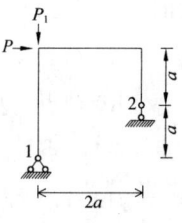

图 14

16. 如图 15 所示的梁，弯矩图正确的是哪个选项（　　）。

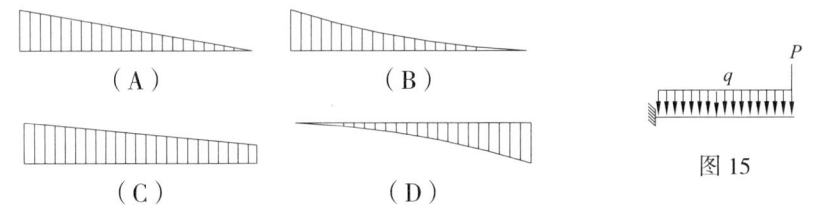

图 15

17. 下列图 16 的左图与右图仅荷载不同，则关于 A 点与 B 点的竖向变形数值（　　）。

（A）$f_a = f_b$
（B）$f_a > f_b$
（C）$f_a < f_b$
（D）无法判断

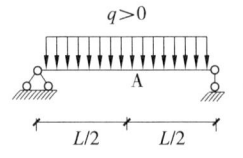 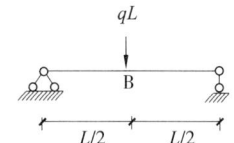

图 16

18. 如图题所示，三铰拱，两铰拱，无铰拱截面特性相同，荷载相同，则（　　）。

（A）各拱支座推力相同　　　　（B）各拱支座推力差别较大
（C）各拱支座推力接近　　　　（D）各拱支座推力不具有可比性

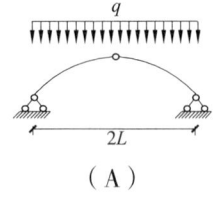 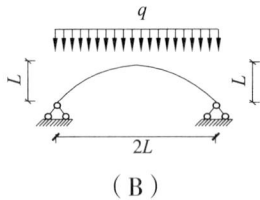 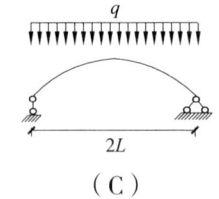 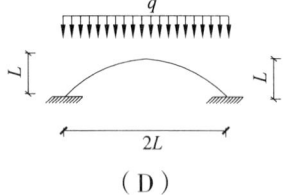

（A）　　　　　　（B）　　　　　　（C）　　　　　　（D）

19. 增加如图 17 所示结构 AC 杆的 EI，EA 值，则下列说法错误的是（　　）。

（A）B 点位移减少
（B）AD 杆轴力减少
（C）AD 杆轴力增加
（D）AC 杆弯矩减少

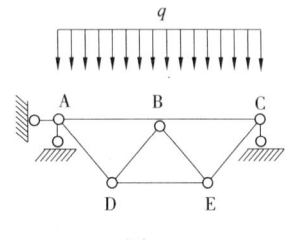

图 17

20. 如图 18 所示结构外侧温度无变化，而内侧温度升高 10℃时，下列对 C 点变形描述正确的是（　　）。

（A）C 点无水平位移
（B）C 点向左
（C）C 点向右
（D）C 点无转角

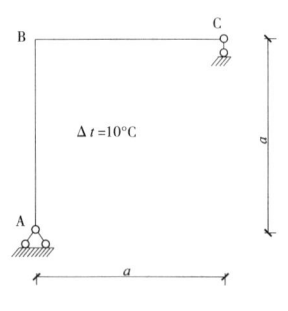

图 18

21. 各类砌体抗压强度设计值根据下列哪项原则确定（   ）。

（A）龄期 14d，以净截面计算　　　　（B）龄期 14d，以毛截面计算

（C）龄期 28d，以净截面计算　　　　（D）龄期 28d，以毛截面计算

22. 采用 MU 10 烧结普通砖，M5 水泥砂浆的砌体的抗压强度为（   ）。

（A）10.0N/mm^2　　（B）7.0N/mm^2　　（C）5.0N/mm^2　　（D）1.5N/mm^2

23. 某体育场设计中采用了国产钢材 Q460E，其中 460 是指（   ）。

（A）抗拉强度标准值　　　　　　　　（B）抗拉强度设计值

（C）抗压强度标准值　　　　　　　　（D）抗压强度设计值

24. 关于钢筋混凝土结构的预埋件，以下要求哪个不正确（   ）。

（A）预埋件的锚板宜采用 Q235、Q345 级钢

（B）锚筋应采用 HRB400 或 HPB300 钢筋

（C）锚筋不应采用冷加工钢筋

（D）锚筋直径不应小于 8mm

25. 混凝土强度等级以 C×× 表示，C 后面的数字 ×× 为以下哪一项（   ）。

（A）立方体试件抗压强度标准值（N/mm^2）

（B）混凝土轴心抗压强度标准值（N/mm^2）

（C）混凝土轴心抗压强度设计值（N/mm^2）

（D）混凝土轴心抗拉强度标准值（N/mm^2）

26. 钢筋混凝土构件中，钢筋和混凝土两种材料能结合在一起共同工作的条件，以下叙述正确的是（   ）。

Ⅰ．两者之间有很强的粘结力

Ⅱ．混凝土能保护钢筋不锈蚀

Ⅲ．两者在正常使用温度下线膨胀系数相近

Ⅳ．两者受拉或受压的弹性模量相近

（A）Ⅰ、Ⅱ、Ⅲ　　　　　　　　　　（B）Ⅱ、Ⅲ、Ⅳ

（C）Ⅰ、Ⅱ、Ⅳ　　　　　　　　　　（D）Ⅰ、Ⅲ、Ⅳ

27. 承重木结构用的木材，其材质可分为几级（   ）。

（A）一级　　（B）二级　　（C）三级　　（D）四级

28. 高层建筑的短肢剪力墙，其肢长与厚度之比是指在下列哪一组范围内（   ）。

（A）2~3　　（B）3~4　　（C）5~8　　（D）9~10

29. 混凝土结构中的预应力钢筋宜采用以下何种钢筋（   ）。

（A）Ⅰ级钢筋

（B）热轧Ⅱ、Ⅲ级钢筋

（C）预应力钢丝、钢绞线和预应力螺纹钢筋

（D）乙级冷拔低碳钢丝

30. 在钢筋混凝土结构构件施工中当需要以高等级强度钢筋代替原设计纵向受力钢筋时，应满足以下哪些要求（ ）。

Ⅰ．受拉承载力设计值不降低　　　　Ⅱ．最小配筋率
Ⅲ．地震区需考虑抗震构造措施　　　Ⅳ．钢筋面积不变
（A）Ⅰ、Ⅱ、Ⅳ　　（B）Ⅱ、Ⅲ、Ⅳ　　（C）Ⅰ、Ⅲ、Ⅳ　　（D）Ⅰ、Ⅱ、Ⅲ

31. 如图19所示，钢结构设计中，对工字钢梁通常设置横向加劲肋，下列关于横向加劲肋主要作用的表述，正确的一项是（ ）。

Ⅰ．确保结构的整体稳定
Ⅱ．确保钢梁腹板的局部稳定
Ⅲ．确保钢梁上、下翼缘的局部稳定
Ⅳ．有利于提高钢梁的抗剪承载力
（A）Ⅰ、Ⅱ　　　　　　　　　　　　（B）Ⅱ、Ⅲ
（C）Ⅱ、Ⅳ　　　　　　　　　　　　（D）Ⅲ、Ⅳ

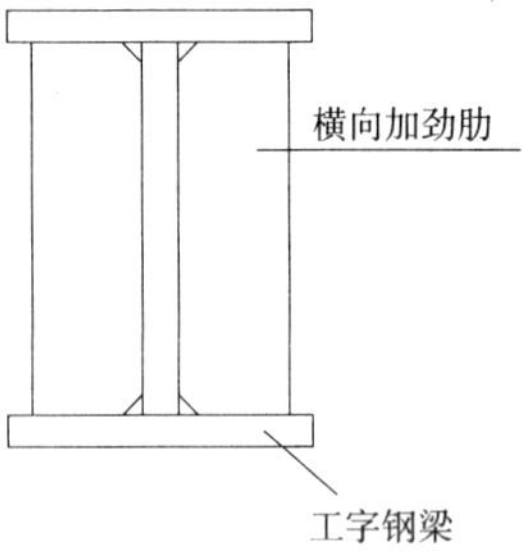

图19

32. 抗震设计时，建筑师不应采用的方案是下列哪一种（ ）。

（A）特别不规则的建筑设计　　　　（B）严重不规则的建筑设计
（C）非常不规则的建筑设计　　　　（D）不规则的建筑设计

33. 一栋4层高度为14.4m的中学教学楼，其抗震设防烈度为6度，则下列结构形式中不应采用的是（ ）。

（A）框架结构　　　　　　　　　　（B）底层框架－抗震墙砌体结构
（C）普通砖砌体结构　　　　　　　（D）多孔砖砌体结构

34. 设计使用年限为50年，安全等级为二级，地面以下含水饱和的地基土接触的混凝土砌块砌体，所用材料的最低强度等级为（ ）。

（A）砌块为MU7.5，水泥砂浆为M5　　（B）砌块为MU10，水泥砂浆为M5
（C）砌块为MU10，水泥砂浆为M10　　（D）砌块为MU15，水泥砂浆为M10

35. 木结构房屋的抗震设计，下列所述哪一项是正确的（ ）。

（A）可不进行截面抗震验算
（B）木柱木梁房屋可建2层，总高度不宜超过6m
（C）木柱木屋架房屋应为单层，总高度不宜超过4m
（D）木柱仅能设有一个接头

36. 现场制作的原木结构的含水率不应大于下列哪个数值（ ）。

（A）25%　　　　（B）20%　　　　（C）15%　　　　（D）10%

37. 轴心受拉砌体构件的承载力与下列哪个因素无关（ ）。

（A）砂浆的强度等级　　　　　　　（B）施工质量
（C）砌体种类　　　　　　　　　　（D）砌体的高厚比

38. 影响钢材设计用强度指标的因素中，不包括（　　）。
（A）板厚　　　　　　　　　　　（B）牌号
（C）质量等级　　　　　　　　　（D）受力分类

39. 采用预应力混凝土梁的目的，下列哪种说法是错误的（　　）。
（A）减少挠度　　　　　　　　　（B）提高抗裂性能
（C）提高正截面抗弯承载力　　　（D）增强耐久性

40. 为防止木结构受潮，构造上应采取一系列措施，下列哪种说法是错误的（　　）。
（A）处于房屋隐蔽部分的木结构，应设通风孔洞
（B）将桁架支座节点或木构件封闭在墙内
（C）在桁架和大梁的支座下设置防潮层
（D）在木柱下设置柱墩

41. 在实际工程中，为减少荷载作用在钢筋混凝土结构中引起的裂缝宽度，采取以下哪一种措施是错误的（　　）。
（A）减小钢筋直径，选用变形钢筋　　（B）提高混凝土强度，提高配筋率
（C）选用高强度钢筋　　　　　　　　（D）提高构件截面高度

42. 框架-剪力墙结构中的剪力墙布置，下列哪一种说法是不正确的（　　）。
（A）横向剪力墙宜均匀对称地设置在建筑物的端部附近、楼电梯间、平面形状变化处及恒荷载较大的地方
（B）纵向剪力墙宜集中布置在建筑物的两端
（C）纵向剪力墙宜布置在结构单元的中间区段内
（D）剪力墙墙肢截面高度不大于8m，否则应开施工洞，形成联肢墙

43. 地震区砌体结构房屋之间的防震缝宽度，按下列哪项取值（　　）。
（A）取钢筋混凝土框架结构计算值的70%
（B）按钢筋混凝土剪力墙结构计算确定
（C）取钢筋混凝土框架结构计算值的50%
（D）根据烈度和房屋高度确定，取70~100mm

44. 钢筋混凝土现浇式挡土墙，外侧露天，其伸缩缝最大间距为以下何值（　　）。
（A）40m　　　　（B）35m　　　　（C）30m　　　　（D）20m

45. 钢筋混凝土矩形截面受弯梁，当受压区高度与截面有效高度 h_0 之比值大于 0.55 时，下列哪一种说法是正确的（　　）。
（A）钢筋首先达到屈服　　　　　（B）受压区混凝土首先压溃
（C）斜截面裂缝增大　　　　　　（D）梁属于延性破坏

46. 高层钢结构设置偏心支撑的目的，下列哪一种说法是正确的（　　）。
（A）抗震的要求　　　　　　　　（B）承受垂直荷载
（C）设置门窗洞的要求　　　　　（D）便于形成内藏支撑的剪力墙板

47. 对钢结构中的受力构件,其杆件选择下列何项不正确（　　）。

（A）不宜选用厚度小于 4mm 的钢板

（B）不宜选用壁厚小于 4mm 的钢管

（C）对焊接结构不宜选用截面小于∟45×4 的等边角钢

（D）对焊接结构不宜选用截面小于∟45×36×4 的不等边角钢

48. 钢筋混凝土梁下部纵向钢筋水平方向净距不应小于 1 倍钢筋直径,且不应小于下列哪一个数值（　　）。

（A）25mm　　　　（B）28mm　　　　（C）30mm　　　　（D）32mm

49. 多层砌体结构计算墙体的高厚比的目的,下列的哪一种说法是正确的（　　）。

（A）稳定性要求　　（B）强度要求　　（C）变形要求　　（D）抗震要求

50. 多层砌体房屋在地震中常出现交叉型斜裂缝,其产生原因是下列哪一个（　　）。

（A）轴心受压承载力不足　　　　（B）主拉应力强度不足

（C）受弯承载力不足　　　　　　（D）偏心受压承载力不足

51. 下列关于高层建筑抗震设计时采用混凝土框架 - 核心筒结构体系的表述,正确的是（　　）。

（A）核心筒宜贯通建筑物全高,核心筒的宽度不宜小于筒体总高度的 1/12

（B）筒体角部附近不宜开洞,当不可避免时筒角内壁至洞口的距离可小于 300mm,但应大于开洞墙的截面厚度

（C）框架 - 核心筒结构的周边柱间可不设置框架梁

（D）所有框架梁与核心筒必须采用刚性连接

52. 下列高层钢筋混凝土结构中,何项为复杂高层建筑结构（　　）。

Ⅰ．带转换层的结构　　Ⅱ．带加强层的结构　　Ⅲ．错层结构　　Ⅳ．框架 - 核心筒结构

（A）Ⅰ、Ⅱ、Ⅲ、Ⅳ　　　　　　（B）Ⅰ、Ⅱ、Ⅲ

（C）Ⅰ、Ⅲ、Ⅳ　　　　　　　　（D）Ⅱ、Ⅲ、Ⅳ

53. 在 9 度抗震设防区,建一栋高 58m 的钢筋混凝土高层建筑,其适宜的结构选型是（　　）。

（A）框架结构　　　　　　　　　（B）板柱 - 剪力墙结构

（C）框架 - 剪力墙结构　　　　　（D）全落地剪力墙结构

54. 周边支承的三角锥网架或三向网架,一般使用于下列何种建筑平面形状（　　）。

（A）矩形（当边长比大于 1.5 时）　　（B）矩形（当边长比大于 2 时）

（C）正六边形　　　　　　　　　（D）椭圆形

55. 拟建一羽毛球比赛训练馆,宽 50m,长 50m,选择下列哪种屋盖体系最为适宜（　　）。

（A）平板网架　　　　　　　　　（B）梯形钢屋架

（C）预应力混凝土井字梁体系　　（D）钢筋混凝土门式刚架

56. 不属于混合结构体系是（　　）。

（A）外围钢框架与钢筋混凝土核心筒组合的结构体系

（B）型钢钢筋混凝土框架与钢筋混凝土核心筒组合

（C）钢管混凝土柱钢筋混凝土梁与钢筋混凝土核心筒组合

（D）外围钢框筒与钢筋混凝土核心筒组合

57. 多层砌体房屋设置防震缝的下列叙述，其中哪一条是恰当的（　　）。

（A）防震缝两侧均应设置墙体

（B）6、7度时，房屋立面高差在4m以上，宜设置防震缝

（C）防震缝宽可采用50~100mm

（D）8、9度时，房屋有错层，且楼面高差较大，宜设置防震缝

58. 抗震设计的多层普通砖砌体房屋，关于构造柱设置的下列叙述，哪项不正确（　　）。

（A）楼梯间、电梯间四角应设置构造柱

（B）楼梯段上下端对应的墙体处应设置构造柱

（C）外墙四角和对应的转角应设置构造柱

（D）构造柱的最小截面可采用180mm×180mm

59. 钢框架柱的抗震设计，下列哪一项要求是不恰当的（　　）。

（A）控制柱轴压比

（B）按强柱弱梁要求计算

（C）控制柱长细比

（D）控制柱板件宽厚比

60. 框架-剪力墙结构中的剪力墙布置，下列哪一种说法是不正确的（　　）。

（A）横向剪力墙宜均匀对称布置在建筑物的端部附近、楼电梯间、平面形状变化处及恒荷载较大的地方

（B）纵向剪力墙宜集中布置在建筑物的两端

（C）纵向剪力墙宜集中布置在结构单元的中间区段内

（D）剪力墙墙肢截面高度不大于8m，否则应开施工洞，形成联肢墙

61. 高层建筑转换层的结构设计，下列何种说法是不正确的（　　）。

（A）转换层结构形式，可以为梁板式、桁架式、箱式等

（B）转换层结构应能承受上部结构传下的全部竖向荷载，并传至底层

（C）转换层结构应能承受上部结构传下的全部水平荷载，并有效地传递到底层各抗侧力构件

（D）转换层的楼板应适当加厚，并按承受楼面竖向荷载配筋

62. 下列关于建筑设计的相关论述，哪项不正确（　　）。

（A）建筑及其抗侧力结构的平面布置宜规则、对称，并应具有良好的整体性

（B）建筑的立面和竖向剖面宜规则，结构的侧向刚度宜均匀变化

（C）为避免抗侧力结构的侧向刚度及承载力突变，竖向抗侧力构件的截面尺寸和材料强度可自上而下逐渐减小

（D）对不规则结构，除按规定进行水平地震作用计算和内力调整外，对薄弱部位还应采取有效的抗震构造措施

63. 根据《建筑抗震设计规范》，下列哪一种结构平面（图20）是属于平面不规则（ ）。

（A）$b \leqslant 0.25B$　　　　　　　　（B）$b > 0.3B$

（C）$b \leqslant 0.3B$　　　　　　　　（D）$b > 0.25B$

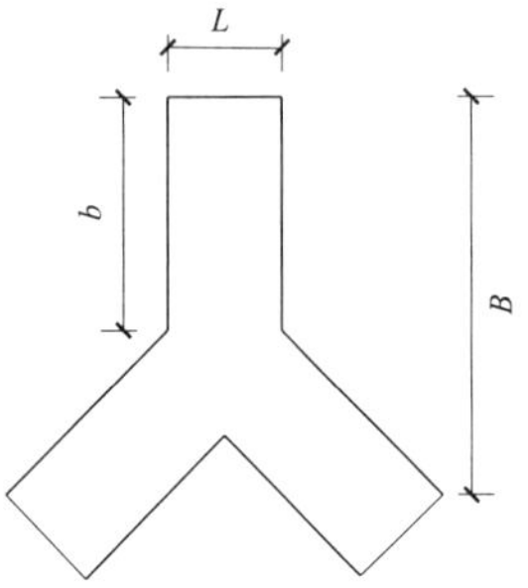

图20

64. 根据《建筑抗震设计规范》GB 50011-2001（2016年版）下列哪一项是属于竖向不规则的条件（ ）。

（A）抗侧力结构的层间受剪承载力小于相邻上一楼层的80%

（B）该层的侧向刚度小于相邻上一层的80%

（C）除顶层外，局部收进的水平向尺寸大于相邻下一层的20%

（D）该层的侧向刚度小于其上相邻三个楼层侧向刚度平均值的

65. 关于烧结普通砖砌体抗压强度，下面说法错误的是（ ）。

（A）提高砖强度　　　　　　　　（B）提高砂浆强度

（C）加厚灰缝厚度　　　　　　　　（D）提高砌筑质量等级

66. 某大型博物馆，一类环境，楼板混凝土强度等级最低 G（ ）。

（A）20　　　（B）25　　　（C）30　　　（D）40

67. 190mm 小砌块砌体房屋在 6 度抗震设计时有关总高度限值的说法，以下哪项正确（ ）。

（A）总高度限值由计算确定　　　　　　　　（B）没有总高度限值

（C）总高度限值一般为长度值一半　　　　　　　　（D）总高度限值有严格规定

68. 进一批方木原木，等级为Ⅲa级，适用于木结构的主要承受力构件是（ ）。

（A）受拉构件　　　（B）压弯构件　　　（C）受弯构件　　　（D）受压构件

69. 混凝土 28d 龄期描述正确的是（ ）。

（A）受拉弹性模量与受压弹性模量一样　　（B）受剪弹性模量与受压弹性模量一样

（C）受拉弹性模量和受剪弹性模量一样　　（D）是轴心抗压强度与立方体抗压强度相同

70. 建筑物共有四个抗震设防类别，下列哪一类建筑的分类原则是正确的（ ）。

（A）甲类建筑属于重要的建筑　　　　　　（B）乙类建筑属于较重要的建筑

（C）丙类建筑属于一般重要的建筑　　　　（D）丁类建筑属于抗震次要建筑

71. 现浇钢筋混凝土房屋的抗震等级与以下哪些因素有关（ ）。

Ⅰ．抗震设防烈度　　Ⅱ．建筑物高度　　Ⅲ．结构类型　　Ⅳ．建筑场地类别

（A）Ⅰ、Ⅱ、Ⅲ　　（B）Ⅰ、Ⅱ、Ⅳ　　（C）Ⅱ、Ⅲ、Ⅳ　　（D）Ⅰ、Ⅱ、Ⅲ、Ⅳ

72. 根据《建筑抗震设计规范》，建筑应根据其重要性进行类别划分，北京市三级医院的住院部应划为哪一类（ ）。

（A）甲类　　　（B）乙类　　　（C）丙类　　　（D）丁类

73. 砌体的抗压强度与下列哪项无关（ ）。

（A）砌块的强度等级　　　　　　　　（B）砂浆的强度等级

（C）砂浆的类别 （D）砌块的种类

74. 下列钢筋混凝土结构体系中可用于 B 级高度高层建筑的为下列哪项（　　）。

Ⅰ．全部落地防震墙结构　　　　Ⅱ．部分框支防震墙结构

Ⅲ．框架结构　　　　　　　　　Ⅳ．板柱 – 防震墙结构

（A）Ⅰ、Ⅱ　　（B）Ⅰ、Ⅲ　　（C）Ⅱ、Ⅳ　　（D）Ⅲ、Ⅳ

75. 抗震设计时，下列哪一种结构不属于竖向不规则的类型（　　）。

（A）侧向刚度不规则

（B）竖向抗侧力构件不连续

（C）顶层局部收进的水平方向的尺寸大于相邻下一层的 25%

（D）楼层承载力突变

76. A 级高度的钢筋混凝土高层建筑中，在有抗震设防要求时，以下哪一类结构的最大适用高度最低（　　）。

（A）框架结构 （B）板柱 – 防震墙结构

（C）框架 – 防震墙结构 （D）框架 – 核心筒结构

77. 某钢筋混凝土框架 - 核心筒结构，若其水平位移不能满足规范限值，为增加其侧向刚度，下列做法错误的是（　　）。

（A）加大核心筒配筋 （B）加大框架柱、梁截面

（C）设置加强层 （D）改为筒中筒结构

78. 下列结构体系中，属双重抗侧力体系的是（　　）。

（A）砌体结构体系 （B）钢筋混凝土结构体系

（C）钢筋混凝土剪力墙结构体系 （D）钢筋混凝土框架 – 剪力墙结构体系

79. 某三层内框架房屋，如分别位于Ⅱ、Ⅲ、Ⅳ类场地上，设计地震分组为第一组，作用于房屋的总水平地震作用相应为 F_1、F_2、F_3，则下列哪一选项是正确的（　　）。

（A）$F_1=F_2=F_3$　（B）F_1 最大　（C）F_2 最大　（D）F_3 最大

80. 在地震区，关于竖向地震作用，下列哪一种说法是不正确的（　　）。

（A）竖向地震作用在高层建筑结构的上部大于底部

（B）竖向地震作用在高层建筑结构的中部小于底部

（C）高层建筑结构竖向振动的基本周期一般较短

（D）有隔震垫的房屋，竖向地震作用不会隔离

81. 预应力混凝土结构的混凝土强度等级不宜低于（　　）。

（A）C15　　（B）C20　　（C）C30　　（D）C40

82. 在地震区采用钢框筒结构时，下列所述的哪一项内容是合理的（　　）。

Ⅰ．当采用矩形平面时，其长宽比不宜大于 2

Ⅱ．外筒承担全部地震作用，内部结构仅承担竖向荷载

11

Ⅲ．是由周边稀柱框架与核心筒组成的结构

Ⅳ．在地震区，根据规范，其适用的最大高度与钢筒中筒结构相同

（A）Ⅰ、Ⅱ　　　　（B）Ⅲ、Ⅳ　　　　（C）Ⅱ、Ⅳ　　　　（D）Ⅰ、Ⅲ

83. 在大跨度体育场设计中，以下哪种结构用钢量最少（　　）。

（A）索膜结构　　（B）悬挑结构　　（C）刚架结构　　（D）钢桁架结构

84. 当抗震等级为一、二级时，关于抗震墙结构的墙厚，下列所述的哪一项是不正确的（　　）。

（A）一般部位的墙厚不应小于层高的 1/25

（B）一般部位的墙厚不应小于 160mm

（C）底部加强部位的墙厚不宜小于层高的 1/16

（D）底部加强部位的墙厚，当无翼墙时不应小于层高的 1/12

85. 防震缝两侧结构类型不同时，宜按以下哪项确定缝宽（　　）。

Ⅰ．需要较宽防震缝的结构类型　　　　Ⅱ．需要较窄防震缝的结构类型

Ⅲ．较高房屋高度　　　　　　　　　　Ⅳ．较低房屋高度

（A）Ⅰ、Ⅲ　　　　（B）Ⅰ、Ⅳ　　　　（C）Ⅱ、Ⅲ　　　　（D）Ⅱ、Ⅳ

86. 土的塑性指数 I_P，其物理概念下列何种说法是不正确的（　　）。

（A）土的塑性指数是其液限和塑限之差

（B）土的塑性指数大，则其含水量也大

（C）土的塑性指数大，则其塑性状态的含水量范围大

（D）土的塑性指数大，则其黏土颗粒也多

87. 某三层钢筋混凝土框架结构建筑，框架柱为三级抗震等级，柱截面尺寸最小为（　　）。

（A）300×300　　（B）350×350　　（C）400×400　　（D）450×450

88. 在土质地基中，重力式挡土墙的基础埋置深度不宜小于下列哪一个数值（　　）。

（A）0.5m　　　　（B）0.8m　　　　（C）1.0m　　　　（D）1.2m

89. 某柱下独立基础在轴心荷载作用下，其下地基变形曲线示意正确的是（　　）。

（A）　　　　　　（B）　　　　　　（C）　　　　　　（D）

90. 关于楼梯段板受力钢筋的抗震性能指标，不包括（　　）。

（A）抗拉强度的实测值与屈服强度实测比值

（B）屈服强度的实测值比屈服强度的标准值

（C）最大拉力下总伸长率实测值

（D）焊接和冲击韧性

91. 关于软弱地基，下列何种说法是不正确的（　　）。

（A）软弱地基系指主要由淤泥、淤泥质土、填充土、杂质土或其他高压缩性土层构成的地基

（B）施工时，应注意对淤泥和淤泥质土基槽底面的保护，减少扰动

（C）荷载差异较大的建筑物，宜先建重、高部分，后建轻、低部分

（D）软弱土层必须经过处理后方可作为持力层

92. 柱下条形基础梁的高度宜为柱距的下列何种比值范围（　　）。

（A）柱距的 1/6~1/3　　　　（B）柱距的 1/10~1/6

（C）柱距的 1/12~1/8　　　（D）柱距的 1/8~1/4

93. 下列关于复合地基的说法，错误的是（　　）。

（A）复合地基是桩基础的一种形式

（B）复合地基设计应进行承载力设计

（C）复合地基设计应进行沉降计算

（D）旋喷桩与 CFG 桩均为复合地基

94. 如图 21 所示的结构中，柱 1 的剪力为下列何值（　　）。

（A）$qa/2$

（B）qa

（C）$3qa/2$

（D）$2qa$

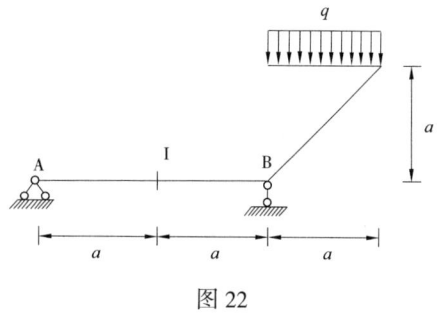

图 21

95. 如图 22 所示的结构中，梁在 I 点处的弯矩为下列何值（　　）。

（A）$qa^2/4$

（B）$qa^2/2$

（C）$qa^2/3$

（D）qa^2

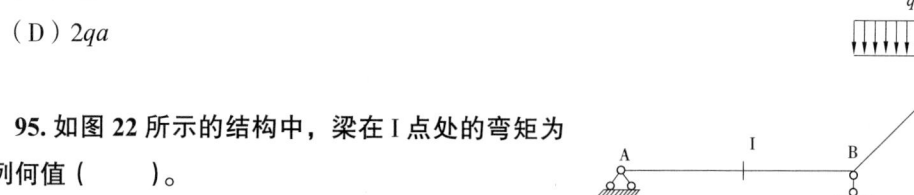

图 22

96. 一工字形拉弯构件如图 23 所示，拉力的偏心距 $e_0=1000mm$；$f_y=215N/mm^2$，忽略截面塑性发展系数及开孔不计，此构件能承受的轴向拉力是下列哪一个数值（　　）。（图中尺寸单位为"mm"，$A=175mm^2$，$I_x=83530cm^4$）

（A）603.2kN

（B）503.2kN

（C）403.2kN

（D）303.2kN

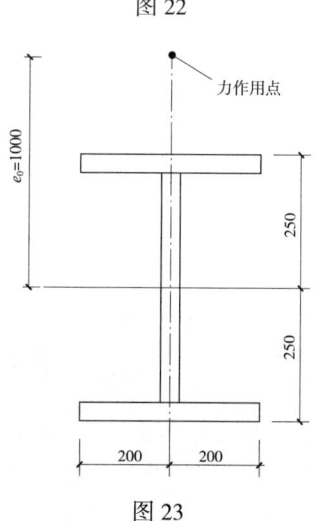

图 23

97. 预应力混凝土楼板，混凝土强度不宜小于（　　）。

（A）C35　　　　（B）C40　　　　（C）C45　　　　（D）C50

98. 如图 24 所示，在结构计算中，图示木屋架的端点简化为哪种节点（　　）。

（A）无水平位移的刚节点

（B）铰节点

（C）刚弹性节点

（D）有水平位移的刚节点

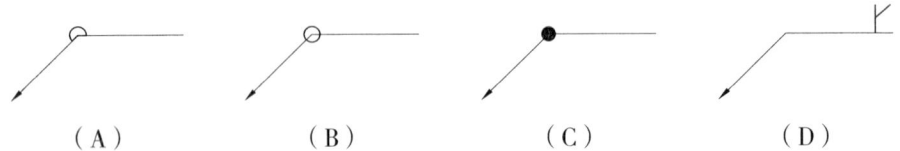

图 24

99. 单面焊接的钢筋接头，下列何种标注方式是正确的（　　）。

（A）　　　　（B）　　　　（C）　　　　（D）

100. 当钢结构的焊缝形式、断面尺寸和辅助要求相同时，钢结构图中可只选择一处标注焊缝，下列哪一个表达形式是正确的（　　）。

（A）　　　　（B）　　　　（C）　　　　（D）

模拟题Ⅰ 参考答案及解析

1.【答案】A

【解析】参见《建筑结构荷载规范》GB 50009-2012 第 3.1.1 条：建筑结构的荷载可分为下列三类：

①永久荷载，包括结构自重、土压力、预应力等。

②可变荷载，包括楼面活荷载、屋面活荷载和积灰荷载、吊车荷载、风荷载、雪荷载、温度作用等。

③偶然荷载，包括爆炸力、撞击力等。

2.【答案】D

【解析】零杆如图1所示：

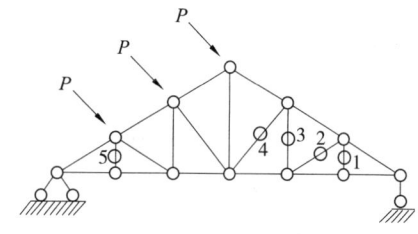

图 1

3.【答案】C

【解析】外力对几何组成分析没有影响，如图2所示，依据断梁法判断，断开一根梁，3次超静定。

4.【答案】A

【解析】BC段直接受到外力作用，必会产生内力，AB段和CE段为BC段的主体结构，附属结构受到外力作用时，主体结构必然受到影响，也会产生内力，因此整体结构都会产生内力变化。

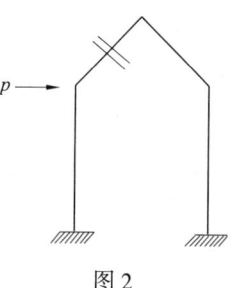

图 2

5.【答案】C

【解析】弯矩图应画在受拉侧，且刚架中间铰接点处弯矩为 M，因此选择 C。

6.【答案】C

【解析】均布荷载作用下，竖向链杆支座右侧剪力图应为斜线段；结构无水平外力，因此铰支座处无水平反力，竖向杆无剪力，故答案为 C。

7.【答案】B

【解析】铰接点和弯矩为零，图3为弯矩图和剪力图。

8.【答案】A

【解析】根据对称性可知两个支座的竖向支反力为 $\dfrac{P}{2}=25\div 2=12.5\text{kN·m}$，跨中最大弯矩为 $12.5\times 3=37.5\text{kN·m}$。

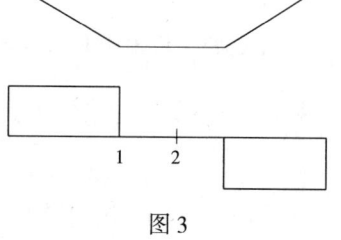

图 3

15

9.【答案】D

【解析】如图4所示，取Ⅰ部分为隔离体，由支座C处弯矩为零可得出 $P \times L - R_b \times L = 0 \Rightarrow R_b = P$，再取整体为隔离体，由 $\sum Y = 0$ 可得出 $R_a = R_b = P$ 方向向上。$\sum M_a = P \times L - R_b \times 2L = PL$。

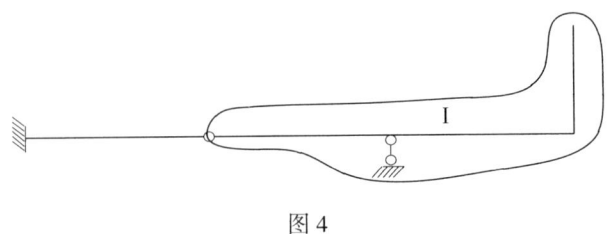

图4

10.【答案】B

【解析】结构横向力和竖向力的和均为0，得出4点竖向力为9L，横向力为P，则只有AB杆有轴力。

11.【答案】B

【解析】由A支座和弯矩为零得出 $\sum M_a = q_1 \times 2 \times 1 - q_2 \times 6 \times 3 + R_b \times 6 = 0$ 可得出 $R_B = 14.69 \text{kN}$。

12.【答案】B

【解析】弯矩图无错误，伸臂部分无剪力，两支座之间的部分剪力图应为水平线段。

13.【答案】C

【解析】AC上侧受拉，BC下侧受拉，由刚结点平衡可知CD段有弯矩，且右侧受拉，故答案选择C。

14.【答案】C

【解析】A支座为滑动支座，无水平约束，因此BC段无轴力；AB和DE段无轴向外力，轴力为零；CD段受压，轴力为负，选择C。

15.【答案】D

【解析】$\sum M_2 = P \times a - P_1 \times 2a + R_{1Y} \times 2a - R_{1X} \times a = 0$，
得出 $P_1 = P$。

16.【答案】B

【解析】如图5所示，悬臂梁上侧受拉，因此弯矩图应在轴线上侧；均布荷载的弯矩图为抛物线，因此选择B。

图5

17.【答案】C

【解析】运用图乘法，如下图所示，

$\Delta_A = \frac{1}{EI}(2 \times \frac{2}{3} \times \frac{1}{8}ql^2 \times \frac{l}{2} \times \frac{5}{8} \times \frac{1}{4}) = \frac{5ql^4}{384EI}$，

$\Delta_B = \frac{1}{EI}(2 \times \frac{ql^2}{4} \times \frac{l}{2} \times \frac{1}{2} \times \frac{l}{4} \times \frac{2}{3}) = \frac{ql^4}{48EI}$，经比较，$\Delta_B$ 较大。

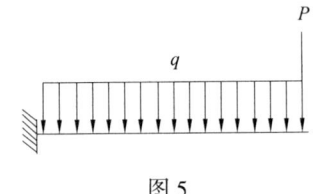

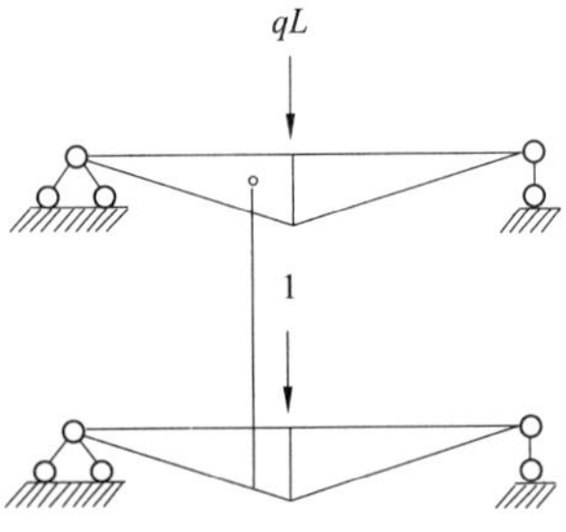

图6

18. 【答案】C

    【解析】拱轴相同的三铰拱、两铰拱、无铰拱，在相同荷载作用下，支座推力接近。

19. 【答案】C

    【解析】AC 杆刚度增加，承担弯矩增加，同时 AC 杆变形减小，其他杆件轴力减小。

20. 【答案】C

    【解析】内部温度上升 10 度，外部温度不变，杆件轴线处温度上升 5 度，BC 杆会伸长，因此 C 点会向右移动。

21. 【答案】D

    【解析】参见《砌体结构设计规范》GB 50003-2011 第 3.2.1 条：龄期为 28d 的以毛截面计算的砌体抗压强度设计值，当施工质量控制等级为 B 级时，应根据块体和砂浆的强度等级分别按表 3.2.1-1、表 3.2.1-2、表 3.2.1-3、表 3.2.1-4、表 3.2.1-5、表 3.2.1-6 和表 3.2.1-7 规定采用。

22. 【答案】D

    【解析】参见《砌体结构设计规范》GB 50003-2011 表 3.2.1-1。

烧结普通砖和烧结多孔砖砌体的抗压强度设计值（MPa）　　表 3.2.1-1

砖强度等级	砂浆强度等级					砂浆强度
	M15	M10	M7.5	M5	M2.5	0
MU30	3.94	3.27	2.93	2.59	2.26	1.15
MU25	3.60	2.98	2.68	2.37	2.06	1.05
MU20	3.22	2.67	2.39	2.12	1.84	0.94
MU15	2.79	2.31	2.07	1.83	1.60	0.82
MU10	—	1.89	1.69	1.50	1.30	0.67

注：当烧结多孔砖的孔洞率大于 30% 时，表中数值应乘以 0.9。

23. 【答案】A

    【解析】碳素结构钢的表示方法：Q+数字+质量等级符号+脱氧方法符号。Q 代表屈服强度的"屈"字汉语拼音的首字母；数字代表屈服强度的数值，单位是 N/mm^2；质量等级分为 A、B、C、D、E，其质量从前至后依次提高；脱氧方法符号：F 表示沸腾钢、b 表示半镇静钢、Z 表示镇静钢、TZ 表示特殊镇静钢，其中 Z 和 TZ 在钢号中可省略不写。

24. 【答案】C

    【解析】参见《混凝土结构设计规范》GB 50010-2010（2015 年版）第 9.7.1 条：受力预埋件的锚板宜采用 Q235、Q345 级钢，锚板厚度应根据受力情况计算确定，且不宜小于锚筋直径的 60%；受拉和受弯预埋件的锚板厚度尚宜大于 $b/8$，b 为锚筋的间距。

    受力预埋件的锚筋应采用 HRB400 或 HPB300 钢筋，不应采用冷加工钢筋。

    直锚筋与锚板应采用 T 形焊接。当锚筋直径不大于 20mm 时宜采用压力埋弧焊；当锚筋直径大于 20mm 时宜采用穿孔塞焊。当采用手工焊时，焊缝高度不宜小于 6mm，且对 300MPa 级钢筋不宜小于 $0.5d$，对其他钢筋不宜小于 $0.6d$，d 为锚筋的直径。

第9.7.4条：预埋件锚筋中心至锚板边缘的距离不应小于$2d$和20mm。预埋件的位置应使锚筋位于构件的外层主筋的内侧。预埋件的受力直锚筋直径不宜小于8mm，且不宜大于25mm。

冷加工钢筋包括冷拉和冷拔。钢筋经过冷拉或冷拔后，强度提高，但塑性降低。作为锚筋，需要足够的表面积与混凝土接触，传递剪力，冷加工钢筋由于直径较小，不宜作为预埋件的锚筋。

25.【答案】A

【解析】C为Concrete的首字母，××混凝土强度等级。参见《混凝土结构设计规范》GB 50010-2010（2015年版）第4.1.1条：混凝土强度等级应按立方体抗压强度标准值确定。立方体抗压强度标准值系指按标准方法制作、养护的边长为150mm的立方体试件，在28d或设计规定龄期以标准试验方法测得的具有95%保证率的抗压强度值。

26.【答案】A

【解析】钢筋和混凝土两种材料能结合在一起共同工作的主要原因是：①混凝土硬化后混凝土与钢筋之间产生了粘结力。它由分子力（胶合力）、摩阻力和机械咬合力三部分组成；②混凝土能保护钢筋不锈蚀，具有良好的耐久性；③钢筋与混凝土有着近似相同的线膨胀系数（钢筋约为1.2×10^{-5}，混凝土在$1.0\times10^{-5}\sim1.5\times10^{-5}$），不会由环境不同产生过大的应力。

钢筋的弹性模量约为$2\times10^5 \text{N/mm}^2$（HRB400），混凝土的弹性模量约为$3\times10^4 \text{N/mm}^2$（C30）。

27.【答案】C

【解析】参见《木结构设计规范》GB 50005-2017第3.1.1条：承重结构用材，分为原木、锯木（方木、板材、规格材）和胶合材、结构复合材。用于普通木结构的原木、方木和板材的材质等级分为三级；胶合木构件的材质等级分为三级，轻型木结构用规格材的材质等级分为七级，许多结构复合材构件及工字形木格栅等产品需要进口，因此，对于这些进口工程木产品，当国内尚无国家标准时，可参考有关的国际标准或其他相关标准来执行。

28.【答案】C

【解析】参见《高层建筑混凝土结构技术规程》JGJ 3-2010第7.1.8条：抗震设计时，高层建筑结构不应全部采用短肢剪力墙；B级高度高层建筑以及抗震设防烈度为9度的A级高度高层建筑，不宜布置短肢剪力墙，不应采用具有较多短肢剪力墙的剪力墙结构。当采用具有较多短肢剪力墙的剪力墙结构时，应符合下列规定：

1.在规定的水平地震作用下，短肢剪力墙承担的底部倾覆力矩不宜大于结构底部总地震倾覆力矩的50%；

2.房屋适用高度应比本规程表3.3.1-1规定的剪力墙结构的最大适用高度适当降低，7度、8度（0.2g）和8度（0.3g）时分别不应大于100m、80m和60m。

注：1.短肢剪力墙是指截面厚度不大于300mm、各肢截面高度与厚度之比的最大值大于4但不大于8的剪力墙；

3. 具有较多短肢剪力墙的剪力墙结构是指,在规定的水平地震作用下,短肢剪力墙承担的底部倾覆力矩不小于结构底部总地震倾覆力矩的30%的剪力墙结构。

29.【答案】C

【解析】参见《混凝土结构设计规范》GB 50010-2010（2015年版）第4.2.1条：混凝土结构的钢筋应按下列规定选用：

1. 纵向受力普通钢筋宜采用HRB400、HRB500、HRBF400、HRBF500钢筋,也可采用HPB300、HRB335、HRBF335、RRB400钢筋；

2. 梁、柱纵向受力普通钢筋应采用HRB400、HRB500、HRBF400、HRBF500钢筋；

3. 箍筋宜采用HRB400、HRBF400、HPB300、HRB500、HRBF500钢筋,也可采用HRB335、HRBF335钢筋；

4. 预应力筋宜采用预应力钢丝、钢绞线和预应力螺纹钢筋。

30.【答案】D

【解析】当施工中遇到钢筋的品种或规格与设计要求不符时,可按钢筋等强度代换,即不同钢筋钢号的钢筋按强度相等的原则代换,代换后的钢筋强度应大于或等于代换前的钢筋强度；当构件受裂缝宽度或挠度控制时,代换后应进行裂缝宽度或挠度验算；代换后的钢筋应满足构造要求和设计中提出的特殊要求。同钢号的钢筋可按钢筋面积相等原则代换,不同钢号的钢筋不能按照钢筋面积相等原则代换。

31.【答案】B

【解析】横向加劲肋可以确保钢梁腹板和上、下翼缘的局部稳定。横向加劲肋主要防止由剪应力和局部压应力可能引起的腹板失稳,纵向加劲肋主要防止由弯曲压应力引起的腹板失稳,短加劲肋主要防止由局部压应力可能引起的腹板失稳。

32.【答案】B

【解析】参见《建筑抗震设计规范》GB 50011-2010（2016年版）第3.4.1条：建筑设计应根据抗震概念设计的要求明确建筑形体的规则性。不规则的建筑应按规定采取加强措施；特别不规则的建筑应进行专门研究和论证,采取特别的加强措施；严重不规则的建筑不应采用。

注：形体指建筑平面形状和立面、竖向剖面的变化。

33.【答案】B

【解析】参见《建筑工程抗震设防分类标准》GB 50223-2008第6.0.8条：教育建筑中,幼儿园、小学、中学的教学用房以及学生宿舍和食堂,抗震设防类别应不低于重点设防类（乙类）。

参见《抗震结构设计规范》GB 50011-2010第7.1.2条：多层房屋的层数和高度应符合下列要求：

1. 一般情况下,房屋的层数和总高度不应超过表7.1.2的规定。

房屋的层数和总高度限值（m） 表 7.1.2

房屋类别		最小抗震墙厚度（mm）	烈度和设计基本地震加速度									
			6		7				8			9
			0.05g		0.10g		0.15g		0.20g		0.30g	0.40g
			高度	层数	高度	层数	高度	层数	高度	层数	高度	层数	高度	层数
多层砌体房屋	普通砖	240	21	7	21	7	21	7	18	6	15	5	12	4
	多孔砖	240	21	7	21	7	18	6	18	6	15	5	9	3
	多孔砖	190	21	7	18	6	15	5	15	5	12	4	—	—
	小砌块	190	21	7	21	7	18	6	18	6	15	5	9	3
底部框架-抗震墙砌体房屋	普通砖 多孔砖	240	22	7	22	7	19	6	16	5	—	—	—	—
	多孔砖	190	22	7	19	6	16	5	13	4	—	—	—	—
	小砌块	190	22	7	22	7	19	6	16	5	—	—	—	—

注：1. 房屋的总高度指室外地面到主要屋面板板顶或檐口的高度，半地下室从地下室室内地面算起，全地下室和嵌固条件好的半地下室应允许从室外地面算起；对带阁楼的坡屋面应算到山尖墙的1/2高度处；
2. 室内外高差大于0.6m时，房屋总高度应允许比表中的数据适当增加，但增加量应少于1.0m；
3. 乙类的多层砌体房屋仍按本地区设防烈度查表，其层数应减少一层且总高度应降低3m；不应采用底部框架-抗震墙砌体房屋；
4. 表中小砌块砌体房屋不包括配筋混凝土小型空心砌块砌体房屋。

由上可知，乙类的多层砌体房屋不应采用底部框架-抗震墙砌体结构。

34.【答案】D

【解析】参见《砌体结构设计规范》GB 50003-2011 第 4.3.5 条：设计使用年限为 50 年时，砌体材料的耐久性应符合下列规定：

1. 地面以下或防潮层以下的砌体、潮湿房间的墙或环境类别为 2 的砌体，所用材料的最低强度等级应符合表 4.3.5 的规定：

地面以下或防潮层以下的砌体、潮湿房间的墙所用材料的最低强度等级 表 4.3.5

潮湿程度	烧结普通砖	混凝土普通砖、蒸压普通砖	混凝土砌块	石材	水泥砂浆
稍潮湿的	MU15	MU20	MU7.5	MU30	M5
很潮湿的	MU20	MU20	MU10	MU30	M7.5
含水饱和的	MU20	MU25	MU15	MU40	M10

注：1. 在冻胀地区，地面以下或防潮层以下的砌体，不宜采用多孔砖，如采用时，其孔洞应用不低于 M10 的水泥砂浆预先灌实。当采用混凝土空心砌块时，其孔洞应采用强度等级不低于 C20 的混凝土预先灌实。
2. 对安全等级为一级或设计使用年限大于 50a 的房屋，表中材料强度等级应至少提高一级。

35.【答案】B

【解析】参见《建筑抗震设计规范》GB 50011-2010（2016 年版）第 5.1.6 条：结构的截面抗震验算，应符合下列规定：

1. 6 度时的建筑（不规则建筑及建造于Ⅳ类场地上较高的高层建筑除外），以及生土房屋和木结构房屋等，应符合有关的抗震措施要求，但应允许不进行截面抗震验算。

2. 6 度时不规则建筑、建造于Ⅳ类场地上较高的高层建筑，7 度和 7 度以上的建筑结构（生土房屋和木结构房屋等除外），应进行多遇地震作用下的截面抗震验算。

注：采用隔震设计的建筑结构，其抗震验算应符合有关规定。

第11.3.3条：木结构房屋的高度应符合下列要求：

1. 木柱木屋架和穿斗木构架房屋，6~8度时不宜超过二层，总高度不宜超过6m；9度时宜建单层，高度不应超过3.3m。

2. 木柱木梁房屋宜建单层，高度不宜超过3m。

第11.3.9条：木构件应符合下列要求：

1. 木柱的梢径不宜小于150mm；应避免在柱的同一高度处纵横向同时开槽，且在柱的同一截面开槽面积不应超过截面总面积的1/2。

2. 柱子不能有接头。

3. 穿枋应贯通木构架各柱。

36.【答案】A

【解析】参见《木结构设计规范》GB 50005-2017第3.1.13条：制作构件时，木材含水率应符合下列要求：

1. 板材、规格材和工厂加工的方木不应大于19%。

2. 方木、原木受拉构件的连接板不应大于18%。

3. 作为连接件，不应大于15%。

4. 胶合木层板和正交胶合木层板应为8%~15%，且同一构件各层木板间的含水率差别不应大于5%。

5. 井干式木结构构件采用原木制作时不应大于25%；采用方木制作时不应大于20%；采用胶合原木木材制作时不应大于18%。

37.【答案】D

【解析】对轴心受拉砌体构件的承载力分析如下：①砌体结构抗拉强度设计值与砌体破坏特征、砌体种类及砂浆强度等级有关，与块体强度等级无关，且随砂浆强度等级的提高而提高；②抗拉强度设计值还与截面尺寸、砂浆种类有关。当采用砂浆强度等级小于M5的水泥砂浆时，相应的强度设计值还应乘以调整系数；③另外还与施工质量等级有关。砌体施工质量等级控制分A、B、C三级，当施工质量控制等级为B级时，强度设计值按下表选用。当施工质量等级采用C级时，表中数值需乘以调整系数γ_a=0.89，实际抗拉强度设计值将降低。采用A级时，可将表中强度设计值提高5%。

砌体的高厚比代表了构件受压时的稳定性，与抗拉承载力无关。

38.【答案】C

【解析】参考《碳素结构钢》GB/T 700和《低合金高强度结构钢》GB/T 1591规定的Q235、Q345、Q390、Q420各牌号的热轧型（板）材，其强度设计值应按表6.2.1采用。

39.【答案】C

【解析】预应力可以全部或部分抵消构件在荷载作用下产生的拉应力，减少梁的挠度，使梁不出现裂缝或减小裂缝宽度，从而提高梁的抗裂性能和耐久性，但不能提高梁的正截面抗弯承载力。

40.【答案】B

【解析】参见《木结构设计规范》GB 50005-2017 第 11.0.1 条:木结构中的下列部位应采取防潮和通风措施:

1. 当桁架和大梁支承在砌体或混凝土上时,桁架和大梁的支座下应设置防潮层;
2. 桁架、大梁的支座节点或其他承重木构件不应封闭在墙体或保温层内;
3. 支承在砌体或混凝土上的木柱底部应设置垫板,严禁将木柱直接砌入砌体中,或浇筑在混凝土中;
4. 在木结构隐蔽部位应设置通风孔洞;
5. 无地下室的底层木楼盖应架空,并应采取通风防潮措施。

41.【答案】C

【解析】减小混凝土裂缝宽度的方法有:①采用小直径钢筋;②不宜采用高强度钢筋;③采用带肋钢筋;④适当增加钢筋面积;⑤适当减小混凝土保护层厚度;⑥采用预应力构件。

42.【答案】B

【解析】参见《高层建筑混凝土结构技术规程》JGJ 3-2010 第 8.1.8 条:长矩形平面或平面有一部分较长的建筑中,其剪力墙的布置尚宜符合下列规定:

1. 横向剪力墙沿长方向的间距宜满足表 8.1.8 的要求,当这些剪力墙之间的楼盖有较大开洞时,剪力墙的间距应适当减小;
2. 纵向剪力墙不宜集中布置在房屋的两尽端。

剪力墙间距(m)　　　　　　　　　　　　　　　　表 8.1.8

楼盖形式	非抗震设计 (取较小值)	抗震设防烈度		
		6 度、7 度(取较小值)	8 度(取较小值)	9 度(取较小值)
现浇	5.0B, 60	4.0B, 50	3.0B, 40	2.0B, 30
装配整体	3.5B, 50	3.0B, 40	2.5B, 30	—

注:1. 表中 B 为剪力墙之间的楼盖宽度(m);
　　2. 装配整体式楼盖的现浇层应符合本规程第 3.6.2 条的有关规定;
　　3. 现浇层厚度大于 60mm 的叠合楼板可作为现浇板考虑;
　　4. 当房屋端部未布置剪力墙时,第一片剪力墙与房屋端部的距离,不宜大于表中剪力墙间距的 1/2。

43.【答案】D

【解析】参见《建筑抗震设计规范》GB 50011-2010 第 7.1.7.3 条:房屋有下列情况之一时宜设置防震缝,缝两侧均应设置墙体,缝宽应根据烈度和房屋高度确定,可采用 70~100mm:1. 房屋立面高差在 6m 以上;2. 房屋有错层,且板高差大于层高的 1/4;3. 各部分结构刚度、质量截然不同。

44.【答案】D

【解析】参见《混凝土结构设计规范》GB 50010-2010(2015 年版)表 8.1.1:钢筋混凝土结构伸缩缝的最大间距可按表 8.1.1 确定。

钢筋混凝土结构伸缩缝最大间距（m） 表 8.1.1

结构类型		室内或土中	露天
排架结构	装配式	100	70
框架结构	装配式	75	50
	现浇式	55	35
剪力墙结构	装配式	65	40
	现浇式	45	30
挡土墙、地下室墙壁等类结构	装配式	40	30
	现浇式	30	20

注：1. 装配整体式结构的伸缩缝间距，可根据结构的具体情况取表中装配式结构与现浇式结构之间的数值；
2. 框架－剪力墙结构或框架－核心筒结构房屋的伸缩缝间距，可根据结构的具体情况取表中框架结构与剪力墙结构之间的数值；
3. 当屋面无保温或隔热措施时，框架结构、剪力墙结构的伸缩缝间距宜按表中露天栏的数值取用；
4. 现浇挑檐、雨罩等外露结构的局部伸缩缝间距不宜大于12m。

45.【答案】B

【解析】当受压区高度与截面有效高度 h_0 之比值大于 0.55 时，属于超筋梁。超筋破坏特点：混凝土受压区先被压碎，纵向受拉钢筋未屈服；裂缝、变形均不太明显，破坏具有脆性性质；钢筋未充分发挥作用。

46.【答案】A

【解析】参见《高层民用建筑钢结构技术规程》JGJ 99-2015 第 7.6.1 条：偏心支撑框架中的支撑斜杆，应至少有一端与梁连接，并在支撑与梁交点和柱之间或支撑同一跨内另一支撑与梁交点之间形成消能梁段。超过 50m 的钢结构采用偏心支撑框架时，顶层可采用中心支撑。

47.【答案】B

【解析】参见《钢结构设计规范》GB 50017-2017 第 8.1.2 条：在钢结构的受力构件及其连接中，不宜采用：厚度小于 4mm 的钢板；壁厚小于 3mm 的钢管；截面小于 ∟45×4 或 ∟56×36×4 的角钢（对焊接结构），或截面小于 ∟50×5 的角钢（对螺栓连接或铆钉连接结构）。

48.【答案】A

【解析】参见《混凝土结构设计规范》GB 50010-2010（2015 年版）第 9.2.1 条：梁的纵向受力钢筋应符合下列规定：

1. 伸入梁支座范围内的钢筋不应少于 2 根。

2. 梁高不小于 300mm 时，钢筋直径不应小于 10mm；梁高小于 300mm 时，钢筋直径不应小于 8mm。

3. 梁上部钢筋水平方向的净间距不应小于 30mm 和 1.5d；梁下部钢筋水平方向的净间距不应小于 25mm 和 d。当下部钢筋多于 2 层时，2 层以上钢筋水平方向的中距应比下面 2 层的中距增大一倍；各层钢筋之间的净间距不应小于 25mm 和 d，d 为钢筋的最大直径。

4. 在梁的配筋密集区域宜采用并筋的配筋形式。

49.【答案】 A

【解析】多层砌体结构计算墙体的高厚比的目的是保证墙体的稳定性。

50.【答案】 B

【解析】在水平地震作用下,墙体因为抗主拉应力强度不足而发生剪切破坏,出现45°对角线裂缝,在地震反复作用下,造成X形交叉裂缝。

51.【答案】 A

【解析】参见《高层建筑混凝土结构技术规程》JGJ 3—2010 第 9.2.1、9.2.3 和 9.2.7 条:

9.2.1 核心筒宜贯通建筑物全高。核心筒的宽度不宜小于筒体总高的1/12,当筒体结构设置角筒、剪力墙或增强结构整体刚度的构件时,核心筒的宽度可适当减小。

9.2.3 框架-核心筒结构的周边柱间必须设置框架梁。

9.2.7 当框架-双筒结构的双筒间楼板开洞时,其有效楼板宽度不宜小于楼板典型宽度的50%,洞口附近楼板应加厚,并应采用双层双向配筋,每层单向配筋率不应小于0.25%;双筒间楼板宜按弹性板进行细化分析。

52.【答案】 B

【解析】参见《高层建筑混凝土结构技术规程》JGJ 3—2010 第 10.1.1 条:本章对复杂高层建筑结构的规定适用于带转换层的结构、带加强层的结构、错层结构、连体结构以及竖向体型收进、悬挑结构。

53.【答案】 D

【解析】参见《高层建筑混凝土结构技术规程》JGJ 3—2010 第 3.3.1 条:钢筋混凝土高层建筑结构的最大适用高度应区分为 A 级和 B 级。A 级高度钢筋混凝土乙类和丙类高层建筑的最大适用高度应符合表 3.3.1-1 的规定,B 级高度钢筋混凝土乙类和丙类高层建筑的最大适用高度应符合表 3.3.1-2 的规定。

平面和竖向均不规则的高层建筑结构,其最大适用高度宜适当降低。

A 级高度钢筋混凝土高层建筑的最大适用高度(m) 表 3.3.1-1

结构体系		非抗震设计	抗震设防烈度				
			6 度	7 度	8 度		9 度
					0.20g	0.30g	
框架		70	60	50	40	35	—
框架-剪力墙		150	130	120	100	80	50
剪力墙	全部落地剪力墙	150	140	120	100	80	60
	部分框支剪力墙	130	120	100	80	50	不应采用
筒体	框架-核心筒	160	150	130	100	90	70
	筒中筒	200	180	150	120	100	80

续表

结构体系	非抗震设计	抗震设防烈度				
		6度	7度	8度		9度
				0.20g	0.30g	
板柱-剪力墙	110	80	70	55	40	不应采用

注：1. 表中框架不含异性柱框架；
  2. 部分框支剪力墙结构指地面以上有部分框支剪力墙的剪力墙结构；
  3. 甲类建筑，6、7、8度时宜按本地区设防烈度提高一度后符合本表的要求，9度时应专门研究；
  4. 框架结构、板柱-剪力墙结构以及9度抗震设防的表列其他结构，当房屋高度超过表中数值时，结构设计应有可靠依据，并采取有效地加强措施。

B级高度钢筋混凝土高层建筑的最大适用高度（m） 表 3.3.1-2

结构体系		非抗震设计	抗震设防烈度			
			6度	7度	8度	
					0.20g	0.30g
框架-剪力墙		170	160	140	120	100
剪力墙	全部落地剪力墙	180	170	150	130	110
	部分框支剪力墙	150	140	120	100	80
筒体	框架-核心筒	220	210	180	140	120
	筒中筒	300	280	230	170	150

注：1. 部分框支剪力墙结构指地面以上有部分框支剪力墙的剪力墙结构；
  2. 甲类建筑，6、7度时宜按本地区设防烈度提高一度后符合本表的要求，8度时应专门研究；
  3. 当房屋高度超过表中数值时，结构设计应有可靠依据，并采取有效地加强措施。

54.【答案】C

【解析】参见《空间网格结构技术规程》JGJ 7-2010 第3.2.4条：平面形状为圆形、正六边形及接近正六边形等周边支承的网架，可根据具体情况选用三向网架、三角锥网架或抽空三角锥网架。对中小跨度，也可选用蜂窝形三角锥网架。

55.【答案】A

【解析】梯形钢屋架的最大跨度为36m；预应力混凝土井字梁结构的跨度宜为8~24m；钢筋混凝土门式刚架的跨度宜为12~48m。

56.【答案】C

【解析】参见《高层建筑混凝土结构技术规程》JGJ 3-2010 第11.1.1 本章规定的混合结构，系指由外围钢框架或型钢混凝土、钢管混凝土框架与钢筋混凝土核心筒所组成的框架-核心筒结构，以及由外围钢框筒或型钢混凝土、钢管混凝土框筒与钢筋混凝土核心筒所组成的筒中筒结构。

57.【答案】A

【解析】参见《建筑抗震设计规范》GB 50011-2010 第7.1.7条：
3. 房屋有下列情况之一时宜设置防震缝，缝两侧均应设置墙体，缝宽应根据烈度和房屋

高度确定,可采用70~100mm:

1)房屋立面高差在6m以上。
2)房屋有错层,且楼板高差大于层高的1/4。
3)各部分结构刚度、质量截然不同。
4)楼梯间不宜设置在房屋的尽端或转角处。
5)不应在房屋转角处设置转角窗。
6)横墙较少、跨度较大的房屋,宜采用现浇钢筋混凝土楼、屋盖。

58.【答案】D

【解析】参见《建筑抗震设计规范》GB 50011-2010 第7.3.1和7.3.2条:

第7.3.1条:各类多层砖砌体房屋,应按下列要求设置现浇钢筋混凝土构造柱(以下简称构造柱):

1. 构造柱设置部位,一般情况下应符合表7.3.1的要求。

2. 外廊式和单面走廊式的多层房屋,应根据房屋增加一层的层数,按表7.3.1的要求设置构造柱,且单面走廊两侧的纵墙均应按外墙处理。

3. 横墙较少的房屋,应根据房屋增加一层的层数,按表7.3.1的要求设置构造柱。当横墙较少的房屋为外廊式或单面走廊式时,应按本条2款要求设置构造柱;但6度不超过四层、7度不超过三层和8度不超过二层时,应按增加二层的层数对待。

4. 各层横墙很少的房屋,应按增加二层的层数设置构造柱。

5. 采用蒸压灰砂砖和蒸压粉煤灰砖的砌体房屋,当砌体的抗剪强度仅达到普通黏土砖砌体的70%时,应根据增加一层的层数按本条1~4款要求设置构造柱;但6度不超过四层、7度不超过三层和8度不超过二层时,应按增加二层的层数对待。

多层砖砌体房屋构造柱设置要求   表7.3.1

房屋层数				设置部位	
6度	7度	8度	9度		
四、五	三、四	二、三	—	楼、电梯间四角,楼梯斜梯段上下端对应的墙体处; 外墙四角和对应转角; 错层部位横墙与外纵墙交接处; 大房间内外墙交接处; 较大洞口两侧	隔12m或单元横墙与外纵墙交接处; 楼梯间对应的另一侧内横墙与外纵墙交接处
六	五	四	二		隔开间横墙(轴线)与外墙交接处; 山墙与内纵墙交接处
七	≥六	≥五	≥三		内墙(轴线)与外墙交接处; 内墙的局部较小墙垛处; 内纵墙与横墙(轴线)交接处

第7.3.2条:多层砖砌体房屋的构造柱应符合下列构造要求:

1. 构造柱最小截面可采用180mm×240mm(墙厚190mm时为180mm×190mm),纵向钢筋宜采用4φ12，箍筋间距不宜大于250mm，且在柱上下端应适当加密；6、7度时超过六层、8度时超过五层和9度时，构造柱纵向钢筋宜采用4φ14，箍筋间距不应大于200mm；房屋四角的构造柱应适当加大截面及配筋。

2. 构造柱与墙连接处应砌成马牙槎，沿墙高每隔500mm设2φ6水平钢筋和φ4分布短筋平面内点焊组成的拉结网片或φ4点焊钢筋网片，每边伸入墙内不宜小于1m。6、7度时底部1/3楼层，8度时底部1/2楼层，9度时全部楼层，上述拉结钢筋网片应沿墙体水平通长设置。

3. 构造柱与圈梁连接处，构造柱的纵筋应在圈梁纵筋内侧穿过，保证构造柱纵筋上下贯通。

4. 构造柱可不单独设置基础，但应伸入室外地面下500mm，或与埋深小于500mm的基础圈梁相连。

5. 房屋高度和层数接近本规范表7.1.2的限值时，纵、横墙内构造柱间距尚应符合下列要求：

1）横墙内的构造柱间距不宜大于层高的两倍；下部1/3楼层的构造柱间距适当减小；

2）当外纵墙开间大于3.9m时，应另设加强措施。内纵墙的构造柱间距不宜大于4.2m。

59.【答案】A

【解析】控制柱轴压比的目的是为了使构件破坏时柱发生大偏心受压破坏，以增加延性，控制柱轴压比是针对钢筋混凝土柱而言的，对于钢框架柱没有必要控制柱轴压比。

60.【答案】B

【解析】参见《高层建筑混凝土结构技术规程》JGJ 3-2010第7.1.2和8.1.8条

第7.1.2条：剪力墙不宜过长，较长剪力墙宜设置跨高比较大的连梁将其分成长度较均匀的若干墙段，各墙段的高度与墙段长度之比不宜小于3，墙段长度不宜大于8m。

第8.1.8条：长矩形平面或平面有一部分较长的建筑中，其剪力墙的布置尚宜符合下列规定：

1. 横向剪力墙沿长方向的间距宜满足表8.1.8的要求，当这些剪力墙之间的楼盖有较大开洞时，剪力墙的间距应适当减小；

2. 纵向剪力墙不宜集中布置在房屋的两尽端。

61.【答案】D

【解析】参见《高层建筑混凝土结构技术规程》JGJ 3-2010第10.2.4条：厚板设计应符合下列规定：

1. 转换厚板的厚度可由抗弯、抗剪、抗冲切截面验算确定。

2. 转换厚板可局部做成薄板，薄板与厚板交界处可加腋；转换厚板亦可局部做成夹心板。

3. 转换厚板宜按整体计算时所划分的主要交叉梁系的剪力和弯矩设计值进行截面设计并按有限元法分析结果进行配筋校核；受弯纵向钢筋可沿转换板上、下部双层双向配置，每一方向总配筋率不宜小于0.6%；转换板内暗梁的抗剪箍筋面积配筋率不宜小于0.45%。

4. 厚板外周边宜配置钢筋骨架网。

5. 转换厚板上、下部的剪力墙、柱的纵向钢筋均应在转换厚板内可靠锚固。

6. 转换厚板上、下一层的楼板应适当加强，楼板厚度不宜小于150mm。

62.【答案】C

【解析】参见《建筑抗震设计规范》GB 50011—2010 3.4.2 和 3.4.4：

第 3.4.2 条：建筑设计应重视其平面、立面和竖向剖面的规则性对抗震性能及经济合理性的影响，宜择优选用规则的形体，其抗侧力构件的平面布置宜规则对称、侧向刚度沿竖向宜均匀变化、竖向抗侧力构件的截面尺寸和材料强度宜自下而上逐渐减小、避免侧向刚度和承载力突变。

不规则建筑的抗震设计应符合本规范第 3.4.4 条的有关规定。

第 3.4.4 条：建筑形体及其构件布置不规则时，应按下列要求进行地震作用计算和内力调整，并应对薄弱部位采取有效的抗震构造措施：

1. 平面不规则而竖向规则的建筑，应采用空间结构计算模型，并应符合下列要求：

1）扭转不规则时，应计入扭转影响，且楼层竖向构件最大的弹性水平位移和层间位移分别不宜大于楼层两端弹性水平位移和层间位移平均值的 1.5 倍，当最大层间位移远小于规范限值时，可适当放宽；

2）凹凸不规则或楼板局部不连续时，应采用符合楼板平面内实际刚度变化的计算模型；高烈度或不规则程度较大时，宜计入楼板局部变形的影响；

3）平面不对称且凹凸不规则或局部不连续，可根据实际情况分块计算扭转位移比，对扭转较大的部位应采用局部的内力增大系数。

2. 平面规则而竖向不规则的建筑，应采用空间结构计算模型，刚度小的楼层的地震剪力应乘以不小于 1.15 的增大系数，其薄弱层应按本规范有关规定进行弹塑性变形分析，并应符合下列要求：

1）竖向抗侧力构件不连续时，该构件传递给水平转换构件的地震内力应根据烈度高低和水平转换构件的类型、受力情况、几何尺寸等，乘以 1.25~2.0 的增大系数；

2）侧向刚度不规则时，相邻层的侧向刚度比应依据其结构类型符合本规范相关章节的规定；

3）楼层承载力突变时，薄弱层抗侧力结构的受剪承载力不应小于相邻上一楼层的 65%。

3. 平面不规则且竖向不规则的建筑，应根据不规则类型的数量和程度，有针对性地采取不低于本条 1、2 款要求的各项抗震措施。特别不规则的建筑，应经专门研究，采取更有效的加强措施或对薄弱部位采用相应的抗震性能化设计方法。

63.【答案】B

【解析】参见《高层建筑混凝土结构技术规程》JGJ 3—2010 第 3.4.3 条：抗震设计的混凝土高层建筑，其平面布置宜符合下列规定：

1. 平面宜简单、规则、对称，减少偏心；

2. 平面长度不宜过长（图 7），L/B 宜符合表 3.4.3 的要求；

3. 平面突出部分的长度 l 不宜过大、宽度 b 不宜过小（图 7），l/B_{max}、l/b 宜符合表 3.4.3 的要求；

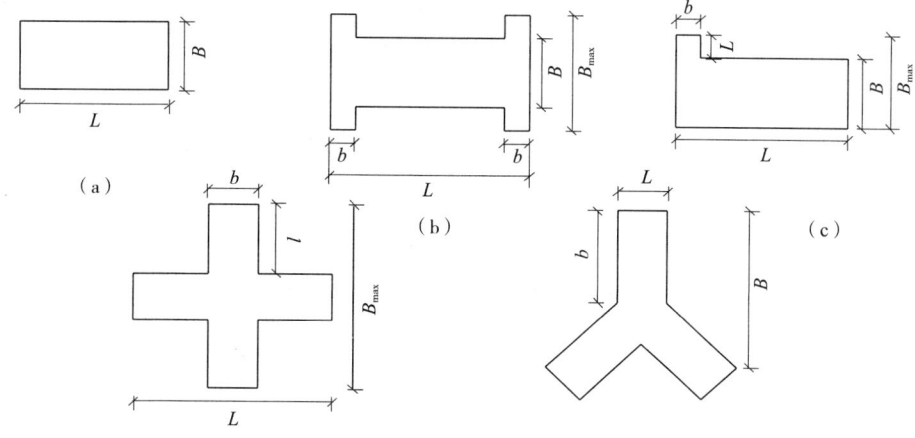

图 7

平面尺寸及突出部位尺寸的比值限值　　　　表 3.4.3

设防烈度	L/B	l/B_max	l/b
6、7 度	≤ 6.0	≤ 0.35	≤ 2.0
8、9 度	≤ 5.0	≤ 0.30	≤ 1.5

4. 建筑平面不宜采用角部重叠或细腰形平面布置。

64.【答案】A

【解析】参见《建筑抗震设计规范》GB 50011-2010 第 3.4.3 条：建筑形体及其构件布置的平面、竖向不规则性，应按下列要求划分：

1. 混凝土房屋、钢结构房屋和钢－混凝土混合结构房屋存在表 3.4.3-1 所列举的某项平面不规则类型或表 3.4.3-2 所列举的某项竖向不规则类型以及类似的不规则类型，应属于不规则的建筑。

2. 砌体房屋、单层工业厂房、单层空旷房屋、大跨屋盖建筑和地下建筑的平面和竖向不规则性的划分，应符合本规范有关章节的规定。

3. 当存在多项不规则或某项不规则超过规定的参考指标较多时，应属于特别不规则的建筑。

平面不规则的主要类型　　　　表 3.4.3-1

不规则类型	定义和参考指标
扭转不规则	在规定的水平力作用下，楼层的最大弹性水平位移（或层间位移），大于该楼层两端弹性水平位移（或层间位移）平均值的 1.2 倍
不规则类型	定义和参考指标
凹凸不规则	平面凹进的尺寸，大于相应投影方向总尺寸的 30%
楼板局部不连续	楼板的尺寸和平面刚度急剧变化，例如，有效楼板宽度小于该层楼板宽度的 50%，或开洞面积大于该层楼面面积的 30%，或较大的楼层错层

竖向不规则的主要类型　　　　　　　　　　　　　表 3.4.3-2

不规则类型	定义和参考类型
侧向刚度不规则	该层的侧向刚度小于相邻上一层的 70%，或小于上相邻三个楼层侧向刚度平均值的 80%；除顶层或出屋面小建筑外，局部收进的水平向尺寸大于相邻下一层的 25%
竖向抗侧力构件不连续	竖向抗侧力构件（柱、抗震墙、抗震支撑）的内力由水平转换（梁、桁架等）向下传递
楼层承载力突变	抗侧力结构的层间受剪承载力小于相邻上一楼层的 80%

65.【答案】C

【解析】参见《砌体结构设计规范》GB 50003-2011 表 B.0.2-1 烧结普通砖和烧结多孔砖砌体的抗压强度标准值 f_k（MPa）。

烧结普通砖和烧结多孔砖砌体的抗压强度标准值 f_k（MPa）　　表 B.0.2-1

砖强度等级	砂浆强度等级					砂浆强度
	M15	M10	M7.5	M5	M2.5	0
MU30	6.30	5.23	4.69	4.15	3.61	1.84
MU25	5.75	4.77	4.28	3.79	3.30	1.68
MU20	5.15	4.27	3.83	3.39	2.95	1.50
MU15	4.46	3.70	3.32	2.94	2.56	1.30
MU10	—	3.02	2.71	2.40	2.09	1.07

66.【答案】C

【解析】参见《混凝土结构设计规范》GB 50010-2010（2015 年版）第 3.5.5 条：一类环境中，设计使用年限为 100 年的混凝土结构应符合下列规定：钢筋混凝土结构的最低强度等级为 C30。

67.【答案】D

【解析】参见《建筑抗震设计规范》GB 50011-2010 第 7.1.2 条：多层房屋的层数和高度应符合下列要求：

1. 一般情况下，房屋的层数和总高度不应超过表 7.1.2 的规定。

房屋的层数和总高度限值（m）　　　　　　　　　　　　表 7.1.2

房屋类别		最小抗震墙厚度（mm）	烈度和设计基本地震加速度									
			6		7				8			9	
			0.05g		0.10g		0.15g		0.20g		0.30g		0.40g	
			高度	层数	高度	层数	高度	层数	高度	层数	高度	层数	高度	层数
多层砌体房屋	普通砖	240	21	7	21	7	21	7	18	6	15	5	12	4
	多孔砖	240	21	7	21	7	18	6	18	6	15	5	9	3
	多孔砖	190	21	7	18	6	15	5	15	5	12	4	—	—
	小砌块	190	21	7	21	7	18	6	18	6	15	5	9	3

续表

房屋类别		最小抗震墙厚度(mm)	烈度和设计基本地震加速度											
			6		7				8				9	
			0.05g		0.10g		0.15g		0.20g		0.30g		0.40g	
			高度	层数	高度	层数	高度	层数	高度	层数	高度	层数	高度	层数
底部框架-抗震墙砌体房屋	普通砖多孔砖	240	22	7	22	7	19	6	16	5	—	—	—	—
	多孔砖	190	22	7	19	6	16	5	13	4	—	—	—	—
	小砌块	190	22	7	22	7	19	6	16	5	—	—	—	—

注：1. 房屋的总高度指室外地面到主要屋面板板顶或檐口的高度，半地下室从地下室室内地面算起，全地下室和嵌固条件好的半地下室应允许从室外地面算起；对带阁楼的坡屋面应算至山尖墙的1/2高度处。
2. 室内外高差大于0.6m时，房屋总高度应允许比表中的数据适当增加，但增加量应少于1.0m；
3. 乙类的多层砌体房屋仍按本地区设防烈度查表，其层数应减少一层且总高度应降低3m；不应采用底部框架-抗震墙砌体房屋；
4. 本表小砌块砌体房屋不包括配筋混凝土小型空心块砌体房屋。

68.【答案】A

【解析】参考《木结构设计标准》GB 50005-2017 表1 仅按斜纹要求选材在成批来料中的合格率，木纹的斜度很大，则其影响将显得十分突出，几乎随着斜纹的斜度增大，而使构件的承载力呈直下降；这以受拉构件最为严重，受弯构件次之，受压构件较轻。

69【答案】A

【解析】参见《混凝土结构设计规范》GB 50010-2010（2015年版）第4.1.5条：混凝土受压和受拉的弹性模量 E_c 宜按表4.1.5采用。混凝土的剪切变形模量 G_c 可按相应弹性模量值的40%采用。4.1.3 混凝土的强度标准值由立方体抗压强度标准值 $f_{cu,k}$ 经计算确定。轴心抗压强度标准值 f_{ck} 考虑到结构中混凝土的实体强度与立方体试件混凝土强度之间的差异，根据以往的经验，结合试验数据分析并参考其他国家的有关规定，对试件混凝土强度的修正系数取为0.88。棱柱强度与立方强度之比值 α_{c1}：对C50及以下普通混凝土取0.76；对高强混凝土C80取0.82，中间按线性插值。

70.【答案】D

【解析】根据《建筑工程抗震设防分类标准》GB 50223-2008 第3.0.2条：建筑工程应分为以下四个抗震设防类别：

1. 特殊设防类：指使用上有特殊设施，涉及国家公共安全的重大建筑工程和地震时可能发生严重次生灾害等特别重大灾害后果，需要进行特殊设防的建筑。简称甲类。
2. 重点设防类：指地震时使用功能不能中断或需尽快恢复的生命线相关建筑，以及地震时可能导致大量人员伤亡等重大灾害后果，需要提高设防标准的建筑。简称乙类。
3. 标准设防类：指大量的除1、2、4款以外按标准要求进行设防的建筑。简称丙类。
4. 适度设防类：指使用上人员稀少且震损不致产生次生灾害，允许在一定条件下适度降低要求的建筑。简称丁类。

71.【答案】 A

【解析】参见《高层建筑混凝土结构技术规程》JGJ 3-2010 第 3.9.3 条：抗震设计时，高层建筑钢筋混凝土结构构件应根据抗震设防分类、烈度、结构类型和房屋高度采用不同的抗震等级，并应符合相应的计算和构造措施要求。

72.【答案】 B

【解析】根据《建筑工程抗震设防分类标准》GB 50223-2008 第 4.0.3 条：医疗建筑的抗震设防类别，应符合下列规定：

1. 三级医院中承担特别重要医疗任务的门诊、医技、住院用房，抗震设防类别应划为特殊设防类。

2. 二、三级医院的门诊、医技、住院用房，具有外科手术室或急诊科的乡镇卫生院的医疗用房，县级及以上急救中心的指挥、通信、运输系统的重要建筑，县级及以上的独立采供血机构的建筑，抗震设防类别应划为重点设防类。

3. 工矿企业的医疗建筑，可比照城市的医疗建筑示例确定其抗震设防类别。

第 3.0.2 条：建筑工程应分为以下四个抗震设防类别：

1. 特殊设防类：指使用上有特殊设施，涉及国家公共安全的重大建筑工程和地震时可能发生严重次生灾害等特别重大灾害后果，需要进行特殊设防的建筑。简称甲类。

2. 重点设防类：指地震时使用功能不能中断或需尽快恢复的生命线相关建筑，以及地震时可能导致大量人员伤亡等重大灾害后果，需要提高设防标准的建筑。简称乙类。

3. 标准设防类：指大量的除 1、2、4 款以外按标准要求进行设防的建筑。简称丙类。

4. 适度设防类：指使用上人员稀少且震损不致产生次生灾害，允许在一定条件下适度降低要求的建筑。简称丁类。

73.【答案】 C

【解析】砌体的抗压强度与砌块的种类、砌块的强度等级和砂浆的强度等级有关。参见《砌体结构设计规范》GB 50003-2011 表 3.2.1-1、表 3.2.1-2、表 3.2.1-3、表 3.2.1-4、表 3.2.1-5、表 3.2.1-6 和表 3.2.1-7 在砌块的强度等级和砂浆的强度等级相同的情况下，不同砌块种类的砌体抗压强度不同；同一砌块种类，随砌块的强度等级和砂浆的强度等级增加而增大。

74.【答案】 A

【解析】参见《高层建筑混凝土结构技术规程》JGJ 3-2010 第 3.3.1 条：表 3.3.1-2 "B 级高度钢筋混凝土高层建筑的最大适用高度（m）"。

B 级高度钢筋混凝土高层建筑的最大适用高度（m）　　表 3.3.1-2

结构体系		非抗震设计	抗震设防烈度			
			6度	7度	8度	
					0.20g	0.30g
框架-剪力墙		170	160	140	120	100
剪力墙	全部落地剪力墙	180	170	150	130	110

续表

结构体系		非抗震设计	抗震设防烈度			
			6度	7度	8度	
					0.20g	0.30g
剪力墙	部分框支剪力墙	150	140	120	100	80
筒体	框架-核心筒	220	210	180	140	120
	筒中筒	300	280	230	170	150

注：1. 部分框支剪力墙结构指地面以上有部分框支剪力墙的剪力墙结构；
  2. 甲类建筑，6、7度时宜按本地区设防烈度提高一度后符合本表的要求，8度时应专门研究；
  3. 当房屋高度超过表中数值时，结构设计应有可靠依据，并采取有效的加强措施。

75.【答案】C

【解析】参见《建筑抗震设计规范》GB 50011-2010 第 3.4.3 条：建筑形体及其构件布置的平面、竖向不规则性，应按下列要求划分：

1. 混凝土房屋、钢结构房屋和钢-混凝土混合结构房屋存在表 3.4.3-1 所列举的某项平面不规则类型或表 3.4.3-2 所列举的某项竖向不规则类型以及类似的不规则类型，应属于不规则的建筑。

平面不规则的主要类型　　　　　　　　　　　　　　　　　　　　表 3.4.3-1

不规则类型	定义和参考指标
扭转不规则	在规定的水平力作用下，楼层的最大弹性水平位移（或层间位移），大于该楼层两端弹性水平位移（或层间位移）平均值的 1.2 倍
凹凸不规则	平面凹进的尺寸，大于相应投影方向总尺寸的 30%
楼板局部不连续	楼板的尺寸和平面刚度急剧变化，例如，有效楼板宽度小于该层楼板宽度的 50%，或开洞面积大于该层楼面面积的 30%，或较大的楼层错层

竖向不规则的主要类型　　　　　　　　　　　　　　　　　　　　表 3.4.3-2

不规则类型	定义和参考类型
侧向刚度不规则	该层的侧向刚度小于相邻上一层的 70%，或小于上相邻三个楼层侧向刚度平均值的 80%；除顶层或出屋面小建筑外，局部收进的水平向尺寸大于相邻下一层的 25%
竖向抗侧力构件不连续	竖向抗侧力构件（柱、抗震墙、抗震支撑）的内力由水平转换（梁、桁架等）向下传递
楼层承载力突变	抗侧力结构的层间受剪承载力小于相邻上一楼层的 80%

2. 砌体房屋、单层工业厂房、单层空旷房屋、大跨屋盖建筑和地下建筑的平面和竖向不规则性的划分，应符合本规范有关章节的规定。

3. 当存在多项不规则或某项不规则超过规定的参考指标较多时，应属于特别不规则的建筑。

76.【答案】A

【解析】参见《高层建筑混凝土结构技术规程》JGJ 3-2010 第 3.3.1 条：表 3.3.1-1 A 级高度钢筋混凝土高层建筑的最大适用高度（m）。

A级高度钢筋混凝土高层建筑的最大适用高度（m） 表 3.3.1-1

结构体系		非抗震设计	抗震设防烈度				
			6度	7度	8度		9度
					0.20g	0.30g	
框架		70	60	50	40	35	—
框架-剪力墙		150	130	120	100	80	50
剪力墙	全部落地剪力墙	150	140	120	100	80	60
	部分框支剪力墙	130	120	100	80	50	不应采用
筒体	框架-核心筒	160	150	130	100	90	70
	筒中筒	200	180	150	120	100	80
板柱-剪力墙		110	80	70	55	40	不应采用

注：1. 表中框架不含异性柱框架；
  2. 部分框支剪力墙结构指地面以上有部分框支剪力墙的剪力墙结构；
  3. 甲类建筑，6、7、8度时宜按本地区设防烈度提高一度后符合本表的要求，9度时应专门研究；
  4. 框架结构、板柱-剪力墙结构以及9度抗震设防的表列其他结构，当房屋高度超过表中数值时，结构设计应有可靠依据，并采取有效地加强措施。

77.【答案】A

【解析】由于对整体结构的抗侧刚度影响最大的是外侧结构构件，增大钢筋混凝土框架-核心筒结构的核心筒配钢筋，对于提高整体结构抗侧刚度的作用是有限的，应该首先将外围结构构件的刚度加大。

78.【答案】D

【解析】框架-混凝土剪力墙体系、框架-支撑体系、框架-混凝土核心筒体系等统称为双重抗侧力体系。

79.【答案】A

【解析】参见《建筑抗震设计规范》GB 50011-2010 第 5.2.1 条。总水平地震作用 $F_{Ek}=\alpha_1 G_{eq}$，当建筑位于不同场地上时，水平地震影响系数 α_{max} 是相同的，对于多层内框架房屋，宜取 $\alpha_1=\eta_2\alpha_{max}$，故总水平地震作用也相等。

80.【答案】B

【解析】参见《建筑抗震设计规范》GB 50011-2010 条文说明第 5.3.1 条：

高层建筑的竖向地震作用计算，是89规范增加的规定。输入竖向地震加速度波的时程反应分析发现，高层建筑由竖向地震引起的轴向力在结构的上部明显大于底部，是不可忽视的。作为简化方法，原则上与水平地震作用的底部剪力法类似：结构竖向振动的基本周期较短，总竖向地震作用可表示为竖向地震影响系数最大值和等效总重力荷载代表值的乘积；沿高度分布按第一振型考虑，也采用倒三角形分布；在楼层平面内的分布，则按构件所承受的重力荷载代表值分配。只是等效质量系数取 0.75。

根据台湾921大地震的经验，2001规范要求高层建筑楼层的竖向地震作用效应应乘以增大系数1.5，使结构总竖向地震作用标准值，8、9度分别略大于重力荷载代表值的10%和20%。

隔震设计时,由于隔震垫不仅不隔离竖向地震作用反而有所放大,与隔震后结构的水平地震作用相比,竖向地震作用往往不可忽视,计算方法在本规范12章具体规定。

81.【答案】D

【解析】参见《混凝土结构设计规范》GB 50010-2010(2015年版)第4.1.2条:

素混凝土结构的混凝土强度等级不应低于C15;钢筋混凝土结构的混凝土强度等级不应低于C20;采用强度等级400MPa及以上的钢筋时,混凝土强度等级不应低于C25。

预应力混凝土结构的混凝土强度等级不宜低于C40,且不应低于C30。

承受重复荷载的钢筋混凝土构件,混凝土强度等级不应低于C30。

82.【答案】B

【解析】参见《建筑抗震设计规范》GB 50011-2010 表8.1.1:

钢结构房屋适用的最大高度 表8.1.1

结构类型	6、7度 (0.10g)	7度 (0.15g)	8度		9度 (0.40g)
			(0.20g)	(0.30g)	
框架	110	90	90	70	50
框架-中心支撑	220	200	180	150	120
框架-偏心支撑(延性墙板)	240	220	200	180	160
筒体(框筒、筒中筒、桁架筒、束筒)和巨型框架	300	280	260	240	180

由表8.1.1可知,钢框筒结构和钢筒中筒结构适用的最大高度相同,Ⅳ合理;

参见《高层建筑混凝土结构技术规程》JGJ 3-2010 第9.2.6条:当内筒偏置、长宽比大于2时,宜采用框架-双筒结构,Ⅰ不合理;

钢框筒结构是由周边稀柱框架与核心筒组成的结构,Ⅲ合理;

地震作用由外筒和内筒共同承担,Ⅱ不合理。

83.【答案】A

【解析】索膜结构是由多种高强薄膜材料及加强构件钢索通过一定方式使其内部产生一定的预张应力以形成某种空间形状,作为覆盖结构,并能承受一定的外荷载作用的一种空间结构形式。与以上其他结构形式相比,其用钢量最少。

84.【答案】A

【解析】参见《建筑抗震设计规范》GB 50011-2010 第6.4.1条:

抗震墙的厚度,一、二级不应小于160mm且不宜小于层高或无支长度的1/20,三、四级不应小于140mm且不宜小于层高或无支长度的1/25;无端柱或翼墙时,一、二级不宜小于层高或无支长度的1/16,三、四级不宜小于层高或无支长度的1/20。

底部加强部位的墙厚,一、二级不应小于200mm且不宜小于层高或无支长度的1/16,三、四级不应小于160mm且不宜小于层高或无支长度的1/20;无端柱或翼墙时,一、二级不宜小于层高或无支长度的1/12,三、四级不宜小于层高或无支长度的1/16。

85.【答案】B

【解析】参见《建筑抗震设计规范》GB 50011-2010 第 6.1.4 条：钢筋混凝土房屋需要设置防震缝时，应符合下列规定：

1. 防震缝宽度应分别符合下列要求：

1）框架结构（包括设置少量抗震墙的框架结构）房屋的防震缝宽度，当高度不超过 15m 时不应小于 100mm；高度超过 15m 时，6 度、7 度、8 度和 9 度分别每增加高度 5m、4m、3m 和 2m，宜加宽 20mm；

2）框架－抗震墙结构房屋的防震缝宽度不应小于本款 1）项规定数值的 70%，抗震墙结构房屋的防震缝宽度不应小于本款 1）项规定数值的 50%；且均不宜小于 100mm；

3）防震缝两侧结构类型不同时，宜按需要较宽防震缝的结构类型和较低房屋高度确定缝宽。

2.8、9 度框架结构房屋防震缝两侧结构层高相差较大时，防震缝两侧框架柱的箍筋应沿房屋全高加密，并可根据需要在缝两侧沿房屋全高各设置不少于两道垂直于防震缝的抗撞墙。抗撞墙的布置宜避免加大扭转效应，其长度可不大于 1/2 层高，抗震等级可同框架结构；框架构件的内力应按设置和不设置抗撞墙两种计算模型的不利情况取值。

86.【答案】B

【解析】塑性指数是黏土的最基本、最重要的物理指标之一，它综合地反映了黏土的物质组成，广泛应用于土的分类和评价。塑性指数习惯上用不带％的数值表示。塑性指数越大，表明土的颗粒越细，比表面积越大，土的黏粒或亲水矿物（如蒙脱石）含量越高，土处在可塑状态的含水量变化范围就越大。而黏性土的分类是按土的塑性指数划分，塑性指数大于等于 17 的称为黏土；塑性指数大于等于 10 小于 17 的称为粉质黏土，塑性指数大于等于 3 小于 10 的称为粉土，砂土的塑性指数一般都小于 3。塑性指数越小，说明土的颗粒越粗，可塑的含水量范围越小，塑性指数越大，土处于可塑状态的含水量范围就越大。

87.【答案】C

【解析】参考《混凝土结构设计规范》GB 50010-2010（2015 年版）第 11.4.11 条：框的截面尺寸应符合下列要求：一、二、三级抗震等级且层数超过 2 层时不宜小于 400mm。

88.【答案】A

【解析】参见《建筑地基基础设计规范》GB 50007-2011 第 6.7.4 条：重力式挡墙的基础埋置深度，应根据地基承载力、水流冲刷、岩石裂隙发育及风化程度等因素进行确定。在特强冻涨、强冻涨地区应考虑冻涨的影响。在土质地基中，基础埋置深度不宜小于 0.5m；在软质岩地基中，基础埋置深度不宜小于 0.3m。

89.【答案】B

【解析】柱下独立基础可以近似地看成刚性体，所以在柱轴向力作用下，地基变形曲线应该是一条水平直线。

90.【答案】D

【解析】参考《混凝土结构设计规范》GB 50010-2010（2015 年版）第 11.2.3 条：对

按一、二、三级抗震等级设计的各类框架构件（包括斜撑构件），要求纵向受力钢筋检验所得的抗拉强度实测值（即实测最大强度值）与受拉屈服强度的比值（强屈比）不小于1.25，目的是使结构某部位出现较大塑性变形或塑性铰后，钢筋在大变形条件下具有必要的强度潜力，保证构件的基本抗震承载力；要求钢筋受拉屈服强度实测值与钢筋的受拉强度标准值的比值（屈强比）不应大于1.3，主要是为了保证"强柱弱梁""强剪弱弯"设计要求的效果不致因钢筋屈服强度离散性过大而受到干扰；钢筋最大力下的总伸长率不应小于9%，主要为了保证在抗震大变形条件下，钢筋具有足够的塑性变形能力。

91.【答案】D

【解析】参见《建筑地基基础设计规范》GB 50007-2011 第 7.2.1 条：

1. 淤泥和淤泥质土，宜利用其上覆较好土层作为持力层，当上覆土层较薄，应采取避免施工时对淤泥和淤泥质土扰动的措施；

2. 冲填土、建筑垃圾和性能稳定的工业废料，当均匀性和密实度较好时，可利用其作为轻型建筑物地基的持力层。

92.【答案】D

【解析】参见《建筑地基基础设计规范》GB 50007-2011 第 8.3.1 条：柱下条形基础的构造，除应符合本规范第 8.2.1 条的要求外，尚应符合下列规定：

1. 柱下条形基础梁的高度宜为柱距的 1/4~1/8。翼板厚度不应小于 200mm。当翼板厚度大于 250mm 时，宜采用变厚度翼板，其顶面坡度宜小于或等于 1：3。

2. 条形基础的端部宜向外伸出，其长度宜为第一跨距的 0.25 倍。

3. 现浇柱与条形基础梁的交接处，基础梁的平面尺寸应大于柱的平面尺寸，且柱的边缘至基础梁边缘的距离不得小于 50mm。

4. 条形基础梁顶部和底部的纵向受力钢筋除应满足计算要求外，顶部钢筋应按计算配筋全部贯通，底部通长钢筋不应少于底部受力钢筋截面总面积的 1/3。

5. 柱下条形基础的混凝土强度等级，不应低于 C20。

93.【答案】A

【解析】天然地基在地基处理过程中，部分土体得到增强或被置换，或在天然地基中设置加筋体，由天然地基土体和增强体两部分组成共同承担荷载的人工地基。

桩基础是由桩和连接桩顶的桩承台组成的深基础，简称桩基。

94.【答案】B

【解析】对1水平方向力的平衡，取整体为隔离体，根据水平方向力的平衡可知A支座的水平支反力 $R_{Ax}=qa$，因此柱1的剪力为 qa。

95.【答案】A

【解析】先求A端支座反力，再求I点弯矩，B支座和弯矩为零，对B取距，

$M_B = R_A \times 2a - \dfrac{1}{2}qa^2 = 0 \Rightarrow R_A = \dfrac{1}{4}qa$，因此 $M_I = \dfrac{qa^2}{4}$。

96.【答案】A

【解析】由公式 $\dfrac{N_{\max}}{A_n} + \dfrac{M_x}{W_{nx}} \leq f$，$M_x = N_{\max} e_0$，$W_{nx} = \dfrac{I_x}{y}$，得

$$N_{\max} = \dfrac{f}{\dfrac{1}{A_n} + \dfrac{e_0 y}{I_x}} = \dfrac{215}{\dfrac{1}{175 \times 10^2} + \dfrac{1000 \times 250}{83530 \times 10^4}} = 603.25 \text{kN}。$$

97.【答案】B

【解析】预应力混凝土结构的混凝土强度等级不宜低于C40，且不应低于C30。

98.【答案】B

【解析】铰接点。

99.【答案】C

【解析】参见《建筑结构制图标准》GB/T 50105-2010 表3.1.1-4：

钢筋的焊接接头　　　　　　　　　　　　表3.1.1-4

序号	名称	接头形式	标注方法
1	单面焊接的钢筋接头		
2	双面焊接的钢筋接头		
3	用帮条单面焊接的钢筋接头		
4	用帮条双面焊接的钢筋接头		
5	接触对焊的钢筋接头（闪光焊、压力焊）		
6	坡口平焊的钢筋接头		

100.【答案】A

【解析】参见《建筑结构制图标准》GB/T 50105-2010 第4.3.8条：2 在同一图形上，当有数种相同的焊缝时，宜按图7（b）的规定，可将焊缝分类编号标注。在同一类焊缝中可选择一处标注焊缝符号和尺寸。分类编号采用大写的拉丁字母A、B、C。

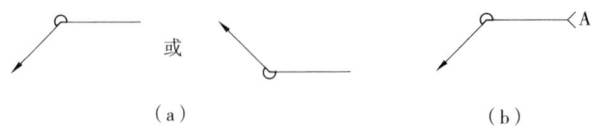

（a）　　　　　　　（b）

一级注册建筑师考试建筑结构模拟题 II

1. 以下论述中哪项完全符合《建筑结构荷载规范》GB 50009-2012（　　）。

Ⅰ．人防所受的爆炸力是可变荷载

Ⅱ．土压力是永久荷载

Ⅲ．楼梯均布活荷载是永久荷载

Ⅳ．直升机停机坪上直升机的等效荷载是可变荷载

（A）Ⅰ、Ⅱ　　　　（B）Ⅱ、Ⅲ　　　　（C）Ⅰ、Ⅳ　　　　（D）Ⅱ、Ⅳ

2. 如图 1 所示结构中的零杆数量应为下列何项（　　）。

（A）1

（B）2

（C）3

（D）4

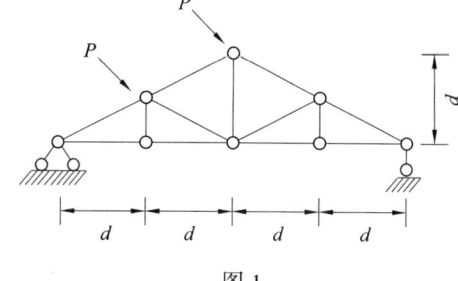

图 1

3. 确定图 2 所示结构超静定次数（　　）。

（A）1 次

（B）2 次

（C）3 次

（D）4 次

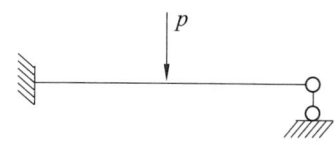

图 2

4. 如图 3 所示的工字形截面梁，在 y 向外力作用下，其截面正应力和剪应力最大值发生在下列何点（　　）。

（A）1 点正应力最大，2 点剪应力最大

（B）1 点正应力最大，2 点剪应力最大

（C）4 点正应力最大，2 点剪应力最大

（D）4 点正应力最大，3 点剪应力最大

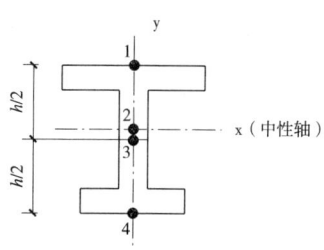

图 3

5. 如图 4 所示结构，在荷载作用下各弯矩图中，哪个是正确的（　　）。

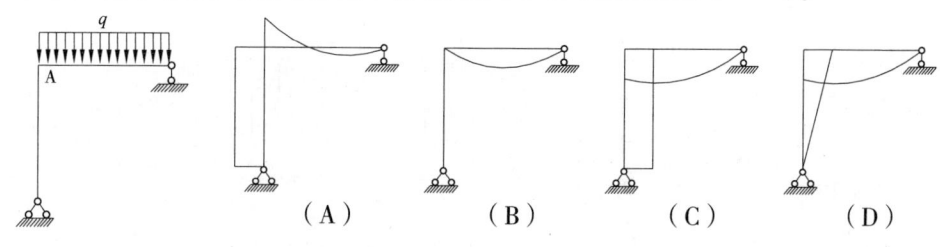

图 4

6. 如图 5 所示的梁自重不计,在荷载作用下哪一个剪力图是正确的( )。

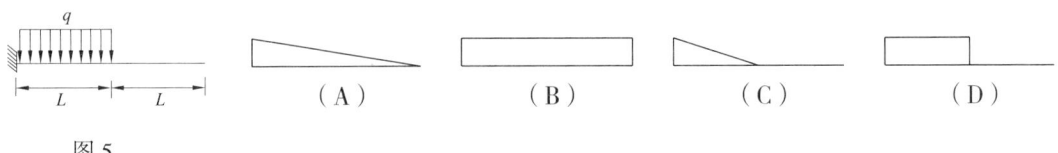

图 5

7. 如图 6 所示梁的弯矩图为下列哪个选项( )。

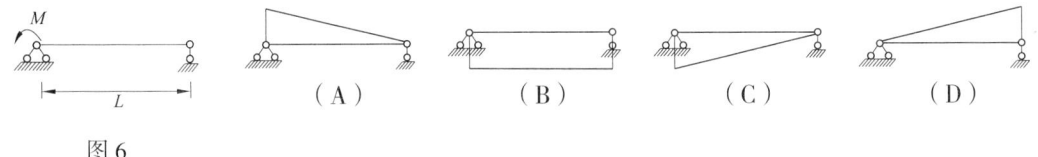

图 6

8. 下列四个静定梁的荷载图中,哪一个产生图 7 所示的弯矩图( )。

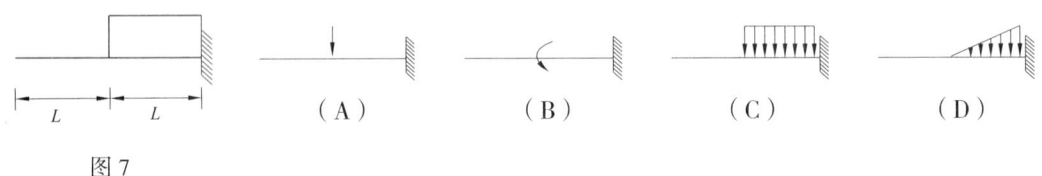

图 7

9. 如图 8 所示,带悬臂的单跨梁,受图中荷载作用(梁自重不计),以下关于支座反力的叙述,哪些是正确的( )。

Ⅰ. A 点反力向上　　　　　　Ⅱ. B 点反力向上
Ⅲ. A 点反力向下　　　　　　Ⅳ. B 点反力向下
(A) Ⅰ、Ⅱ
(B) Ⅰ、Ⅳ
(C) Ⅱ、Ⅲ
(D) Ⅲ、Ⅳ

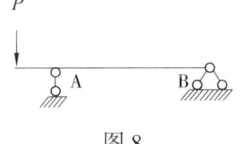

图 8

10. 如图 9 所示的结构在外力作用下,哪一个轴力图是正确的( )。(结构自重不计)

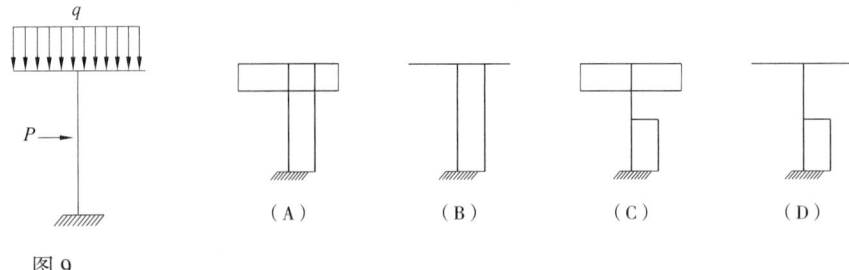

图 9

11. 如图 10 所示结构，A 支座竖向反力 R_A 为下列何项数值（　　）。

（A）$R_A=3P$

（B）$R_A=2P$

（C）$R_A=P$

（D）$R_A=0$

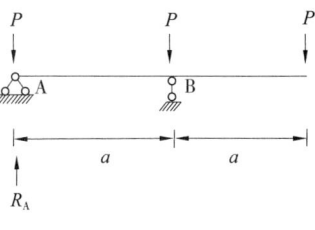

图 10

12. 伸臂梁在图 11 所示荷载作用下，其弯矩图和剪力图可能的形状是（　　）。

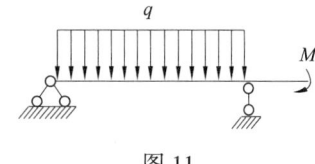

图 11

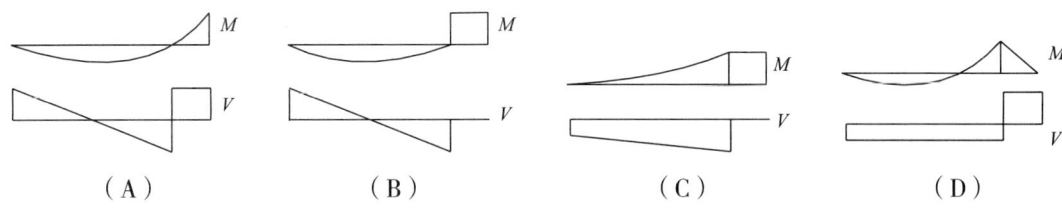

13. 如图 12 所示梁的剪力图形式，哪个正确（　　）。

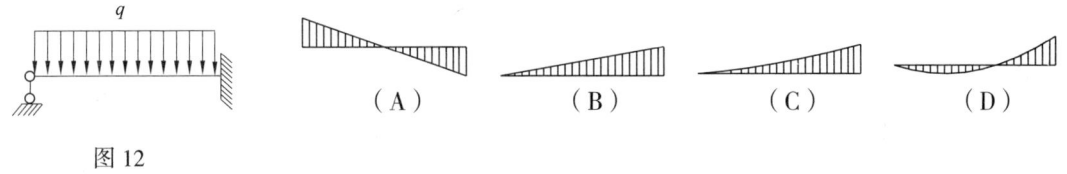

14. 求下列结构轴力图（　　）。

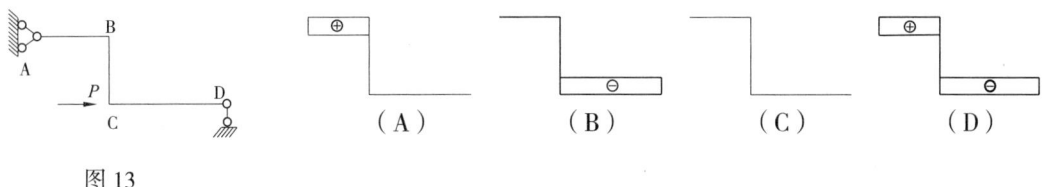

图 13

15. 外伸梁受力如图 14 所示，为了不使支座 A 产生垂直反力，集中荷载 P 应该为何值（　　）。

（A）48kN

（B）42kN

（C）36kN

（D）24kN

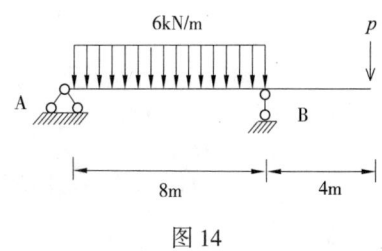

图 14

16. 如图 5 所示的梁，弯矩图正确的是哪个选项（　　）。

17. 如图 16 所示的梁，在荷载作用下（自重不计）的变形图，哪个正确（　　）。

18. 如图 17 所示结构，支座 **2** 处的水平反力为下列何值（　　）。

（A）0
（B）$P/8$
（C）$P/4$
（D）$P/2$

19. 如图 18 所示的结构，当 **AD** 两点同时作用外力 P 时，下列对 **E** 点变形特征的描述何者正确（　　）。

（A）E 点不动
（B）E 点向上
（C）E 点向下
（D）无法判断

20. 如图 19 所示三个梁系中，当部分支座产生移动 $\varDelta$ 或梁上下温度发生改变时，在梁中产生内力变化的有几个（　　）。

（A）0 个　　（B）1 个　　（C）2 个　　（D）3 个

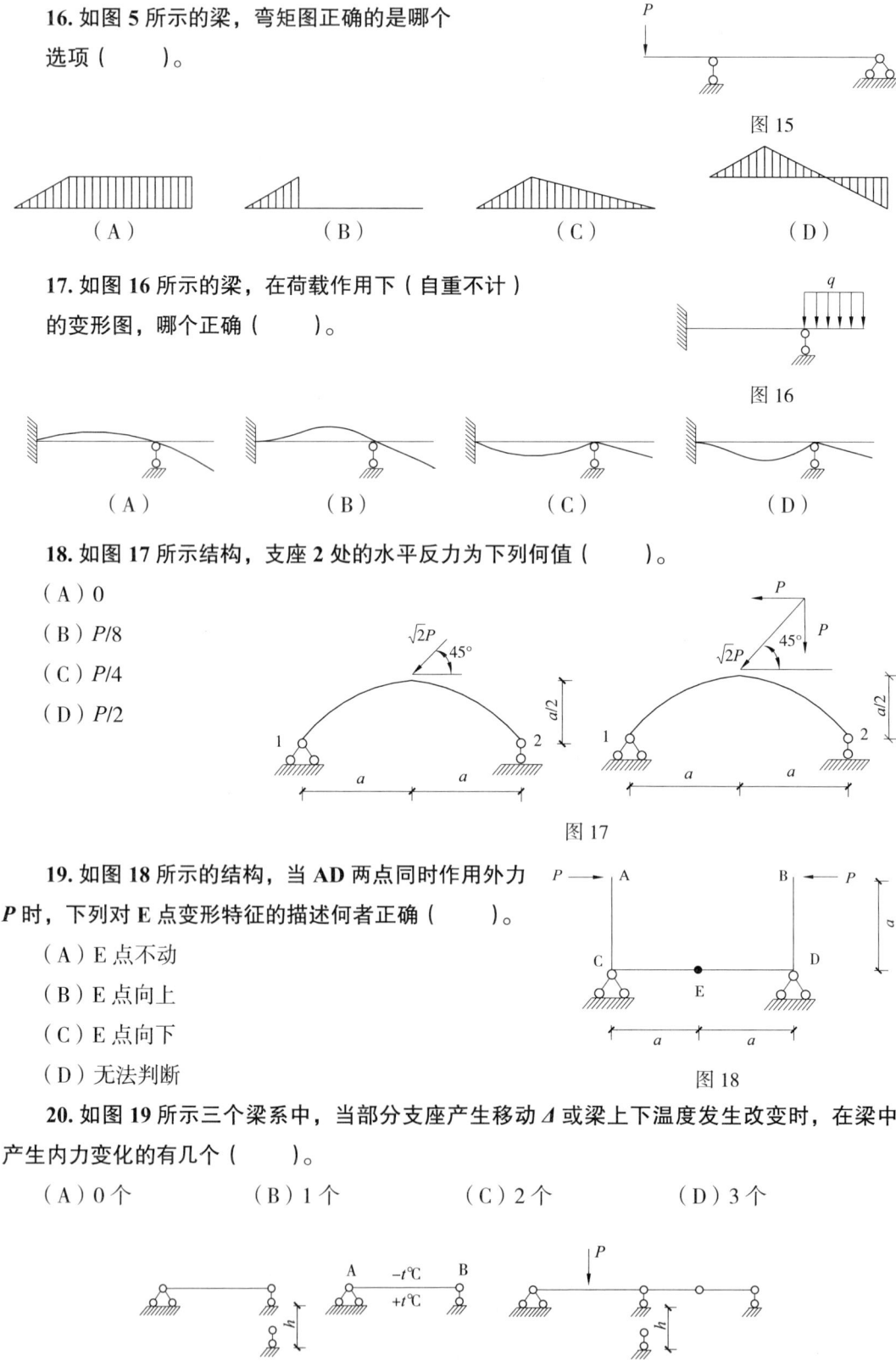

21. 提高砌体的抗压强度，以下哪些措施有效（   ）。

Ⅰ．提高块材的强度等级　　　　　　Ⅱ．提高砂浆的强度等级

Ⅲ．调整块材的尺寸　　　　　　　　Ⅳ．采用水泥砂浆

（A）Ⅰ、Ⅱ、Ⅲ　　（B）Ⅱ、Ⅲ、Ⅳ　　（C）Ⅰ、Ⅱ、Ⅳ　　（D）Ⅰ、Ⅱ、Ⅲ、Ⅳ

22. 烧结普通砖砌体与烧结多孔砖砌体，当块体强度等级、砂浆强度等级、砂浆种类及砌筑方式相同时，两种砌体的抗压强度设计值符合以下何项（   ）。

（A）相同　　　　　　　　　　　　（B）前者大于后者

（C）前者小于后者　　　　　　　　（D）与受压截面净面积有关

23. 建筑钢材的焊接性能主要取决于下列哪种元素的含量（   ）。

（A）氧　　　　　（B）碳　　　　　（C）硫　　　　　（D）磷

24.《钢筋混凝土结构设计规范》GB 50010-2010 中，提倡用以下哪种钢筋作为我国钢筋混凝土结构的主力钢筋（   ）。

（A）HPB300 级钢筋　（B）HRB335 级钢筋　（C）HRB400 级钢筋　（D）RRB400 级钢筋

25. 同一强度等级的混凝土，其强度标准值以下何种关系为正确（   ）。

（A）轴心抗压强度 > 立方体抗压强度 > 抗拉强度

（B）轴心抗压强度 > 抗拉强度 > 立方体抗压强度

（C）立方体抗压强度 > 轴心抗压强度 > 抗拉强度

（D）抗拉强度 > 轴心抗压强度 > 立方体抗压强度

26. 混凝土在长期不变荷载作用下，应变随时间继续增长，这种现象称为（   ）。

（A）混凝土的收缩　（B）混凝土的徐变　（C）混凝土的疲劳　（D）混凝土的弹性变形

27. 木材的顺纹抗弯强度（f_m）、顺纹抗拉强度（f_t）、顺纹抗剪强度（f_v）相比较，下列哪项是正确的（   ）。

（A）$f_m > f_t > f_v$　　（B）$f_t > f_m > f_v$　　（C）$f_m < f_t < f_v$　　（D）$f_m = f_t = f_v$

28. 钢筋混凝土框架—剪力墙结构中，剪力墙厚度不应小于楼层高度的多少（   ）。

（A）1/33　　　　　（B）1/25　　　　　（C）1/20　　　　　（D）1/15

29. 无粘结预应力混凝土结构中的预应力钢筋，需具备的性能有（   ）。

Ⅰ．较高的强度等级　　　　　　　　Ⅱ．一定的塑性性能

Ⅲ．与混凝土间足够的粘结强度　　　Ⅳ．低松弛性能

（A）Ⅰ、Ⅱ、Ⅲ　　　　　　　　　　（B）Ⅰ、Ⅲ、Ⅳ

（C）Ⅰ、Ⅱ、Ⅲ、Ⅳ　　　　　　　　（D）Ⅰ、Ⅱ、Ⅳ

30. 受拉钢筋的直径大于下列哪一个数值时，不宜采用绑扎搭接接头（   ）。

（A）20mm　　　　（B）22mm　　　　（C）25mm　　　　（D）28mm

31. 提高 H 型钢梁整体稳定性的有效措施之一是（   ）。

（A）加大受压翼缘宽度　　　　　　（B）加大受拉翼缘宽度

（C）增设腹板加劲肋　　　　　　　（D）增加构件的长细比

32. 建筑抗震设计应符合下列哪一项要求（　　）。

Ⅰ．应符合概念设计的要求

Ⅱ．当采用严重不规则的方案时，应进行弹塑性时程分析

Ⅲ．不应采用严重不规则的方案

Ⅳ．当采用严重不规则的方案时，应做振动台试验

（A）Ⅰ、Ⅱ　　　　（B）Ⅰ、Ⅲ　　　　（C）Ⅰ、Ⅳ　　　　（D）Ⅰ、Ⅱ、Ⅳ

33. 下列对底部框架-抗震墙砌体房屋结构的底部抗震墙的要求中，表述正确的是（　　）。

（A）6度设防且总层数不超过六层时，应允许采用嵌砌于框架之间的约束普通砖砌体或小砌块砌体的砌体抗震墙

（B）7、8度时应采用钢筋混凝土抗震墙或配筋小砌块砌体抗震墙

（C）上部的砌体墙体与底部的框架梁或抗震墙可不对齐

（D）应沿纵横两方向，均匀、对称设置一定数量符合规定的抗震墙

34. 抗震设防地区，烧结普通砖和砌筑砂浆的强度等级分别不应低于下列哪组数据（　　）。

（A）MU15、M5.0　　　　　　　　（B）MU15、M7.5

（C）MU10、M5.0　　　　　　　　（D）MU10、M7.5

35. 木结构建筑不应超过下列哪一个层数（　　）。

（A）1层　　　　（B）2层　　　　（C）3层　　　　（D）4层

36. 普通木结构房屋的设计使用年限为（　　）。

（A）30年　　　（B）50年　　　（C）70年　　　（D）100年

37. 砌体一般不能用于下列何种结构构件（　　）。

（A）受压　　　（B）受拉　　　（C）受弯　　　（D）受剪

38. 预应力混凝土楼板，混凝土强度不宜小于（　　）。

（A）C35　　　（B）C40　　　（C）C45　　　（D）C50

39. 无粘结预应力钢筋混凝土梁具有许多优点，以下哪一种说法是不正确的（　　）。

（A）张拉较容易，摩擦力小　　　　（B）敷设安装方便

（C）抗裂性能高　　　　　　　　　（D）抗震性能比有粘结高

40. 关于木结构的防护措施，下列哪种说法错误（　　）。

（A）梁支座处应封闭好　　　　　　（B）梁支座下应设防潮层

（C）为木桩严禁直接埋入土中　　　（D）露天木结构应进行药剂处理

41. 采用哪一种措施可以减小普通钢筋混凝土简支梁裂缝的宽度（　　）。

（A）增加箍筋的数量

（B）钢筋总面积不变，增加底部主筋的直径

（C）钢筋总面积不变，减小底部主筋的直径

（D）增加顶部构造钢筋

42. 高层建筑转换层的结构设计，下列何种说法是不正确的（　　）。

（A）转换层结构形式，可以为梁板式、桁架式、箱式等

（B）转换层结构应能承受上部结构传下的全部竖向荷载，并传至底层

（C）转换层结构应能承受上部结构传下的全部水平荷载，并有效地传递到底层各抗侧力构件

（D）转换层的楼板应适当加厚，并按承受楼面竖向荷载配筋

43. 下列关于防震缝设置的叙述，何项正确（　　）。

（A）房屋高度相同时，各类钢筋混凝土结构的防震缝宽度也相同

（B）高层钢筋混凝土房屋，采用框架–抗震墙结构时，其防震缝宽度可比采用框架结构时小50%

（C）高层钢筋混凝土房屋，采用抗震墙结构时，其防震缝宽度可比采用框架结构小50%

（D）砌体结构防震缝的宽度总小于钢筋混凝土结构

44. 现浇混凝土框架结构在露天情况下伸缩缝间的最大距离为（　　）。

（A）15m　　　（B）35m　　　（C）80m　　　（D）100m

45. 钢筋混凝土超筋梁的正截面极限承载力取决于下列哪项（　　）。

（A）纵向钢筋强度及其配筋率　　　（B）箍筋强度及其配筋率

（C）混凝土的抗压强度　　　（D）混凝土的抗拉强度

46. 抗震设计时，单层钢筋混凝土柱厂房的柱间支撑设置，下列所述的哪一项是正确的（　　）。

（A）设防烈度为6度时，可不设柱间支撑

（B）柱间支撑应采用钢拉条或型钢制作

（C）一般情况，应在厂房单元两端设置柱间支撑

（D）厂房单元较长可在厂房单元中部1/3区段内设置两道柱间支撑

47. 钢框架梁与钢柱刚性连接时，下列连接方式错误的是（　　）。

（A）柱在梁翼缘对应位置应设置横向加劲肋（隔板）

（B）钢梁腹板与柱宜采用摩擦型高强度螺栓连接

（C）悬臂梁段与柱应采用全焊接连接

（D）钢梁翼缘与柱应采用角焊缝连接

48. 钢筋混凝土梁当端部受到部分约束但按简支梁计算时，应在支座上部设置纵向构造钢筋，其截面面积不应小于梁跨中下部纵向受力钢筋计算所需截面面积的（　　）。

（A）1/3　　　（B）1/4　　　（C）1/5　　　（D）1/10

49. 在选择砌体材料时，下列何种说法不正确（　　）。

（A）五层及五层以上房屋的墙体，应采用不低于MU10的砖

（B）施工时允许砌筑的墙高与墙厚度无关

（C）地面以上砌体应优先采用混合砂浆

（D）在冻胀地区、地面或防潮层以下的墙体不宜采用多孔砖

50. 多层砌体房屋在地震中常出现交叉型裂缝,其产生原因是下列哪一种(   )。

（A）应力集中　　　　　　　　　　（B）受压区剪压破坏

（C）抗主拉应力强度不足　　　　　（D）弹塑性变形内力不足

51. 筒中筒结构的建筑平面形状应优先选择(   )。

（A）椭圆形　　　（B）矩形　　　（C）圆形　　　（D）三角形

52. 下列高层建筑结构中,何项为复杂高层建筑结构(   )。

Ⅰ．连体结构　　　　　　　　　　Ⅱ．多塔楼结构

Ⅲ．筒中筒结构　　　　　　　　　Ⅳ．型钢混凝土框架-钢筋混凝土筒体结构

（A）Ⅰ、Ⅱ、Ⅲ　（B）Ⅰ、Ⅱ　（C）Ⅱ、Ⅲ、Ⅳ　（D）Ⅲ、Ⅳ

53. 一幢位于 7 度设防烈度区 **82m** 高的办公楼,需满足大空间灵活布置的要求,则采用下列哪种结构类型最为合理(   )。

（A）框架结构的　　　　　　　　　（B）框架-剪力墙结构

（C）剪力墙结构　　　　　　　　　（D）板柱-剪力墙结构

54. 跨度为 **60m** 的平面网架,其合理的网架高度为(   )。

（A）3m　　　（B）5m　　　（C）8m　　　（D）10m

55. 门式刚架的跨度不宜超过下列哪一个数值(   )。

（A）24m　　　（B）30m　　　（C）36m　　　（D）48m

56. 不属于混合结构体系是(   )。

（A）外围钢框架与钢筋混凝土核心筒组合的结构体系

（B）型钢钢筋混凝土框架与钢筋混凝土核心筒组合

（C）钢管混凝土柱钢筋混凝土梁与钢筋混凝土核心筒组合

（D）外围刚框筒与钢筋混凝土核心筒组合

57. 关于维护墙和隔墙的设置,下列哪一条原则是正确的(   )。

（A）框架的柱间砌体填充墙不宜到顶

（B）单层钢筋混凝土柱厂房中的砌体维护墙不宜采用外贴式

（C）框架结构中的隔墙不宜采用轻质墙

（D）单层钢筋混凝土柱厂房中的砌体隔墙宜与柱脱开

58. 根据《建筑抗震设计规范》,多层黏土砖房当需设置构造柱时,下列叙述哪些是正确的(   )。

Ⅰ．构造柱应单独设置基础

Ⅱ．内墙（轴线）与外墙交接处应设构造柱

Ⅲ．外墙四角,错层部位横墙与外纵墙交接处应设构造柱

Ⅳ．较大洞口两侧,大房间内外墙交接处应设构造柱

（A）Ⅲ、Ⅳ　　（B）Ⅰ、Ⅱ　　（C）Ⅰ、Ⅱ、Ⅲ　　（D）Ⅰ、Ⅲ

59. 下列关于钢构件长细比的表述,何项正确(   )。

（A）长细比是构件长度与构件截面高度之比

（B）长细比是构件长度与构件截面宽度之比

（C）长细比是构件对主轴的计算长度与构件截面宽度之比

（D）长细比是构件对主轴的计算长度与构件截面对主轴的回转半径之比

60. 框架-剪力墙结构在 8 度抗震设计中，剪力墙的间距不宜超过下列哪一组中的较小值（B 为楼面宽度）（　　）。

（A）$3B$，40m　　　（B）$6B$，50m　　　（C）$6B$，60m　　　（D）$5B$，70m

61. 关于高层建筑设全水平刚性加强层的目的，下述何种说法是正确的（　　）。

（A）减轻竖向抗侧力构件（如剪力墙）所承担的倾覆力矩，并减少侧移

（B）减少柱子的轴向压力

（C）主要为增加结构承受垂直荷载的能力

（D）主要为加强结构的整体稳定性

62. 在地震区的高层设计中，下述对建筑平面、立面布置的要求，哪一项是不正确的（　　）。

（A）建筑的平、立面布置宜规则、对称

（B）楼层不宜错层

（C）楼层刚度小于上层时，应不小于相邻的上层刚度的 50%

（D）平面长度不宜过长，突出部分长度宜减小

63. 抗震设计的 A 级高度钢筋混凝土高层建筑的平面布置，下列哪一项不符合规范要求（　　）。

（A）平面简单、规则、对称，减少偏心

（B）平面长度 L 不宜过长，突出部分的长度不宜过大

（C）不宜采用细腰形平面图形

（D）当采用角部重叠的平面图形时，其适用的高度宜适度降低

64. 根据《建筑抗震设计规范》，下列建筑哪一个是属于结构竖向不规则（　　）。

（A）有较大的楼层错层

（B）某层的侧向刚度小于相邻上一层的 75%

（C）楼板的尺寸和平面刚度急剧变化

（D）某层的受剪承载力小于相邻上一楼层的 80%

65. 关于提高烧结普通砖砌体抗压强度，下面说法错误的是（　　）。

（A）提高砖强度　　（B）提高砂浆强度　　（C）加厚灰缝厚度　　（D）提高砌筑质量等级

66. 某大型博物馆，一类环境，楼板混凝土强度等级最低 C（　　）。

（A）20　　　　（B）25　　　　（C）30　　　　（D）40

67. 7 度地震区的普通砖多层砌体房屋总高度限值，下列哪一项是正确的（　　）。

（A）12m　　　（B）18m　　　（C）21m　　　（D）24m

68. 某三层钢筋混凝土框架结构建筑，框架柱为三级抗震等级，柱截面尺寸最小为（　　）。

（A）300mm×300mm　　　　　　（B）350mm×350mm

（C）400mm×400mm　　　　　　（D）450mm×450mm

69. 预应力混凝土楼板，混凝土强度不宜小于（　　）。

（A）C35　　　　　（B）C40　　　　　（C）C45　　　　　（D）C50

70. 建筑物分为甲、乙、丙、丁四个抗震设防类别，指出下列哪一个分类是不正确的（　　）。

（A）甲类建筑应属于重大建筑工程和地震时可能发生严重次生灾害的建筑

（B）乙类建筑应属于地震破坏会造成社会重大影响和国民经济重大损失的建筑

（C）丙类建筑应属于除甲、乙、丁类以外的一般建筑

（D）丁类建筑应属于抗震次要建筑

71. 按我国现行《建筑抗震设计规范》规定，抗震设防烈度为多少度及以上地区的建筑必须进行抗震设计（　　）。

（A）5度　　　　　（B）6度　　　　　（C）7度　　　　　（D）8度

72. 下列博物馆、档案馆建筑中，不属于乙类建筑的是下列哪一种（　　）。

（A）存放国家二级文物的博物馆　　　　（B）建筑规模大于10000m² 的博物馆

（C）特级档案馆　　　　　　　　　　　（D）甲级档案馆

73. 砌体的线膨胀系数和收缩率与下列哪种因素有关（　　）。

（A）砌体类别　　（B）砌体抗压强度　　（C）砂浆种类　　（D）砂浆强度等级

74. 在9度抗震设防区，建一栋高58m的钢筋混凝土高层建筑，其适宜的结构选型是（　　）。

（A）框架结构　　　　　　　　　　　　（B）板柱–剪力墙结构

（C）框架–剪力墙结构　　　　　　　　（D）全落地剪力墙结构

75. 抗震建筑除顶层外其他层可局部收进，收进的平面面积或尺寸（　　）。

（A）不宜超过下层面积的90%　　　　　（B）不宜超过上层面积的90%

（C）可根据功能要求调整　　　　　　　（D）不宜大于下层尺寸的25%

76. 6~8度地震区建筑，采用钢筋混凝土框架结构和板柱-防震墙结构，其房屋适用的最大高度的关系为（　　）。

（A）框架 > 板柱-防震墙　　　　　　　（B）框架 = 板柱-防震墙

（C）框架 < 板柱-防震墙　　　　　　　（D）无法比较

77. 下列关于高层建筑抗震设计时采用混凝土筒中筒结构体系的表述，正确的是（　　）。

（A）结构高度不宜低于80m，高宽比可小于3

（B）结构平面外形可选正多边形、矩形等，内筒宜居中，矩形平面的长宽比宜大于2

（C）外框筒柱距不宜大于4m，洞口面积不宜大于墙面面积的60%，洞口高宽比无特殊要求

（D）在现行规范所列钢筋混凝土结构体系中，筒中筒结构可适用的高度最大

78. 下列结构体系中，属双重抗侧力体系的是（　　）。

（A）砌体结构体系

（B）钢筋混凝土结构体系

（C）钢筋混凝土剪力墙结构体系

（D）钢筋混凝土框架-剪力墙结构体系

79. 当其他一切条件相同，设某建筑物抗震设防烈度为 7 度时所受的总水平地震作用为 F_{E1}，8 度时所受的总水平地震作用为 F_{E2}，则 F_{E1} 与 F_{E2} 存在下列何种关系（　　）。

（A）$F_{E2}=1.125F_{E1}$　　（B）$F_{E2}=2F_{E1}$　　（C）$F_{E2}=1.5F_{E1}$　　（D）$F_{E2}=1.25F_{E1}$

80. 抗震设计时可不计算竖向地震作用的建筑结构是（　　）。

（A）8、9 度时的大跨度结构和长悬臂结构

（B）9 度时的高层建筑结构

（C）8、9 度时采用隔震设计的建筑结构

（D）多层砌体结构

81. 对于室内正常环境的预应力混凝土结构，设计使用年限为 100 年时，规范要求其混凝土最低强度等级为（　　）。

（A）C25　　　　　（B）C30　　　　　（C）C35　　　　　（D）C40

82. 抗震设计时，钢结构民用房屋适用的最大高宽比采用下列哪一个数值是不恰当的（　　）。

（A）6 度 7.0　　　（B）7 度 6.5　　　（C）8 度 6.0　　　（D）9 度 5.5

83. 大悬挑体育场屋盖设计中，哪种结构用钢量最少（　　）。

（A）索膜结构　　　　　　　　　（B）悬挑折面网格结构

（C）刚架结构　　　　　　　　　（D）钢桁架结构

84. 根据《建筑抗震设计规范》，抗震设计时，一、二级抗震墙底部加强部位的厚度（不含无端柱或无翼墙者）是（　　）。

（A）不应小于 140mm 且不宜小于层高的 1/25

（B）不宜小于 160mm 且不宜小于层高的 1/20

（C）不宜小于 200mm 且不宜小于层高的 1/16

（D）不宜小于层高的 1/12

85. 地震区房屋如图 20 所示，两楼之间的裂缝的最小宽度 A 按下列哪项确定（　　）。

（A）按框架结构 30m 高确定

（B）按框架结构 60m 高确定

（C）按剪力墙结构 30m 高确定

（D）按剪力墙结构 60m 高确定

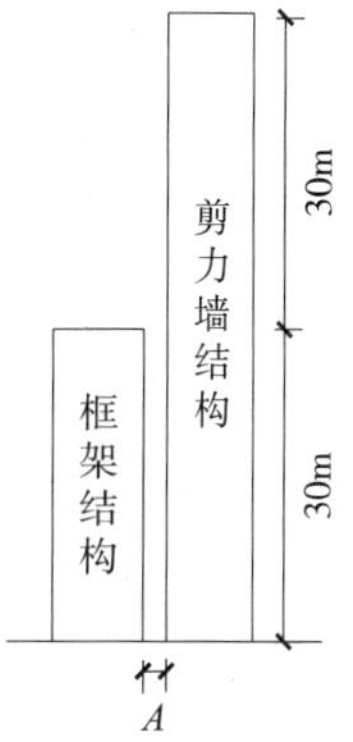

图 20

86. 土的抗剪强度取决于下列哪一组物理指标（　　）。

Ⅰ．土的内摩擦角 φ 值　　　　　Ⅱ．土的抗压强度

Ⅲ．土的黏聚力 C 值　　　　　　Ⅳ．土的塑性指数

（A）Ⅰ、Ⅱ　　（B）Ⅱ、Ⅲ　　（C）Ⅲ、Ⅳ　　（D）Ⅰ、Ⅲ

87. 同等级的混凝土强度指标中，最低的是（　　）。

（A）轴心抗拉强度的标准值

（B）轴心抗拉强度的设计值

（C）轴心抗压强度的标准值

（D）轴心抗压强度的设计值

88. 挡土墙有可能承受静止土压力、主动土压力、被动土压力，这三种土压力的大小，下列何种说法是正确的（　　）。

（A）主动土压力最大

（B）被动土压力最大

（C）静止土压力居中

（D）静止土压力最大

89. 已知某柱下独立基础，在图 21 所示偏心荷载作用下，基础底面的土压力示意正确的是（　　）。

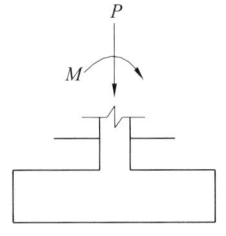

图 21

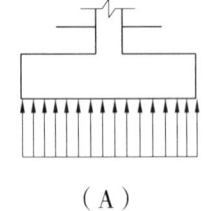 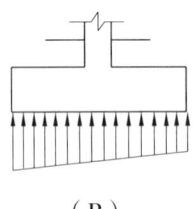 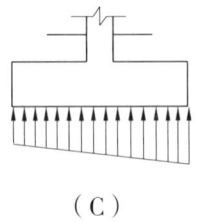 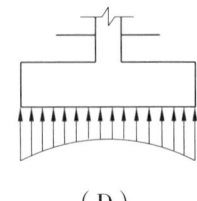

　（A）　　　　　　（B）　　　　　　（C）　　　　　　（D）

90. 混凝土材料耐久性基本要求中，不包括（　　）。

（A）最大氯离子含量　　　　　　（B）混凝土强度等级

（C）保护层厚度　　　　　　　　（D）环境等级

91. 软弱土层的处理办法，下列哪一种做法是不恰当的（　　）。

（A）淤泥填土可以采用水泥深层搅拌法　　（B）素填土可以采用强夯法处理

（C）杂填土必须采用桩基　　　　　　　　（D）堆载预压可用于处理有较厚淤泥层的地基

92. 钢筋混凝土柱下条形基础，基础梁的宽度，应每边比柱边宽出一定距离，下列哪一个数值是适当的（　　）。

（A）≥60mm　　（B）≥40mm　　（C）≥50mm　　（D）≥30mm

93. 下列关于复合地基的说法，错误的是（　　）。

（A）复合地基是桩基础的一种形式　　　　（B）复合地基设计应进行承载力设计

（C）复合地基设计应进行沉降计算　　　　（D）旋喷桩与 CFG 桩均为复合地基

94. 如图 22 所示结构，杆 I 的内力为下列何项数值（　　）。

（A）拉力 P

（B）拉力 $2P$

（C）压力 P

（D）压力 $2P$

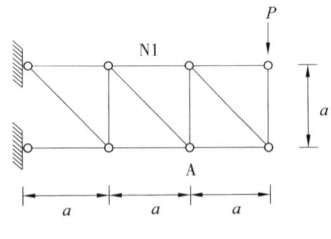

图 22

95. 悬臂梁如图 23 所示，其固端弯矩为 M_A，是下面哪个数值（　　）。

（A）50.0kN·m

（B）56.25kN·m

（C）75.0kN·m

（D）81.25kN·m

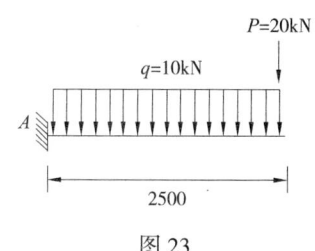

图 23

96. 简支工字钢梁在均布荷载作用下绕强轴的弯矩设计值为 M_x= 89.2kN·m，钢材牌号为 Q235，f =215N/mm^2，抗弯强度验算时不考虑截面塑性发展系数，至少应选用下列哪一种型号的工字钢（　　）。

（A）工 25a（净截面模量 401.4cm^3）　　（B）工 25b（净截面模量 422.2cm^3）

（C）工 28a（净截面模量 508.2cm^3）　　（D）工 28b（净截面模量 534.4cm^3）

97. 如图 24 所示，一个地面以上的无顶盖钢筋混凝土矩形水池，长 AB 为 5m，宽 BC 为 5m，高 AE 为 5m，问以下关于池壁 ABFE 受池中水压力计算简图叙述，哪项正确（　　）。

（A）四边简支

（B）三遍简支，一边自由

（C）三边嵌固，一边简支

（D）三边嵌固，一边自由

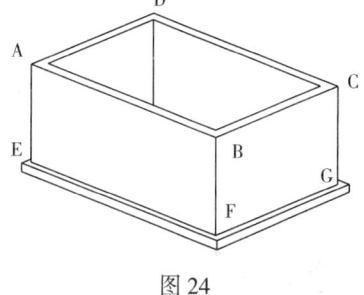

图 24

98. 蒸压灰砂普通砖砌体的专用砌筑砂浆强度等级中不包括（　　）。

（A）Ms2.5　　　　（B）Ms5.0　　　　（C）Ms7.5　　　　（D）Ms10

99. 预应力钢筋固定端锚具的图例，下列何种表达方式是正确的（　　）。

（A）　　　　　　（B）　　　　　　（C）　　　　　　（D）

100. 施工现场进行焊接的焊缝符号，当为单面角焊缝时，下列何种标注方式是正确的（　　）。

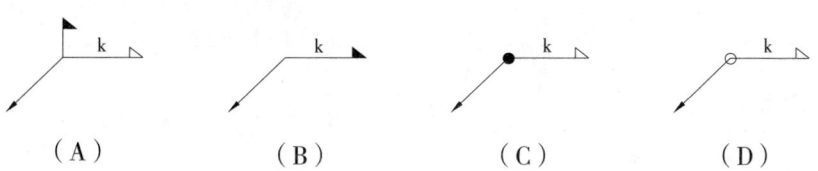

（A）　　　　　　（B）　　　　　　（C）　　　　　　（D）

模拟题 Ⅱ 参考答案及解析

1.【答案】D

【解析】参见《建筑结构荷载规范》GB 50009-2012 第 3.1.1 条：建筑结构的荷载可分为下列三类：

1. 永久荷载，包括结构自重、土压力、预应力等。

2. 可变荷载，包括楼面活荷载、屋面活荷载和积灰荷载、吊车荷载、风荷载、雪荷载、温度作用等。

3. 偶然荷载，包括爆炸力、撞击力等。

人防所受的爆炸力是偶然荷载，Ⅰ是错误的；楼梯均布活荷载是可变荷载，Ⅲ是错误的。

2.【答案】C

【解析】广义 T 型结点单杆如图 1 所示。

3.【答案】A

【解析】外力对几何组成分析没有影响去支座法对结构用去支座法，去右侧链杆支座，1 次超静定。

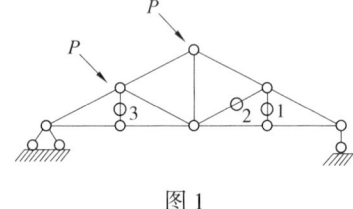

图 1

4.【答案】C

【解析】正应力公式和剪应力公式的理解，距离中性轴越远的点正应力越大，距离中性轴越近的点剪应力越大，中性轴处剪应力最大，这两条应作为知识点记忆。

5.【答案】B

【解析】刚结点平衡，结构无水平外力，因此铰支座处无水平反力，因此刚结点左侧弯矩为零，根据刚结点平衡可知，刚结点右侧弯矩也为零，因此答案选择 B。

6.【答案】C

【解析】①在有力的位置将杆分段；

②取隔离体求各段杆的杆端剪力；

③剪力使杆顺时针转时为正，连接杆端剪力成剪力图。

按照提示中的方法画出剪力图如图 2 选项 C 所示，其中分段取隔离体过程如下图所示。

注：均布荷载作用下杆件的剪力图为斜线段。

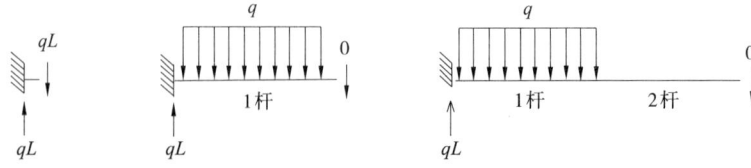

图 2

7.【答案】 A

【解析】铰接点和弯矩为零。

A 支座处弯矩为 M，B 支座和弯矩为零，简支梁上侧受拉，因此弯矩图在简支梁上侧，因此答案选择 A。

8.【答案】 B

【解析】弯矩图应画在受拉侧。

如图 3 所示弯矩图，A 点处为一处突变，因此该处应有一个集中力偶，故答案选 B。

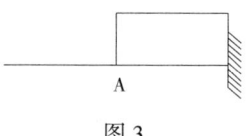

图 3

9.【答案】 B

【解析】铰接点和弯矩为零

B 支座处和弯矩为零，外力 P 对 B 支座的弯矩为逆时针，则 A 支座反力对 B 支座的弯矩为顺时针，因此 A 端支座反力向上；A 支座的和弯矩为零，外力 P 对 A 的弯矩为逆时针，则 B 支座的支座反力对 A 的弯矩是顺时针，因此 B 端支座反力向下。

10.【答案】 B

【解析】垂直于杆件的力对该杆件轴力图无影响

水平杆件无轴力，排除 AC；悬臂柱上垂直于杆件的力对悬臂柱的轴力图无影响，因此悬臂柱的轴力沿杆长不变，排除 D。

11.【答案】 D

【解析】铰接点的弯矩为零

A 支座和弯矩为零，则 $P \times 2a + P \times a - R_b \times a = 0 \Rightarrow R_b = 3P$，根据 $\sum Y = 0$，$R_a = 0$。

12.【答案】 C

【解析】剪力图为水平线段时，弯矩图为斜线段。

剪力图为水平线段时，弯矩图为斜线段，排除 A；右侧支座链杆处无集中力偶，弯矩图应连续，排除 B；伸臂部分无垂直于杆件的外力，剪力为零，D 错误。

13.【答案】 A

【解析】均布荷载的剪力图为斜线。

均布荷载的剪力图为斜线段，左侧支座链杆受力，因此支座链杆处剪力不为零，因此答案为 A。

14.【答案】 A

【解析】无约束则无内力。

D 支座无水平约束，故 CD 段无轴力，排除 BD；支座 A 有水平向左的支座反力，因此 AB 段受拉，轴力为正。

15.【答案】 A

【解析】计算支座反力时应将均布荷载转化为集中荷载。

支座 B 和弯矩为零，对 B 取距有 $\sum M_b = 6 \times 8 \times \frac{1}{2} \times 8 - P \times 4 = 0 \Rightarrow P = 48$。

16.【答案】C

【解析】弯矩图应画在受拉侧。

如图4所示，伸臂梁的伸臂部分（即A支座左侧）上侧受拉，B支座处和弯矩为零，因此选择C。

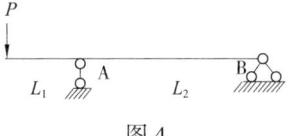

图4

17.【答案】B

【解析】刚结点直角不变原则，支座不动变形连续原则。

A选项中固定端刚结点不是直角，故错误；C选项竖向链杆支座处变形不连续，且固定端刚结点不是直角，故错误；D选项竖向链杆支座处变形不连续，故错误。

18.【答案】D

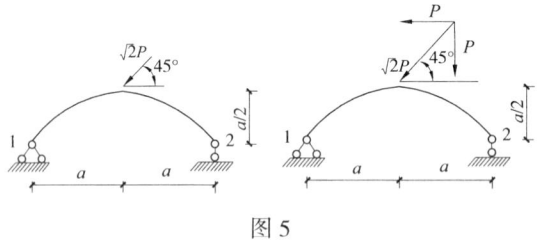

图5

【解析】力臂长度不容易确定时，可将力分解后再取矩。

如图5所示，将外力分解为水平和竖直两个分量；对支座1取矩 $\sum M_1=0$ 可得 $R_2 \times 2a + P \times \dfrac{a}{2} - P \times a = 0, R_2 = \dfrac{P}{4}$。

19.【答案】C

【解析】判断梁受拉侧。

AB两点处作用的荷载在CD两点有弯矩，且弯矩使CD梁下侧受拉，因此E点向下。

20.【答案】A

【解析】静定结构温度发生变化时不会产生内力。

三个结构均为静定结构，温度发生变化时不产生内力变化。

21.【答案】A

【解析】影响砌体抗压强度的因素：

（1）块材和砂浆强度的影响

块材和砂浆强度是影响砌体抗压强度的主要因素：砌体强度随块材和砂浆强度的提高，对提高砌体强度而言、提高块材强度比提高砂浆强度更有效。

（2）块材的表面平整度和几何尺寸的影响

块材表面愈平整，灰缝厚薄愈均匀，砌体的抗压强度可提高。当块材翘曲时砂浆层严重不均匀，将产生较大的附加弯曲应力使块材过早破坏。块材尺寸越大，砌体强度越高。

（3）砌筑质量的影响

砌体砌筑时水平灰缝的厚度、饱满度、砖的含水率及砌筑方法均影响到砌体的强度和整体性。水泥砂浆和易性差，对砌体强度不利。

22.【答案】A

【解析】参见《砌体结构设计规范》GB 50003-2011 第 3.2.1.1 条：1 烧结普通砖、烧结多孔砖砌体的抗压强度设计值，应按表 3.2.1-1 采用。

烧结普通砖和烧结多孔砖砌体的抗压强度设计值（MPa）　　表 3.2.1-1

砖强度等级	砂浆强度等级					砂浆强度
	M15	M10	M7.5	M5	M2.5	0
MU30	3.94	3.27	2.93	2.59	2.26	1.15
MU25	3.60	2.98	2.68	2.37	2.06	1.05
MU20	3.22	2.67	2.39	2.12	1.84	0.94
MU15	2.79	2.31	2.07	1.83	1.60	0.82
MU10	—	1.89	1.69	1.50	1.30	0.67

注：当烧结多孔砖的孔洞率大于 30% 时，表中数值应乘以 0.9。

23.【答案】B

【解析】钢材的焊接性能主要取决于含碳量，碳的质量分数在 0.1%~0.2% 范围的碳素钢焊接性最好。

24.【答案】C

【解析】参见《混凝土结构设计规范》GB 50010-2010（第 2015 年版）4.2.1 条：混凝土结构的钢筋应按下列规定选用：

1. 纵向受力普通钢筋宜采用 HRB400、HRB500、HRBF400、HRBF500 钢筋，也可采用 HPB300、HRB335、HRBF335、RRB400 钢筋；

2. 梁、柱纵向受力普通钢筋应采用 HRB400、HRB500、HRBF400、HRBF500 钢筋；

3. 箍筋宜采用 HRB400、HRBF400、HPB300、HRB500、HRBF500 钢筋，也可采用 HRB335、HRBF335 钢筋；

4. 预应力筋宜采用预应力钢丝、钢绞线和预应力螺纹钢筋。

25.【答案】C

【解析】立方体抗压强度采用是 150mm×150mm×150mm 立方体试块所测得的强度，轴心抗压强度是采用 150mm×150mm×300mm 棱柱体试块。试验机承压钢板通过界面上的摩擦力对混凝土试块横向变形形成约束，离承压钢板越远试块混凝土所受约束就越小。在立方体试块中由于试块高度较小，这种水平约束影响可一直达到试块高度的中部，正是由于这种水平约束的存在使立方体试块混凝土的强度有所提高。当试块高宽比增大后，上下两个端面上摩擦力约束影响已达不到试块高度的中部，使中部混凝土处在横向自由变形状态，而且高宽比越大中部横向自由变形区域也就越大，因此测得的强度就将逐步有所降低。所以轴心抗压强度小于立方体抗压强度；与抗压强度相比，混凝土的抗拉强度很小。

26.【答案】B

【解析】混凝土收缩是指在混凝土凝结初期或硬化过程中出现的体积缩小现象。

混凝土的徐变：混凝土在受到荷载作用后，在荷载（应力）不变的情况下，变形（应变）随时间而不断增长的现象。

混凝土结构的疲劳破坏是在反复荷载作用下损伤不断累积，承载力逐渐降低直至丧失的过程。

混凝土的弹性变形：外力作用下产生变形，当外力取消后，变形即可消失并能完全恢复原来形状的性质称为弹性。这种可恢复的变形称为弹性变形。

27.【答案】A

【解析】参见《木结构设计规范》GB 50005-2017 表 4.3.1-3：

木材的强度设计值和弹性模量（N/mm²）　　　　　　表 4.3.1-3

强度等级	组别	抗弯 f_m	顺纹抗压及承压 f_c	顺纹抗拉 f_t	顺纹抗剪 f_v	横纹承压 $f_{c,90}$			弹性模量 E
						全表面	局部表面和齿面	拉力螺栓垫板下	
TC17	A	17	16	10	1.7	2.3	3.5	4.6	10000
	B		15	9.5	1.6				
TC15	A	15	13	9.0	1.6	2.1	3.1	4.2	10000
	B		12	9.0	1.5				
TC13	A	13	12	8.5	1.5	1.9	2.9	3.8	10000
	B		10	8.0	1.4				9000
TC11	A	11	10	7.5	1.4	1.8	2.7	3.6	9000
	B		10	7.0	1.2				
TB20	—	20	18	12	2.8	4.2	6.3	8.4	12000
TB17	—	17	16	11	2.4	3.8	5.7	7.6	11000
TB15	—	15	14	10	2.0	3.1	4.7	6.2	10000
TB13	—	13	12	9.0	1.4	2.4	3.6	4.8	8000
TB11	—	11	10	8.0	1.3	2.1	3.2	4.1	7000

注：计算木构件端部（如接头处）的拉力螺栓垫板时，木材横纹承压强度设计值应按"局部表面和齿面"一栏的数值采用。

28.【答案】C

【解析】参见《混凝土结构设计规范》GB 50010-2010（2015年版）第9.4.1条：竖向构件截面长边、短边（厚度）比值大于4时，宜按墙的要求进行设计。

支撑预制楼（屋面）板的墙，其厚度不宜小于140mm；对剪力墙结构尚不宜小于层高的1/25，对框架-剪力墙结构尚不宜小于层高的1/20。

当采用预制板时，支承墙的厚度应满足墙内竖向钢筋贯通的要求。

29.【答案】D

【解析】无粘结预应力钢筋由高强钢丝组成钢丝束或用高强钢丝扭结而成的钢铰线，通过防锈、防腐润滑油脂等涂层包裹塑料套管而构成的新型预应力筋。它与施加预应力的混凝土之间没有粘结力，可以永久地相对滑动，预应力全部由两端的锚具传递。

30.【答案】C

【解析】参见《混凝土结构设计规范》GB 50010-2010（2015年版）第8.4.2条：轴心受拉及小偏心受拉杆件的纵向受力钢筋不得采用绑扎搭接；其他构件中的钢筋采用绑扎搭接时，受拉钢筋直径不宜大于25mm，受压钢筋直径不宜大于28mm。

31.【答案】A

【解析】H型钢梁整体稳定性主要与受压翼缘的宽度有关，加大受压翼缘宽度可提高钢梁整体稳定性；减小构件的长细比可提高钢梁的整体稳定性；增设腹板加劲肋可提高局部稳定性。

32.【答案】B

【解析】参见《建筑抗震设计规范》GB 50011-2010第3.4.1条：建筑设计应根据抗震概念设计的要求明确建筑形体的规则性。不规则的建筑应按规定采取加强措施；特别不规则的建筑应进行专门研究和论证，采取特别的加强措施；严重不规则的建筑不应采用。

注：形体指建筑平面形状和立面、竖向剖面的变化。

33.【答案】D

【解析】参见《建筑抗震设计规范》GB 50011-2010第7.1.8条：底部框架-抗震墙砌体房屋的结构布置，应符合下列要求：

1. 上部的砌体墙体与底部的框架梁或抗震墙，除楼梯间附近的个别墙段外均应对齐。

2. 房屋的底部，应沿纵横两方向设置一定数量的抗震墙，并应均匀对称布置。6度且总层数不超过四层的底层框架-抗震墙砌体房屋，应允许采用嵌砌于框架之间的约束普通砖砌体或小砌块砌体的砌体抗震墙，但应计入砌体墙对框架的附加轴力和附加剪力并进行底层的抗震验算，且同一方向不应同时采用钢筋混凝土抗震墙和约束砌体抗震墙；其余情况，8度时应采用钢筋混凝土抗震墙，6、7度时应采用钢筋混凝土抗震墙或配筋小砌块砌体抗震墙。

3. 底层框架-抗震墙砌体房屋的纵横两个方向，第二层计入构造柱影响的侧向刚度与底层侧向刚度的比值，6、7度时不应大于2.5，8度时不应大于2.0，且均不应小于1.0。

4. 底部两层框架-抗震墙砌体房屋纵横两个方向，底层与底部第二层侧向刚度应接近，第三层计入构造柱影响的侧向刚度与底部第二层侧向刚度的比值，6、7度时不应大于2.0，8度时不应大于1.5，且均不应小于1.0。

5. 底部框架-抗震墙砌体房屋的抗震墙应设置条形基础、筏形基础等整体性好的基础。

34.【答案】C

【解析】参见《砌体结构设计规范》GB 50003-2011第10.1.12条：结构材料性能指标，应符合下列规定：

1. 砌体材料应符合下列规定：

1) 普通砖和多孔砖的强度等级不应低于MU10，其砌筑砂浆强度等级不应低于M5；蒸压灰砂普通砖、蒸压粉煤灰普通砖及混凝土砖的强度等级不应低于MU15，其砌筑砂浆强度等级不应低于Ms5（Mb5）；

2）混凝土砌块的强度等级不应低于MU7.5，其砌筑砂浆强度等级不应低于Mb7.5；

3）约束砖砌体墙，其砌筑砂浆强度等级不应低于M10或Mb10；

4）配筋砌块砌体抗震墙，其混凝土空心砌块的强度等级不应低于MU10，其砌筑砂浆强度等级不应低于Mb10。

2. 混凝土材料，应符合下列规定：

1）托梁，底部框架-抗震墙砌体房屋中的框架梁、框架柱、节点核芯区、混凝土墙和过渡层底板，部分框支配筋砌块砌体抗震墙结构中的框支梁和框支柱等转换构件、节点核芯区、落地混凝土墙和转换层楼板，其混凝土的强度等级不应低于C30；

2）构造柱、圈梁、水平现浇钢筋混凝土带及其他各类构件不应低于C20，砌块砌体芯柱和配筋砌块砌体抗震墙的灌孔混凝土强度等级不应低于Cb20。

3. 钢筋材料应符合下列规定：

1）钢筋宜选用HRB400级钢筋和HRB335级钢筋，也可采用HPB300级钢筋；

2）托梁、框架梁、框架柱等混凝土构件和落地混凝土墙，其普通受力钢筋宜优先选用HRB400钢筋。

35.【答案】C

【解析】参见《建筑消防设计规范》：我们认为一般情况下不应该超过三层，考虑到安全疏散，木结构的建筑一般不超过三层。

36.【答案】B

【解析】参见《木结构设计规范》GB 50005—2017 第4.1.3条：木结构的设计使用年限应按表4.1.3采用。

设计使用年限   表4.1.3

类　别	设计使用年限	示　例
1	5年	临时性结构
2	25年	易于替换的结构构件
3	50年	普通房屋和一般构筑物
4	100年及以上	纪念性建筑物和特别重要的建筑结构

37.【答案】B

【解析】砌体内砌块与灰缝之间的粘结强度较低，故砌体一般不能用于受拉结构构件。

38.【答案】B

【解析】参考预应力混凝土结构的混凝土强度等级不宜低于C40，且不应低于C30。

39.【答案】D

【解析】无粘结预应力是指无粘结预应力筋与混凝土不直接接触而处于无粘结的状态。

无粘结预应力的特点：

（1）构造简单、自重轻。不需要预留预应力筋孔道，适合构造复杂、曲线布筋的构件，构件尺寸减小、自重减轻。

（2）施工简便、设备要求低。无须预留管道、穿灌浆等复杂工序，在中小跨度桥梁制造中代替先张法可省去张拉支架，简化了施工工艺，加快了施工进度。

（3）预应力损失小、可补拉。预应力筋与外护套间设防腐油脂层，张拉摩擦损失小，使用期预应力筋可补张拉。

（4）抗裂性能好。采用无粘结预应力筋可以在满足极限承载能力的同时避免出现集中裂缝，使之具有有粘结部分预应力混凝土相似的力学性能。

（5）抗疲劳性能好。无粘结预应力筋与混凝土纵向可相对滑移，使用阶段应力幅度小，无疲劳问题。

但有粘结预应力混凝土比无粘结预应力混凝土的抗震性高。

40.【答案】A

【解析】参见《木结构设计规范》GB 50005-2017 第 11.2.9 条：木结构的防水防潮措施应按下列规定设置：

1. 当桁架和大梁支承在砌体或混凝土上时，桁架和大梁的支座下应设置防潮层；

2. 桁架、大梁的支座节点或其他承重木构件不应封闭在墙体或保温层内；

3. 支承在砌体或混凝土上的木柱底部应设置垫板，严禁将木柱直接砌入砌体中，或浇筑在混凝土中；

4. 在木结构隐蔽部位应设置通风孔洞；

5. 无地下室的底层木楼盖应架空，并应采取通风防潮措施。

41.【答案】B

【解析】减小混凝土裂缝宽度的方法有：①采用小直径钢筋；②不宜采用高强钢筋；③采用带肋钢筋；④适当增加钢筋面积；⑤适当减小混凝土保护层厚度；⑥采用预应力构件。

42.【答案】D

【解析】参见《高层建筑混凝土结构技术规程》JGJ 3-2010 第 10.2.4 条：厚板设计应符合下列规定：

1. 转换厚板的厚度可由抗弯、抗剪、抗冲切截面验算确定。

2. 转换厚板可局部做成薄板，薄板与厚板交界处可加腋；转换厚板亦可局部做成夹心板。

3. 转换厚板宜按整体计算时所划分的主要交叉梁系的剪力和弯矩设计值进行截面设计并按有限元法分析结果进行配筋校核；受弯纵向钢筋可沿转换板上、下部双层双向配置，每一方向总配筋率不宜小于 0.6%；转换板内暗梁的抗剪箍筋面积配筋率不宜小于 0.45%。

4. 厚板外周边宜配置钢筋骨架网。

5. 转换厚板上、下部的剪力墙、柱的纵向钢筋均应在转换厚板内可靠锚固。

6. 转换厚板上、下一层的楼板应适当加强，楼板厚度不宜小于 150mm。

43.【答案】C

【解析】参见《建筑抗震设计规范》GB 50011-2010 第 6.1.4 条：钢筋混凝土房屋需要

设置防震缝时，应符合下列规定：

1. 防震缝宽度应分别符合下列要求：

1）框架结构（包括设置少量抗震墙的框架结构）房屋的防震缝宽度，当高度不超过15m时不应小于100mm；高度超过15m时，6度、7度、8度和9度分别每增加高度5m、4m、3m和2m，宜加宽20mm；

2）框架－抗震墙结构房屋的防震缝宽度不应小于本款1）项规定数值的70%，抗震墙结构房屋的防震缝宽度不应小于本款1）项规定数值的50%；且均不宜小于100mm；

3）防震缝两侧结构类型不同时，宜按需要较宽防震缝的结构类型和较低房屋高度确定缝宽。

2. 8、9度框架结构房屋防震缝两侧结构层高相差较大时，防震缝两侧框架柱的箍筋应沿房屋全高加密，并可根据需要在缝两侧沿房屋全高各设置不少于两道垂直于防震缝的抗撞墙。抗撞墙的布置宜避免加大扭转效应，其长度可不大于1/2层高，抗震等级可同框架结构；框架构件的内力应按设置和不设置抗撞墙两种计。

44.【答案】B

【解析】参见《混凝土结构设计规范》GB 50010-2010（2015年版）表8.1.1：钢筋混凝土结构伸缩缝的最大间距可按表8.1.1确定。

钢筋混凝土结构伸缩缝最大间距（m） 表8.1.1

结构类型		室内或土中	露天
排架结构	装配式	100	70
框架结构	装配式	75	50
	现浇式	55	35
剪力墙结构	装配式	65	40
	现浇式	45	30
挡土墙、地下室墙壁等类结构	装配式	40	30
	现浇式	30	20

注：1. 装配整体式结构的伸缩缝间距，可根据结构的具体情况取表中装配式结构与现浇式结构之间的数值；
2. 框架-剪力墙结构或框架-核心筒结构房屋的伸缩缝间距，可根据结构的具体情况取表中框架结构与剪力墙结构之间的数值；
3. 当屋面无保温或隔热措施时，框架结构、剪力墙结构的伸缩缝间距宜按表中露天栏的数值取用；
4. 现浇挑檐、雨罩等外露结构的局部伸缩缝间距不宜大于12m。

45.【答案】C

【解析】钢筋混凝土梁由纵向受拉钢筋和受压区混凝土共同承担弯矩作用。超筋破坏时受压区混凝土被压碎，纵向受拉钢筋未屈服，钢筋未充分发挥作用。所以极限承载力主要由受压区混凝土抗压强度控制。

46.【答案】D

【解析】参见《建筑抗震设计规范》GB 50011-2010第9.1.23条：厂房柱间支撑的设置和构造，应符合下列要求：

1. 厂房柱间支撑的布置，应符合下列规定：

1）一般情况下，应在厂房单元中部设置上、下柱间支撑，且下柱支撑应与上柱支撑配套设置；

2）有起重机或 8 度和 9 度时，宜在厂房单元两端增设上柱支撑；

3）厂房单元较长或 8 度Ⅲ、Ⅳ类场地和 9 度时，可在厂房单元中部 1/3 区段内设置两道柱间支撑。

2. 柱间支撑应采用型钢，支撑形式宜采用交叉式，其斜杆与水平面的交角不宜大于 55 度。

3. 支撑杆件的长细比，不宜超过表 9.1.23 的规定。

4. 下柱支撑的下节点位置和构造措施，应保证将地震作用直接传给基础；当 6 度和 7 度（0.10g）不能直接传给基础时，应计及支撑对柱和基础的不利影响采取加强措施。

5. 交叉支撑在交叉点应设置节点板，其厚度不应小于 10mm，斜杆与交叉节点板应焊接，与端节点板宜焊接。

交叉支撑斜杆的最大长细比 表 9.1.23

位置	烈度			
	6 度和 7 度Ⅰ、Ⅱ类场地	7 度Ⅲ、Ⅳ类场地和 8 度Ⅰ、Ⅱ类场地	8 度Ⅲ、Ⅳ类场地和 9 度Ⅰ、Ⅱ类场地	9 度Ⅲ、Ⅳ类场地
上柱支撑	250	250	200	150
下柱支撑	200	150	120	120

47.【答案】D

【解析】钢框架结构中梁与柱之间的连接节点时十分重要的传力区域，必须保证连接节点的安全性和可靠性。角焊缝的内部缺陷和应力集中较为明显，可靠性较低不应在梁柱节点使用，应使用焊接质量更好的全焊接的对接焊缝。

48.【答案】B

【解析】参见《混凝土结构设计规范》GB 50010-2010（2015 年版）第 9.2.6 条：梁的上部纵向构造钢筋应符合下列要求：

1. 当梁端按简支计算但实际受到部分约束时，应在支座区上部设置纵向构造钢筋。其截面面积不应小于梁跨中下部纵向受力钢筋计算所需截面面积的 1/4，且不应少于 2 根。该纵向构造钢筋自支座边缘向跨内伸出的长度不应小于 $l_0/5$，l_0 为梁的计算跨度。

2. 对架立钢筋，当梁的跨度小于 4m 时，直径不宜小于 8mm；当梁的跨度为 4~6m 时，直径不应小于 10mm；当梁的跨度大于 6m 时，直径不宜小于 12mm。

49.【答案】B

【解析】在施工阶段也应该进行墙体的高厚度验算，以保证墙体的稳定性。

50.【答案】C

【解析】在水平地震作用下，墙体因为抗主拉应力强度不足而发生剪切破坏，出现 45° 对角线裂缝，在地震反复作用下，造成 X 形交叉裂缝。

51.【答案】C

【解析】参见《高层建筑混凝土结构技术规程》JGJ 3-2010 第9.3.1条：筒中筒结构的平面外形宜选用圆形、正多边形、椭圆形或矩形等，内筒宜居中。

圆形结构各向刚度均衡，故筒中筒结构的建筑平面形状应优先选择圆形。

52.【答案】B

【解析】参见《高层建筑混凝土结构技术规程》JGJ 3-2010 第10.1.1条：本章对复杂高层建筑结构的规定适用于带转换层的结构、带加强层的结构、错层结构、连体结构以及竖向体形收进、悬挑结构。

53.【答案】B

【解析】参见《高层建筑混凝土结构技术规程》JGJ 3-2010 表3.3.3-1：

对于7度设防烈度区，82m的高度超过了框架结构和板柱-剪力墙结构的最高高度要求，不能使用，A、D选项应舍弃。由于题目中要求满足大空间灵活布置的要求，故选择B。

A级高度钢筋混凝土高层建筑的最大适用高度（m） 表3.3.1-1

结构体系		非抗震设计	抗震设防烈度				
			6度	7度	8度		9度
					0.20g	0.30g	
框架		70	60	50	40	35	—
框架-剪力墙		150	130	120	100	80	50
剪力墙	全部落地剪力墙	150	140	120	100	80	60
	部分框支剪力墙	130	120	100	80	50	不应采用
筒体	框架-核心筒	160	150	130	100	90	70
	筒中筒	200	180	150	120	100	80
板柱-剪力墙		110	80	70	55	40	不应采用

注：1. 表中框架不含异性柱框架；
　　2. 部分框支剪力墙结构指地面以上有部分框支剪力墙的剪力墙结构；
　　3. 甲类建筑，6、7、8度时宜按本地区设防烈度提高一度后符合本表的要求，9度时应专门研究。
　　4. 框架结构、板柱-剪力墙结构以及9度抗震设防的表列其他结构，当房屋高度超过表中数值时，结构设计应有可靠依据，并采取有效地加强措施。

54.【答案】B

【解析】平板网架的跨高比：

1）$L<30m$ 时跨高比取 $1/13 \sim 1/10$；

2）$30m<L \leqslant 60m$ 时跨高比取 $1/15 \sim 1/12$；

3）$L>60m$ 时跨高比取 $1/18 \sim 1/14$。

55.【答案】D

【解析】参见《门式刚架轻型房屋钢结构技术规范》GB 51022-2015 第5.2.2条：门式刚架的单跨跨度宜为12~48m。当有根据时，可采用更大跨度。当边柱宽度不等时，其外侧应对齐。门式刚架的间距，即柱网轴线在纵向的距离宜为6~9m，挑檐长度可根据使用要求确定，宜为 0.5~1.2m，其上医院坡度宜与斜梁坡度相同。

56.【答案】C

【解析】参见《高层建筑混凝土结构技术规程》JGJ 3-2010 第 11.1.1 条，本章规定的混合结构，系指由外围钢框架或型钢混凝土、钢管混凝土框架与钢筋混凝土核心筒所组成的框架－核心筒结构，以及由外围钢框筒或型钢混凝土、钢管混凝土框筒与钢筋混凝土核心筒所组成的筒中筒结构。

57.【答案】D

【解析】参见《建筑抗震设计规范》GB 50011-2010 13.3.4 和 13.3.5：

第 13.3.4 条：钢筋混凝土结构中的砌体填充墙，尚应符合下列要求：

1. 填充墙在平面和竖向的布置，宜均匀对称，宜避免形成薄弱层或短柱。

2. 砌体的砂浆强度等级不应低于 M5；实心块体的强度等级不宜低于 MU2.5，空心块体的强度等级不宜低于 MU3.5；墙顶应与框架梁密切结合。

3. 填充墙应沿框架柱全高每隔 500~600mm 设 2φ6 拉筋，拉筋伸入墙内的长度，6、7 度时宜沿墙全长贯通，8、9 度时应全长贯通。

4. 墙长大于 5m 时，墙顶与梁宜有拉结；墙长超过 8m 或层高 2 倍时，宜设置钢筋混凝土构造柱；墙高超过 4m 时，墙体半高宜设置与柱连接且沿墙全长贯通的钢筋混凝土水平系梁。

5. 楼梯间和人流通道的填充墙，尚应采用钢丝网砂浆面层加强。

第 13.3.5 条：单层钢筋混凝土柱厂房的围护墙和隔墙，尚应符合下列要求：

1. 厂房的围护墙宜采用轻质墙板或钢筋混凝土大型墙板，砌体围护墙应采用外贴式并与柱可靠拉结；外侧柱距为 12m 时应采用轻质墙板或钢筋混凝土大型墙板。

2. 刚性围护墙沿纵向宜均匀对称布置，不宜一侧为外贴式，另一侧为嵌砌式或开敞式；不宜一侧采用砌体墙一侧采用轻质墙板。

3. 不等高厂房的高跨封墙和纵横向厂房交接处的悬墙宜采用轻质墙板，6、7 度采用砌体时不应直接砌在低跨屋面上。

4. 砌体围护墙在下列部位应设置现浇钢筋混凝土圈梁：

1）梯形屋架端部上弦和柱顶的标高处应各设一道，但屋架端部高度不大于 900mm 时可合并设置；

2）应按上密下稀的原则每隔 4m 左右在窗顶增设一道圈梁，不等高厂房的高低跨封墙和纵墙跨交接处的悬墙，圈梁的竖向间距不应大于 3m；

3）山墙沿屋面应设钢筋混凝土卧梁，并应与屋架端部上弦标高处的圈梁连接。

5. 圈梁的构造应符合下列规定：

1）圈梁宜闭合，圈梁截面宽度宜与墙厚相同，截面高度不应小于 180mm；圈梁的纵筋，6~8 度时不应少于 4φ12，9 度时不应少于 4φ14；

2）厂房转角处柱顶圈梁在端开间范围内的纵筋，6~8 度时不宜少于 4φ14，9 度时不宜少于 4φ16，转角两侧各 1m 范围内的箍筋直径不宜小于 φ8，间距不宜大于 100mm；圈梁转角处应增设不少于 3 根且直径与纵筋相同的水平斜筋；

3) 圈梁应与柱或屋架牢固连接，山墙卧梁应与屋面板拉结；顶部圈梁与柱或屋架连接的锚拉钢筋不宜少于4φ12，且锚固长度不宜小于35倍钢筋直径，防震缝处圈梁与柱或屋架的拉结宜加强。

6. 墙梁宜采用现浇，当采用预制墙梁时，梁底应与砖墙顶面牢固拉结并应与柱锚拉；厂房转角处相邻的墙梁，应相互可靠连接。

7. 砌体隔墙与柱宜脱开或柔性连接，并应采取措施使墙体稳定，隔墙顶部应设现浇钢筋混凝土压顶梁。

8. 砖墙的基础，8度Ⅲ、Ⅳ类场地和9度时，预制基础梁应采用现浇接头；当另设条形基础时，在柱基础顶面标高处应设置连续的现浇钢筋混凝土圈梁，其配筋不应少于4φ12。

9. 砌体女儿墙高度不宜大于1m，且应采取措施防止地震时倾倒。

第13.3.6条：钢结构厂房的围护墙，应符合下列要求：

1. 厂房的围护墙，应优先采用轻型板材，预制钢筋混凝土墙板宜与柱柔性连接；9度时宜采用轻型板材。

2. 单层厂房的砌体围护墙应贴砌并与柱拉结，尚应采取措施使墙体不妨碍厂房柱列沿纵向的水平位移；8、9度时不应采用嵌砌式。

58.【答案】A

【解析】参见《建筑抗震设计规范》GB 50011-2010 第7.3.1条：各类多层砖砌体房屋，应按下列要求设置现浇钢筋混凝土构造柱（以下简称构造柱）：

1. 构造柱设置部位，一般情况下应符合表7.3.1的要求。

2. 外廊式和单面走廊式的多层房屋，应根据房屋增加一层的层数，按表7.3.1的要求设置构造柱，且单面走廊两侧的纵墙均应按外墙处理。

3. 横墙较少的房屋，应根据房屋增加一层的层数，按表7.3.1的要求设置构造柱。当横墙较少的房屋为外廊式或单面走廊式时，应按本条2款要求设置构造柱；但6度不超过四层、7度不超过三层和8度不超过二层时，应按增加二层的层数对待。

4. 各层横墙很少的房屋，应按增加二层的层数设置构造柱。

5. 采用蒸压灰砂砖和蒸压粉煤灰砖的砌体房屋，当砌体的抗剪强度仅达到普通黏土砖砌体的70%时，应根据增加一层的层数按本条1~4款要求设置构造柱；但6度不超过四层、7度不超过三层和8度不超过二层时，应按增加二层的层数对待。

多层砖砌体房屋构造柱设置要求　　　　　　　　　　　表 7.3.1

房屋层数				设置部位	
6度	7度	8度	9度		
四、五	三、四	二、三	—	楼、电梯间四角，楼梯斜梯段上下端对应的墙体处；外墙四角和对应转角；错层部位横墙与外纵墙交接处；大房间内外墙交接处；较大洞口两侧	隔12m或单元横墙与外纵墙交接处；楼梯间对应的另一侧内横墙与外纵墙交接处
六	五	四	二		隔开间横墙（轴线）与外纵墙交接处；山墙与内纵墙交接处
七	≥六	≥五	≥三		内墙（轴线）与外墙交接处；内墙的局部较小墙垛处；内纵墙与横墙（轴线）交接处

59.【答案】D

【解析】长细比是构件对主轴的计算长度与构件截面对主轴的回转半径之比。

60.【答案】A

【解析】参见《高层建筑混凝土结构技术规程》JGJ 3—2010 第 8.1.8 条：

长矩形平面或平面有一部分较长的建筑中，其剪力墙的布置尚宜符合下列规定：

1. 横向剪力墙沿长方向的间距宜满足表 8.1.8 的要求，当这些剪力墙之间的楼盖有较大开洞时，剪力墙的间距应适当减小；

2. 纵向剪力墙不宜集中布置在房屋的两尽端。

剪力墙间距（m） 表 8.1.8

楼盖形式	非抗震设计（取较小值）	抗震设防烈度			
		6度、7度（取较小值）	8度（取较小值）	9度（取较小值）	
现浇	5.0B，60	4.0B，50	3.0B，40	2.0B，30	
装配整体	3.5B，50	3.0B，40	2.5B，30	—	

注：1. 表中 B 为剪力墙之间的楼盖宽度（m）；
2. 装配整体式楼盖的现浇层应符合本规程第 3.6.2 条的有关规定；
3. 现浇层厚度大于 60mm 的叠合楼板可作为现浇板考虑；
4. 当房屋端部未布置剪力墙时，第一片剪力墙与房屋端部的距离，不宜大于表中剪力墙间距的 1/2。

61.【答案】A

【解析】高层建筑为抵抗水平荷载的作用，需要一定侧向刚度，现在主要是设水平刚性层来加强其抗侧刚度。通过刚性水平加强层使得外围框架柱产生轴向拉力和压力，组成一个力偶平衡掉一部分由外部水平荷载产生的倾覆力矩从而减小核心筒体承受的力矩，也大大减小了水平侧移。一般只在超高层中应用。布置位置一般在顶层，不够的话中间部位也可以加上一两道。

62.【答案】C

【解析】参见《建筑抗震设计规范》GB 50011—2010 第 3.4.3 条：建筑形体及其构件布置的平面、竖向不规则性，应按下列要求划分：

1. 混凝土房屋、钢结构房屋和钢-混凝土混合结构房屋存在表 3.4.3-1 所列举的某项平面不规则类型或表 3.4.3-2 所列举的某项竖向不规则类型以及类似的不规则类型，应属于不规则的建筑。

2. 砌体房屋、单层工业厂房、单层空旷房屋、大跨屋盖建筑和地下建筑的平面和竖向不规则性的划分，应符合本规范有关章节的规定。

3. 当存在多项不规则或某项不规则超过规定的参考指标较多时，应属于特别不规则的建筑。

63.【答案】D

【解析】参见《高层建筑混凝土结构技术规程》JGJ 3—2010 第 3.4.3 条：抗震设计的混凝土高层建筑，其平面布置宜符合下列规定：

1. 平面宜简单、规则、对称，减少偏心；

2. 平面长度不宜过长（图 3.4.3），L/B 宜符合表 3.4.3 的要求；

3. 平面突出部分的长度 l 不宜过大、宽度 b 不宜过小（规程中图 3.4.3），l/B_{max}、l/b 宜符合表3.4.3的要求；

4.建筑平面不宜采用角部重叠或细腰形平面布置。

64.【答案】D

【解析】参见《建筑抗震设计规范》GB 50011—2010第3.4.3条：建筑形体及其构件布置的平面、竖向不规则性，应按下列要求划分：

1.混凝土房屋、钢结构房屋和钢－混凝土混合结构房屋存在表3.4.3-1所列举的某项平面不规则类型或表3.4.3-2所列举的某项竖向不规则类型以及类似的不规则类型，应属于不规则的建筑。

平面不规则的主要类型　　　　　　　　　　　　　　　　表3.4.3-1

不规则类型	定义和参考指标
扭转不规则	在规定的水平力作用下，楼层的最大弹性水平位移（或层间位移），大于该楼层两端弹性水平位移（或层间位移）平均值的1.2倍
凹凸不规则	平面凹进的尺寸，大于相应投影方向总尺寸的30%
楼板局部不连续	楼板的尺寸和平面刚度急剧变化，例如，有效楼板宽度小于该层楼板宽度的50%，或开洞面积大于该层楼面面积的30%，或较大的楼层错层

竖向不规则的主要类型　　　　　　　　　　　　　　　　表3.4.3-2

不规则类型	定义和参考类型
侧向刚度不规则	该层的侧向刚度小于相邻上一层的70%，或小于上相邻三个楼层侧向刚度平均值的80%；除顶层或出屋面小建筑外，局部收进的水平向尺寸大于相邻下一层的25%
竖向抗侧力构件不连续	竖向抗侧力构件（柱、抗震墙、抗震支撑）的内力由水平转换（梁、桁架等）向下传递
楼层承载力突变	抗侧力结构的层间受剪承载力小于相邻上一楼层的80%

2.砌体房屋、单层工业厂房、单层空旷房屋、大跨屋盖建筑和地下建筑的平面和竖向不规则性的划分，应符合本规范有关章节的规定。

3.当存在多项不规则或某项不规则超过规定的参考指标较多时，应属于特别不规则的建筑。

65.【答案】C

【解析】参见《砌体结构设计规范》GB 50003—2011表B.0.1-1 轴心抗压强度平均值 f_m（MPa）。

轴心抗压强度平均值 f_m（MPa）　　　　　　　　　　　表B.0.1-1

砌体种类	$f_m=k_1 f_1^a (1+0.7f_2) k_2$		
	k_1	a	k_2
烧结普通砖、烧结多孔砖、蒸压灰砂普通砖、蒸压粉煤灰普通砖、混凝土普通砖、混凝土多孔砖	0.78	0.5	当$f_2<1$时，$k_2=0.6+0.4f_2$
混凝土砌块、轻集料混凝土砌块	0.46	0.9	当$f_2=0$时，$k_2=0.8$
毛料石	0.79	0.5	当$f_2<1$时，$k_2=0.6+0.4f_2$
毛石	0.22	0.5	当$f_2<2.5$时，$k_2=0.4+0.24f_2$

注：1.k_2在表列条件以外时均等于1；
　　2.式中f_1为块体（砖、石、砌块）的强度等级值；f_2为砂浆抗压强度于均值。单位均以MPa计；
　　3.混凝土砌块砌体的轴心抗压强度平均值，当$f_1>10$MPa时，应乘系数1.1-0.01f_2，MU20的砌体应乘系数0.95，且满足$f_1 \geq f_2$，$f_1 \leq 20$MPa。

模拟题II参考答案及解析

66.【答案】C

【解析】参见《混凝土结构设计规范》第3.5.5条:一类环境中,设计使用年限为100年的混凝土结构应符合下列规定:

1. 钢筋混凝土结构的最低强度等级为C30;预应力混凝土结构的最低强度等级为C40。

67.【答案】C

【解析】参见《建筑抗震设计规范》GB 50011-2010 第7.1.2条:多层房屋的层数和高度应符合下列要求:

1. 一般情况下,房屋的层数和总高度不应超过表7.1.2的规定。

房屋的层数和总高度限值(m)　　　　　表7.1.2

房屋类别		最小抗震墙厚度(mm)	烈度和设计基本地震加速度							
			6		7		8		9	
			0.05g		0.10g	0.15g	0.20g	0.30g	0.40g	
			高度	层数	高度	层数	高度	层数	高度	层数	高度	层数
多层砌体房屋	普通砖	240	21	7	21	7	21	7	18	6	15	5	12	4
	多孔砖	240	21	7	21	7	18	6	18	6	15	5	9	3
	多孔砖	190	21	7	18	6	15	5	15	5	12	4	—	—
	小砌块	190	21	7	21	7	18	6	18	6	15	5	9	3
底部框架-抗震墙砌体房屋	普通砖 多孔砖	240	22	7	22	7	19	6	16	5	—	—	—	—
	多孔砖	190	22	7	19	6	16	5	13	4	—	—	—	—
	小砌块	190	22	7	22	7	19	6	16	5	—	—	—	—

注:1. 房屋的总高度指室外地面到主要屋面板板顶或檐口的高度,半地下室从地下室室内地面算起,全地下室和嵌固条件好的半地下室应允许从室外地面算起;对带阁楼的坡屋面应算到山尖墙的1/2高度处;
2. 室内外高差大于0.6m时,房屋总高度应允许比表中的数据适当增加,但增加量应少于1.0m;
3. 乙类的多层砌体房屋仍按本地区设防烈度查表,其层数应减少一层且总高度应降低3m;不应采用底部框架-抗震墙砌体房屋;
4. 本表小砌块砌体房屋不包括配筋混凝土小型空心砌块砌体房屋。

68.【答案】C

【解析】参考《混凝土结构设计规范》GB 50010-2010(2015年版)第11.4.11条:框架柱的截面尺寸应符合下列要求:一、二、三级抗震等级且层数超过2层时不宜小于400mm。

69.【答案】B

【解析】参考预应力混凝土结构的混凝土强度等级不宜低于C40,且不应低于C30。

70.【答案】B

【解析】根据《建筑工程抗震设防分类标准》GB 50223-2008 第3.0.2条:建筑工程应分为以下四个抗震设防类别:

1. 特殊设防类:指使用上有特殊设施,涉及国家公共安全的重大建筑工程和地震时可能发生严重次生灾害等特别重大灾害后果,需要进行特殊设防的建筑。简称甲类。

67

2. 重点设防类：指地震时使用功能不能中断或需尽快恢复的生命线相关建筑，以及地震时可能导致大量人员伤亡等重大灾害后果，需要提高设防标准的建筑。简称乙类。

3. 标准设防类：指大量的除1、2、4款以外按标准要求进行设防的建筑。简称丙类。

4. 适度设防类：指使用上人员稀少且震损不致产生次生灾害，允许在一定条件下适度降低要求的建筑。简称丁类。

71.【答案】B

【解析】参见《建筑抗震设计规范》GB 50011-2010 第1.0.2条：抗震设防烈度为6度及以上地区的建筑必须进行抗震设计。

72.【答案】A

【解析】参见《建筑工程抗震设防分类标准》GB 50223-2008 第6.0.6条：博物馆和档案馆中，大型博物馆，存放国家一级文物的博物馆，特级、甲级档案馆，抗震设防类别应划为重点设防类。其中大型博物馆是指建筑规模大于10000m² 的博物馆。

第3.0.2条：建筑工程应分为以下四个抗震设防类别：

1. 特殊设防类：指使用上有特殊设施，涉及国家公共安全的重大建筑工程和地震时可能发生严重次生灾害等特别重大灾害后果，需要进行特殊设防的建筑。简称甲类。

2. 重点设防类：指地震时使用功能不能中断或需尽快恢复的生命线相关建筑，以及地震时可能导致大量人员伤亡等重大灾害后果，需要提高设防标准的建筑。简称乙类。

3. 标准设防类：指大量的除1、2、4款以外按标准要求进行设防的建筑。简称丙类。

4. 适度设防类：指使用上人员稀少且震损不致产生次生灾害，允许在一定条件下适度降低要求的建筑。简称丁类。

73.【答案】A

【解析】参见《砌体结构设计规范》GB 50003-2011 第3.2.5.3条：砌体的线膨胀系数和收缩率，可按表3.2.5-2采用。

砌体的线膨胀系数和收缩率　　　　　　　　　　　　　表3.2.5-2

砌体类别	线膨胀系数（$10^{-6}/℃$）	收缩率（mm/m）
烧结普通砖、烧结多孔砖砌体	5	-0.1
蒸压灰砂普通砖、蒸压粉煤灰普通砖砌体	8	-0.2
混凝土普通砖、混凝土多孔砖、混凝土砌块砌体	10	-0.2
轻集料混凝土砌块砌体	10	-0.3
料石和毛石砌体	8	—

注：表中的收缩率系达到收缩允许标准的块体砌筑28d的砌体收缩系数。当地方有可靠的砌体收缩试验数据时，亦可采用当地的试验数据。

由表可知，砌体的线膨胀系数和收缩率与砌体类别有关。

74.【答案】D

【解析】参见《高层建筑混凝土结构技术规程》JGJ 3-2010 第3.3.1条：表3.3.1-1 A级高度钢筋混凝土高层建筑的最大适用高度（m）

A级高度钢筋混凝土高层建筑的最大适用高度（m）　　　　表 3.3.1-1

结构体系		非抗震设计	抗震设防烈度				
			6度	7度	8度		9度
					0.20g	0.30g	
框架		70	60	50	40	35	—
框架–剪力墙		150	130	120	100	80	50
剪力墙	全部落地剪力墙	150	140	120	100	80	60
	部分框支剪力墙	130	120	100	80	50	不应采用
筒体	框架–核心筒	160	150	130	100	90	70
	筒中筒	200	180	150	120	100	80
板柱–剪力墙		110	80	70	55	40	不应采用

注：1. 表中框架不含异性柱框架；
2. 部分框支剪力墙结构指地面以上有部分框支剪力墙的剪力墙结构；
3. 甲类建筑，6、7、8度时宜按本地区设防烈度提高一度后符合本表的要求，9度时应专门研究；
4. 框架结构、板柱–剪力墙结构以及9度抗震设防的表列其他结构，当房屋高度超过表中数值时，结构设计应有可靠依据，并采取有效地加强措施。

75.【答案】D

【解析】参见《建筑抗震设计规范》GB 50011-2010 第 3.4.3 条：建筑形体及其构件布置的平面、竖向不规则性，应按下列要求划分：

1. 混凝土房屋、钢结构房屋和钢–混凝土混合结构房屋存在表 3.4.3-1 所列举的某项平面不规则类型或表 3.4.3-2 所列举的某项竖向不规则类型以及类似的不规则类型，应属于不规则的建筑。

平面不规则的主要类型　　　　表 3.4.3-1

不规则类型	定义和参考指标
扭转不规则	在规定的水平力作用下，楼层的最大弹性水平位移（或层间位移），大于该楼层两端弹性水平位移（或层间位移）平均值的1.2倍
凹凸不规则	平面凹进的尺寸，大于相应投影方向总尺寸的30%
楼板局部不连续	楼板的尺寸和平面刚度急剧变化，例如，有效楼板宽度小于该层楼板宽度的50%，或开洞面积大于该层楼面面积的30%，或较大的楼层错层

竖向不规则的主要类型　　　　表 3.4.3-2

不规则类型	定义和参考类型
侧向刚度不规则	该层的侧向刚度小于相邻上一层的70%，或小于上相邻三个楼层侧向刚度平均值的80%；除顶层或出屋面小建筑外，局部收进的水平向尺寸大于相邻下一层的25%
竖向抗侧力构件不连续	竖向抗侧力构件（柱、抗震墙、抗震支撑）的内力由水平转换（梁、桁架等）向下传递
楼层承载力突变	抗侧力结构的层间受剪承载力小于相邻上一楼层的80%

2. 砌体房屋、单层工业厂房、单层空旷房屋、大跨屋盖建筑和地下建筑的平面和竖向不规则性的划分，应符合本规范有关章节的规定。

3. 当存在多项不规则或某项不规则超过规定的参考指标较多时，应属于特别不规则的建筑。

76.【答案】C

【解析】参见《高层建筑混凝土结构技术规程》JGJ 3-2010 第 3.3.1 条：表 3.3.1-1 A 级高度钢筋混凝土高层建筑的最大适用高度（m）。

A 级高度钢筋混凝土高层建筑的最大适用高度（m） 表 3.3.1-1

结构体系		非抗震设计	抗震设防烈度				
			6 度	7 度	8 度		9 度
					0.20g	0.30g	
框架		70	60	50	40	35	—
框架-剪力墙		150	130	120	100	80	50
剪力墙	全部落地剪力墙	150	140	120	100	80	60
	部分框支剪力墙	130	120	100	80	50	不应采用
筒体	框架-核心筒	160	150	130	100	90	70
	筒中筒	200	180	150	120	100	80
板柱-剪力墙		110	80	70	55	40	不应采用

注：1. 表中框架不含异性柱框架；
2. 部分框支剪力墙结构指地面以上有部分框支剪力墙的剪力墙结构；
3. 甲类建筑，6、7、8 度时宜按本地区设防烈度提高一度后符合本表的要求，9 度时应专门研究；
4. 框架结构、板柱-剪力墙结构以及 9 度抗震设防的表列其他结构，当房屋高度超过表中数值时，结构设计应有可靠依据，并采取有效地加强措施。

77.【答案】D

【解析】由上表 3.3.1-1 可知，筒中筒结构可适用的高度最大。

78.【答案】D

【解析】框架-混凝土剪力墙体系，框架-支撑体系，框架混凝土核心筒体系等统称为双重抗侧力体系。

79.【答案】B

【解析】参见《建筑抗震设计规范》GB 50011-2010 表 5.1.4-1：

水平地震影响系数最大值 表 5.1.4-1

地震影响	6 度	7 度	8 度	9 度
多遇地震	0.04	0.08（0.12）	0.16（0.24）	0.32
罕遇地震	0.28	0.50（0.72）	0.90（1.20）	1.40

总地震水平作用 $F_{Ek}=\alpha_1 G_{eq}$，抗震设防烈度为 7 度时，$\alpha_{max}=0.08$；抗震设防烈度为 8 度时，$\alpha_{max}=0.16$。α_1 与 α_{max} 成正比，$F_{E2}=\dfrac{0.08}{0.16}F_{E1}=2F_{E1}$。

80.【答案】D

【解析】根据《建筑抗震设计规范》GB 50011-2010 第 5.1.1.4 条：8、9 度时的大跨度和长悬臂结构及 9 度时的高层建筑，应计算竖向地震作用。

81.【答案】D

【解析】参见《混凝土结构设计规范》GB 50010-2010（2015 年版）表 3.5.2 和第 3.5.5 条：一类环境中，设计使用年限为 100 年的混凝土结构应符合下列规定：

1. 钢筋混凝土结构的最低强度等级为 C30；预应力混凝土结构的最低强度等级为 C40；

2. 混凝土中的最大氯离子含量为 0.06%；

3. 宜使用非碱活性骨料，当使用碱活性骨料时，混凝土中的最大碱含量为 $3.0kg/m^3$；

4. 混凝土保护层厚度应符合本规范第 8.2.1 条的规定；当采取有效的表面防护措施时，混凝土保护层厚度可适当减小。

82.【答案】A

【解析】参见《建筑抗震设计规范》GB 50011-2010 第 8.1.2 条：本章适用的钢结构民用房屋的最大高宽比不宜超过表 8.1.2 的规定。

钢结构民用房屋适用的最大高宽比　　　　表 8.1.2

烈度	6、7	8	9
最大高宽比	6.5	6.0	5.5

注：塔形建筑的底部有大底盘时，高宽比可按大底盘以上计算。

83.【答案】A

【解析】索膜结构是由多种高强薄膜材料及加强构件钢索通过一定方式使其内部产生一定的预张应力以形成某种空间形状，作为覆盖结构，并能承受一定的外荷载作用的一种空间结构形式。与以上其他结构形式相比，其用钢量最少。

84.【答案】C

【解析】参见《建筑抗震设计规范》GB 50011-2010 第 6.4.1 条：

抗震墙的厚度，一、二级不应小于 160mm 且不宜小于层高或无支长度的 1/20，三、四级不应小于 140mm 且不宜小于层高或无支长度的 1/25；无端柱或翼墙时，一、二级不宜小于层高或无支长度的 1/16，三、四级不宜小于层高或无支长度的 1/20。

底部加强部位的墙厚，一、二级不应小于 200mm 且不宜小于层高或无支长度的 1/16；三、四级不应小于 160mm 且不宜小于层高或无支长度的 1/20；无端柱或翼墙时，一、二级不宜小于层高或无支长度的 1/12，三、四级不宜小于层高或无支长度的 1/16。

85.【答案】A

【解析】参见《建筑抗震设计规范》GB 50011-2010 第 6.1.4 条：钢筋混凝土房屋需要设置防震缝时，应符合下列规定：

1. 防震缝宽度应分别符合下列要求：

1）框架结构（包括设置少量抗震墙的框架结构）房屋的防震缝宽度，当高度不超过15m时不应小于100mm；高度超过15m时，6度、7度、8度和9度分别每增加高度5m、4m、3m和2m，宜加宽20mm；

2）框架－抗震墙结构房屋的防震缝宽度不应小于本款1）项规定数值的70%，抗震墙结构房屋的防震缝宽度不应小于本款1）项规定数值的50%；且均不宜小于100mm；

3）防震缝两侧结构类型不同时，宜按需要较宽防震缝的结构类型和较低房屋高度确定缝宽。

2. 8、9度框架结构房屋防震缝两侧结构层高相差较大时，防震缝两侧框架柱的箍筋应沿房屋全高加密，并可根据需要在缝两侧沿房屋全高各设置不少于两道垂直于防震缝的抗撞墙。抗撞墙的布置宜避免加大扭转效应，其长度可不大于1/2层高，抗震等级可同框架结构；框架构件的内力应按设置和不设置抗撞墙两种计算模型的不利情况取值。

86.【答案】D

【解析】土体的抗剪强度可以通过试验加以测得，实验表明，土的抗剪强度是由内摩擦力和黏聚力构成的。土的黏聚力 C 和土的内摩擦角 φ 值就能反应土的抗剪强度大小。

87.【答案】B

【解析】参考第4.1.3条：混凝土轴心抗压强度的标准值 f_{ck} 应按表4.1.3-1采用；轴心抗拉强度的标准值 f_{tk} 应按表4.1.3-2采用，第4.1.4条：混凝土轴心抗压强度的设计值 f_c 应按表4.1.4-1采用；轴心抗拉强度的设计值 f_t 应按表4.1.4-2采用。

88.【答案】C

【解析】在挡土墙可能承受的三种土压力中，静止土压力是指挡土墙不发生任何方向的位移，墙后填土施于墙背上的土压力；主动土压力是指挡土墙在墙后填土作用下向前发生移动，致使墙后填土的应力达到极限平衡状态时，填土施于墙背上的土压力；被动土压力是指挡土墙在某种外力作用下向后发生移动而推挤填土，致使填土的应力达到极限平衡状态时，填土施于墙背上的土压力。其中被动土压力最大，静止土压力居中，主动土压力最小。

89.【答案】C

【解析】根据题意，弯矩应该使右侧的地基土受到更大的压力。

90.【答案】C

【解析】参考《混凝土结构设计规范》GB 50010-2010（2015年版）第3.5.3条：影响耐久性的主要因素是：混凝土的水胶比、强度等级、氯离子含量和碱含量。近年来水泥中多加入不同的掺合料，有效胶凝材料含量不确定性较大，故配合比设计的水灰比难以反映有效成分的影响。本次修订改用胶凝材料总量作水胶比及各种含量的控制，原规范中的"水灰比"改成"水胶比"，并删去了对于"最小水泥用量"的限制。混凝土的强度反映了其密实度而影响耐久性，故也提出了相应的要求。

试验研究及工程实践均表明，在冻融循环环境中采用引气剂的混凝土抗冻性能可显著改善。故对采用引气剂抗冻的混凝土，可以适当降低强度等级的要求，采用括号中的数值。

91.【答案】C

【解析】参见《建筑地基基础设计规范》GB 50007-2011 第 7.2.4 条：机械压实包括重锤夯实、强夯、振动压实等方法，可用于处理由建筑垃圾或工业废料组成的杂填土地基，处理有效深度应通过试验确定。

92.【答案】C

【解析】参见《建筑地基基础设计规范》GB 50007-2011 第 8.3.1 条：柱下条形基础的构造，除应符合本规范第 8.2.1 条的要求外，尚应符合下列规定：

1. 柱下条形基础梁的高度宜为柱距的 1/4~1/8。翼板厚度不应小于 200mm。当翼板厚度大于 250mm 时，宜采用变厚度翼板，其顶面坡度宜小于或等于 1∶3。

2. 条形基础的端部宜向外伸出，其长度宜为第一跨距的 0.25 倍。

3. 现浇柱与条形基础梁的交接处，基础梁的平面尺寸应大于柱的平面尺寸，且柱的边缘至基础梁边缘的距离不得小于 50mm。

4. 条形基础梁顶部和底部的纵向受力钢筋除应满足计算要求外，顶部钢筋应按计算配筋全部贯通，底部通长钢筋不应少于底部受力钢筋截面总面积的 1/3。

5. 柱下条形基础的混凝土强度等级，不应低于 C20。

93.【答案】A

【解析】复合地基是部分土体被增强或被置换，形成的由地基土和增强体共同承担荷载的人工地基，是地基土加固的一种方式。桩基础是一种基础形式。

94.【答案】B

【解析】截面法，如图 6 所示，用截面 I 将结构截开，取右半部分为隔离体，对结点 A 取矩有

$\sum M_A = N_1 \times a - P \times a = 0 \Rightarrow N_1 = P$（拉力）

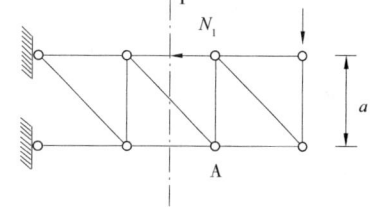

图 6

95.【答案】D

【解析】计算支座反力时应将均布荷载转化为集中载，所有外力对 A 支座的弯矩为 $\sum M_a = P \times 2.5 + 10 \times 2.5 \times \dfrac{1}{2} \times 2.5 = 81.25 \text{ kN·m}$

96.【答案】B

【解析】由公式 $f \geq \dfrac{M_x}{W_{nx}}$，得 $W_{nx} \geq \dfrac{M_x}{f} = \dfrac{89.2 \times 10^6}{215 \times 10^3} = 414.88 \text{ cm}^3$。

97.【答案】C

【解析】AB 边无侧面支撑，计算简图为三边固定，一边简支（AB 边）。

98.【答案】A

【解析】参考《砌体结构设计规范》GB 50003-2011 第 3.1.3 条：蒸压灰砂普通砖和蒸压粉煤灰普通砖砌体采用的专用砌筑砂浆强度等级：Ms15、Ms10、Ms7.5、Ms5.0。

99.【答案】D

【解析】参见《建筑结构制图标准》GB/T 50105-2010 表 3.1.1-2：

预应力钢筋 表 3.1.1-2

序号	名称	图例
1	预应力钢筋或钢绞线	——————
2	后张法预应力钢筋断面 无粘结预应力钢筋断面	⊕
3	预应力钢筋断面	+
4	张拉端锚具	▷———
5	固定端锚具	▷———
6	锚具的端视图	⊕
7	可动连接件	═══
8	固定连接件	—+—

100.【答案】A

【解析】参见《建筑结构制图标准》GB/T 50105-2010 第 4.3.9 条：需要在施工现场进行焊接的焊件焊缝，应按图 4.3.9 的规定标注"现场焊缝"符号。现场焊缝符号为涂黑的三角形旗号，绘在引出线的转折处。

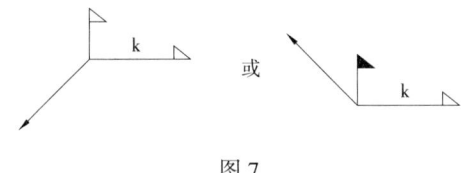

图 7

一级注册建筑师考试建筑结构模拟题 III

1. 以下论述哪项符合《建筑结构荷载规范》GB 50009-2012（　　）。

（A）不上人屋面均布活荷载标准值为 0.7kN/m²

（B）上人屋面均布活荷载标准值为 1.5kN/m²

（C）斜屋面活荷载标准值是指水平投影面上的数值

（D）屋顶花园活荷载标准值包括花圃土石等材料自重

2. 如图 1 所示的对称桁梁在外力 P 的作用下，零杆的根数为（　　）。

（A）无

（B）1 根

（C）2 根

（D）3 根

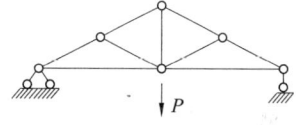

图 1

3. 确定图 2 所示结构超静定次数（　　）。

（A）1 次

（B）2 次

（C）3 次

（D）4 次

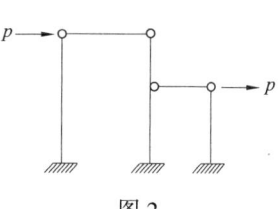

图 2

4. 四根材料（均质）和截面面积相同，而截面形状不同的梁，在竖向荷载作用下，其抗弯能力最强的是（　　）。

（A）圆形截面　　　　　　　　　　（B）正方形截面

（C）高宽比为 2 的矩形截面　　　　（D）高宽比为 0.5 的矩形截面

5. 如图 3 所示结构，在荷载作用下各弯矩图中，哪个是正确的（　　）。

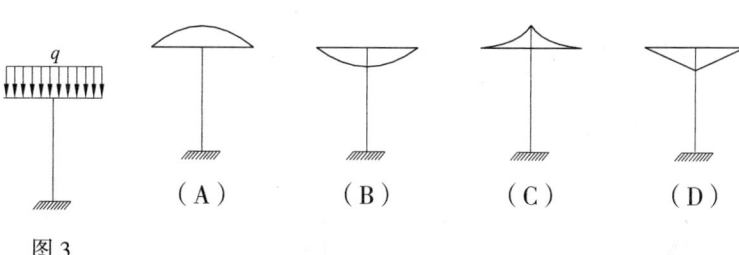

图 3

6. 如图 4 所示刚架在外力作用下，
下面哪组 MQ 正确（　　）。

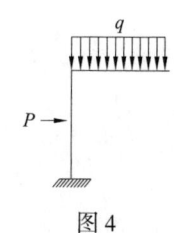

图 4

75

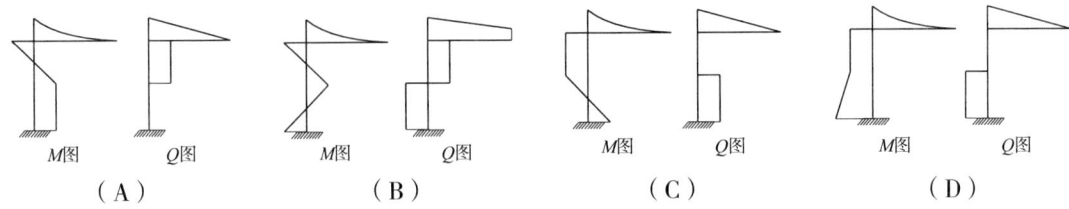

| (A) | (B) | (C) | (D) |

7. 如图 5 所示梁的弯矩图和剪力图，判断为下列何种外力产生（　　）。

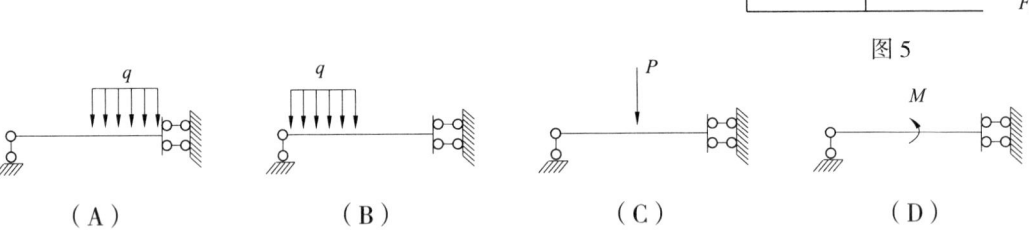

| (A) | (B) | (C) | (D) |

图 5

8. 如图 6 所示，立柱下端 A 点的弯矩 M_{AB} 是多少（　　）。

（A）5kN·m 右侧受拉
（B）6kN·m 左侧受拉
（C）4kN·m 右侧受拉
（D）4kN·m 左侧受拉

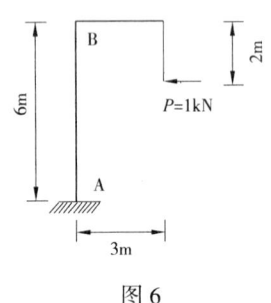

图 6

9. 如图 7 所示，梁自重不计，在荷载作用下，下列关于支座反力的叙述哪项正确（　　）。

Ⅰ．$R_a < R_b$　　　　　　Ⅱ．$R_a = R_b$
Ⅲ．R_a 向上，R_b 向下　　Ⅳ．R_a 向下，R_b 向上

（A）Ⅰ，Ⅲ　　　　　　（B）Ⅱ，Ⅳ
（C）Ⅰ，Ⅳ　　　　　　（D）Ⅰ，Ⅲ

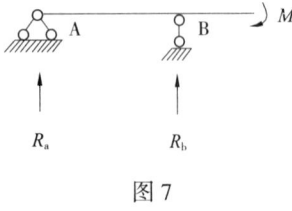

图 7

10. 如图 8 所示的结构在外力作用下，哪一个轴力图最为合理（　　）。（结构自重不计）

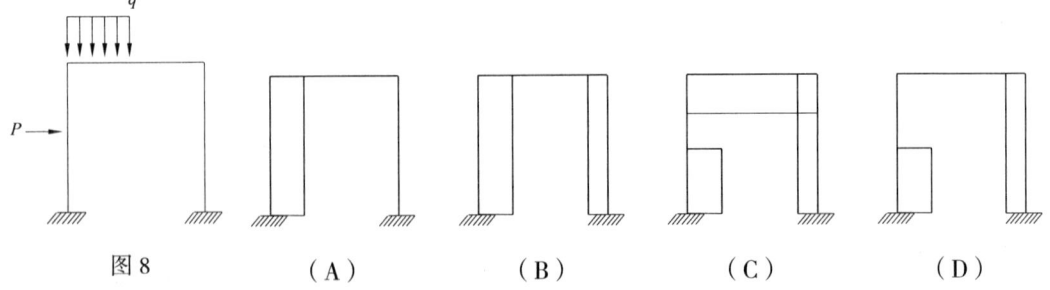

图 8　　（A）　　（B）　　（C）　　（D）

11. 如图 9 所示外伸梁，其支座处的反力分别为下列何值（　　）。

(A) 12kN，6kN
(B) 9kN，9kN
(C) 6kN，12kN
(D) 3kN，15kN

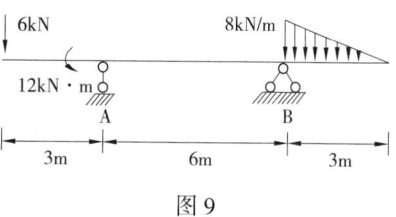

图 9

12. 如图 10 所示梁的剪力图哪个正确（　　）。

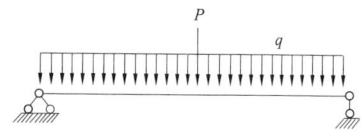

图 10

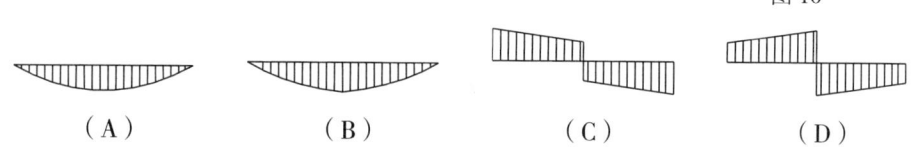

13. 如图 11 所示梁的剪力图形式，哪个正确（　　）。

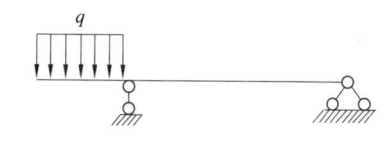

图 11

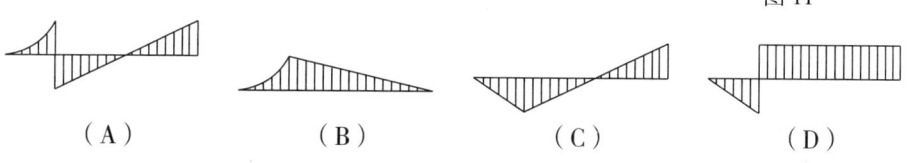

14. 如图 12，求下列结构轴力图（　　）。

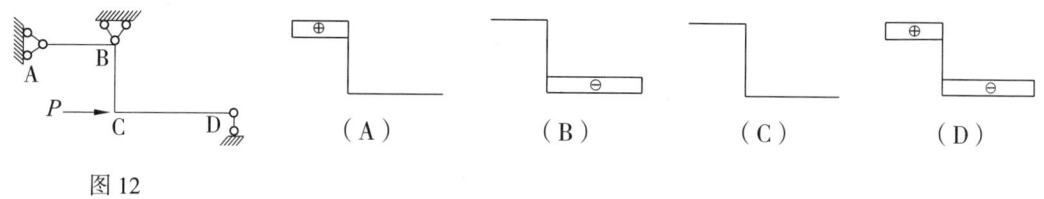

图 12

15. 如图 13 所示，悬挑阳台栏板剖面计算简图中，悬挑阳台受均布荷载 q 的作用，栏板顶端受集中荷载 P_1，P_2 作用，则根部 A 受到的弯矩为下列何项（　　）。

(A) 20kN·m
(B) 22kN·m
(C) 24kN·m
(D) 26kN·m

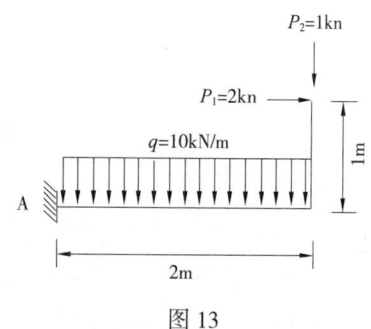

图 13

16. 如图 14 所示的梁，弯矩图正确的是哪个选项（　　）。

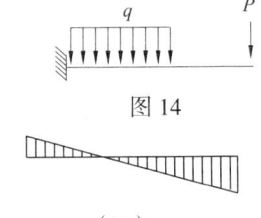

图 14

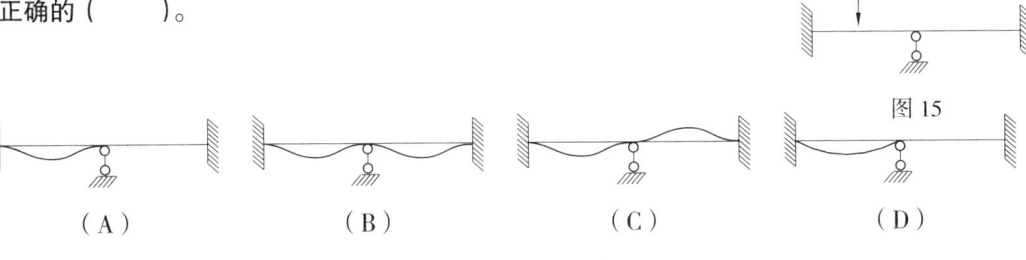

（A）　　　　（B）　　　　（C）　　　　（D）

17. 如图 15 所示的梁的自重不计，在荷载作用下，哪一个变形图是正确的（　　）。

图 15

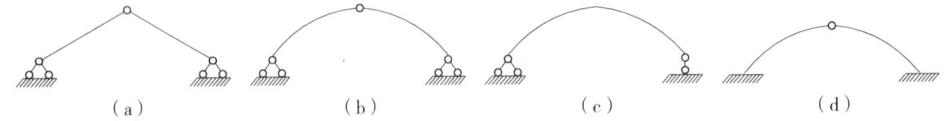

（A）　　　　（B）　　　　（C）　　　　（D）

18. 结构类型如下图所示，以下选项哪个正确（　　）。

（A）（b）（c）（d）是拱结构　　　　（B）（a）（b）（d）是拱结构
（C）（a）（b）（c）是拱结构　　　　（D）（a）（b）（c）（d）是拱结构

（a）　　　　（b）　　　　（c）　　　　（d）

19. 如图 16 所示的变截面柱，下柱柱顶 A 点的变形特征为下列何项（　　）。

（A）A 点仅向右移动

（B）A 点仅有顺时针转动

（C）A 点仅向右移动且有顺时针转动

（D）A 点无侧移无转动

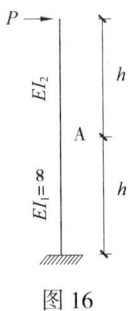

图 16

20. 两端固定的钢管截面积为 A，均匀受热后温度增加了 Δt，以下结论哪项正确（　　）。

（A）钢管产生温度应力，其数值与截面积 A 无关

（B）钢管任意截面的轴力与截面面积 A 成正比

（C）钢管产生的温度应力与其材质无关

（D）钢管产生的温度应力与截面积 A 成正比

21. 下列关于砌体抗压强度的说法哪一种不正确（　　）。

（A）块体的抗压强度恒大于砌体的抗压强度

(B)砂浆的抗压强度恒大于砌体的抗压强度

(C)砌体的抗压强度随砂浆的强度提高而提高

(D)砌体的抗压强度随块体的强度提高而提高

22. 下列关于砌筑砂浆的说法哪一种不正确（　　）。

(A)砂浆的强度等级是按立方体试块进行抗压试验而确定

(B)石灰砂浆强度低，但砌筑方便

(C)水泥砂浆适用于潮湿环境的砌体

(D)用同强度等级的水泥砂浆及混合砂浆砌筑的墙体，前者强度设计值高于后者

23. 同种牌号的碳素钢中，质量等级最低的是下列哪个等级（　　）。

(A)A级　　　　(B)B级　　　　(C)C级　　　　(D)D级

24. 普通钢筋强度标准值标f_{yk}，强度设计值f_y和疲劳应力幅限值Δf_y^f三者之间的关系，以下哪种描述正确（　　）。

(A)$f_{yk} > f_y > \Delta f_y^f$　　(B)$f_{yk} < f_y < \Delta f_y^f$　　(C)$f_y > f_{yk} > \Delta f_y^f$　　(D)$\Delta f_y^f > f_{yk} > f_y$

25. 确定混凝土强度等级的标准试块应为下列哪个尺寸（　　）。

(A)150mm×150mm×150mm　　　　(B)150mm×150mm×300mm

(C)100mm×100mm×100mm　　　　(D)70.7mm×70.7mm×70.7mm

26. 关于混凝土徐变的叙述，以下哪一项正确（　　）。

(A)混凝土徐变是指缓慢发生的自身收缩

(B)混凝土徐变是在长期不变荷载作用下产生的

(C)混凝土徐变持续时间较短

(D)粗骨料的含量与混凝土的徐变无关

27. 方木原木结构，受弯或压弯构件对材质的最低等级要求为（　　）。

(A)Ⅰa级　　　　(B)Ⅱa级　　　　(C)Ⅲa级　　　　(C)无要求

28. 钢筋混凝土剪力墙，各墙段的高度与长度之比不宜小于下列何值（　　）。

(A)1.0　　　　(B)2.0　　　　(C)2.5　　　　(C)3.0

29. 预应力混凝土结构的预应力钢筋强度等级要求较普通钢筋高，其主要原因是（　　）。

(A)预应力钢筋强度除满足使用荷载作用所需外，还要同时满足受拉区混凝土的预应力要求

(B)使预应力混凝土钢筋获得更高的极限承载能力

(C)使预应力混凝土结构获得更好的延性

(D)使预应力钢筋截面减小而有利于布置

30. 对于高度、截面尺寸、配筋以及材料强度完全相同的长柱，在以下何种支承条件下轴心受压承载力最大（　　）。

(A)两端嵌固　　　　　　　　　　(B)两端铰接

(C)上端嵌固，下端铰接　　　　　　(D)上端铰接，下端嵌固

31. 普通的工字钢梁中,哪一个不是决定其抗剪强度的因素(　　)。

（A）钢材强度　　　（B）截面的高度　　　（C）腹板的厚度　　　（D）翼缘的厚度

32. 下列关于建筑设计抗震概念的相关论述,哪项不正确(　　)。

（A）建筑设计应符合抗震概念设计的要求

（B）不规则的建筑方案应按规定采取加强措施

（C）特别不规则的建筑方案应进行专门研究和论证

（D）一般情况下,不宜采用严重不规则的建筑方案

33. 底部框架-抗震墙房屋,下列哪一项要求是符合规范规定的(　　)。

（A）钢筋混凝土托墙梁的宽度不应小于250mm

（B）过渡层的底板应少开洞,洞口尺寸不应大于600mm

（C）过渡层墙体应在底部框架柱对应部位设置构造柱

（D）钢筋混凝土抗震墙的厚度不宜小于140mm

34. 抗震设防地区承重砌体结构中使用的烧结普通砖,其最低强度等级为(　　)。

（A）MU20　　　（B）MU15　　　（C）MU10　　　（D）MU7.5

35. 原木构件的相关设计要求中哪项与规范相符(　　)。

Ⅰ．验算挠度和稳定时,可取构件的中央截面

Ⅱ．验算抗弯强度时,可取最大弯矩处的截面

Ⅲ．标注原木直径时,以小头为准

Ⅳ．标注原木直径时,以大头为准

（A）Ⅰ、Ⅱ　　　（B）Ⅰ、Ⅱ、Ⅲ　　　（C）Ⅱ、Ⅲ　　　（D）Ⅰ、Ⅱ、Ⅳ

36. 关于承重和结构用胶的下列叙述,何项错误(　　)。

（A）应保证胶合强度不低于木材顺纹抗剪强度

（B）应保证胶合强度不低于横纹抗拉强度

（C）应保证胶连接的耐水性和耐久性

（D）当有出场质量证明文件时,使用前可不再检验其胶结能力

37. 多层砌体房屋抗震承载力验算是为了防止哪种破坏(　　)。

（A）剪切破坏　　　（B）弯曲破坏　　　（C）压弯破坏　　　（D）弯剪破坏

38. 关于叠合板要求错误的是(　　)。

（A）叠合层厚度不小于60mm

（B）大于6m时应使用预应力混凝土

（C）未设桁架时,混凝土悬挑预制板与叠合层应设抗剪构造筋

（D）不可做双向板

39. 下列关于预应力混凝土的论述哪项是错误的(　　)。

（A）无粘结预应力采用后张法施工

（B）水下环境中的结构构件应采用有粘结预应力

（C）中等强度钢筋不适用作为预应力筋，是由于其有效预应力低

（D）施加预应力的构件，抗裂性提高，故在使用阶段都是不开裂的

40. 木屋盖宜采用外排水，若必须采用内排水时，不应采用以下何种天沟（　　）。

（A）木制天沟　　　　　　　　　（B）混凝土预制天沟

（C）现浇混凝土天沟　　　　　　（D）混凝土预制叠合式天沟

41. 采取以下何种措施能够最有效地减小钢筋混凝土受弯构件的挠度（　　）。

（A）提高混凝土强度等级　　　　（B）加大截面的有效高度

（C）增加受拉钢筋的截面面积　　（D）增加受压钢筋的截面面积

42. 关于高层建筑设全水平刚性加强层的目的，下述何种说法是正确的（　　）。

（A）减轻竖向抗侧力构件（如剪力墙）所承担的倾覆力矩，并减少侧移

（B）减少柱子的轴向压力

（C）主要为增加结构承受垂直荷载的能力

（D）主要为加强结构的整体稳定性

43. 高层钢筋混凝土房屋，当需设置防震缝，下列哪种说法是不正确的（　　）。

（A）与结构房屋的高度有关

（B）与抗震设防烈度有关

（C）高度相同的框架结构和框架–抗震墙结构房屋，其防震缝最小宽度是相同的

（D）高度相同的抗震墙结构和框架–抗震墙结构房屋，其防震缝最小宽度前者比后者应小

44. 现浇挑檐、雨罩等外露结构的伸缩缝间距不宜大于以下何值（　　）。

（A）10m　　　　（B）12m　　　　（C）14m　　　　（D）16m

45. 下列关于钢筋混凝土结构构件应符合的力学要求中，哪项错误（　　）。

（A）弯曲破坏先于剪切破坏

（B）钢筋屈服先于混凝土压溃

（C）钢筋的锚固粘结破坏先于构件破坏

（D）应进行承载能力极限状态和正常使用极限状态设计

46. 下列关于现行《建筑抗震设计规范》对高层钢结构房屋要求的表述，正确的是（　　）。

（A）平面和竖向均不规则的，其适用的最大高度不降低

（B）甲、乙类建筑不应采用单跨框架

（C）常用的结构类型有框架、框架-中心支撑、框架-偏心支撑、筒体（不包括混凝土筒）和巨型框架

（D）塔形建筑的底部有大底盘时，高宽比仍按房屋全高度和塔楼宽度计算

47. 在地震区，钢框架梁与柱的连接构造，下列哪一种说法是不正确的（　　）。

（A）宜采用梁贯通型

（B）宜采用柱贯通型

（C）柱在两个互相垂直的方向都与梁刚接时，宜采用箱形截面

（D）梁翼缘与柱翼缘间应采用全熔透坡口焊缝

48. 钢筋混凝土梁下部纵向钢筋水平方向净距不应小于1倍钢筋直径，且不应小于下列哪一个数值（　　）。

（A）25mm　　　（B）28mm　　　（C）30mm　　　（D）32mm

49. 砌体结构房屋的墙和柱应验算高厚比，以符合稳定性的要求，下列何种说法是不正确的（　　）。

（A）自承重墙的允许高厚比可适当提高

（B）有门窗洞口的墙，其允许高厚比应适当降低

（C）刚性方案房屋比弹性方案房屋的墙体高厚比计算值大

（D）砂浆强度等级越高，允许高厚比也越大

50. 在地震作用下，砖砌体建筑的窗间墙易产生交叉裂缝，其破坏机理是（　　）。

（A）弯曲破坏　　（B）受压破坏　　（C）受拉破坏　　（D）剪切破坏

51. 钢筋混凝土筒中筒结构的高宽比，宜大于下列哪一个数值（　　）。

（A）3　　　　　（B）4　　　　　（C）5　　　　　（D）6

52. 下列高层建筑结构中，何项为复杂高层建筑结构（　　）。

Ⅰ．带转换层的结构　Ⅱ．错层结构　　Ⅲ．悬挑结构　　Ⅳ．筒中筒结构

（A）Ⅰ、Ⅱ、Ⅲ　　　　　　　　（B）Ⅰ、Ⅱ、Ⅳ

（C）Ⅱ、Ⅲ、Ⅳ　　　　　　　　（D）Ⅰ、Ⅲ、Ⅳ

53. 在抗震设防7度地震区，建造一幢6层中学教学楼，下列哪一种结构较为合理（　　）。

（A）钢筋混凝土框架结构　　　　（B）钢筋混凝土框架–剪力墙结构

（C）普通砖砌体结构　　　　　　（D）多孔砖砌体结构

54. 跨度为30~60m的平板网架，其高度与跨度的比值，下列哪一组数值范围是合适的（　　）。

（A）1/15~1/12　（B）1/20~1/18　（C）1/30~1/25　（D）1/40~1/30

55. 采用压型钢板做屋面板的36m跨厂房屋盖，采用下列哪种结构形式为佳（　　）。

（A）三角形钢屋架　　　　　　　（B）预应力钢筋混凝土大梁

（C）梯形钢屋架　　　　　　　　（D）平行弦钢屋架

56. 不属于混合结构体系是（　　）。

（A）外围钢框架与钢筋混凝土核心筒组合的结构体系

（B）型钢钢筋混凝土框架与钢筋混凝土核心筒组合

（C）钢管混凝土柱钢筋混凝土梁与钢筋混凝土核心筒组合

（D）外围刚框筒与钢筋混凝土核心筒组合

57. 抗震设计时，下列选用的建筑非承重墙体材料哪一项是不妥当的（　　）。

（A）混凝土结构和钢结构应优先采用轻质墙体材料

（B）单层钢筋混凝土柱厂房的围护墙宜采用轻质墙板或钢筋混凝土大型墙板

（C）9度时钢结构厂房的围护墙不应采用嵌砌砌体墙

（D）9度时钢结构厂房的维护墙必须采用轻质墙板

58. 8度抗震砌体房屋墙体与构造柱的施工顺序正确的是（　　）。

（A）先砌墙后浇柱　　　　　　　　（B）先浇柱后砌墙

（C）墙柱一同施工　　　　　　　　（D）柱浇完一月后砌墙

59. 关于钢结构梁柱板件宽厚比限值的规定，下列哪一种说法是不正确的（　　）。

（A）控制板件宽厚比限值，主要保证梁柱具有足够的强度

（B）控制板件宽厚比限值，主要防止构件局部失稳

（C）箱型截面壁板宽厚比限值，比工字形截面翼缘外伸部分宽厚比限值大

（D）Q345钢材比Q235钢材宽厚比限值小

60. 高层建筑的短肢剪力墙，其肢长与厚度之比应在下列哪一组范围内（　　）。

（A）2~3　　　（B）3~4　　　（C）5~8　　　（D）9~10

61. 下列关于抗震设计时混凝土高层建筑多塔楼结构的表述，正确的是（　　）。

（A）上部塔楼的综合质心与底盘结构质心的距离不宜大于底盘相应边长的30%

（B）各塔楼的层数、平面和刚度宜接近，塔楼对底盘宜对称布置

（C）高宽比不应按各塔楼在裙房以上的高度和宽度计算

（D）转换层宜设置在底盘屋面的上层塔楼内

62. 根据《建筑抗震设计规范》GB 50011-2001（2016年版），判断下列结构平面（图17）为不规则的界限是（　　）。

（A）$b<0.75B$　　（B）$b<0.7B$　　（C）$b<0.6B$　　（D）$b<0.5B$

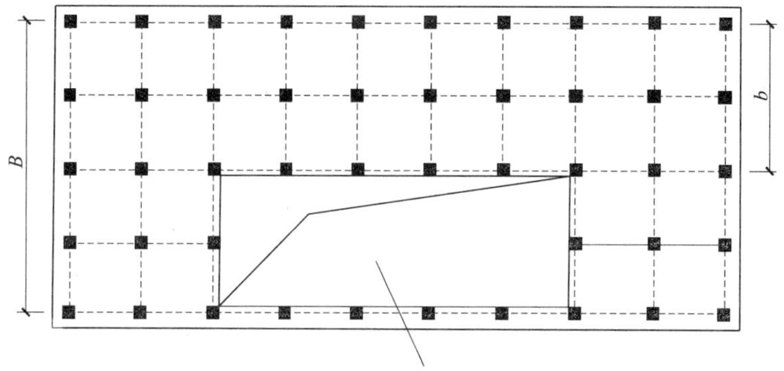

图17

63. 地震区，对矩形平面高层建筑的长宽比L/B的限制，下列何种说法是正确的（　　）。

（A）宜≤1~2　　（B）宜≤3~4　　（C）宜≤4~5　　（D）宜≤5~6

64. 抗震建筑除顶层外其他层可局部收进，收进的平面面积或尺寸（　　）。

（A）不宜超过下层面积的90%　　　　（B）不宜超过上层面积的90%

（C）可根据功能要求调整　　　　　　（D）不宜大于下层尺寸的25%

65. 当采用扁梁作为框架梁时，选错误的（　　）。

（A）扁梁宽度不应大于柱宽2倍

（B）扁梁不宜用于一、二级框架结构

（C）扁梁应双向布置，且梁中线与柱中线重合

（D）扁梁楼盖应现浇

66. 在抗震设计中，高层框架结构布置不正确的是（　　）。

（A）设计为双向受力梁柱抗侧力受力体系，梁柱间接节点为铰接

（B）任何部位不应设置单跨框架

（C）砖砌体墙的布置不影响抗震

（D）楼梯的布置应尽量减少其造成的平面不规则结构

67. 已知7度区普通砖砌体房屋的最大高度 H 为21m，最高层数 n 为7层，则7度区某普通砖砌体教学楼工程（各层横墙较少）的 H 和 n 应为下列何项（　　）。

（A）$H=21\mathrm{m}$；$n=7$　　（B）$H=18\mathrm{m}$；$n=6$　　（C）$H=18\mathrm{m}$；$n=5$　　（D）$H=15\mathrm{m}$；$n=5$

68. 带转换层的装配整体式结构，应采用部分框支剪力墙结构，正确的是（　　）。

（A）底部框支层不宜超过2f，且框支层与相邻上一层采用现浇

（B）底部框支层不宜超过3f，且底部加强区宜采用现浇

（C）底部框支层不宜超过4f，且框支层与相邻上一层采用现浇

（D）底部框支层不宜超过5f，且底部加强区宜采用现浇

69. 确定防震缝宽度时，可不考虑的因素是（　　）。

（A）房屋高度　　（B）结构类型　　（C）设防烈度　　（D）场地类别

70. 建筑场地划分为有利地段、一般地段、不利地段、危险地段四类，对不利地段的适用性，表述正确的是（　　）。

（A）严禁建造甲类建筑

（B）严禁建造甲类、乙类建筑

（C）不应建造丙类建筑

（D）应提出避让场地要求，无法避开时采取措施

71. 按《建筑抗震设计规范》进行抗震设计的建筑，要求当遭受多遇地震影响时，一般不受损坏或不需修理可继续使用，此处多遇地震含义为（　　）。

（A）与基本烈度一致　　　　　　　　（B）比基本烈度约低1度

（C）比基本烈度约低1.5度　　　　　（D）比基本烈度约低2度

72. "按本地区抗震设防烈度确定其抗震措施和地震作用，在遭遇高于当地抗震设防烈度的预估罕遇地震影响时不致倒塌或发生危及生命安全的严重破坏。"适合于下列哪一种抗震设防类别（　　）。

（A）特殊设防类（甲类）　　　　　　（B）重点设防类（乙类）

（C）标准设防类（丙类）　　　　　　（D）适度设防类（丁类）

73. 砌体的线膨胀系数与下列哪种因素有关（　　）。
（A）砌体的抗压强度　　　　　　　（B）砌体的类别
（C）砂浆的种类　　　　　　　　　（D）砂浆的强度

74. 下列筋混凝土结构体系中，可用于 B 级高度高层建筑的为下列哪项（　　）。
Ⅰ．框架－抗震墙结构　　　　　　　Ⅱ．框架－核心筒结构
Ⅲ．短肢剪力墙较多的剪力墙结构　　Ⅳ．筒中筒结构
（A）Ⅰ、Ⅱ、Ⅲ、Ⅳ　　　　　　　（B）Ⅰ、Ⅱ、Ⅲ
（C）Ⅰ、Ⅱ、Ⅳ　　　　　　　　　（D）Ⅱ、Ⅲ、Ⅳ

75. 下列何项不属于竖向不规则（　　）。
（A）侧向刚度不规则　　　　　　　（B）楼层承载力突变
（C）扭转不规则　　　　　　　　　（D）竖向抗侧力构件不连续

76. 现浇钢筋混凝土框架-抗震墙结构，在抗震设防烈度为 7 度时的最大适用高度应为（　　）。
（A）满足强度要求，不限高度　　　（B）满足刚度要求，不限高度
（C）为 120m　　　　　　　　　　（D）为 200m

77. 高层建筑的抗震设计，下列所述的哪一项是不正确的（　　）。
（A）宜避免错层结构
（B）钢框架－混凝土核心筒结构的抗震性能不如钢框架－支撑结构
（C）多塔结构宜设计成多塔连体结构
（D）钢桁架筒结构是一种抗震性能良好的结构形式

78. 下列结构体系中，属双重抗侧力体系的是（　　）。
（A）砌体结构体系　　　　　　　　（B）钢筋混凝土结构体系
（C）钢筋混凝土剪力墙结构体系　　（D）钢筋混凝土框架－剪力墙结构体系

79. 地震作用大小的确定取决于地震影响系数曲线，地震影响系数曲线与下列哪一个因素无关（　　）。
（A）建筑结构的阻尼比　　　　　　（B）结构自重
（C）特征周期值　　　　　　　　　（D）水平地震影响系数最大值

80. 抗震设计时，结构构件的截面抗震验算应采用下列哪一个公式（　　）。（S-构件内力组合的设计值；R-构件承载力设计值；γ_0-构件的重要性系数；γ_{RE}-承载力抗震调整系数）
（A）$\gamma_0 S \leqslant \gamma_{ER} R$　（B）$S \leqslant \gamma_{ER} R$　（C）$\gamma_0 \leqslant R/\gamma_{ER}$　（D）$S \leqslant R/\gamma_{ER}$

81. 有抗震要求的钢筋混凝土框支梁的混凝土强度等级不应低于（　　）。
（A）C25　　　　（B）C30　　　　（C）C35　　　　（D）C40

82. 在地震区，高层钢框架的支撑采用焊接 H 型组合截面时，其翼缘和腹板应采用下列哪种焊缝连接（　　）。
（A）普通角焊缝　　　　　　　　　（B）部分熔透角焊缝
（C）塞焊缝　　　　　　　　　　　（D）坡口全熔透焊缝

83. 某地区要开运动会，需搭建一临时体育场馆，屋顶选用何种结构为好（　　）。

（A）大跨度叠合梁结构

（B）大跨度型钢混凝土组合梁结构

（C）大跨度钢筋混凝土预应力结构

（D）索膜结构

84. 抗震设计时，框架-抗震墙结构底部加强部位抗震墙的厚度是下列哪一个数值（　　）。

（A）不应小于160mm且不应小于层高的1/20

（B）不应小于200mm且不应小于层高的1/16

（C）不应小于250mm

（D）不应小于层高的1/12

85. 有采暖设施的单层钢结构房屋，其纵向温度区段最大长度值，下列哪一个数值是适宜的（　　）。

（A）150m （B）160m
（C）180m （D）220m

86. 在工程中，压缩模量作为土的压缩性能指标，下列哪种说法是并不正确的（　　）。

（A）压缩模量大，土的压缩性高

（B）压缩模量大，土的压缩性低

（C）密实粉砂比中密粉砂压缩模量大

（D）中密粗砂比稍密中砂压缩模量大

87. 型钢混凝土梁在型钢上设置的栓钉，其受力特征正确的是（　　）。

（A）受剪 （B）受拉 （C）受压 （D）受弯

88. 在挡土墙设计中，可以不必进行的验算为（　　）。

（A）地基承载力验算 （B）地基变形验算
（C）抗滑移验算 （D）抗倾覆验算

89. 框架结构的柱下独立基础，承受由柱传下的轴向力 N 和弯矩 M，地基土为黏性土，则地基反力分布何种说法是正确的（　　）。

（A）底板上各点反力为等值

（B）底板中心反力大，周边小

（C）底板中心反力小，周边大

（D）底板一侧反力最小，另一侧反力最大，中间直线分布

90. 钢结构设置偏心支撑说法正确的是（　　）。

（A）为了承受竖向荷载

（B）刚度比中心支撑大

（C）延性好，有利于抗震

（D）设置门窗洞口

91. 建造在软弱地基上的建筑物，在适当部位宜设置沉降缝，下列哪一种说法是不正确的（　　）。

（A）建筑平面的转折部位

（B）长度大于 50m 的框架结构的适当部位

（C）高度差异处

（D）地基土的压缩性有明显差异处

92. 钢筋混凝土承台之间的联系梁的高度与承台中心的比值，下列哪一个数值范围是恰当的（　　）。

（A）1/8~1/6　　（B）1/10~1/8　　（C）1/15~1/10　　（D）1/18~1/15

93. 下列关于复合地基的说法，错误的是（　　）。

（A）复合地基是桩基础的一种形式　　（B）复合地基设计应进行承载力设计

（C）复合地基设计应进行沉降计算　　（D）旋喷桩与 CFG 桩均为复合地基

94. 如图 18 所示结构，杆 b 的内力 N_b 应为下列何项数值（　　）。

（A）$N_b=0$

（B）$N_b=\dfrac{\sqrt{2}}{2}P$

（C）$N_b=P$

（D）$N_b=\sqrt{2}\,P$

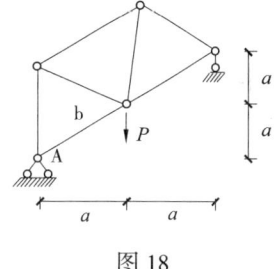

图 18

95. 如图 19 所示，雨篷剖面计算简图，$P=1\text{kN}$，P 对 A 点和 B 点的力矩分别为 M_A 和 M_B，其正确值为哪项（　　）。

（A）$M_A=2\text{kN}\cdot\text{m}$　$M_B=1\text{kN}\cdot\text{m}$

（B）$M_A=1\text{kN}\cdot\text{m}$　$M_B=1\text{kN}\cdot\text{m}$

（C）$M_A=3\text{kN}\cdot\text{m}$　$M_B=1\text{kN}\cdot\text{m}$

（D）$M_A=0\text{kN}\cdot\text{m}$　$M_B=1\text{kN}\cdot\text{m}$

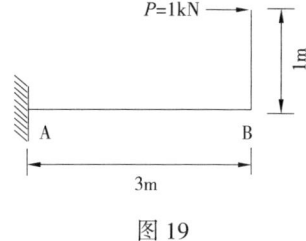

图 19

96. 轴心受压单面连接的单角钢构件（长边相连），截面尺寸为∟$90\times50\times6$，毛截面面积 $A=8.56\text{cm}^2$，钢材牌号 Q235B，$f=215\text{N/mm}^2$，强度设计值折减系数 0.70，稳定系数 $\varphi=0.419$，其受压承载力设计值是下列哪一个数值（　　）。

（A）53.98kN　　（B）61.69kN　　（C）65.55kN　　（D）69.40kN

97. 关于钢筋混凝土梁在不同配筋率下的破坏形式的表达错误的是（　　）。

（A）对少筋梁承载力低，但变形大，属延性破坏

（B）对超筋梁承载力高，变形小，属脆性破坏

（C）对超筋梁，受压区混凝土破坏长于受拉区钢筋屈服

（D）对适筋梁，受拉区钢筋屈服强度等于受压混凝土强度

98. 如图 20 所示，埋在地下的钢筋混凝土风沟，其侧壁计算简图，哪个正确（　　）。

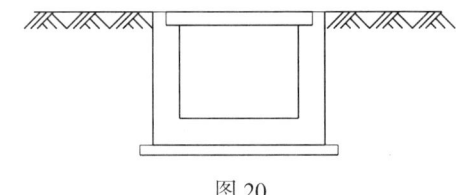

图 20

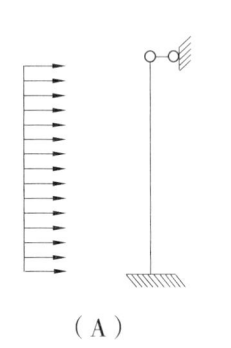　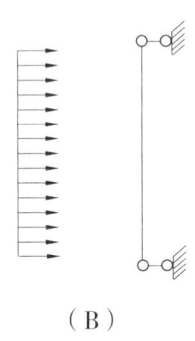　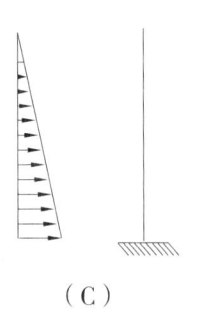　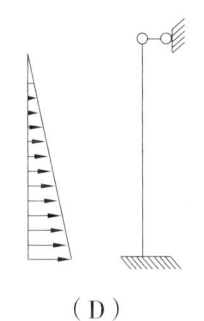

（A）　　　　　　（B）　　　　　　（C）　　　　　　（D）

99. 钢材双面角焊缝的标注方法，正确的是下列哪一种（　　）。

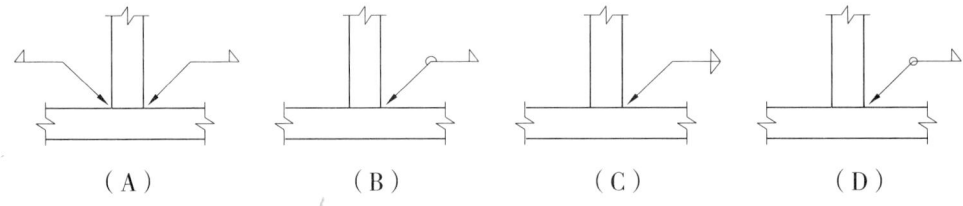

（A）　　　　　　（B）　　　　　　（C）　　　　　　（D）

100. 如图 21 所示的两块钢板焊接，其中标注的符号代表什么意义（　　）。

（A）表示工地焊接，焊脚尺寸为 8mm，一边单面焊接的角焊缝
（B）表示工地焊接，焊脚尺寸为 8mm，周边单面焊接的角焊缝
（C）焊脚尺寸为 8mm，一边单面焊接的角焊缝
（D）焊脚尺寸为 8mm，周边单面焊接的角焊缝

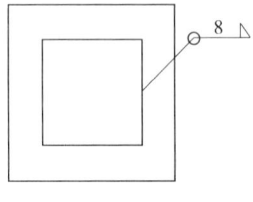

图 21

模拟题 III 参考答案及解析

1.【答案】C

【解析】参见《建筑结构荷载规范》GB 50009-2012 第 5.3.1 条：房屋建筑的屋面，其水平投影面上的屋面均布活荷载的标准值及其组合值系数、频遇值系数和准永久值系数的取值，不应小于表 5.3.1 的规定。

屋面均布活荷载标准值及其组合值系数、频遇值系数和准永久值系数　　表 5.3.1

项次	类别	标准值（kN/m^2）	组合值系数 ψ_c	频遇值系数 ψ_f	准永久值系数 ψ_q
1	不上人屋面	0.5	0.7	0.5	0.0
2	上人屋面	2.0	0.7	0.5	0.4
3	屋顶花园	3.0	0.7	0.6	0.5
4	屋顶运动场地	3.0	0.7	0.6	0.4

注：1. 不上人屋面，当施工或维修荷载较大时，应按实际情况采用；对不同类型的结构应按有关设计规范的规定采用，但不得低于 $0.3kN/m^2$；
2. 当上人的屋面兼做其他用途时，应按相应的楼面活荷载采用；
3. 对于因屋面排水不畅、堵塞等引起的积水荷载，应采取构造措施加以防止；必要时，应按积水的可能深度确定屋面活荷载；
4. 屋顶花园活荷载不应包括花圃土石材料自重。

2.【答案】C

【解析】广义 T 形结点单杆如图 1 所示。

3.【答案】B

【解析】外力对几何组成分析没有影响，断链杆法如图 2 所示，对结构使用断链杆法。剩余结构为 3 个悬臂柱，因此该结构 2 次超静定。

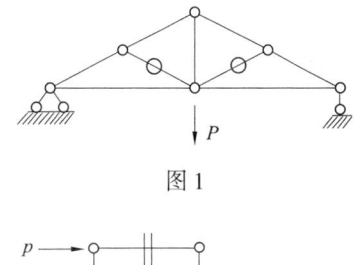

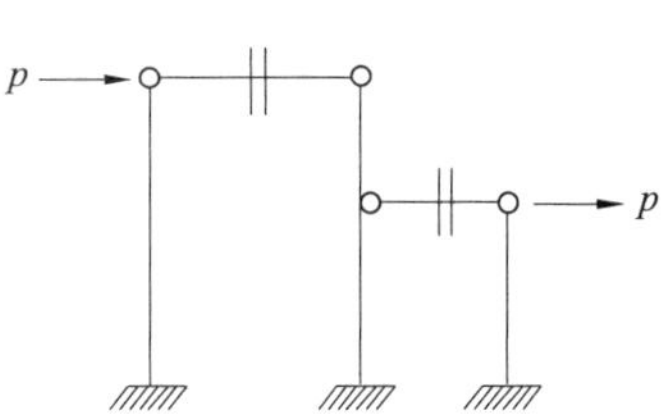

图 1

图 2

4.【答案】C

【解析】弯曲应力公式 $\sigma_{max}=M/W$ 的理解截面抵抗矩越大，截面最大正应力越小，抗弯能力越强，综合比较 C 选项的抵抗矩最大，故其抗弯能力较强（注：$W=I/(h/2)$，h 为对称截面的高度）。

5.【答案】C

【解析】均布荷载的弯矩图为抛物线，且图示结构悬臂梁上侧受拉，因此答案选择 C。

6.【答案】D

【解析】刚节点平衡橡胶板带判断受拉侧法，根据橡胶板带判断受拉侧法可知，固定端处悬臂柱左侧受拉，排除 AC 选项；BC 部分无外力，剪力图为零，弯矩为平行于杆件的线段，排除 B。

7.【答案】C

【解析】右侧支座为定向支座,不承担竖直方向力剪力图右半部分为零可知水平杆右半部分无外力,排除 A;剪力图左半部分为水平线段,可知水平杆左半部无均布荷载,排除 B;弯矩图中无突变,可知杆件无集中力偶,排除 D。

注:均布荷载作用下杆件的剪力图为斜线段,集中力偶作用处,弯矩图有突变。

8.【答案】C

【解析】力矩等于力与力臂之积,对 A 点取距,

$M_A = P \times h = 1 \times (6-2) = 4 \text{kN} \cdot \text{m}$。

9.【答案】B

【解析】铰接点和弯矩为零。A 支座处和弯矩为零,M 为顺时针,则 R_b 对 A 支座的弯矩为逆时针,因此 R_b 向上;B 支座铰接点和弯矩为零,M 为顺时针,则 R_a 对 B 支座的弯矩为逆时针,因此 R_a 向下;由于力臂长度相同,因此 $R_a = R_b$。

10.【答案】B

【解析】垂直于杆件的力对该杆件轴力图无影响。在集中力 P 和均布荷载 q 的作用下,右侧杆件的轴力不可能为零,因此排除 A;水平杆无轴向外力作用,轴力为零,排除 C;垂直于杆件的力对该杆件轴力图无影响,排除 D。

11.【答案】B

【解析】计算支座反力时应将均布荷载转化为集中荷载,根据 B 支座和弯矩为零可得出 $6 \times (3+6) - R_a \times 6 - \frac{1}{2} \times 8 \times 3 \times 1 = 0 \Rightarrow R_a = 9$,再根据 $\sum F_y = 0$ 可知 $R_b = 9$。

12.【答案】C

【解析】①在有集中力的位置将杆分段。

②取隔离体求各段杆的杆端剪力。

③剪力使杆顺时针转时为正,连接杆端剪力成剪力图。

按照提示中的方法画出剪力图如图选项 C 所示,其中分段取隔离体过程如图 3 所示。

注:集中力作用点处剪力图发生突变。

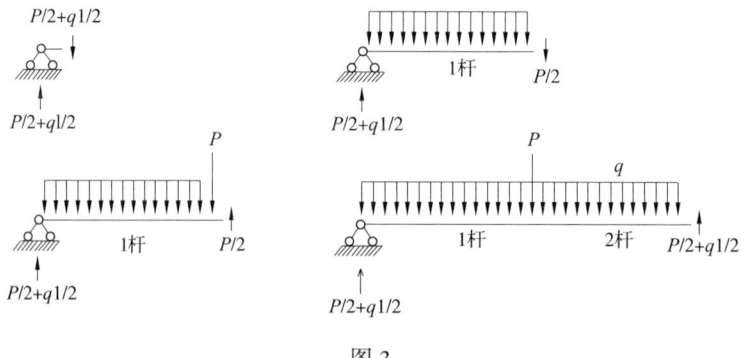

图 3

13.【答案】D

【解析】①有力的位置将杆分段。

②隔离体求各段杆的杆端剪力。

③剪力使杆顺时针转时为正，连接杆端剪力成剪力图。

假设伸臂部分长度为 a，简支部分长度为 b，计算支座反力：对铰支座取矩有

$$qa \times (\frac{a}{2}+b) - R_A \times b = 0 \Rightarrow R_A = \frac{qa^2}{2b} + qa(\uparrow)$$

由 $\sum Y=0$ 可知，$R_A + R_B + qa = 0 \Rightarrow R_B = \frac{qa^2}{2b}(\downarrow)$

分杆和取隔离体如图 4 所示，画出剪力图如选项 D 所示。

注：均布荷载作用下杆件的剪力图为斜线段。

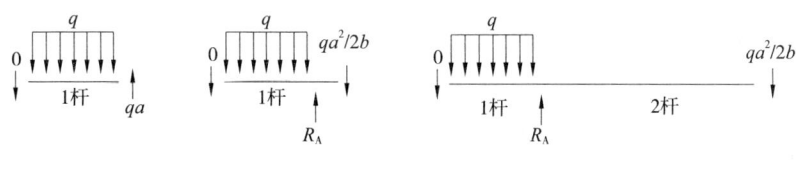

图 4

14.【答案】C

【解析】无约束则无内力，固定支座承担外力时，杆件无内力。

D 支座无水平约束，故 CD 段无轴力，排除 BD；水平力 P 由固定铰支座 B 承担，因此 AB 段无轴力。

15.【答案】C

【解析】计算支座反力时应将均布荷载转化为集中荷载

$$\sum M_a = P_2 \times 2 + P_1 \times 1 + \frac{1}{2} \times 10 \times 2 \times 2 = 24 \text{kN/m}$$

16.【答案】A

【解析】均布荷载的弯矩图为抛物线形，集中荷载的弯矩图为直线型。

均布荷载的弯矩图为抛物线形，集中荷载的弯矩图为直线型。且该悬臂梁上侧受拉，因此选择 A。

17.【答案】C

【解析】支座不动变形连续原则，刚结点直角不变原则。

A 选项和 B 选项竖向链杆支座处变形不连续，故错误；D 选项固定端刚结点不是直角，故错误。

18.【答案】B

【解析】拱的定义。拱的定义是在竖向荷载作用下，支座有水平推力产生，经判断（a）（b）（d）均为拱。

19.【答案】D

【解析】无限刚的构件没有变。下柱的刚度无限大，因此A无侧移无转动。

20.【答案】A

【解析】超静定结构温度变化会引起内力的变化。

温度应力为 $\sigma = E \times \alpha \Delta t$，与面积无关。

21.【答案】B

【解析】参见《砌体结构设计规范》GB 50003-2011 第3.2.1.1条：烧结普通砖、烧结多孔砖砌体的抗压强度设计值，应按表3.2.1-1采用。

由表可知，当砂浆强度为零时，砌体的抗压强度设计值大于零。

烧结普通砖和烧结多孔砖砌体的抗压强度设计值（MPa） 表3.2.1-1

砖强度等级	砂浆强度等级					砂浆强度
	M15	M10	M7.5	M5	M2.5	0
MU30	3.94	3.27	2.93	2.59	2.26	1.15
MU25	3.60	2.98	2.68	2.37	2.06	1.05
MU20	3.22	2.67	2.39	2.12	1.84	0.94
MU15	2.79	2.31	2.07	1.83	1.60	0.82
MU10	—	1.89	1.69	1.50	1.30	0.67

注：当烧结多孔砖的孔洞率大于30%时，表中数值应乘以0.9。

22.【答案】D

【解析】砂浆的强度等级是采用边长为70.7mm×70.7mm×70.7mm的立方体试块进行抗压试验，每组试块为6块，取其破坏强度的平均值作为确定砂浆强度等级的依据。石灰砂浆：按一定质量比由石灰、石膏等与砂加水搅拌而成的砂浆，特点：和易性好、强度低、耐久性差。水泥砂浆适用于水中及潮湿环境中的砌体结构。水泥砂浆的和易性较差，砂浆垫层不宜均匀、饱满，所以用同强度等级的水泥砂浆及混合砂浆砌筑的墙体，前者强度设计值低于后者。

23.【答案】A

【解析】碳素钢的质量等级分为A、B、C、D、E，其质量从前至后依次提高。

24.【答案】A

【解析】普通钢筋强度标准值标 f_{yk} 是根据钢筋的屈服强度确定的；强度设计值 f_y 为强度标准值除以大于1的分项系数；疲劳应力幅限值 Δf_y^f 与钢筋疲劳应力比值有关，其取值最小。

25.【答案】A

【解析】参见《混凝土结构设计规范》GB 50010-2010 第4.1.1条：混凝土强度等级应按立方体抗压强度标准值确定。立方体抗压强度标准值系指按标准方法制作、养护的边长为150mm的立方体试件，在28d或设计规定龄期以标准试验方法测得的具有95%保证率的抗压强度值。

26.【答案】B

【解析】混凝土的徐变：混凝土在受到荷载作用后，在荷载（应力）不变的情况下，变形（应变）随时间而不断增长的现象。

产生徐变的原因：填充在结晶体间尚未水化的凝胶体具有黏性流动性质，混凝土内部的微裂缝在载荷长期作用下不断发展和增加的结果。

27.【答案】B

【解析】参见《木结构设计规范》GB 50005-2017 第 3.1.3 条：方木原木结构的构件设计时，应根据构件的主要用途选用相应的材质等级。当采用目测分级木材时，不应低于表3.1.3-1的要求；当采用工厂加工的方木用于梁柱构件时，不应低于表3.1.3-2的要求。

方木原木构件的材质等级要求 表 3.1.3-1

项次	主要用途	最低材质等级
1	受拉或拉弯构件	I_a
2	受弯或压弯构件	II_a
3	受压构件及次要受弯构件	III_a

28.【答案】D

【解析】参见《高层建筑混凝土结构技术规程》JGJ 3-2010 第 7.1.2 条：剪力墙不宜过长，较长剪力墙宜设置跨度比较大的连梁，将其分成长度较均匀的若干墙段，各墙段的高度与墙段长度之比不宜小于3，墙段长度不宜大于8m。

29.【答案】A

【解析】预应力构件中，在承受外荷载之前，利用张拉钢筋的回弹对混凝土构件施加预应力，克服了混凝土抗拉强度低、开裂早的缺点。混凝土结构通过张拉预应力钢筋使构件受拉区产生预压应力，避免裂缝过早出现。预应力钢筋强度不高，就不可能产生较高的预压应力。

30.【答案】A

【解析】由轴心受压承载力公式 $N=0.9\varphi(f_cA+f_y'A_s')$ 可知，对于高度、截面尺寸、配筋以及材料强度完全相同的长柱，轴心受压承载力的大小取决于稳定系数。两端嵌固的支撑条件下，构件的计算长度为 $0.5l$；两端铰接支撑条件下，构件的计算长度为 l；一端嵌固、一端铰接的支撑条件下，构件的计算长度为 $0.7l$；一端嵌固、一端自由的支撑条件下，构件的计算长度为 $2l$。构件的计算长度越小，稳定系数越大，轴心受压承载力越大，所以两端嵌固的时候轴心受压承载力最大。

31.【答案】D

【解析】工字钢梁中的剪应力主要集中在腹板中，翼缘中的剪应力较小，其厚度的大小对抗剪承载力影响不大。

32.【答案】D

【解析】参见《建筑抗震设计规范》GB 50011-2010 第 3.4.1 条：建筑设计应根据抗震概念设计的要求明确建筑形体的规则性。不规则的建筑应按规定采取加强措施；特别不规则的建筑应进行专门研究和论证，采取特别的加强措施；严重不规则的建筑不应采用。

注：形体指建筑平面形状和立面、竖向剖面的变化。

33.【答案】C

【解析】参见《建筑抗震设计规范》GB 50011-2010 第 7.5.1 条：底部框架－抗震墙砌体房屋的上部墙体应设置钢筋混凝土构造柱或芯柱。

第 7.5.7 条：底部框架－抗震墙砌体房屋的楼盖应符合下列要求：

1. 过渡层的底板应采用现浇钢筋混凝土板，板厚不应小于 120mm；并应少开洞、开小洞，当洞口尺寸大于 800mm 时，洞口周边应设置边梁。

2. 其他楼层，采用装配式钢筋混凝土楼板时均应设现浇圈梁；采用现浇钢筋混凝土楼板时应允许不另设圈梁，但楼板沿抗震墙体周边均应加强配筋并应与相应的构造柱可靠连接。

第 6.4.1 条：抗震墙的厚度，一、二级不应小于 160mm 且不宜小于层高或无支长度的 1/20，三、四级不应小于 140mm 且不宜小于层高或无支长度的 1/25；无端柱或翼墙时，一、二级不宜小于层高或无支长度的 1/16，三、四级不宜小于层高或无支长度的 1/20。

底部加强部位的墙厚，一、二级不应小于 200mm 且不宜小于层高或无支长度的 1/16，三、四级不应小于 160mm 且不宜小于层高或无支长度的 1/20；无端柱或翼墙时，一、二级不宜小于层高或无支长度的 1/12，三、四级不宜小于层高或无支长度的 1/16。

34.【答案】C

【解析】参见《砌体结构设计规范》GB 50003-2011 第 10.1.12 条：结构材料性能指标，应符合下列规定：

1. 砌体材料应符合下列规定：

1）普通砖和多孔砖的强度等级不应低于 MU10，其砌筑砂浆强度等级不应低于 M5；蒸压灰砂普通砖、蒸压粉煤灰普通砖及混凝土砖的强度等级不应低于 MU15，其砌筑砂浆强度等级不应低于 Ms5（Mb5）；

2）混凝土砌块的强度等级不应低于 MU7.5，其砌筑砂浆强度等级不应低于 Mb7.5；

3）约束砖砌体墙，其砌筑砂浆强度等级不应低于 M10 或 Mb10；

4）配筋砌块砌体抗震墙，其混凝土空心砌块的强度等级不应低于 MU10，其砌筑砂浆强度等级不应低于 Mb10。

2. 混凝土材料，应符合下列规定：

1）托梁，底部框架-抗震墙砌体房屋中的框架梁、框架柱、节点核芯区、混凝土墙和过渡层底板，部分框支配筋砌块砌体抗震墙结构中的框支梁和框支柱等转换构件、节点核芯区、落地混凝土墙和转换层楼板，其混凝土的强度等级不应低于 C30；

2）构造柱、圈梁、水平现浇钢筋混凝土带及其他各类构件不应低于C20，砌块砌体芯柱和配筋砌块砌体抗震墙的灌孔混凝土强度等级不应低于Cb20。

3. 钢筋材料应符合下列规定：

1）钢筋宜选用HRB400级钢筋和HRB335级钢筋，也可采用HPB300级钢筋；

2）托梁、框架梁、框架柱等混凝土构件和落地混凝土墙，其普通受力钢筋宜优先选用HRB400钢筋。

35.【答案】B

【解析】参见《木结构设计标准》第4.3.18条：标注原木直径时，应以小头为准。原木构件沿其长度的直径变化率，可按每米9mm或当地经验数值采用。验算挠度和稳定时，可取构件的中央截面；验算抗弯强度时，可取弯矩最大处截面。

36.【答案】D

【解析】1.承重结构用胶，应保证其胶合强度不低于木材顺纹抗剪和横纹抗拉的强度。胶连接的耐水性和耐久性，应与结构的用途和使用年限相适应，并应符合环境的要求。

2.使用中有可能受潮的结构及重要的建筑物，应采用耐水胶；承重结构用胶，除应具有出厂质量证明文件外，产品使用前尚应按本规范附录E的规定检验其胶粘能力。

37.【答案】A

【解析】参见《砌体结构设计规范》GB 50003-2011第10.2.1、10.2.2和10.2.3条，砖砌体构件抗震承载力验算主要是验算截面抗剪承载力，防止发生剪切破坏。

38.【答案】A

【解析】参见《混凝土结构设计规范》GB 50010-2010（2015年版）第9.5.2条混凝土叠合梁、板应符合下列规定：叠合板的叠合层混凝土厚度不应小于40mm，混凝土强度等级不宜低于C25。预制板表面应做成凹凸差不小于4mm的粗糙面。承受较大荷载的叠合板以及预应力叠合板，宜在预制底板上设置伸入叠合层的构造钢筋。

39.【答案】D

【解析】无粘结预应力是指无粘结预应力筋与混凝土不直接接触而处于无粘结的状态，所以无粘结预应力采用后张法施工；钢筋在水中容易锈蚀，应采用有粘结预应力；为得到较高的有效预应力，应采用高强度钢筋；虽然预应力构件具有良好的抗开裂性能，但是不能保证使用阶段完全不开裂。

40.【答案】A

【解析】参见《木结构设计规范》GB 50005-2017第7.1.4条：方木原木结构设计应符合下列要求：4.木屋盖宜采用外排水，采用内排水时，不应采用木制天沟。

41.【答案】B

【解析】减小钢筋混凝土受弯构件挠度的措施有：①减小作用荷载的大小；②增大截面的刚度（梁高、宽）；③增加配筋；④采用高弹性模量的材料；⑤预先起拱。其中最有效的方法就是增加截面高度。

42.【答案】A

【解析】高层建筑为抵抗水平荷载的作用,需要一定侧向刚度,现在主要是设水平刚性层来加强其抗侧刚度。通过刚性水平加强层使得外围框架柱产生轴向拉力和压力,组成一个力偶平衡掉一部分由外部水平荷载产生的倾覆力矩从而减小核心筒体承受的力矩,也大大减小了水平侧移。一般只在超高层中应用。布置位置一般在顶层,不够的话中间部位也可以加上一两道。

43.【答案】C

【解析】参见《建筑抗震设计规范》GB 50011-2010 第6.1.4条:钢筋混凝土房屋需要设置防震缝时,应符合下列规定:

1.防震缝宽度应分别符合下列要求:

1)框架结构(包括设置少量抗震墙的框架结构)房屋的防震缝宽度,当高度不超过15m时不应小于100mm;高度超过15m时,6度、7度、8度和9度分别每增加高度5m、4m、3m和2m,宜加宽20mm;

2)框架-抗震墙结构房屋的防震缝宽度不应小于本款1)项规定数值的70%,抗震墙结构房屋的防震缝宽度不应小于本款1)项规定数值的50%;且均不宜小于100mm;

3)防震缝两侧结构类型不同时,宜按需要较宽防震缝的结构类型和较低房屋高度确定缝宽。

2.8、9度框架结构房屋防震缝两侧结构层高相差较大时,防震缝两侧框架柱的箍筋应沿房屋全高加密,并可根据需要在缝两侧沿房屋全高各设置不少于两道垂直于防震缝的抗撞墙。抗撞墙的布置宜避免加大扭转效应,其长度可不大于1/2层高,抗震等级可同框架结构;框架构件的内力应按设置和不设置抗撞墙两种计算模型的不利情况取值。

44.【答案】B

【解析】参见《混凝土结构设计规范》GB 50010-2010(2015年版)表8.1.1:钢筋混凝土结构伸缩缝的最大间距可按表8.1.1确定。

钢筋混凝土结构伸缩缝最大间距(m)　　　　表8.1.1

结构类型		室内或土中	露天
排架结构	装配式	100	70
框架结构	装配式	75	50
框架结构	现浇式	55	35
剪力墙结构	装配式	65	40
剪力墙结构	现浇式	45	30
挡土墙、地下室墙壁等类结构	装配式	40	30
挡土墙、地下室墙壁等类结构	现浇式	30	20

注:1.装配整体式结构的伸缩缝间距,可根据结构的具体情况取表中装配式结构与现浇式结构之间的数值;
　　2.框架-剪力墙结构或框架-核心筒结构房屋的伸缩缝间距,可根据结构的具体情况取表中框架结构与剪力墙结构之间的数值;
　　3.当屋面无保温或隔热措施时,框架结构、剪力墙结构的伸缩缝间距宜按表中露天栏的数值取用;
　　4.现浇挑檐、雨罩等外露结构的局部伸缩缝间距不宜大于12m。

45.【答案】C

【解析】弯曲破坏为延性破坏,剪切破坏为脆性破坏,设计中尽量避免剪切破坏的发生;钢筋屈服先于混凝土压碎的破坏属于适筋梁破坏,设计中允许,但少筋破坏和超筋破坏应尽量避免;钢筋的锚固是必须保证的构造要求,不能先于构件破坏;构件设计应进行承载能力极限状态和正常使用极限状态设计。

46.【答案】B

【解析】参见《建筑抗震设计规范》GB 50011-2010 第 8.1.5 条:

一、二级的钢结构房屋,宜设置偏心支撑、带竖缝钢筋混凝土抗震墙板、内藏钢支撑钢筋混凝土墙板、屈曲约束支撑等消能支撑或筒体。

采用框架结构时,甲、乙类建筑和高层的丙类建筑不应采用单跨框架,多层的丙类建筑不宜采用单跨框架。

注:本章"一、二、三、四级"即"抗震等级为一、二、三、四级"的简称。

47.【答案】A

【解析】参见《建筑抗震设计规范》GB 50011-2010 第 8.3.4 条:梁与柱的连接构造应符合下列要求:

1. 梁与柱的连接宜采用柱贯通型。

2. 柱在两个互相垂直的方向都与梁刚接时宜采用箱形截面,并在梁翼缘连接处设置隔板;隔板采用电渣焊时,柱壁板厚度不宜小于 16mm,小于 16mm 时可改用工字形柱或采用贯通式隔板。当柱仅在一个方向与梁刚接时,宜采用工字形截面,并将柱腹板置于刚接框架平面内。

3. 工字形柱(绕强轴)和箱形柱与梁刚接时,应符合下列要求:

1)梁翼缘与柱翼缘间应采用全熔透坡口焊缝;一、二级时,应检验焊缝的 V 形切口冲击韧性,其夏比冲击韧性在 -20℃时不低于 27J;

2)柱在梁翼缘对应位置应设置横向加劲肋(隔板),加劲肋(隔板)厚度不应小于梁翼缘厚度,强度与梁翼缘相同;

3)梁腹板宜采用摩擦型高强度螺栓与柱连接板连接(经工艺试验合格能确保现场焊接质量时,可用气体保护焊进行焊接);腹板角部应设置焊接孔,孔形应使其端部与梁翼缘和柱翼缘间的全熔透坡口焊缝完全隔开;

4)腹板连接板与柱的焊接,当板厚不大于 16mm 时应采用双面角焊缝,焊缝有效厚度应满足等强度要求,且不小于 5mm;板厚大于 16mm 时采用 K 形坡口对接焊缝。该焊缝宜采用气体保护焊,且板端应绕焊;

5)一级和二级时,宜采用能将塑性铰自梁端外移的端部扩大形连接、梁端加盖板或骨形连接。

4. 框架梁采用悬臂梁段与柱刚性连接时,悬臂梁段与柱应采用全焊接连接,此时上下翼缘焊接孔的形式宜相同;梁的现场拼接可采用翼缘焊接腹板螺栓连接或全部螺栓连接。

5. 箱形柱在与梁翼缘对应位置设置的隔板，应采用全熔透对接焊缝与壁板相连。工字形柱的横向加劲肋与柱翼缘，应采用全熔透对接焊缝连接，与腹板可采用角焊缝连接。

48.【答案】 A

【解析】参见《混凝土结构设计规范》GB 50010-2010（2015年版）第9.2.1条：梁的纵向受力钢筋应符合下列规定：

1. 伸入梁支座范围内的钢筋不应少于2根。

2. 梁高不小于300mm时，钢筋直径不应小于10mm；梁高小于300mm时，钢筋直径不应小于8mm。

3. 梁上部钢筋水平方向的净间距不应小于30mm和1.5d；梁下部钢筋水平方向的净间距不应小于25mm和d。当下部钢筋多于2层时，2层以上钢筋水平方向的中距应比下面2层的中距增大一倍；各层钢筋之间的净间距不应小于25mm和d，d为钢筋的最大直径。

4. 在梁的配筋密集区域宜采用并筋的配筋形式。

49.【答案】 C

【解析】参见《砌体结构设计规范》GB 50003-2011第6.1节"墙、柱的高厚比验算"自承重墙的允许高厚比可适当提高；有门窗洞口的墙，其允许高厚比应适当降低；砂浆强度等级越高，允许高厚比也越大。

刚性方案房屋构件计算长度小于弹性方案房屋构件，所以刚性方案房屋比弹性方案房屋的墙体高厚比计算值小。

50.【答案】 D

【解析】在地震作用下，墙体在面内产生双向剪力，双向剪力作用的结果是在墙体内产生45°方向的拉力，从而产生交叉开裂，属于剪切破坏。

51.【答案】 A

【解析】参见《高层建筑混凝土结构技术规程》JGJ 3-2010第9.1.2条：筒中筒结构的高度不宜低于80m，高宽比不宜小于3。对高度不超过60m的框架-核心筒结构，可按框架-剪力墙结构设计。

52.【答案】 A

【解析】参见《高层建筑混凝土结构技术规程》JGJ 3-2010第10.1.1条：本章对复杂高层建筑结构的规定适用于带转换层的结构、带加强层的结构、错层结构、连体结构以及竖向体型收进、悬挑结构。

53.【答案】 A

【解析】参见《建筑抗震设计规范》GB 50011-2010第7.1.2条：多层房屋的层数和高度应符合下列要求：

1. 一般情况下，房屋的层数和总高度不应超过表7.1.2的规定。

房屋的层数和总高度限值（m） 表 7.1.2

房屋类别		最小抗震墙厚度（mm）	烈度和设计基本地震加速度										
			6		7				8				9
			0.05g		0.10g		0.15g		0.20g		0.30g		0.40g
			高度	层数	高度	层数	高度	层数	高度	层数	高度	层数	高度	层数
多层砌体房屋	普通砖	240	21	7	21	7	21	7	18	6	15	5	12	4
	多孔砖	240	21	7	21	7	18	6	18	6	15	5	9	3
	多孔砖	190	21	7	18	6	15	5	15	5	12	4	—	—
	小砌块	190	21	7	21	7	18	6	18	6	15	5	9	3
底部框架-抗震墙砌体房屋	普通砖多孔砖	240	22	7	22	7	19	6	16	5	—	—	—	—
	多孔砖	190	22	7	19	6	16	5	13	4	—	—	—	—
	小砌块	190	22	7	22	7	19	6	16	5	—	—	—	—

注：1. 房屋的总高度指室外地面到主要屋面板板顶或檐口的高度，半地下室从地下室室内地面算起，全地下室和嵌固条件好的半地下室应允许从室外地面算起；对带阁楼的坡屋面应算到山尖墙的1/2高度处；
2. 室内外高差大于0.6m时，房屋总高度应允许比表中的数据适当增加，但增加量应少于1.0m；
3. 乙类的多层砌体房屋仍按本地区设防烈度查表，其层数应减少一层且总高度应降低3m；不应采用底部框架-抗震墙砌体房屋；
4. 本表小砌块砌体房屋不包括配筋混凝土小型空心砌块砌体房屋。

2. 横墙较少的多层砌体房屋，总高度应比表7.1.2的规定降低3m，层数相应减少一层；各层横墙很少的多层砌体房屋，还应再减少一层。

注：横墙较少是指同一楼层内开间大于4.2m的房间占该层总面积的40%以上；其中，开间不大于4.2m的房间占该层总面积不到20%且开间大于4.8m的房间占该层总面积的50%以上为横墙很少。

3. 6、7度时，横墙较少的丙类多层砌体房屋，当按规定采取加强措施并满足抗震承载力要求时，其高度和层数应允许仍按表7.1.2的规定采用。

4. 采用蒸压灰砂砖和蒸压粉煤灰砖的砌体的房屋，当砌体的抗剪强度仅达到普通黏土砖砌体的70%时，房屋的层数应比普通砖房减少一层，总高度应减少3m；当砌体的抗剪强度达到普通黏土砖砌体的取值时，房屋层数和总高度的要求同普通砖房屋。

对于教学楼，横墙较少，总高度应比表7.1.2的规定降低3m，层数相应减少一层，且中学教学楼净高3.4m，18m总高无法满足6层的要求，所以普通砖砌体结构和多孔砖砌体结构不满足要求，而钢筋混凝土框架-剪力墙结构适合高层建筑，故钢筋混凝土框架结构较合理。

54.【答案】A

【解析】平板网架的跨高比：$L<30$m时跨高比取1/13~1/10；30m$<L\leqslant 60$m时跨高比取1/15~1/12；$L>60$m时跨高比1/18~1/14。

55.【答案】C

【解析】由题可知，屋盖跨度为36m，跨度较大，采用预应力钢筋混凝土大梁费用较高；梯形钢屋架与平行弦钢屋架相比，上下弦间距随弯矩大小变化，更加经济合理；梯形钢屋架与三角形钢屋架相比，整体刚度大。故应采用梯形钢屋架。

56.【答案】C

【解析】参见《高层建筑混凝土结构技术规程》JGJ 3—2010 第 11.1.1 本章规定的混合结构,系指由外围钢框架或型钢混凝土、钢管混凝土框架与钢筋混凝土核心筒所组成的框架－核心筒结构,以及由外围钢框筒或型钢混凝土、钢管混凝土框筒与钢筋混凝土核心筒所组成的筒中筒结构。

57.【答案】D

【解析】参见《建筑抗震设计规范》GB 50011—2010 第 13.3.6 条:钢结构厂房的围护墙,应符合下列要求:

1. 厂房的围护墙,应优先采用轻型板材,预制钢筋混凝土墙板宜与柱柔性连接;9 度时宜采用轻型板材。

2. 单层厂房的砌体围护墙应贴砌并与柱拉结,尚应采取措施使墙体不妨碍厂房柱列沿纵向的水平位移;8、9 度时不应采用嵌砌式。

58.【答案】A

【解析】砌筑墙体,留好马牙槎。等墙体施工完成后,浇筑构造柱。

59.【答案】A

【解析】参见《建筑抗震设计规范》GB 50011—2010 第 8.3.2 条:框架梁、柱板件宽厚比,应符合表 8.3.2 的规定:

框架梁、柱板件宽厚比限值　　　　　　　　　　　表 8.3.2

	板件名称	一级	二级	三级	四级
柱	工字形截面翼缘外伸部分	10	11	12	13
	工字形截面腹板	43	45	48	52
	箱形截面壁板	33	36	38	40
梁	工字形截面和箱形截面翼缘外伸部分	9	9	10	11
	箱形截面翼缘在两腹板之间部分	30	30	32	36
	工字形截面和箱形截面腹板	$72-120N_b/(Af)$ ≤ 60	$72-100N_b/(Af)$ ≤ 60	$80-110N_b/(Af)$ ≤ 70	$85-120N_b/(Af)$ ≤ 75

控制板件宽厚比限值,主要防止构件发生局部失稳,保证构件整体稳定性;由表 8.3.2 可知箱型截面壁板宽厚比限值,比工字形截面翼缘外伸部分宽厚比限值大;表中数值适用 Q235 钢,当采用 Q345 钢时,应乘以 $\sqrt{235/f_{ay}}$(小于 1),故 Q345 钢材比 Q235 钢材宽厚比限值小。

60.【答案】C

【解析】参见《高层建筑混凝土结构技术规程》JGJ 3—2010 第 7.1.8 条:抗震设计时,高层建筑结构不应全部采用短肢剪力墙;B 级高度高层建筑以及抗震设防烈度为 9 度的 A 级高度高层建筑,不宜布置短肢剪力墙,不应采用具有较多短肢剪力墙的剪力墙结构。当采用

具有较多短肢剪力墙的剪力墙结构时,应符合下列规定:

1. 在规定的水平地震作用下,短肢剪力墙承担的底部倾覆力矩不宜大于结构底部总地震倾覆力矩的50%;

2. 房屋适用高度应比本规程表3.3.1-1规定的剪力墙结构的最大适用高度适当降低,7度、8度(0.2g)和8度(0.3g)时分别不应大于100m、80m和60m。

注:1. 短肢剪力墙是指截面厚度不大于300mm、各肢截面高度与厚度之比的最大值大于4但不大于8的剪力墙;

2. 具有较多短肢剪力墙的剪力墙结构是指,在规定的水平地震作用下,短肢剪力墙承担的底部倾覆力矩不小于结构底部总地震倾覆力矩的30%的剪力墙结构。

61.【答案】B

【解析】参见《高层建筑混凝土结构技术规程》JGJ 3-2010第10.6.3条:抗震设计时,多塔楼高层建筑结构应符合下列规定:

1. 各塔楼的层数、平面和刚度宜接近;塔楼对底盘宜对称布置;上部塔楼结构的综合质心与底盘结构质心的距离不宜大于底盘相应边长的20%。

2. 转换层不宜设置在底盘屋面的上层塔楼内。

3. 塔楼中与裙房相连的外围柱、剪力墙,从固定端至裙房屋面上一层的高度范围内,柱纵向钢筋的最小配筋率宜适当提高,剪力墙宜按本规程第7.2.15条的规定设置约束边缘构件,柱箍筋宜在裙楼屋面上、下层的范围内全高加密;当塔楼结构相对于底盘结构偏心收进时,应加强底盘周边竖向构件的配筋构造措施。

4. 大底盘多塔楼结构,可按本规程第5.1.14条规定的整体和分塔楼计算模型分别验算整体结构和各塔楼结构扭转为主的第一周期与平动为主的第一周期的比值,并应符合本规程第3.4.5条的有关要求。

62.【答案】D

【解析】参见《建筑抗震设计规范》GB 50011-2010表3.4.3-1平面不规则的主要类型。

平面不规则的主要类型　　　　　　　　　　表3.4.3-1

不规则类型	定义和参考指标
扭转不规则	在规定的水平力作用下,楼层的最大弹性水平位移(或层间位移),大于该楼层两端弹性水平位移(或层间位移)平均值的1.2倍
不规则类型	定义和参考指标
凹凸不规则	平面凹进的尺寸,大于相应投影方向总尺寸的30%
楼板局部不连续	楼板的尺寸和平面刚度急剧变化,例如,有效楼板宽度小于该层楼板宽度的50%,或开洞面积大于该层楼面面积的30%,或较大的楼层错层

63.【答案】D

【解析】参见《高层建筑混凝土结构技术规程》JGJ 3-2010第3.4.3条:抗震设计的混凝土高层建筑,其平面布置宜符合下列规定:

1. 平面宜简单、规则、对称，减少偏心；

2. 平面长度不宜过长（图5），L/B 宜符合表3.4.3的要求；

3. 平面突出部分的长度 l 不宜过大、宽度 b 不宜过小（图5），l/B_{max}、l/b 宜符合表3.4.3的要求；

4. 建筑平面不宜采用角部重叠或细腰形平面布置。

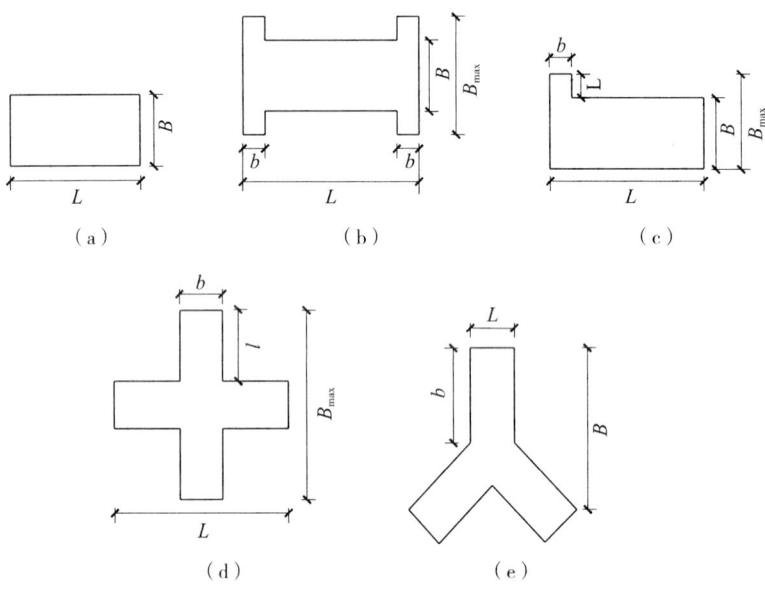

图 5

平面尺寸及突出部位尺寸的比值限值　　　　表3.4.3

设防烈度	L/B	l/B_{max}	l/b
6、7度	≤ 6.0	≤ 0.35	≤ 2.0
8、9度	≤ 5.0	≤ 0.30	≤ 1.5

64.【答案】D

【解析】参见《建筑抗震设计规范》GB 50011-2010 第3.4.3条：建筑形体及其构件布置的平面、竖向不规则性，应按下列要求划分：

1. 混凝土房屋、钢结构房屋和钢－混凝土混合结构房屋存在表3.4.3-1所列举的某项平面不规则类型或表3.4.3-2所列举的某项竖向不规则类型以及类似的不规则类型，应属于不规则的建筑。

2. 砌体房屋、单层工业厂房、单层空旷房屋、大跨屋盖建筑和地下建筑的平面和竖向不规则性的划分，应符合本规范有关章节的规定。

3. 当存在多项不规则或某项不规则超过规定的参考指标较多时，应属于特别不规则的建筑。

平面不规则的主要类型 表 3.4.3-1

不规则类型	定义和参考指标
扭转不规则	在规定的水平力作用下，楼层的最大弹性水平位移（或层间位移），大于该楼层两端弹性水平位移（或层间位移）平均值的1.2倍
凹凸不规则	平面凹进的尺寸，大于相应投影方向总尺寸的30%
楼板局部不连续	楼板的尺寸和平面刚度急剧变化，例如，有效楼板宽度小于该层楼板宽度的50%，或开洞面积大于该层楼面面积的30%，或较大的楼层错层

竖向不规则的主要类型 表 3.4.3-2

不规则类型	定义和参考类型
侧向刚度不规则	该层的侧向刚度小于相邻上一层的70%，或小于上相邻三个楼层侧向刚度平均值的80%；除顶层或出屋面小建筑外，局部收进的水平向尺寸大于相邻下一层的25%
竖向抗侧力构件不连续	竖向抗侧力构件（柱、抗震墙、抗震支撑）的内力由水平转换（梁、桁架等）向下传递
楼层承载力突变	抗侧力结构的层间受剪承载力小于相邻上一楼层的80%

65.【答案】B

【解析】参考《机械工业厂房结构设计规范》GB 50906-2013 第 R.1.3 条：扁梁截面尺寸宜符合下式的要求 $b_c \leq 2b$，b_c—柱截面宽度，圆形截面取柱直径的 0.8 倍（mm）；R.1.5 框架扁梁结构的楼板应现浇，梁中心线宜与柱中心线重合，扁梁应双向布置。

66.【答案】A

【解析】参考《高层建筑混凝土结构技术规程》JGJ 3-2010 第 6.1.1 条：框架结构应设计成双向梁柱抗侧力体系。主体结构除个别部位外，不应采用铰接。

6.1.2 抗震设计的框架结构不应采用单跨框架。

6.1.3 框架结构的填充墙及隔墙宜选用轻质墙体。抗震设计时，框架结构如采用砌体填充墙，其布置应符合下列规定：

1. 避免形成上、下层刚度变化过大。

2. 避免形成短柱。

3. 减少因抗侧刚度偏心而造成的结构扭转。

6.1.4 抗震设计时，框架结构的楼梯间应符合下列规定：

1. 楼梯间的布置应尽量减小其造成的结构平面不规则。

67.【答案】B

【解析】参见《建筑工程抗震设防分类标准》GB 50223-2008 第 6.0.8 条：教育建筑中，幼儿园、小学、中学的教学用房以及学生宿舍和食堂，抗震设防类别应不低于重点设防类（乙类）。

参见《抗震结构设计规范》GB 50011-2010（2016年版）第 7.1.2 条：多层房屋的层数和高度应符合下列要求：

1. 一般情况下，房屋的层数和总高度不应超过表 7.1.2 的规定。

房屋的层数和总高度限值（m） 表 7.1.2

房屋类别		最小抗震墙厚度（mm）	烈度和设计基本地震加速度										
			6		7				8				9
			0.05g		0.10g		0.15g		0.20g		0.30g		0.40g
			高度	层数	高度	层数	高度	层数	高度	层数	高度	层数	高度	层数
多层砌体房屋	普通砖	240	21	7	21	7	21	7	18	6	15	5	12	4
	多孔砖	240	21	7	21	7	18	6	18	6	15	5	9	3
	多孔砖	190	21	7	18	6	15	5	15	5	12	4	—	—
	小砌块	190	21	7	21	7	18	6	18	6	15	5	9	3
底部框架-抗震墙砌体房屋	普通砖多孔砖	240	22	7	22	7	19	6	16	5	—	—	—	—
	多孔砖	190	22	7	19	6	16	5	13	4	—	—	—	—
	小砌块	190	22	7	22	7	19	6	16	5	—	—	—	—

注：1. 房屋的总高度指室外地面到主要屋面板板顶或檐口的高度，半地下室从地下室室内地面算起，全地下室和嵌固条件好的半地下室应允许从室外地面算起；对带阁楼的坡屋面应算到山尖墙的1/2高度处；
2. 室内外高差大于0.6m时，房屋总高度应允许比表中的数据适当增加，但增加量应少于1.0m；
3. 乙类的多层砌体房屋仍按本地区设防烈度查表，其层数应减少一层且总高度应降低3m；不应采用底部框架-抗震墙砌体房屋；
4. 表小砌块砌体房屋不包括配筋混凝土小型空心砌块砌体房屋。

由上可知，乙类的多层砌体房屋不应采用底部框架-抗震墙砌体结构。

第7.1.3条：多层砌体承重房屋的层高，不应超过3.6m。

底部框架-抗震墙砌体房屋的底部，层高不应超过4.5m；当底层采用约束砌体抗震墙时，底层的层高不应超过4.2m。

注：当使用功能确有需要时，采用约束砌体等加强措施的普通砖房屋，层高不应超过3.9m。

68.【答案】A

【解析】参见《装配式混凝土结构技术规程》第6.1.9条：带转换层的装配整体式结构应符合下列规定：

1. 当采用部分框支剪力墙结构时，底部框支层不宜超过2层，且框支层及相邻上一层应采用现浇结构。

69.【答案】D

【解析】参考《建筑抗震设计规范》GB 50011-2010（2016年版）第3.4.5条：1. 体型复杂、平立面不规则的建筑，应根据不规则程度、地基基础条件和技术经济等因素的比较分析，确定是否设置防震缝，并分别符合下列要求：2. 当在适当部位设置防震缝时，宜形成多个较规则的抗侧力结构单元。防震缝应根据抗震设防烈度、结构材料种类、结构类型、结构单元的高度和高差以及可能的地震扭转效应的情况，留有足够的宽度，其两侧的上部结构应完全分开。

70.【答案】D

【解析】参见《建筑抗震设计规范》GB 50011-2010第3.3.1条：选择建筑场地时，应根据工程需要和地震活动情况、工程地质和地震地质的有关资料，对抗震有利、一般、不利和危险地段做出综合评价。对不利地段,应提出避开要求;当无法避开时应采取有效的措施。对危险地段,严禁建造甲、乙类的建筑,不应建造丙类的建筑。

71.【答案】 C

【解析】 小震指该地区 50 年内超过概率约为 63% 的地震烈度,即众值烈度,又称多遇地震;中震指该地区 50 年内超过概率约为 10% 的地震烈度,又称为基本烈度或设防烈度;大震指该地区 50 年内超越概率约为 2%~3% 的地震烈度,又称为罕遇地震;由烈度概率分布可知,小震、基本烈度、大震之间的大致关系:小震比基本烈度低 1.55 度左右;大震比基本烈度高 1 度。

72.【答案】 C

【解析】 根据《建筑工程抗震设防分类标准》GB 50223-2008 第 3.0.3 条:各抗震设防类别建筑的抗震设防标准,应符合下列要求:

1. 标准设防类,应按本地区抗震设防烈度确定其抗震措施和地震作用,达到在遭遇高于当地抗震设防烈度的预估罕遇地震影响时不致倒塌或发生危及生命安全的严重破坏的抗震设防目标。

2. 重点设防类,应按高于本地区抗震设防烈度一度的要求加强其抗震措施;但抗震设防烈度为 9 度时应按比 9 度更高的要求采取抗震措施;地基基础的抗震措施,应符合有关规定。同时,应按本地区抗震设防烈度确定其地震作用。

3. 特殊设防类,应按高于本地区抗震设防烈度提高一度的要求加强其抗震措施;但抗震设防烈度为 9 度时应按比 9 度更高的要求采取抗震措施。同时,应按批准的地震安全性评价的结果且高于本地区抗震设防烈度的要求确定其地震作用。

4. 适度设防类,允许比本地区抗震设防烈度的要求适当降低其抗震措施,但抗震设防烈度为 6 度时不应降低。一般情况下,仍应按本地区抗震设防烈度确定其地震作用。

注:对于划为重点设防类而规模很小的工业建筑,当改用抗震性能较好的材料且符合抗震设计规范对结构体系的要求时,允许按标准设防类设防。

73.【答案】 B

【解析】 参见《砌体结构设计规范》GB 50003-2011 第 3.2.5.3 条:砌体的线膨胀系数和收缩率,可按表 3.2.5-2 采用。

由表可知,砌体的线膨胀系数和收缩率与砌体类别有关。

砌体的线膨胀系数和收缩率 表 3.2.5-2

砌体类别	线膨胀系数($10^{-6}/℃$)	收缩率(mm/m)
烧结普通砖、烧结多孔砖砌体	5	−0.1
蒸压灰砂普通砖、蒸压粉煤灰普通砖砌体	8	−0.2
混凝土普通砖、混凝土多孔砖、混凝土砌块砌体	10	−0.2
轻集料混凝土砌块砌体	10	−0.3
料石和毛石砌体	8	—

注:表中的收缩率系由达到的收缩允许标准的块体砌筑 28d 的砌体收缩系数。当地方有可靠的砌体收缩试验数据时,亦可采用当地的试验数据。

74.【答案】A

【解析】参见《高层建筑混凝土结构技术规程》JGJ 3-2010 第 3.3.1 条：

B 级高度钢筋混凝土高层建筑的最大适用高度（m）　　　　表 3.3.1-2

结构体系		非抗震设计	抗震设防烈度			
			6 度	7 度	8 度	
					0.20g	0.30g
框架－剪力墙		170	160	140	120	100
剪力墙	全部落地剪力墙	180	170	150	130	110
	部分框支剪力墙	150	140	120	100	80
筒体	框架－核心筒	220	210	180	140	120
	筒中筒	300	280	230	170	150

注：1. 部分框支剪力墙结构指地面以上有部分框支剪力墙的剪力墙结构；
　　2. 甲类建筑，6、7 度时宜按本地区设防烈度提高一度后符合本表的要求，8 度时应专门研究；
　　3. 当房屋高度超过表中数值时，结构设计应有可靠依据，并采取有效地加强措施。

75.【答案】C

【解析】参见《建筑抗震设计规范》GB 50011-2010 第 3.4.3 条：建筑形体及其构件布置的平面、竖向不规则性，应按下列要求划分：

1. 混凝土房屋、钢结构房屋和钢-混凝土混合结构房屋存在表 3.4.3-1 所列举的某项平面不规则类型或表 3.4.3-2 所列举的某项竖向不规则类型以及类似的不规则类型，应属不规则的建筑。

平面不规则的主要类型　　　　表 3.4.3-1

不规则类型	定义和参考指标
扭转不规则	在规定的水平力作用下，楼层的最大弹性水平位移（或层间位移），大于该楼层两端弹性水平位移（或层间位移）平均值的 1.2 倍
凹凸不规则	平面凹进的尺寸，大于相应投影方向总尺寸的 30%
楼板局部不连续	楼板的尺寸和平面刚度急剧变化，例如，有效楼板宽度小于该层楼板宽度的 50%，或开洞面积大于该层楼面面积的 30%，或较大的楼层错层

竖向不规则的主要类型　　　　表 3.4.3-2

不规则类型	定义和参考类型
侧向刚度不规则	该层的侧向刚度小于相邻上一层的 70%，或小于上相邻三个楼层侧向刚度平均值的 80%；除顶层或出屋面小建筑外，局部收进的水平向尺寸大于相邻下一层的 25%
竖向抗侧力构件不连续	竖向抗侧力构件（柱、抗震墙、抗震支撑）的内力由水平转换（梁、桁架等）向下传递
楼层承载力突变	抗侧力结构的层间受剪承载力小于相邻上一楼层的 80%

2. 砌体房屋、单层工业厂房、单层空旷房屋、大跨屋盖建筑和地下建筑的平面和竖向不规则性的划分，应符合本规范有关章节的规定。

3. 当存在多项不规则或某项不规则超过规定的参考指标较多时,应属于特别不规则的建筑。

76.【答案】C

【解析】参见《高层建筑混凝土结构技术规程》JGJ 3-2010 第 3.3.1 条:

A 级高度钢筋混凝土高层建筑的最大适用高度(m)　　表 3.3.1-1

结构体系		非抗震设计	抗震设防烈度				
			6 度	7 度	8 度		9 度
					0.20g	0.30g	
框架		70	60	50	40	35	
框架-剪力墙		150	130	120	100	80	50
剪力墙	全部落地剪力墙	150	140	120	100	80	60
	部分框支剪力墙	130	120	100	80	50	不应采用
筒体	框架-核心筒	160	150	130	100	90	70
	筒中筒	200	180	150	120	100	80
板柱-剪力墙		110	80	70	55	40	不应采用

注:1. 表中框架不含异性柱框架;
　　2. 部分框支剪力墙结构指地面以上有部分框支剪力墙的剪力墙结构;
　　3. 甲类建筑,6、7、8 度时宜按本地区设防烈度提高一度后符合本表的要求,9 度时应专门研究;
　　4. 框架结构、板柱-剪力墙结构以及 9 度抗震设防的表列其他结构,当房屋高度超过表中数值时,结构设计应有可靠依据,并采取有效地加强措施。

77.【答案】B

【解析】错层结构是指在建筑中同层楼板不在同一高度,并且高差大于梁高(或大于 500mm)的结构类型。错层结构由于楼板不连续,会引起构件内力分配及地震作用沿层高分布的复杂化,错层部位还容易形成不利于抗震的短柱和矮墙,所以高层建筑的抗震设计宜避免错层结构。

钢框架-混凝土核心筒结构的抗震性能强于钢框架-支撑结构。

目前对连体结构的研究表明,由于连体的存在,连体结构的扭转作用明显加强,故多塔结构宜设计成多塔连体结构。

钢桁架筒结构是一种抗震性能良好的结构形式。

78.【答案】D

【解析】框架-混凝土剪力墙体系,框架-支撑体系,框架混凝土核心筒体系等统称为双重抗侧力体系。

79.【答案】B

【解析】参见《建筑抗震设计规范》GB 50011-2010 第 5.1.5 条:建筑结构地震影响系数曲线(图 6)的阻尼调整和形状参数应符合下列要求:

1. 除有专门规定外,建筑结构的阻尼比应取 0.05,地震影响系数曲线的阻尼调整系数应按 1.0 采用,形状参数应符合下列规定:

1）直线上升段，周期小于0.1s的区段。

2）水平段，自0.1s至特征周期区段，应取最大值（α_{max}）。

3）曲线下降段，自特征周期至5倍特征周期区段，衰减指数应取0.9。

4）直线下降段，自5倍特征周期至6s区段，下降斜率调整系数应取0.02。

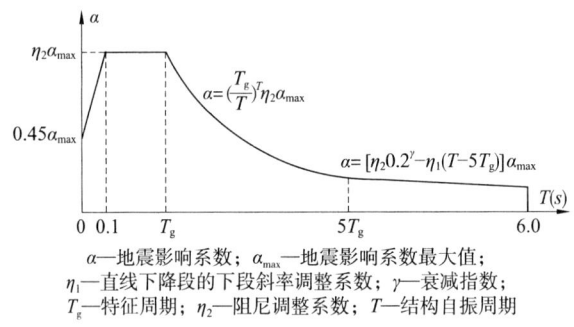

α—地震影响系数；α_{max}—地震影响系数最大值；
η_1—直线下降段的下段斜率调整系数；γ—衰减指数；
T_g—特征周期；η_2—阻尼调整系数；T—结构自振周期

图6 地震影响系数曲线

建筑结构地震影响系数曲线与阻尼比、特征周期值和水平地震影响系数最大值有关，与结构自重无关。

80.【答案】D

【解析】参见《建筑抗震设计规范》GB 50011-2010 第5.4.2条：

结构构件的截面抗震验算，应采用下列设计表达式：$S \leq R/\gamma_{RE}$

式中：γ_{RE}——承载力抗震调整系数，除另有规定外，应按表5.4.2采用；

R——结构构件承载力设计值。

承载力抗震调整系数 表5.4.2

材料	结构构件	受力状态	γ_{RE}
钢	柱、梁、支撑、节点板件、螺栓、焊缝	强度	0.75
	柱、支撑	稳定	0.8
砌体	两端均有构造柱、芯柱的抗震墙	受剪	0.9
	其他抗震墙	受剪	1.0
混凝土	梁	受弯	0.75
	轴压比小于0.15的柱	偏压	0.75
	轴压比不小于0.15的柱	偏压	0.80
	抗震墙	偏压	0.85
	各类构件	受剪、偏拉	0.85

81.【答案】B

【解析】参见《建筑抗震设计规范》GB 50011-2010 第3.9.2条：结构材料性能指标，应符合下列最低要求：

1. 砌体结构材料应符合下列规定：

1）普通砖和多孔砖的强度等级不应低于MU10，其砌筑砂浆强度等级不应低于M5；

2）混凝土小型空心砌块的强度等级不应低于MU7.5，其砌筑砂浆强度等级不应低于Mb7.5。

2. 混凝土结构材料应符合下列规定：

1）混凝土的强度等级，框支梁、框支柱及抗震等级为一级的框架梁、柱、节点核芯区，不应低于C30；构造柱、芯柱、圈梁及其他各类构件不应低于C20；

2）抗震等级为一、二、三级的框架和斜撑构件（含梯段），其纵向受力钢筋采用普通钢筋时，钢筋的抗拉强度实测值与屈服强度实测值的比值不应小于1.25；钢筋的屈服强度实测值与屈服强度标准值的比值不应大于1.3，且钢筋在最大拉力下的总伸长率实测值不应小于9%。

3. 钢结构的钢材应符合下列规定：

1）钢材的屈服强度实测值与抗拉强度实测值的比值不应大于0.85；

2）钢材应有明显的屈服台阶，且伸长率不应小于20%；

3）钢材应有良好的焊接性和合格的冲击韧性。

82.【答案】D

【解析】参见《建筑抗震设计规范》GB 50011-2010 第8.4.2条：中心支撑节点的构造应符合下列要求：

1. 一、二、三级，支撑宜采用H形钢制作，两端与框架可采用刚接构造，梁柱与支撑连接处应设置加劲肋；一级和二级采用焊接工字形截面的支撑时，其翼缘与腹板的连接宜采用全熔透连续焊缝。

2. 支撑与框架连接处，支撑杆端宜做成圆弧。

3. 梁在其与V形支撑或人字支撑相交处，应设置侧向支承；该支承点与梁端支承点间的侧向长细比（λ_y）以及支承力，应符合现行国家标准《钢结构设计规范》GB 50017关于塑性设计的规定。

4. 若支撑和框架采用节点板连接，应符合现行国家标准《钢结构设计规范》GB 50017关于节点板在连接杆件每侧有不小于30°夹角的规定；一、二级时，支撑端部至节点板最近嵌固点（节点板与框架构件连接焊缝的端部）在沿支撑杆件轴线方向的距离，不应小于节点板厚度的2倍。

83.【答案】D

【解析】索膜结构是由多种高强薄膜材料及加强构件钢索通过一定方式使其内部产生一定的预张应力以形成某种空间形状，作为覆盖结构，并能承受一定的外荷载作用的一种空间结构形式。这种结构轻质、跨度大、施工速度快，适合对耐久性要求不高的临时建筑。

84.【答案】B

【解析】参见《建筑抗震设计规范》GB 50011-2010 第6.4.1条：

抗震墙的厚度，一、二级不应小于160mm且不宜小于层高或无支长度的1/20，三、四级不应小于140mm且不宜小于层高或无支长度的1/25；无端柱或翼墙时，一、二级不宜小于层高或无支长度的1/16，三、四级不宜小于层高或无支长度的1/20。

底部加强部位的墙厚，一、二级不应小于200mm且不宜小于层高或无支长度的1/16，三、四级不应小于160mm且不宜小于层高或无支长度的1/20；无端柱或翼墙时，一、二级不宜小于层高或无支长度的1/12，三、四级不宜小于层高或无支长度的1/16。

85.【答案】D

【解析】参见《钢结构设计规范》GB 50017-2017 第3.3.5条：在结构的设计过程中，当考虑温度变化的影响时，温度的变化范围可根据地点、环境、结构类型及使用功能等实际情况确定。当单层房屋和露天结构的温度区段长度不超过表3.3.5的数值时，一般情况下可不考虑温度应力和温度变形的影响。单层房屋和露天结构伸缩缝设置宜符合下列规定：

1. 围护结构可根据具体情况参照有关规范单独设置伸缩缝；
2. 无桥式起重机房屋的柱间支撑和有桥式起重机房屋吊车梁或吊车桁架以下的柱间支撑，宜对称布置于温度区段中部，当不对称布置时，上述柱间支撑的中点（两道柱间支撑时为两柱间支撑的中点）至温度区段端部的距离不宜大于表3.3.5纵向温度区段长度的60%；
3. 当横向为多跨高低屋面时，表3.3.5中横向温度区段长度值可适当增加；
4. 当有充分依据或可靠措施时，表3.3.5中数字可予以增减。

温度区段长度值（m） 表3.3.5

结构情况	纵向温度区段（垂直屋架或构架跨度方向）	横向温度区段（沿屋架或构架跨度方向）	
		柱顶为刚接	柱顶为铰接
采暖房屋和非采暖地区的房屋	220	120	150
热车间和采暖地区的非采暖房屋	80	100	125
露天结构	120	—	—
围护构件为金属压型钢板的房屋	250	150	

86.【答案】A

【解析】在完全侧限的条件下，土的竖向应力变化量与其相应的竖向应变变化量之比，称为土的压缩模量，用 E_s 表示。

土体在侧限条件下，当土中应力变化不大时，压应力增量与压应变增量成正比，其比例系数 E_s，称为土的压缩模量，或称侧限压缩模量，以便与无侧限条件下简单拉伸或压缩的弹性模量（杨氏模量）E 相区别。

土的压缩模量是判断土的压缩性和计算地基压缩变形量的重要指标之一，土的压缩性越高，压缩模量越小。

87.【答案】A

【解析】参考《高层建筑混凝土结构技术规程》JGJ 3-2010 第11.4.2条：型钢混凝土悬臂梁自由端的纵向受力钢筋应设置专门的锚固件，型钢梁的上翼缘宜设置栓钉；型钢混凝土转换梁在型钢上翼缘宜设置栓钉，栓钉的作用是抗剪。

88.【答案】B

【解析】挡土墙结构的主要破坏形式是倾覆，滑移和地基承载力不足，必须进行设计验算；而对于地基变形问题，因为挡土墙一般较轻，且对于变形控制不严，通常不必验算。

89.【答案】D

【解析】在轴向力 N 作用下，柱下独立基础地基反力应为直线型分布，加入弯矩 M 作用后，底板反力应为倾斜的直线分布，一侧最大，另一侧最小。

90.【答案】C

【解析】参考钢结构偏心支撑主要用来耗能，减小地震作用，所以延性会比较好。

91.【答案】B

【解析】参见《建筑地基基础设计规范》GB 50007—2011 第 7.3.2 条：当建筑物设置沉降缝时，应符合下列规定：

1. 建筑物的下列部位，宜设置沉降缝：

1）建筑平面的转折部位；

2）高度差异或荷载差异处；

3）长高比过大的砌体承重结构或钢筋混凝土框架结构的适当部位；

4）地基土的压缩性有显著差异处；

5）建筑结构或基础类型不同处；

6）分期建造房屋的交界处。

2. 沉降缝应有足够的宽度，沉降缝宽度可按表 7.3.2 选用。

92.【答案】C

【解析】参见《建筑地基基础设计规范》GB 50007—2011 第 8.5.23 条：承台之间的连接应符合下列要求：

房屋沉降缝的宽度　　　　表 7.3.2

房屋层数	沉降缝宽度（mm）
二~三	50~80
四~五	80~120
五层以上	不小于 120

1. 单桩承台，应在两个互相垂直的方向上设置连系梁。

2. 两桩承台，应在其短向设置连系梁。

3. 有抗震要求的柱下独立承台，宜在两个主轴方向设置连系梁。

4. 连系梁顶面宜与承台位于同一标高。连系梁的宽度不应小于 250mm，梁的高度可取承台中心距的 1/10~1/15，且不小于 400mm。

5. 连系梁的主筋应按计算要求确定。连系梁内上下纵向钢筋直径不应小于 12mm 且不应少于 2 根，并应按受拉要求锚入承台。

93.【答案】A

【解析】复合地基是部分土体被增强或被置换，形成的由地基土和增强体共同承担荷载的人工地基，是地基土加固的一种方式。桩基础是一种基础形式。

94.【答案】A

【解析】对 A 支座进行受力分析，由于没有水平方向的外力，因此 A 支座无水平反力，只有竖直反力，因此 b 杆内力的水平分力为零，由此可知 b 杆为零杆。

95.【答案】B

【解析】力矩等于力与力臂之积

如图 7 所示结构，$M_A = M_B = P \times 1 = 1 \mathrm{kN} \cdot \mathrm{m}$。

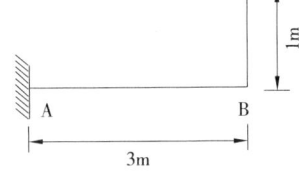

图 7

96.【答案】A

【解析】由题意可知，$N = \varphi A \gamma f = 0.419 \times 8.56 \times 0.7 \times 215 = 53.98 \mathrm{kN}$。

97.【答案】A

【解析】参考：少筋梁的破坏特点是：受拉区混凝土一旦开裂，受拉钢筋就打到屈服，并迅速经历整个流幅而进入强化工作阶段。这种破坏很突然，属于脆性破坏。

98.【答案】C

【解析】风沟盖板不能当作侧向支撑池壁的计算简图，常用 3 种计算模式：1）当池壁高度 H/宽度 b 不大于 1.5 时，按三边嵌固顶端自由（或简支）的三边（或四边）支撑双向板计算；2）当 H/b 大于 1.5 时，可将池壁划分为两部分，以底板算起 1.5b 的部分按三边嵌固一边自由的三边支承双向板计算，以上部分按水平闭合框架计算；3）当 H/b 小于 0.5 时，按悬臂板计算，但是要注意顶端的支撑条件：当和盖板现浇时按铰接计算，为预制顶盖时按自由边考虑。[调整：如无顶板，统一按悬臂板考虑。]

风沟盖板不能当作侧向支撑，土压力成三角形。

99.【答案】C

【解析】参见《建筑结构制图标准》GB/T 50105—2010 第 4.3.3 条：双面焊缝的标注，应在横线的上、下都标注符号和尺寸。上方表示箭头一面的符号和尺寸，下方表示另一面的符号和尺寸（图 8（a））；当两面的焊缝尺寸相同时，只需在横线上方标注焊缝的符号和尺寸（图 8（b）、（c）、（d））。

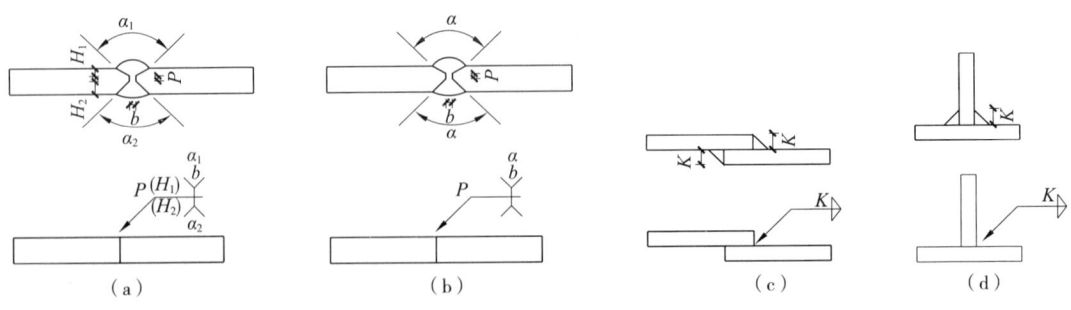

图 8

100. 【答案】D

【解析】参见《建筑结构制图标准》GB/T 50105-2010 第 4.3.2 条：单面焊缝的标注方法应符合下列规定：

1.当箭头指向焊缝所在的一面时，应将图形符号和尺寸标注在横线的上方（图 9（a））；当箭头指向焊缝所在另一面相对应的那面时，应按图 9（b）的规定执行，将图形符号和尺寸标注在横线的下方。

2.表示环绕工作件周围的焊缝时，应按图 9（c）的规定执行，其围焊焊缝符号为圆圈，绘在引出线的转折处，并标注焊角尺寸 K。

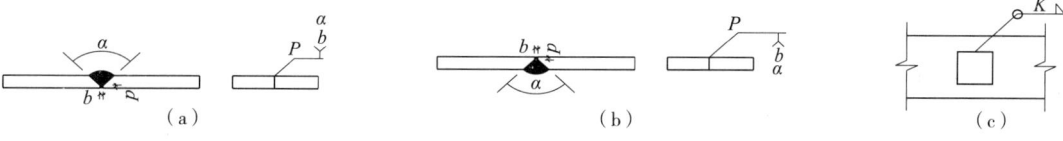

图 9　单面焊缝标注方法

一级注册建筑师考试建筑结构模拟题 IV

1. 无特殊要求的上人平屋面的均布活荷载标准值为（　　）。

（A）0.5kN/m²　　　　　　　　　　（B）0.7kN/m²

（C）1.5 kN/m²　　　　　　　　　　（D）2.0kN/m²

2. 如图 1 所示，求零杆数量（　　）。

（A）1 根

（B）2 根

（C）3 根

（D）4 根

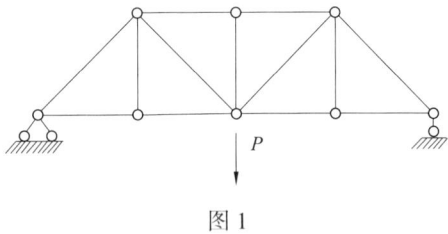

图 1

3. 求图 2 中超静定次数（　　）。

（A）1

（B）2

（C）3

（D）4

4. 如图 3 所示结构在外力 P 的作用下，支座 C 的反力为（　　）。

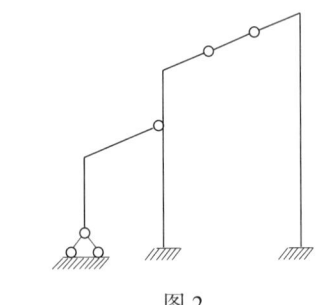

图 2

（A）$R_C=0$

（B）$R_C=P/2$

（C）$R_C=P$

（D）$R_C=2P$

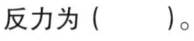

图 3

5. 如图 4 所示结构在外力 P 的作用下，正确的剪力图是（　　）。

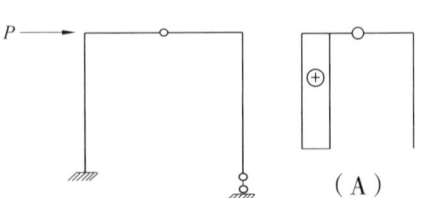　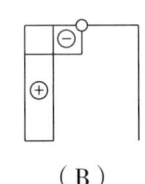　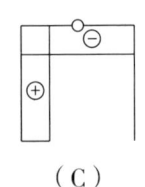　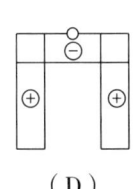

图 4

6. 画出图 5 结构剪力图（   ）。

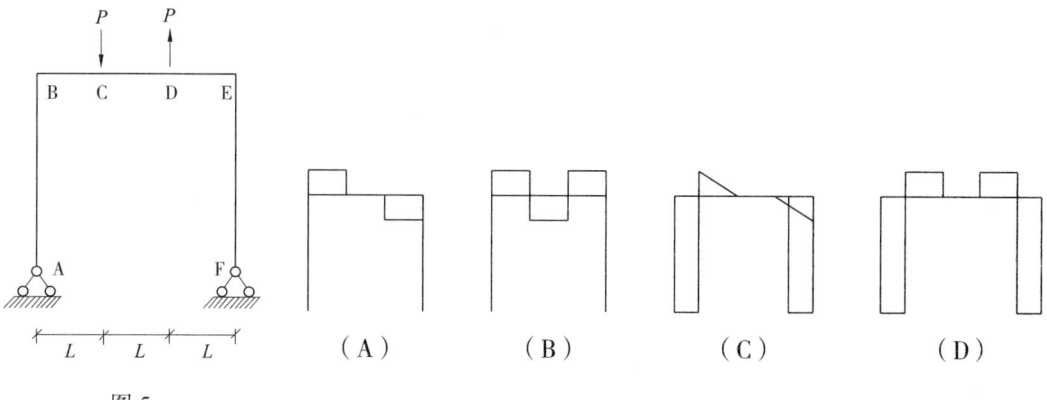

图 5

7. 求下图 6 中 A 点左侧截面内力（   ）。

（A） $M_{AB}=PL$ $Q_{AB}=P$

（B） $M_{AB}=PL$ $Q_{AB}=P/2$

（C） $M_{AB}=PL/2$ $Q_{AB}=P/2$

（D） $M_{AB}=0$ $Q_{AB}=0$

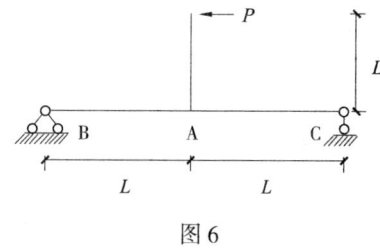

图 6

8. 图 7 所示跨中 C 点弯矩为（   ）。

（A） 12kN·m

（B） 10kN·m

（C） 8kN·m

（D） 6kN·m

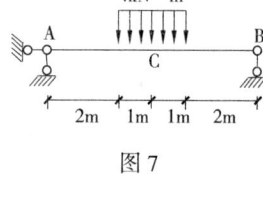

图 7

9. 图 8 所示多跨梁体系，E 点的支座反力为（   ）。

（A） $2P$

（B） 0

（C） $\dfrac{P}{2}$

（D） P

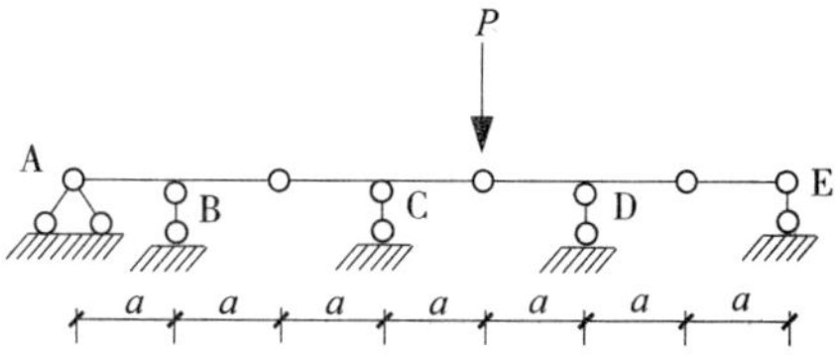

图 8

10. 如图 9 所示，求 AB 杆轴力（   ）。

（A） $N_{AB}=P$

（B） $N_{AB}=\dfrac{1}{2}P$

（C） $N_{AB}=0$

（D） $N_{AB}=\sqrt{2}P$

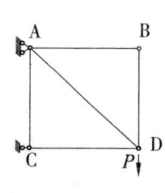

图 9

11. 如图 10 所示，求 D 支座反力（　　）。

（A）$R_D=0$

（B）$R_D=\dfrac{1}{2}P$

（C）$R_D=P$

（D）$R_D=\dfrac{1}{2}P$

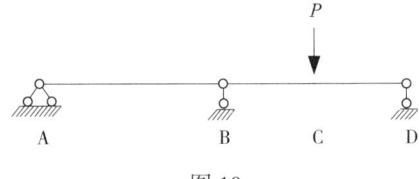

图 10

12. 图 11 所示，对称桁架在两种荷载作用下，内力不同的杆件数目为（　　）。

（A）1　　　　（B）3　　　　（C）5　　　　（D）7

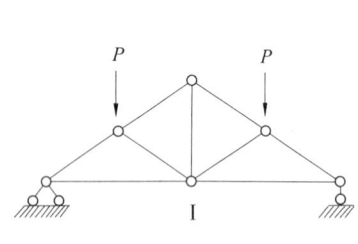 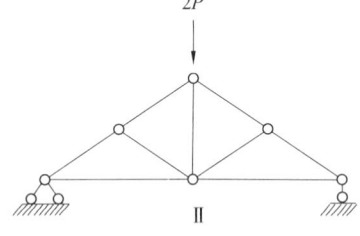

图 11

13. 图 12 所示结构在外力偶作用下，正确的弯矩图是（　　）。

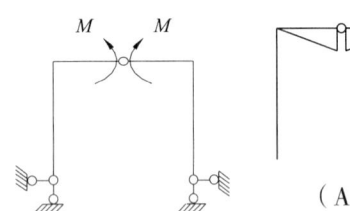 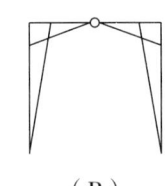  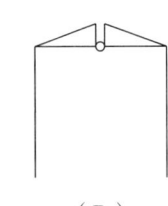

（A）　　　　（B）　　　　（C）　　　　（D）

图 12

14. 对图 13 所示悬臂梁，当外力 P 作用在 A 点时（图 13 Ⅰ），已知对应位移 $\varDelta_A$，而当外力 P 作用在点 B 时（图 13 Ⅱ），对应位移 $\varDelta_B$ 为（　　）。

（A）$\varDelta_B=2\varDelta_A$　　　　（B）$\varDelta_B=4\varDelta_A$

（C）$\varDelta_B=8\varDelta_A$　　　　（D）$\varDelta_B=16\varDelta_A$

图 13

15. 图 14 所示连续梁，在哪种荷载作用下 a 点的弯矩最大（　　）。

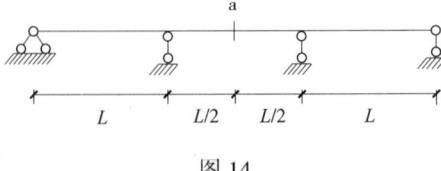

图 14

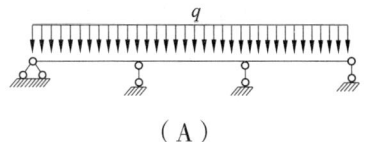

（A）

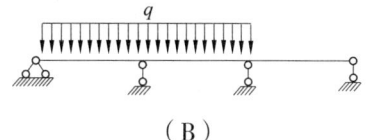

（B）

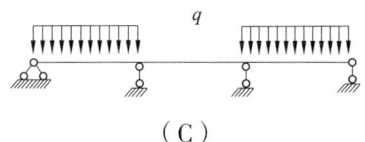

（C）

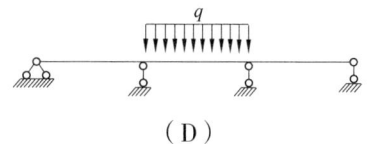

（D）

16. 图 15 所示两结构材质相同，在外力 P 的作用下，下列相同项是（   ）。

（A）内力

（B）应力

（C）位移

（D）变形

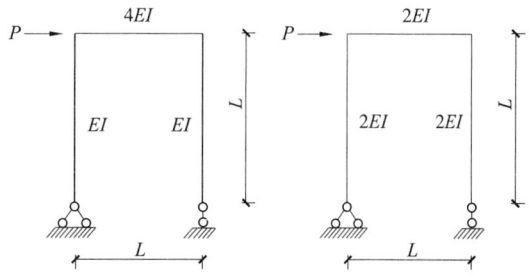

图 15

17. 图 16 所示三铰拱，在竖向荷载作用下，下列说法错误的是（   ）。

（A）在不同竖向荷载作用下，其合理拱轴线不同

（B）在竖向均布荷载作用下，其合理拱轴线为抛物线

（C）拱推力和拱高成反比，即拱越高，推力越小

（D）在 l，hF 相同时，拱推力与拱轴的曲线形式有关

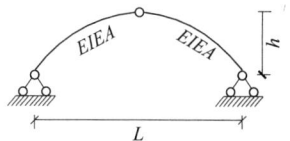

图 16

18. 图 17 所示体系的几何组成为（   ）。

（A）几何可变体系

（B）无多余约束的几何不变体系

（C）有 1 个多余约束的几何不变体系

（D）有 2 个多余约束的几何不变体系

19. 图 18 所示结构在相同均布荷载作用下，各选项表述正确的是（   ）。

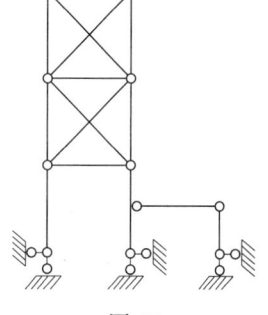

图 17

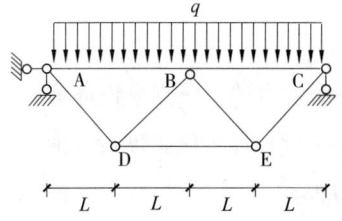

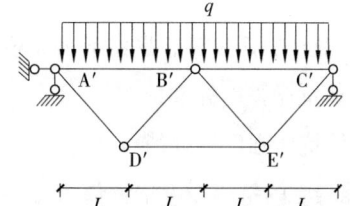

图 18

（A）杆中轴力 $N_{DE}=N_{D'E'}$　　　　　　　（B）杆中轴力 $N_{AD}=N_{A'D'}$

（C）竖向反力 $R_A=R_{A'}$　　　　　　　　（D）杆中弯矩为 $M_{BA}=M_{B'A'}$

20. 图19示单层多跨框架，温度变化 Δ_t 引起的 **a**，**b**，**c** 三个点弯矩的绝对值大小关系为（　　）。

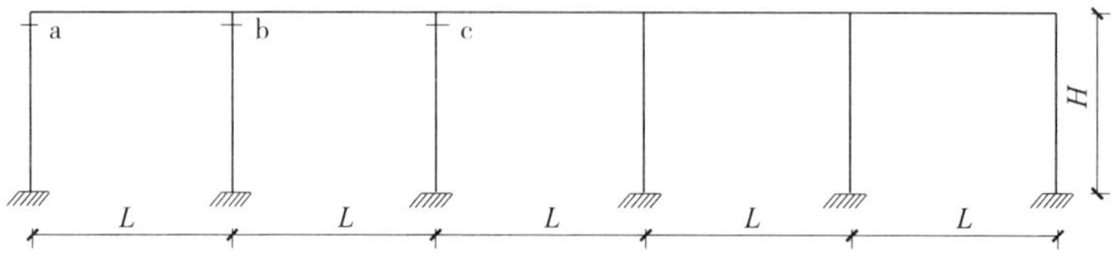

图19

（A）$M_a=M_b=M_c$　　　　　　　　　（B）$M_a > M_b > M_c$

（C）$M_a < M_b < M_c$　　　　　　　　　（D）不确定

21. 关于砌体强度的说法，错误的是（　　）。

（A）砌体强度与砌块强度有关　　　　　（B）砌体强度与砌块种类有关

（C）砌体强度与砂浆强度有关　　　　　（D）砂浆强度为0时，砌体强度为0

22. 设计使用年限为50年，安全等级为二级，地面以下与含水饱和的地基土直接接触的混凝土砌块砌体，所用材料的最低强度等级（　　）。

（A）砌块为MU7.5，水泥砂浆为M5

（B）砌块为MU10，水泥砂浆为M5

（C）砌块为MU7.5，水泥砂浆为M7.5

（D）砌块为MU15，水泥砂浆为M10

23. 某办公楼楼盖，采用热轧H型钢作为次梁，螺栓连接钢材采用Q345，无需提供材质合格证明的是（　　）。

（A）抗拉强度　　（B）碳含量　　（C）硫磷含量　　（D）伸长率

24. 在钢筋混凝土抗震框架梁施工中，当纵向受力钢筋需要以 HRB400 代替原设计 HRB335 钢筋时，下列说法错误的是（　　）。

（A）应按钢筋面积相同的原则替换

（B）应按受拉承载力设计值相等的原则替换

（C）应满足最小配筋率和钢筋间距构造要求

（D）应满足挠度和裂缝宽度要求

25. 我国混凝土的强度等级是按下列哪项确定的（　　）。

（A）立方体抗压强度标准值　　　　　　（B）立方体抗压强度设计值

（C）圆柱体抗压强度标准值　　　　　　（D）圆柱体抗压强度设计值

26. C30 混凝土的抗压强度设计值为（　　）**MPa**。

（A）$30N/mm^2$　　（B）$20N/mm^2$　　（C）$14.3N/mm^2$　　（D）$1.43N/mm^2$

27. 某工程，采用木屋架作为坡屋顶的承重结构，为了充分利用材料，屋架杆件布置和选择正确的是（   ）。

（A）木材强度和受力方向无关，可以随意布置

（B）木材顺纹抗压强度大于顺纹抗拉强度，宜尽量布置受力大的杆件为压杆

（C）木材顺纹抗压强度小于顺纹抗拉强度，宜尽量布置受力大的杆件为拉杆

（D）木材顺纹抗压强度小于横纹抗压强度，支座处宜尽量横纹受压

28. 8度抗震设计的钢筋混凝土结构，框架柱的混凝土强度等级不宜超过（   ）。

（A）C60　　　　（B）C65　　　　（C）C70　　　　（D）C75

29. 图20所示曲线是哪种钢筋的应力-应变关系（   ）。

（A）普通热轧钢筋

（B）预应力螺纹钢筋

（C）消除应力钢丝

（D）钢绞线

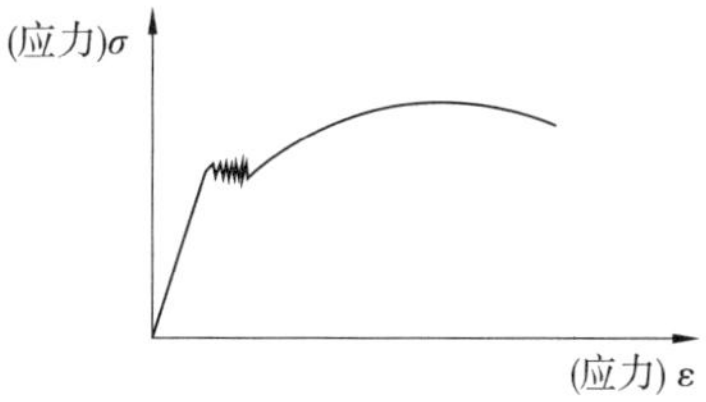

图20

30. 抗震等级为一级的框架柱，纵向受力钢筋宜优先选择（   ）。

（A）HRB335　　（B）HRB400　　（C）RRB400　　（D）HRB400E

31. 钢结构焊接梁的横向加劲肋板与翼缘板和腹板相交处应切角，其目的是（   ）。

（A）防止角部虚焊　　　　　　　　（B）预留焊接透气孔

（C）避免焊缝应力集中　　　　　　（D）便于焊工施焊

32. 关于抗震设计对建筑形式要求的说法，下列哪项全面且正确（   ）。

Ⅰ．建筑设计宜择优选用规则形体

Ⅱ．不规则建筑应按规定采取加强措施

Ⅲ．特别不规则的建筑应进行专门研究和论证，采取特别加强措施

Ⅳ．不应采用严重不规则的建筑

（A）Ⅰ+Ⅱ+Ⅲ+Ⅳ　　　　　　（B）Ⅰ+Ⅱ+Ⅳ

（C）Ⅰ+Ⅲ+Ⅳ　　　　　　　（D）Ⅰ+Ⅱ+Ⅲ

33. 下列三种类型的抗震设防高层钢结构房屋，按其适用的最大高度从小到大排列，正确的顺序为（   ）。

（A）框架-中心支撑、巨型框架、框架

（B）框架、框架-中心支撑、巨型框架

（C）框架、巨型框架、框架-中心支撑

（D）巨型框架、框架-中心支撑、框架

34. 下列哪项与无筋砌体受压承载力无关（   ）。

（A）砌体种类　　　　　　　　（B）构件的支座约束情况

（C）轴向力的偏心距　　　　　（D）圈梁的配筋面积

35. 胶合木构件的木板接长一般应采用下列哪一种（　　）。
（A）单齿或双齿连接　　　　　　　（B）螺栓连接
（C）指接连接　　　　　　　　　　（D）钉连接

36. 下列哪项不是影响木材强度的主要因素（　　）。
（A）杆件截面尺寸　　　　　　　　（B）含水率
（C）疵点、节疤　　　　　　　　　（D）温度、负荷时间

37. 砌体结构夹心墙的夹层厚度不宜大于（　　）。
（A）90mm　　　（B）100mm　　　（C）120mm　　　（D）150mm

38. 钢筋混凝土结构采用混凝土的最低强度等级为（　　）。
（A）C15　　　（B）C20　　　（C）C25　　　（D）C30

39. 预应力混凝土框架梁构件必须加非预应力钢筋，其主要作用是（　　）。
（A）增强延性　　（B）增加刚度　　（C）增加强度　　（D）增强抗裂性

40. 关于我国传统木结构房屋梁柱榫接节点连接方式的说法，正确的是（　　）。
（A）铰接连接　　（B）滑动连接　　（C）刚性连接　　（D）半刚性连接

41. 控制混凝土的含碱量，其作用是（　　）。
（A）减小混凝土的收缩　　　　　　（B）提高混凝土的耐久性
（C）减小混凝土的徐变　　　　　　（D）提高混凝土的早期强度

42. 关于钢筋混凝土框架-剪力墙结构中突出屋面的单层楼梯间，不应采用的结构形式是（　　）。
（A）短肢剪力墙结构　　　　　　　（B）异形柱结构
（C）单跨框架结构　　　　　　　　（D）砌体结构

43. 关于钢结构防震缝与钢筋混凝土防震缝，下列哪项正确（　　）。
（A）钢结构防震缝的宽度与钢筋混凝土防震缝的宽度一样
（B）钢结构防震缝的宽度不小于钢筋混凝土防震缝宽度的1.5倍
（C）钢筋混凝土防震缝的宽度不小于钢结构防震缝宽度的1.5倍
（D）两者不相关

44. 现浇钢筋混凝土剪力墙结构，当屋面有保温层或隔热措施时，伸缩缝的最大间距为以下何值（　　）。
（A）40m　　　（B）45m　　　（C）55m　　　（D）65m

45. 关于影响钢筋混凝土梁斜截面抗剪承载力的主要因素，错误的是（　　）。
（A）混凝土强度等级　　　　　　　（B）纵筋配筋率
（C）剪跨比　　　　　　　　　　　（D）箍筋配筋率

46. 在地震区钢结构建筑不应采用K形斜杆支撑体系，其主要原因是（　　）。
（A）框架柱易发生屈曲破坏　　　　（B）受压斜杆易剪坏
（C）受拉斜杆易拉断　　　　　　　（D）节点连接强度差

47. 型钢混凝土梁在型钢上设置的栓钉，其受力特征正确的是（　　）。
（A）受剪　　　　（B）受拉　　　　（C）受压　　　　（D）受弯

48. 关于钢筋混凝土框架梁开洞位置的论述，正确的是（　　）。
（A）沿梁长度方向，洞口开在两端附近比开在中间更有利
（B）沿梁高方向，洞口开在梁顶部附近有利
（C）沿梁高方向，洞口开在梁中部附近有利
（D）沿梁高方向，洞口开在梁底部附近有利

49. 关于抗震设防多层砌体房屋的结构布置，下列说法错误的是（　　）。
（A）不应在房屋转角处设置转角窗　　　（B）纵横向墙体的数量不宜相差过大
（C）在房屋宽度方向的中部应设置内纵墙　　（D）楼梯间宜设置在房屋的尽端

50. 钢筋混凝土剪力墙发生脆性破坏的形式，错误的是（　　）。
（A）弯曲破坏　　（B）斜压破坏　　（C）剪压破坏　　（D）剪拉破坏

51. 钢筋混凝土框架-核心筒结构在抗震设计时，核心筒外墙与外框架间中距超过多少米时增设柱子（　　）。
（A）8m　　　　（B）12m　　　　（C）10m　　　　（D）15m

52. 关于抗震设防区对采用钢筋混凝土单跨框架结构的限制，说法错误的是（　　）。
（A）甲、乙类建筑不应采用
（B）高度大于24m的丙类建筑不应采用
（C）高度不大于24m的丙类建筑不宜采用
（D）甲、乙、丙类建筑均不应采用

53. 在7度抗震设防区建造一座220m高的钢筋混凝土超高层建筑，采用下列哪种结构形式抗震性能最佳（　　）。
（A）筒中筒结构　　　　　　　　（B）框架–核心筒结构
（C）剪力墙结构　　　　　　　　（D）框架–剪力墙结构

54. 某跨度为120m的大型体育馆屋盖，下列结构用钢量最省的是（　　）。
（A）悬索结构　　　　　　　　　（B）钢网架
（C）钢网壳　　　　　　　　　　（D）钢桁架

55. 120m跨度的屋盖结构，下列结构形式中，不宜采用的是（　　）。
（A）空间管桁架结构　　　　　　（B）双层网壳结构
（C）钢筋混凝土板上弦组合网架结构　　（D）悬索结构

56. 抗震设防的钢-混凝土混合结构高层结构，下列说法正确的是（　　）。
（A）框架–核心筒及筒中筒混合结构体系在工程中应用最多
（B）平面和竖向均不规则的结构，不应采用
（C）当侧向刚度不足时，不宜采用设置加强层的结构
（D）不应采用轻质混凝土楼板

57. 采用刚性方案的砌体结构房屋,其横墙需要满足的要求有哪几个方面( )。

Ⅰ. 洞口面积　　　　Ⅱ. 横墙长度　　　　Ⅲ. 横墙厚度　　　　Ⅳ. 砌体强度

（A）Ⅰ、Ⅱ、Ⅲ　　（B）Ⅱ、Ⅲ、Ⅳ　　（C）Ⅰ、Ⅲ、Ⅳ　　（D）Ⅰ、Ⅱ、Ⅳ

58. 多层砌体房屋构造柱设置错误的是（　　）。

（A）楼梯间、电梯间四角需设置　　　　（B）外墙四角和对应转角处需设置

（C）洞口超过2.1m可不设置　　　　　　（D）错层横墙与外纵墙交接处需设置

59. 基本风压为 **0.5kN/m²** 的地区,多层砌体住宅的外墙,可不考虑风荷载影响的下列条件中哪一个是不正确的（　　）。

（A）房屋总高不超过24.0m　　　　　　（B）房屋层高不超过4.0m

（C）洞口水平截面面积不超过全截面面积的2/3　（D）屋面自重小于0.8kN/m²

60. 关于抗震设计的底部框架-抗震墙砌体房屋结构的说法,正确的是（　　）。

（A）抗震设防烈度6~8度的乙类多层房屋可采用底部框架–抗震墙砌体结构

（B）底部框架–抗震墙砌体房屋指底层或底部两层为框架–抗震墙结构的多层砌体房屋

（C）房屋的底部应沿纵向或横向设置一定数量抗震墙

（D）上部砌体墙与底部框架梁或抗震墙宜对齐

61. 关于高层建筑连体结构的说法,错误的是（　　）。

（A）各独立部分应有相同或相近的体形、平面布置和刚度

（B）宜采用双轴对称的平面

（C）连接体与主体应尽量采用滑动连接

（D）连接体与主体采用滑动连接时,支座滑移量应满足罕遇地震作用下的位移要求

62. 关于建筑形体与抗震性能关系的说法,正确的是（　　）。

（A）《建筑抗震设计规范》对建筑形体规则性的规定为非强制性条文

（B）建筑设计应重视平面、立面和剖面的规则性对抗震性能及经济合理性的影响

（C）建筑设计可不考虑围护墙、隔墙布置对房屋抗震的影响

（D）建筑设计不考虑建筑形体对抗震性能的影响

63. 高层钢筋混凝土建筑楼面开洞总面积与楼面面积的比值不宜超过下列哪一个数值（　　）。

（A）20%　　　　　　　　　　　（B）25%

（C）30%　　　　　　　　　　　（D）50%

64. 如图21所示抗震建筑除顶层外,上部楼层局部收进的水平向尺寸 B_1 不宜大于其下一层尺寸 B 的（　　）。

（A）100%　　　　　　　　　　（B）95%

（C）75%　　　　　　　　　　　（D）25%

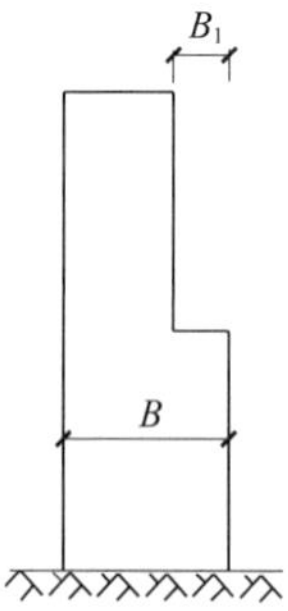

图21

65. 关于立体桁架的说法，错误的是（　　）。

（A）截面形式可为矩形，正三角形或倒三角形

（B）下弦节点支承时应设置可靠的防侧倾体系

（C）平面外刚度较大，有利于施工吊装

（D）具有较大的侧向刚度，可取消平面外稳定支撑

66. 钢筋混凝土框架-剪力墙（筒体）结构，墙体布置采用如图22所示方式，在其他条件不变的情况下，结构纵向抗侧刚度的大小顺序为（　　）。

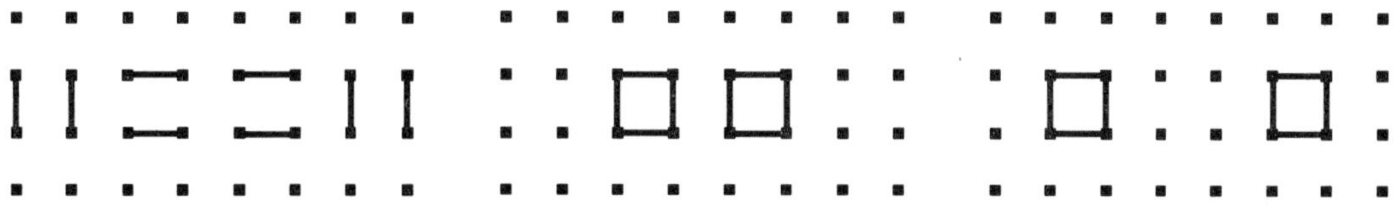

图 22

（A）Ⅰ＞Ⅱ＞Ⅲ　　（B）Ⅱ＞Ⅲ＞Ⅰ　　（C）Ⅲ＞Ⅱ＞Ⅰ　　（D）Ⅰ＞Ⅲ＞Ⅱ

67. 抗震设防7度（0.1g）普通砌体宿舍，下列说法正确的是（　　）。

（A）房屋层高不大于3.6m

（B）底部框架－抗震墙结构层高不超过4.2m

（C）最大高度为21m

（D）当底层采用约束砌体抗震墙时层高不超过4.5m

68. 抗震设计时，钢筋混凝土框架-抗震墙在罕遇地震作用下的弹塑性层间位移角限制是下列哪一项（　　）。

（A）1/30　　（B）1/50　　（C）1/100　　（D）1/120

69. 在8度地震区，下列哪一种土需要进行液化判别（　　）。

（A）砂土　　（B）饱和粉质黏土　　（C）饱和粉土　　（D）软弱黏性土

70. 我国建筑物的抗震设防烈度由下列哪种方式确定（　　）。

（A）由设计方确定

（B）由业主方确定

（C）由建筑所在地政府部门确定

（D）按国家规定的权限审批、颁发的文件（图件）确定

71. 在进行建筑结构多遇地震抗震分析时，抗震设防烈度由7度增加为8度，其水平地震作用增大了几倍（　　）。

（A）0.5　　（B）1.0　　（C）1.5　　（D）2.0

72. 下列关于地震烈度和震级的叙述中，哪一项是正确的（　　）。

（A）地震的震级是衡量一次地震大小的等级，可以用地面运动水平加速度来衡量

（B）地震烈度是指地震时在一定地点震动的强烈程度，可以用地层释放的能量来衡量

（C）震级 $M>5$ 的地震统称为破坏性地震

（D）地震的震级是衡量一次地震大小的等级，可以用地面运动竖向加速度来衡量

73.《建筑抗震设计规范》中，横墙较少的多层砌体房屋是指（　　）。

（A）同一楼层内开间大于 3.9m 的房间占该层总面积的 40% 以上

（B）同一楼层内开间大于 3.9m 的房间占该层总面积的 30% 以上

（C）同一楼层内开间大于 4.2m 的房间占该层总面积的 40% 以上

（D）同一楼层内开间大于 4.2m 的房间占该层总面积的 30% 以上

74. 抗震设防烈度为 8 度（ $0.2g$ ）的现浇钢筋混凝土建筑，功能为办公及研发中心，高 138m，矩形平面，尺寸为 $30m \times 70m$，最为合理的结构形式是（　　）。

（A）框架-剪力墙　　　　　　　　（B）剪力墙

（C）框架-核心筒　　　　　　　　（D）框架

75. 关于抗震设防的高层剪力墙结构房屋采用短肢剪力墙的说法，正确的是（　　）。

（A）短肢剪力墙截面厚度应大于 300mm

（B）短肢剪力墙墙肢截面高度与厚度之比应大于 8

（C）高层建筑结构不宜全部采用短肢剪力墙

（D）具有较多短肢剪力墙的剪力墙结构，房屋适用高度较剪力墙结构适当降低

76. 确定重点设防类（乙类）现浇钢筋混凝土房屋不同结构类型适用的最大高度时，下列说法正确的是（　　）。

（A）按本地区抗震设防烈度确定适用的最大高度

（B）按本地区抗震设防烈度确定适用的最大高度后适当降低采用

（C）按本地区抗震设防烈度专门研究论证，确定适用的最大高度

（D）按本地区抗震设防烈度提高一度确定适用的最大高度

77. 关于抗震设防烈度为 8 度的筒中筒结构，下列说法错误的是（　　）。

（A）高度不宜低于 80m　　　　　　（B）外筒高宽比宜为 2~8

（C）内筒高宽比可为 12~15　　　　（D）矩形平面的长宽比不宜大于 2

78. 在地震区，多层砌体房屋，下列何种承重方案对抗震是最为不利的（　　）。

（A）横墙承重方案　　　　　　　　（B）内外纵墙承重方案

（C）大开间无内纵墙承重方案　　　（D）纵横墙混合承重方案

79. 抗震设计时，框架扁梁截面尺寸的要求，下列哪一项是不正确的（　　）。

（A）梁截面宽度不应大于柱截面宽度的 2 倍

（B）梁截面宽度不应大于柱截面宽度与梁截面高度之和

（C）梁截面高度不应小于柱纵筋直径的 16 倍

（D）梁截面高度不应小于净跨的 1/15

80. 连体结构与主结构滑动连接时，支座滑移量设计应满足（　　）。

（A）多遇地震作用下的位移要求

（B）罕遇地震作用下的位移要求

（C）设计周期内地震作用下的位移要求

（D）设计周期内地震作用下的位移要求和风荷载

81. 根据《建筑抗震设计规范》，抗震设计时，部分框支抗震墙结构底部加强部位的高度是（　　）。

（A）框支层加框支层以上二层的高度

（B）框支层加框支层以上三层的高度

（C）落地抗震墙总高度的 1/10

（D）框支层加框支层以上二层的高度及落地抗震墙总高度的 1/10 二者的较大值

82. 某高层办公楼，抗震设防烈度 7 度（0.15g），三类场地，建筑高度 215m，根据规范要求，最适合本工程的结构类型是（　　）。

（A）刚框架结构　　　　　　　　（B）钢框架 – 中心支撑结构

（C）钢框架 – 偏心支撑结构　　　（D）钢框架 – 隔震结构

83. 抗震设防烈度为 8 度，高度为 60m，平面及竖向为规则的钢筋混凝土框架 - 剪力墙结构，关于其楼盖结构的说法正确的是（　　）。

（A）地下室应采用现浇楼盖，其余楼层可采用装配式楼盖

（B）地下室及房屋顶层应采用现浇楼盖，其余楼层可采用装配式楼盖

（C）地下室及房屋顶层应采用现浇楼盖，其余楼层可采用装配整体式楼盖

（D）所有楼层均应采用现浇楼盖

84. 工字形截面钢梁，假定其截面高度和截面面积固定不变，下列 4 种截面设计中抗剪承载能力最大的是（　　）。

（A）翼缘宽度确定后，翼缘厚度尽可能薄

（B）翼缘宽度确定后，腹板厚度尽可能薄

（C）翼缘厚度确定后，翼缘宽度尽可能大

（D）翼缘厚度确定后，腹板厚度尽可能薄

85. 钢筋混凝土受压构件，断面尺寸 400mm × 400mm；轴向压力设计值为 2600kN，f_c=14.3N/mm², f'_y=360N/mm，假定构件的稳定系数 φ=1.0，计算所需纵向钢筋面积为（　　）。

（A）1669mm²　　　（B）866mm²　　　（C）1217mm²　　　（D）1423mm²

86. 土的压缩系数，下列哪一种说法是正确的（　　）。

（A）是单位压力下的变形　　　　（B）是单位压力下的体积变体

（C）是单位压力下的孔隙变化　　（D）是单位变形需施加的压力

87. 关于土的塑性指数，下面说法正确的是（　　）。

（A）可以作为黏性土工程分类的依据之一

（B）可以作为砂土工程分类的依据之一

（C）可以反映黏性土的软硬情况

（D）可以反映砂土的软硬情况

88. 图 23 所示挡土墙的种类为（　　）。

（A）悬臂式

（B）扶壁式

（C）重力式

（D）锚杆式

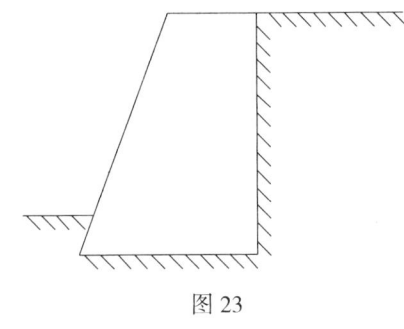

图 23

89. 下列图中关于独立基础的地基反力示意正确的是（　　）。

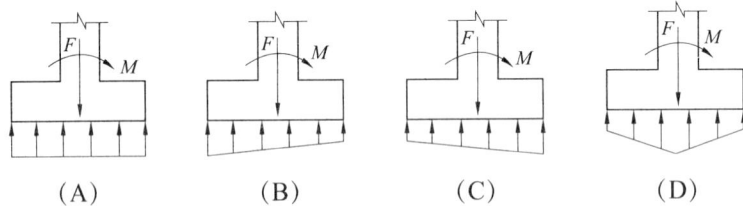

90. 下列建筑采用非液化砂土做天然地基，必须进行地基及基础的抗震承载力验算的是（　　）。

（A）5 层砌体住宅　　　　　　　　　（B）单层工业排架厂房

（C）10 层钢筋混凝土剪力墙公寓　　（D）3 层钢筋混凝土框架办公楼

91. 下列地基处理方法中，哪种方法不适宜对淤泥质土进行处理（　　）。

（A）换填垫层法　　（B）强夯法　　（C）预压法　　（D）水泥土搅拌法

92. 某一桩基础，已知由承台传来的全部轴心竖向标准值为 5000kN，单桩竖向承载力特征值 R_a 为 1000kN，则该桩基础应布置的最少桩数为（　　）。

（A）4　　　　　（B）5　　　　　（C）6　　　　　（D）7

93. 某带裙房的高层建筑筏形基础，主楼与裙房之间设置沉降后浇带，该后浇带封闭时间至少应在（　　）。

（A）主楼基础施工完毕之后两个月

（B）裙房基础施工完毕之后两个月

（C）主楼与裙房基础均施工完毕之后两个月

（D）主楼与裙房结构均施工完毕之后

94. 图 24 所示刚架中，杆 CA 的 C 端弯矩为（　　）。

（A）$M_{CA}=0$

（B）$M_{CA}=Pa$

（C）$M_{CA}=6qa^2$

（D）$M_{CA}=4qa^2$

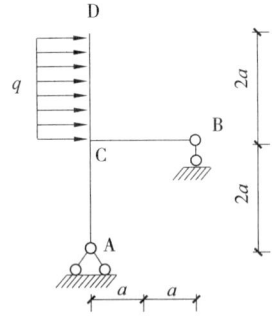

图 24

95. 图 25 所示简支梁在两种受力状态下，跨中 1，2 点的弯矩关系为（　　）。

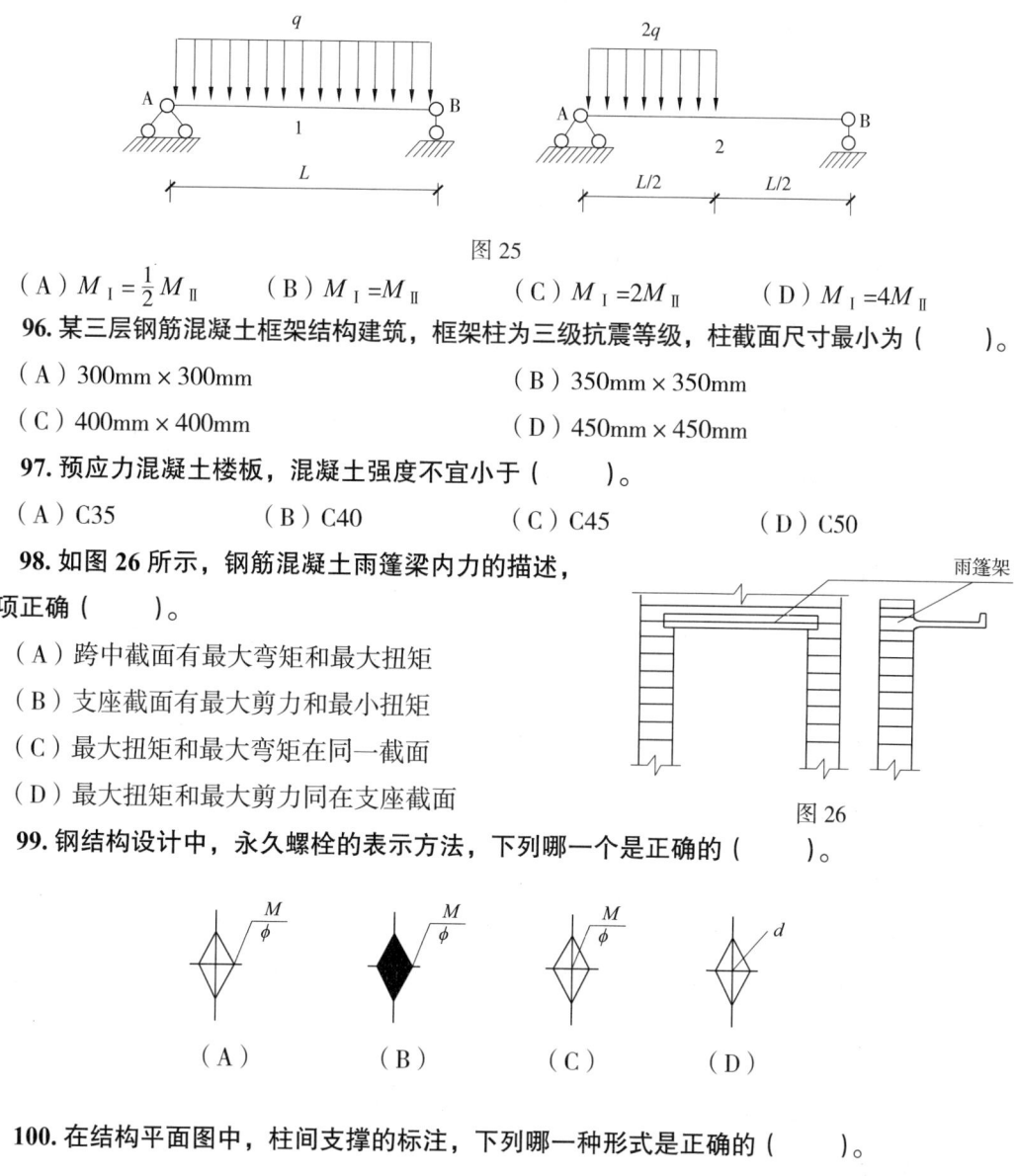

图 25

（A）$M_I = \frac{1}{2}M_{II}$　　（B）$M_I = M_{II}$　　（C）$M_I = 2M_{II}$　　（D）$M_I = 4M_{II}$

96. 某三层钢筋混凝土框架结构建筑，框架柱为三级抗震等级，柱截面尺寸最小为（　　）。

（A）300mm×300mm　　　　　　　　（B）350mm×350mm

（C）400mm×400mm　　　　　　　　（D）450mm×450mm

97. 预应力混凝土楼板，混凝土强度不宜小于（　　）。

（A）C35　　　　（B）C40　　　　（C）C45　　　　（D）C50

98. 如图 26 所示，钢筋混凝土雨篷梁内力的描述，哪项正确（　　）。

（A）跨中截面有最大弯矩和最大扭矩

（B）支座截面有最大剪力和最小扭矩

（C）最大扭矩和最大弯矩在同一截面

（D）最大扭矩和最大剪力同在支座截面

图 26

99. 钢结构设计中，永久螺栓的表示方法，下列哪一个是正确的（　　）。

100. 在结构平面图中，柱间支撑的标注，下列哪一种形式是正确的（　　）。

模拟题Ⅳ 参考答案及解析

1.【答案】D

【解析】参见《建筑结构荷载规范》GB 50009-2012 第 5.3.1 条：房屋建筑的屋面，其水平投影面上的屋面均布活荷载的标准值及其组合值系数、频遇值系数和准永久值系数的取值，不应小于表 5.3.1 的规定。

屋面均布活荷载标准值及其组合值系数、频遇值系数和准永久值系数　　表 5.3.1

项次	类别	标准值（kN/m²）	组合值系数 ψ_c	频遇值系数 ψ_f	准永久值系数 ψ_q
1	不上人屋面	0.5	0.7	0.5	0.0
2	上人屋面	2.0	0.7	0.5	0.4
3	屋顶花园	3.0	0.7	0.6	0.5
4	屋顶运动场地	3.0	0.7	0.6	0.4

注：1. 不上人屋面，当施工或维修荷载较大时，应按实际情况采用；对不同类型的结构应按有关设计规范的规定采用，但不得低于 0.3kN/m²；
2. 当上人的屋面兼做其他用途时，应按相应的楼面活荷载采用；
3. 对于因屋面排水不畅、堵塞等引起的积水荷载，应采取构造措施加以防止；必要时，应按积水的可能深度确定屋面活荷载；
4. 屋顶花园活荷载不应包括花圃土石材料自重。

2.【答案】C

【解析】如图 1 所示，1 杆、2 杆和 3 杆均为 T 型节点的零杆，其余各杆根据节点平衡均不是零杆。

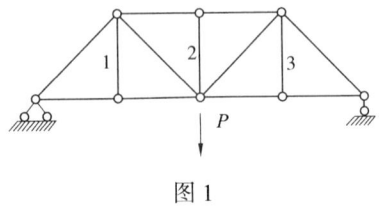

图 1

3.【答案】B

【解析】断杆法。

如图 2 所示，使用两次断杆法可知超静定次数为 2 次。

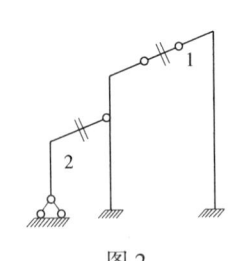

图 2

4.【答案】B

【解析】主体结构的外力对附属结构不产生影响，附属部分为隔离体，对 D 支座取矩有 $R_C \times a - P \times \dfrac{a}{2} = 0$，得到 $R_C = \dfrac{P}{2}$。

5.【答案】A

【解析】无约束则无内力。

右侧支座无水平反力，因此右半跨竖直部分无剪力，排除 D；水平段无垂直于轴线的外力，因此无剪力，排除 B、C。

6. 【答案】B

【解析】大小相等,方向相反,不作用在同一点的两个外力可以组成一个力偶,竖向支座反力组成的力偶与该力偶平衡,由此可知支座反力为 $\frac{PL}{3L}=\frac{P}{3}$ 其中 R_A 方向向上, R_F 方向向下,由此可知 B 点剪力为 $\frac{P}{3}$, C 点剪力为 $\frac{P}{3}-P=-\frac{2}{3}P$, D 点剪力为 $-\frac{2}{3}P+P=\frac{1}{3}P$, DE 段无外力作用,剪力不变,因此 E 点剪力也是 $\frac{P}{3}$。

7. 【答案】C

【解析】外力 P 在 A 点形成的弯矩相当于在简支梁 BC 的跨中施加了一个集中力偶,两支座的竖向支座反力组成的力偶与该集中力偶平衡,由此可知支座反力为 $PL\div 2L=\frac{P}{2}$,对 A 左截面取矩有 $\sum M_{AB}=R_B\times L=\frac{PL}{2}$,取 AB 段为隔离体,可知 A 点左截面剪力为 $\frac{P}{2}$。

8. 【答案】B

【解析】先求出支座反力,再用力乘力臂。

先求出支座反力 $R_A=R_B=\frac{4\times 2}{2}=4$,再对 C 点取矩 $\sum M_C=R_A\times 3-4\times 1\times 0.5=10$。

9. 【答案】B

【解析】主体部分外力对附属部分无影响。

10. 【答案】C

【解析】A、B、D 为二元体零杆,内力为零。

11. 【答案】B

【解析】B 点和 D 点各承担一半的荷载,B 为正确选项。

12. 【答案】C

【解析】去零杆,截面法。

如图 3 所示,在 Ⅱ 荷载作用下 BD、DE、DC 杆为零杆而在 Ⅰ 荷载下这三个杆的内力均不为零;取隔离体见图 4,用力 F 代替杆件 CE,对 D 节点取矩,设 D 节点到 CF 的投影距离为 H,DF 长度为 L,荷载 Ⅰ 条件下有 $\sum M_D=R_F\times L-P\times\frac{L}{2}+F\times H=0$,得到 $F=-\frac{PL}{2H}$,在荷载 Ⅱ 作用下 $\sum M_D=R_F\times L+F\times H=0$,得到 $F=-\frac{PL}{H}$,可知两种荷载作用下 CE 内力不同,根据对称性可知 CB 内力也不同,总计 5 个杆件内力不同。

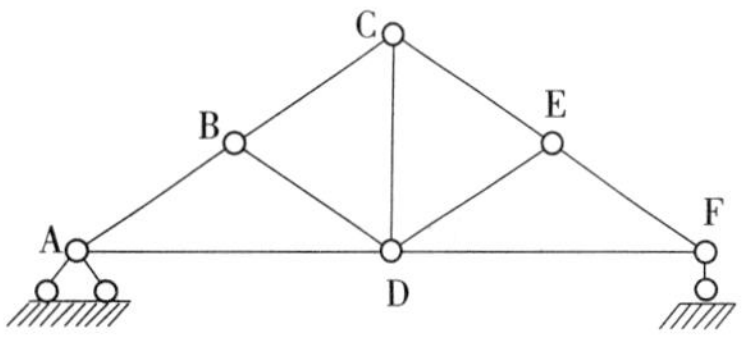

13. 【答案】C

【解析】刚节点平衡。

刚架水平段的弯矩为 M,根据刚节点平衡可知竖直段顶点处弯矩也为 M,铰支座处弯矩为零,因此选择 C。

14. 【答案】C

【解析】挠度计算

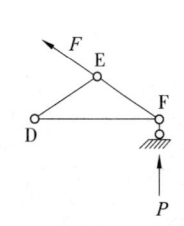

图 3

图 4

$\Delta_A = \dfrac{Pa^3}{3EI}$，$\Delta_B = \dfrac{P(2a)^3}{3EI} = \dfrac{8Pa^3}{3EI} = 8\Delta_A$，因此选择 C。

15.【答案】D

【解析】该跨满布荷载，再隔跨布置荷载时弯矩最大，根据这个规律可知 D 正确。

16.【答案】A

【解析】静定结构内力与刚度无关。

17.【答案】D

【解析】拱推力与拱轴曲线形式无关。

18.【答案】A

【解析】去除图 5 所示的二元体后，剩余结构是几何可变体系。

19.【答案】C

【解析】根据结构对称性，两个结构的支座反力均为 $\dfrac{q \times 4L}{2} = 2qL$。

图 5

20.【答案】B

【解析】约束越少，变形越大。

越靠外侧约束越少，变形越大。

21.【答案】D

【解析】参见《砌体结构设计规范》GB 50003—2011 表 3.2.1-1：

烧结普通砖和烧结多孔砖砌体的抗压强度设计值（MPa）　　表 3.2.1-1

砖强度等级	砂浆强度等级					砂浆强度
	M15	M10	M7.5	M5	M2.5	0
MU30	3.94	3.27	2.93	2.59	2.26	1.15
MU25	3.60	2.98	2.68	2.37	2.06	1.05
MU20	3.22	2.67	2.39	2.12	1.84	0.94
MU15	2.79	2.31	2.07	1.83	1.60	0.82
MU10	—	1.89	1.69	1.50	1.30	0.67

注：当烧结多孔砖的孔洞率大于 30% 时，表中数值应乘以 0.9。

22.【答案】D

【解析】参见《砌体结构设计规范》GB 50003—2011 第 4.3.5 条：设计使用年限为 50 年时，砌体材料的耐久性应符合下列规定：

1. 地面以下或防潮层以下的砌体、潮湿房间的墙或环境类别为二的砌体，所用材料的最

地面以下或防潮层以下的砌体、潮湿房间的墙所用材料的最低强度等级　　表 4.3.5

潮湿程度	烧结普通砖	混凝土普通砖、蒸压普通砖	混凝土砌块	石材	水泥砂浆
稍潮湿的	MU15	MU20	MU7.5	MU30	M5
很潮湿的	MU20	MU20	MU10	MU30	M7.5
含水饱和的	MU20	MU25	MU15	MU40	M10

注：1. 在冻胀地区，地面以下或防潮层以下的砌体，不宜采用多孔砖，如采用时，其孔洞应用不低于 M10 的水泥砂浆预先灌实。当采用混凝土空心砌块时，其孔洞应采用强度等级不低于 C20 的混凝土预先灌实；
　　2. 对安全等级为一级或设计使用年限大于 50a 的房屋，表中材料强度等级应至少提高一级。

低强度等级应符合表 4.3.5 的规定：

23.【答案】B

【解析】参见《钢结构设计规范》GB 50017-2003 第 3.3.3 和 3.3.4 条：

3.3.3 承重结构采用的钢材应具有抗拉强度、伸长率、屈服强度和硫、磷含量的合格保证，对焊接结构尚应具有碳含量的合格保证。

焊接承重结构以及重要的非焊接承重结构采用的钢材还应具有冷弯试验的合格保证。

3.3.4 对于需要验算疲劳的焊接结构的钢材，应具有常温冲击韧性的合格保证。当结构工作温度不高于 0℃但高于 -20℃时，Q235 钢和 Q345 钢应具有 0℃冲击韧性的合格保证；对 Q390 钢和 Q420 钢应具有 -20℃冲击韧性的合格保证。当结构工作温度不高于 -20℃时，对 Q235 钢和 Q345 钢应具有 -20℃冲击韧性的合格保证；对 Q390 钢和 Q420 钢应具有 -40℃冲击韧性的合格保证。

对于需要验算疲劳的非焊接结构的钢材亦应具有常温冲击韧性的合格保证。当结构工作温度不高于 -20℃时，对 Q235 钢和 Q345 钢应具有 0℃冲击韧性的合格保证；对 Q390 钢和 Q420 钢应具有 -20℃冲击韧性的合格保证。

注：吊车起重量不小于 50t 的中级工作制吊车梁，对钢材冲击韧性的要求应与需要验算疲劳的构件相同。

对于民用建筑中承受静荷载的钢屋架，无须验算疲劳，不是必须具有常温冲击韧性的合格保证。

24.【答案】A

【解析】参见《混凝土结构设计规范》GB 50010-2010（2015 年版）第 4.2.8 条：当进行钢筋代换时，除应符合设计要求的构件承载力、最大力下的总伸长率、裂缝宽度验算以及抗震规定以外，尚应满足最小配筋率、钢筋间距、保护层厚度、钢筋锚固长度、接头面积百分率及搭接长度等构造要求。

25.【答案】A

【解析】参见《混凝土结构设计规范》GB 50010-2010（2015 年版）第 4.1.1 条：混凝土强度等级应按立方体抗压强度标准值确定。立方体抗压强度标准值系指按标准方法制作、养护的边长为 150mm 的立方体试件，在 28d 或设计规定龄期以标准试验方法测得的具有 95% 保证率的抗压强度值。

26.【答案】C

【解析】参见《混凝土结构设计规范》GB 50010-2010（2015 年版）第 4.1.4 条：混凝土轴心抗压强度的设计值 f_c 应按表 4.1.4-1 采用。

混凝土轴心抗压强度设计值（N/mm²） 表 4.1.4-1

强度	混凝土强度等级												
	C15	C20	C25	C30	C35	C40	C45	C50	C55	C60	C65	C70	C75	C80
f_c	7.2	9.6	11.9	14.3	16.7	19.1	21.1	23.1	25.3	27.5	29.7	31.8	33.8	35.9

27.【答案】B

【解析】参见《木结构设计规范》GB 50005—2017 第 4.3.1 条：方木、原木、普通层板胶合木和胶合原木等木材的设计指标应按表 4.3.1-3 规定确定：

方木、原木等木材的强度设计值和弹性模量（N/mm²）　　　表 4.3.1-3

强度等级	组别	抗弯 f_m	顺纹抗压及承压 f_c	顺纹抗拉 f_t	顺纹抗剪 f_v	横纹承压 $f_{c,90}$			弹性模量 E
						全表面	局部表面和齿面	拉力螺栓垫板下	
TC17	A	17	16	10	1.7	2.3	3.5	4.6	10000
	B		15	9.5	1.6				
TC15	A	15	13	9.0	1.6	2.1	3.1	4.2	10000
	B		12	9.0	1.5				
TC13	A	13	12	8.5	1.5	1.9	2.9	3.8	10000
	B		10	8.0	1.4				9000
TC11	A	11	10	7.5	1.4	1.8	2.7	3.6	9000
	B		10	7.0	1.2				
TB20	—	20	18	12	2.8	4.2	6.3	8.4	12000
TB17	—	17	16	11	2.4	3.8	5.7	7.6	11000
TB15	—	15	14	10	2.0	3.1	4.7	6.2	10000
TB13	—	13	12	9.0	1.4	2.4	3.6	4.8	8000
TB11	—	11	10	8.0	1.3	2.1	3.2	4.1	7000

28.【答案】C

【解析】参见《高层建筑混凝土结构技术规程》第 3.2.2 条：各类结构用混凝土的强度等级均不应低于 C20，并应符合下列规定：

1. 抗震设计时，一级抗震等级框架梁、柱及其节点的混凝土强度等级不应低于 C30；

2. 筒体结构的混凝土强度等级不宜低于 C30；

3. 作为上部结构嵌固部位的地下室楼盖的混凝土强度等级不宜低于 C30；

4. 转换层楼板、转换梁、转换柱、箱形转换结构以及转换厚板的混凝土强度等级均不应低于 C30；

5. 预应力混凝土结构的混凝土强度等级不宜低于 C40、不应低于 C30；

6. 型钢混凝土梁、柱的混凝土强度等级不宜低于 C30；

7. 现浇非预应力混凝土楼盖结构的混凝土强度等级不宜高于 C40；

8. 抗震设计时，框架柱的混凝土强度等级，9 度时不宜高于 C60，8 度时不宜高于 C70；剪力墙的混凝土强度等级不宜高于 C60。

29.【答案】A

【解析】建筑结构用钢筋分两类：普通钢筋（普通热轧钢筋）和预应力钢筋（包括预应力螺纹钢筋、消除应力钢丝和钢绞线）。普通钢筋的应力应变曲线有明显的屈服点，预应力钢筋属于高强钢筋，没有明显屈服点。

30. 【答案】D

【解析】参见《建筑抗震设计规范》GB 50011-2010 第 3.9.3 条：结构材料性能指标，尚宜符合下列要求：

1.普通钢筋宜优先采用延性、韧性和焊接性较好的钢筋；普通钢筋的强度等级，纵向受力钢筋宜选用符合抗震性能指标的不低于 HRB400 级的热轧钢筋，也可采用符合抗震性能指标的 HRB335 级热轧钢筋；箍筋宜选用符合抗震性能指标的不低于 HRB335 级的热轧钢筋，也可选用 HPB300 级热轧钢筋。

注：钢筋的检验方法应符合现行国家标准《混凝土结构工程施工质量验收规范》GB 50204 的规定。

《混凝土结构成型钢筋应用技术规程》JGJ 366-2015 条文说明第 4.1.6 条：本条为强制性条文。本条提出了牌号带"E"的钢筋应用到部分框架、斜撑构件（含梯段）的纵向受力部位时钢筋强度、伸长率的规定，其目的是保证重要结构构件的抗震性能。现行国家标准《混凝土结构工程施工质量验收规范》GB 50204-2015 第 5.2.3 条规定：对按一、二、三级抗震等级设计的框架和斜撑构件（含梯段）中的纵向受力普通钢筋应采用 HRB335E、HRB400E、HRB500E、HRBF335E、HRBF400E 或 HRBF500E 钢筋，其强度和最大力下总伸长率的实测值应符合下列规定：

1.抗拉强度实测值与屈服强度实测值的比值不应小于 1.25；

2.屈服强度实测值与屈服强度标准值的比值不应大于 1.30；

3.最大力下总伸长率不应小于 9%。

本条中的框架包括各类混凝土结构中的框架梁、框架柱、框支梁、框支柱及板柱－抗震墙的柱等，其抗震等级应根据国家现行相关标准由设计确定；斜撑构件包括伸臂桁架的斜撑、楼梯的梯段等，国家现行相关标准未对斜撑构件规定抗震等级，当建筑中其他构件需要应用牌号带"E"钢筋时，则建筑中所有斜撑构件均应满足本条规定；对不做受力斜撑构件使用的简支预制楼梯，可不遵守本条规定；剪力墙及其边缘构件、筒体、楼板、基础不属于本条规定的范围之内。

根据现行国家标准《混凝土结构设计规范》GB 50010（2015 年版）的有关规定，HRB335E、HRBF335E 不得用于框架梁、柱的纵向受力钢筋，只可用于斜撑构件。

31. 【答案】C

【解析】参见《钢结构设计规范》GB 50017-2017 条文说明第 6.3.6 条：为了避免三向焊缝交叉，加劲肋与翼缘板相接处应切角，但直接受动力荷载的梁（如吊车梁）的中间加劲肋下端不宜与受拉翼缘焊接，一般在距受拉翼缘不少于 50mm 处断开，故对此类梁的中间加劲肋，本条第 8 款关于切角尺寸的规定仅适用于与受压翼缘相连接处。

32. 【答案】A

【解析】参见《建筑抗震设计规范》GB 50011-2010 第 3.4.1 和 3.4.2 条：

3.4.1 建筑设计应根据抗震概念设计的要求明确建筑形体的规则性。不规则的建筑应按规定采取加强措施；特别不规则的建筑应进行专门研究和论证，采取特别的加强措施；严重不规则的建筑不应采用。

注：形体指建筑平面形状和立面、竖向剖面的变化。

3.4.2 建筑设计应重视其平面、立面和竖向剖面的规则性对抗震性能及经济合理性的影响，宜择优选用规则的形体，其抗侧力构件的平面布置宜规则对称、侧向刚度沿竖向宜均匀变化、竖向抗侧力构件的截面尺寸和材料强度宜自下而上逐渐减小、避免侧向刚度和承载力突变。

不规则建筑的抗震设计应符合本规范第 3.4.4 条的有关规定。

33.【答案】B

【解析】参见《建筑抗震设计规范》GB 50011-2010 第 8.1.1 条：本章适用的钢结构民用房屋的结构类型和最大高度应符合表 8.1.1 的规定。平面和竖向均不规则的钢结构，适用的最大高度宜适当降低。

注：1. 钢支撑-混凝土框架和钢框架-混凝土筒体结构的抗震设计，应符合本规范附录 G 的规定；
　　2. 多层钢结构厂房的抗震设计，应符合本规范附录 H 第 H.2 节的规定。

钢结构房屋适用的最大高度（m） 表 8.1.1

结构类型	6、7 度 (0.10g)	7 度 (0.15g)	8 度		9 度 (0.40g)
			(0.20g)	(0.30g)	
框架	110	90	90	70	50
框架-中心支撑	220	200	180	150	120
框架-偏心支撑（延性墙板）	240	220	200	180	160
筒体（框筒，筒中筒，和架筒，束筒）和巨型框架	300	280	260	240	180

注：1. 房屋高度指室外地面到主要屋面板板顶的高度（不包括局部突出屋顶部分）；
　　2. 超过表内高度的房屋，应进行专门研究和论证，采取有效地加强措施；
　　3. 表内的筒体不包括混凝土筒。

34.【答案】D

【解析】无筋砌体构件的受压承载力计算公式：$N \leq N_u = \varphi f A$

式中：φ——高厚比 β 和轴向力偏心距 e 对受压构件承载力的影响系数，可按公式计算或查表。

f——砌体抗压强度设计值。

A——截面面积，对各类砌体均应按毛截面计算。

砌体抗压强度设计值与砌体种类有关；高厚比与构件的支座约束情况。

圈梁的配筋面积与钢筋混凝土圈梁的强度与刚度有关，与受压承载力无关。

35.【答案】C

【解析】参见《木结构设计规范》GB 50005-2017 第 8.0.8 条：制作胶合木结构的木板接长应采用指接。用于承重构件，其指接边坡度 η 不宜大于 1/10，指长不应小于 20mm，指端宽度 b_f 宜取 0.2~0.5mm。

36.【答案】A

【解析】影响木材强度的 5 个重要因素：

（1）含水率。含水率在纤维饱和点以下变化时，随含水率增加，木材的强度将降低；当木材含水率在纤维饱和点以上变化时含水率增大，木材强度基本不变。

（2）负荷作用时间。木材在长期荷载作用下，会产生蠕变现象，导致木材实际使用过程中的断裂强度显著降低，比木材的极限强度小很多。

（3）温度。木材随环境温度升高强度士降低。当木材长期处于60℃以上的温度环境，会引起木材水分和所含挥发物的蒸发，木材变形增大，强度显著下降，丧失使用性能。

（4）缺陷。木材的缺陷主要有节子、硬块、斜纹、裂纹、腐朽等形态。木材的缺陷会使木材的强度降低，直接影响木材的物理力学性质。

（5）密度。在含水率不变的情况下，密度愈大，则木材强度愈高，而二者成直线关系。

37.【答案】C

【解析】参见《砌体结构设计规范》GB 50003-2011 第6.4.1条：夹心墙的夹层厚度，不宜大于120mm。

38.【答案】B

【解析】参见《混凝土结构设计规范》GB 50010-2010（2015年版）第4.1.2条：素混凝土结构的混凝土强度等级不应低于C15；钢筋混凝土结构的混凝土强度等级不应低于C20；采用强度等级400MPa及以上的钢筋时，混凝土强度等级不应低于C25。

预应力混凝土结构的混凝土强度等级不宜低于C40，且不应低于C30。

承受重复荷载的钢筋混凝土构件，混凝土强度等级不应低于C30。

39.【答案】A

【解析】预应力混凝土结构作为抗侧力构件时，因预应力钢筋是高强钢筋，应采用预应力筋和普通钢筋混合配筋的方式，以保证结构构件的延性，改善预应力混凝土结构的抗震性能。

40.【答案】A

【解析】木结构房屋一般按桁架结构进行内力分析，梁柱榫连节点连接方式属于铰接连接。

41.【答案】B

【解析】水泥碱含量指水泥中碱物质的含量，用Na_2O、K_2O合计当量表达。碱骨料反应指混凝土集料中某些活性矿物与混凝土微孔中的碱溶液产生的化学反应，其反应生成物体积增大，从而导致混凝土结构发生破坏。因此，水泥碱含量较高易与活性骨料发生碱骨料反应，致使混凝土龟裂，结构破坏，影响混凝土耐久性。

42.【答案】D

【解析】参见《高层建筑混凝土结构技术规程》JGJ 3-2010 第6.1.6条：框架结构按抗震设计时，不应采用部分由砌体墙承重之混合形式。框架结构中的楼、电梯间及局部出屋顶的电梯机房、楼梯间、水箱间等，应采用框架承重，不应采用砌体墙承重。

43.【答案】B

【解析】参见《建筑抗震设计规范》GB 50011-2010 第8.1.4条：钢结构房屋需要设置防震缝时，缝宽应不小于相应钢筋混凝土结构房屋的1.5倍。

44.【答案】B

【解析】参见《混凝土结构设计规范》GB 50010-2010（2015年版）表8.1.1：钢筋混

凝土结构伸缩缝的最大间距可按表 8.1.1 确定。

钢筋混凝土结构伸缩缝最大间距（m） 表 8.1.1

结构类型		室内或土中	露天
排架结构	装配式	100	70
框架结构	装配式	75	50
	现浇式	55	35
剪力墙结构	装配式	65	40
	现浇式	45	30
挡土墙、地下室墙壁等类结构	装配式	40	30
	现浇式	30	20

注：1. 装配整体式结构的伸缩缝间距，可根据结构的具体情况取表中装配式结构与现浇式结构之间的数值；
    2. 框架-剪力墙结构或框架-核心筒结构房屋的伸缩缝间距，可根据结构的具体情况取表中框架结构与剪力墙结构之间的数值；
    3. 当屋面无保温或隔热措施时，框架结构、剪力墙结构的伸缩缝间距宜按表中露天栏的数值取用；
    4. 现浇挑檐、雨罩等外露结构的局部伸缩缝间距不宜大于 12m。

45.【答案】B

【解析】由公式 $V \leqslant 0.7f_t bh_0 + f_{yv} \cdot \dfrac{nA_{sv1}}{s} \cdot h_0$ 可知，斜截面抗剪承载力与混凝土抗拉强度、截面尺寸、箍筋抗拉强度、箍筋肢数单肢箍筋截面面积和箍筋间距有关。此外，荷载的分布类型也与斜截面抗剪承载力有关，荷载的分布类型与剪跨比 λ 有关，剪跨比决定了剪切破坏的类型。纵向钢筋在抗剪中主要提供销栓作用，由于混凝土沿着纵向钢筋发生撕裂，销栓作用不宜发挥，可以忽略，所以纵向钢筋配置的多少对抗剪承载力影响不大。

46.【答案】A

【解析】参见《高层建筑混凝土结构技术规程》JGJ 3-2010 条文说明第 7.5.1 条：本条是高层民用建筑钢结构中的中心支撑布置的原则规定。

K 形支撑体系在地震作用下，可能因受压斜杆屈曲或受拉斜杆屈服，引起较大的侧向变形，使柱发生屈曲甚至造成倒塌，故不应在抗震结构中采用。

47.【答案】A

【解析】参见《钢结构设计规范》GB 50017-2017 第 11.3.1 条：考虑工程中已有较多应用，因此将圆形塞焊焊缝、圆孔或槽孔内角焊缝列入标准，且只能用于抗剪和防止板件屈曲的约束连接。栓钉、槽钢及弯筋连接件的设置方式如图 6 所示。

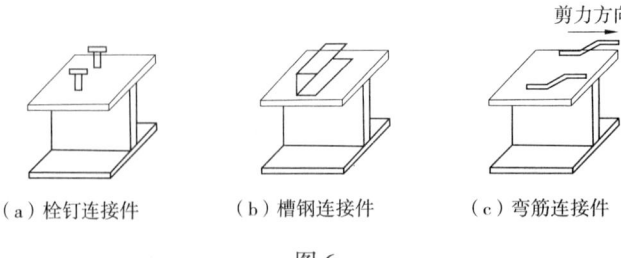

（a）栓钉连接件　（b）槽钢连接件　（c）弯筋连接件

图 6

48.【答案】C

【解析】参见《高层建筑混凝土结构技术规程》JGJ 3-2010 第 6.3.7 条：框架梁上开洞时，洞口位置宜位于梁跨中 1/3 区段，洞口高度不应大于梁高的 40%；开洞较大时应进行承载力验算。梁上洞口周边应配置附加纵向钢筋和箍筋，并应符合计算及构造要求。

49.【答案】D

【解析】参见《建筑抗震设计规范》GB 50011-2010 第 7.1.7 条：多层砌体房屋的建筑布置和结构体系，应符合下列要求：

1. 应优先采用横墙承重或纵横墙共同承重的结构体系。不应采用砌体墙和混凝土墙混合承重的结构体系。

2. 纵横向砌体抗震墙的布置应符合下列要求：

1）宜均匀对称，沿平面内宜对齐，沿竖向应上下连续；且纵横向墙体的数量不宜相差过大；

2）平面轮廓凹凸尺寸，不应超过典型尺寸的 50%；当超过典型尺寸的 25% 时，房屋转角处应采取加强措施；

3）楼板局部大洞口的尺寸不宜超过楼板宽度的 30%，且不应在墙体两侧同时开洞；

4）房屋错层的楼板高差超过 500mm 时，应按两层计算；错层部位的墙体应采取加强措施；

5）同一轴线上的窗间墙宽度宜均匀；墙面洞口的面积，6、7 度时不宜大于墙面总面积的 55%，8、9 度时不宜大于 50%；

6）在房屋宽度方向的中部应设置内纵墙，其累计长度不宜小于房屋总长度的 60%（高宽比大于 4 的墙段不计入）。

3. 房屋有下列情况之一时宜设置防震缝，缝两侧均应设置墙体，缝宽应根据烈度和房屋高度确定，可采用 70~100mm：

1）房屋立面高差在 6m 以上；

2）房屋有错层，且楼板高差大于层高的 1/4；

3）各部分结构刚度、质量截然不同。

4. 楼梯间不宜设置在房屋的尽端或转角处。

5. 不应在房屋转角处设置转角窗。

6. 横墙较少、跨度较大的房屋，宜采用现浇钢筋混凝土楼、屋盖。

50.【答案】A

【解析】参见《高层建筑混凝土结构技术规程》条文说明第 7.1.2 条：剪力墙结构应具有延性，细高的剪力墙（高宽比大于 3）容易设计成具有延性的弯曲破坏剪力墙。当墙的长度很长时，可通过开设洞口将长墙分成长度较小的墙段，使每个墙段成为高宽比大于 3 的独立墙肢或联肢墙，分段宜较均匀。用以分割墙段的洞口上可设置约束弯矩较小的弱连梁（其跨高比一般宜大于 6）。

此外，当墙段长度（即墙段截面高度）很长时，受弯后产生的裂缝宽度会较大，墙体的配筋容易拉断，因此墙段的长度不宜过大，本规程定为 8m。

51.【答案】B

【解析】参见《高层建筑混凝土结构技术规程》JGJ 3-2010 第 9.1.5 条：核心筒或内筒的外墙与外框柱间的中距，非抗震设计大于 15m、抗震设计大于 12m 时，宜采取增设内柱等措施。

52.【答案】D

【解析】参见《建筑抗震设计规范》GB 50011-2010 第 6.1.5 条：框架结构和框架-抗震墙结构中，框架和抗震墙均应双向设置，柱中线与抗震墙中线、梁中线与柱中线之间偏心距大于柱宽的 1/4 时，应计入偏心的影响。

甲、乙类建筑以及高度大于 24m 的丙类建筑，不应采用单跨框架结构；高度不大于 24m 的丙类建筑不宜采用单跨框架结构。

53.【答案】A

【解析】参见《高层建筑混凝土结构技术规程》JGJ 3-2010 表 3.3.1-2。

B 级高度钢筋混凝土高层建筑的最大适用高度（m）　　表 3.3.1-2

结构体系		非抗震设计	抗震设防烈度			
			6 度	7 度	8 度	
					0.20g	0.30g
框架-剪力墙		170	160	140	120	100
剪力墙	全部落地剪力墙	180	170	150	130	110
	部分框支剪力墙	150	140	120	100	80
筒体	框架-核心筒	220	210	180	140	120
	筒中筒	300	280	230	170	150

注：1. 部分框支剪力墙结构指地面以上有部分框支剪力墙的剪力墙结构；
　　2. 甲类建筑，6、7 度时宜按本地区设防烈度提高一度后符合本表的要求，8 度时应专门研究；
　　3. 当房屋高度超过表中数值时，结构设计应有可靠依据，并采取有效地加强措施。

54.【答案】A

【解析】钢网架、钢网壳、钢桁架均为平板结构，悬索结构是由柔性受主索及其边缘构件所形成的承重结构。索的材料可以采用钢丝束、钢丝绳、钢绞线、链条、圆钢，以及其他受拉性能良好的线材，用钢量最省。

55.【答案】C

【解析】参见《空间网格结构技术规程》JGJ 7-2010 第 3.2.9 条：对跨度不大于 40m 的多层建筑的楼盖及跨度不大于 60m 的屋盖，可采用以钢筋混凝土板代替上弦的组合网架结构。组合网架宜选用正放四角锥形式、正放抽空四角锥形式、两向正交正放形式、斜放四角锥形式和蜂窝形三角锥形式。

本题是跨度为 120m 的屋盖结构，不宜采用钢筋混凝土板上弦组合网架结构。

56.【答案】A

【解析】参见《高层建筑混凝土结构技术规程》JGJ 3-2010 第 11.1.1、11.1.2、11.2.7 和 3.1.7 条：

11.1.1 本章规定的混合结构，系指由外围钢框架或型钢混凝土、钢管混凝土框架与钢筋混凝土核心筒所组成的框架-核心筒结构，以及由外围钢框筒或型钢混凝土、钢管混凝土框筒与钢筋混凝土核心筒所组成的筒中筒结构。

11.1.2 混合结构高层建筑适用的最大高度应符合表11.1.2的规定。

混合结构高层建筑适用的最大高度 表11.1.2

结构体系		非抗震设计	抗震设防烈的				
			6度	7度	8度		9度
					0.2g	0.3g	
框架-核心筒	钢框架-钢筋混凝土核心筒	210	200	160	120	100	70
	型钢（钢管）混凝土钢框架-钢筋混凝土核心筒	240	220	190	150	130	70
筒中筒	钢外筒-钢筋混凝土核心筒	280	260	210	160	140	80
	型钢（钢管）混凝土外筒-钢筋混凝土核心筒	300	280	230	170	150	90

注：平面和竖向均不规则的结构，最大使用高度应适当降低。

11.2.7 当侧向刚度不足时，混合结构可设置刚度适宜的加强层。加强层宜采用伸臂桁架，必要时可配合布置周边带状桁架。加强层设计应符合下列规定：

1. 伸臂桁架和周边带状桁架宜采用钢桁架。

2. 伸臂桁架应与核心筒墙体刚接，上、下弦杆均应延伸至墙体内且贯通，墙体内宜设置斜腹杆或暗撑；外伸臂桁架与外围框架柱宜采用铰接或半刚接，周边带状桁架与外框架柱的连接宜采用刚性连接。

3. 核心筒墙体与伸臂桁架连接处宜设置构造型钢柱，型钢柱宜至少延伸至伸臂桁架高度范围以外上、下各一层。

4. 当布置有外伸桁架加强层时，应采取有效措施减少由于外框柱与混凝土筒体竖向变形差异引起的桁架杆件内力。

3.1.7 高层建筑的填充墙、隔墙等非结构构件宜采用各类轻质材料，构造上应与主体结构可靠连接，并应满足承载力、稳定和变形要求。

57.【答案】A

【解析】参见《砌体结构设计规范》GB 50003-2011 第4.2.2条：刚性和刚弹性方案房屋的横墙，应符合下列规定：

1. 横墙中开有洞口时，洞口的水平截面面积不应超过横墙截面面积的50%；

2. 横墙的厚度不宜小于180mm；

3. 单层房屋的横墙长度不宜小于其高度，多层房屋的横墙长度不宜小于H/2（H为横墙总高度）。

注：1. 当横墙不能同时符合上述要求时，应对横墙的刚度进行验算。如其最大水平位移值$\mu_{max} \leq H/4000$时，仍可视作刚性或刚弹性方案房屋的横墙；

2. 凡符合注 1 刚度要求的一段横墙或其他结构构件（如框架等），也可视作刚性或刚弹性方案房屋的横墙。

58.【答案】C

【解析】参见《建筑抗震设计规范》GB 50011-2010 第 7.3.1 条：各类多层砖砌体房屋，应按下列要求设置现浇钢筋混凝土构造柱（以下简称构造柱）：

1. 构造柱设置部位，一般情况下应符合表 7.3.1 的要求。

2. 外廊式和单面走廊式的多层房屋，应根据房屋增加一层的层数，按表 7.3.1 的要求设置构造柱，且单面走廊两侧的纵墙均应按外墙处理。

3. 横墙较少的房屋，应根据房屋增加一层的层数，按表 7.3.1 的要求设置构造柱。当横墙较少的房屋为外廊式或单面走廊式时，应按本条 2 款要求设置构造柱；但 6 度不超过四层、7 度不超过三层和 8 度不超过二层时，应按增加二层的层数对待。

4. 各层横墙很少的房屋，应按增加二层的层数设置构造柱。

5. 采用蒸压灰砂砖和蒸压粉煤灰砖的砌体房屋，当砌体的抗剪强度仅达到普通黏土砖砌体的 70% 时，应根据增加一层的层数按本条 1~4 款要求设置构造柱；但 6 度不超过四层、7 度不超过三层和 8 度不超过二层时，应按增加二层的层数对待。

多层砖砌体房屋构造柱设置要求 表 7.3.1

房屋层数				设置部位	
6 度	7 度	8 度	9 度		
四、五	三、四	二、三	—	楼、电梯间四角，楼梯斜梯段上下端对应的墙体处；	隔 12m 或单元横墙与外纵墙交接处；楼梯间对应的另一侧内横墙与外纵墙交接处
六	五	四	二	外墙四角和对应转角；错层部位横墙与外纵墙交接处；大房间内外墙交接处；	隔开间横墙（轴线）与外墙交接处；山墙与内纵墙交接处
七	≥六	≥五	≥三	较大洞口两侧	内墙（轴线）与外墙交接处；内墙的局部较小墙垛处；内纵墙与横墙（轴线）交接处

注：较大洞口，内墙指不小于 2.1m 的洞口；外墙在内外墙交接处已设置构造柱时允许适当放宽，但洞侧墙体应加强。

59.【答案】D

【解析】参见《砌体结构设计规范》GB 50003-2011 第 4.2.6 条：2. 当外墙符合下列要求时，静力计算可不考虑风荷载的影响：

1）洞口水平截面面积不超过全截面面积的 2/3；

2）层高和总高不超过表 4.2.6 的规定；

3）屋面自重不小于 $0.8kN/m^2$。

外墙不考虑风荷载影响时的最大高度 表 4.2.6

基本风压值（kN/m^2）	层高（m）	总高（m）
0.4	4.0	28

续表

基本风压值（kN/m²）	层高（m）	总高（m）
0.5	4.0	24
0.6	4.0	18
0.7	3.5	18

注：对于多层混凝土砌块房屋，当外墙厚度不小于190mm、层高不大于2.8m、总高不大于19.6m、基本风压不大于0.7kN/m²时，可不考虑风荷载的影响。

60.【答案】B

【解析】参见《建筑抗震设计规范》GB 50011-2010 第 7.1.8 条：底部框架-抗震墙砌体房屋的结构布置，应符合下列要求：

1. 上部的砌体墙体与底部的框架梁或抗震墙，除楼梯间附近的个别墙段外均应对齐。

2. 房屋的底部，应沿纵横两方向设置一定数量的抗震墙，并应均匀对称布置。6度且总层数不超过四层的底层框架-抗震墙砌体房屋，应允许采用嵌砌于框架之间的约束普通砖砌体或小砌块砌体的砌体抗震墙，但应计入砌体墙对框架的附加轴力和附加剪力并进行底层的抗震验算，且同一方向不应同时采用钢筋混凝土抗震墙和约束砌体抗震墙；其余情况，8度时应采用钢筋混凝土抗震墙，6、7度时应采用钢筋混凝土抗震墙或配筋小砌块砌体抗震墙。

3. 底层框架-抗震墙砌体房屋的纵横两个方向，第二层计入构造柱影响的侧向刚度与底层侧向刚度的比值，6、7度时不应大于2.5，8度时不应大于2.0，且均不应小于1.0。

4. 底部两层框架-抗震墙砌体房屋纵横两个方向，底层与底部第二层侧向刚度应接近，第三层计入构造柱影响的侧向刚度与底部第二层侧向刚度的比值，6、7度时不应大于2.0，8度时不应大于1.5，且均不应小于1.0。

5. 底部框架-抗震墙砌体房屋的抗震墙应设置条形基础、筏形基础等整体性好的基础。

第7.1.2条表注3：乙类的多层砌体房屋仍按本地区设防烈度查表，其层数应减少一层且总高度应降低3m；不应采用底部框架-抗震墙砌体房屋。

61.【答案】C

【解析】参见《高层建筑混凝土结构技术规程》JGJ 3-2010 第10.5.1和10.5.4条：

10.5.1 连体结构各独立部分宜有相同或相近的体型、平面布置和刚度；宜采用双轴对称的平面形式。7度、8度抗震设计时，层数和刚度相差悬殊的建筑不宜采用连体结构。

10.5.4 连接体结构与主体结构宜采用刚性连接。刚性连接时，连接体结构的主要结构构件应至少伸入主体结构一跨并可靠连接；必要时可延伸至主体部分的内筒，并与内筒可靠连接。

当连接体结构与主体结构采用滑动连接时，支座滑移量应能满足两个方向在罕遇地震作用下的位移要求，并应采取防坠落、撞击措施。罕遇地震作用下的位移要求，应采用时程分析方法进行计算复核。

62.【答案】B

【解析】参见《建筑抗震设计规范》GB 50011-2010 第3.4.1、第3.4.2和第3.7.4条：

3.4.1 建筑设计应根据抗震概念设计的要求明确建筑形体的规则性。不规则的建筑应按规定采取加强措施；特别不规则的建筑应进行专门研究和论证，采取特别的加强措施；严重不规则的建筑不应采用。

注：形体指建筑平面形状和立面、竖向剖面的变化。

3.4.2 建筑设计应重视其平面、立面和竖向剖面的规则性对抗震性能及经济合理性的影响，宜择优选用规则的形体，其抗侧力构件的平面布置宜规则对称、侧向刚度沿竖向宜均匀变化、竖向抗侧力构件的截面尺寸和材料强度宜自下而上逐渐减小、避免侧向刚度和承载力突变。

3.7.4 框架结构的围护墙和隔墙，应估计其设置对结构抗震的不利影响，避免不合理设置而导致主体结构的破坏。

63.【答案】C

【解析】参见《高层建筑混凝土结构技术规程》JGJ 3—2010 第 3.4.6 条：当楼板平面比较狭长、有较大的凹入或开洞时，应在设计中考虑其对结构产生的不利影响。有效楼板宽度不宜小于该层楼面宽度的 50%；楼板开洞总面积不宜超过楼面面积的 30%；在扣除凹入或开洞后，楼板在任一方向的最小净宽度不宜小于 5m，且开洞后每一边的楼板净宽度不应小于 2m。

64.【答案】D

【解析】参见《高层建筑混凝土结构技术规程》JGJ 3—2010 第 3.5.5 条：抗震设计时，当结构上部楼层收进部位到室外地面的高度 H_1 与房屋高度 H 之比大于 0.2 时，上部楼层收进后的水平尺寸 B_1 不宜小于下部楼层水平尺寸 B 的 75%（图 7（a）、(b)）；当上部结构楼层相对于下部楼层外挑时，上部楼层水平尺寸 B_1 不宜大于下部楼层的水平尺寸 B 的 1.1 倍，且水平外挑尺寸 a 不宜大于 4m（图 7（c）、(d)）。

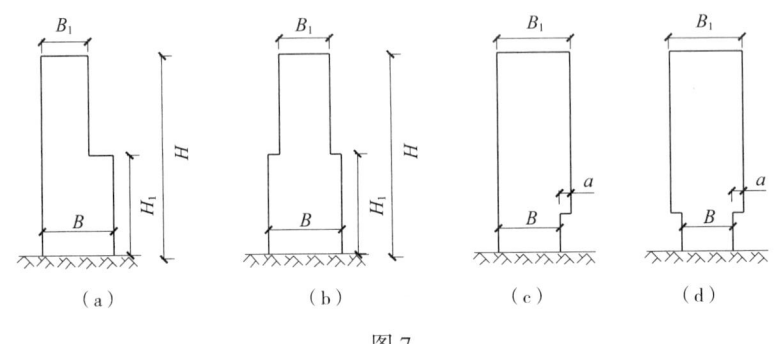

图 7

65.【答案】D

【解析】参见《空间网格结构技术规程》JGJ 7—2010 第 3.4.4 和第 3.4.5 条：

3.4.4 立体桁架支承于下弦节点时桁架整体应有可靠的防侧倾体系，曲线形的立体桁架应考虑支座水平位移对下部结构的影响。

3.4.5 对立体桁架、立体拱架和张弦立体拱架应设置平面外的稳定支撑体系。

平面桁架有很好的平面内受力性能，但其在平面外的侧向刚度很小，为保证结构的整体性，需要设置支撑将各榀桁架连成整体，使之具有空间刚度以抵抗纵向侧力，但支撑结构的布置要消耗很多材料，且常以长细比等构造要求确定截面，耗钢而未能材尽其用。

采用立体桁架则本身具有足够的侧向刚度与稳定性，有利于吊装和使用，可以简化或从根本上取消支撑，节省用于支撑的钢材。立体桁架的截面形式有矩形、正三角形、倒三角形。

66.【答案】D

【解析】纵向刚度由抗剪刚度和抗弯刚度组成。以上三种结构中，由于纵向剪力墙面积基本相等，纵向抗剪刚度基本相等；对于抗弯刚度，剪力墙面积沿纵向越分散，则纵向抗弯刚度越大。

67.【答案】B

【解析】参见《建筑工程抗震设防分类标准》GB 50223-2008 第6.0.8条：教育建筑中，幼儿园、小学、中学的教学用房以及学生宿舍和食堂，抗震设防类别应不低于重点设防类（乙类）。

参见《抗震结构设计规范》GB 50011-2010（2015年版）第7.1.2条：多层房屋的层数和高度应符合下列要求：

1. 一般情况下，房屋的层数和总高度不应超过表7.1.2的规定。

房屋的层数和总高度限值（m） 表 7.1.2

房屋类别		最小抗震墙厚度（mm）	烈度和设计基本地震加速度									
			6		7				8		9	
			0.05g		0.10g		0.15g		0.20g		0.30g		0.40g	
			高度	层数	高度	层数	高度	层数	高度	层数	高度	层数	高度	层数
多层砌体房屋	普通砖	240	21	7	21	7	21	7	18	6	15	5	12	4
	多孔砖	240	21	7	21	7	18	6	18	6	15	5	9	3
	多孔砖	190	21	7	18	6	15	5	15	5	12	4	—	—
	小砌块	190	21	7	21	7	18	6	18	6	15	5	9	3
底部框架-抗震墙砌体房屋	普通砖 多孔砖	240	22	7	22	7	19	6	16	5	—	—	—	—
	多孔砖	190	22	7	19	6	16	5	13	4	—	—	—	—
	小砌块	190	22	7	22	7	19	6	16	5	—	—	—	—

注：1. 房屋的总高度指室外地面到主要屋面板板顶或檐口的高度，半地下室从地下室室内地面算起，全地下室和嵌固条件好的半地下室应允许从室外地面算起；对带阁楼的坡屋面应算到山尖墙的1/2高度处。
2. 室内外高差大于0.6m时，房屋总高度应允许比表中的数据适当增加，但增加量应少于1.0m；
3. 乙类的多层砌体房屋仍按本地区设防烈度查表，其层数应减少一层且总高度应降低3m；不应采用底部框架-抗震墙砌体房屋。
4. 表中小砌块砌体房屋不包括配筋混凝土小型空心砌块砌体房屋。

由上可知，乙类的多层砌体房屋不应采用底部框架-抗震墙砌体结构。

第7.1.3条：多层砌体承重房屋的层高，不应超过3.6m。

底部框架-抗震墙砌体房屋的底部，层高不应超过4.5m；当底层采用约束砌体抗震墙时，底层的层高不应超过4.2m。

注：当使用功能确有需要时，采用约束砌体等加强措施的普通砖房屋，层高不应超过3.9m。

68.【答案】C

【解析】参见《建筑抗震设计规范》GB 50011-2010 表 5.5.5。

弹塑性层间位移角限制　　　　表 5.5.5

结构类型	[θ_p]
单层钢筋混凝土柱排架	1/30
钢筋混凝土框架	1/50
底部框架砌体房屋中的框架-抗震墙	1/100
钢筋混凝土框架-抗震墙、板柱-抗震墙、框架-核心筒	1/100
钢筋混凝土抗震墙、筒中筒	1/120
多、高层钢结构	1/50

69.【答案】C

【解析】参见《建筑抗震设计规范》GB 50011-2010 第 4.3.2 条：地面下存在饱和砂土和饱和粉土时，除 6 度外，应进行液化判别；存在液化土层的地基，应根据建筑的抗震设防类别、地基的液化等级，结合具体情况采取相应的措施。

注：本条饱和土液化判别要求不含黄土、粉质黏土。

70.【答案】D

【解析】参见《建筑抗震设计规范》GB 50011-2010 第 1.0.4 条：抗震设防烈度必须按国家规定的权限审批、颁发的文件（图件）确定。

71.【答案】B

【解析】进行建筑结构多遇地震分析时，抗震设防烈度增加 1 度，其水平地震作用增大一倍。

72.【答案】C

【解析】震级是衡量一次地震大小或者规模，它与地震产生的破坏力的能量有关，一般称为里氏地震，用 M 表示，所以 A、错误；一次地震对某一地区建筑物或结构的影响和破坏程度称地震烈度，而不可以用地层释放的能量衡量所以 B 错误；一般，$M<2$ 的地震，称为微震；$M=2\sim 4$ 的地震称为有感地震；$M>5$ 的地震，对建筑物就要引起不同程度的破坏，统称为破坏性地震，$M>7$ 的地震称为强烈地震或大地震；$M>8$ 的地震称为特大地震，所以 C 正确。

73.【答案】C

【解析】参见《建筑抗震设计规范》GB 50011-2010 第 7.1.2.2 条：横墙较少的多层砌体房屋，总高度应比表 7.1.2 的规定降低 3m，层数相应减少一层；各层横墙很少的多层砌体房屋，还应再减少一层。

注：横墙较少是指同一楼层内开间大于 4.2m 的房间占该层总面积的 40%以上；其中，开间不大于 4.2m 的房间占该层总面积不到 20%且开间大于 4.8m 的房间占该层总面积的 50%以上为横墙很少。

74.【答案】C

【解析】参见《建筑抗震设计规范》GB 50011-2010 第 6.1.1 条：本章适用的现浇钢筋

混凝土房屋的结构类型和最大高度应符合表 6.1.1 的要求。平面和竖向均不规则的结构，适用的最大高度宜适当降低。

注：本章"抗震墙"指结构抗侧力体系中的钢筋混凝土剪力墙，不包括只承担重力荷载的混凝土墙。

现浇钢筋混凝土房屋适用的最大高度（m） 表 6.1.1

结构类型		烈度				
		6	7	8（0.2g）	8（0.3g）	9
框架		60	50	40	35	24
框架–抗震墙		130	120	100	80	50
抗震墙		140	120	100	80	60
部分框支抗震墙		120	100	80	50	不应采用
筒体	框架–核心筒	150	130	100	90	70
	筒中筒	180	150	120	100	80
板柱–抗震墙		80	70	55	40	不应采用

注：1. 房屋高度指室外地面到主要屋面板板顶的高度（不包括局部突出屋顶部分）；
2. 框架–核心筒结构指周边稀柱框架与核心筒组成的结构；
3. 部分框支抗震墙结构指首层或底部两层为框支层的结构，不包括仅个别框支墙的情况；
4. 表中框架，不包括异形柱框架；
5. 板柱–抗震墙结构指板柱、框架和抗震墙组成抗侧力体系的结构；
6. 乙类建筑可按本地区抗震设防烈度确定其适用的最大高度；
7. 超过表内高度的房屋，应进行专门研究和论证，采取有效地加强措施。

75.【答案】D

【解析】参见《高层建筑混凝土结构技术规程》JGJ 3-2010 第 7.1.8 条：

抗震设计时，高层建筑结构不应全部采用短肢剪力墙；B 级高度高层建筑以及抗震设防烈度为 9 度的 A 级高度高层建筑，不宜布置短肢剪力墙，不应采用具有较多短肢剪力墙的剪力墙结构。当采用具有较多短肢剪力墙的剪力墙结构时，应符合下列规定：

1. 在规定的水平地震作用下，短肢剪力墙承担的底部倾覆力矩不宜大于结构底部总地震倾覆力矩的 50%；

2. 房屋适用高度应比本规程表 3.3.1-1 规定的剪力墙结构的最大适用高度适当降低，7 度、8 度（0.2g）和 8 度（0.3g）时分别不应大于 100m、80m 和 60m。

注：1. 短肢剪力墙是指截面厚度不大于 300mm、各肢截面高度与厚度之比的最大值大于 4 但不大于 8 的剪力墙；

2. 具有较多短肢剪力墙的剪力墙结构是指，在规定的水平地震作用下，短肢剪力墙承担的底部倾覆力矩不小于结构底部总地震倾覆力矩的 30% 的剪力墙结构。

76.【答案】A

【解析】参见《建筑抗震设计规范》GB 50011-2010 第 6.1.1 条：本章适用的现浇钢筋混凝土房屋的结构类型和最大高度应符合表 6.1.1 的要求。平面和竖向均不规则的结构，适用的最大高度宜适当降低。

注：本章"抗震墙"指结构抗侧力体系中的钢筋混凝土剪力墙，不包括只承担重力荷载的混凝土墙。

现浇钢筋混凝土房屋适用的最大高度（m）　　　　　　表6.1.1

结构类型		烈度				
		6	7	8（0.2g）	8（0.3g）	9
框架		60	50	40	35	24
框架-抗震墙		130	120	100	80	50
抗震墙		140	120	100	80	60
部分框支抗震墙		120	100	80	50	不应采用
筒体	框架-核心筒	150	130	100	90	70
	筒中筒	180	150	120	100	80
板柱-抗震墙		80	70	55	40	不应采用

注：1. 房屋高度指室外地面到主要屋面板板顶的高度（不包括局部突出屋顶部分）；
　　2. 框架-核心筒结构指周边稀柱框架与核心筒组成的结构；
　　3. 部分框支抗震墙结构指首层或底部两层为框支层的结构，不包括仅个别框支墙的情况；
　　4. 表中框架，不包括异形柱框架；
　　5. 板柱-抗震墙结构指板柱、框架和抗震墙组成抗侧力体系的结构；
　　6. 乙类建筑可按本地区抗震设防烈度确定其适用的最大高度；7. 超过表内高度的房屋，应进行专门研究和论证，采取有效地加强措施。

77.【答案】B

【解析】参见《高层建筑混凝土结构技术规程》JGJ 3-2010 第9.1.2、第9.3.2和第9.3.3条：

9.1.2 筒中筒结构的高度不宜低于80m，高宽比不宜小于3。对高度不超过60m的框架-核心筒结构，可按框架-剪力墙结构设计。

9.3.2 矩形平面的长宽比不宜大于2。

9.3.3 内筒的宽度可为高度的1/12~1/15，如有另外的角筒或剪力墙时，内筒平面尺寸可适当减小。内筒宜贯通建筑物全高，竖向刚度宜均匀变化。

78.【答案】C

【解析】参见《建筑抗震设计规范》GB 50011-2010 第7.1.7.1条：1 应优先采用横墙承重或纵横墙共同承重的结构体系。不应采用砌体墙和混凝土墙混合承重的结构体系。相比内外纵横承重，外纵墙承重方案承重墙体更加集中，不利于抗震。

79.【答案】D

【解析】参见《建筑抗震设计规范》GB 50011-2010 6.3.2条：梁宽大于柱宽的扁梁应符合下列要求：

1. 采用扁梁的楼、屋盖应现浇，梁中线宜与柱中线重合，扁梁应双向布置。扁梁的截面尺寸应符合下列要求，并应满足现行有关规范对挠度和裂缝宽度的规定：

$b_b \leq 2b_c$（6.3.2-1），$b_b \leq b_c + h_b$（6.3.2-2），$h_b \geq 16d$（6.3.2-3）。

式中：b_c—柱截面宽度，圆形截面取柱直径的0.8倍；

b_b、h_b—分别为柱截面宽度和高度；

　　d—柱纵筋直径。

2. 扁梁不宜用于一级框架结构。

80.【答案】B

【解析】参见《高层建筑混凝土结构技术规程》JGJ 3-2010 第 10.5.4 条：连接体结构与主体结构宜采用刚性连接。刚性连接时，连接体结构的主要结构构件应至少伸入主体结构一跨并可靠连接；必要时可延伸至主体部分的内筒，并与内筒可靠连接。

当连接体结构与主体结构采用滑动连接时，支座滑移量应能满足两个方向在罕遇地震作用下的位移要求，并应采取防坠落、撞击措施。罕遇地震作用下的位移要求，应采用时程分析方法进行计算复核。

81.【答案】D

【解析】参见《建筑抗震设计规范》GB 50011-2010 第 6.1.10 条：部分框支抗震墙结构的抗震墙，其底部加强部位的高度，可取框支层加框支层以上两层的高度及落地抗震墙总高度的 1/10 两者的较大值。其他结构的抗震墙，房屋高度大于 24m 时，底部加强部位的高度可取底部两层和墙体总高度的 1/10 两者的较大值；房屋高度不大于 24m 时，底部加强部可取底部一层。

82.【答案】C

【解析】参见《建筑抗震设计规范》GB 50011-2010 第 8.1.1 条：本章适用的钢结构民用房屋的结构类型和最大高度应符合表 8.1.1 的规定。平面和竖向均不规则的钢结构，适用的最大高度宜适当降低。

注：1. 钢支撑-混凝土框架和钢框架-混凝土筒体结构的抗震设计，应符合本规范附录 G 的规定；

    2. 多层钢结构厂房的抗震设计，应符合本规范附录 H 第 H.2 节的规定。

钢结构房屋适用的最大高度　　　　　　　　　　表 8.1.1

结构类型	6、7 度 (0.10g)	7 度 (0.15g)	8 度		9 度 (0.40g)
			(0.20g)	(0.30g)	
框架	110	90	90	70	50
框架－中心支撑	220	200	180	150	120
框架－偏心支撑（延性墙板）	240	220	200	180	160
筒体（框筒、筒中筒、桁架筒、束筒）和巨型框架	300	280	260	240	180

注：1. 房屋高度指室外地面到主要屋面板板顶的高度（不包括局部突出屋顶部分）；

    2. 超过表内高度的房屋，应进行专门研究和论证，采取有效地加强措施；

    3. 表内的筒体不包括混凝土筒。

83.【答案】D

【解析】参见《高层建筑混凝土结构技术规程》JGJ 3-2010 第 3.6.1 和 3.6.3 条：

3.6.1 房屋高度超过 50m 时，框架-剪力墙结构、筒体结构及本规程第 10 章所指的复杂高层建筑结构应采用现浇楼盖结构，剪力墙结构和框架结构宜采用现浇楼盖结构。

3.6.3 房屋的顶层、结构转换层、大底盘多塔楼结构的底盘顶层、平面复杂或开洞过大的楼层、作为上部结构嵌固部位的地下室楼层应采用现浇楼盖结构。一般楼层现浇楼板厚度不应小于 80mm，当板内预埋暗管时不宜小于 100mm；顶层楼板厚度不宜小于 120mm，宜双层双向配筋；转换层楼板应符合本规程第 10 章的有关规定；普通地下室顶板厚度不宜小于 160mm；作为上部结构嵌固部位的地下室楼层的顶楼盖应采用梁板结构，楼板厚度不宜小于 180mm，应采用双层双向配筋，且每层每个方向的配筋率不宜小于 0.25%。

84.【答案】A

【解析】对于工字形截面梁，抗弯承载力取决于上下翼缘的面积，翼缘面积越大，抗弯承载力越高；抗剪承载力取决于腹板的厚度，腹板的厚度越大，抗剪承载力越高。当其截面高度和截面面积固定不变时，A 的抗剪承载力最大。

85.【答案】A

【解析】由公式，$N=0.9\varphi(f_c A + f'_y A'_s)$

得 $A_s = \dfrac{\dfrac{N}{0.9\varphi} - f_c A}{f'_y} = \dfrac{\dfrac{2600 \times 1000}{0.9 \times 1.0} - 14.3 \times 400 \times 400}{360} = 1669.14 \text{ mm}^2$

86.【答案】C

【解析】土压缩系数是土在有侧限条件下受压时，在压力变化不大范围内，孔隙比的变化值（减量）与压力的变化值（增量）的比值。可以用压缩曲线求得。在 K_0 固结试验中，土壤的压缩系数为试样土体的孔隙比减小量与有效压力增产量的比值，即 $e-p$ 压缩曲线上某压力段的割线斜率，以绝对值表示。

87.【答案】A

【解析】塑性指数 $I_p = w_L - w_P$，液限与塑限之差值（省去%），反映在可塑状态下土的含水率变化范围，此值可作为黏性土分类的指标。

88.【答案】C

【解析】图示为重力式挡土墙。

89.【答案】C

【解析】根据题意，弯矩应该使右侧的地基土受到更大的压力。

90.【答案】C

【解析】参见《建筑抗震设计规范》GB 50011-2010 第 4.2.1 条：下列建筑可不进行天然地基及基础的抗震承载力验算：

1. 本规范规定可不进行上部结构抗震验算的建筑。

2. 地基主要受力层范围内不存在软弱黏性土层的下列建筑：

1）一般的单层厂房和单层空旷房屋；

2）砌体房屋；

3）不超过 8 层且高度在 24m 以下的一般民用框架和框架-抗震墙房屋；

4）基础荷载与 3）项相当的多层框架厂房和多层混凝土抗震墙房屋。

注：软弱黏性土层指 7 度、8 度和 9 度时，地基承载力特征值分别小于 80、100 和 120kPa 的土层。

91.【答案】B

【解析】参见《建筑地基基础设计规范》第 7.2.3、7.2.4 和 7.2.5 条：

7.2.3 当地基承载力或变形不能满足设计要求时，地基处理可选用机械压实、堆载预压、真空预压、换填垫层或复合地基等方法。处理后的地基承载力应通过试验确定。

7.2.4 机械压实包括重锤夯实、强夯、振动压实等方法，可用于处理由建筑垃圾或工业废料组成的杂填土地基，处理有效深度应通过试验确定。

7.2.5 堆载预压可用于处理较厚淤泥和淤泥质土地基。预压荷载宜大于设计荷载，预压时间应根据建筑物的要求以及地基固结情况决定，并应考虑堆载大小和速率对堆载效果和周围建筑物的影响。采用塑料排水带或砂井进行堆载预压和真空预压时，应在塑料排水带或砂井顶部做排水砂垫层。

《建筑地基处理技术规范》第 7.3.1 条：水泥土搅拌桩复合地基处理应符合下列规定：

1. 适用于处理正常固结的淤泥、淤泥质土、素填土、黏性土（软塑、可塑）、粉土（稍密、中密）、粉细砂（松散、中密）、中粗砂（松散、稍密）、饱和黄土等土层。不适用于含大孤石或障碍物较多且不易清除的杂填土、欠固结的淤泥和淤泥质土、硬塑及坚硬的黏性土、密实的砂类土，以及地下水渗流影响成桩质量的土层。当地基土的天然含水量小于 30%（黄土含水量小于 25%）时不宜采用粉体搅拌法。冬期施工时，应考虑负温对处理地基效果的影响。

2. 水泥土搅拌桩的施工工艺分为浆液搅拌法（以下简称湿法）和粉体搅拌法（以下简称干法）。可采用单轴、双轴、多轴搅拌或连续成槽搅拌形成柱状、壁状、格栅状或块状水泥土加固体。

3. 对采用水泥土搅拌桩处理地基，除应按现行国家标准《岩土工程勘察规范》GB 50021 要求进行岩土工程详细勘察外，尚应查明拟处理地基土层的 pH 值、塑性指数、有机质含量、地下障碍物及软土分布情况、地下水位及其运动规律等。

4. 设计前，应进行处理地基土的室内配比试验。针对现场拟处理地基土层的性质，选择合适的固化剂、外掺剂及其掺量，为设计提供不同龄期、不同配比的强度参数。对竖向承载的水泥土强度宜取 90d 龄期试块的立方体抗压强度平均值。

5. 增强体的水泥掺量不应小于 12%，块状加固时水泥掺量不应小于加固天然土质量的 7%；湿法的水泥浆水灰比可取 0.5~0.5。

6. 水泥土搅拌桩复合地基宜在基础和桩之间设置褥垫层，厚度可取 200~300mm。褥垫层材料可选用中砂、粗砂、级配砂石等，最大粒径不宜大于 20mm。褥垫层的夯填度不应大于 0.9。

92.【答案】B

【解析】由单桩承载力在轴心竖向力作用下应满足：

$$Q_K = (F_K + G_K)/n \leq R_a$$

由 R_a=1000kN，则任一单桩可承受的最大竖向力 Q_K 取 1000kN，该桩基础应布置的桩数 n 最少应：

$$n \geq (F_K + G_K)/Q_K = 5000/1000 = 5。$$

93.【答案】D

【解析】沉降后浇带是当高层建筑与相连的裙房之间不设置沉降缝时,宜在裙房一侧设置用于控制沉降差。后浇带的封带时间可根据工程进展的具体情况确定。

一般情况下,沉降后浇带的封带时间,主要取决于高层建筑的沉降完成情况。结构施工期间应设置沉降观测点,随着主体结构施工定期对建筑物进行沉降观测,根据沉降实测值在计算后期沉降差满足设计要求后,方可进行后浇带混凝土浇筑。

选项 A、B、C 均是在主楼或裙房基础施工完毕之后的两个月,此时高层建筑沉降未能完成;D 选项是在结构均施工完成后,一般沉降基本会在施工期间内完成,为可选答案。

94.【答案】D

【解析】刚节点平衡,对 A 节点取矩 $\sum M_A = q \times 2a \times 3a - R_B \times 2a = 0$ 得到 $R_B = 3qa$。

95.【答案】B

【解析】第一种荷载作用下 1 点的弯矩为 $\frac{1}{8}ql^2$,第二种荷载作用下,对 A 节点取矩 $\sum M_A = R_B \times l - 2q \times \frac{l}{2} \times \frac{l}{4} = 0$,得到 $R_B = \frac{ql}{4}$,2 点的弯矩为 $\frac{ql}{4} \times \frac{l}{2} = \frac{1}{8}ql^2$,故选择 B。

96.【答案】C

【解析】参考《混凝土结构设计规范》GB 50010-2010(2015 年版)第 11.4.11 条:框架柱的截面尺寸应符合下列要求:一、二、三级抗震等级且层数超过 2 层时不宜小于 400mm。

97.【答案】B

【解析】参考预应力混凝土结构的混凝土强度等级不宜低于 C40,且不应低于 C30。

98.【答案】D

【解析】最大扭矩和最大剪力发生在支座截面。

99.【答案】A

【解析】参见《建筑结构制图标准》GB/T 50105-2010 第 4.2.1 条:螺栓、孔、电焊铆钉的表示方法应符合表 4.2.1 中的规定。

螺栓、孔、电焊铆钉的表示方法 表 4.2.1

序号	名称	图例	说明
1	永久螺栓		1. 细"+"线表示定位线; 2. M 表示螺栓型号; 3. ϕ 表示螺栓孔直径; 4. d 表示膨胀螺栓、电焊铆钉直径; 5. 采用引出线标注螺栓时,横线上标注螺栓规格,横线下标注螺栓孔直径
2	高强螺栓		
3	安装螺栓		

续表

序号	名称	图例	说明
4	膨胀螺栓		1. 细"+"线表示定位线； 2. M 表示螺栓型号； 3. ϕ 表示螺栓孔直径； 4. d 表示膨胀螺栓、电焊铆钉直径； 5. 采用引出线标注螺栓时，横线上标注螺栓规格，横线下标注螺栓孔直径
5	圆形螺栓孔		
6	长圆形螺栓孔		
7	电焊铆钉		

100.【答案】C

【解析】参见《建筑结构制图标准》GB/T 50105-2010 第 2.0.3 条：建筑结构专业制图应选用表 2.0.3 所示的图线。

图 线　　　　表 2.0.3

名称		线型	线宽	一般用途
实线	粗		b	螺栓、钢筋线、结构平面图中的单线结构构件线，钢木支撑及系杆线，图名下横线、剖切线
	中粗		0.7b	结构平面图及详图中剖到或可见的墙身轮廓线、基础轮廓线、钢、木结构轮廓线、钢筋线
	中		0.5b	结构平面图及详图中剖到或可见的墙身轮廓线、基础轮廓线、可见的钢筋混凝土构件轮廓线、钢筋线
	细		0.25b	标注引出线、标高符号线、索引符号线、尺寸线
虚线	粗		b	不可见的钢筋线、螺栓线、结构平面图中不可见的单线结构构件线及钢、木支撑线
	中粗		0.7b	结构平面图中的不可见的构件、墙身轮廓线及不可见钢、木结构构件线、不可见的钢筋线
	中		0.5b	结构平面图中不可见构件、墙身轮廓线及不可见钢、木结构构件线、不可见的钢筋线
	细		0.25b	基础平面图中不可见的管沟轮廓线、不可见的钢筋混凝土构件轮廓线
单点长画线	粗		b	柱间支撑、垂直支撑、设备基础轴线图中的中心线
	细		0.25b	定位轴线、对称线、中心线、重心线
双点长画线	粗		b	预应力钢筋线
	细		0.25b	原有结构轮廓线
折断线			0.25b	断开界线
波浪线			0.25b	断开界线

一级注册建筑师考试建筑结构模拟题 V

1. 判断图 1 所示结构零杆数量（　　　）。

（A）2

（B）3

（C）4

（D）5

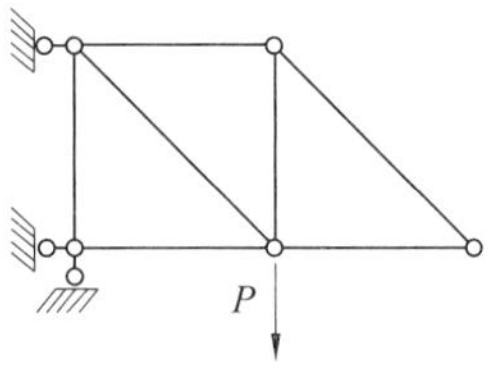

图 1

2. 图 2 所示结构在外力 P 作用下零杆的数量（　　　）。

（A）0 根

（B）1 根

（C）2 根

（D）3 根

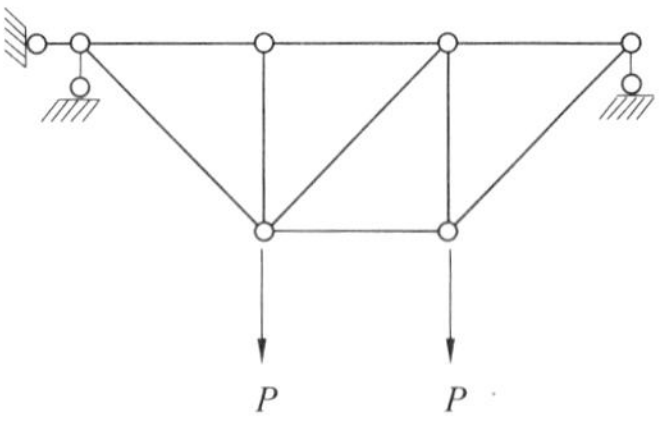

图 2

3. 求图 3 超静定次数（　　　）。

（A）1

（B）2

（C）3

（D）4

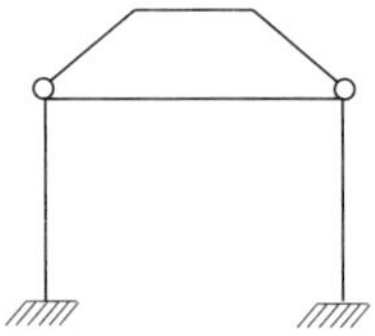

图 3

4. 图 4 所示相同结构，在外力 P 不同位置作用下，两结构内力有何变化（　　　）。

（A）所有杆件内力均相同

（B）所有杆件内力均不同

（C）仅横杆内力不同

（D）仅竖杆内力不同

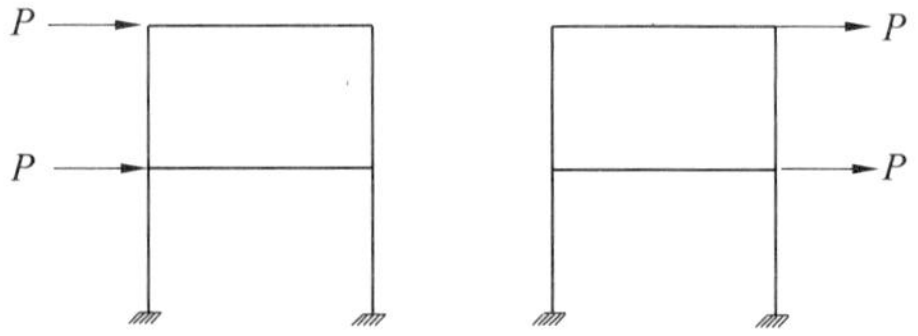

图 4

5. 图 5 所示结构在外力偶 M 的作用下，正确的弯矩图是（　　　）。

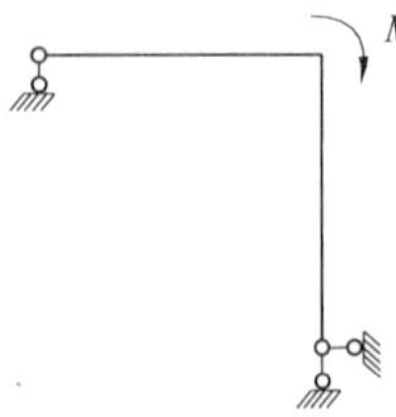

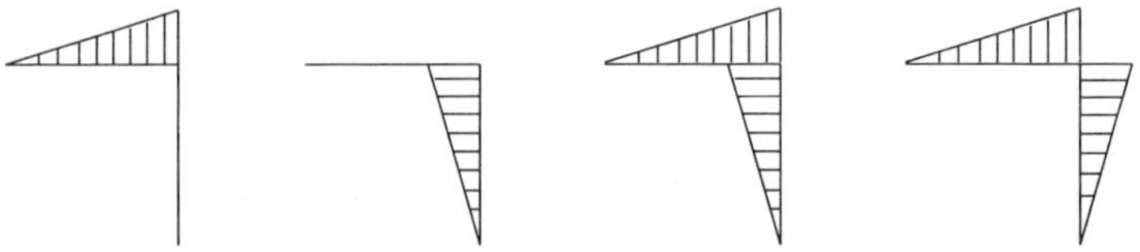

（A）　　（B）　　（C）　　（D）

图 5

6. 图 6 所示结构弯矩图正确的是（　　）。

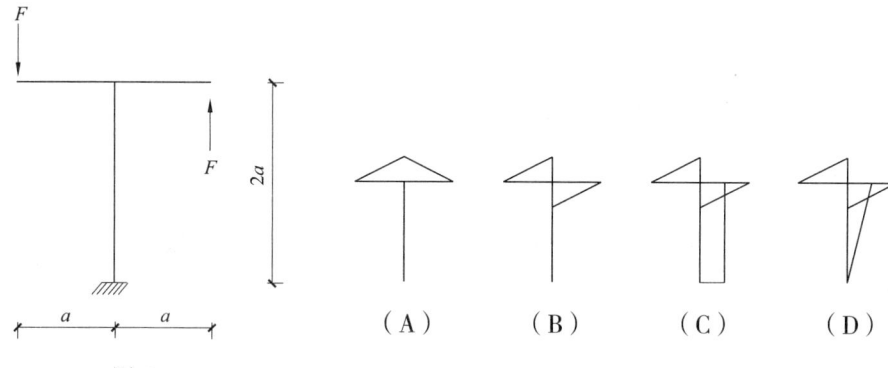

图 6

7. 图 7 所示结构 B 点的弯矩为（　　）。

（A）$2qh^2$

（B）$\dfrac{3}{2}qh^2$

（C）qh^2

（D）$\dfrac{1}{2}qh^2$

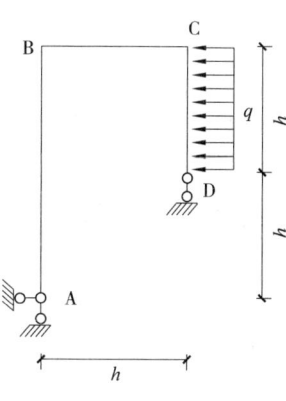

图 7

8. 图 8 所示结构，梁 AB 跨中 D 点的弯矩为（　　）。

（A）18kN·m

（B）12kN·m

（C）10kN·m

（D）8kN·m

9. 图 9 所示结构在外力 P 的作用下，BC 杆有（　　）。

（A）拉力

（B）压力

（C）变形

（D）位移

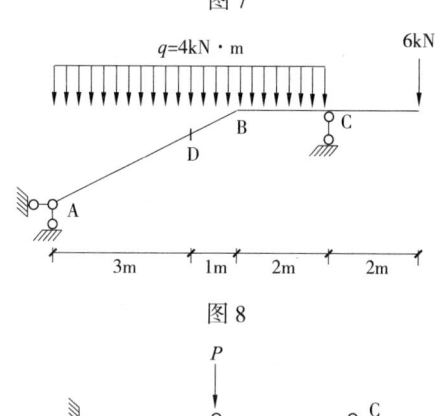

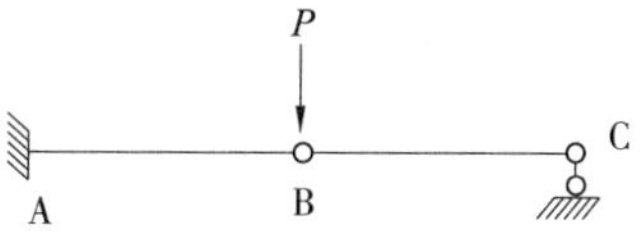

图 8

图 9

10. 图 10 所示桁架的支座反力为下列何值（　　）。

（A）$R_A = R_B = P$

（B）$R_A = R_B = \dfrac{P}{2}$

（C）$R_A = R_B = 0$

（D）$R_A = P$，$R_B = -P$

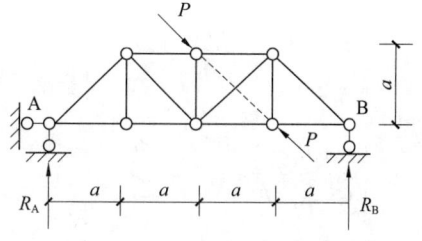

图 10

11. 求图 11 所示结构 A 支座和 B 支座的竖向反力（　　）。

（A）$R_A=P$，$R_B=0$

（B）$R_A=2P$，$R_B=P$

（C）$R_A=0$，$R_B=P$

（D）$R_A=\dfrac{P}{2}$，$R_B=\dfrac{P}{2}$

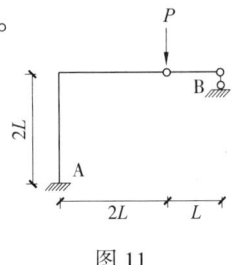

图 11

12. 图 12 所示同一结构在两种荷载作用下，内力发生改变的杆件数量为（　　）。

（A）0

（B）1

（C）2

（D）3

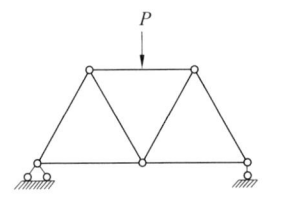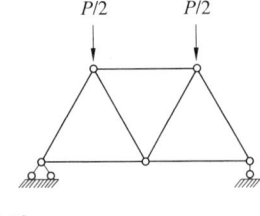

图 12

13. 绘制图 13 所示结构的弯矩图（　　）。

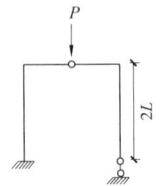 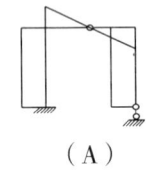 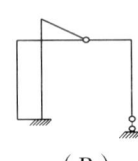 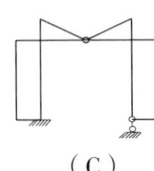 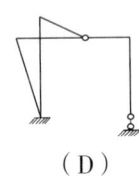

　　（A）　　　　（B）　　　　（C）　　　　（D）

图 13

14. 哪个选项为图 14 所示结构正确的轴力图（　　）。

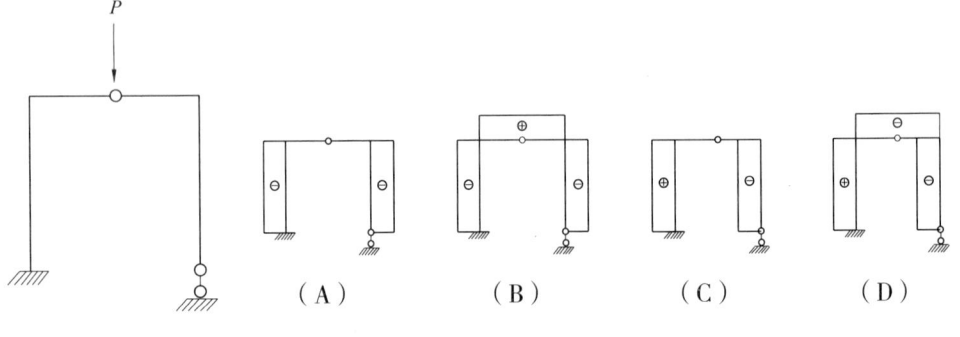

（A）　　　　（B）　　　　（C）　　　　（D）

图 14

15. 图 15 所示结构 C 点的支座反力（　　）。

（A）$R_C=0$

（B）$R_C=\dfrac{1}{2}P$

（C）$R_C=P$

（D）$R_C=2P$

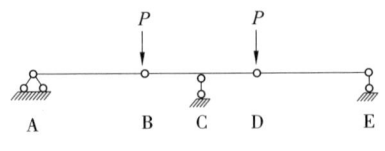

图 15

16. 图 16 所示刚架右支座发生水平向右位移 Δ，则结构弯矩图正确的是（　　）。

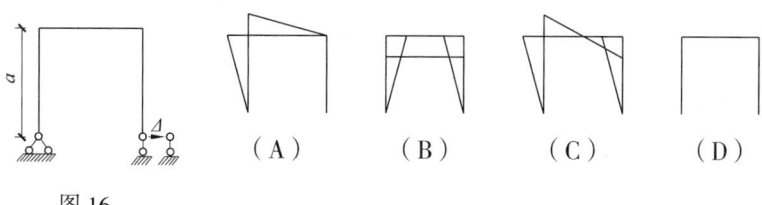

图 16

17. 图 17 所示悬臂梁在外力 P 作用下，B 端竖向位移为 Δ_B，若梁截面高度 h 增加一倍，则 B 端竖向位移 Δ'_B 为下列何值（　　）。

(A) $\Delta'_B = 2\Delta_B$

(B) $\Delta'_B = \frac{1}{2}\Delta_B$

(C) $\Delta'_B = \frac{1}{4}\Delta_B$

(D) $\Delta'_B = \frac{1}{8}\Delta_B$

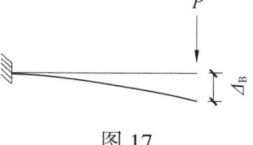

图 17

18. 下图所示结构在不同荷载作用下，顶点水平位移最大的是（　　）。

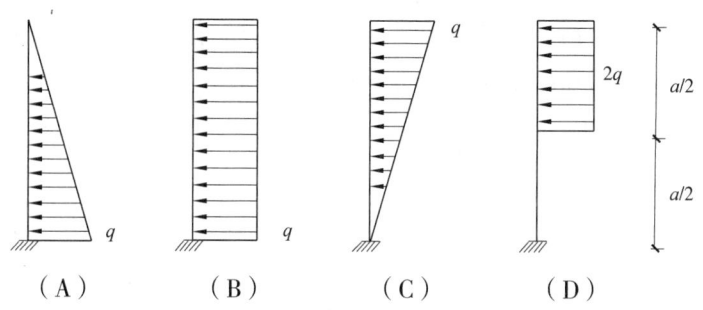

19. 关于图 18 所示结构 AB 杆受力，正确的是（　　）。

(A) 轴力 $N_{AB}=P$，剪力 $V_{AB}=\frac{1}{2}P$

(B) 轴力 $N_{AB}=P$，剪力 $V_{AB}=P$

(C) 轴力 $N_{AB}=0$，剪力 $V_{AB}=\frac{1}{2}P$

(D) 轴力 $N_{AB}=0$，剪力 $V_{AB}=P$

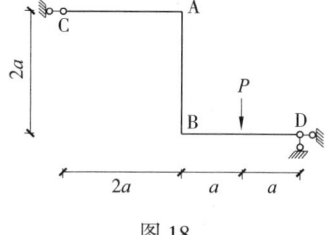

图 18

20. 温度升高时，图 19 所示结构 1 杆的（　　）。

(A) 轴力增加

(B) 轴力减小

(C) 轴力不变

(D) 只有轴向变形，无内力变化

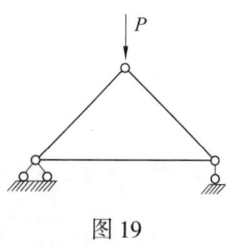

图 19

21. 抗震设防地区，烧结普通砖和砌筑砂浆的强度等级分别不应低于下列哪组数据（　　）。

(A) MU7.5，M5.0　　(B) MU7.5，M7.5　　(C) MU10，M5.0　　(D) MU15，M10

22. 用于框架填充内墙的轻集料混凝土空心砌块和砌筑砂浆的强度等级不宜低于（　　）。

（A）砌块 MU5，砂浆 M5　　　　　　（B）砌块 MU5，砂浆 M3.5

（C）砌块 MU3.5，砂浆 M5　　　　　（D）砌块 MU3.5，砂浆 M3.5

23. 地震区钢框架结构中，不宜采用下列哪种钢材（　　）。

（A）Q235A　　（B）Q235B　　（C）Q345B　　（D）Q345C

24. 下列关于钢筋强度说法正确的是（　　）。

（A）直径大的钢筋强度高

（B）预应力钢筋抗拉和抗压强度设计值相等

（C）钢筋强度设计值低于钢筋屈服强度标准值

（D）HRB400 钢筋的极限强度标准值为 $400N/mm^2$

25. 下列因素中，不影响钢筋与混凝土黏结力的是（　　）。

（A）混凝土的强度　　　　　　　　　（B）钢筋的强度

（C）钢筋的表面形状　　　　　　　　（D）钢筋的保护层厚度

26. 下列常用建筑材料中，自重最轻的是（　　）。

（A）钢材　　　（B）钢筋混凝土　　（C）花岗岩　　（D）普通砖

27. 下列木材强度设计值的比较中，正确的是（　　）。

（A）顺纹抗压＞顺纹抗拉＞顺纹抗剪　（B）顺纹抗剪＞顺纹抗拉＞顺纹抗压

（C）顺纹抗压＞顺纹抗剪＞顺纹抗拉　（D）顺纹抗剪＞顺纹抗压＞顺纹抗拉

28. 抗震设防的钢筋混凝土剪力墙结构，剪力墙的混凝土强度等级不宜超过（　　）。

（A）C50　　　（B）C60　　　（C）C70　　　（D）C80

29. 混凝土材料耐久性基本要求中，不包括（　　）。

（A）最大氯离子含量　　　　　　　　（B）混凝土强度等级

（C）保护层厚度　　　　　　　　　　（D）环境等级

30. 钢筋混凝土梁、板中预埋的设备检修吊钩，采用以下何种钢筋最好（　　）。

（A）HPB300　　（B）HRB335　　（C）HRB400　　（D）RRB400

31. 关于增强钢结构箱形梁整体稳定的措施，错误的是（　　）。

（A）增加梁截面宽度　　　　　　　　（B）增加梁截面高度

（C）增加梁内横向加劲肋　　　　　　（D）增加梁内纵向加劲肋

32. 抗震设防区的高层建筑，下列平面形状对抗震最不利的是（　　）。

(A)　　　(B)　　　(C)　　　(D)

33．28m 高、7 度抗震设防的办公楼，下列四种结构形式中，适宜采用的是（   ）。

（A）板柱-剪力墙结构　　　　　　　　（B）砌体结构

（C）排架结构　　　　　　　　　　　　（D）单跨框架结构

34．关于砌体的抗压强度，下列哪一种说法不正确（   ）。

（A）砌体的抗压强度比其抗拉、抗弯和抗剪强度更高

（B）采用的砂浆种类不同，抗压强度设计取值不同

（C）块体的抗压强度恒大于砌体的抗压强度

（D）抗限强度设计取值与构件截面面积无关

35．普通木结构采用方木梁时，其截面高宽比一般不宜大于（   ）。

（A）2　　　　　（B）3　　　　　（C）4　　　　　（D）5

36．木结构楼板梁，其挠度限值为下列哪一个数值（   ）。（l 为楼板梁的计算跨度）

（A）$l/200$　　　（B）$l/250$　　　（C）$l/300$　　　（D）$l/350$

37．多层砌体房屋，其主要抗震措施是（   ）。

（A）限值高度和层数

（B）限值房屋的高宽比

（C）设置构造柱和圈梁

（D）限值墙段的最小尺寸，并规定横墙最大间距

38．关于叠合板要求错误的是（   ）。

（A）叠合层厚度不小于 60mm

（B）大于 6m 时应使用预应力混凝土

（C）未设桁架时，混凝土悬挑预制板与叠合层应设抗剪构造筋

（D）不可作双向板

39．高层建筑中现浇预应力混凝土楼板厚度不宜小于 150mm，其厚度与跨度的合理比值为（   ）。

（A）1/25~1/30　　　（B）1/35~1/40　　　（C）1/45~1/50　　　（D）1/55~1/60

40．规范要求：木结构屋顶承重构件的燃烧性能和耐火极限不应低于下列哪项数值（   ）。

（A）不燃烧体 3.00h　　　　　　　　　（B）可燃烧体 0.5h

（C）难燃烧体 0.50h　　　　　　　　　（D）难燃烧体 0.25 h

41．关于混凝土楼板收缩开裂的技术措施，错误的是（   ）。

（A）钢筋直径适度粗改细加密　　　　　（B）适度增加水泥用量

（C）适度增加钢筋配筋率　　　　　　　（D）加强混凝土的养护

42．高层钢筋混凝土框架结构抗震设计时，下列规定是正确的是（   ）。

（A）应设计成双向梁柱抗侧力体系　　　（B）主体结构可采用铰接

（C）可采用单跨框架　　　　　　　　　（D）可采用部分由砌体墙承重的混合形式

43. 关于钢筋混凝土高层建筑的层间最大位移与层高之比的限值,下列的比较中错误的是（　　）。

（A）框架结构 > 框架–抗震墙结构　　　　（B）框架–抗震墙结构 > 抗震墙结构

（C）抗震墙结构 > 框架–核心筒结构　　　　（D）框架结构 > 板柱–抗震墙结构

44. 下列非露天的 50m 长的钢筋混凝土结构中,宜设置伸缩缝的是（　　）。

（A）现浇框架结构　　　　　　　　　　（B）现浇剪力墙结构

（C）装配式剪力墙结构　　　　　　　　（D）装配式框架结构

45. 关于混凝土受弯构件设定受剪截面限制条件的机理,下列说法错误的是（　　）。

（A）防止构件截面发生斜截面受弯破坏　　（B）防止构件截面发生斜压破坏

（C）限制在使用阶段的斜裂缝宽度　　　　（D）限制最大配箍率

46. 抗震设计时高层钢结构不得采用的支撑类型是（　　）。

（A）偏心支撑　　　（B）K型支撑　　　（C）交叉支撑　　　（D）人型支撑

47. 采用角钢焊接的梯形屋架,在进行内力和挠度分析时,杆件连接节点一般采用下列哪一种连接模型（　　）。

（A）铰接　　　　　　　　　　　　　　（B）刚接

（C）半刚接　　　　　　　　　　　　　（D）弹性连接

48. 要提高高层建筑的抗倾覆稳定性,下列措施正确的是（　　）。

（A）加大建筑高宽比,降低建筑物重心　　（B）加大建筑高宽比,抬高建筑物重心

（C）减小建筑高宽比,降低建筑物重心　　（D）减小建筑高宽比,抬高建筑物重心

49. 抗震设防的多层砌体房屋其结构体系和结构布置,下列说法正确的是（　　）。

（A）优先采用纵墙承重的结构体系

（B）房屋宽度方向中部内纵墙累计长度一般不宜小于房屋总长度的50%

（C）不应采用砌体墙和混凝土墙混合承重的结构体系

（D）可在房屋转角处设置转角窗

50. 某钢筋混凝土框架结构,对减小结构的水平地震作用,下列措施错误的是（　　）。

（A）采用轻质隔墙　　　　　　　　　　（B）砌体填充墙与框架主体采用柔性连接

（C）加设支撑　　　　　　　　　　　　（D）设置隔震支座

51. 抗震设防烈度为 7 度的现浇钢筋混凝土筒中筒结构的合理高宽比为（　　）。

（A）3~8　　　　（B）8~12　　　　（C）12~15　　　　（D）15~18

52. 9 度抗震适宜选用下列哪种结构（　　）。

（A）带加强层的结构　　　　　　（B）连体结构

（C）错层结构　　　　　　　　　（D）大底盘多塔结构

53. 某 48m 高,设防烈度为 8 度(0.30g)的现浇钢筋混凝土医院建筑,底部三层为门诊医技,上部为住院楼,其最合理的结构形式为（　　）。

（A）框架结构　　　　　　　　　（B）框架 – 剪力墙结构

（C）剪力墙结构　　　　　　　　（D）板柱 – 剪力墙结构

54. 下列四种屋架形式,受力最合理的是（　　）。

（A）三角形桁架　　（B）梯形桁架　　（C）折线形上弦桁架　　（D）平行弦桁架

55. 钢网架可预先起拱,起拱值可取挠度与短向跨度的比值不大于下列哪一个数值（　　）。

（A）1/200　　　　（B）1/250　　　　（C）1/300　　　　（D）1/350

56. 下列所述的高层结构中,属于混合结构体系的是（　　）。

（A）由外围型钢混凝土框架与钢筋混凝土核心筒体所组成的框架 – 核心筒结构

（B）为减少柱子尺寸或增加延性,采用型钢混凝土柱的框架结构

（C）钢筋混凝土框架＋大跨度钢屋盖结构

（D）在结构体系中局部采用型钢混凝土梁柱的结构

57. 下列多层砌体房屋的结构承重方案,地震区不应采用（　　）。

（A）纵横墙混合承重　　　　　　（B）横墙承重

（C）纵墙承重　　　　　　　　　（D）内框架承重

58. 关于砌体结构中构造柱作用的下列表述,何者不正确（　　）。

（A）墙中设置钢筋混凝土构造柱可提高墙体在使用阶段的稳定性和刚度

（B）施工及使用阶段的高厚比验算中,均可考虑构造柱的有利影响

（C）构造柱间距过大,对提高墙体刚度作用不大

（D）构造柱间距过大,对提高墙体的稳定性作用不大

59. 下列四种建筑平面,在图 20 所示方向风荷载作用下,风荷载体型系数从小到大排列应为（　　）。

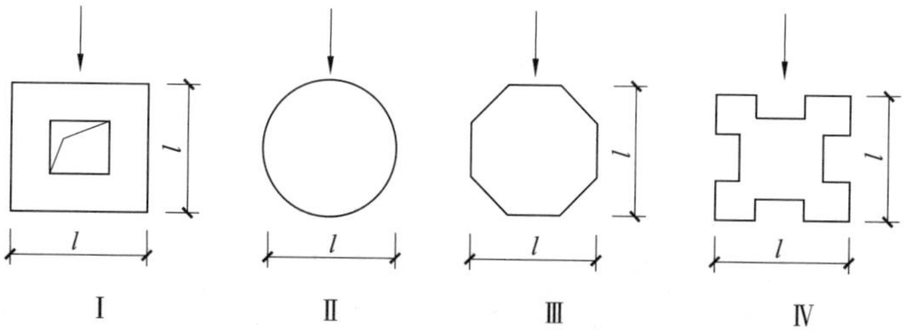

图 20

（A）Ⅰ、Ⅳ、Ⅲ、Ⅱ　　（B）Ⅳ、Ⅰ、Ⅲ、Ⅱ　　（C）Ⅳ、Ⅲ、Ⅰ、Ⅱ　　（D）Ⅲ、Ⅰ、Ⅱ、Ⅳ

60. 关于抗震设计的高层剪力墙结构房屋剪力墙布置的说法，正确的是（　　）。

（A）平面布置宜简单、规则，剪力墙宜双向、均衡布置，不应仅在单向布墙

（B）沿房屋高度视建筑需要可截断一层或几层剪力墙

（C）房屋全高度均不得采用错洞剪力墙及叠合错洞剪力墙

（D）剪力墙段长度不宜大于8m，各墙段高度与其长度之比不宜大于3

61. 抗震设防的钢筋混凝土大底盘的多塔楼高层建筑结构，下列说法正确的是（　　）。

（A）整体地下室与上部两个或两个以上塔楼组成的结构是多塔楼结构

（B）各塔楼的层数、平面和刚度宜相近，塔楼对底盘宜对称布置

（C）当裙房的面积和刚度相对塔楼较大时，高宽比按地面以上高度与塔楼宽度计算

（D）转换层结构可设置在塔楼的任何部位

62. 下列关于建筑设计的相关论述，哪项不正确（　　）。

（A）建筑及其抗侧力结构的平面布置宜规则、对称，并应具有良好的整体性

（B）建筑的立面和竖向剖面宜规则，结构的侧向刚度宜均匀变化

（C）为避免抗侧力结构的侧向刚度及承载力突变，竖向抗侧力构件的截面尺寸和材料强度可自上而下逐渐减小

（D）对不规则结构，除按规定进行水平地震作用计算和内力调整外，对薄弱部位还应采取有效的抗震构造措施

63. 下列何种属于高层结构的不规则结构（　　）。

（A）有效楼板宽度大于该层楼板宽度的50%

（B）平面凹进的尺寸，大于相应投影方向总尺寸的30%

（C）楼层侧向刚度大于相邻上一层的70%

（D）局部收进的水平尺寸大于相邻下一层的20%

64. 竖向规则的是（　　）。

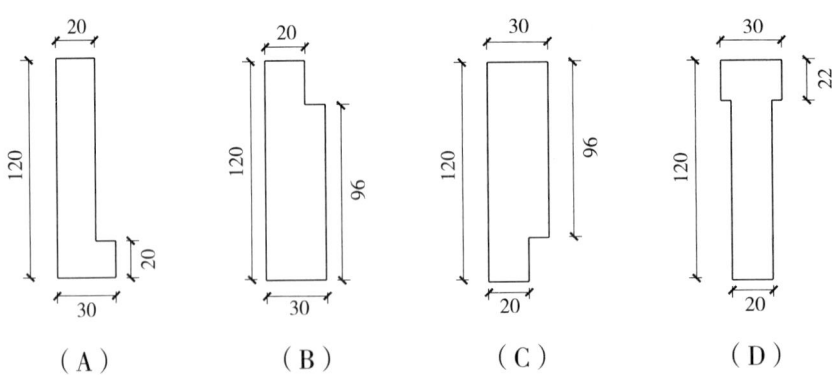

65. 关于抗震设计的大跨度屋盖及其支承结构选型和布置的说法，正确的是（　　）。

（A）宜采用整体性较好的刚性屋面系统

（B）宜优先采用两个水平方向刚度均衡的空间传力体系

（C）采用常用的结构形式，当跨度大于60m时，应进行专门研究和论证

（D）下部支承结构布置不应对屋盖结构产生地震扭转效应

66. 建筑结构按8、9度抗震设防时，下列叙述哪项不正确（　　）。

（A）大跨度及长悬臂结构除考虑水平地震作用外，还应考虑竖向地震作用

（B）大跨度及长悬臂结构只需考虑竖向地震作用，可不考虑水平地震作用

（C）当上部结构确定后，场地越差（场地类别越高），其地震作用越大

（D）当场地类别确定后，上部结构侧向刚度越大，其地震水平位移越小

67. 抗震设计时可不计算竖向地震作用的建筑结构是（　　）。

（A）8、9度时的大跨度结构和长悬臂结构　　（B）9度时的高层建筑结构

（C）8、9度时采用隔震设计的建筑结构　　（D）多层砌体结构

68. 抗震设计时，请指出下列四类结构在罕遇地震作用下的弹塑性层间位移角中哪一项是不正确的（　　）。

（A）单层钢筋混凝土柱排架 1/40　　（B）钢筋混凝土框架 1/50

（C）钢筋混凝土框架－抗震墙 1/100　　（D）多高层钢结构 1/50

69. 对抗震设防地区建筑场地液化的叙述，下列何者是错误的（　　）。

（A）建筑场地存在液化土层对房屋抗震不利

（B）6度抗震设防地区的建筑场地一般情况下可不进行场地的液化判别

（C）饱和砂土与饱和粉土的地基在地震中可能出现液化

（D）黏性土地基在地震中可能出现液化

70. 关于地震震级与地震烈度的说法，正确的是（　　）。

（A）一次地震可能有不同地震震级

（B）一次地震可能有不同地震烈度

（C）一次地震的地震震级和地震烈度相同

（D）我国地震烈度划分与其他国家均相同

71. 下列有关抗震设防烈度和对应加速度说法错误的是（　　）。

（A）6度抗震加速度 0.05　　（B）7度抗震加速度 0.1（0.15）

（C）8度抗震加速度 0.2（0.3）　　（D）9度抗震加速度 0.5

72. 在我国抗震设计工作中，"小震"表示的地震烈度含义为（　　）。

（A）比基本烈度低2度　　（B）比基本烈度低1.5度

（C）比基本烈度低1度　　（D）与基本烈度一致

73. 抗震设计的砌体承重房屋的层高最大值不应超过下列何项（　　）。

（A）5.0m　　（B）4.5m　　（C）4.0m　　（D）3.6m

74. 抗震设防烈度为7度，高度为98m的建筑不能采用的结构形式为（　　）。

（A）错层　　（B）连体结构　　（C）多塔楼　　（D）悬挑

75. 有关超高层建筑短肢剪力墙的论述，不正确的是（　　）。

（A）短肢剪力墙，指的是各肢横截面高度与厚度之比的最大值大于 4 但不大于 8 的剪力墙

（B）抗震设计时，短肢墙承受的第一振型底部地震倾覆力矩不宜大于结构总底部地震倾覆力矩的 50%

（C）高层建筑结构宜全部采用短肢剪力墙的剪力墙结构

（D）短肢剪力墙较多时，应布置筒体（或一般剪力墙），形成短肢剪力墙与筒体（或一般剪力墙）共同抵抗水平力的剪力墙结构

76. 关于抗震设计的 B 级高度钢筋混凝土高层建筑的说法，正确的是（　　）。

（A）适用的结构体系与 A 级高度钢筋混凝土高层建筑相同

（B）适用于抗震设防烈度 6~9 度的乙、丙类高层建筑

（C）平面和竖向均不规则的高层建筑的最大适用高度可不降低

（D）应按有关规定进行超限高层建筑的抗震设防专项审查复核

77. 抗震设防的钢筋混凝土筒中筒结构，下列说法正确的是（　　）。

（A）结构平面外形宜选用圆形、正多边形、椭圆形或矩形等，不应采用切角三角形平面

（B）结构平面采用矩形时，长宽比不宜大于 2

（C）结构内筒的宽度不宜小于全高的 1/12，并宜贯通建筑物全高

（D）结构的高度不宜低于 60m，高宽比不宜大于 3

78. 多层砌体房屋的抗震设计，下列哪一项内容是不恰当的（　　）。

（A）应优先采用横墙承重或纵横墙共同承重的方案

（B）同一轴线上的窗间墙宽度宜均匀

（C）规定横墙最大间距是为了保证房屋横向有足够的刚度

（D）纵横墙的布置沿平面内宜对齐

79. 抗震设计中梁截面高宽比、净跨与截面高度之比是否都有规定（　　）。

（A）有　　　　　　　　　　　（B）无

（C）对梁截面高宽比无规定　　　（D）对净跨与截面高度之比无规定

80. 7 度设防体系（高层）不宜采用（　　）。

（A）同时存在高位转换和悬挑结构

（B）同时存在加强层结构和连体结构

（C）同时存在加强层结构和错层结构

（D）同时存在错层结构和竖向位移体系和悬挑结构

81. 根据《建筑抗震设计规范》，抗震设计时，抗震墙结构和框架-抗震墙结构其底部加强部位的高度是指下列哪一种情况（　　）。

（A）框支层加框支层以上二层的高度

（B）框支层加框支层以上二层的高度及落地抗震墙总高度的 1/10 二者的较大值

（C）框支层加框支层以上二层的高度及落地抗震墙总高度的 1/10 二者的较小值

（D）落地抗震墙总高度的 1/10

82. 抗震设防的钢结构房屋，下列说法正确的是（   ）。

（A）钢框架 – 中心支撑结构比钢框架 – 偏心支撑结构适用高度大

（B）防震缝的宽度可较相应钢筋混凝土房屋较小

（C）楼盖宜采用压型钢板现浇钢筋混凝土组合楼板或钢筋混凝土楼板

（D）钢结构房屋的抗震等级应依据设防分类、烈度、房屋高度和结构类型确定

83. 某地区要开运动会，需搭建一临时体育场馆，屋顶选用何种结构为好（   ）。

（A）大跨度叠合梁结构

（B）大跨度型钢混凝土组合梁结构

（C）大跨度钢筋混凝土预应力结构

（D）索膜结构

84. 在非动力荷载作用下，钢结构塑性设计方法不适用于下列哪一种钢梁（   ）。

（A）受均布荷载作用的固端梁

（B）受均布荷载作用的简支梁

（C）受均布荷载作用的连续梁

（D）受集中荷载作用的连续梁

85. 型钢混凝土梁中，型钢的混凝土保护层厚度不应小于（   ）。

（A）100mm　　　（B）120mm　　　（C）150mm　　　（D）200mm

86. 关于柱下钢筋混凝土扩展基础受力状态的描述，下列正确的是（   ）。

（A）A 处钢筋受压，B 处混凝土受压

（B）A 处钢筋受压，B 处混凝土受拉

（C）A 处钢筋受拉，B 处混凝土受压

（D）A 处钢筋受拉，B 处混凝土受拉

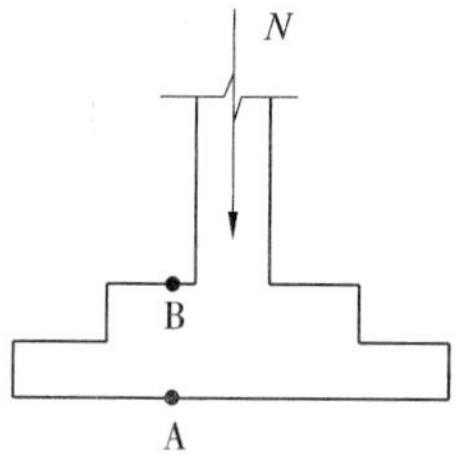

图 21

87. 在地基土的工程特性指标中，地基土的载荷试验承载力应取（   ）。

（A）标准值　　　（B）平均值　　　（C）设计值　　　（D）特征值

88. 某悬臂式挡土墙，如图 22 所示，当抗滑移验算不足时，在挡土墙埋深不变的情况下，下列措施最有效的是（   ）。

（A）仅增加 a

（B）仅增加 b

（C）仅增加 c

（D）仅增加 d

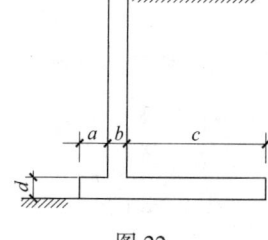

图 22

89. 图 23 所示建筑基础平面，其基础形式为（　　）。

（A）柱下独立基础

（B）柱下条形基础

（C）筏形基础

（D）桩基础

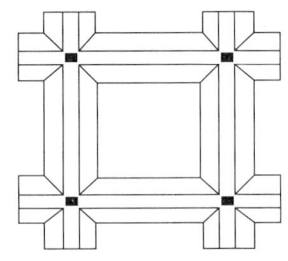

图 23

90. 某 30 层高度 120m 办公室，地下三层，埋置深度 10m。经勘察表明，该建筑物场地范围内地表以下 30m 均为软弱的淤泥质土，其下为坚硬的基岩，则该建筑最适宜的基础形式为（　　）。

（A）独立基础　　　（B）筏形基础　　　（C）箱型基础　　　（D）桩基础

91. 在一般土层中，确定高层建筑筏形和箱形基础的埋置深度时可不考虑（　　）。

（A）地基承载力　　（B）地基变形　　　（C）地基稳定性　　（D）建筑场地类别

92. 某柱下独立基础，由上部结构传至基础顶面的轴心竖向力标准值 F_k=500kN，基础自重及其上的土重 G_k=100kN，基础底面为正方形如图 24 所示，b=2m，则该基础下允许的修正后的最小地基承载力特征值 f_a 为（　　）。

（A）125kPa

（B）150kPa

（C）175kPa

（D）200kPa

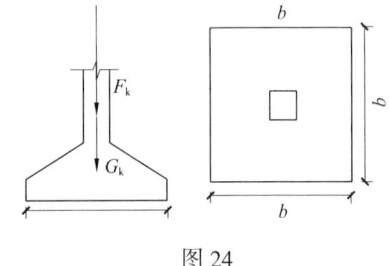

图 24

93. 下列图中关于筏形基础底板配筋示意正确的是（　　）。

（A）　　　　　　　　　　　　　　　（B）

（C）　　　　　　　　　　　　　　　（D）

94. 图 25 所示多跨静定梁，B 支座左侧截面剪力为（　　）。

（A）-15

（B）-25

（C）-40

（D）-50

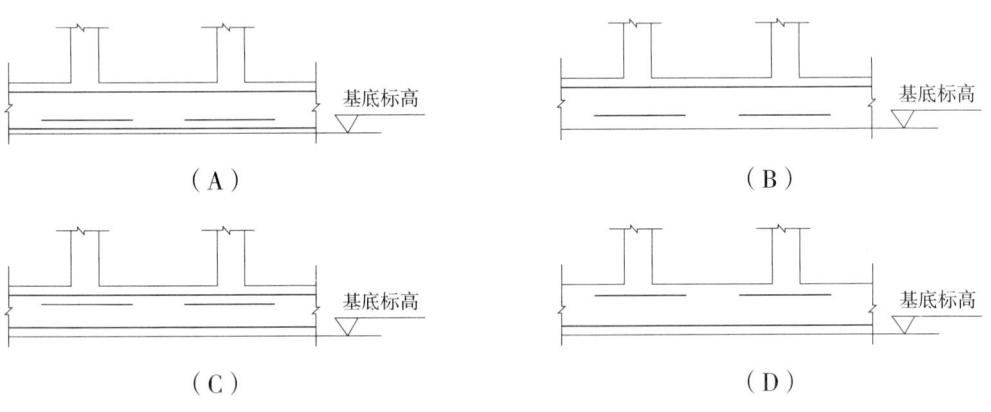

图 25

95. 如图 26 所示外伸梁，C 处截面剪力为（　　）。

（A）−125kN

（B）−25kN

（C）−60kN

（D）−35kN

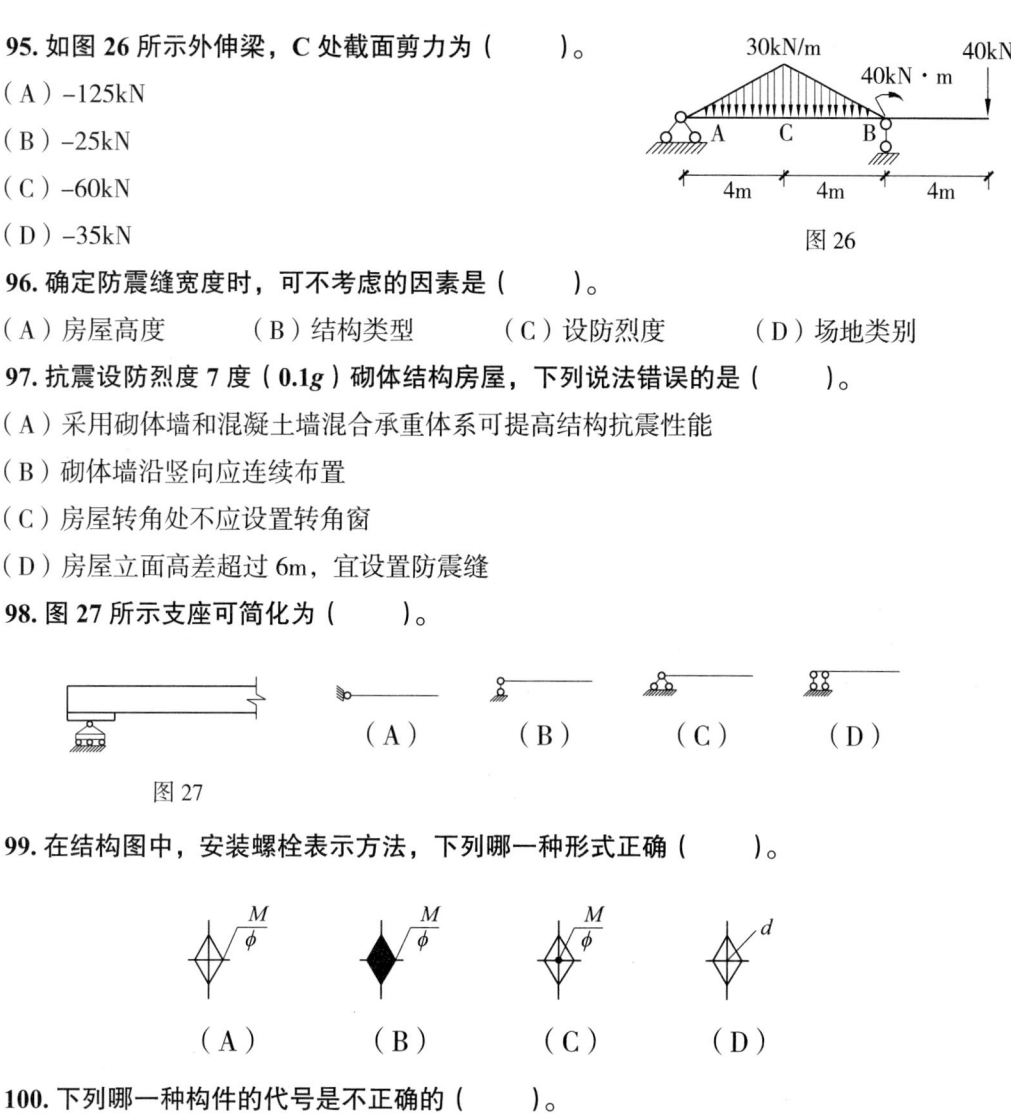

图 26

96. 确定防震缝宽度时，可不考虑的因素是（　　）。

（A）房屋高度　　　（B）结构类型　　　（C）设防烈度　　　（D）场地类别

97. 抗震设防烈度 7 度（$0.1g$）砌体结构房屋，下列说法错误的是（　　）。

（A）采用砌体墙和混凝土墙混合承重体系可提高结构抗震性能

（B）砌体墙沿竖向应连续布置

（C）房屋转角处不应设置转角窗

（D）房屋立面高差超过 6m，宜设置防震缝

98. 图 27 所示支座可简化为（　　）。

图 27

99. 在结构图中，安装螺栓表示方法，下列哪一种形式正确（　　）。

（A）　　　　（B）　　　　（C）　　　　（D）

100. 下列哪一种构件的代号是不正确的（　　）。

（A）基础梁 JL　　　（B）楼梯梁 TL　　　（C）框架梁 KL　　　（D）框支梁 KCL

模拟题 V 参考答案及解析

1.【答案】C

【解析】如下图 1 所示 1，2 杆为 L 形节点零杆，将其去掉后 3，4 杆也为 L 形零杆节点，总计四根零杆，其余各杆根据节点平衡可知，其内力均不为零。

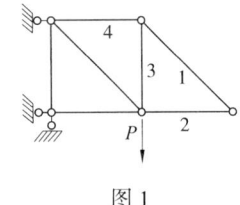

图 1

2.【答案】D

【解析】T 型节点。

如下图 2 所示，1 杆为 T 型节点的零杆；取隔离体如下图 2 所示，假设 2 杆的内力为 F_1，F_1 与竖杆的夹角为 θ，由 $\sum F_y = P + F_1\cos\theta - P = 0$ 可知，$F_1 = 0$，2 杆为零杆；将 1 杆和 2 杆去掉后，3 杆为 T 型节点的零杆，共计三个零杆，其他杆件根据节点平衡可知，内力均不为零。

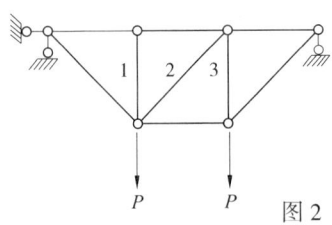 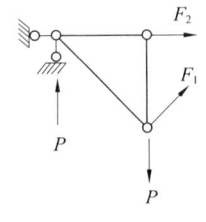

图 2

3.【答案】D

【解析】如下图 3 所示，依次断开两根杆，其中 1 杆为简支链杆，断开后暴露出一个约束，2 杆为固端杆，断开后暴露出三个约束，共四次超静定。

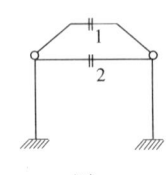

图 3

4.【答案】C

【解析】结构对称性的应用。利用结构对称性，左侧荷载可以分解成下图 4 所示的两个荷载，可知两横杆受压；右侧荷载可以分解成下图 5 所示的两个荷载，两横杆受拉，因此俩横杆所受内力不同，竖杆内力均相同。

图 4

5.【答案】A

【解析】水平合力为零。

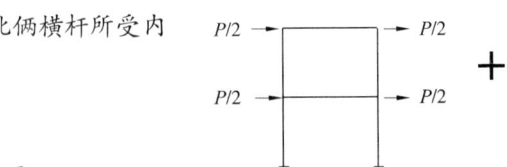

图 5

左侧支座无水平约束,因此右侧铰支座无水平反力,故该结构竖直段无弯矩,选择A。

6.【答案】C

【解析】刚节点平衡

在图示荷载作用下左边悬臂梁上侧受拉,右侧悬臂梁下侧受拉,排除A;根据刚节点平衡可知,竖杆顶端弯矩不为零排除B;两个力组成的力偶在固定端处会产生不为零的弯矩,D错误。

7.【答案】A

【解析】先求A支座水平支座反力,$\Sigma F_x=R_A-qh=0$,可得出$R_A=qh$,则$M_{BA}=qh\times 2h=2qh^2$。

8.【答案】B

【解析】先求支座反力

先求支座反力,对A支座取矩,$\Sigma M_A=6\times 8-R_C\times 6+4\times 6\times 3=0$ 可得出 $R_C=20kN$,由 $\Sigma F_y=R_A-4\times 6+R_C-6=0$ 可知 $R_A=10kN$,则 D 点的弯矩 $M_D=10\times 3-4\times 3\times 1.5=12kN\cdot m$。

9.【答案】B

【解析】无约束则无内力;无温度变化的情况下,无内力则无变形。

BC段没有对转动的约束,因此BC段没有内力,题干中没提到温度变化,因此BC段无变形,排除A、B、C。

10.【答案】C

【解析】加减一对平衡力系不改变作用效应。

根据理论力学知识可以知道,加减一对平衡力系不改变作用效应,因此反力为零。

11.【答案】A

【解析】施加在主体结构上的力对附属结构不产生影响,集中力P完全由主体结构承担,因此$R_A=P$,$R_B=0$。

12.【答案】B

【解析】仅上弦杆内力发生改变,在右侧荷载作用下仅产生轴力,在左侧荷载作用下即产生轴力也产生剪力和弯矩。

13.【答案】B

【解析】右半跨为附属部分,作用在主体结构上的荷载对附属结构不产生影响,也可以这样理解:右下角支座没有对旋转的约束,因此右半跨不产生弯矩;左下角支座为固定端,弯矩不为零,因此选B。

14.【答案】A

【解析】左右两个支座均有竖直方向约束,根据对称性,两支座各承担一半的荷载,即两支座竖向反力均为$P/2$,因此两竖杆受压,轴力相同,均为负。

15.【答案】C

【解析】AB段和DE段没有限制竖向位移的约束,因此全部荷载由BD段承担因此$R_C=2P$。

16.【答案】D

【解析】静定结构支座移动不会产生内力变化。

17.【答案】D

【解析】悬臂梁杆端位移为 $\Delta_B = \dfrac{Pl^3}{3EI}$，题干中提到梁截面高度，说明默认截面为矩形，矩形截面惯性矩 $I = \dfrac{bh^3}{12}$，当截面高度提高一倍时，惯性矩 $I' = \dfrac{b(2h)^3}{12} = \dfrac{8bh^3}{12} = 8I$，带入位移公式有 $\Delta'_B = \dfrac{Pl^3}{3E \times 8I} = \dfrac{1}{8}\Delta_B$。

18.【答案】D

【解析】通常情况下，悬臂梁的弯矩越大，自由端位移越大，经计算 D 选项的弯矩最大，因此他的位移最大。

19.【答案】C

【解析】C 支座没有对上下移动的约束，因此杆 AB 没有轴力；取整体为隔离体，对 D 支座取矩有 $\sum M_D = R_C \times 2a + P \times a = 0$，由此可知 $R_C = \dfrac{P}{2} \leftarrow$，则 AB 杆的剪力 $V_{AB} = \dfrac{1}{2}P$。

20.【答案】D

【解析】该结构为静定结构，静定结构温度变化时不产生内力变化，仅因热胀冷缩导致变形。

21.【答案】C

【解析】参见《砌体结构设计规范》GB 50003-2011 第 10.1.12 条：结构材料性能指标，应符合下列规定：

1. 砌体材料应符合下列规定：

1）普通砖和多孔砖的强度等级不应低于 MU10，其砌筑砂浆强度等级不应低于 M5；蒸压灰砂普通砖、蒸压粉煤灰普通砖及混凝土砖的强度等级不应低于 MU15，其砌筑砂浆强度等级不应低于 Ms5（Mb5）；

2）混凝土砌块的强度等级不应低于 MU7.5，其砌筑砂浆强度等级不应低于 Mb7.5；

3）约束砖砌体墙，其砌筑砂浆强度等级不应低于 M10 或 Mb10；

4）配筋砌块砌体抗震墙，其混凝土空心砌块的强度等级不应低于 MU10，其砌筑砂浆强度等级不应低于 Mb10。

22.【答案】C

【解析】参见《砌体结构设计规范》GB 50003-2011 第 3.1.2 和 6.3.3 条：

3.1.2 自承重墙的空心砖、轻集料混凝土砌块的强度等级，应按下列规定采用：

1. 空心砖的强度等级：MU10、MU7.5、MU5 和 MU3.5；

2. 轻集料混凝土砌块的强度等级：MU10、MU7.5、MU5 和 MU3.5。

6.3.3 填充墙的构造设计，应符合下列规定：

1. 填充墙宜选用轻质块体材料，其强度等级应符合本规范第 3.1.2 条的规定；

2. 填充墙砌筑砂浆的强度等级不宜低于 M5（Mb5、Ms5）；

3. 填充墙墙体墙厚不应小于 90mm；

4. 用于填充墙的夹心复合砌块，其两肢块体之间应有拉结。

23.【答案】A

【解析】A级只保证屈服强度、抗拉强度、断后伸长率,对冲击韧性不作要求,而对B、C、D三级,屈服强度、抗拉强度、断后伸长率、截面收缩率、1800冷弯性能指标及常温或负温(B级+20℃,C级0℃,D级-20℃)冲击韧性均须保证。

地震区钢框架结构,应该保证钢材的冲击韧性。

24.【答案】C

【解析】参见《混凝土结构设计规范》GB 50010-2010(2015年版)表 4.2.2-1、表 4.2.3-1 和表 4.2.3-2:

普通钢筋强度标准值(N/mm²)   表 4.2.2-1

牌号	符号	公称直径 d (mm)	屈服强度标准值 f_{yk}	极限强度标准值 f_{stk}
HPB300	A	6~22	300	420
HRB335 HRBF335	B B^F	6~50	335	455
HRB400 HRBF400 RRB400	C C^F C^R	6~50	400	540
HRB500 HRBF500	D D^F	6~50	500	630

普通钢筋强度设计值(N/mm²)   表 4.2.3-1

牌号	抗拉强度设计值 f_y	抗压强度设计值 f_y'
HPB300	270	270
HRB335、HRBF335	300	300
HRB400、HRBF400、RRB400	360	360
HRB500、HRBF500	435	410

预应力筋强度设计值(N/mm²)   表 4.2.3-2

种类	极限强度标准值 f_{ptk}	抗拉强度设计值 f_{py}	抗压强度设计值 f_{py}'
中强度预应力钢丝	800	510	410
	970	650	
	1270	810	
消除应力钢丝	1470	1040	410
	1570	1110	
	1860	1320	
钢绞线	1570	1110	390
	1720	1220	
	1860	1320	
	1960	1390	
预应力螺纹钢筋	980	650	410
	1080	770	
	1230	900	

由表 4.2.2-1、表 4.2.3-1 和表 4.2.3-2 可知，钢筋的强度与钢筋牌号有关，与直径无关；预应力钢筋抗拉和抗压强度设计值不相等；HRB400 钢筋的极限强度标准值为 540N/mm²；钢筋强度设计值低于钢筋屈服强度标准值。

25.【答案】B

【解析】钢筋与混凝土黏结力与混凝土强度、钢筋强度及钢筋表面形状有关，与钢筋强度无关。

26.【答案】D

【解析】参见《建筑结构荷载规范》GB 50009-2012 附录 A，钢材的自重为：78.5kN/m³；钢筋混凝土的自重为：24~25kN/m³；花岗岩的自重为：28kN/m³；普通砖的自重为：19kN/m³。

27.【答案】A

【解析】参见《木结构设计规范》GB 50005-2017 表 4.3.1-3：

方木、原木等木材的强度设计值和弹性模量（N/mm²）   表 4.3.1-3

强度等级	组别	抗弯 f_m	顺纹抗压及承压 f_c	顺纹抗拉 f_t	顺纹抗剪 f_v	横纹承压 $f_{c,90}$			弹性模量 E
						全表面	局部表面和齿面	拉力螺栓垫板下	
TC17	A	17	16	10	1.7	2.3	3.5	4.6	10000
	B		15	9.5	1.6				
TC15	A	15	13	9.0	1.6	2.1	3.1	4.2	10000
	B		12	9.0	1.5				
TC13	A	13	12	8.5	1.5	1.9	2.9	3.8	10000
	B		10	8.0	1.4				9000
TC11	A	11	10	7.5	1.4	1.8	2.7	3.6	9000
	B		10	7.0	1.2				
TB20	—	20	18	12	2.8	4.2	6.3	8.4	12000
TB17	—	17	16	11	2.4	3.8	5.7	7.6	11000
TB15	—	15	14	10	2.0	3.1	4.7	6.2	10000
TB13	—	13	12	9.0	1.4	2.4	3.6	4.8	8000
TB11	—	11	10	8.0	1.3	2.1	3.2	4.1	7000

注：计算木构件端部的拉力螺栓垫板时，木材横纹承压强度设计值应按"局部表面和齿面"一栏的数值采用。

28.【答案】B

【解析】参见《高层建筑混凝土结构技术规程》第 3.2.2 条：各类结构用混凝土的强度等级均不应低于 C20，并应符合下列规定：

1. 抗震设计时，一级抗震等级框架梁、柱及其节点的混凝土强度等级不应低于 C30；

2. 筒体结构的混凝土强度等级不宜低于 C30；

3. 作为上部结构嵌固部位的地下室楼盖的混凝土强度等级不宜低于 C30；

4. 转换层楼板、转换梁、转换柱、箱形转换结构以及转换厚板的混凝土强度等级均不应低于 C30；

5. 预应力混凝土结构的混凝土强度等级不宜低于C40、不应低于C30；

6. 型钢混凝土梁、柱的混凝土强度等级不宜低于C30；

7. 现浇非预应力混凝土楼盖结构的混凝土强度等级不宜高于C40；

8. 抗震设计时，框架柱的混凝土强度等级，9度时不宜高于C60，8度时不宜高于C70；剪力墙的混凝土强度等级不宜高于C60。

29.【答案】C

【解析】参见《混凝土结构设计规范》GB 50010-2010（2015年版）第3.5.3条：影响耐久性的主要因素是：混凝土的水胶比、强度等级、氯离子含量和碱含量。近年来水泥中多加入不同的掺合料，有效胶凝材料含量不确定性较大，故配合比设计的水灰比难以反映有效成分的影响。本次修订改用胶凝材料总量作水胶比及各种含量的控制，原规范中的"水灰比"改成"水胶比"，并删去了对于"最小水泥用量"的限制。混凝土的强度反映了其密实度而影响耐久性，故也提出了相应的要求。

试验研究及工程实践均表明，在冻融循环环境中采用引气剂的混凝土抗冻性能可显著改善。故对采用引气剂抗冻的混凝土，可以适当降低强度等级的要求，采用括号中的数值

30.【答案】A

【解析】参见《混凝土结构设计规范》GB 50010-2010（2015年版）第9.7.6条：吊环应采用HPB300级钢筋制作，锚入混凝土的深度不应小于30d并应焊接或绑扎在钢筋骨架上，d为吊环钢筋的直径。在构件的自重标准值作用下，每个吊环按2个截面计算的钢筋应力不应大于$65N/mm^2$；当在一个构件上设有4个吊环时，应按3个吊环进行计算。

31.【答案】A

【解析】梁的整体稳定性与梁的侧向刚度、受压翼缘的自由长度等因素有关。加大侧向刚度或减小受压翼缘自由长度都可以提高梁的整体稳定性。具体措施为加大受压翼缘宽度或在受压翼缘平面内设置支撑宜减小自由长度。增加梁截面高度可提高梁的刚度；增加梁内横向加劲肋或纵向加劲肋可提高梁的局部稳定性。

32.【答案】D

【解析】参见《高层建筑混凝土结构技术规程》JGJ 3-2010第3.4.3条：抗震设计的混凝土高层建筑，其平面布置宜符合下列规定：

1. 平面宜简单、规则、对称，减少偏心；

2. 平面长度不宜过长（图6），L/B宜符合表3.4.3的要求；

3. 平面突出部分的长度l不宜过大、宽度b不宜过小（图6），l/B_{max}、l/b符合表3.4.3的要求；

4. 建筑平面不宜采用角部重叠或细腰形平面布置。

条文说明第3.4.3条：平面过于狭长的建筑物在地震时由于两端地震波输入有位相差而容易产生不规则振动，产生较大的震害，表3.4.3给出了L/B的最大限值。在实际工程中，L/B在6、7度抗震设计时最好不超过4；在8、9度抗震设计时最好不超过3。

平面有较长的外伸时，外伸段容易产生局部振动而引发凹角处应力集中和破坏，外伸部分l/b的限值在表3.4.3中已列出，但在实际工程设计中最好控制l/b不大于1。

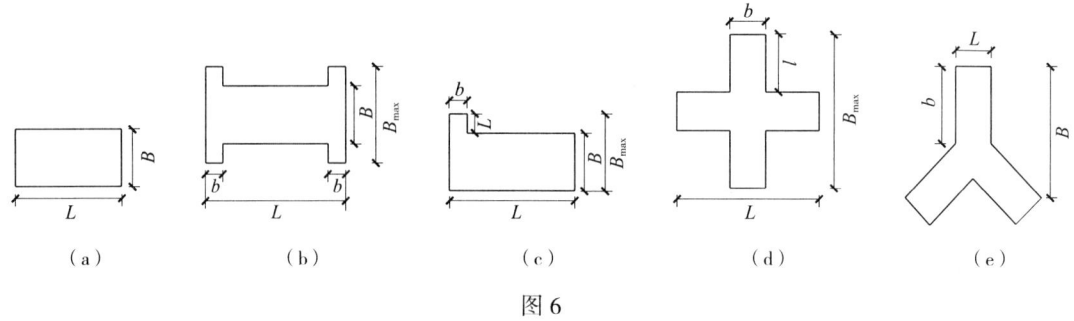

(a) (b) (c) (d) (e)

图 6

平面尺寸及突出部位尺寸的比值限值　　表 3.4.3

设防烈度	L/B	l/B_{max}	l/b
6、7 度	≤ 6.0	≤ 0.35	≤ 2.0
8、9 度	≤ 5.0	≤ 0.30	≤ 1.5

角部重叠和细腰形的平面图形（图 7），在中央部位形成狭窄部分，在地震中容易产生震害，尤其在凹角部位，因为应力集中容易使楼板开裂、破坏，不宜采用。如采用，这些部位应采取加大楼板厚度、增加板内配筋、设置集中配筋的边梁、配置 45° 斜向钢筋等方法予以加强。

需要说明的是，表 3.4.3 中，三项尺寸的比例关系是独立的规定，一般不具有关联性。

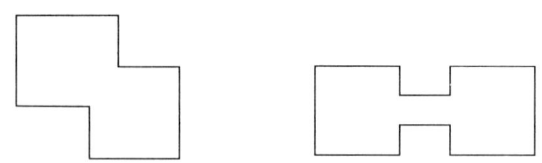

图 7　角部重叠和细腰形平面示意

33.【答案】A

【解析】参见《建筑抗震设计规范》GB 50011-2010 表 6.1.1、7.1.2 和第 6.1.5 条：

现浇钢筋混凝土房屋适用的最大高度（m）　　表 6.1.1

结构类型		烈度				
		6	7	8（0.2g）	8（0.3g）	9
框架		60	50	40	35	24
框架-抗震墙		130	120	100	80	50
抗震墙		140	120	100	80	60
部分框支抗震墙		120	100	80	50	不应采用
筒体	框架-核心筒	150	130	100	90	70
	筒中筒	180	150	120	100	80
板柱-抗震墙		80	70	55	40	不应采用

房屋的层数和总高度限值（m）　　　　　　　　　　　　　　　　　　表 7.1.2

房屋类别		最小抗震墙厚度(mm)	烈度和设计基本地震加速度									
			6		7				8				9
			0.05g		0.10g		0.15g		0.20g		0.30g		0.40g
			高度	层数	高度	层数	高度	层数	高度	层数	高度	层数	高度	层数
多层砌体房屋	普通砖	240	21	7	21	7	21	7	18	6	15	5	12	4
	多孔砖	240	21	7	21	7	18	6	18	6	15	5	9	3
	多孔砖	190	21	7	18	6	15	5	15	5	12	4	—	—
	小砌块	190	21	7	21	7	18	6	18	6	15	5	9	3
底部框架－抗震墙砌体房屋	普通砖、多孔砖	240	22	7	22	7	19	6	16	5	—	—	—	—
	多孔砖	190	22	7	19	6	16	5	13	4	—	—	—	—
	小砌块	190	22	7	22	7	19	6	16	5	—	—	—	—

6.1.5 框架结构和框架－抗震墙结构中，框架和抗震墙均应双向设置，柱中线与抗震墙中线、梁中线与柱中线之间偏心距大于柱宽的 1/4 时，应计入偏心的影响。甲、乙类建筑以及高度大于 24m 的丙类建筑，不应采用单跨框架结构；高度不大于 24m 的丙类建筑不宜采用单跨框架结构。

由表 6.1.1 可知，板柱－剪力墙结构，7 度抗震设防时的最大高度为 70m，适宜 28m 的办公室采用；

由表 7.1.2 可知，砌体结构，7 度抗震设防时的最大高度为 21m，不可采用；

排架结构常用于高大空旷的单层建筑物，办公室不适用。

34.【答案】D

【解析】参见《砌体结构设计规范》GB 50003-2011 第 3.2.3 条：下列情况的各类砌体，其砌体强度设计值应乘以调整系数 γ_a：

1. 对无筋砌体构件，其截面面积小于 $0.3m^2$ 时，γ_a 为其截面面积加 0.7；对配筋砌体构件，当其中砌体截面面积小于 $0.2m^2$ 时，γ_a 为其截面面积加 0.8；构件截面面积"m^2"计；

2. 当砌体用强度等级小于 M5.0 的水泥砂浆砌筑时，对第 3.2.1 条各表中的数值，γ_a 为 0.9；对第 3.2.2 条表 3.2.2 中数值，γ_a 为 0.8；

3. 当验算施工中房屋的构件时，γ_a 为 1.1。

35.【答案】C

【解析】参见《木结构设计规范》GB 50005-2017 第 7.2.5 条：木梁在支座处应设置防止其侧倾的侧向支承和防止其侧向位移的可靠锚固。当梁采用方木制作时，其截面高宽比不宜大于 4。对于高宽比大于 4 的木梁应根据稳定承载力的验算结果，采取必要的保证侧向稳定的措施。

36.【答案】B

【解析】参见《木结构设计规范》GB 50005-2017 第 4.3.15 条：受弯构件的挠度限值应按表 4.3.15 的规定采用。

受弯构件挠度限值　　　　表 4.3.15

项次	构件类别		挠度限值 [w]
1	檩条	$l \leqslant 3.3m$	$l/200$
		$l>3.3m$	$l/250$
2	椽条		$l/150$
3	吊顶中的受弯构件		$l/250$
4	楼盖梁和搁栅		$l/250$
5	墙骨柱	墙面为刚性贴面	$l/360$
		墙面为柔性贴面	$l/250$
6	屋盖大梁	工业建筑	$l/120$
		民用建筑 无粉刷吊顶	$l/180$
		民用建筑 有粉刷吊顶	$l/240$

注：表中 l 为受弯构件的计算跨度。

37.【答案】A

【解析】参见《建筑抗震设计规范》GB 50011-2010 条文说明第 7.1.2 条：砌体房屋的高度限制，是十分敏感且深受关注的规定。基于砌体材料的脆性性质和震害经验，限制其层数和高度是主要的抗震措施。

38.【答案】A

【解析】参见《混凝土结构设计规范》GB 50010-2010（2015年版）第 9.5.2 条：混凝土叠合梁、板应符合下列规定：

1. 叠合梁的叠合层混凝土的厚度不宜小于 100mm，混凝土强度等级不宜低于 C30。预制梁的箍筋应全部伸入叠合层，且各肢伸入叠合层的直线段长度不宜小于 10d，d 为箍筋直径。预制梁的顶面应做成凹凸差不小于 6mm 的粗糙面。

2. 叠合板的叠合层混凝土厚度不应小于 40mm，混凝土强度等级不宜低于 C25。预制板表面应做成凹凸差不小于 4mm 的粗糙面。承受较大荷载的叠合板以及预应力叠合板，宜在预制底板上设置伸入叠合层的构造钢筋。

39.【答案】C

【解析】参见《高层建筑混凝土结构技术规程》JGJ 3-2010 第 3.6.4 条：现浇预应力混凝土楼板厚度可按跨度的 1/45~1/50 采用，且不宜小于 150mm。

条文说明第 3.6.4 条：采用预应力平板可以有效减小楼面结构高度，压缩层高并减轻结构自重；大跨度平板可以增加使用面积，容易适应楼面用途改变。预应力平板近年来在高层建筑楼面结构中应用比较广泛。

为了确定板的厚度，必须考虑挠度、受冲切承载力、防火及钢筋防腐蚀要求等。在初步设计阶段，为控制挠度通常可按跨高比得出板的最小厚度。但仅满足挠度限值的后张预应力板可能相当薄，对柱支承的双向板若不设柱帽或托板，板在柱端可能受冲切承载力不够。因此，在设计中应验算所选板厚是否有足够的抗冲切能力。

40.【答案】B

【解析】参见《木结构设计规范》GB 50005-2017 第 10.1.8 条：木结构建筑构件的燃烧性能和耐火极限不应低于表 10.1.8 的规定。常用木构件的燃烧性能和耐火极限可按本标准附录 R 的规定确定。

木结构建筑中构件的燃烧性能和耐火极限　　　　表 10.1.8

构件名称	燃烧性能和耐火极限（h）
防火墙	不燃性 3.00
电梯井墙体	不燃性 1.00
承重墙、住宅建筑单元之间的墙和分户墙、楼梯间的墙	难燃性 1.00
非承重外墙、疏散走道两侧的隔墙	难燃性 0.75
房间隔墙	难燃性 0.50
承重柱	可燃性 1.00
梁	可燃性 1.00
楼板	难燃性 0.75
屋顶承重构件	可燃性 0.50
疏散楼梯	难燃性 0.50
吊顶	难燃性 0.15

注：1. 除现行国家标准《建筑设计防火规范》GB 50016 另有规定外，当同一座木结构建筑存在不同高度的屋顶时，较低部分的屋顶承重构件和屋面不应采用可燃性构件；当较低部分的屋顶承重构件采用难燃性构件时，其耐火极限不应小于 0.75h；

2. 轻型木结构建筑的屋顶，除防水层、保温层和屋面板外，其他部分均应视为屋顶承重构件，且不应采用可燃性构件，耐火极限不应低于 0.50h；

3. 当建筑的层数不超过 2 层、防火墙间的建筑面积小于 600m^2，且防火墙间的建筑长度小于 60m 时，建筑构件的燃烧性能和耐火极限应按现行国家标准《建筑设计防火规范》GB 50016 中有关四级耐火等级建筑的要求确定。

41.【答案】B

【解析】水泥用量越多，混凝土收缩越大，楼板越开裂。

42.【答案】A

【解析】参见《高层建筑混凝土结构技术规程》JGJ 3-2010 第 6.1.1、6.1.2 和 6.1.6 条：

6.1.1 框架结构应设计成双向梁柱抗侧力体系。主体结构除个别部位外，不应采用铰接。

6.1.2 抗震设计的框架结构不应采用单跨框架。

6.1.6 框架结构按抗震设计时，不应采用部分由砌体墙承重之混合形式。框架结构中的楼、电梯间及局部出屋顶的电梯机房、楼梯间、水箱间等，应采用框架承重，不应采用砌体墙承重。

《建筑抗震设计规范》GB 50011-2010 第 6.1.5 条：框架结构和框架-抗震墙结构中，框架和抗震墙均应双向设置，柱中线与抗震墙中线、梁中线与柱中线之间偏心距大于柱宽的 1/4 时，应计入偏心的影响。

甲、乙类建筑以及高度大于 24m 的丙类建筑，不应采用单跨框架结构；高度不大于 24m 的丙类建筑不宜采用单跨框架结构。

43.【答案】C

【解析】参见《高层建筑混凝土结构技术规程》JGJ 3-2010 表 3.7.3：

楼层层间最大位移与层高之比限值　　　　　　　　　　表 3.7.3

结构体系	$\Delta u/h$ 限值
框架	1/550
框架-剪力墙、框架-核心筒、板柱-剪力墙	1/800
筒中筒、剪力墙	1/1000
除框架结构外的转换层	1/1000

44.【答案】B

【解析】参见《混凝土结构设计规范》GB 50010-2010（2015 年版）表 8.1.1：钢筋混凝土结构伸缩缝的最大间距可按表 8.1.1 确定。

钢筋混凝土结构伸缩缝最大间距（m）　　　　　　　　　表 8.1.1

结构类型		室内或土中	露天
排架结构	装配式	100	70
框架结构	装配式	75	50
	现浇式	55	35
剪力墙结构	装配式	65	40
	现浇式	45	30
挡土墙、地下室墙壁等类结构	装配式	40	30
	现浇式	30	20

注：1. 装配整体式结构的伸缩缝间距，可根据结构的具体情况取表中装配式结构与现浇式结构之间的数值；
　　2. 框架-剪力墙结构或框架-核心筒结构房屋的伸缩缝间距，可根据结构的具体情况取表中框架结构与剪力墙结构之间的数值；
　　3. 当屋面无保温或隔热措施时，框架结构、剪力墙结构的伸缩缝间距宜按表中露天栏的数值取用；
　　4. 现浇挑檐、雨罩等外露结构的局部伸缩缝间距不宜大于 12m。

45.【答案】A

【解析】参见《混凝土结构设计规范》GB 50010-2010（2015 年版）条文说明第 6.3.1 条：规定受弯构件的受剪截面限制条件，其目的首先是防止构件截面发生斜压破坏（或腹板压坏），其次是限制在使用阶段可能发生的斜裂缝宽度，同时也是构件斜截面受剪破坏的最大配箍率条件。

46.【答案】B

【解析】参见《建筑抗震设计规范》GB 50011-2010 第 8.1.6 条：采用框架-支撑结构的钢结构房屋应符合下列规定：

1. 支撑框架在两个方向的布置均宜基本对称，支撑框架之间楼盖的长宽比不宜大于 3。

2. 三、四级且高度不大于 50m 的钢结构宜采用中心支撑，也可采用偏心支撑、屈曲约束支撑等消能支撑。

3. 中心支撑框架宜采用交叉支撑，也可采用人字支撑或单斜杆支撑，不宜采用 K 形支撑；

支撑的轴线宜交汇于梁柱构件轴线的交点,偏离交点时的偏心距不应超过支撑杆件宽度,并应计入由此产生的附加弯矩。当中心支撑采用只能受拉的单斜杆体系时,应同时设置不同倾斜方向的两组斜杆,且每组中不同方向单斜杆的截面面积在水平方向的投影面积之差不应大于10%。

4. 偏心支撑框架的每根支撑应至少有一端与框架梁连接,并在支撑与梁交点和柱之间或同一跨内另一支撑与梁交点之间形成消能梁段。

5. 采用屈曲约束支撑时,宜采用人字支撑、成对布置的单斜杆支撑等形式,不应采用K形或X形,支撑与柱的夹角宜在35°~55°之间。屈曲约束支撑受压时,其设计参数、性能检验和作为一种消能部件的计算方法可按相关要求设计。

47.【答案】A

【解析】采用角钢焊接的梯形屋架,杆件连接节点一般采用铰接,按桁架结构进行内力和挠度分析。

48.【答案】C

【解析】减小建筑高宽比,降低建筑物重心,可提高高层建筑的抗倾覆稳定性。

49.【答案】C

【解析】参见《建筑抗震设计规范》GB 50011-2010 第 7.1.7 条:多层砌体房屋的建筑布置和结构体系,应符合下列要求:

1. 应优先采用横墙承重或纵横墙共同承重的结构体系。不应采用砌体墙和混凝土墙混合承重的结构体系。

2. 纵横向砌体抗震墙的布置应符合下列要求:

1) 宜均匀对称,沿平面内宜对齐,沿竖向应上下连续;且纵横向墙体的数量不宜相差过大;

2) 平面轮廓凹凸尺寸,不应超过典型尺寸的50%;当超过典型尺寸的25%时,房屋转角处应采取加强措施;

3) 楼板局部大洞口的尺寸不宜超过楼板宽度的30%,且不应在墙体两侧同时开洞;

4) 房屋错层的楼板高差超过500mm时,应按两层计算;错层部位的墙体应采取加强措施;

5) 同一轴线上的窗间墙宽度宜均匀;墙面洞口的面积,6、7度时不宜大于墙面总面积的55%,8、9度时不宜大于50%;

6) 在房屋宽度方向的中部应设置内纵墙,其累计长度不宜小于房屋总长度的60%(高宽比大于4的墙段不计入)。

3. 房屋有下列情况之一时宜设置防震缝,缝两侧均应设置墙体,缝宽应根据烈度和房屋高度确定,可采用 70~100mm:

1) 房屋立面高差在 6m 以上;

2) 房屋有错层,且楼板高差大于层高的 1/4;

3) 各部分结构刚度、质量截然不同。

4. 楼梯间不宜设置在房屋的尽端或转角处。

5. 不应在房屋转角处设置转角窗。

6. 横墙较少、跨度较大的房屋，宜采用现浇钢筋混凝土楼、屋盖。

50.【答案】C

【解析】参见《建筑抗震设计规范》GB 50011—2010 第 13.2.1 条：建筑结构抗震计算时，应按下列规定计入非结构构件的影响：

1. 地震作用计算时，应计入支承于结构构件的建筑构件和建筑附属机电设备的重力。

2. 对柔性连接的建筑构件，可不计入刚度；对嵌入抗侧力构件平面内的刚性建筑非结构构件，应计入其刚度影响，可采用周期调整等简化方法；一般情况下不应计入其抗震承载力，当有专门的构造措施时，尚可按有关规定计入其抗震承载力。

3. 支承非结构构件的结构构件，应将非结构构件地震作用效应作为附加作用对待，并满足连接件的锚固要求。

结构的水平抗震作用与结构刚度成正比关系。对柔性连接的建筑构件，可不计入刚度；设置隔震支座可减少结构的地震作用；采用轻质隔墙不会增大结构刚度，但加设支撑的措施会加大结构的刚度，增大抗水平地震作用，答案是 C。

51.【答案】C

【解析】参见《高层建筑混凝土结构技术规程》JGJ 3—2010 第 9.3.3 条：内筒的宽度可为高度的 1/12~1/15，如有另外的角筒或剪力墙时，内筒平面尺寸可适当减小。内筒宜贯通建筑物全高，竖向刚度宜均匀变化。

52.【答案】D

【解析】参见《高层建筑混凝土结构技术规程》JGJ 3—2010 第 10.1.2 条：9 度抗震设计时不应采用带转换层的结构、带加强层的结构、错层结构和连体结构。

53.【答案】B

【解析】参见《高层建筑混凝土结构技术规程》JGJ 3—2010 表 3.3.3-1：

A 级高度钢筋混凝土高层建筑的最大适用高度（m）　　　　表 3.3.1-1

结构体系		非抗震设计	抗震设防烈度				
			6 度	7 度	8 度		9 度
					0.20g	0.30g	
框架		70	60	50	40	35	—
框架－剪力墙		150	130	120	100	80	50
剪力墙	全部落地剪力墙	150	140	120	100	80	60
	部分框支剪力墙	130	120	100	80	50	不应采用
筒体	框架－核心筒	160	150	130	100	90	70
	筒中筒	200	180	150	120	100	80
板柱－剪力墙		110	80	70	55	40	不应采用

注：1. 表中框架不含异性柱框架；
　　2. 部分框支剪力墙结构指地面以上有部分框支剪力墙的剪力墙结构；
　　3. 甲类建筑，6、7、8 度时宜按本地区设防烈度提高一度后符合本表的要求，9 度时应专门研究；
　　4. 框架结构、板柱－剪力墙结构以及 9 度抗震设防的表列其他结构，当房屋高度超过表中数值时，结构设计应有可靠依据，并采取有效地加强措施。

对于8度（0.3g）设防烈度区，48m的高度超过了框架结构和板柱-剪力墙结构的最高高度要求，不能使用，A、D选项应舍弃。由于题目中要求满足大空间灵活布置的要求，故选择B。

54.【答案】C

【解析】在其他条件相同的情况下，受力最合理的是屋架形式与受力弯矩图形状最符合的弧形或多边形桁架，节点构造最简单、用料最经济、自重最轻巧、施工也可行。

55.【答案】C

【解析】参见《空间网格结构技术规程》JGJ 7-2010 第3.5.2条：网架与立体桁架可预先起拱，其起拱值可取不大于短向跨度的1/300。当仅为改善外观要求时，最大挠度可取恒荷载与活荷载标准值作用下挠度减去起拱值。

56.【答案】A

【解析】参见《高层建筑混凝土结构技术规程》JGJ 3-2010 第11.1.1 本章规定的混合结构，系指由外围钢框架或型钢混凝土、钢管混凝土框架与钢筋混凝土核心筒所组成的框架-核心筒结构，以及由外围钢框筒或型钢混凝土、钢管混凝土框筒与钢筋混凝土核心筒所组成的筒中筒结构。

57.【答案】D

【解析】横墙承重体系的特点：房屋横向刚度较大，整体性较好。楼盖结构较简单，便于施工，楼盖材料用量较少，墙体用料较多。外纵墙不承重，便于设置较大的门窗。

纵墙承重体系的特点：横墙较少，建筑平面布置较灵活，但纵墙承受的荷载较大，往往要设扶壁柱，且门窗尺寸和布置受到一定的限制。房屋的横向刚度较横墙承重体系差。楼盖跨度较大、用料较多，但墙体用料较少，且房屋的有效空间也较少。

纵横墙混合承重体系的特点：这种体系兼有前述两种承重体系的特点，能适应房屋平面布置的多种变化，更为满足建筑功能要求。

内框架承重体系的特点：房屋开间大，平面布置较为灵活。与全框架房屋相比，可利用外墙承重，节约钢材和水泥。但横墙较少，房屋空间刚度较差。房屋由两种性能不同的材料组成，在荷载作用下将产生压缩变形，从而引起较大的附加内力，墙与柱各自的震动特性不同，地震区不应采用内框架承重体系。

58.【答案】B

【解析】由于砌体砌筑先于构造柱的浇筑，因此在施工阶段的高厚比验算中可不考虑构造柱的有利影响。

59.【答案】B

【解析】风载体形系数——房屋表面受到的风压与大气中气流风压之比。

迎风面总为正压，在房屋中部为最大；背风面总为负压，在房屋的角区为最大；平面形状越是流线型，则风压越小（圆形平面建筑属于流线型，风荷载体型系数最小）；反之，迎风面凹向于风向的，气流难以流通，此迎风面上的风值将增大（可在矩形平面的角部做略成流线型的形状，改善角部的风压分布）。

60.【答案】A

【解析】参见《高层建筑混凝土结构技术规程》JGJ 3—2010 第 7.1.1 和 7.1.2 条：

7.1.1 剪力墙结构应具有适宜的侧向刚度，其布置应符合下列规定：

1. 平面布置宜简单、规则，宜沿两个主轴方向或其他方向双向布置，两个方向的侧向刚度不宜相差过大。抗震设计时，不应采用仅单向有墙的结构布置。

2. 宜自下到上连续布置，避免刚度突变。

3. 门窗洞口宜上下对齐、成列布置，形成明确的墙肢和连梁；宜避免造成墙肢宽度相差悬殊的洞口设置；抗震设计时，一、二、三级剪力墙的底部加强部位不宜采用上下洞口不对齐的错洞墙，全高均不宜采用洞口局部重叠的叠合错洞墙。

7.1.2 剪力墙不宜过长，较长剪力墙宜设置跨高比较大的连梁将其分成长度较均匀的若干墙段，各墙段的高度与墙段长度之比不宜小于 3，墙段长度不宜大于 8m。

61.【答案】B

【解析】参见《高层建筑混凝土结构技术规程》JGJ 3—2010 第 10.6.3 条：抗震设计时，多塔楼高层建筑结构应符合下列规定：

1. 各塔楼的层数、平面和刚度宜接近；塔楼对底盘宜对称布置；上部塔楼结构的综合质心与底盘结构质心的距离不宜大于底盘相应边长的 20%。

2. 转换层不宜设置在底盘屋面的上层塔楼内。

3. 塔楼中与裙房相连的外围柱、剪力墙，从固定端至裙房屋面上一层的高度范围内，柱纵向钢筋的最小配筋率宜适当提高，剪力墙宜按本规程第 7.2.15 条的规定设置约束边缘构件，柱箍筋宜在裙楼屋面上、下层的范围内全高加密；当塔楼结构相对于底盘结构偏心收进时，应加强底盘周边竖向构件的配筋构造措施。

4. 大底盘多塔楼结构，可按本规程第 5.1.14 条规定的整体和分塔楼计算模型分别验算整体结构和各塔楼结构扭转为主的第一周期与平动为主的第一周期的比值，并应符合本规程第 3.4.5 条的有关要求。

条文说明第 3.3.2 条：在复杂体型的高层建筑中，如何计算高宽比是比较难以确定的问题。一般情况下，可按所考虑方向的最小宽度计算高宽比，但对突出建筑物平面很小的局部结构（如楼梯间、电梯间等），一般不应包含在计算宽度内；对于不宜采用最小宽度计算高宽比的情况，应由设计人员根据实际情况确定合理的计算方法；对带有裙房的高层建筑，当裙房的面积和刚度相对于其上部塔楼的面积和刚度较大时，计算高宽比的房屋高度和宽度可按裙房以上塔楼结构考虑。

62.【答案】C

【解析】参见《建筑抗震设计规范》GB 50011—2010 3.4.2 和 3.4.4：

第 3.4.2 条：建筑设计应重视其平面、立面和竖向剖面的规则性对抗震性能及经济合理性的影响，宜择优选用规则的形体，其抗侧力构件的平面布置宜规则对称、侧向刚度沿竖向宜均匀变化、竖向抗侧力构件的截面尺寸和材料强度宜自下而上逐渐减小、避免侧向刚度和承载力突变。

不规则建筑的抗震设计应符合本规范第 3.4.4 条的有关规定。

第3.4.4条：建筑形体及其构件布置不规则时，应按下列要求进行地震作用计算和内力调整，并应对薄弱部位采取有效的抗震构造措施：

1. 平面不规则而竖向规则的建筑，应采用空间结构计算模型，并应符合下列要求：

1）扭转不规则时，应计入扭转影响，且楼层竖向构件最大的弹性水平位移和层间位移分别不宜大于楼层两端弹性水平位移和层间位移平均值的1.5倍，当最大层间位移远小于规范限值时，可适当放宽；

2）凹凸不规则或楼板局部不连续时，应采用符合楼板平面内实际刚度变化的计算模型；高烈度或不规则程度较大时，宜计入楼板局部变形的影响；

3）平面不对称且凹凸不规则或局部不连续，可根据实际情况分块计算扭转位移比，对扭转较大的部位应采用局部的内力增大系数。

2. 平面规则而竖向不规则的建筑，应采用空间结构计算模型，刚度小的楼层的地震剪力应乘以不小于1.15的增大系数，其薄弱层应按本规范有关规定进行弹塑性变形分析，并应符合下列要求：

1）竖向抗侧力构件不连续时，该构件传递给水平转换构件的地震内力应根据烈度高低和水平转换构件的类型、受力情况、几何尺寸等，乘以1.25~2.0的增大系数；

2）侧向刚度不规则时，相邻层的侧向刚度比应依据其结构类型符合本规范相关章节的规定；

3）楼层承载力突变时，薄弱层抗侧力结构的受剪承载力不应小于相邻上一楼层的65%。

3. 平面不规则且竖向不规则的建筑，应根据不规则类型的数量和程度，有针对性地采取不低于本条1、2款要求的各项抗震措施。特别不规则的建筑，应经专门研究，采取更有效的加强措施或对薄弱部位采用相应的抗震性能化设计方法。

63.【答案】B

【解析】参见《建筑抗震设计规范》GB 50011-2010第3.4.3条：建筑形体及其构件布置的平面、竖向不规则性，应按下列要求划分：

1. 混凝土房屋、钢结构房屋和钢-混凝土混合结构房屋存在表3.4.3-1所列举的某项平面不规则类型或表3.4.3-2所列举的某项竖向不规则类型以及类似的不规则类型，应属于不规则的建筑。

2. 砌体房屋、单层工业厂房、单层空旷房屋、大跨屋盖建筑和地下建筑的平面和竖向不规则性的划分，应符合本规范有关章节的规定。

3. 当存在多项不规则或某项不规则超过规定的参考指标较多时，应属于特别不规则的建筑。

平面不规则的主要类型　　　　　　　　　　　　表3.4.3-1

不规则类型	定义和参考指标
扭转不规则	在规定的水平力作用下，楼层的最大弹性水平位移（或层间位移），大于该楼层两端弹性水平位移（或层间位移）平均值的1.2倍
凹凸不规则	平面凹进的尺寸，大于相应投影方向总尺寸的30%
楼板局部不连续	楼板的尺寸和平面刚度急剧变化，例如，有效楼板宽度小于该层楼板宽度的50%，或开洞面积大于该层楼面面积的30%，或较大的楼层错层

竖向不规则的主要类型　　　　　　　表 3.4.3-2

不规则类型	定义和参考类型
侧向刚度不规则	该层的侧向刚度小于相邻上一层的 70%，或小于上相邻三个楼层侧向刚度平均值的 80%；除顶层或出屋面小建筑外，局部收进的水平向尺寸大于相邻下一层的 25%
竖向抗侧力构件不连续	竖向抗侧力构件（柱、抗震墙、抗震支撑）的内力由水平转换（梁、桁架等）向下传递
楼层承载力突变	抗侧力结构的层间受剪承载力小于相邻上一楼层的 80%

64.【答案】B

【解析】参见《高层建筑混凝土结构技术规程》JGJ 3-2010 第 3.5.5 条：抗震设计时，当结构上部楼层收进部位到室外地面的高度 H_1 与房屋高度 H 之比大于 0.2 时，上部楼层收进后的水平尺寸 B_1 不宜小于下部楼层水平尺寸 B 的 75%（图 8（a）、（b））；当上部结构楼层相对于下部楼层外挑时，上部楼层水平尺寸 B_1 不宜大于下部楼层的水平尺寸 B 的 1.1 倍，且水平外挑尺寸 a 不宜大于 4m（图 8（c）、（d））。

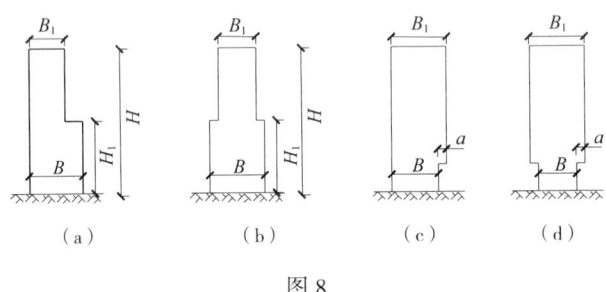

图 8

65.【答案】B

【解析】参见《建筑抗震设计规范》GB50011-2010 第 10.2.1 和 10.2.2 条：

10.2.1 本节适用于采用拱、平面桁架、立体桁架、网架、网壳、张弦梁、弦支穹顶等基本形式及其组合而成的大跨度钢屋盖建筑。

采用非常用形式以及跨度大于 120m、结构单元长度大于 300m 或悬挑长度大于 40m 的大跨钢屋盖建筑的抗震设计，应进行专门研究和论证，采取有效地加强措施。

10.2.2 屋盖及其支承结构的选型和布置，应符合下列各项要求：

1. 应能将屋盖的地震作用有效地传递到下部支承结构。

2. 应具有合理的刚度和承载力分布，屋盖及其支承的布置宜均匀对称。

3. 宜优先采用两个水平方向刚度均衡的空间传力体系。

4. 结构布置宜避免因局部削弱或突变形成薄弱部位，产生过大的内力、变形集中。对于可能出现的薄弱部位，应采取措施提高其抗震能力。

5. 宜采用轻型屋面系统。

6. 下部支承结构应合理布置，避免使屋盖产生过大的地震扭转效应。

66.【答案】B

【解析】根据《建筑抗震设计规范》GB 50011-2010 第 5.1.1 条：各类建筑结构的地

震作用，应符合下列规定：

1. 一般情况下，应至少在建筑结构的两个主轴方向分别计算水平地震作用，各方向的水平地震作用应由该方向抗侧力构件承担。

2. 有斜交抗侧力构件的结构，当相交角度大于15°时，应分别计算各抗侧力构件方向的水平地震作用。

3. 质量和刚度分布明显不对称的结构，应计入双向水平地震作用下的扭转影响；其他情况，应允许采用调整地震作用效应的方法计入扭转影响。

4. 8、9度时的大跨度和长悬臂结构及9度时的高层建筑，应计算竖向地震作用。

注：8、9度时采用隔震设计的建筑结构，应按有关规定计算竖向地震作用。

场地越差，对应的场地覆盖层厚度越大，土的剪切波速越小，场地土对地震作用的放大效应越大。结构的刚度越大，地震水平位移越小，结构的自振周期越小，结构的能量耗散越小，地震作用越大。

67.【答案】D

【解析】参见《建筑抗震设计规范》GB 50011-2010 第 5.1.1 条：各类建筑结构的地震作用，应符合下列规定：

1. 一般情况下，应至少在建筑结构的两个主轴方向分别计算水平地震作用，各方向的水平地震作用应由该方向抗侧力构件承担。

2. 有斜交抗侧力构件的结构，当相交角度大于15°时，应分别计算各抗侧力构件方向的水平地震作用。

3. 质量和刚度分布明显不对称的结构，应计入双向水平地震作用下的扭转影响；其他情况，应允许采用调整地震作用效应的方法计入扭转影响。

4. 8、9度时的大跨度和长悬臂结构及9度时的高层建筑，应计算竖向地震作用。

注：8、9度时采用隔震设计的建筑结构，应按有关规定计算竖向地震作用。

68.【答案】A

【解析】参见《建筑抗震设计规范》GB 50011-2010 表 5.5.5。

弹塑性层间位移角限制　　　　　　　　　　　　　　表 5.5.5

结构类型	$[\theta_p]$
单层钢筋混凝土柱排架	1/30
钢筋混凝土框架	1/50
底部框架砌体房屋中的框架-抗震墙	1/100
钢筋混凝土框架-抗震墙、板柱-抗震墙、框架-核心筒	1/100
钢筋混凝土抗震墙、筒中筒	1/120
多、高层钢结构	1/50

69.【答案】D

【解析】少黏性土受地震力作用后，土体积缩小、孔隙压力增加，有效压力减小，使土迅速减少或完全丧失抗剪强度，土体如液体一样流动或喷出地面，称为地基液化。液化主要发生在少黏性土中，黏性土地基在地震中基本不液化。

70.【答案】B

【解析】地震烈度与地震震级有严格的区别，地震烈度是指地震时某一地区的地面和各类建筑物遭受到一次地震影响的强弱程度。震级代表地震本身的大小强弱，它由震源发出的地震波能量来决定，对于同一次地震只应有一个数值。

71.【答案】D

【解析】参见《建筑抗震设计规范》GB 50011-2010 第3.2.2条：抗震设防烈度和设计基本地震加速度取值的对应关系，应符合表3.2.2的规定。设计基本地震加速度为0.15g和0.30g 地区内的建筑，除本规范另有规定外，应分别按抗震设防烈度7度和8度的要求进行抗震设计。

抗震设防烈度和设计基本地震加速度值的对应关系　　表3.2.2

抗震设防烈度	6	7	8	9
设计基本地震加速度值	0.05g	0.1（0.15）g	0.20（0.30）g	0.4g

注：g为重力加速度。

72.【答案】B

【解析】小震、基本烈度、大震之间的大致关系：小震比基本烈度低1.55度左右；大震比基本烈度高1度。

73.【答案】D

【解析】参见《建筑抗震设计规范》GB 50011-2010 第7.1.3条：

多层砌体承重房屋的层高，不应超过3.6m。

底部框架-抗震墙砌体房屋的底部，层高不应超过4.5m；当底层采用约束砌体抗震墙时，底层的层高不应超过4.2m。

注：当使用功能确有需要时，采用约束砌体等加强措施的普通砖房屋，层高不应超过3.9m。

74.【答案】A

【解析】参见《高层建筑混凝土结构技术规程》JGJ 3-2010 第10.1.3条：

7度和8度抗震设计时，剪力墙结构错层高层建筑的房屋高度分别不宜大于80m和60m；框架-剪力墙结构错层高层建筑的房屋高度分别不应大于80m和60m。抗震设计时，B级高度高层建筑不宜采用连体结构；底部带转换的B级高度筒中筒结构，当外筒框支层以上采用由剪力墙构成的壁式框架时，其最大适用高度应比本规程表3.3.1-2规定的数值适当降低。

75.【答案】C

【解析】参见《高层建筑混凝土结构技术规程》JGJ 3-2010 第7.1.8条：

抗震设计时，高层建筑结构不应全部采用短肢剪力墙；B级高度高层建筑以及抗震设防烈度为9度的A级高度高层建筑，不宜布置短肢剪力墙，不应采用具有较多短肢剪力墙的剪力墙结构。当采用具有较多短肢剪力墙的剪力墙结构时，应符合下列规定：

1. 在规定的水平地震作用下，短肢剪力墙承担的底部倾覆力矩不宜大于结构底部总地震倾覆力矩的50%；

2. 房屋适用高度应比本规程表3.3.1-1规定的剪力墙结构的最大适用高度适当降低，7度、8度（0.2g）和8度（0.3g）时分别不应大于100m、80m和60m。

注：1. 短肢剪力墙是指截面厚度不大于300mm、各肢截面高度与厚度之比的最大值大于4但不大于8的剪力墙；

2. 具有较多短肢剪力墙的剪力墙结构是指，在规定的水平地震作用下，短肢剪力墙承担的底部倾覆力矩不小于结构底部总地震倾覆力矩的30%的剪力墙结构。

76.【答案】D

【解析】 参见《高层建筑混凝土结构技术规程》JGJ 3-2010第3.3.1条：钢筋混凝土高层建筑结构的最大适用高度应区分为A级和B级。A级高度钢筋混凝土乙类和丙类高层建筑的最大适用高度应符合表3.3.1-1的规定，B级高度钢筋混凝土乙类和丙类高层建筑的最大适用高度应符合表3.3.1-2的规定。

A级高度钢筋混凝土高层建筑的最大适用高度（m） 表3.3.1-1

结构体系		非抗震设计	抗震设防烈度				
			6度	7度	8度		9度
					0.20g	0.30g	
框架		70	60	50	40	35	—
框架-剪力墙		150	130	120	100	80	50
剪力墙	全部落地剪力墙	150	140	120	100	80	60
	部分框支剪力墙	130	120	100	80	50	不应采用
筒体	框架-核心筒	160	150	130	100	90	70
	筒中筒	200	180	150	120	100	80
板柱-剪力墙		110	80	70	55	40	不应采用

注：1. 表中框架不含异形柱框架；

2. 部分框支剪力墙结构指地面以上有部分框支剪力墙的剪力墙结构；

3. 甲类建筑，6、7、8度时宜按本地区设防烈度提高一度后符合本表的要求，9度时应专门研究；

4. 框架结构、板柱-剪力墙结构以及9度抗震设防的表列其他结构，当房屋高度超过表中数值时，结构设计应有可靠依据，并采取有效地加强措施。

平面和竖向均不规则的高层建筑结构，其最大适用高度宜适当降低。

条文说明3.3.1：A级高度钢筋混凝土高层建筑指符合表3.3.1-1最大适用高度的建筑，也是目前数量最多、应用最广泛的建筑。当框架-剪力墙、剪力墙及筒体结构的高度超出表3.3.1-1的最大适用高度时，列入B级高度高层建筑，但其房屋高度不应超过表3.3.1-2规定的最大适用高度，并应遵守本规程规定的更严格的计算和构造措施。为保证B级高度高层建筑的设计质量，抗震设计的B级高度的高层建筑，按有关规定应进行超限高层建筑的抗震设防专项审查复核。

77.【答案】B

【解析】参见《高层建筑混凝土结构技术规程》JGJ 3-2010 第 9.1.2、9.3.1、9.3.2、9.3.3 和 9.3.4 条：

B 级高度钢筋混凝土高层建筑的最大适用高度（m）　　　　表 3.3.1-2

结构体系		非抗震设计	抗震设防烈度			
			6 度	7 度	8 度	
					0.20g	0.30g
框架-剪力墙		170	160	140	120	100
剪力墙	全部落地剪力墙	180	170	150	130	110
剪力墙	部分框支剪力墙	150	140	120	100	80
筒体	框架-核心筒	220	210	180	140	120
筒体	筒中筒	300	280	230	170	150

注：1. 部分框支剪力墙结构指地面以上有部分框支剪力墙的剪力墙结构；
　　2. 甲类建筑，6、7 度时宜按本地区设防烈度提高一度后符合本表的要求，8 度时应专门研究；
　　3. 当房屋高度超过表中数值时，结构设计应有可靠依据，并采取有效地加强措施。

9.1.2 筒中筒结构的高度不宜低于 80m，高宽比不宜小于 3。对高度不超过 60m 的框架-核心筒结构，可按框架-剪力墙结构设计。

9.3.1 筒中筒结构的平面外形宜选用圆形、正多边形、椭圆形或矩形等，内筒宜居中。

9.3.2 矩形平面的长宽比不宜大于 2。

9.3.3 内筒的宽度可为高度的 1/12~1/15，如有另外的角筒或剪力墙时，内筒平面尺寸可适当减小。内筒宜贯通建筑物全高，竖向刚度宜均匀变化。

9.3.4 三角形平面宜切角，外筒的切角长度不宜小于相应边长的 1/8，其角部可设置刚度较大的角柱或角筒；内筒的切角长度不宜小于相应边长的 1/10，切角处的筒壁宜适当加厚。

78.【答案】C

【解析】参见《建筑抗震设计规范》GB 50011-2010 第 7.1.7 条：多层砌体房屋的建筑布置和结构体系，应符合下列要求：

1. 应优先采用横墙承重或纵横墙共同承重的结构体系。不应采用砌体墙和混凝土墙混合承重的结构体系。

2. 纵横向砌体抗震墙的布置应符合下列要求：

1）宜均匀对称，沿平面内宜对齐，沿竖向应上下连续；且纵横向墙体的数量不宜相差过大；

2）平面轮廓凹凸尺寸，不应超过典型尺寸的 50%；当超过典型尺寸的 25% 时，房屋转角处应采取加强措施；

3）楼板局部大洞口的尺寸不宜超过楼板宽度的 30%，且不应在墙体两侧同时开洞；

4）房屋错层的楼板高差超过500mm时，应按两层计算；错层部位的墙体应采取加强措施；

5）同一轴线上的窗间墙宽度宜均匀；墙面洞口的面积，6、7度时不宜大于墙面总面积的55%，8、9度时不宜大于50%；

6）在房屋宽度方向的中部应设置内纵墙，其累计长度不宜小于房屋总长度的60%（高宽比大于4的墙段不计入）。

3.房屋有下列情况之一时宜设置防震缝，缝两侧均应设置墙体，缝宽应根据烈度和房屋高度确定，可采用70~100mm：

1）房屋立面高差在6m以上；

2）房屋有错层，且楼板高差大于层高的1/4；

3）各部分结构刚度、质量截然不同。

4.楼梯间不宜设置在房屋的尽端或转角处。

5.不应在房屋转角处设置转角窗。

6.横墙较少、跨度较大的房屋，宜采用现浇钢筋混凝土楼、屋盖。

79.【答案】A

【解析】《建筑抗震设计规范》GB 50011-2010 第6.3.1条：梁的截面尺寸，宜符合下列各项要求：

1.截面宽度不宜小于200mm；

2.截面高宽比不宜大于4；

3.净跨与截面高度之比不宜小于4。

80.【答案】D

【解析】参见《高层建筑混凝土结构技术规程》JGJ 3-2010 第10.1.1和10.1.4条：

10.1.1：本章对复杂高层建筑结构的规定适用于带转换层的结构、带加强层的结构、错层结构、连体结构以及竖向体型收进、悬挑结构。

10.1.4：7度和8度抗震设计的高层建筑不宜同时采用超过两种本规程第10.1.1条所规定的复杂高层建筑结构。

81.【答案】B

【解析】参见《建筑抗震设计规范》GB 50011-2010 第6.1.10条：部分框支抗震墙结构的抗震墙，其底部加强部位的高度，可取框支层加框支层以上两层的高度及落地抗震墙总高度的1/10两者的较大值。其他结构的抗震墙，房屋高度大于24m时，底部加强部位的高度可取底部两层和墙体总高度的1/10两者的较大值；房屋高度不大于24m时，底部加强部可取底部一层。

82.【答案】C

【解析】参见《建筑抗震设计规范》GB 50011-2010 表8.1.1、第8.1.3和8.1.4条：

8.1.3：钢结构房屋应根据设防分类、烈度和房屋高度采用不同的抗震等级，并应符合相应的计算和构造措施要求。丙类建筑的抗震等级应按表8.1.3确定。

钢结构房屋适用的最大高度　　　　　表 8.1.1

结构类型	6、7度 (0.10g)	7度 (0.15g)	8度		9度 (0.40g)
			(0.20g)	(0.30g)	
框架	110	90	90	70	50
框架－中心支撑	220	200	180	150	120
框架－偏心支撑（延性墙板）	240	220	200	180	160
筒体（框筒、筒中筒、桁架筒、束筒）和巨型框架	300	280	260	240	180

钢结构房屋的抗震等级　　　　　表 8.1.3

房屋高度	烈度			
	6	7	8	9
≤		四	三	二
>	四	三	二	一

注：1. 高度接近或等于高度分界时，应允许结合房屋不规则程度和场地、地基条件确定抗震等级；
　　2. 一般情况，构件的抗震等级应与结构相同；当某个部位各构件的承载力均满足 2 倍地震作用组合下的内力要求时，7~9 度的构件抗震等级应允许按降低一度确定。

8.1.4：钢结构房屋需要设置防震缝时，缝宽应不小于相应钢筋混凝土结构房屋的 1.5 倍。

83.【答案】D

【解析】索膜结构是由多种高强薄膜材料及加强构件钢索通过一定方式使其内部产生一定的预张应力以形成某种空间形状，作为覆盖结构，并能承受一定的外荷载作用的一种空间结构形式。这种结构轻质、跨度大、施工速度快，适合对耐久性要求不高的临时建筑。

84.【答案】B

【解析】超静定结构采用塑性设计方法允许杆件出现塑性铰，而对于静定结构，一旦出现塑性铰，即转变为机构破坏。

85.【答案】A

【解析】参见《型钢混凝土组合结构技术规程》JGJ 138-2001 第 4.3.3 条：型钢混凝土组合结构构件中纵向受力钢筋的混凝土保护层最小厚度应符合国家标准《混凝土结构设计规范》的规定。型钢的混凝土保护层最小厚度，对梁不宜小于 100mm，且梁内型钢翼缘离两侧距离之和不宜小于截面宽度的 1/3，对柱不宜小于 120mm。

86.【答案】C

【解析】柱下钢筋混凝土扩展基础的受力状态可以简化为在底面承受基底反力的悬臂构件，柱根部的弯矩使得 A 点受拉，B 点受压，拉力由钢筋承受，压力由混凝土承受。

87.【答案】D

【解析】根据《建筑地基基础设计规范》GB 50007-2011 第 4.2.2 条规定：地基土工程特性指标的代表值应分别为标准值、平均值及特征值。抗剪强度指标应取标准值，压缩性指标应取平均值,荷载试验承载力应取特征值。

88.【答案】C

【解析】悬臂式挡土墙的墙底板是由墙趾板 a 和墙踵板 c 两部分组成。增加 a 可提高抗倾覆能力;增加 c,其上有更多的土覆压,可提高抗倾覆和抗滑移承载力。因此当抗滑移验算不足时,增加 c 的措施最有效。

89.【答案】B

【解析】图示为柱下条形基础。

90.【答案】D

【解析】根据建筑物设计要求和场地条件,在场地范围内地表以下 30m 均为软弱的淤泥质土,其下为坚硬的岩基,最适宜的基础形式为桩基础。

91.【答案】D

【解析】参见《建筑地基基础设计规范》GB 50007-2011 第 5.1.3 条:高层建筑基础的埋置深度应满足地基承载力、变形和稳定性要求。位于岩石地基上的高层建筑,其基础埋深应满足抗滑稳定性要求。

92.【答案】B

【解析】轴心荷载作用下,基础底面的压力为:

$p_k = (F_K + G_K)/A = (500+100)/2 \times 2 = 150 \text{kPa}$

根据基础承载力计算,基础底面的压力应满足:

$p_k = 150 \text{kPa} \leq f_a$(修正后的地基承载力特征值)

则该基础下允许的修正后的最小地基承载力特征值 f_a 至少应是 150kPa。

93.【答案】A

【解析】参见《建筑地基基础设计规范》第 8.4.15 条:按基底反力直线分布计算的梁板式筏基,其基础梁的内力可按连续梁分析,边跨跨中弯矩以及第一内支座的弯矩值宜乘以 1.2 的系数。梁板式筏基的底板和基础梁的配筋除满足计算要求外,纵横方向的底部钢筋尚应有不少于 1/3 贯通全跨,顶部钢筋按计算配筋全部连通,底板上下贯通钢筋的配筋率不应小于 0.15%。

具体分析选项的配筋示意图,图 B 板带底部缺少 1/3 的贯通钢筋;图 C 顶部钢筋没有全部贯通;图 D 顶部没有贯通钢筋。

94.【答案】D

【解析】附属结构 CD 上的均布荷载和作用在 C 处的集中力总共在主体结构上施加了 50kN 的力,作用点为 C 点,取主体结构为隔离体,对 B 支座取矩有 $\Sigma M_D = R_A \times 2 + 50 \times 2 = 0$,可得到 $R_A = 50 \text{kN} \downarrow$,再取 AB 段为隔离体,可知 B 左截面剪力为 -50kN。

95.【答案】B

【解析】先求支座反力,对 B 支座取矩 $\Sigma M_B = R_A \times 8 - 30 \times 4 \times 4 + 40 + 40 \times 4 = 0$ 得到 $R_A = 35 \text{kN}$,则 C 点左侧的剪力为 $35 - 30 \times 4 \div 2 = -25 \text{kN}$。

96.【答案】D

【解析】参考《建筑抗震设计规范》GB 50011-2010（2016 年版）第 3.4.5 条：1. 体型复杂、平立面不规则的建筑，应根据不规则程度、地基基础条件和技术经济等因素的比较分析，确定是否设置防震缝，并分别符合下列要求：2. 当在适当部位设置防震缝时，宜形成多个较规则的抗侧力结构单元。防震缝应根据抗震设防烈度、结构材料种类、结构类型、结构单元的高度和高差以及可能的地震扭转效应的情况，留有足够的宽度，其两侧的上部结构应完全分开。

97.【答案】A

【解析】参考《建筑抗震设计规范》GB 50011-2010（2016 年版）第 7.1.7 条：多层砌体房屋的建筑布置和结构体系，应符合下列要求：

1. 应优先采用横墙承重或纵横墙共同承重的结构体系。不应采用砌体墙和混凝土墙混合承重的结构体系。

2. 纵横向砌体抗震墙的布置应符合下列要求：

1）宜均匀对称，沿平面内宜对齐，沿竖向应上下连续；且纵横向墙体的数量不宜相差过大；

2）平面轮廓凹凸尺寸，不应超过典型尺寸的 50%；当超过典型尺寸的 25% 时，房屋转角处应采取加强措施；

3）楼板局部大洞口的尺寸不宜超过楼板宽度的 30%，且不应在墙体两侧同时开洞；

4）房屋错层的楼板高差超过 500mm 时，应按两层计算；错层部位的墙体应采取加强措施；

5）同一轴线上的窗间墙宽度宜均匀；在满足本规范第 7.1.6 条要求的前提下，墙面洞口的立面面积，6、7 度时不宜大于墙面总面积的 55%，8、9 度时不宜大于 50%；

6）在房屋宽度方向的中部应设置内纵墙，其累计长度不宜小于房屋总长度的 60%（高宽比大于 4 的墙段不计入）。

3. 房屋有下列情况之一时宜设置防震缝，缝两侧均应设置墙体，缝宽应根据烈度和房屋高度确定，可采用 70~100mm：

1）房屋立面高差在 6m 以上；

2）房屋有错层，且楼板高差大于层高的 1/4；

3）各部分结构刚度、质量截然不同。

4. 楼梯间不宜设置在房屋的尽端或转角处。

5. 不应在房屋转角处设置转角窗。

6. 横墙较少、跨度较大的房屋，宜采用现浇钢筋混凝土楼、屋盖。

98.【答案】B

【解析】该支座对水平移动无约束，对旋转无约束，选项 B 最合适。

99.【答案】C

【解析】参见《建筑结构制图标准》GB/T 50105-2010 第 4.2.1 条：螺栓、孔、电焊铆钉的表示方法应符合表 4.2.1 中的规定。

螺栓、孔、电焊铆钉的表示方法   表 4.2.1

序号	名称	图例	说明
1	永久螺栓		
2	高强螺栓		1. 细"+"线表示定位线； 2. M 表示螺栓型号； 3. A 表示螺栓孔直径； 4. d 表示膨胀螺栓、电焊铆钉直径； 5. 采用引出线标注螺栓时，横线上标注螺栓规格，横线下标注螺栓孔直径
3	安装螺栓		
4	膨胀螺栓		
5	圆形螺栓孔		
6	长圆形螺栓孔		
7	电焊铆钉		

100.【答案】D

【解析】参见《建筑结构制图标准》GB/T 50105-2010 附录 A：

附录 A

序号	名称	代号	序号	名称	代号	序号	名称	代号
1	板	B	15	墙板	QB	29	连系梁	LL
2	屋面板	WB	16	天沟板	TGB	30	基础梁	JL
3	空心板	KB	17	梁	L	31	楼梯梁	TL
4	槽形板	CB	18	屋面梁	WL	32	框架梁	KL
5	折板	ZB	19	吊车梁	DL	33	框支梁	KZL
6	密肋板	MB	20	单轨吊车梁	DDL	34	屋面框架梁	WKL
7	楼梯板	TB	21	轨道连接	DGL	35	檩条	LT
8	盖板或沟盖板	GB	22	车挡	CD	36	屋架	WJ
9	挡雨石或檐口板	YB	23	圈梁	QL	37	托架	TJ
10	吊车安全走道板	DB	24	过梁	GL	38	天窗架	CJ
11	框架	KJ	25	桩	ZH	39	阳台	YT
12	刚架	GJ	26	挡土墙	DQ	40	梁垫	LD
13	支架	ZJ	27	地沟	DG	41	预埋件	M—
14	柱	Z	28	柱间支撑	ZC	42	天窗端壁	TD

续表

序号	名称	代号	序号	名称	代号	序号	名称	代号
43	框架柱	KZ	47	垂直支撑	CC	51	钢筋网	W
44	构造柱	GZ	48	水平支撑	SC	52	钢筋骨架	G
45	承台	CT	49	梯	T	53	基础	J
46	设备基础	SJ	50	雨篷	YP	54	暗柱	AZ

注：1. 预制混凝土构件、现浇混凝土构件、钢构件和木构件，一般可以采用本附录中的代号。在绘图中，除混凝土构件可以不标明材料代号外，其他材料的构件可在构件代号前加注材料代号，并在图纸中加以说明。

2. 预应力混凝土构件的代号，应在构件代号前加注"Y"，如 Y—DL 表示预应力混凝土吊车梁。

一级注册建筑师考试建筑结构模拟题 Ⅵ

1. 判断图 1 所示结构零杆数量（　　）。
（A）2　　　　　　　　　　（B）3
（C）4　　　　　　　　　　（D）5

图 1

2. 如图 2 所示的结构在外力作用下，零杆有几根（　　）。
（A）2 个　　　　　　　　　（B）4 个
（C）6 个　　　　　　　　　（D）8 个

3. 图 3 所示结构超静定次数为（　　）。
（A）1
（B）2
（C）3
（D）4

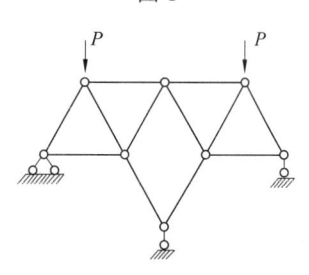

图 2

4. 图 4 所示结构在外荷载 q 作用下，产生内力的杆件为（　　）。
（A）AE 段　　　　　　　　（B）BC 段
（C）AC 段　　　　　　　　（D）BE 段

5. 图 5 所示结构受力的弯矩图正确的是（　　）。

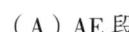

图 3

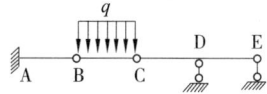

图 4

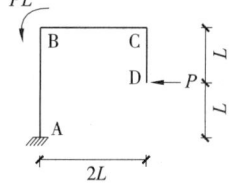

图 5

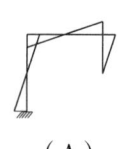
（A）

（B）

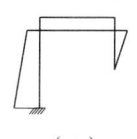
（C）

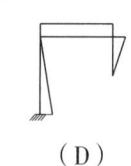
（D）

6. 图 6 所示结构在外力 P 的作用下，正确的弯矩图是（　　）。

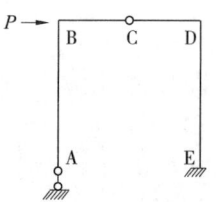

图 6

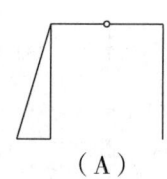
（A）

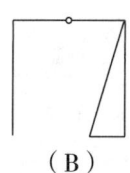
（B）

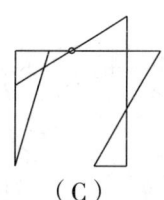
（C）

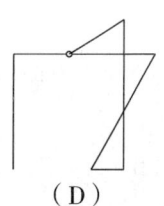
（D）

193

7. 如图 7 所示，求 a 点弯矩（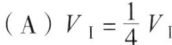）。

(A) $\dfrac{PL}{4}$

(B) $\dfrac{PL}{2}$

(C) PL

(D) $\dfrac{3PL}{2}$

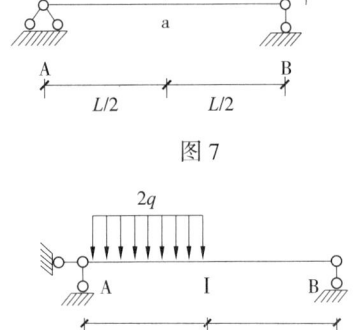

图 7

8. 图 8 所示简支梁在两种受力状态下，跨中Ⅰ、Ⅱ点的剪力关系为（　　）。

(A) $V_{Ⅰ} = \dfrac{1}{4} V_{Ⅱ}$

(B) $V_{Ⅰ} = V_{Ⅱ}$

(C) $V_{Ⅰ} = 2 V_{Ⅱ}$

(D) $V_{Ⅰ} = 4 V_{Ⅱ}$

9. 如图 9 所示，求支座 A 竖向反力（　　）。

(A) 0

(B) $\dfrac{P}{2}$

(C) P

(D) $\dfrac{3P}{2}$

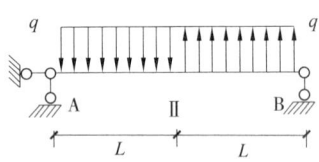

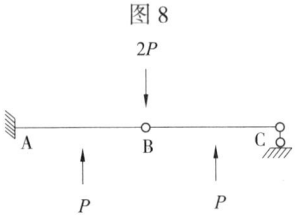

图 8

10. 如图 10 所示，B 点支座的反力（　　）。

(A) $R_B = \dfrac{1}{4}$　　　(B) $R_B = \dfrac{P}{2}$

(C) $R_B = P$　　　(D) $R_B = \dfrac{3P}{2}$

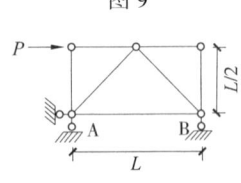

图 9

11. 图 11 所示结构的弯矩图，正确的是（　　）。

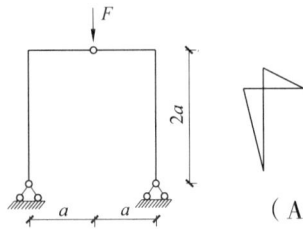

图 10

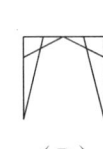  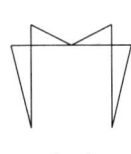

(A)　　　(B)　　　(C)　　　(D)

图 11

12. 下列两图内力不同的杆有几根（　　）。

(A) 1

(B) 2

(C) 3

(D) 4

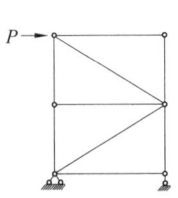 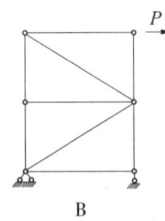

A　　　B

图 12

13. 图 13 所示结构的弯矩图，正确的是（　　）。

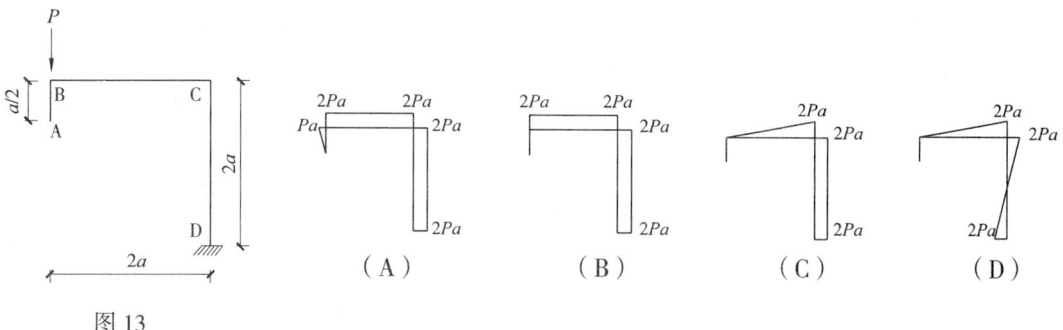

图 13

14. 图 14 的弯矩图正确的是（　　）。

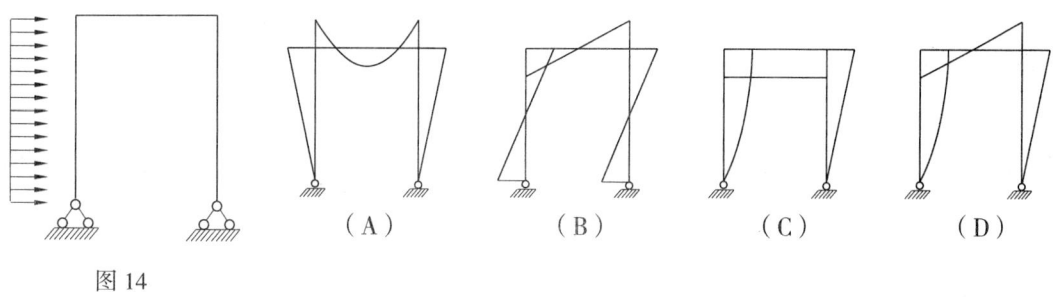

图 14

15. 如图 15 所示，求下列结构轴力图（　　）。

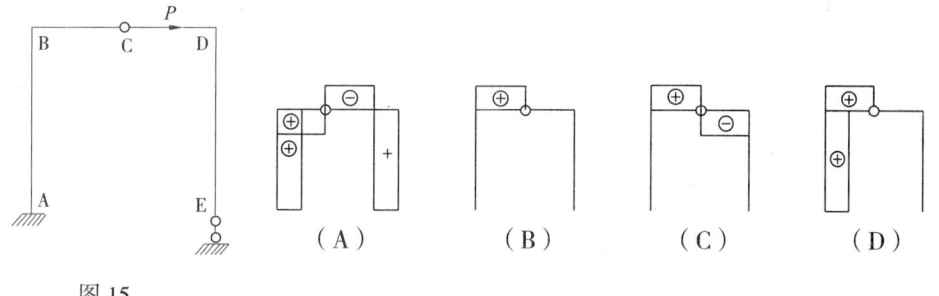

图 15

16. 图 16 所示结构支座 a 发生沉降 Δ 时，正确的剪力图是（　　）。

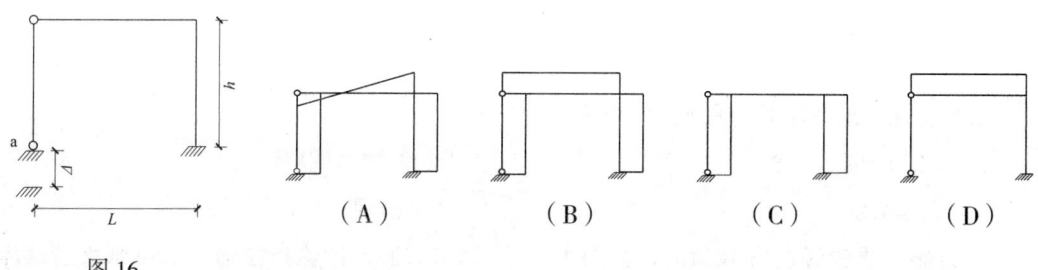

图 16

17. 题图所示刚架在荷载作用下跨中 **A** 点竖向位移最小的是（　　）。（刚架水平杆和竖向杆长度相同）

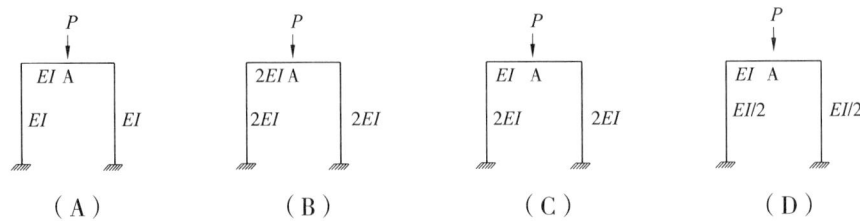

18. 题图所示相同材料和截面的圆拱，在相同的均布荷载作用下，中心 **O** 点竖向位移最大的是（　　）。

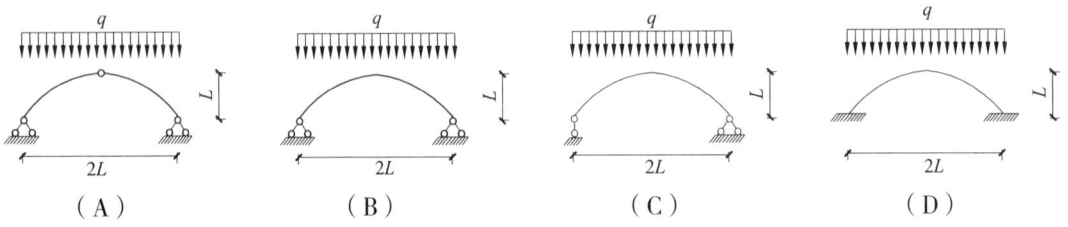

19. 图示结构的弯矩图，正确的是（　　）。

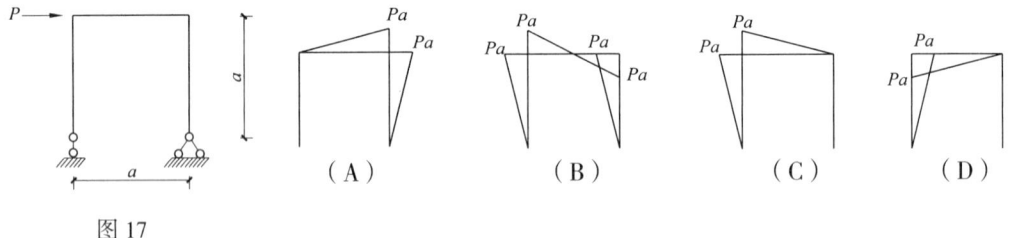

图 17

20. 图 18 所示结构受升温荷载作用，关于杆件中的内力值大小，以下关系正确的是（　　）。

（A）$M_{CC'} > M_{BB'}$，且 $N_{BC} < N_{AB}$

（B）$M_{CC'} < M_{BB'}$，且 $N_{BC} < N_{AB}$

（C）$M_{CC'} > M_{BB'}$，且 $N_{BC} > N_{AB}$

（D）$M_{CC'} < M_{BB'}$，且 $N_{BC} > N_{AB}$

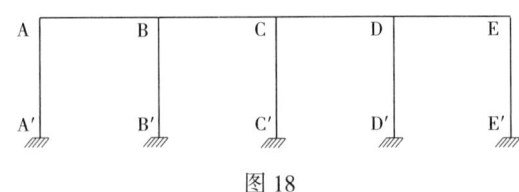

图 18

21. 砌体的收缩率与下列哪种因素有关（　　）。

（A）砌体的抗压强度　　　　　　　（B）砂浆的抗压强度

（C）砌体类别　　　　　　　　　　（D）砂浆类别

22. 当施工质量等级为 **B** 级时，如图 19 所示烧结普通砖砌体抗拉强度从小到大的顺序（　　）。

（A）a<b<c （B）b<c<a
（C）c<b<a （D）c<a<b

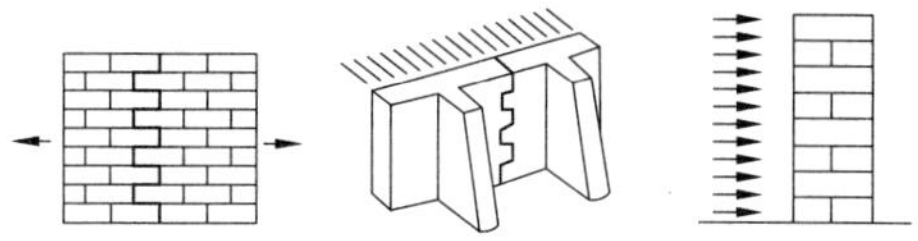

图19 a沿齿缝 b沿齿缝 c沿通缝

23. 关于钢材的选用，错误的说法是（　　）。
（A）需要验算疲劳的焊接结构的钢材应具有常温冲击韧性的合格保证
（B）需要验算疲劳的非焊接结构的钢材可不具有常温冲击韧性的合格保证
（C）焊接结构的钢材应具有碳含量的合格保证
（D）焊接承重结构的钢材应具有冷弯试验的合格保证

24. 受力预埋件的锚筋不应采用下列哪种钢筋（　　）。
（A）HPB300　（B）HRB335　（C）HRB400　（D）冷加工钢筋

25. 轴心抗压承载力相同的下列柱，截面积可做得最小的是（　　）。
（A）普通钢筋混凝土柱　　　　（B）型钢混凝土柱
（C）圆形钢管混凝土柱　　　　（D）方形钢管混凝土柱

26. 蒸压加气混凝土的重度为（　　）。
（A）5.5kN/m³　（B）10.8kN/m³　（C）11.8kN/m³　（D）20kN/m³

27. 控制木材含水率的主要原因是（　　）。
（A）防火要求　（B）防腐要求　（C）控制木材收缩　（D）保障木材的强度

28. 关于钢筋混凝土柱下独立基础及其下垫层的混凝土强度等级的要求，正确的说法是（　　）。
（A）独立基础不应低于C25，垫层不宜低于C15
（B）独立基础不应低于C25，垫层不宜低于C10
（C）独立基础不应低于C20，垫层不宜低于C15
（D）独立基础不应低于C20，垫层不宜低于C10

29. 型钢混凝土梁在型钢上设置的栓钉，其受力特征正确的是（　　）。
（A）受剪　（B）受拉　（C）受压　（D）受弯

30. HRB500 的钢筋适用于哪种结构（　　）。
（A）抗震框架　（B）抗拔桩　（C）挡土墙　（D）基础

31. 钢结构框架柱节点板与钢梁腹板连接采用的摩擦型连接高强度螺栓，主要承受（　　）。
（A）扭矩　（B）拉力　（C）剪力　（D）压力

32. 抗震地区不应采用（　　）。
（A）局部不规则　（B）一般不规则　（C）严重不规则　（D）特别不规则

33. 在抗震设防烈度为7度（0.10g）的地区某三层幼儿园不应采用（　　）。
（A）烧结多孔砖　（B）轻集料混凝土　（C）底层框架-抗震墙　（D）配筋砌体

34. 砌体结构中砂浆的强度等级以下哪项规定为正确（　　）。
（A）M30、M15、M10、M7.5、M5

(B) M15、M10、M7.5、M5、M2.5

(C) MU30、MU20、MU10、MU7.5、MU5

(D) MU15、MU10、MU7.5、MU5、MU2.5

35. 地震区轻型木结构房屋梁与柱的连接做法，正确的是（　　）。

(A) 螺栓连接　　(B) 钢钉连接　　(C) 齿板连接　　(D) 榫式连接

36. 三角形木桁架的最小高跨比为以下何值（　　）。

(A) 1/4　　(B) 1/5　　(C) 1/6　　(D) 1/7

37. 钢筋混凝土结构中采用砌体填充墙，下列说法错误的是（　　）。

(A) 填充墙的平面和竖向布置，宜避免形成薄弱层或短柱

(B) 楼梯间和人流通道的填充墙，尚应采用钢丝网砂浆面层加强

(C) 墙顶应与框架梁、楼板密切结合，可不采取拉结措施

(D) 墙长超过8m，宜设置钢筋混凝土构造柱

38. 钢筋混凝土叠合梁的叠合层厚不宜小于（　　）。

(A) 80mm　　(B) 100mm　　(C) 120mm　　(D) 150mm

39. 预应力混凝土梁哪种孔道成型方式，张拉时摩擦系数最小（　　）。

(A) 预埋塑料波纹管　　　　(B) 预埋金属波纹管

(C) 预埋钢管　　　　　　　(D) 抽芯成型

40. 普通木结构按《建筑设计防火规范》GB 50016-2014 要求，最多可为几层（　　）。

(A) 1层　　(B) 2层　　(C) 3层　　(D) 4层

41. 混凝土结构对氯离子含量要求最严（即最小）的构件是（　　）。

(A) 露天环境中的混凝土构件　　　(B) 室内环境中的混凝土构件

(C) 海岸海风环境中的混凝土构件　(D) 室内环境中的预应力混凝土构件

42. 高层建筑部分框支剪力墙混凝土结构，当托墙转换梁承受剪力较大时，采用下列哪一种措施是不恰当的（　　）。

(A) 转换梁端上部剪力墙开洞　　　(B) 转换梁端部加腋

(C) 适当加大转换梁截面　　　　　(D) 转换梁端部加型钢

43. 关于确定钢筋混凝土结构房屋防震缝宽度的原则，正确的是（　　）。

(A) 按防震缝两侧较高房屋的高度和结构类型确定

(B) 按防震缝两侧较低房屋的高度和结构类型确定

(C) 按防震缝两侧不利的结构类型及较低房屋高度确定，并满足最小宽度要求

(D) 采用防震缝两侧房屋结构允许地震水平位移的平均值

44. 钢筋混凝土结构伸缩缝最大间距，错误的是（　　）。

(A) 装配式结构大于现浇式结构

(B) 框架结构大于排架结构

(C) 挡土墙结构小于剪力墙结构

（D）同类结构土中环境小于露天环境

45. 在钢筋混凝土结构内力分析时，可以考虑塑性内力重分布的构件是（　　）。
（A）框架梁　　　（B）悬臂梁　　　（C）简支板　　　（D）简支梁

46. 抗震设计的钢框架-支撑体系房屋，下列支撑形式何项不宜采用（　　）。

（A）　　　　　　（B）　　　　　　（C）　　　　　　（D）

47. 抗震设计时，钢框架柱不作要求的是（　　）。
（A）柱长细比　　（B）柱剪压比　　（C）柱应力比　　（D）板件宽厚比

48. 关于钢筋混凝土板柱结构设置柱帽和托板的主要目的，正确的是（　　）。
（A）防止节点发生抗弯破坏　　　　（B）防止节点发生抗剪破坏
（C）防止节点发生冲切破坏　　　　（D）减少板中弯矩和挠度

49. 砌体墙的厚度应满足高厚比的要求，以下不能提高高厚比限值的措施是（　　）。
（A）提高砌块强度等级　　　　　　（B）提高砌体砂浆强度等级
（C）增设构造柱　　　　　　　　　（D）减小门窗洞口

50. 关于多层砌体房屋纵横向砌体抗震墙布置的说法，正确的是（　　）。
（A）纵横墙宜均匀对称，数量相差不大，沿竖向可不连续
（B）同一轴线上的窗间墙宽度均匀，墙面洞口面积不宜大于墙面总面积的80%
（C）房屋宽度方向的中部应设置内纵墙，其累计长度不宜小于房屋总长度的60%
（D）砌体墙段的局部尺寸限制不满足规范要求时，除房屋转角处，可不采取局部加强

51. 关于由中央剪力墙内筒和周边外框筒组成的筒中筒结构的说法，错误的是（　　）。
（A）平面宜选用方形、圆形和正多边形，采用矩形平面时长宽比不宜大于2
（B）高度不宜低于80m，高宽比不宜小于3
（C）外框筒巨型柱宜采用截面短边沿筒壁方向布置，柱距不宜大于4m
（D）外框筒洞口面积不宜大于墙面面积的60%

52. 对于钢筋混凝土结构高层建筑而言，下列措施中对减小水平地震作用最有效的是（　　）。
（A）增大竖向结构构件截面尺寸　　（B）增大水平结构构件截面尺寸
（C）增大结构构件配筋　　　　　　（D）减小建筑物各楼层重量

53. 抗震设防烈度为7的现浇钢筋混凝土高层建筑结构，按适用的最大高宽比从大到小排列，正确的是（　　）。

（A）框架-核心筒、剪力墙、板柱-剪力墙、框架

（B）剪力墙、框架-核心筒、板柱-剪力墙、框架

（C）框架-核心筒、剪力墙、框架、板柱-剪力墙

（D）剪力墙、框架-核心筒、框架、板柱-剪力墙

54. 跨度为 60m 的平面网架，其合理的网架高度为（　　）。

（A）3m　　　　（B）5m　　　　（C）8m　　　　（D）10m

55. 某地区要尽快建造一单层大跨度的临时展览馆，下列结构形式哪种最为适宜（　　）。

（A）预应力混凝土结构　　　　（B）混凝土柱 + 钢屋盖结构

（C）索膜结构　　　　（D）型钢混凝土组合梁结构

56. 不属于混合结构体系是（　　）。

（A）外围钢框架与钢筋混凝土核心筒组合的结构体系

（B）型钢钢筋混凝土框架与钢筋混凝土核心筒组合

（C）钢管混凝土柱钢筋混凝土梁与钢筋混凝土核心筒组合

（D）外围刚框筒与钢筋混凝土核心筒组合

57. 地震区房屋如图 20，两楼之间防震缝的最小宽度 A 按下列何项确定（　　）。

（A）按框架结构 30m 高确定

（B）按框架结构 60m 高确定

（C）按抗震墙结构 30m 高确定

（D）按抗震墙结构 60m 高确定

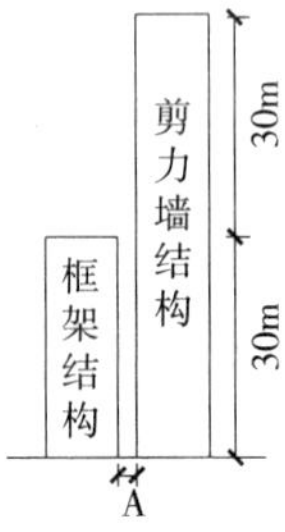

图 20

58. 砌体房屋中钢筋混凝土构造柱满足以下哪项要求（　　）。

Ⅰ. 钢筋混凝土构造柱必须单独设置基础

Ⅱ. 钢筋混凝土构造柱截面应小于 240mm × 180mm

Ⅲ. 钢筋混凝土构造柱应与圈梁连接

Ⅳ. 钢筋混凝土构造柱应先浇筑后砌墙

（A）Ⅰ、Ⅱ　　（B）Ⅰ、Ⅲ　　（C）Ⅱ、Ⅲ　　（D）Ⅱ、Ⅳ

59. 图 21 所示三种高层建筑迎风面面积均相等，在相同风环境下其所受水平风荷载合力大小，正确的是（　　）。

（A）Ⅰ = Ⅱ = Ⅲ

（B）Ⅰ = Ⅱ < Ⅲ

（C）Ⅰ < Ⅱ = Ⅲ

（D）Ⅰ < Ⅱ < Ⅲ

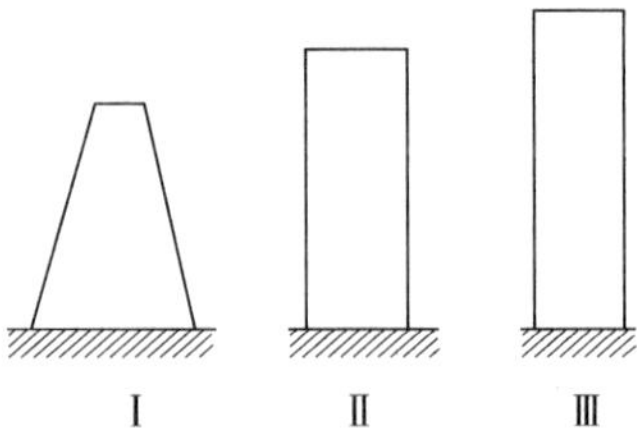

图 20

60. 关于抗震设计的高层框架结构房屋结构布置的说法，正确的是（　　）。

（A）框架应设计成双向梁柱抗侧力体系，梁柱节点可以采用铰接

（B）任何部位均不可采用单跨框架

（C）可不考虑砌体填充墙布置对建筑结构抗震的影响

（D）楼梯间布置应尽量减小其造成的结构平面不规则

61. 关于钢筋混凝土框架-核心筒的加强层设置，下列说法错误的是（　　）。

（A）布置 1 个加强层时，可设置在 0.6 倍房屋高度附近

（B）布置 2 个加强层时，分别设置在房屋高度的 1/3 和 2/3 处效果最好

（C）布置多个加强层时，宜沿竖向从顶层向下均匀设置

（D）不宜布置过多的加强层

62. 抗震设防的高层建筑，下列情况属于特别不规则的结构是（　　）。

（A）框支结构的转换构件，7 度设在 4 层或 8 度设在 2 层

（B）单塔质心或多塔合质心与大底盘的质心偏心距大于底盘相应边长的 20%

（C）6 度设防的厚板转换结构

（D）同时具有加强层、错层的结构

63. 高层建筑混凝土结构中，楼板开洞面积不宜超过楼面面积的（　　）。

（A）20%　　　　（B）30%　　　　（C）40%　　　　（D）50%

64 抗震建筑当上部结构楼层相对于下部楼层外挑时，上部楼层水平尺寸 B_1 不宜大于下部楼层的水平尺寸 B 的多少倍（　　）。

（A）1.1　　　　（B）1.2　　　　（C）1.3　　　　（D）1.4

65. 用压型钢板做屋面板的 36m 跨厂房房屋，采用下列哪种结构形式为佳（　　）。

（A）三角形钢屋架　　　　　　　（B）预应力钢筋混凝土大梁

（C）梯形钢屋架　　　　　　　　（D）平行弦钢屋架

66. 控制混凝土的含碱量，其作用是（　　）。

（A）减小混凝土的收缩　　　　　（B）提高混凝土的耐久性

（C）减小混凝土的徐变　　　　　（D）提高混凝土的早期强度

67. 抗震设计时，确定带阁楼坡屋顶的多层砌体房屋高度上端的位置，下列说法正确的是（　　）。

（A）山尖墙的檐口高度处　　　　（B）山尖墙的 1/3 高度处

（C）山尖墙的 1/2 高度处　　　　（D）山尖墙的山尖高度处

68. 房屋结构隔震一般可使结构的水平地震加速度反应降低多少（　　）。

（A）20% 左右　　（B）40% 左右　　（C）60% 左右　　（D）80% 左右

69. 抗震设计时，全部消除地基液化的措施中，下面哪一项是不正确的（　　）。

（A）采用桩基，桩端伸入液化土层以下稳定土层中必要的深度

（B）采用筏板基础

（C）采用加密法，处理至液化深度下界

（D）用非液化土替换全部液化土层

70. 中国地震动参数区划图确定的地震基本烈度共划分为多少度（　　）。

（A）10　　　　（B）11　　　　（C）12　　　　（D）13

71. 现浇钢筋混凝土房屋的抗震等级与以下哪些因素有关（　　）。

Ⅰ. 抗震设防烈度　　Ⅱ. 建筑物高度　　Ⅲ. 结构类型　　Ⅳ. 建筑场地类别

（A）Ⅰ、Ⅱ、Ⅲ　　（B）Ⅰ、Ⅱ、Ⅳ　　（C）Ⅱ、Ⅲ、Ⅳ　　（D）Ⅰ、Ⅱ、Ⅲ、Ⅳ

72. 以下关于地震震级和地震烈度的叙述，哪个是错误的（　　）。

（A）一次地震的震级用基本烈度表示

（B）地震烈度表示一次地震对各个不同地区的地表和各类建筑物影响的强弱程度

（C）里氏震级表示一次地震释放能量的大小

（D）1976 年我国唐山大地震为里氏 7.8 级，震中烈度为 11 度

73. 抗震设计时，普通砖、多孔砖和小砌块砌体承重房屋的层高 h_1，底部框架-抗震墙砌体房屋的底部层高 h_2，应不超过下列何项数值（　　）。

（A）h_1=4.2m，h_2=4.8m　　　　（B）h_1=4.2m，h_2=4.5m

（C）h_1=3.6m，h_2=4.8m　　　　（D）h_1=3.6m，h_2=4.5m

74. 现浇钢筋混凝土房屋的最大适用高度下述错误的是（　　）。

（A）6 度 200m　　（B）7 度 150m　　（C）8 度 120m　　（D）9 度 80m

75. 某抗震设防的框架-剪力墙结构，地上 20 层，平面尺寸 40m×40m，从第 16 层及以上平面局部收进，实现竖向规则的情况下，局部收进的最大水平尺寸为（　　）。

（A）5m　　　　（B）10m　　　　（C）15m　　　　（D）20m

76. 抗震设防烈度为 8 度（0.20g）的地区，某高度 70m、平面尺寸 16m×48m 的 16 层医院住院部，不应采用下列哪种结构（　　）。

（A）框架-剪力墙结构　　　　（B）剪力墙结构

（C）板柱-剪力墙结构　　　　（D）钢框架-支撑结构

77. 抗震设防的钢筋混凝土高层连体结构，下列说法错误的是（　　）。

（A）连体结构各独立部分宜有相同或相近的体型、平面布置和刚度，宜采用双轴对称的平面形式

（B）7 度、8 抗震设计时，层数和刚度相差悬殊的建筑不宜采用连体结构

（C）7 度（0.15g）和 8 度抗震设计时，连体结构的连接体应考虑竖向地震的影响

（D）连接体结构与主体结构不宜采用刚性连接，不应采用滑动连接

78. 抗震设防烈度为 8 度时，现浇钢筋混凝土楼、屋盖的多层砌体房屋，抗震横墙的最大间距是下列哪一个数值（　　）。

（A）18m　　　　（B）15m　　　　（C）11m　　　　（D）7m

79. 抗震设计的钢筋混凝土框架梁截面高宽比不宜大于（　　）。

（A）2　　　　（B）4　　　　（C）6　　　　（D）8

80. 以下有关塔楼的论述错误的是（　　）。

（A）塔楼的转换层宜设在底盘屋面的上层塔楼内

（B）各塔楼的层数、平面和刚度宜接近

（C）9 度时不应采用转换层结构

（D）上部塔楼结构的综合质心与底盘结构质心的距离不宜大于底盘相应边长的 20%

81. 钢筋混凝土框架 - 剪力墙结构在 8 度抗震设计中，剪力墙的间距取值（　　）。

（A）与楼面宽度成正比　　　　　　（B）与楼面宽度成反比

（C）与楼面宽度无关　　　　　　　（D）与楼面宽度有关，但不超过规定限值

82. 钢支撑 - 混凝土框架结构应用于抗震设防烈度 6~8 度的高层房屋，下列说法正确的是（　　）。

（A）钢筋混凝土框架结构超过其最大使用高度时，优先采用钢支撑 – 混凝土框架组成的抗侧力体系

（B）可只在结构侧向刚度较弱的主轴方向布置钢支撑框架

（C）当为丙类建筑时，钢支撑框架部分的抗震等级按相应钢结构和混凝土框架结构的规定确定

（D）适用的最大高度不宜超过钢筋混凝土框架结构和框架 – 抗震墙结构二者最大适用高度的平均值

83. 钢结构立体析架比平面析架侧向刚度大，下列哪一种横截面形式是不恰当的（　　）。

（A）正三角形　　（B）倒三角形　　（C）矩形截面　　（D）菱形截面

84. 钢结构承载力计算时，下列哪种说法错误（　　）。

（A）受弯构件不考虑稳定性　　　　（B）轴心受压构件应考虑稳定性

（C）压弯构件应考虑稳定性　　　　（D）轴心受拉构件不应考虑稳定性

85. 对钢管混凝土柱中钢管作用的下列描述，哪项不正确（　　）。

（A）钢管对管中混凝土起约束作用

（B）加设钢管可提高柱子的抗压承载能力

（C）加设钢管可提高柱子的延性

（D）加设钢管可提高柱子的长细比

86. 建造在软弱地基上的建筑物，在适当位置宜设置沉降缝，下列哪一种说法是不正确的（　　）。

（A）建筑平面的转折部位

（B）长度大于 50m 的框架结构的适当部位

（C）高度差异处

（D）地基土的压缩性有明显差异处

87. 通常情况下，工程项目基槽开挖后，对地基应在槽底普通钎探（轻型圆锥动力触探），当基底土确认为下列何种土质时，可不进行钎探（　　）。

（A）黏土　　　　（B）粉土　　　　（C）粉砂　　　　（D）碎石

88. 如图 22 所示，某重力式挡土墙，墙背垂直光滑，墙后土层均匀，无地下水，则下列图中关于挡土墙后的土压力分布示意正确的是（　　）。

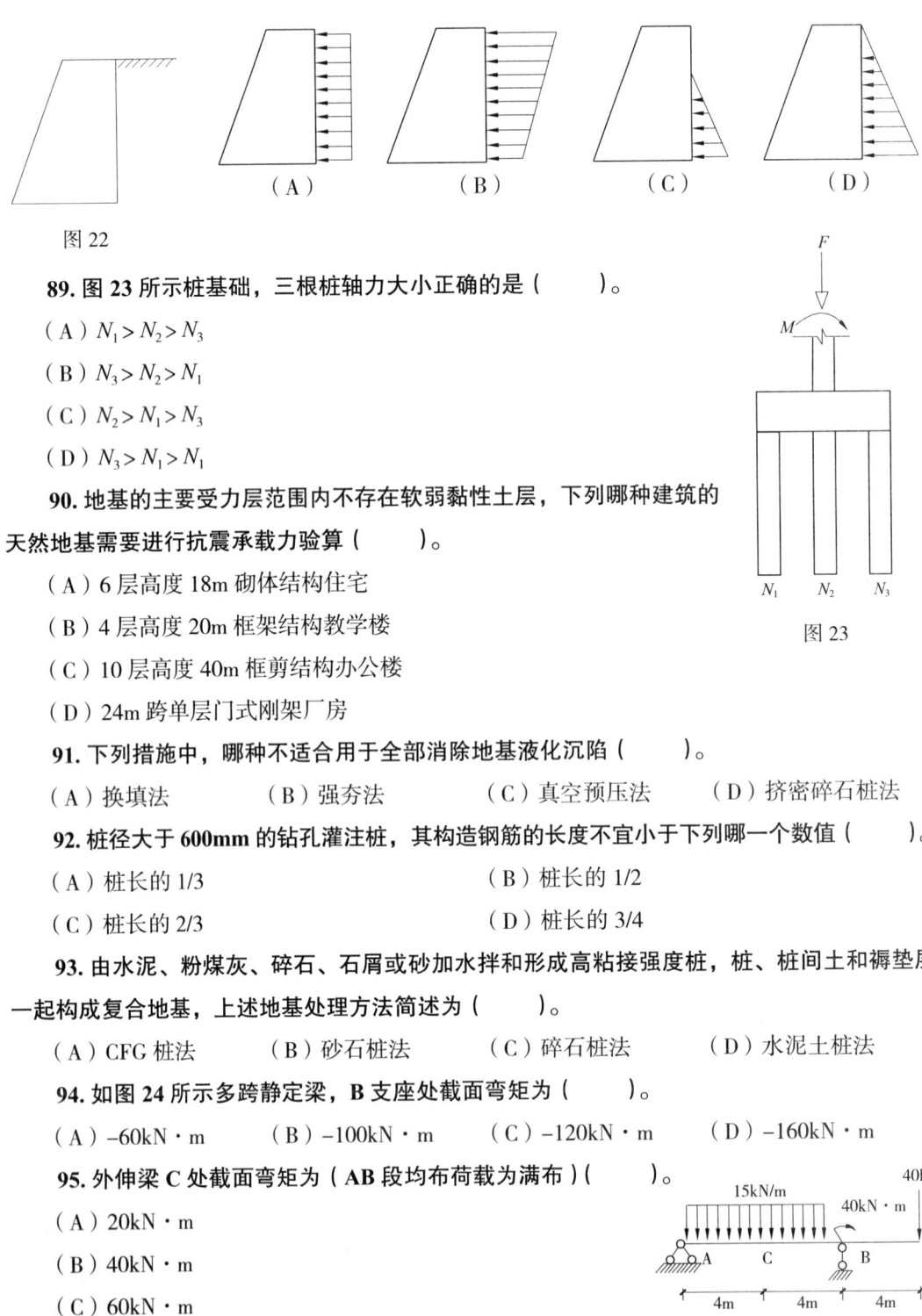

图 22

89. 图 23 所示桩基础，三根桩轴力大小正确的是（　　）。

（A）$N_1 > N_2 > N_3$

（B）$N_3 > N_2 > N_1$

（C）$N_2 > N_1 > N_3$

（D）$N_3 > N_1 > N_1$

90. 地基的主要受力层范围内不存在软弱黏性土层，下列哪种建筑的天然地基需要进行抗震承载力验算（　　）。

（A）6 层高度 18m 砌体结构住宅

（B）4 层高度 20m 框架结构教学楼

（C）10 层高度 40m 框剪结构办公楼

（D）24m 跨单层门式刚架厂房

91. 下列措施中，哪种不适合用于全部消除地基液化沉陷（　　）。

（A）换填法　　（B）强夯法　　（C）真空预压法　　（D）挤密碎石桩法

92. 桩径大于 600mm 的钻孔灌注桩，其构造钢筋的长度不宜小于下列哪一个数值（　　）。

（A）桩长的 1/3　　　　　　　（B）桩长的 1/2

（C）桩长的 2/3　　　　　　　（D）桩长的 3/4

93. 由水泥、粉煤灰、碎石、石屑或砂加水拌和形成高粘接强度桩，桩、桩间土和褥垫层一起构成复合地基，上述地基处理方法简述为（　　）。

（A）CFG 桩法　　（B）砂石桩法　　（C）碎石桩法　　（D）水泥土桩法

94. 如图 24 所示多跨静定梁，B 支座处截面弯矩为（　　）。

（A）-60kN·m　　（B）-100kN·m　　（C）-120kN·m　　（D）-160kN·m

95. 外伸梁 C 处截面弯矩为（AB 段均布荷载为满布）（　　）。

（A）20kN·m

（B）40kN·m

（C）60kN·m

（D）80kN·m

图 24

96. 关于建筑结构采用隔震设计中说法错误的是（　　）。

（A）结构自振周期越长，隔声效果越高

（B）建筑设防烈度越高，隔声效果越高

（C）结构高宽比宜小于 4

（D）风荷载总水平标准值，不宜超过结构总重力的 10%

97. 当采用扁梁作为框架梁时，选错误的（　　）。

（A）扁梁宽度不应大于柱宽 2 倍

（B）扁梁不宜用于一、二级框架结构

（C）扁梁应双向布置，且梁中线与柱中线重合

（D）扁梁楼盖应现浇

98. 图 25 所示支座的类型为（　　）。

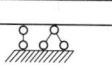

（A）滑动支座　　　　　　　（B）铰支座

（C）固端支座　　　　　　　（D）定向支座

图 25

99. 当钢结构的焊缝形式、断面尺寸和辅助要求相同时，钢结构图中可只选择一处标注焊缝，下列哪一个表达形式是正确的（　　）。

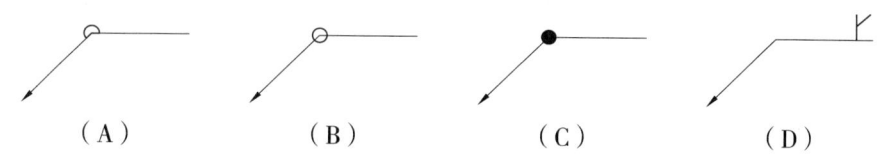

100. 钢材双面角焊缝的标注方法，正确的是下列哪一种（　　）。

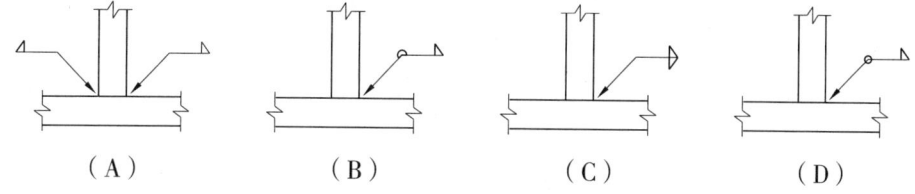

模拟题 VI 参考答案及解析

1.【答案】D

【解析】按照下图顺序依次去零杆，其中1，2杆为T型节点零杆，将其去除后3，4杆为T型节点零杆，将其去除后5杆为T型节点零杆。

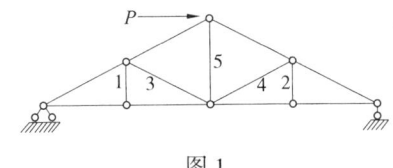

图1

2.【答案】C

【解析】结构上无水平力，因此铰支座处无水平反力，结构对称且荷载对称，各杆件内力也应该是对称的，再根据A为K型结点可知1杆和2杆不可能同时受拉或者受压，因此1杆和2杆为零杆，将其去除后可看出3，4杆同样为零杆；由支座处的受力平衡可知5，6杆为零杆。

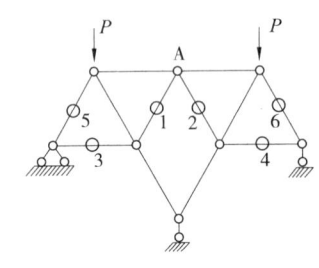

图2

3.【答案】C

【解析】按照下图顺序依次断杆和去二元体，总计断杆两次，超静定次数为2。

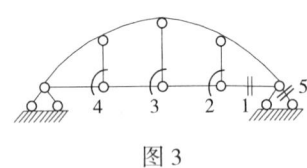

图3

4.【答案】A

【解析】BC段直接受到外力作用，必会产生内力，AB段和CE段为BC段的主体结构，附属结构受到外力作用时，主体结构必然受到影响，因此也会产生内力，因此全体结构都会产生内力变化。

5.【答案】D

【解析】取DC段为隔离体，C截面的弯矩为Pl；根据刚节点平衡可知C点左截面弯矩也为Pl；取BCD段为隔离体，B点右截面弯矩为Pl，B点下截面弯矩为$Pl-Pl=0$；取整体为隔离体，A点弯矩为$Pl+Pl=2Pl$，综上所述，D选项弯矩图正确。

6.【答案】B

【解析】A支座无水平约束，因此A支座无水平反力，AB段无弯矩，BD段无外力偶和垂直于轴向的外力，因此BD段无弯矩；DE段相当于一个在悬臂端施加集中荷载的悬臂梁，综上所述B为正确选项。

7.【答案】B

【解析】对B节点取矩有$\sum M_B = R_A \times L - P \times \dfrac{L}{2} = \dfrac{PL}{2}$，可得出$R_A = P$，取以a点为界左半

结构为隔离体，a 点左截面的弯矩为 $\dfrac{PL}{2}$。

8.【答案】B

【解析】只需求出两点的剪力即可，Ⅰ情况下，先求支座反力，对 B 支座取矩有 $\sum M_{\mathrm{B}}=R_{\mathrm{A}}\times 2L-2q\times L\times \dfrac{3}{2}L=0$，可以得出 $R_{\mathrm{A}}=\dfrac{3qL}{2}$。

则Ⅰ点的剪力为 $\dfrac{3qL}{2}-2qL=-\dfrac{qL}{2}$。

在Ⅱ情况下，两个均布荷载形成的力偶大小为 $qL\times L=qL^2$，由支座反力形成的力偶与该力偶平衡，支座反力大小为 $qL^2\div 2L=\dfrac{qL}{2}$，Ⅱ点的剪力为 $\dfrac{qL}{2}-qL=-\dfrac{qL}{2}$，因此两点剪力相同。

9.【答案】B

【解析】附属部分 BC 通过节点 B 施加给主体部分的荷载为 $\dfrac{P}{2}\uparrow$，主体部分 AB 由 $\sum Y=0$ 可知 $R_{\mathrm{A}}=2P-P-\dfrac{P}{2}=\dfrac{P}{2}$，选择 B。

10.【答案】B

【解析】取整体为隔离体，对 A 点取矩有 $\sum M_{\mathrm{A}}=R_{\mathrm{B}}\times L-P\times \dfrac{L}{2}=0$，由此可得出 $R_{\mathrm{B}}=\dfrac{P}{2}$。

11.【答案】D

【解析】静定刚架横梁均为上侧受拉，由此可知 D 正确。

12.【答案】A

【解析】如图 4 所示，在 A 中，1 杆和 2 杆为 L 型节点零杆，在 B 中由节点平衡可知 1 杆内力不为零，2 杆内力为零，也就是说两种情况下 1 杆的内力不同，而在去掉 1 杆后，其余部分的受力情况均相同，因此内力也相同，综上所述，仅有 1 根杆件内力不同。

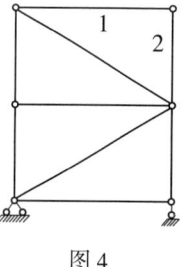

图 4

13.【答案】C

【解析】AB 段无外力作用，无弯矩；BC 段相当于一个悬臂梁，C 点左截面弯矩为 $2Pa$，根据刚节点平衡可知 C 点下截面弯矩也是 $2Pa$，CD 段无垂直于轴向的外力作用，剪力为零，是纯弯段，因此弯矩图为一条竖直线段。

14.【答案】D

【解析】均布荷载的弯矩图为抛物线，排除 AB，根据刚节点平衡，排除 C。

15.【答案】B

【解析】E 支座没有水平向约束，因此 CD 段轴力为零，BC 段受拉，轴力为正，AB 段和 DE 段无轴力，选择 B。

16.【答案】D

【解析】超静定结构支座位移会引起内力变化，该结构支座沉降，相当于在支座处施加了一个竖向荷载,仅水平段有垂直于轴向的外力,会产生剪力其余部分没有剪力产生,因此选择 D。

17.【答案】B

【解析】竖杆的刚度大说明其对横杆的约束大,竖杆顶端转角位移小,横杆刚度大说明横杆沿轴向挠度小,因此 B 正确。

18.【答案】C

【解析】C 选项所示结构无水平推力产生,因此其为曲梁,仅产生弯曲变形,无轴向变形,其他三个选项均为拱结构。拱结构有轴力产生,从应力分布角度讲,弯曲变形截面利用不充分,截面边缘应力大,中间应力小,而轴向变形截面利用更充分,因此由弯曲产生的变形更大,答案为 C。

19.【答案】A

【解析】左侧竖杆的支座没有水平支座反力,弯矩为零,排除 B、C、D。

20.【答案】D

【解析】由结构的对称性可知 CC′弯矩为零,其余各竖杆由于横梁热胀冷缩会产生不为零的弯矩,因此排除 A、C;越靠近中间,横梁受到的约束越多,其轴力越大,因此 $N_{BC} > N_{AB}$,答案为 D。

21.【答案】C

【解析】参见《砌体结构设计规范》GB 50003-2011 第 3.2.5.3 条:砌体的线膨胀系数和收缩率,可按表 3.2.5-2 采用。

由表可知,砌体的线膨胀系数和收缩率与砌体类别有关。

砌体的线膨胀系数和收缩率　　表 3.2.5-2

砌体类别	线膨胀系数（10^{-6}/℃）	收缩率（mm/m）
烧结普通砖、烧结多孔砖砌体	5	-0.1
蒸压灰砂普通砖、蒸压粉煤灰普通砖砌体	8	-0.2
混凝土普通砖、混凝土多孔砖、混凝土砌块砌体	10	-0.2
轻集料混凝土砌块砌体	10	-0.3
料石和毛石砌体	8	—

注:表中的收缩率系由达到的收缩允许标准的块体砌筑 28d 的砌体收缩系数。当地方有可靠的砌体收缩试验数据时,亦可采用当地的试验数据。

22.【答案】D

【解析】参见《砌体结构设计规范》GB 50003-2011 表 3.2.2:

由表可知,沿砌体灰缝截面破坏时砌体的弯曲抗拉强度设计值与破坏特征、砌体种类和砂浆强度等级有关。

沿砌体灰缝截面破坏时砌体的轴心抗拉强度设计值、
弯曲抗拉强度设计值和抗剪强度设计值（MPa）

表 3.2.2

强度类别	破坏特征及砌体种类	砂浆强度等级			
		≥ M10	M7.5	M5	≥ M2.5
轴心抗拉（沿齿缝）	烧结普通砖、烧结多孔砖	0.19	0.16	0.13	0.09
	混凝土普通砖、混凝土多孔砖	0.19	0.16	0.13	—
	蒸压灰砂普通砖、蒸压粉煤灰普通砖	0.12	0.10	0.08	—
	混凝土和轻集料混凝土砌块	0.09	0.08	0.07	—
	毛石	—	0.07	0.06	0.04
弯曲抗拉（沿齿缝）	烧结普通砖、烧结多孔砖	0.33	0.29	0.23	0.17
	混凝土普通砖、混凝土多孔砖	0.33	0.29	0.23	—
	蒸压灰砂普通砖、蒸压粉煤灰普通砖	0.24	0.20	0.16	—
	混凝土和轻集料混凝土砌块	0.11	0.09	0.08	—
	毛石	—	0.11	0.09	0.07
弯曲抗拉（沿通缝）	烧结普通砖、烧结多孔砖	0.17	0.14	0.11	0.08
	混凝土普通砖、混凝土多孔砖	0.17	0.14	0.11	—
	蒸压灰砂普通砖、蒸压粉煤灰普通砖	0.12	0.10	0.08	—
	混凝土和轻集料混凝土砌块	0.08	0.06	0.05	—
抗剪	烧结普通砖、烧结多孔砖	0.17	0.14	0.11	0.08
	混凝土普通砖、混凝土多孔砖	0.17	0.14	0.11	—
	蒸压灰砂普通砖、蒸压粉煤灰普通砖	0.12	0.10	0.08	—
	混凝土和轻集料混凝土砌块	0.09	0.08	0.06	—
	毛石	—	0.19	0.16	0.11

注：1. 对于用形状规则的块体砌筑的砌体，当搭接长度与块体高度的比值小于1时，其轴心抗拉强度设计值f_t和弯曲抗拉强度设计值f_{tm}应按表中数值乘以搭接长度与块体高度比值后采用；
2. 表中数值是依据普通砂浆砌筑的砌体确定，采用经研究性试验且通过技术鉴定的专用砂浆砌筑的蒸压灰砂普通砖、蒸压粉煤灰普通砖砌体，其抗剪强度设计值按相应普通砂浆强度等级砌筑的烧结普通砖砌体采用；
3. 对混凝土普通砖、混凝土多孔砖、混凝土和轻集料混凝土砌块砌体，表中的砂浆强度等级分别为：≥ Mb10、Mb7.5 及 Mb5。

23.【答案】B

【解析】参见《钢结构设计规范》GB 50017-2017 第 4.3.2 和 4.3.3 条：

4.3.2：承重结构采用的钢材应具有抗拉强度、伸长率、屈服强度和硫、磷含量的合格保证，对焊接结构尚应具有碳含量的合格保证。焊接承重结构以及重要的非焊接承重结构采用的钢材还应具有冷弯试验的合格保证。

4.3.3：钢材质量等级的选用应符合下列规定：

1. A 级钢仅可用于结构工作温度高于 0℃ 的不需要验算疲劳的结构，且 Q235A 钢不宜用于焊接结构。

2. 需验算疲劳的焊接结构用钢材应符合下列规定：

1）当工作温度高于 0℃ 时其质量等级不应低于 B 级；

2）当工作温度不高于 0℃ 但高于 -20℃ 时，Q235、Q345 钢不应低于 C 级，Q390、Q420 及 Q460 钢不应低于 D 级；

3）当工作温度不高于 -20℃时，Q235 钢和 Q345 钢不应低于 D 级，Q390 钢、Q420 钢、Q460 钢应选用 E 级。

3. 需验算疲劳的非焊接结构，其钢材质量等级要求可较上述焊接结构降低一级但不应低于 B 级。吊车起重量不小于 50t 的中级工作制吊车梁，其质量等级要求应与需要验算疲劳的构件相同。

24.【答案】D

【解析】参见《混凝土结构设计规范》GB 50010-2010（2015 年版）第 9.7.1 条：受力预埋件的锚板宜采用 Q235、Q345 级钢，锚板厚度应根据受力情况计算确定，且不宜小于锚筋直径的 60%；受拉和受弯预埋件的锚板厚度尚宜大于 $b/8$，b 为锚筋的间距。

受力预埋件的锚筋应采用 HRB400 或 HPB300 钢筋，不应采用冷加工钢筋。

直锚筋与锚板应采用 T 形焊接。当锚筋直径不大于 20mm 时宜采用压力埋弧焊；当锚筋直径大于 20mm 时宜采用穿孔塞焊。当采用手工焊时，焊缝高度不宜小于 6mm，且对 300MPa 级钢筋不宜小于 $0.5d$，对其他钢筋不宜小于 $0.6d$，d 为锚筋的直径。

冷加工钢筋包括冷拉和冷拔。钢筋经过冷拉或冷拔后，强度提高，但塑性降低。作为锚筋，需要足够的表面积与混凝土接触，传递剪力，冷加工钢筋由于直径较小，不宜作为预埋件的锚筋。

25.【答案】C

【解析】当轴心受压构件三向受压时，纵向开裂得到约束，塑性性能提高，混凝土受压承载力提高。因此轴心受压柱承载力相同时，因圆形钢管混凝土受到的钢管约束力最强，其截面积可做得最小。

26.【答案】A

【解析】参见《建筑结构荷载规范》GB 50009-2012 附录 A，蒸压加气混凝土的重度为 5.5~7.5kN/m³。

27.【答案】C

【解析】参见《木结构设计规范》GB 50005-2003 条文说明第 3.1.13 条和 3.1.14 条：

控制木材含水率，使木结构采用较干的木材制作，在相当大的程度上减小了因木材干缩造成的松弛变形和裂缝的危害，对保证工程质量作用很大。

湿材对结构的危害主要是：在结构的关键部位，可能引起危险性的裂缝，促使木材腐朽易遭虫蛀，使节点松动，结构变形增大等。

含水率对木材强度也有影响，在确定木材强度设计值中已有所考虑。

28.【答案】D

【解析】《建筑地基基础设计规范》GB 50007-2011 第 8.2.1 条：扩展基础的构造，应符合下列规定：

1. 锥形基础的边缘高度不宜小于 200mm，且两个方向的坡度不宜大于 1:3；阶梯形基础的每阶高度，宜为 300~500mm。

2. 垫层的厚度不宜小于 70mm，垫层混凝土强度等级不宜低于 C10。

3. 扩展基础受力钢筋最小配筋率不应小于0.15%，底板受力钢筋的最小直径不应小于10mm，间距不应大于200mm，也不应小于100mm。墙下钢筋混凝土条形基础纵向分布钢筋的直径不应小于8mm；间距不应大于300mm；每延米分布钢筋的面积不应小于受力钢筋面积的15%。当有垫层时钢筋保护层的厚度不应小于40mm；无垫层时不应小于70mm。

4. 混凝土强度等级不应低于C20。

29.【答案】A

【解析】参考《高层建筑混凝土结构技术规程》JGJ 3-2010 第11.4.2条：型钢混凝土悬臂梁自由端的纵向受力钢筋应设置专门的锚固件，型钢梁的上翼缘宜设置栓钉；型钢混凝土转换梁在型钢上翼缘宜设置栓钉，栓钉的作用是抗剪。

30.【答案】A

【解析】参见《建筑抗震设计规范》GB 50011-2010 第3.9.3条：结构材料性能指标，尚宜符合下列要求：

1. 普通钢筋宜优先采用延性、韧性和焊接性较好的钢筋；普通钢筋的强度等级，纵向受力钢筋宜选用符合抗震性能指标的不低于HRB400级的热轧钢筋，也可采用符合抗震性能指标的HRB335级热轧钢筋；箍筋宜选用符合抗震性能指标的不低于HRB335级的热轧钢筋，也可选用HPB300级热轧钢筋。

注：钢筋的检验方法应符合现行国家标准《混凝土结构工程施工质量验收规范》GB 50204的规定。

2. 混凝土结构的混凝土强度等级，抗震墙不宜超过C60，其他构件，9度时不宜超过C60，8度时不宜超过C70。

3. 钢结构的钢材宜采用Q235等级B、C、D的碳素结构钢及Q345等级B、C、D、E的低合金高强度结构钢；当有可靠依据时，尚可采用其他钢种和钢号。

31.【答案】C

【解析】摩擦型高强螺栓主要承受剪力。

32.【答案】C

【解析】参见《建筑抗震设计规范》GB 50011-2010 第3.4.1条：建筑设计应根据抗震概念设计的要求明确建筑形体的规则性。不规则的建筑应按规定采取加强措施；特别不规则的建筑应进行专门研究和论证，采取特别的加强措施；严重不规则的建筑不应采用。

注：形体指建筑平面形状和立面、竖向剖面的变化。

33.【答案】C

【解析】参见《建筑工程抗震设防分类标准》GB 50223-2008 第6.0.8条：教育建筑中，幼儿园、小学、中学的教学用房以及学生宿舍和食堂，抗震设防类别应不低于重点设防类（乙类）。

参见《抗震结构设计规范》GB 50011-2010（2015年版）第7.1.2条：多层房屋的层数和高度应符合下列要求：

1. 一般情况下，房屋的层数和总高度不应超过表7.1.2的规定。

房屋的层数和总高度限值（m）　　　　　表 7.1.2

房屋类别		最小抗震墙厚度(mm)	烈度和设计基本地震加速度									
			6		7				8				9
			0.05g		0.10g		0.15g		0.20g		0.30g		0.40g
			高度	层数	高度	层数	高度	层数	高度	层数	高度	层数	高度	层数
多层砌体房屋	普通砖	240	21	7	21	7	21	7	18	6	15	5	12	4
	多孔砖	240	21	7	21	7	18	6	18	6	15	5	9	3
	多孔砖	190	21	7	18	6	15	5	15	5	12	4	—	—
	小砌块	190	21	7	21	7	18	6	18	6	15	5	9	3
底部框架-抗震墙砌体房屋	普通砖 多孔砖	240	22	7	22	7	19	6	16	5	—	—	—	—
	多孔砖	190	22	7	19	6	16	5	13	4	—	—	—	—
	小砌块	190	22	7	22	7	19	6	16	5	—	—	—	—

注：1. 房屋的总高度指室外地面到主要屋面板板顶或檐口的高度，半地下室从地下室室内地面算起，全地下室和嵌固条件好的半地下室应允许从室外地面算起；对带阁楼的坡屋面应算到山尖墙的1/2高度处；
2. 室内外高差大于0.6m时，房屋总高度应允许比表中的数据适当增加，但增加量应少于1.0m；
3. 乙类的多层砌体房屋仍按本地区设防烈度查表，其层数减少一层且总高度应降低3m；不应采用底部框架-抗震墙砌体房屋；4. 表中小砌块砌体房屋不包括配筋混凝土小型空心砌块砌体房屋。

由上可知，乙类的多层砌体房屋不应采用底部框架-抗震墙砌体结构。

34.【答案】B

【解析】参见《砌体结构设计规范》GB 50003-2011 第 3.1.3 条：砂浆的强度等级应按下列规定采用：

1. 烧结普通砖、烧结多孔砖、蒸压灰砂普通砖和蒸压粉煤灰普通砖砌体采用的普通砂浆强度等级：M15、M10、M7.5、M5 和 M2.5；蒸压灰砂普通砖和蒸压粉煤灰普通砖砌体采用的专用砌筑砂浆强度等级：Ms15、Ms10、Ms7.5、Ms5.0；

2. 混凝土普通砖、混凝土多孔砖、单排孔混凝土砌块和煤矸石混凝土砌块砌体采用的砂浆强度等级：Mb20、Mb15、Mb10、Mb7.5 和 Mb5；

3. 双排孔或多排孔轻集料混凝土砌块砌体采用的砂浆强度等级：Mb10、Mb7.5 和 Mb5；

4. 毛料石、毛石砌体采用的砂浆强度等级：M7.5、M5 和 M2.5。

注：确定砂浆强度等级时应采用同类块体为砂浆强度试块底模。

35.【答案】A

【解析】参见《木结构设计规范》第 9.3.15 条：轻型木结构构件之间应有可靠连接。各种连接件均应符合国家现行的有关标准，进口产品应符合《木结构设计规范》管理机构审查认可的按相关标准生产的合格产品。必要时应进行抽样检验。

轻型木结构构件之间的连接主要是钉连接。按构造设计的钉连接要求和楼面板、屋面板及墙面板与轻型木结构构架的钉连接要求见本规范附录 N.2 及 N.3。

有抗震设防要求的轻型木结构,连接中关键部位应采用螺栓连接。

36.【答案】B

【解析】参见《木结构设计规范》GB 50005-2003 第 7.3.2 条:桁架中央高度与跨度之比,不应小于表 7.3.2 规定的数值

桁架最小高跨比　　　　　　　　　表 7.3.2

序号	桁架类型	h/l
1	三角形木桁架	1/5
2	三角形木桁架;平行弦木桁架;弧形、多边形和梯形木桁架	1/6
3	弧形、多边形和梯形钢木桁架	1/7

注:h—桁架中央高度;l—桁架高度。

37.【答案】C

【解析】参见《建筑抗震设计规范》GB 50011-2010 第 13.3.2 和 13.3.4 条:

13.3.2:非承重墙体的材料、选型和布置,应根据烈度、房屋高度、建筑体型、结构层间变形、墙体自身抗侧力性能的利用等因素,经综合分析后确定,并应符合下列要求:

1. 非承重墙体宜优先采用轻质墙体材料;采用砌体墙时,应采取措施减少对主体结构的不利影响,并应设置拉结筋、水平系梁、圈梁、构造柱等与主体结构可靠拉结。

2. 刚性非承重墙体的布置,应避免使结构形成刚度和强度分布上的突变;当围护墙非对称均匀布置时,应考虑质量和刚度的差异对主体结构抗震不利的影响。

3. 墙体与主体结构应有可靠的拉结,应能适应主体结构不同方向的层间位移;8、9 度时应具有满足层间变位的变形能力,与悬挑构件相连接时,尚应具有满足节点转动引起的竖向变形的能力。

4. 外墙板的连接件应具有足够的延性和适当的转动能力,宜满足在设防地震下主体结构层间变形的要求。

5. 砌体女儿墙在人流出入口和通道处应与主体结构锚固;非出入口无锚固的女儿墙高度,6~8 度时不宜超过 0.5m,9 度时应有锚固。防震缝处女儿墙应留有足够的宽度,缝两侧的自由端应予以加强。

13.3.4:钢筋混凝土结构中的砌体填充墙,尚应符合下列要求:

1. 填充墙在平面和竖向的布置,宜均匀对称,宜避免形成薄弱层或短柱。

2. 砌体的砂浆强度等级不应低于 M5;实心块体的强度等级不宜低于 MU2.5,空心块体的强度等级不宜低于 MU3.5;墙顶应与框架梁密切结合。

3. 填充墙应沿框架柱全高每隔 500~600mm 设 $2\varphi6$ 拉筋,拉筋伸入墙内的长度,6、7 度时宜沿墙全长贯通,8、9 度时应全长贯通。

4. 墙长大于 5m 时,墙顶与梁宜有拉结;墙长超过 8m 或层高 2 倍时,宜设置钢筋混凝土构造柱;墙高超过 4m 时,墙体半高宜设置与柱连接且沿墙全长贯通的钢筋混凝土水平系梁。

5. 楼梯间和人流通道的填充墙，尚应采用钢丝网砂浆面层加强。

38.【答案】B

【解析】参见《混凝土结构设计规范》GB 50010-2010（2015年版）第9.5.2条：混凝土叠合梁、板应符合下列规定：

1. 叠合梁的叠合层混凝土的厚度不宜小于100mm，混凝土强度等级不宜低于C30。预制梁的箍筋应全部伸入叠合层，且各肢伸入叠合层的直线段长度不宜小于$10d$，d为箍筋直径。预制梁的顶面应做成凹凸差不小于6mm的粗糙面。

2. 叠合板的叠合层混凝土厚度不应小于40mm，混凝土强度等级不宜低于C25。预制板表面应做成凹凸差不小于4mm的粗糙面。承受较大荷载的叠合板以及预应力叠合板，宜在预制底板上设置伸入叠合层的构造钢筋。

39.【答案】A

【解析】参见《混凝土结构设计规范》GB 50010-2010（2015年版）表10.2.4：

提示：塑料波管预留孔道的摩擦系数明显小于金属波纹管预留孔道的摩擦系数，减小了张拉过程中预应力的摩擦损失。

摩擦系数　　　　　　　　　　　　　　　　　　　　　　　　表10.2.4

孔道成型方式	k	μ	
		钢绞线、钢丝束	预应力螺纹钢筋
预埋金属波纹管	0.0015	0.25	0.50
预埋塑料波纹管	0.0015	0.15	—
预埋钢管	0.0010	0.30	—
抽芯成型	0.0014	0.55	0.60
无粘结预应力筋	0.0040	0.09	—

注：摩擦系数也可根据实测数据确定。k-考虑孔道每米长度局部偏差的摩擦系数；μ-预应力筋与孔道壁之间的摩擦系数。

40.【答案】B

【解析】参见《建筑设计防火规范》GB 50016-2014第11.0.3条：甲、乙、丙类厂房（库房）不应采用木结构建筑或木结构组合建筑。丁、戊类厂房（库房）和民用建筑，当采用木结构建筑或木结构组合建筑时，其允许层数和允许建筑高度应符合表11.0.3-1的规定，木结构建筑中防火墙间的允许建筑长度和每层最大允许建筑面积应符合表11.0.3-2的规定。

木结构建筑或木结构组合建筑的允许层数和允许建筑高度　　　　表11.0.3-1

木结构建筑的形式	普通木结构建筑	轻型木结构建筑	胶合木结构建筑	木结构组合建筑
允许层数（层）	2	3	1	3	7
允许建筑高度（m）	10	10	不限	15	24

木结构建筑中防火墙间的允许建筑长度和每层最大允许建筑面积　　表 11.0.3-2

层数（层）	防火墙间的允许建筑长度（m）	防火墙间的每层最大允许建筑面积（m²）
1	100	1800
2	80	900
3	60	600

注：1. 当设置自动喷水灭火系统时，防火墙间的允许建筑长度和每层最大允许建筑面积可按本表的规定增加 1.0 倍，对于丁、戊类地上厂房，防火墙间的每层最大允许建筑面积不限。
2. 体育场馆等高大空间建筑，其建筑高度和建筑面积可适当增加。

41.【答案】D

【解析】参见《混凝土结构设计规范》GB 50010-2010（2015 年版）表 3.5.3。

结构混凝土材料的耐久性基本要求　　表 3.5.3

环境等级	最大水胶比	最低强度等级	最大氯离子含量（％）	最大碱含量（kg/m³）
一	0.60	C20	0.30	不限制
二 a	0.55	C25	0.20	3.0
二 b	0.50（0.55）	C30（C25）	0.15	
三 a	0.45（0.50）	C35（C30）	0.15	
三 b	0.40	C40	0.10	

注：1. 氯离子含量系指其占胶凝材料总量的百分比；
2. 预应力构件混凝土中的最大氯离子含量为 0.06%；其最低混凝土强度等级宜按表中的规定提高两个等级；
3. 素混凝土构件的水胶比及最低强度等级的要求可适当放松；
4. 有可靠工程经验时，二类环境中的最低混凝土强度等级可降低一个等级；
5. 处于严寒和寒冷地区二 b、三 a 类环境中的混凝土应使用引气剂，并可采用括号中的有关参数；
6. 当使用非碱活性骨料时，对混凝土中的碱含量可不做限制。

42.【答案】A

【解析】参见《高层建筑混凝土结构技术规程》JGJ 3-2010 条文说明第 10.2.8 条：转换梁受力较复杂，为保证转换梁安全可靠，分别对框支梁和托柱转换梁的截面尺寸及配筋构造等，提出了具体要求。

转换梁承受较大的剪力，开洞会对转换梁的受力造成很大影响，尤其是转换梁端部剪力最大的部位开洞的影响更加不利，因此对转换梁上开洞进行了限制，并规定梁上洞口避开转换梁端部，开洞部位要加强配筋构造。

研究表明，托柱转换梁在托柱部位承受较大的剪力和弯矩，其箍筋应加密配置。框支梁多数情况下为偏心受拉构件，并承受较大的剪力；框支梁上墙体开有边门洞时，往往形成小墙肢，此小墙肢的应力集中尤为突出，而边门洞部位框支梁应力急剧加大。

43.【答案】C

【解析】参见《建筑抗震设计规范》GB 50011-2010 第 6.1.4 条：钢筋混凝土房屋需要设置防震缝时，应符合下列规定：

1. 防震缝宽度应分别符合下列要求：

1）框架结构（包括设置少量抗震墙的框架结构）房屋的防震缝宽度，当高度不超过15m时不应小于100mm；高度超过15m时，6度、7度、8度和9度分别每增加高度5m、4m、3m和2m，宜加宽20mm；

2）框架-抗震墙结构房屋的防震缝宽度不应小于本款1）项规定数值的70%，抗震墙结构房屋的防震缝宽度不应小于本款1）项规定数值的50%；且均不宜小于100mm；

3）防震缝两侧结构类型不同时，宜按需要较宽防震缝的结构类型和较低房屋高度确定缝宽。

2. 8、9度框架结构房屋防震缝两侧结构层高相差较大时，防震缝两侧框架柱的箍筋应沿房屋全高加密，并可根据需要在缝两侧沿房屋全高各设置不少于两道垂直于防震缝的抗撞墙。抗撞墙的布置宜避免加大扭转效应，其长度可不大于1/2层高，抗震等级可同框架结构；框架构件的内力应按设置和不设置抗撞墙两种计算模型的不利情况取值。

44.【答案】B

【解析】参见《混凝土结构设计规范》GB 50010-2010（2015年版）表8.1.1：钢筋混凝土结构伸缩缝的最大间距可按表8.1.1确定。

钢筋混凝土结构伸缩缝最大间距（m） 表8.1.1

结构类型		室内或土中	露天
排架结构	装配式	100	70
框架结构	装配式	75	50
	现浇式	55	35
剪力墙结构	装配式	65	40
	现浇式	45	30
挡土墙、地下室墙壁等类结构	装配式	40	30
	现浇式	30	20

注：1. 装配整体式结构的伸缩缝间距，可根据结构的具体情况取表中装配式结构与现浇式结构之间的数值；
2. 框架-剪力墙结构或框架-核心筒结构房屋的伸缩缝间距，可根据结构的具体情况取表中框架结构与剪力墙结构之间的数值；
3. 当屋面无保温或隔热措施时，框架结构、剪力墙结构的伸缩缝间距宜按表中露天栏的数值取用；
4. 现浇挑檐、雨罩等外露结构的局部伸缩缝间距不宜大于12m。

45.【答案】A

【解析】参见《混凝土结构设计规范》GB 50010-2010（2015年版）第5.4.1条：混凝土连续梁和连续单向板，可采用塑性内力重分布方法进行分析。

重力荷载作用下的框架、框架-剪力墙结构中的现浇梁以及双向板等，经弹性分析求得内力后，可对支座或节点弯矩进行适度调幅，并确定相应的跨中弯矩。

46.【答案】D

【解析】参见《建筑抗震设计规范》GB 50011-2010 第8.1.6条：采用框架-支撑结构的钢结构房屋应符合下列规定：

1. 支撑框架在两个方向的布置均宜基本对称,支撑框架之间楼盖的长宽比不宜大于3。

2. 三、四级且高度不大于50m的钢结构宜采用中心支撑,也可采用偏心支撑、屈曲约束支撑等消能支撑。

3. 中心支撑框架宜采用交叉支撑,也可采用人字支撑或单斜杆支撑,不宜采用K形支撑;支撑的轴线宜交汇于梁柱构件轴线的交点,偏离交点时的偏心距不应超过支撑杆件宽度,并应计入由此产生的附加弯矩。当中心支撑采用只能受拉的单斜杆体系时,应同时设置不同倾斜方向的两组斜杆,且每组中不同方向单斜杆的截面面积在水平方向的投影面积之差不应大于10%。

4. 偏心支撑框架的每根支撑应至少有一端与框架梁连接,并在支撑与梁交点和柱之间或同一跨内另一支撑与梁交点之间形成消能梁段。

5. 采用屈曲约束支撑时,宜采用人字支撑、成对布置的单斜杆支撑等形式,不应采用K形或X形,支撑与柱的夹角宜在35°~55° 之间。屈曲约束支撑受压时,其设计参数、性能检验和作为一种消能部件的计算方法可按相关要求设计。

47.【答案】B

【解析】参考《交错桁架钢框架结构技术规程》CECS 323:2012 第7.0.6条:当框架柱腹板计算高度 h_w 与厚度 t_w 之比大于 $80\sqrt{235/f_y}$ 时,应设置横向加劲肋,其间距不得大于 $3h_w$。

第7.0.7条:框架柱在受较大水平力处和运送单元的端部应设置横隔,横隔间距不得大于柱截面长边尺寸的9倍和8m。

7.0.8 框架柱应按现行国家标准《钢结构设计规范》GB 50017 的规定计算其强度和稳定性。

48.【答案】C

【解析】参见《混凝土结构设计规范》GB 50010-2010(2015年版)第9.1.12条:板柱节点可采用带柱帽或托板的结构形式。板柱节点的形状、尺寸应包容45° 的冲切破坏锥体,并应满足受冲切承载力的要求。

柱帽的高度不应小于板的厚度 h;托板的厚度不应小于 $h/4$。柱帽或托板在平面两个方向上的尺寸均不宜小于同方向上柱截面宽度 b 与 $4h$ 的和。

49.【答案】A

【解析】参见《砌体结构设计规范》GB 50003-2011 第6.1.1 墙、柱的高厚比应按下式验算:

$$\beta = H_0/h \leq \mu_1\mu_2[\beta] \qquad (6.1.1)$$

式中:H_0——墙、柱的计算高度;

h——墙厚或矩形柱与 H_0 相对应的边长;

μ_1——自承重墙允许高厚比的修正系数;

μ_2——有门窗洞口墙允许高厚比的修正系数;

$[\beta]$——墙、柱的允许高厚比,应按表6.1.1采用。

注:1. 墙、柱的计算高度应按本规范第5.1.3条采用;

2. 当与墙连接的相邻两墙间的距离 $s \leq \mu_1\mu_2[\beta]h$ 时,墙的高度可不受本条限制;

3. 变截面柱的高厚比可按上、下截面分别验算,其计算高度可按第5.1.1条的规定采用。验算上柱的高厚比时,墙、柱的允许高厚比可按表6.1.1的数值乘以1.3后采用。

墙、柱的允许高厚比 [β] 值　　　　　　　　　表6.1.1

砌体类别	砂浆强度等级	墙	柱
无筋砌体	M2.5	22	15
	M5.0 或 Mb5.0、Ms5.0	24	16
	≥ M7.5 或 Mb7.5、Ms7.5	26	17
配筋砌块砌体	—	30	21

注:1. 毛石墙、柱的允许高厚比应按表中数值降低20%;
　　2. 带有混凝土或砂浆面层的组合砖砌体构件的允许高厚比,可按表中数值提高20%,但不得大于28;
　　3. 验算施工阶段砂浆尚未硬化的新砌体构件高厚比时,允许高厚比对墙取14,对柱取11。

50.【答案】 C

【解析】 参见《建筑抗震设计规范》GB 50011-2010第7.1.7条:多层砌体房屋的建筑布置和结构体系,应符合下列要求:

1. 应优先采用横墙承重或纵横墙共同承重的结构体系。不应采用砌体墙和混凝土墙混合承重的结构体系。

2. 纵横向砌体抗震墙的布置应符合下列要求:

1)宜均匀对称,沿平面内宜对齐,沿竖向应上下连续;且纵横向墙体的数量不宜相差过大;

2)平面轮廓凹凸尺寸,不应超过典型尺寸的50%;当超过典型尺寸的25%时,房屋转角处应采取加强措施;

3)楼板局部大洞口的尺寸不宜超过楼板宽度的30%,且不应在墙体两侧同时开洞;

4)房屋错层的楼板高差超过500mm时,应按两层计算;错层部位的墙体应采取加强措施;

5)同一轴线上的窗间墙宽度宜均匀;墙面洞口的面积,6、7度时不宜大于墙面总面积的55%,8、9度时不宜大于50%;

6)在房屋宽度方向的中部应设置内纵墙,其累计长度不宜小于房屋总长度的60%(高宽比大于4的墙段不计入)。

3. 房屋有下列情况之一时宜设置防震缝,缝两侧均应设置墙体,缝宽应根据烈度和房屋高度确定,可采用70~100mm:

1)房屋立面高差在6m以上;

2)房屋有错层,且楼板高差大于层高的1/4;

3)各部分结构刚度、质量截然不同。

4. 楼梯间不宜设置在房屋的尽端或转角处。

5. 不应在房屋转角处设置转角窗。

6. 横墙较少、跨度较大的房屋,宜采用现浇钢筋混凝土楼、屋盖。

51.【答案】C

【解析】参见《高层建筑混凝土结构技术规程》JGJ 3—2010 第 9.1.2、9.3.2 和 9.3.5 条：

9.1.2：筒中筒结构的高度不宜低于 80m，高宽比不宜小于 3。对高度不超过 60m 的框架－核心筒结构，可按框架－剪力墙结构设计。

9.3.2：矩形平面的长宽比不宜大于 2。

9.3.5：外框筒应符合下列规定：

1. 柱距不宜大于 4m，框筒柱的截面长边应沿筒壁方向布置，必要时可采用 T 形截面；
2. 洞口面积不宜大于墙面面积的 60%，洞口高宽比宜与层高和柱距之比值相近；
3. 外框筒梁的截面高度可取柱净距的 1/4；
4. 角柱截面面积可取中柱的 1~2 倍。

52.【答案】D

【解析】钢筋混凝土高层建筑的水平地震作用与建筑物质量成正比例关系，要减小水平地震作用，最有效的措施是减小建筑物各楼层质量。

53.【答案】A

【解析】参见《高层建筑混凝土结构技术规程》JGJ 3—2010 表 3.3.20：

钢筋混凝土高层建筑结构适用的最大高宽比   表 3.3.20

结构体系	非抗震设计	抗震设防烈度		
		6 度、7 度	8 度	9 度
框架	5	4	3	—
板柱-剪力墙	6	5	4	—
框架-剪力墙、剪力墙	7	6	5	4
框架-核心筒	8	7	6	4
筒中筒	8	8	7	5

54.【答案】B

【解析】平板网架的跨高比：

1）$L<30m$ 时跨高比取 1/13~1/10；

2）$30m<L\leq 60m$ 时时跨高比取 1/15~1/12；

3）$L>60m$ 时跨高比取 1/18~1/14。

55.【答案】C

【解析】索膜结构是由多种高强薄膜材料及加强构件钢索通过一定方式使其内部产生一定的预张应力以形成某种空间形状，作为覆盖结构，并能承受一定的外荷载作用的一种空间结构形式。这种结构轻质、跨度大、施工速度快，适合对耐久性要求不高的临时建筑。

56.【答案】C

【解析】参见《高层建筑混凝土结构技术规程》JGJ 3—2010 第 11.1.1 本章规定的混合结构，系指由外围钢框架或型钢混凝土、钢管混凝土框架与钢筋混凝土核心筒所组成的框架－

核心筒结构，以及由外围钢框筒或型钢混凝土、钢管混凝土框筒与钢筋混凝土核心筒所组成的筒中筒结构。

57.【答案】A

【解析】参见《建筑抗震设计规范》GB 50011-2010 第6.1.4条：钢筋混凝土房屋需要设置防震缝时，应符合下列规定：

1. 防震缝宽度应分别符合下列要求：

1）框架结构（包括设置少量抗震墙的框架结构）房屋的防震缝宽度，当高度不超过15m时不应小于100mm；高度超过15m时，6度、7度、8度和9度分别每增加高度5m、4m、3m和2m，宜加宽20mm；

2）框架-抗震墙结构房屋的防震缝宽度不应小于本款1）项规定数值的70%，抗震墙结构房屋的防震缝宽度不应小于本款1）项规定数值的50%；且均不宜小于100mm；

3）防震缝两侧结构类型不同时，宜按需要较宽防震缝的结构类型和较低房屋高度确定缝宽。

2. 8、9度框架结构房屋防震缝两侧结构层高相差较大时，防震缝两侧框架柱的箍筋应沿房屋全高加密，并可根据需要在缝两侧沿房屋全高各设置不少于两道垂直于防震缝的抗撞墙。抗撞墙的布置宜避免加大扭转效应，其长度可不大于1/2层高，抗震等级可同框架结构；框架构件的内力应按设置和不设置抗撞墙两种计算模型的不利情况取值。

58.【答案】C

【解析】参见《建筑抗震设计规范》GB 50011-2010 第7.3.2条：多层砖砌体房屋的构造柱应符合下列构造要求：

1. 构造柱最小截面可采用180mm×240mm（墙厚190mm时为180mm×190mm），纵向钢筋宜采用4φ12，箍筋间距不宜大于250mm，且在柱上下端应适当加密；6、7度时超过六层、8度时超过五层和9度时，构造柱纵向钢筋宜采用4φ14，箍筋间距不应大于200mm；房屋四角的构造柱应适当加大截面及配筋。

2. 构造柱与墙连接处应砌成马牙槎，沿墙高每隔500mm设2φ6水平钢筋和φ4分布短筋平面内点焊组成的拉结网片或φ4点焊钢筋网片，每边伸入墙内不宜小于1m。6、7度时底部1/3楼层，8度时底部1/2楼层，9度时全部楼层，上述拉结钢筋网片应沿墙体水平通长设置。

3. 构造柱与圈梁连接处，构造柱的纵筋应在圈梁纵筋内侧穿过，保证构造柱纵筋上下贯通。

4. 构造柱可不单独设置基础，但应伸入室外地面下500mm，或与埋深小于500mm的基础圈梁相连。

5. 房屋高度和层数接近本规范表7.1.2的限值时，纵、横墙内构造柱间距尚应符合下列要求：

1）横墙内的构造柱间距不宜大于层高的二倍；下部1/3楼层的构造柱间距适当减小；

2）当外纵墙开间大于3.9m时，应另设加强措施。内纵墙的构造柱间距不宜大于4.2m。

59.【答案】D

【解析】垂直于建筑物表面上的风荷载标准值，与基本风压、高度 Z 处的风振系数、风荷载体型系数及风压高度变化系数有关。在相同环境下，迎风面面积相等时，风速随离地面高度增加而提高，即建筑所受水平风荷载合力大小与建筑高度有关，因此正确的是 D。

60.【答案】D

【解析】参见《高层建筑混凝土结构技术规程》JGJ 3-2010 第 6.1.1、条文说明第 6.1.2、6.1.3 和 6.1.4 条：

6.1.1：框架结构应设计成双向梁柱抗侧力体系。主体结构除个别部位外，不应采用铰接。

条文说明第 6.1.2：单跨框架结构是指整栋建筑全部或绝大部分采用单跨框架的结构，不包括仅局部为单跨框架的框架结构。本规程第 8.1.3 条第 1、2 款规定的框架－剪力墙结构可局部采用单跨框架结构；其他情况应根据具体情况进行分析、判断。

6.1.3：框架结构的填充墙及隔墙宜选用轻质墙体。抗震设计时，框架结构如采用砌体填充墙，其布置应符合下列规定：

1. 避免形成上、下层刚度变化过大。

2. 避免形成短柱。

3. 减少因抗侧刚度偏心而造成的结构扭转。

6.1.4：抗震设计时，框架结构的楼梯间应符合下列规定：

1. 楼梯间的布置应尽量减小其造成的结构平面不规则。

2. 宜采用现浇钢筋混凝土楼梯，楼梯结构应有足够的抗倒塌能力。

3. 宜采取措施减小楼梯对主体结构的影响。

4. 当钢筋混凝土楼梯与主体结构整体连接时，应考虑楼梯对地震作用及其效应的影响，并应对楼梯构件进行抗震承载力验算。

61.【答案】B

【解析】参见《高层建筑混凝土结构技术规程》JGJ 3-2010 第 10.3.2 条：带加强层高层建筑结构设计应符合下列规定：

1. 应合理设计加强层的数量、刚度和设置位置。当布置 1 个加强层时，可设置在 0.6 倍房屋高度附近；当布置 2 个加强层时，可分别设置在顶层和 0.5 倍房屋高度附近；当布置多个加强层时，宜沿竖向从顶层向下均匀布置。

2. 加强层水平伸臂构件宜贯通核心筒，其平面布置宜位于核心筒的转角、T 字节点处；水平伸臂构件与周边框架的连接宜采用铰接或半刚接；结构内力和位移计算中，设置水平伸臂桁架的楼层宜考虑楼板平面内的变形。

3. 加强层及其相邻层的框架柱、核心筒应加强配筋构造。

4. 加强层及其相邻层楼盖的刚度和配筋应加强。

5. 在施工程序及连接构造上应采取减小结构竖向温度变形及轴向压缩差的措施，结构分析模型应能反映施工措施的影响。

62.【答案】D

【解析】参见《建筑抗震设计规范》GB 50011—2010 第 3.4.3.3 条：当存在多项不规则或某项不规则超过规定的参考指标较多时，应属于特别不规则的建筑。

《高层建筑混凝土结构技术规程》JGJ 3—2010 第 10.1.1 条：本章对复杂高层建筑结构的规定适用于带转换层的结构、带加强层的结构、错层结构、连体结构以及竖向体型收进、悬挑结构。

《高层建筑混凝土结构技术规程》JGJ 3—2010 条文说明第 10.1.4 条：本章所指的各类复杂高层建筑结构均属不规则结构。在同一个工程中采用两种以上这类复杂结构，在地震作用下易形成多处薄弱部位。为保证结构设计的安全性，规定 7 度、8 度抗震设计的高层建筑不宜同时采用两种以上本章所指的复杂结构。

63.【答案】B

【解析】参见《高层建筑混凝土结构技术规程》JGJ 3—2010 第 3.4.6 条：当楼板平面比较狭长、有较大的凹入或开洞时，应在设计中考虑其对结构产生的不利影响。有效楼板宽度不宜小于该层楼面宽度的 50%；楼板开洞总面积不宜超过楼面面积的 30%；在扣除凹入或开洞后，楼板在任一方向的最小净宽度不宜小于 5m，且开洞后每一边的楼板净宽度不应小于 2m。

64.【答案】A

【解析】参见《高层建筑混凝土结构技术规程》JGJ 3—2010 第 3.5.5 条：抗震设计时，当结构上部楼层收进部位到室外地面的高度 H_1 与房屋高度 H 之比大于 0.2 时，上部楼层收进后的水平尺寸 B_1 不宜小于下部楼层水平尺寸 B 的 75%（图 5（a）、（b））；当上部结构楼层相对于下部楼层外挑时，上部楼层水平尺寸 B_1 不宜大于下部楼层的水平尺寸 B 的 1.1 倍，且水平外挑尺寸 a 不宜大于 4m（图 5（c）、（d））。

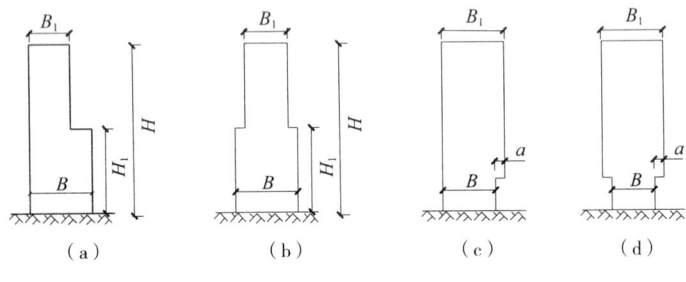

图 5

65.【答案】C

【解析】空间网格屋盖结构的跨度划分为：60m 以上为大跨度；30~60m 为中跨度；30m 以下为小跨度。对 36m 的屋盖跨度，属于中跨度，采用梯形钢屋架的网格结构最佳。

66.【答案】B

【解析】水泥碱含量指水泥中碱物质的含量，用 Na_2O、K_2O 合计当量表达。碱骨料反应指混凝土集料中某些活性矿物与混凝土微孔中的碱溶液产生的化学反应，其反应生成物体积增大，从而导致混凝土结构发生破坏。因此，水泥碱含量较高易与活性骨料发生碱骨料反应，致使混凝土龟裂，结构破坏，影响混凝土耐久性。

67.【答案】C

【解析】参见《建筑抗震设计规范》GB 50011-2010 第 7.1.2 条：多层房屋的层数和高度应符合下列要求：

房屋的层数和总高度限值（m） 表 7.1.2

房屋类别		最小抗震墙厚度（mm）	烈度和设计基本地震加速度									
			6		7				8		9	
			0.05g		0.10g		0.15g		0.20g	0.30g	0.40g	
			高度	层数	高度	层数	高度	层数	高度	层数	高度	层数	高度	层数
多层砌体房屋	普通砖	240	21	7	21	7	21	7	18	6	15	5	12	4
	多孔砖	240	21	7	21	7	18	6	18	6	15	5	9	3
	多孔砖	190	21	7	18	6	15	5	15	5	12	4	—	—
	小砌块	190	21	7	21	7	18	6	18	6	15	5	9	3
底部框架-抗震墙砌体房屋	普通砖多孔砖	240	22	7	22	7	19	6	16	5	—	—	—	—
	多孔砖	190	22	7	19	6	16	5	13	4	—	—	—	—
	小砌块	190	22	7	22	7	19	6	16	5	—	—	—	—

注：1. 房屋的总高度指室外地面到主要屋面板板顶或檐口的高度，半地下室从地下室室内地面算起，全地下室和嵌固条件好的半地下室应允许从室外地面算起；对带阁楼的坡屋面应算到山尖墙的 1/2 高度处；
2. 室内外高差大于 0.6m 时，房屋总高度应允许比表中的数据适当增加，但增加量应少于 1.0m；
3. 乙类的多层砌体房屋仍按本地区设防烈度查表，其层数应减少一层且总高度应降低 3m；不应采用底部框架-抗震墙砌体房屋；
4. 表中小砌块砌体房屋不包括配筋混凝土小型空心砌块砌体房屋。

1. 一般情况下，房屋的层数和总高度不应超过表 7.1.2 的规定。

由上可知，乙类的多层砌体房屋不应采用底部框架-抗震墙砌体结构。

68.【答案】C

【解析】国内外的大量试验和工程经验表明：隔震一般可使结构的水平地震加速度反应降低 60% 左右。

69.【答案】B

【解析】参见《建筑抗震设计规范》GB 50011-2010 第 4.3.7 条：全部消除地基液化沉陷的措施，应符合下列要求：

1. 采用桩基时，桩端伸入液化深度以下稳定土层中的长度（不包括桩尖部分），应按计算确定，且对碎石土，砾、粗、中砂，坚硬黏性土和密实粉土尚不应小于 0.8m，对其他非岩石土尚不宜小于 1.5m。

2. 采用深基础时，基础底面应埋入液化深度以下的稳定土层中，其深度不应小于 0.5m。

3. 采用加密法（如振冲、振动加密、挤密碎石桩、强夯等）加固时，应处理至液化深度下界；振冲或挤密碎石桩加固后，桩间土的标准贯入锤击数不宜小于本规范第 4.3.4 条规定的液化判别标准贯入锤击数临界值。

4. 用非液化土替换全部液化土层，或增加上覆非液化土层的厚度。

5. 采用加密法或换土法处理时，在基础边缘以外的处理宽度，应超过基础底面下处理深度的 1/2 且不小于基础宽度的 1/5。

70.【答案】C

【解析】我国地震动参数区划图确定的地震基本烈度共划分为 12 度。

71.【答案】A

【解析】参见《高层建筑混凝土结构技术规程》JGJ 3-2010 第 3.9.3 条：

抗震设计时，高层建筑钢筋混凝土结构构件应根据抗震设防分类、烈度、结构类型和房屋高度采用不同的抗震等级，并应符合相应的计算和构造措施要求。

72.【答案】A

【解析】地震震级是一次地震释放出来的能量的大小；一次地震对某一地区的影响和破坏程度称地震烈度，简称为烈度；A 错误混淆了两者的概念，震级和烈度是两个不同的概念；B 正确；C 正确里氏震级符合地震震级的概念；D 正确。

73.【答案】D

【解析】参见《建筑抗震设计规范》GB 50011-2010 第 7.1.3 条：

多层砌体承重房屋的层高，不应超过 3.6m。

底部框架-抗震墙砌体房屋的底部，层高不应超过 4.5m；当底层采用约束砌体抗震墙时，底层的层高不应超过 4.2m。

注：当使用功能确有需要时，采用约束砌体等加强措施的普通砖房屋，层高不应超过 3.9m。

74.【答案】A

【解析】参见《建筑抗震设计规范》GB 50011-2010 第 6.1.1 条：本章适用的现浇钢筋混凝土房屋的结构类型和最大高度应符合表 6.1.1 的要求。平面和竖向均不规则的结构，适用的最大高度宜适当降低。

现浇钢筋混凝土房屋适用的最大高度（m） 表 6.1.1

结构类型		烈度				
		6	7	8（0.2g）	8（0.3g）	9
框架		60	50	40	35	24
框架-抗震墙		130	120	100	80	50
抗震墙		140	120	100	80	60
部分框支抗震墙		120	100	80	50	不应采用
筒体	框架-核心筒	150	130	100	90	70
	筒中筒	180	150	120	100	80
板柱-抗震墙		80	70	55	40	不应采用

注：1. 房屋高度指室外地面到主要屋面板板顶的高度（不包括局部突出屋顶部分）；
2. 框架-核心筒结构指周边稀柱框架与核心筒组成的结构；
3. 部分框支抗震墙结构指首层或底部两层为框支层的结构，不包括仅个别框支墙的情况；
4. 表中框架，不包括异形柱框架；
5. 板柱-抗震墙结构指板柱、框架和抗震墙组成抗侧力体系的结构；
6. 乙类建筑可按本地区抗震设防烈度确定其适用的最大高度；
7. 超过表内高度的房屋，应进行专门研究和论证，采取有效地加强措施。

注：本章"抗震墙"指结构抗侧力体系中的钢筋混凝土剪力墙，不包括只承担重力荷载的混凝土墙。

75.【答案】B

【解析】参见《建筑抗震设计规范》GB 50011-2010 第 3.4.3 条：建筑形体及其构件布置的平面、竖向不规则性，应按下列要求划分：

1. 混凝土房屋、钢结构房屋和钢-混凝土混合结构房屋存在表 3.4.3-1 所列举的某项平面不规则类型或表 3.4.3-2 所列举的某项竖向不规则类型以及类似的不规则类型，应属于不规则的建筑。

平面不规则的主要类型　　　　　　　　　　　　　　　表 3.4.3-1

不规则类型	定义和参考指标
扭转不规则	在规定的水平力作用下，楼层的最大弹性水平位移（或层间位移），大于该楼层两端弹性水平位移（或层间位移）平均值的 1.2 倍
不规则类型	定义和参考指标
凹凸不规则	平面凹进的尺寸，大于相应投影方向总尺寸的 30%
楼板局部不连续	楼板的尺寸和平面刚度急剧变化，例如，有效楼板宽度小于该层楼板宽度的 50%，或开洞面积大于该层楼面面积的 30%，或较大的楼层错层

竖向不规则的主要类型　　　　　　　　　　　　　　　表 3.4.3-2

不规则类型	定义和参考类型
侧向刚度不规则	该层的侧向刚度小于相邻上一层的 70%，或小于上相邻三个楼层侧向刚度平均值的 80%；除顶层或出屋面小建筑外，局部收进的水平向尺寸大于相邻下一层的 25%
竖向抗侧力构件不连续	竖向抗侧力构件（柱、抗震墙、抗震支撑）的内力由水平转换（梁、桁架等）向下传递
楼层承载力突变	抗侧力结构的层间受剪承载力小于相邻上一楼层的 80%

2. 砌体房屋、单层工业厂房、单层空旷房屋、大跨屋盖建筑和地下建筑的平面和竖向不规则性的划分，应符合本规范有关章节的规定。

3. 当存在多项不规则或某项不规则超过规定的参考指标较多时，应属于特别不规则的建筑。

76.【答案】C

【解析】参见《高层建筑混凝土结构技术规程》JGJ 3-2010 表 3.3.1-1：

A 级高度钢筋混凝土高层建筑的最大适用高度（m）　　　　表 3.3.1-1

结构体系		非抗震设计	抗震设防烈度				
			6 度	7 度	8 度		9 度
					0.20g	0.30g	
框架		70	60	50	40	35	—
框架-剪力墙		150	130	120	100	80	50
剪力墙	全部落地剪力墙	150	140	120	100	80	60
	部分框支剪力墙	130	120	100	80	50	不应采用

续表

结构体系		非抗震设计	抗震设防烈度				
			6度	7度	8度		9度
					0.20g	0.30g	
筒体	框架－核心筒	160	150	130	100	90	70
	筒中筒	200	180	150	120	100	80
板柱－剪力墙		110	80	70	55	40	不应采用

注：1. 表中框架不含异性柱框架；
  2. 部分框支剪力墙结构指地面以上有部分框支剪力墙的剪力墙结构；
  3. 甲类建筑，6、7、8度时宜按本地区设防烈度提高一度后符合本表的要求，9度时应专门研究；
  4. 框架结构、板柱—剪力墙结构以及9度抗震设防的表列其他结构，当房屋高度超过表中数值时，结构设计应有可靠依据，并采取有效地加强措施。

77.【答案】D

【解析】参见《高层建筑混凝土结构技术规程》JGJ 3-2010 第10.5.1、10.5.2和10.5.4条：

10.5.1：连体结构各独立部分宜有相同或相近的体型、平面布置和刚度；宜采用双轴对称的平面形式。7度、8度抗震设计时，层数和刚度相差悬殊的建筑不宜采用连体结构。

10.5.2：7度（0.15g）和8度抗震设计时，连体结构的连接体应考虑竖向地震的影响。

10.5.4：连接体结构与主体结构宜采用刚性连接。刚性连接时，连接体结构的主要结构构件应至少伸入主体结构一跨并可靠连接；必要时可延伸至主体部分的内筒，并与内筒可靠连接。

当连接体结构与主体结构采用滑动连接时，支座滑移量应能满足两个方向在罕遇地震作用下的位移要求，并应采取防坠落、撞击措施。罕遇地震作用下的位移要求，应采用时程分析方法进行计算复核。

78.【答案】C

【解析】参见《建筑抗震设计规范》GB 50011-2010 第7.1.5条：房屋抗震横墙的间距，不应超过表7.1.5的要求：

房屋抗震横墙间距（m）   表7.1.5

房屋类别		烈度			
		6	7	8	9
多层砌体房屋	现浇或装配整体式钢筋混凝土楼、屋盖	15	15	11	7
	装配式钢筋混凝土楼、屋盖	11	11	9	4
	木屋盖	9	9	4	—
底部框架－抗震墙砌体房屋	上部各层	同多层砌体房屋			—
	底层或底部两层	18	15	11	—

注：1. 多层砌体房屋的顶层，除木屋盖外的最大横墙间距应允许适当放宽，但应采取相应加强措施；
  2. 多孔砖抗震横墙厚度为190mm时，最大横墙间距应比表中数值减少3m。

79.【答案】B

【解析】参见《建筑抗震设计规范》GB 50011—2010 第 6.3.1 条：梁的截面尺寸，宜符合下列各项要求：

1. 截面宽度不宜小于 200mm；
2. 截面高宽比不宜大于 4；
3. 净跨与截面高度之比不宜小于 4。

80.【答案】A

【解析】参见《高层建筑混凝土结构技术规程》JGJ 3—2010 第 10.1.2 和 10.6.3 条：

10.1.2：9 度抗震设计时不应采用带转换层的结构、带加强层的结构、错层结构和连体结构。

10.6.3：抗震设计时，多塔楼高层建筑结构应符合下列规定：

1. 各塔楼的层数、平面和刚度宜接近；塔楼对底盘宜对称布置；上部塔楼结构的综合质心与底盘结构质心的距离不宜大于底盘相应边长的 20%。

2. 转换层不宜设置在底盘屋面的上层塔楼内。

3. 塔楼中与裙房相连的外围柱、剪力墙，从固定端至裙房屋面上一层的高度范围内，柱纵向钢筋的最小配筋率宜适当提高，剪力墙宜按本规程第 7.2.15 条的规定设置约束边缘构件，柱箍筋宜在裙楼屋面上、下层的范围内全高加密；当塔楼结构相对于底盘结构偏心收进时，应加强底盘周边竖向构件的配筋构造措施。

4. 大底盘多塔楼结构，可按本规程第 5.1.14 条规定的整体和分塔楼计算模型分别验算整体结构和各塔楼结构扭转为主的第一周期与平动为主的第一周期的比值，并应符合本规程第 3.4.5 条的有关要求。

81.【答案】D

【解析】参见《高层建筑混凝土结构技术规程》JGJ 3—2010 第 8.1.8 条：

长矩形平面或平面有一部分较长的建筑中，其剪力墙的布置尚宜符合下列规定：

1. 横向剪力墙沿长方向的间距宜满足表 8.1.8 的要求，当这些剪力墙之间的楼盖有较大开洞时，剪力墙的间距应适当减小；

2. 纵向剪力墙不宜集中布置在房屋的两尽端。

剪力墙间距（m） 表 8.1.8

楼盖形式	非抗震设计（取较小值）	抗震设防烈度		
		6 度、7 度（取较小值）	8 度（取较小值）	9 度（取较小值）
现浇	5.0B，60	4.0B，50	3.0B，40	2.0B，30
装配整体	3.5B，50	3.0B，40	2.5B，30	—

注：1. 表中 B 为剪力墙之间的楼盖宽度（m）；
　　2. 装配整体式楼盖的现浇层应符合本规程第 3.6.2 条的有关规定；
　　3. 现浇层厚度大于 60mm 的叠合楼板可作为现浇板考虑；
　　4. 当房屋端部未布置剪力墙时，第一片剪力墙与房屋端部的距离，不宜大于表中剪力墙间距的 1/2。

82.【答案】D

【解析】参见《建筑抗震设计规范》GB 50011-2010 附录第 G.1.1、G.1.2 和 G.1.3 条：

G.1.1：抗震设防烈度为 6~8 度且房屋高度超过本规范第 6.1.1 条规定的钢筋混凝土框架结构最大适用高度时，可采用钢支撑—混凝土框架组成抗侧力体系的结构。

按本节要求进行抗震设计时，其适用的最大高度不宜超过本规范第 6.1.1 条钢筋混凝土框架结构和框架－抗震墙结构二者最大适用高度的平均值。超过最大适用高度的房屋，应进行专门研究和论证，采取有效地加强措施。

G.1.2：钢支撑－混凝土框架结构房屋应根据设防类别、烈度和房屋高度采用不同的抗震等级，并应符合相应的计算和构造措施要求。丙类建筑的抗震等级，钢支撑框架部分应比本规范第 8.1.3 条和第 6.1.2 条框架结构的规定提高一个等级，钢筋混凝土框架部分仍按本规范第 6.1.2 条框架结构确定。

G.1.3：钢支撑－混凝土框架结构的结构布置，应符合下列要求：

1. 钢支撑框架应在结构的两个主轴方向同时设置。

2. 钢支撑宜上下连续布置，当受建筑方案影响无法连续布置时，宜在邻跨延续布置。

3. 钢支撑宜采用交叉支撑，也可采用人字支撑或 V 形支撑；采用单支撑时，两方向的斜杆应基本对称布置。

4. 钢支撑在平面内的布置应避免导致扭转效应；钢支撑之间无大洞口的楼、屋盖的长宽比，宜符合本规范 6.1.6 条对抗震墙间距的要求；楼梯间宜布置钢支撑。

5. 底层的钢支撑框架按刚度分配的地震倾覆力矩应大于结构总地震倾覆力矩的 50%。

83.【答案】D

【解析】菱形截面的材料集中于中和轴附近，抗弯强度利用不充分。

84.【答案】A

【解析】轴心受压构件、受弯构件和压弯构件应考虑稳定性；轴心受拉构件不应考虑稳定性。

85.【答案】D

【解析】在钢管内填充混凝土形成的组合结构构件称做圆钢管混凝土构件，这种构件承载力高、截面惯性矩大、节点形式简易、施工周期短、经济效益较高，这种节点形式使得钢管和混凝土的受力性能得到充分发挥，并且力学性能优于普通单一混凝土或钢结构的性能，钢管对核心混凝土的约束作用使混凝土的强度有较大提升，混凝土的塑性和韧性也得到了很好的改善；混凝土的存在又对钢管的屈曲变形产生一定的抑制作用；钢管对柱子的长细比影响不大。

86.【答案】B

【解析】参见《建筑地基基础设计规范》GB 50007-2011 第 7.3.2 条：

1. 建筑物的下列部位，宜设置沉降缝：

1）建筑平面的转折部位；

2）高度差异或荷载差异处；

3）长高比过大的砌体承重结构或钢筋混凝土框架结构的适当部位；

4）地基土的压缩性有显著差异处；

5）建筑结构或基础类型不同处；

6）分期建造房屋的交界处。

87.【答案】D

【解析】参见《岩土工程勘察规范》GB 50021-2001 第 10.4.1 条：圆锥动力触探试验的类型可分为轻型、重型和超重型三种，其规格和适用土类应符合表 10.4.1 的规定。

圆锥动力触探类型　　　　　　　　　　　　　　　　　表 10.4.1

类型		轻型	重型	超重型
落锤	锤的质量（kg）	10	63.5	120
	落距（cm）	50	76	100
探头	直径（mm）	40	74	74
	锥角（°）	60	60	60
探杆直径（mm）		25	42	50~60
指标		贯入 30cm 的度数 N_{10}	贯入 10cm 的度数 $N_{63.5}$	贯入 10cm 的度数 N_{120}
主要适用岩土		浅部的填土、砂土、粉土、黏性土	砂土、中密以下的碎石土、极软岩	密实和很密的碎石土、软岩、极软岩

88.【答案】D

【解析】挡土墙后的土压力分布为三角形，示意正确的是 D。

89.【答案】B

【解析】根据题意，弯矩应该使右侧的地基土受到更大的压力。

90.【答案】C

【解析】参见《建筑抗震设计规范》GB 50011-2010 第 4.2.1 条：下列建筑可不进行天然地基及基础的抗震承载力验算：

1. 本规范规定可不进行上部结构抗震验算的建筑。

2. 地基主要受力层范围内不存在软弱黏性土层的下列建筑：

1）一般的单层厂房和单层空旷房屋；

2）砌体房屋；

3）不超过 8 层且高度在 24m 以下的一般民用框架和框架-抗震墙房屋；

4）基础荷载与 3）项相当的多层框架厂房和多层混凝土抗震墙房屋。

注：软弱黏性土层指 7 度、8 度和 9 度时，地基承载力特征值分别小于 80、100 和 120kPa 的土层。

91.【答案】C

【解析】换填法、强夯法、挤密碎石桩法是全部消除液化沉陷措施，可使液化砂土骨架挤密，排去孔隙水，使土的密度增加，成为不液化地基。

真空预压是地基处理加密法的一种，在地基承载力或变形不能满足设计要求时采用，不同于消除地基液化沉陷，故答案是 C。

92.【答案】C

【解析】参见《建筑地基基础设计规范》GB 50007—2011 8.5.3条。桩径大于600mm的钻孔灌注桩，构造钢筋的长度不宜小于桩长的2/3。

93.【答案】A

【解析】参见《建筑地基处理技术规范》第2.1.12、7.3.1和7.2.1条：

2.1.12：水泥粉煤灰碎石桩复合地基 composite foundation with cement-fly ash-gravel piles。由水泥、粉煤灰、碎石等混合料加水拌合在土中灌注形成竖向增强体的复合地基。

7.3.1条：水泥土搅拌桩复合地基处理应符合下列规定：

1. 适用于处理正常固结的淤泥、淤泥质土、素填土、黏性土（软塑、可塑）、粉土（稍密、中密）、粉细砂（松散、中密）、中粗砂（松散、稍密）、饱和黄土等土层。不适用于含大孤石或障碍物较多且不易清除的杂填土、欠固结的淤泥和淤泥质土、硬塑及坚硬的黏性土、密实的砂类土，以及地下水渗流影响成桩质量的土层。当地基土的天然含水量小于30%（黄土含水量小于25%）时不宜采用粉体搅拌法。冬期施工时，应考虑负温对处理地基效果的影响。

2. 水泥土搅拌桩的施工工艺分为浆液搅拌法（以下简称湿法）和粉体搅拌法（以下简称干法）。可采用单轴、双轴、多轴搅拌或连续成槽搅拌形成柱状、壁状、格栅状或块状水泥土加固体。

3. 对采用水泥土搅拌桩处理地基，除应按现行国家标准《岩土工程勘察规范》GB 50021要求进行岩土工程详细勘察外，尚应查明拟处理地基土层的pH值、塑性指数、有机质含量、地下障碍物及软土分布情况、地下水位及其运动规律等。

4. 设计前，应进行处理地基土的室内配比试验。针对现场拟处理地基土层的性质，选择合适的固化剂、外掺剂及其掺量，为设计提供不同龄期、不同配比的强度参数。对竖向承载的水泥土强度宜取90d龄期试块的立方体抗压强度平均。

5. 增强体的水泥掺量不应小于12%，块状加固时水泥掺量不应小于加固天然土质的7%；湿法的水泥浆水灰比可取0.5~0.6。

6. 水泥土搅拌桩复合地基宜在基础和桩之间设置褥垫层，厚度可取200~300mm。褥垫层材料可选用中砂、粗砂、级配砂石等，最大粒径不宜大于20mm。褥垫层的夯填度不应大于0.9。

7.2.1：振冲碎石桩、沉管砂石桩复合地基处理应符合下列规定：

1. 适用于挤密处理松散砂土、粉土、粉质黏土、素填土、杂填土等地基，以及用于处理可液化地基。饱和黏土地基，如变形控制不严格，可采用砂石桩置换处理。

2. 对大型的、重要的或场地地层复杂的工程，以及对于处理不排水抗剪强度不小于20kPa的饱和黏性土和饱和黄土地基，应在施工前通过现场试验确定其适用性。

3. 不加填料振冲挤密法适用于处理黏粒含量不大于10%的中砂、粗砂地基，在初步设计阶段宜进行现场工艺试验，确定不加填料振密的可行性，确定孔距、振密电流值、振冲水压力、振后砂层的物理力学指标等施工参数；30kW振冲器振密深度不宜超过7m，75kW振冲器振密深度不宜超过15m。

94. 【答案】C

【解析】附属部分 CD 通过 C 节点施加给主体结构的荷载为 $10\times 2\div 2=10\mathrm{kN}$,对 B 节点取矩 $\sum M_B=R_A\times 4+10\times 2\times 1+40\times 2+10\times 2=0$,可得出 $R_A=30\mathrm{kN}\downarrow$,则 B 支座左截面弯矩为 $M_{B左}=-30\times 4=-120\mathrm{kN}\cdot\mathrm{m}$。

95. 【答案】A

【解析】取整体为隔离体,对 B 支座取矩有:
$\sum M_B=R_A\times 8-15\times 8\times 4+40\times 4=-40\mathrm{kN}\cdot\mathrm{m}$
可得出 $R_A=35\mathrm{kN}$,则 $M_C=35\times 4-15\times 4\times 2=20\mathrm{kN}$。

96. 【答案】A

【解析】参考《建筑抗震设计规范》GB 50011-2010（2016 年版）第 12.1.3 条:建筑结构采用隔震设计时应符合下列各项要求:

1. 结构高宽比宜小于 4,且不应大于相关规范规程对非隔震结构的具体规定,其变形特征接近剪切变形,最大高度应满足本规范非隔震结构的要求;高宽比大于 4 或非隔震结构相关规定的结构采用隔震设计时,应进行专门研究。

2. 风荷载和其他非地震作用的水平荷载标准值产生的总水平力不宜超过结构总重力的 10%。

3. 1.0.3 本规范适用于抗震设防烈度为 6、7、8 和 9 度地区建筑工程的抗震设计以及隔震、消能减震设计。建筑的抗震性能化设计,可采用本规范规定的基本方法。

4. 抗震设防烈度大于 9 度地区的建筑及行业有特殊要求的工业建筑,其抗震设计应按有关专门规定执行。

97. 【答案】B

【解析】参考《机械工业厂房结构设计规范》GB 50906-2013 第 R.1.3 条:扁梁截面尺寸宜符合下式的要求 $b_c\leq 2b$,b_c-柱截面宽度,圆形截面取柱直径的 0.8 倍（mm）;R.1.5 框架扁梁结构的楼板应现浇,梁中心线宜与柱中心线重合,扁梁应双向布置。

98. 【答案】C

【解析】图示支座对水平,竖向,旋转均有约束,因此可以看作为固端支座。

99. 【答案】A

【解析】参见《建筑结构制图标准》GB/T 50105-2010 第 4.3.8 条:2. 在同一图形上,当有数种相同的焊缝时,宜按图 6（b）的规定,可将焊缝分类编号标注。在同一类焊缝中可选择一处标注焊缝符号和尺寸。分类编号采用大写的拉丁字母 A、B、C。

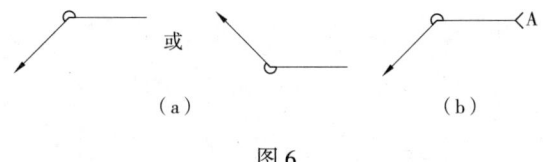

图 6

100.【答案】C

【解析】参见《建筑结构制图标准》GB/T 50105-2010 第 4.3.3 条：4.3.3 双面焊缝的标注，应在横线的上、下都标注符号和尺寸。上方表示箭头一面的符号和尺寸，下方表示另一面的符号和尺寸（图 7 (a)）；当两面的焊缝尺寸相同时，只需在横线上方标注焊缝的符号和尺寸（图 7 (b)、(c)、(d)）。

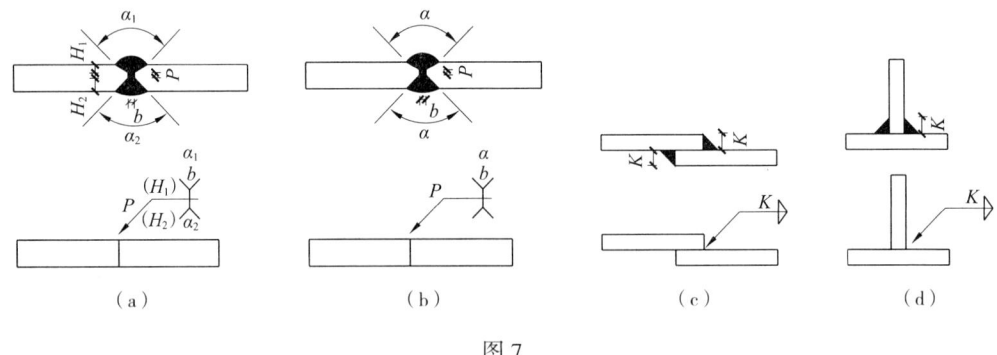

图 7

一级注册建筑师考试建筑结构模拟题 Ⅶ

1. 判断图 1 结构零杆数量（   ）。

（A）2

（B）3

（C）4

（D）5

2. 判断图 2 结构零杆数量（   ）。

（A）14

（B）15

（C）16

（D）17

3. 判断图 3 结构零杆数量（   ）。

（A）5

（B）6

（C）7

（D）8

4. 图 4 所示结构超静定次数为（   ）。

（A）0

（B）1

（C）2

（D）3

5. 图 5 所示结构超静定次数为（   ）。

（A）2

（B）3

（C）4

（D）5

6. 图 6 所示平面体系的几何组成为（   ）。

（A）几何可变体系

（B）几何不变体系，无多余约束

（C）几何不变体系，有 1 个多余约束

（D）几何不变体系，有 2 个多余约束

7. 图 7 所示结构，在弹性状态下，当 **1** 点作用 $P_1=1$ 时，**2** 点产生位移 δ_{21}；而当 **2** 点作用 $P_2=1$ 时，**1** 点产生位移 δ_{12}，其关系为（   ）。

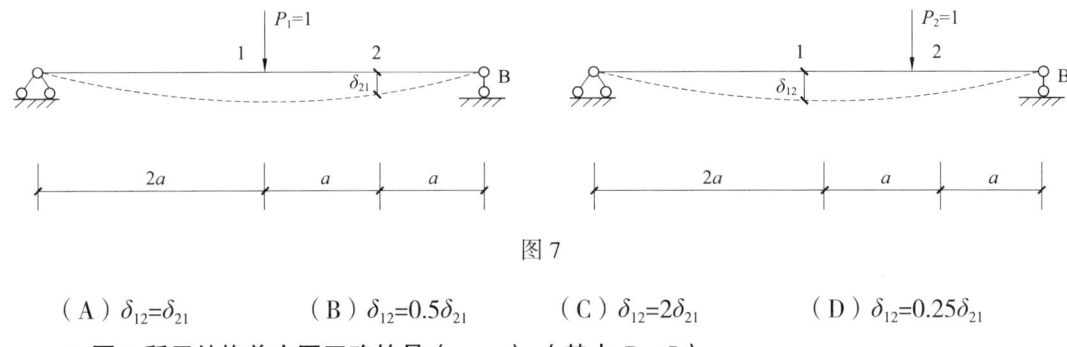

图 7

（A）$\delta_{12}=\delta_{21}$ （B）$\delta_{12}=0.5\delta_{21}$ （C）$\delta_{12}=2\delta_{21}$ （D）$\delta_{12}=0.25\delta_{21}$

8. 图 8 所示结构剪力图正确的是（   ）。（其中 $P=qL$）

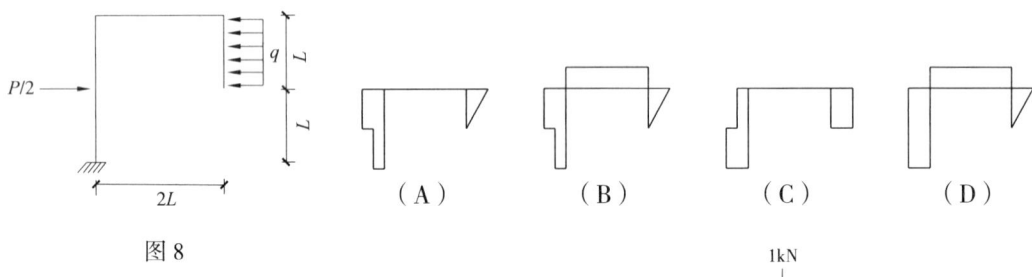

图 8

9. 如图 9 所示结构，C 点弯矩值为多少（   ）。

（A）0kN·m

（B）M_{CF}=4kN·m（内侧受拉），$M_{C左}$=0

（C）4kN·m 外侧受拉

（D）4kN·m 内侧受拉

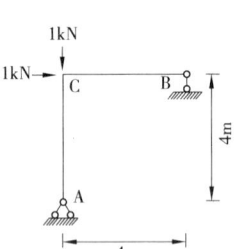

图 9

10. 如图 10 所示，焊接在管道支架上的两个管道，各受水平力 $P=1$kN，问此时支架根部 A 点所受的力矩为多少（   ）。

（A）4kN·m

（B）7kN·m

（C）9kN·m

（D）8kN·m

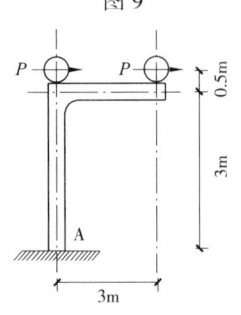

图 10

11. 如图 11 所示，雨篷板在板端集中荷载 $P=1.0$kN/m 的作用下，墙边 A 处的总弯矩为（   ）。

（A）3.6kN·m（顺时针方向）

（B）3.6kN·m（逆时针方向）

（C）6.6kN·m（顺时针方向）

（D）6.6kN·m（逆时针方向）

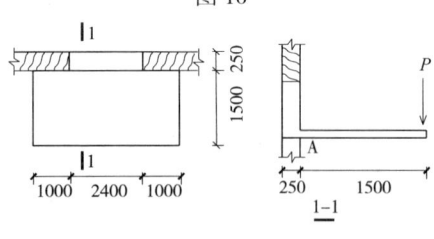

图 11

12. 如图 12 所示，结构 C 点的弯矩为多少（　　）。

(A) 0kN·m

(B) $M_C^{下}$=4kN·m（内侧受拉），$M_C^{左}$=0

(C) 4kN·m（外侧受拉）

(D) 4kN·m（内侧受拉）

13. 对图 13 所示平面杆件内力分析结果，哪项完全正确（　　）。

(A) ①杆受拉　　②杆是零杆

(B) ⑤杆受压　　②杆受压

(C) ③杆是零杆　　②杆受拉

(D) ⑥杆受压　　③杆受压

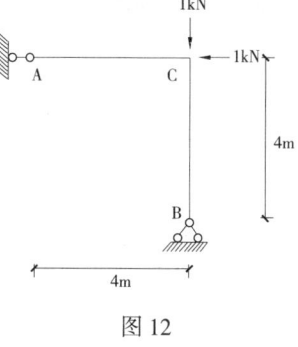

图 12

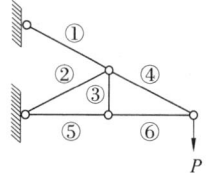

14. 图 14 所示桁架在外力 P 作用下的零杆数量为（　　）。

(A) 2

(B) 3

(C) 4

(D) 5

图 13

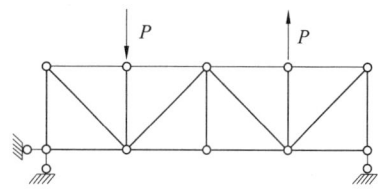

15. 图 15 所示结构超静定次数为（　　）。

(A) 0

(B) 1

(C) 2

(D) 3

图 14

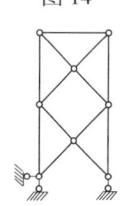

16. 图 16 所示结构在外力 P 的作用下生内力的杆件是（　　）。

(A) AB 段

(B) BC 段

(C) CD 段

(D) DE 段

图 15

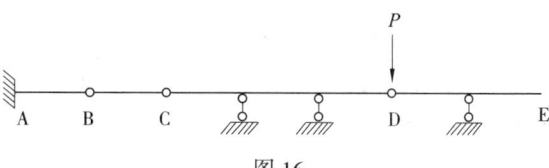

图 16

17. 图 17 所示结构的弯矩图是（　　）。

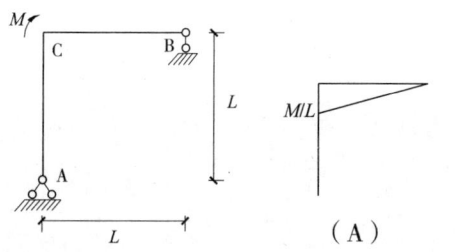

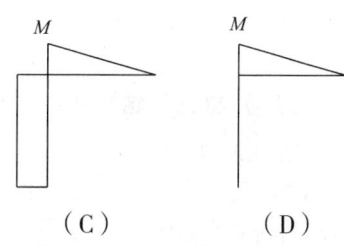

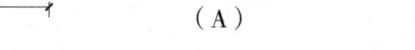

图 17

18. 图 18 所示结构在外力 M 的作用下,正确的弯矩图是( )。

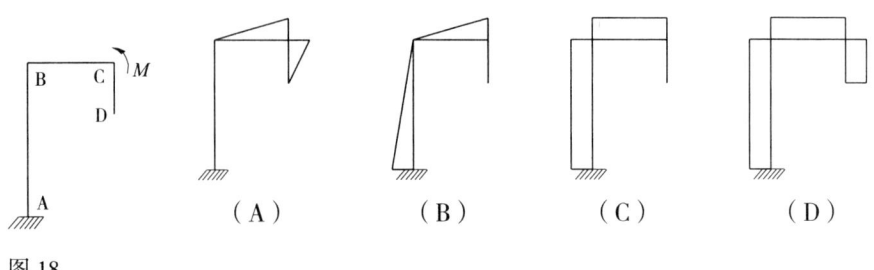

图 18

19. 图 19 所示为梁在所示荷载作用下的弯矩图和剪力图,哪一组是正确的( )。

图 19

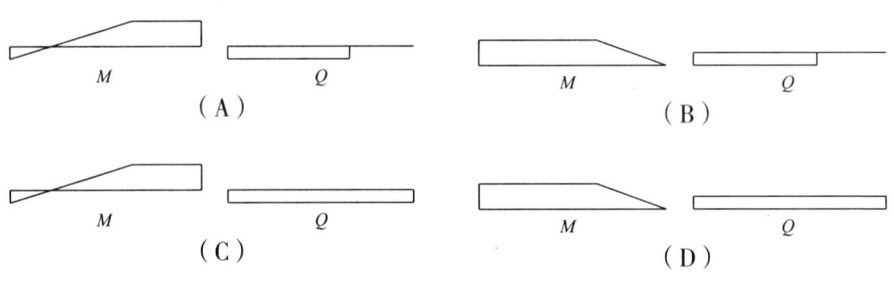

20. 图 20 所示结构各杆刚度均相同,与其弯矩图形对应的受力结构为( )。

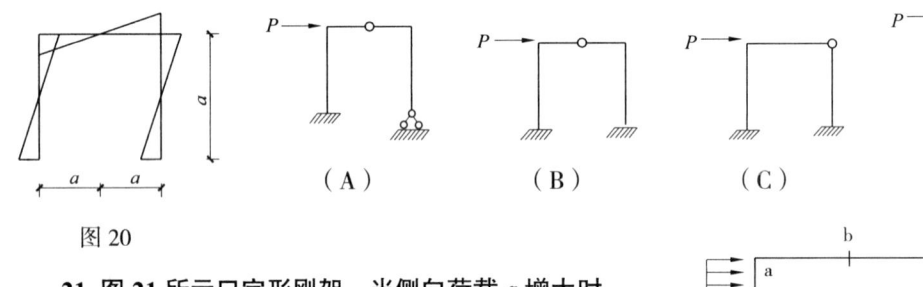

图 20

21. 图 21 所示口字形刚架,当侧向荷载 q 增大时,顶部支座 a 点、跨中 b 点的弯矩绝对值 M_a、M_b 将发生变化,正确的说法是( )。

（A）M_a 增大,M_b 增大
（B）M_a 增大,M_b 减小
（C）M_a 减小,M_b 增大
（D）M_a 减小,M_b 减小

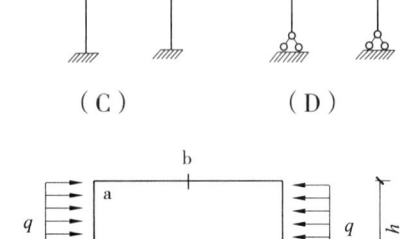

图 21

22. 图 22 所示结构杆 b 内力 N_b ( )。

（A）$N_b=0$
（B）$N_b=\dfrac{P}{2}$
（C）$N_b=P$
（D）$N_b=\sqrt{2}P$

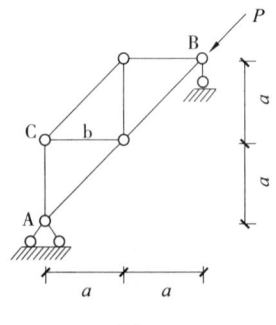

图 22

23. 如图 23 所示的结构中，梁在 I 点处的弯矩为下列何值（　　）。

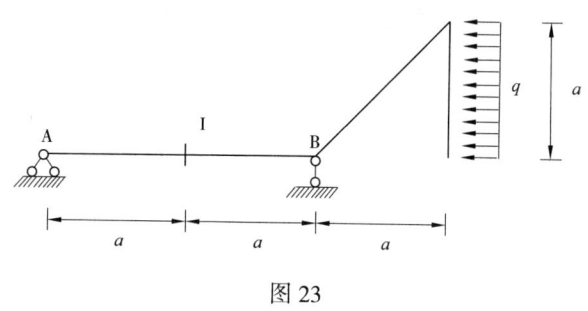

图 23

(A) $\dfrac{qa^2}{4}$　　(B) $\dfrac{qa^2}{2}$　　(C) $\dfrac{qa^2}{3}$　　(D) qa^2

24. 根据图 24 所示梁的弯矩图和剪力图，判断为下列何种外力产生的（　　）。

图 24

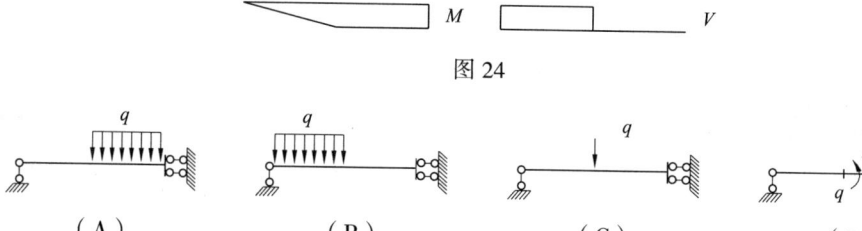

(A)　　(B)　　(C)　　(D)

25. 如图 25 所示，吊索式雨篷的受力简图中，A 点为一铰接点，问钢吊索 AC 的拉力值为多少（　　）。

(A) $20\sqrt{3}$ kN

(B) $10\sqrt{3}$ kN

(C) 40kN

(D) 20kN

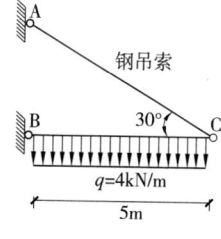

图 25

26. 图 26 所示刚架，梁柱轴向刚度无穷大，当柱抗弯刚度 EI_1，与梁抗弯刚度 EI_2 之比趋于无穷大时，柱底 a 点弯矩 M_a 趋向于何值（　　）。

(A) $M_a = Ph$　　　　(B) $M_a = \dfrac{Ph}{2}$

(C) $M_a = \dfrac{Ph}{4}$　　　　(D) $M_a = \dfrac{Ph}{8}$

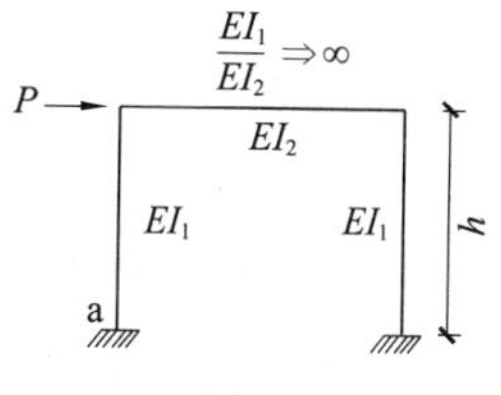

图 26

27. 如图 27 所示，矩形截面梁在纯扭转时，横截面上最大剪应力发生在下列何处（　　）。

(A) I 点

(B) II 点

(C) 截面四个顶点处

(D) 沿截面外周圈均匀相等

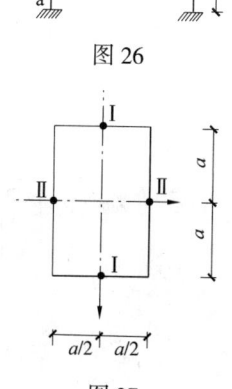

图 27

28. 如图 28 所示组合梁，由 A，B 两种不同材料组成，材料的弹性模量 $E_A=2E_B$，受弯矩 $M_X=50\text{kN}\cdot\text{m}$ 作用，设组合面能承受弯矩作用下在组合面发生的剪力，材料 A 部分截面最大拉压应力为（　　）。

（A）3.13N/mm^2
（B）4.69N/mm^2
（C）6.25N/mm^2
（D）9.38N/mm^2

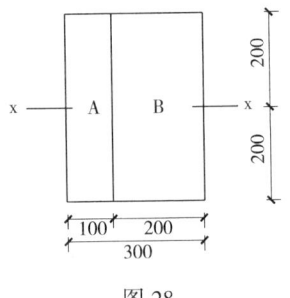

图 28

29. 下列四个静定梁的荷载图中，哪一个可能产生如图 29 所示的弯矩图（　　）。

图 29

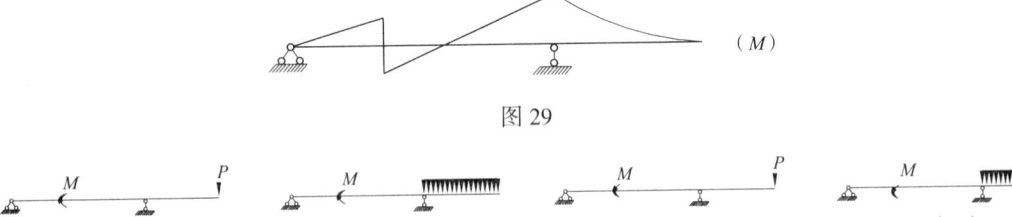

30. 下列题图中，跨中竖向位移最大的是（　　）。

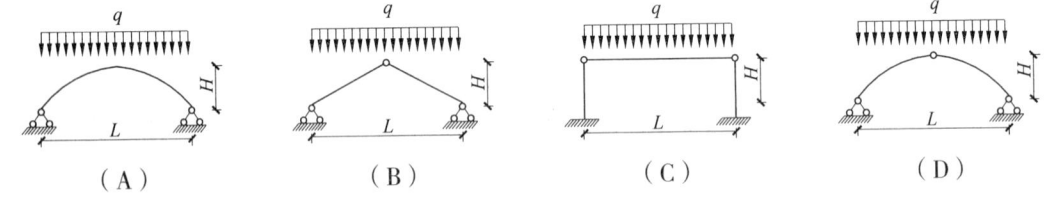

31. 如图 30 所示的结构中，I 点处的弯矩为下列何值（　　）。

（A）0　　　　　　　　（B）pa
（C）$pa/2$　　　　　　（D）$3pa/2$

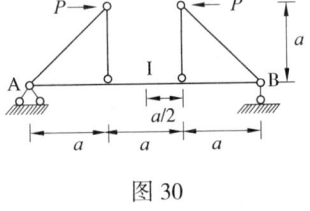

图 30

32. 如图 31 所示结构，使用时外部温度降为 $-t$，内部温度仍为 t（建造时为 t），则温度变化引起的正确弯矩图为（　　）。

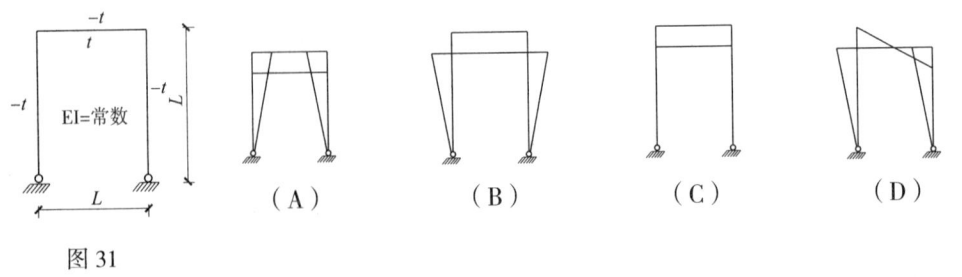

图 31

238

33. 如题图 A 点弯矩最大的是（   ）。

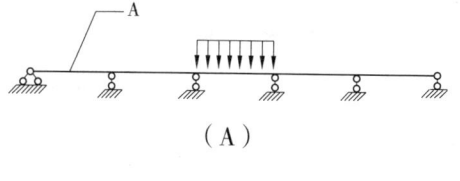
（A）

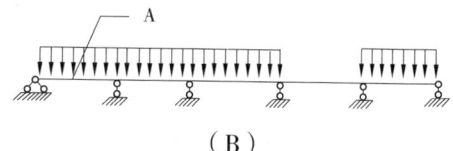
（B）

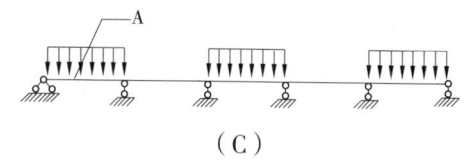
（C）

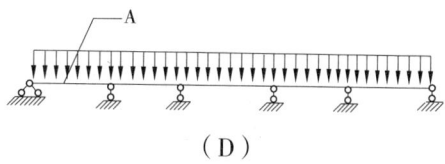
（D）

34. 如题图所示刚架在荷载 P 作用下的变形曲线，正确的是（   ）。

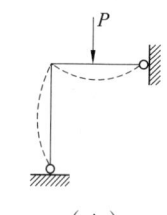
（A）

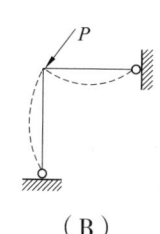
（B）

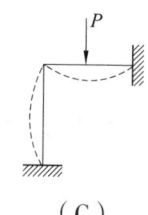
（C）

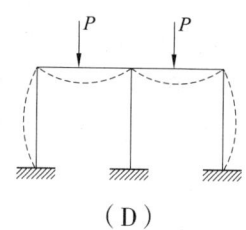
（D）

35. 绘制图 32 所示结构剪力图（   ）。

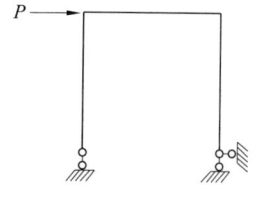

图 32

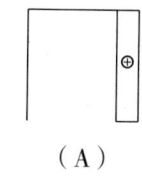
（A）

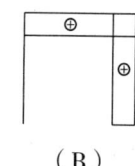
（B）

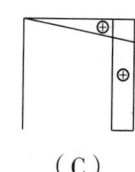
（C）

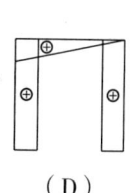
（D）

36. 关于砌体抗剪强度的叙述，下列何者正确（   ）。
（A）与块体强度等级、块体种类、砂浆强度等级有关
（B）与块体强度等级无关，与块体种类、砂浆强度等级有关
（C）与块体种类无关，与块体强度等级、砂浆强度等级有关
（D）与砂浆种类无关，与块体强度等级、块体种类有关

37. 根据砌体结构的空间工作性能，其静力计算时，可分为刚性方案、弹性方案和刚弹性方案，其划分与下列何组因素有关（   ）。

Ⅰ．横墙的间距　　　　　　　Ⅱ．屋盖、楼盖的类别
Ⅲ．砖的强度等级　　　　　　Ⅳ．砂浆的强度等级
（A）Ⅰ、Ⅱ　　（B）Ⅰ、Ⅲ　　（C）Ⅲ、Ⅳ　　（D）Ⅱ、Ⅲ

38. 建筑结构所用钢材需要具有以下哪些性能（　　）。

Ⅰ．高强度　　　　　　　　　　　　Ⅱ．较好的塑性和韧性

Ⅲ．足够的变形能力　　　　　　　　Ⅳ．适应冷热加工和焊接的能力

（A）Ⅰ、Ⅱ、Ⅳ　　（B）Ⅰ、Ⅱ、Ⅲ　　（C）Ⅱ、Ⅲ、Ⅳ　　（D）Ⅰ、Ⅱ、Ⅲ、Ⅳ

39. 混凝土结构中的预应力钢筋宜采用以下何种钢筋（　　）。

（A）Ⅰ级钢筋

（B）热轧Ⅱ、Ⅲ级钢筋

（C）预应力钢丝、钢绞线和预应力螺纹钢筋

（D）乙级冷拔低碳钢丝

40. 在混凝土内掺入适量膨胀剂，其主要目的为下列何项（　　）。

（A）提高混凝土早期强度　　　　　　（B）减少混凝土干缩裂缝

（C）延缓凝结时间，降低水化热　　　（D）使混凝土在负温下水化，达到预期强度

41. 预应力混凝土结构中的混凝土强度等级不应低于（　　）。

（A）C20　　　　（B）C30　　　　（C）C35　　　　（D）C40

42. 木材的强度等级是指不同树种的木材按其下列何种强度设计值划分的等级（　　）。

（A）抗剪　　　　（B）抗弯　　　　（C）抗压　　　　（D）抗拉

43. 预应力混凝土框架梁的混凝土强度等级不宜低于（　　）。

（A）C30　　　　（B）C35　　　　（C）C40　　　　（D）C45

44. 《钢筋混凝土结构设计规范》GB 50010-2010 中，提倡用以下哪种钢筋作为我国钢筋混凝土结构的主力钢筋（　　）。

（A）HPB300级钢筋　　　　　　　　（B）HRB335级钢筋

（C）HRB400级钢筋　　　　　　　　（D）RRB400级钢筋

45. 梁柱纵向受力主筋不宜采用下列哪种钢筋（　　）。

（A）HPB300　　（B）HRB400　　（C）HRB500　　（D）HRBF500

46. 当钢结构构件截面由以下哪种因素控制时，选用低合金钢可比选用强度较低的碳素钢节省钢材（　　）。

（A）强度　　　　（B）刚度　　　　（C）稳定性　　　（D）疲劳

47. 下列关于抗震设防的高层钢结构建筑平面布置的说法中，错误的是（　　）。

（A）建筑平面宜简单规则

（B）不宜设置防震缝

（C）选用风压较小的平面形状，可不考虑邻近高层建筑对其风压的影响

（D）应使结构各层的抗侧力刚度中心与水平作用合力中心接近重合，同时各层接近在同一竖直线上

48. 多层砌体房屋设置防震缝的下列叙述，其中哪一条是不恰当的（　　）。

（A）防震缝两侧均应设置墙体

（B）6、7度时，房屋立面高差在4m以上，宜设置防震缝

（C）防震缝宽可采用50~100mm

（D）8、9度时，房屋有错层，且楼面高差较大，宜设置防震缝

49. 沿砌体灰缝截面破坏时，砌体的弯曲抗拉强度设计值与以下哪些因素有关（　　）。

Ⅰ．砌体的破坏特征　　　　　　　　Ⅱ．砌体种类

Ⅲ．块体强度等级　　　　　　　　　Ⅳ．砂浆强度等级

（A）Ⅰ、Ⅲ、Ⅳ　　　　　　　　　（B）Ⅰ、Ⅱ、Ⅲ

（C）Ⅰ、Ⅱ、Ⅳ　　　　　　　　　（D）Ⅱ、Ⅲ、Ⅳ

50. 标注原木直径时，应以下列哪项为准（　　）。

（A）大头直径　　（B）中间直径　　（C）距大头1/3处直径　　（D）小头直径

51. 混凝土徐变会对构件产生哪些不利影响（　　）。

Ⅰ．增大混凝土结构的变形　　　　Ⅱ．使大体积混凝土表面出现裂缝

Ⅲ．在预应力混凝土构件中引起预应力损失　Ⅳ．引起基础不均匀沉降

（A）Ⅰ、Ⅱ、Ⅲ　　（B）Ⅱ、Ⅲ、Ⅳ　　（C）Ⅰ、Ⅲ　　（D）Ⅱ、Ⅳ

52. 对于轻质木结构体系，梁在支座上的搁置长度不得小于下列哪一个数据（　　）。

（A）60mm　　（B）70mm　　（C）80mm　　（D）90mm

53. 混凝土的收缩对钢筋混凝土和预应力钢筋混凝土结构构件产生影响，以下.叙述中错误的是（　　）。

（A）会使两端固定的钢筋混凝土梁产生拉应力或裂缝

（B）会使长度较长的钢筋混凝土梁、板产生拉应力或裂缝

（C）会使预应力混凝土构件中预应力值增大

（D）会使混凝土结构房屋的竖向构件产生附加的剪力

54. 受使用环境限制，钢筋混凝土受拉或受弯构件不允许出现裂缝时，采取以下哪项措施最为有效（　　）。

（A）对受拉钢筋施加预拉应力　　　　（B）提高混凝土强度等级

（C）提高受拉钢筋配筋率　　　　　　（D）采用小直径钢筋

55. 在实际工程中，为减少荷载作用在钢筋混凝土结构中引起的裂缝宽度，采取以下哪一种措施是错误的（　　）。

（A）减小钢筋直径，选用变形钢筋　　（B）提高混凝土强度，提高配筋率

（C）选用高强度钢筋　　　　　　　　（D）提高构件截面高度

56. 高层建筑地下室楼层的顶楼盖作为上部结构的嵌固部位时，应采用双向双层配筋，楼板的厚度不宜小于下列哪一个数值（　　）。

（A）120mm　　（B）150mm　　（C）180mm　　（D）200mm

57. 高层建筑的短肢剪力墙，其肢长与厚度之比是指在下列哪一组范围内（　　）。

（A）2~3　　（B）3~4　　（C）5~8　　（D）9~10

58. 现浇框架结构，在未采取可靠措施时，其伸缩缝最大间距，下列哪一个数值是正确的（   ）。

（A）55m　　　　　（B）65m　　　　　（C）75m　　　　　（D）90m

59. 关于钢筋混凝土高层建筑的层间最大位移与层高之比限值，下列比较哪一项不正确（   ）。

（A）框架结构＞框架－抗震墙结构　　　　　（B）框架－抗震墙结构＞抗震墙结构

（C）抗震墙结构＞框架－核心筒结构　　　　（D）框架结构＞板柱－抗震墙结构

60. 高层钢结构柱不宜选择下列哪一种形式（   ）。

（A）箱型截面柱　　　　　　　　　　　　（B）H型钢柱

（C）工字形钢柱　　　　　　　　　　　　（D）无缝钢管柱

61. 在地震区，钢框架梁与柱的连接构造，下列哪一种说法是不正确的（   ）。

（A）宜采用梁贯通型

（B）宜采用柱贯通型

（C）柱在两个互相垂直的方向都与梁刚接时，宜采用箱形截面

（D）梁翼缘与柱翼缘间应采用全熔透坡口焊缝

62. 设计中采用的钢筋混凝土适筋梁，其受弯破坏形式为（   ）。

（A）受压区混凝土先达到极限应变而破坏

（B）受拉区钢筋先达到屈服，然后受压区混凝土破坏

（C）受拉区钢筋先达到屈服，直至被拉断，受压区混凝土未破坏

（D）受拉区钢筋与受压区混凝土同时达到破坏

63. 烧结普通砖砌体房屋，当屋盖及楼盖为整体式钢筋混凝土结构，且屋盖有保温层时，其最大伸缩缝间距，下列哪一个数值是正确的（   ）。

（A）45m　　　　　（B）50m　　　　　（C）55m　　　　　（D）60m

64. 在砌块、料石砌筑成的砌体结构中，当梁的跨度大于或等于下列哪一个数值时，梁支座处宜加设壁柱或采取其他加强措施（   ）。

（A）3.6m　　　　　（B）4.2m　　　　　（C）4.8m　　　　　（D）6.0m

65. 钢筋混凝土筒中筒结构内筒的边长与高度的比值，在下列何种数值范围内是合适的（   ）。

（A）1/8~1/6　　　（B）1/10~1/8　　　（C）1/12~1/10　　（D）1/15~1/12

66. 抗震设计时，关于结构抗震设防的目标，下列哪种说法是正确的（   ）。

（A）基本烈度下结构不坏，大震不倒　　　（B）结构可以正常使用

（C）结构不破坏　　　　　　　　　　　　（D）结构小震不坏、中震可修、大震不倒

67. 结构高度为120m的钢筋混凝土筒中筒结构，其内筒的适宜宽度为（   ）。

（A）20m　　　　　（B）15m　　　　　（C）10m　　　　　（D）6m

68. 钢网架可预先起拱，起拱值可取挠度与短向跨度的比值不大于下列哪一个取值（   ）。

（A）1/200　　　　（B）1/250　　　　（C）1/300　　　　（D）1/350

69. 某地区要尽快建造一单层大跨度的临时展览馆，下列结构形式哪种最为适宜（　　）。

（A）预应力混凝土结构　　　　　　（B）混凝土柱十钢屋盖结构

（C）索膜结构　　　　　　　　　　（D）型钢混凝土组合梁结构

70. 悬索结构的经济跨度，下列哪一种说法是较合理的（　　）。

（A）50~60m　　（B）80~90m　　（C）100~150m　　（D）160~200m

71. 某现浇钢筋混凝土框架-剪力墙结构如图4-8所示，需留设施工后浇带，其带宽 b 及其浇筑时间如下，问哪项符合规范要求（　　）。

（A）$b=800mm$，结构封顶两个月后　　　（B）$b=800mm$，本层混凝土浇灌45d后

（C）$b=600mm$，本层混凝土浇灌45d后　　（D）$b=600mm$，结构封顶两个月后

72. 截面为 $370mm \times 370mm$ 的砖柱，砖的强度等级为 MU10，用 M10 的混合砂浆砌筑，砌体的抗压强度设计值 $f=1.89N/mm^2$，砖柱的受压承载力影响系数 $\phi=0.90$，砌体强度设计值调整系数，$\gamma_a=0.8369$，非抗震的砖柱的受压承载力设计值是下述哪一个数值（　　）。

（A）209.58kN　　（B）194.89kN　　（C）186.29kN　　（D）163.01kN

73. 钢结构柱脚在地面以下的部分应采用混凝土包裹，保护层厚度不应小于 **50mm**，并应使包裹混凝土高出地面至少（　　）。

（A）100mm　　（B）150mm　　（C）200mm　　（D）250mm

74. 高层住宅建筑宜选择下列何种结构体系（　　）。

（A）框架结构　　　　　　　　　　（B）框架-剪力墙结构

（C）大开间剪力墙结构体系　　　　（D）筒中筒结构体系

75. 筒体结构转换层的设计，下列哪一项要求是恰当的（　　）。

（A）转换层上部的墙、柱宜直接落在转换层的主要结构上

（B）8、9度时不宜采用转换层结构

（C）转换层上下的结构质量中心的偏心距不应大于该方向平面尺寸的15%

（D）当采用二级转换时，转换梁的尺寸不应小于 $500mm \times 1500mm$

76. 与多层建筑地震作用有关的因素，下列哪项正确且全面（　　）。

Ⅰ．抗震设防类别　　Ⅱ．建筑场地类别　　Ⅲ．楼面活荷载

Ⅳ．结构体系　　　　Ⅴ．风荷载

（A）Ⅰ、Ⅱ、Ⅲ　　　　　　　　　　（B）Ⅰ、Ⅱ、Ⅳ

（C）Ⅰ、Ⅱ、Ⅲ、Ⅳ　　　　　　　　（D）Ⅰ、Ⅱ、Ⅳ、Ⅴ

77. 框架结构按抗震要求设计时，下列表述正确的是（　　）。

（A）楼、电梯间及局部出屋顶的电梯机房、楼梯间、水箱间等，应采用框架承重，不应采用砌体墙承重

（B）楼梯间的布置对结构平面不规则的影响可忽略

（C）楼梯间采用砌体填充墙，宜采用钢丝网砂浆面层加强

（D）砌体填充墙对框架结构的不利影响可忽略

78. 某县级市的二级医院要扩建四栋房屋，其中属于乙类建筑的是下列哪一栋房屋（　　）。

（A）18层的剪力墙结构住宅楼　　　　（B）4层的框架结构办公楼

（C）6层的框架–剪力墙结构住院部大楼　（D）7层的框架–剪力墙结构综合楼

79. 地震区的疾病预防与控制中心建筑中，下列哪一类属于甲类建筑（　　）。

（A）承担研究高危险传染病毒任务的建筑

（B）县疾病预防与控制中心主要建筑

（C）县级市疾病预防与控制中心主要建筑

（D）省疾病预防与控制中心主要建筑

80. 正确设计的钢筋混凝土框架-剪力墙结构，在抵御地震作用时应具有多道防线，按结构或构件屈服的先后次序排列，下列哪一个次序是正确的（　　）。

（A）框架、连梁、剪力墙　　　　（B）框架梁、框架柱、剪力墙

（C）连梁、剪力墙、框架　　　　（D）剪力墙、连梁、框架

81. 30m跨度以内平板网架，其高度取值在下列哪一个范围（L为短向跨度）（　　）。

（A）（1/10~1/8）L　　　　　（B）（1/13~1/10）L

（C）（1/15~1/13）L　　　　（D）（1/18~1/15）L

82. 拟在非地震区建造一座3层混凝土民用板柱结构，柱网尺寸8.0m×8.0m，活荷载标准值为$5.0kN/m^2$，采用下列哪种楼盖体系较为适宜（　　）。

（A）普通钢筋混凝土双向平板体系　　（B）普通钢筋混凝土双向密肋楼板体系

（C）预应力双向平板体系　　　　　　（D）预应力双向密肋楼板体系

83. 砌体结构的圈梁被门窗洞口截断时，应在洞口上部增设相同的附加圈梁，其搭接长度不应小于附加圈梁与原圈梁中到中垂直距离的2倍，且不能小于下列哪一个数值（　　）。

（A）0.6m　　　（B）0.8m　　　（C）1.0m　　　（D）1.2m

84. 普通黏土砖、黏土空心砖砌筑前应浇水湿润，其主要目的，以下叙述何为正确（　　）。

（A）除去泥土、灰尘

（B）降低砖的温度，使之与砂浆温度接近

（C）避免砂浆结硬时失水而影响砂浆强度

（D）便于砌筑

85. 关于土中水分下列何种说法是不正确的（　　）。

（A）含水量是土中水的质量与土的颗粒质量之比

（B）含水量是土中的水的质量与总质量之比

（C）当孔隙比相同，粉土的水含量越大，土的承载力越低

（D）基坑施工时降水，会引起周围房屋沉降

86. 下列关于地基土的表述中，错误的是（　　）。

（A）碎石土为粒径大于2mm的颗粒含量超过全重50%的土

（B）砂土为粒径大于2mm的颗粒含量不超过全重50%，粒径大于0.075mm的颗粒含量超

过全重 50% 的土

（C）黏性土为塑性指数 Ip 小于 10 的土

（D）淤泥是天然含水量大于液限、天然孔隙比大于或等于 1.5 的黏性土

87. 高层建筑的地基变形控制，主要是控制（　　）。

（A）最大沉降量　　　　　　　　（B）整体倾斜值

（C）相邻柱基的沉降差　　　　　（D）局部倾斜值

88. 基础在偏心荷载作用时，基础底面处的平均压力设计值应不大于地基承载力设计值，其边缘最大压力设计值应不大于地基承载力设计值乘以下列哪一个数值（　　）。

（A）1.1　　　　（B）1.2　　　　（C）1.3　　　　（D）1.4

89. 对于特别重要或对风荷载比较敏感的高层建筑，确定基本风压的重现期应为下列何值（　　）。

（A）10 年　　　（B）25 年　　　（C）50 年　　　（D）100 年

90. 下列情况对结构构件产生内力，试问何项为直接荷载作用（　　）。

（A）温度变化　　（B）地基沉降　　（C）屋面积雪　　（D）结构构件收缩

91. 住宅用户对地面进行二次装修，如果采用 20mm 厚水泥砂浆上铺 25mm 厚花岗岩面砖时，增加的荷载约占规范规定的楼面均布活荷载的百分之多少（　　）。

（A）20%　　　　（B）30%　　　　（C）40%　　　　（D）50%

92. 下列常用建筑材料中，自重最轻的是（　　）。

（A）钢材　　　（B）钢筋混凝土　　　（C）花岗石　　　（D）普通砖

93. 高层建筑采用下列哪一种平面形状，对抗风作用是最有利的是（　　）。

（A）矩形平面　　　　　　　　（B）正方形平面空间

（C）圆形平面　　　　　　　　（D）菱形平面

94. 扩底灌注桩的扩底直径，不应大于桩身直径的倍数，下列哪一个数值是正确的（　　）。

（A）1.5 倍　　　（B）2 倍　　　（C）2.5 倍　　　（D）3 倍

95. 钢筋混凝土承台之间的联系梁的高度与承台中心的比值，下列哪一个数值范围是恰当的（　　）。

（A）1/8~1/6　　（B）1/10~1/8　　（C）1/15~1/10　　（D）1/18~1/15

96. 某 15 层钢筋混凝土框架-抗震墙结构建筑，有两层地下室，采用梁板式筏形基础，下列设计中哪一项是错误的（　　）。

（A）基础混凝土强度等级 C30

（B）基础底板厚度 350mm

（C）地下室外墙厚度 300mm

（D）地下室内墙厚度 250mm

97. 扩展基础钢筋的最小保护层厚度，在有垫层和无垫层时，下列哪一组数值是正确的（　　）。

（A）25，50　　　（B）35，60　　　（C）40，70　　　（D）45，75

98. 土中孔隙比 e 的定义，下列何种说法是正确的（　　）。

（A）孔隙比 e 是土中孔隙体积与土的体积之比

（B）孔隙比 e 是土中孔隙体积与土的密度之比

（C）孔隙比 e 是土中孔隙体积与土的颗粒体积之比

（D）孔隙比 e 是土中孔隙体积与干体积之比

99. 天然状态下的土密度，通常在下列何种数值范围（　　）。

（A）1.2~1.5t/m³　　（B）1.6~2.0t/m³　　（C）1.7~2.2t/m³　　（D）2.0~2.5t/m³

100. 地基土的冻胀性类别可分为不冻胀、弱冻胀、冻胀和强冻胀四类，碎石土属于下列何种种类（　　）。

（A）不冻胀　　　　　　　　　　　　（B）弱冻胀

（C）冻胀　　　　　　　　　　　　　（D）按冻结期间的地下水位而定了

模拟题 Ⅶ 参考答案及解析

1.【答案】D

【解析】按照下图顺序依次去零杆,其中1,2杆为T型节点零杆,将其去除后3,4杆为T型节点零杆,将其去除后5杆为T型节点零杆。

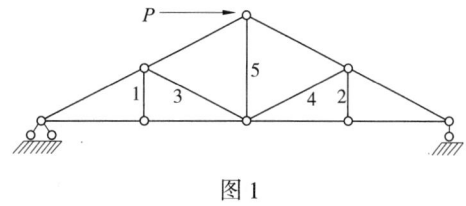

图 1

2.【答案】D

【解析】如下图示1,3,5,7,9杆为T型节点零杆,将其去掉后2,4,6,8杆组成K型节点,结构对称,荷载对称,因此内力对称,但4杆和6杆为K型节点的两个杆,其内力为反对称,为了同时满足上述两个条件4杆和6杆为零杆,在根据K型节点规律可知2杆和8杆也为零杆;结构无支座反力,根据节点平衡可知所有下悬杆都是零杆,10杆和11杆也为零杆。

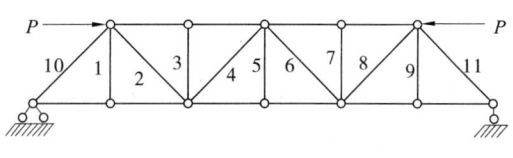

图 2

3.【答案】D

【解析】结构对称,荷载对称,因此杆件内力对称,3,4杆为K型节点的两根杆,其内力为反对称,为同时满足上述两条件,3,4杆只能为零杆;1,2杆为T型节点的两根零杆;结构无水平反力,根据节点平衡可知所有下悬杆均为零杆,总计8根零杆。

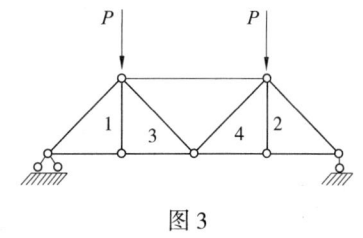

图 3

4.【答案】D

【解析】按照下图所示,断杆三次后变为静定结构。

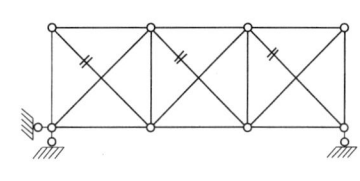

图 4

5.【答案】C

【解析】按照下图所示,去铰,断杆,去二元体,其中一根杆代表一个约束,一个铰代表两个约束,断杆两次,去铰一次总计四次超静定。

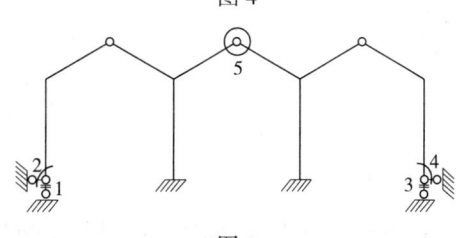

图 5

6.【答案】C

【解析】按照下图顺序断杆和去二元体,剩下的结构为静定结构(三铰拱),总计断杆一次,有一个多余约束。

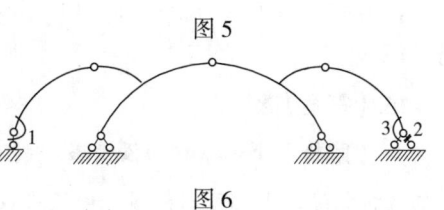

图 6

7.【答案】A

【解析】由位移互等定理可知 A 正确。

8.【答案】A

【解析】结构右侧悬臂竖杆的外荷载为均布荷载,由此可知其剪力图为一条斜线段,结构水平段无外力作用,因此其剪力为零,左侧集中荷载以上的部分截面剪力为 qL,集中荷载以下的部分剪力为 $qL - \dfrac{qL}{2} = \dfrac{qL}{2}$。

9.【答案】D

【解析】取整体为隔离体,由水平方向力平衡可知水平反力 $R_A=1$kN;支座 A 和弯矩为零,对 A 取距可知 $\sum M_A = R_B \times 4 - 1 \times 4 = 0 \Rightarrow R_B = 1$,对 C 点取距有 $M_C = 1 \times 4 = 4$kN·m。

10.【答案】D

【解析】A 点的力矩为 $M_A = 2P \times h = 2 \times 1 \times (3+0.5) = 7$kN·m。

11.【答案】D

【解析】集中力 P 对 A 点取矩有 $M = P \times (2.4+1.0 \times 2) \times 1.5 = 6.6$kN·m。

12.【答案】A

【解析】先求支座反力

由 $\sum Y = 0$ 可知,$R_{By} = 1$;由 A 结点和弯矩为零可知

$\sum M_B = R_{By} \times 4 - R_{Bx} \times 4 - 1 \times 4 = 0 \Rightarrow R_{Bx} = 0$,因此 $M_C = R_{Bx} \times 4 = 0$。

13.【答案】A

【解析】T 型结点的单杆为零杆,结点 1 为 T 型结点,其中③杆为单杆,将其去除后结点 2 变为 T 型结点,由此可知②杆也是零杆;由结点 3 的平衡可知④杆为拉杆,再由结点 2 的平衡可知①杆也是拉杆。

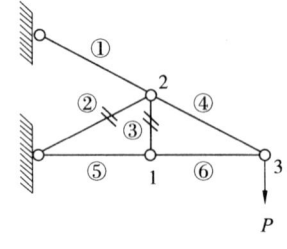

图 7

14.【答案】D

【解析】节点平衡,T 型节点,结构对称性。如图 8 所示,结构无水平反力,根据节点平衡可知 1 杆和 2 杆为零杆;3 杆为 T 型节点的零杆;结构为对称结构,荷载为反对称荷载,故内力为反对称,4 杆和 5 杆为方向相同,大小相等的两个力,根据节点平衡可知 4 杆和 5 杆为大小相等,方向相反的两个力,同时满足上述两个条件,则 4 杆和 5 杆只能为零杆。

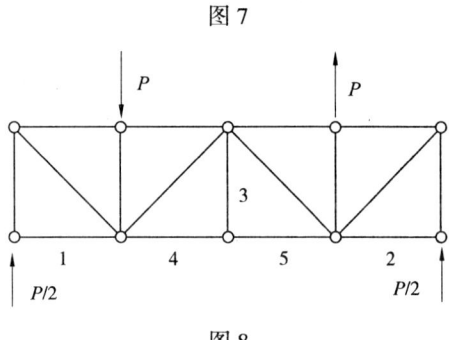

图 8

15.【答案】A

【解析】上部结构为没有多余约束的静定结构,与地面通过三个不平行也不交于同一点的链杆相连,由此可以判断超静定次数为零。

16. 【答案】C

【解析】DE 段和 BC 段是 CD 段的附属结构,作用在主体结构 CD 上的荷载对附属结构没有影响,因此 BC 和 DE 不产生内力变化,同时 BC 段还是 AB 段的附属结构,BC 段无荷载时 AB 段也没有荷载,不产生内力变化,因此选择 C。

17. 【答案】A

【解析】与施加在结构上的集中力偶平衡的是两个支座竖向支座反力组成的力偶,由此可知支座反力为 M/L,A 支座反力向下,B 支座反力向上,因此 BC 段下侧受拉,排除 BC 选项;A 支座无水平反力,因此 AC 段无弯矩,A 正确。

18. 【答案】C

【解析】无约束则无内力,刚节点平衡。D 端为无约束自由端,因此 CD 段无弯矩,排除 AD;根据刚节点平衡,B 点左右两侧弯矩大小应相同,故选择 C。

19. 【答案】A

【解析】铰支座右侧弯矩为 M,弯矩图为水平线段,排除 AD;弯矩图为水平线段时,剪力为零,故铰支座右侧剪力为零,排除 C。

20. 【答案】B

【解析】铰接点弯矩为零,排除 ACD。

21. 【答案】A

【解析】荷载增大,内力增大,A 正确。

22. 【答案】A

【解析】外力作用在 AB 轴线上,因此轴力由 AB 承担,故 $N_b=0$。

23. 【答案】A

【解析】B 支座和弯矩为零,对 B 取矩则有 $\sum M_B = R_A \times 2a - q \times a \times \dfrac{a}{2} = 0 \Rightarrow R_A = \dfrac{qa}{4}$,因此 $M_I = \dfrac{qa^2}{4}$。

24. 【答案】C

【解析】弯矩图中没有抛物线,因此不存在均布荷载,排除 AB;弯矩图在跨中截面没有突变,因此不存在集中力偶,排除 D;剪力图在跨中截面有突变说明跨中截面有集中力,选择 C。

25. 【答案】D

【解析】取 BC 为隔离体,并对 B 点取矩则有 $N_{AC} \times 5 \times \sin 30° = q \times l_{BC} \times \dfrac{1}{2} l_{BC}$,解得 $N_{AC}=20\text{kN}$。

26. 【答案】A

【解析】柱与梁的刚度比趋于无穷说明梁对柱没有有效约束,可将梁看作为软绳,无法有效传力,因此全部荷载由左边的柱承担,柱底弯矩为 $M_a=Ph$。

249

27.【答案】B

【解析】纯扭截面最大剪应力点为长边中点。

28.【答案】B

【解析】组合截面可以承受剪力说明两种材料的变形一致，即应变一致，与各自的弹性模量相乘可得 $\sigma_A=2\sigma_B$，由此可知，长度相同时，A材料单位宽度抗弯能力是B的两倍，因此可以将200宽的B材料等效成100宽的A材料，此时截面材料均质，可以用弯曲应力公式计算：$\sigma_{max}=\dfrac{M}{W}=\dfrac{M}{\frac{1}{6}Bh^2}=\dfrac{50\times10^6}{\frac{1}{6}\times200\times400^2}=9.375\text{N}/\text{mm}^2$，选择D。

29.【答案】B

【解析】由抛物线形的弯矩图可知必然存在均布荷载，排除AC；根据弯矩图可知，集中力偶处左截面上侧受拉，右截面下侧受拉，因此答案为B。

30.【答案】C

【解析】由杆件弯曲正应力分布图可知，杆件受弯时，距离中性轴越近的点应力越小，中性轴处应力为零，截面材料利用不充分，因此变形较大；拱类构件承受相同竖向荷载时，截面除了弯曲应力外还有轴向应力，轴向应力分布均匀，材料利用充分，因此变形较小。

31.【答案】B

【解析】由 $\sum Y=0$ 可知 $R_A=R_B=0$，因此Ⅰ点弯矩仅由荷载P产生，为 $M_I=Pa$。

32.【答案】B

【解析】杆件外侧纤维受冷收缩，由于约束存在，收缩会产生拉应力，弯矩图应画在受拉侧，故选择B。

33.【答案】C

【解析】该跨满布荷载，再隔跨满布荷载时，该跨的弯矩最大，根据这个规律可知C正确。

34.【答案】A

【解析】B选项铰支座处无限制旋转的约束，因此杆件外侧受拉而非内侧受拉，故B错误；CD选项固端处可看作刚节点，受弯时应保持90度角不变，故错误。

35.【答案】A

【解析】左下角支座无水平方向约束，因此左侧竖杆无剪力，横梁无垂直于轴向的外力作用，因此无剪力，右侧竖杆有外力作用且支座有水平约束，因此剪力不为零，综上所述A选项正确。

36.【答案】B

【解析】砌体的抗剪强度与块体种类和砂浆强度等级有关，与块体的强度等级无关。

37.【答案】A

【解析】参见《砌体结构设计规范》GB 50003-2011 第4.2.1条：房屋的静力计算，根据房屋的空间工作性能分为刚性方案、刚弹性方案和弹性方案。设计时，可按表 4.2.1 确定静力计算方案。

房屋的静力计算方案　　　　表 4.2.1

	屋盖或楼盖类别	刚性方案	刚弹性方案	弹性方案
1	整体式、装配整体和装配式无檩体系钢筋混凝土屋盖或钢筋混凝土楼盖	$s<32$	$32 \leq s \leq 72$	$s>72$
2	装配式有檩体系钢筋混凝土屋盖、轻钢屋盖和有密铺望板的木屋盖或木楼盖	$s<20$	$20 \leq s \leq 48$	$s>48$
3	瓦材屋面的木屋盖和轻钢屋盖	$s<16$	$16 \leq s \leq 36$	$s>36$

注：1. 表中 s 为房屋横墙间距，其长度单位为"m"；
　　2. 当屋盖、楼盖类别不同或横墙间距不同时，可按本规范第 4.2.7 条的规定确定房屋的静力计算方案；
　　3. 对无山墙或伸缩缝处无横墙的房屋，应按弹性方案考虑。

由表可知，砌体结构的刚性方案、弹性方案和刚弹性方案的划分与屋盖、楼盖的类别和横墙的间距有关。

38.【答案】D

【解析】建筑结构所用钢材需要具有高强度、较好的塑性和韧性、足够的变形能力和适应冷热加工和焊接的能力。

39.【答案】C

【解析】参见《混凝土结构设计规范》GB 50010-2010（2015 年版）第 4.2.1 条：混凝土结构的钢筋应按下列规定选用：

1. 纵向受力普通钢筋宜采用 HRB400、HRB500、HRBF400、HRBF500 钢筋，也可采用 HPB300、HRB335、HRBF335、RRB400 钢筋；

2. 梁、柱纵向受力普通钢筋应采用 HRB400、HRB500、HRBF400、HRBF500 钢筋；

3. 箍筋宜采用 HRB400、HRBF400、HPB300、HRB500、HRBF500 钢筋，也可采用 HRB335、HRBF335 钢筋；

4. 预应力筋宜采用预应力钢丝、钢绞线和预应力螺纹钢筋。

40.【答案】B

【解析】在混凝土内掺入适量膨胀剂用于补偿混凝土的收缩，减少混凝土干缩裂缝，提高混凝土的密实性，提高混凝土的抗渗性能。

41.【答案】B

【解析】参见《混凝土结构设计规范》GB 50010-2010（2015 年版）第 4.1.2 条：

素混凝土结构的混凝土强度等级不应低于 C15；钢筋混凝土结构的混凝土强度等级不应低于 C20；采用强度等级 400MPa 及以上的钢筋时，混凝土强度等级不应低于 C25。

预应力混凝土结构的混凝土强度等级不宜低于 C40，且不应低于 C30。

承受重复荷载的钢筋混凝土构件，混凝土强度等级不应低于 C30。

42.【答案】B

【解析】参见《木结构设计规范》GB 50005-2017 表 4.3.1-3：

木材的强度设计值和弹性模量（N/mm²）　　　　表 4.3.1-3

强度等级	组别	抗弯 f_m	顺纹抗压及承压 f_c	顺纹抗拉 f_t	顺纹抗剪 f_v	横纹承压 $f_{c,90}$			弹性模量 E
						全表面	局部表面和齿面	拉力螺栓垫板下	
TC17	A	17	16	10	1.7	2.3	3.5	4.6	10000
	B		15	9.5	1.6				
TC15	A	15	13	9.0	1.6	2.1	3.1	4.2	10000
	B		12	9.0	1.5				
TC13	A	13	12	8.5	1.5	1.9	2.9	3.8	10000
	B		10	8.0	1.4				9000
TC11	A	11	10	7.5	1.4	1.8	2.7	3.6	9000
	B		10	7.0	1.2				
TB20	—	20	18	12	2.8	4.2	6.3	8.4	12000
TB17	—	17	16	11	2.4	3.8	5.7	7.6	11000
TB15	—	15	14	10	2.0	3.1	4.7	6.2	10000
TB13	—	13	12	9.0	1.4	2.4	3.6	4.8	8000
TB11	—	11	10	8.0	1.3	2.1	3.2	4.1	7000

注：计算木构件端部（如接头处）的拉力螺栓垫板时，木材横纹承压强度设计值应按"局部表面和齿面"一栏的数值采用。

43.【答案】C

【解析】参见《混凝土结构设计规范》GB 50010-2010（2015年版）第 4.1.2 条：素混凝土结构的混凝土强度等级不应低于 C15；钢筋混凝土结构的混凝土强度等级不应低于 C20；采用强度等级 400MPa 及以上的钢筋时，混凝土强度等级不应低于 C25。

预应力混凝土结构的混凝土强度等级不宜低于 C40，且不应低于 C30。

承受重复荷载的钢筋混凝土构件，混凝土强度等级不应低于 C30。

44.【答案】C

【解析】参见《混凝土结构设计规范》GB 50010-2010（2015 年版）4.2.1 条：混凝土结构的钢筋应按下列规定选用：

1. 纵向受力普通钢筋宜采用 HRB400、HRB500、HRBF400、HRBF500 钢筋，也可采用 HPB300、HRB335、HRBF335、RRB400 钢筋；

2. 梁、柱纵向受力普通钢筋应采用 HRB400、HRB500、HRBF400、HRBF500 钢筋；

3. 箍筋宜采用 HRB400、HRBF400、HPB300、HRB500、HRBF500 钢筋，也可采用 HRB335、HRBF335 钢筋；

4 预应力筋宜采用预应力钢丝、钢绞线和预应力螺纹钢筋。

45.【答案】A

【解析】参见《混凝土结构设计规范》GB 50010-2010（2015 年版）4.2.1.2 条：梁、柱纵向受力普通钢筋应采用 HRB400、HRB500、HRBF400、HRBF500 钢筋。

模拟题Ⅶ参考答案及解析

46.【答案】 A

【解析】低合金钢的屈服强度比强度较低的碳素钢高,所以当钢结构构件截面由强度控制时,选用低合金钢更加节省钢材。

47.【答案】 C

【解析】参见《高层民用建筑钢结构技术规程》JGJ 99-2015。

第3.3.1条:高层民用建筑钢结构的建筑设计应根据抗震概念设计的要求明确建筑形体的规则性。不规则的建筑方案应按规定采取加强措施;特别不规则的建筑方案应进行专门研究和论证,采用特别的加强措施;严重不规则的建筑方案不应采用。

第3.3.2条:高层民用建筑钢结构及其抗侧力结构的平面布置宜规则、对称,并应具有良好的整体性;建筑的立面和竖向剖面宜规则,结构的侧向刚度沿高度宜均匀变化,竖向抗侧力构件的截面尺寸和材料强度宜自下而上逐渐减小,应避免抗侧力结构的侧向刚度和承载力突变。

第3.3.4条:高层民用建筑宜不设防震缝;体型复杂、平立面不规则的建筑,应根据不规则程度、地基基础等因素,确定是否设防震缝;当在适当部位设置防震缝时,宜形成多个较规则的抗侧力结构单元。

第5.2.6条:当多栋或群集的高层民用建筑相互间距较近时,宜考虑风力相互干扰的群体效应。一般可将单栋建筑的体型系数 μ_s 乘以相互干扰增大系数,该系数可参考类似条件的试验资料确定,必要时通过风洞试验或数值技术确定。

48.【答案】 B、C、D(规范变化)

【解析】参见《建筑抗震设计规范》GB 50011-2010 7.1.7.3条:房屋有下列情况之一时宜设置防震缝,缝两侧均应设置墙体,缝宽应根据烈度和房屋高度确定,可采用70~100mm:

1)房屋立面高差在6m以上;

2)房屋有错层,且楼板高差大于层高的1/4;

3)各部分结构刚度、质量截然不同。

49.【答案】 C

【解析】参见《砌体结构设计规范》GB 50003-2011 表3.2.2:

沿砌体灰缝截面破坏时砌体的轴心抗拉强度设计值、弯曲抗拉强度设计值和抗剪强度设计值(MPa)　　表3.2.2

强度类别	破坏特征及砌体种类	砂浆强度等级			
		≥ M10	M7.5	M5	M2.5
轴心抗拉	烧结普通砖、烧结多孔砖	0.19	0.16	0.13	0.09
	混凝土普通砖、混凝土多孔砖	0.19	0.16	0.13	—
	蒸压灰砂普通砖、蒸压粉煤灰普通砖	0.12	0.10	0.08	—
	混凝土和轻集料混凝土砌块	0.09	0.08	0.07	—
	毛石	—	0.07	0.06	0.04

续表

强度类别	破坏特征及砌体种类		砂浆强度等级			
			≥ M10	M7.5	M5	M2.5
弯曲抗拉	沿齿缝	烧结普通砖、烧结多孔砖	0.33	0.29	0.23	0.17
		混凝土普通砖、混凝土多孔砖	0.33	0.29	0.23	—
		蒸压灰砂普通砖、蒸压粉煤灰普通砖	0.24	0.20	0.16	—
		混凝土和轻集料混凝土砌块	0.11	0.09	0.08	—
		毛石	—	0.11	0.09	0.07
	沿通缝	烧结普通砖、烧结多孔砖	0.17	0.14	0.11	0.08
		混凝土普通砖、混凝土多孔砖	0.17	0.14	0.11	—
		蒸压灰砂普通砖、蒸压粉煤灰普通砖	0.12	0.10	0.08	—
		混凝土和轻集料混凝土砌块	0.08	0.06	0.05	—
抗剪	烧结普通砖、烧结多孔砖		0.17	0.14	0.11	0.08
	混凝土普通砖、混凝土多孔砖		0.17	0.14	0.11	—
	蒸压灰砂普通砖、蒸压粉煤灰普通砖		0.12	0.10	0.08	—
	混凝土和轻集料混凝土砌块		0.09	0.08	0.06	—
	毛石		—	0.19	0.16	0.11

注：1. 对于用形状规则的块体砌筑的砌体，当搭接长度与块体高度的比值小于1时，其轴心抗拉强度设计值 f_t 和弯曲抗拉强度设计值 f_{tm} 应按表中数值乘以搭接长度与块体高度比值后采用；
2. 表中数值是依普通砂浆砌筑的砌体确定，采用经研究性试验且通过技术鉴定的专用砂浆砌筑的蒸压灰砂普通砖、蒸压粉煤灰普通砖砌体，其抗剪强度设计值按相应普通砂浆强度等级砌筑的烧结普通砖砌体采用；
3. 对混凝土普通砖、混凝土多孔砖、混凝土和轻集料混凝土砌块砌体，表中的砂浆强度等级分别为：≥ Mb10、Mb7.5 及 Mb5。

由表可知，沿砌体灰缝截面破坏时砌体的弯曲抗拉强度设计值与破坏特征，砌体种类和砂浆强度等级有关。

50.【答案】D

【解析】参见《木结构设计规范》GB 50005-2017 第 4.3.17 条：我国 20 世纪 50 年代的规范曾参照苏联的规定，将原木直径变化率取为每米 10mm，但由于没有明确标注原木直径时以大头还是小头为准，以致在执行中出现过一些争议。以前修订规范，通过调查实测了解到：我国常用树种的原木，其直径变化率大致在每米 9~10mm 之间，且习惯上多以小头为准来标注原木的直径。因此，在明确以小头为准的同时，规定了原木直径变化率可按每米 9mm 采用。这样确定的设计截面的直径，一般偏于安全。

51.【答案】C

【解析】徐变对结构的不利影响：①受弯构件的长期挠度为短期挠度的两倍或更多，使结构变形增大；②长细比较大的偏心受压构件，侧向挠度增大，承载力下降；③会产生预应力损失；④延缓混凝土收缩裂缝的出现及减少由于支座不均匀沉降产生的应力。

徐变对结构的有利影响：截面应力重分布或结构内力重分布，使构件截面应力分布或结构内力分布趋于均匀。

52.【答案】D

【解析】参见《木结构设计规范》GB 50005-2017 9.6.19 梁在支座上的搁置长度不应小于90mm，支座表面应平整，梁与支座应紧密接触。

53.【答案】C

【解析】混凝土的收缩会使预应力钢筋混凝土构件中的预应力损失。

54.【答案】A

【解析】减小混凝土裂缝宽度的方法有：①采用小直径钢筋；②采用带肋钢筋；③适当增加钢筋面积；④适当减小混凝土保护层厚度。但解决裂缝最有效的办法是采用预应力混凝土结构，它可以推迟混凝土裂缝的出现和开展，甚至避免开裂。

55.【答案】C

【解析】减小混凝土裂缝宽度的方法有：①采用小直径钢筋；②不宜采用高强钢筋；③采用带肋钢筋；④适当增加钢筋面积；⑤适当减小混凝土保护层厚度；⑥采用预应力构件。

56.【答案】C

【解析】参见《高层建筑混凝土结构技术规程》JGJ 3-2010 第 3.6.3 条：房屋的顶层、结构转换层、大底盘多塔楼结构的底盘顶层、平面复杂或开洞过大的楼层、作为上部结构嵌固部位的地下室楼层应采用现浇楼盖结构。一般楼层现浇楼板厚度不应小于80mm，当板内预埋暗管时不宜小于100mm；顶层楼板厚度不宜小于120mm，宜双层双向配筋；转换层楼板应符合本规程第10章的有关规定；普通地下室顶板厚度不宜小于160mm；作为上部结构嵌固部位的地下室楼层的顶楼盖应采用梁板结构，楼板厚度不宜小于180mm，应采用双层双向配筋，且每层每个方向的配筋率不宜小于0.25%。

57.【答案】C

【解析】参见《高层建筑混凝土结构技术规程》JGJ 3-2010 第 7.1.8 条：抗震设计时，高层建筑结构不应全部采用短肢剪力墙；B级高度高层建筑以及抗震设防烈度为9度的A级高度高层建筑，不宜布置短肢剪力墙，不应采用具有较多短肢剪力墙的剪力墙结构。当采用具有较多短肢剪力墙的剪力墙结构时，应符合下列规定：

1. 在规定的水平地震作用下，短肢剪力墙承担的底部倾覆力矩不宜大于结构底部总地震倾覆力矩的 50%；

2. 房屋适用高度应比本规程表 3.3.1-1 规定的剪力墙结构的最大适用高度适当降低，7度、8度（0.2g）和8度（0.3g）时分别不应大于100m、80m和60m。

注：1.短肢剪力墙是指截面厚度不大于300mm、各肢截面高度与厚度之比的最大值大于4但不大于8的剪力墙；

2. 具有较多短肢剪力墙的剪力墙结构是指，在规定的水平地震作用下，短肢剪力墙承担的底部倾覆力矩不小于结构底部总地震倾覆力矩的30%的剪力墙结构。

58.【答案】A

【解析】参见《高层建筑混凝土结构技术规程》JGJ 3-2010 第 3.4.12 条：高层建筑结构伸缩缝的最大间距宜符合表 3.4.12 的规定。

伸缩缝的最大间距　　　　　　　　　　　　　　　　表 3.4.12

结构体系	施工方法	最大间距
框架结构	现浇	55
剪力墙结构	现浇	45

注：1. 框架-剪力墙的伸缩缝间距可根据结构的具体布置情况去表中框架结构与剪力墙结构之间的数值；
　　2. 当屋面无保温或隔热措施、混凝土的收缩较大或室内及结构因施工外漏时间较长时，伸缩缝间距应适当减小；
　　3. 位于气候干燥地区、夏季炎热且暴雨频繁地区的结构，伸缩缝的间距宜适当减小。

59.【答案】C

楼层层间最大位移与层高之比的限值　　　　　　　　　表 3.7.3

结构体系	$\Delta u/h$ 限值
框架	1/550
框架-剪力墙、框架-核心筒、板柱-剪力墙	1/800
筒中筒、剪力墙	1/1000
除框架结构外的转换层	1/1000

60.【答案】C

【解析】工字型钢柱在两个方向的惯性矩相差较大，且梁与柱之间的连接不方便。

61.【答案】A

【解析】参见《建筑抗震设计规范》GB 50011-2010 第 8.3.4 条：梁与柱的连接构造应符合下列要求：

1. 梁与柱的连接宜采用柱贯通型。

2. 柱在两个互相垂直的方向都与梁刚接时宜采用箱形截面，并在梁翼缘连接处设置隔板；隔板采用电渣焊时，柱壁板厚度不宜小于 16mm，小于 16mm 时可改用工字形柱或采用贯通式隔板。当柱仅在一个方向与梁刚接时，宜采用工字形截面，并将柱腹板置于刚接框架平面内。

3. 工字形柱（绕强轴）和箱形柱与梁刚接时，应符合下列要求：

1）梁翼缘与柱翼缘间应采用全熔透坡口焊缝；一、二级时，应检验焊缝的 V 形切口冲击韧性，其夏比冲击韧性在 -20℃时不低于 27J；

2）柱在梁翼缘对应位置应设置横向加劲肋（隔板），加劲肋（隔板）厚度不应小于梁翼缘厚度，强度与梁翼缘相同；

3）梁腹板宜采用摩擦型高强度螺栓与柱连接板连接（经工艺试验合格能确保现场焊接质量时，可用气体保护焊进行焊接）；腹板角部应设置焊接孔，孔形应使其端部与梁翼缘和柱翼缘间的全熔透坡口焊缝完全隔开；

4）腹板连接板与柱的焊接，当板厚不大于 16mm 时应采用双面角焊缝，焊缝有效厚度应满足等强度要求，且不小于 5mm；板厚大于 16mm 时采用 K 形坡口对接焊缝。该焊缝宜采用气体保护焊，且板端应绕焊；

5）一级和二级时，宜采用能将塑性铰自梁端外移的端部扩大形连接、梁端加盖板或骨形连接。

4. 框架梁采用悬臂梁段与柱刚性连接时，悬臂梁段与柱应采用全焊接连接，此时上下翼缘焊接孔的形式宜相同；梁的现场拼接可采用翼缘焊接腹板螺栓连接或全部螺栓连接。

5. 箱形柱在与梁翼缘对应位置设置的隔板，应采用全熔透对接焊缝与壁板相连。工字形柱的横向加劲肋与柱翼缘，应采用全熔透对接焊缝连接，与腹板可采用角焊缝连接。

62.【答案】B

【解析】适筋破坏特点：纵向受拉钢筋先屈服，受压混凝土后压碎。

梁的破坏始于受拉钢筋的屈服。破坏前裂缝、变形有明显的发展，有破坏征兆，属延性破坏。

钢材和混凝土充分发挥。

63.【答案】B

【解析】参见《砌体结构设计规范》GB 50003-2011 第 6.5.1 条：在正常使用条件下，应在墙体中设置伸缩缝。伸缩缝应设在因温度和收缩变形引起应力集中、砌体产生裂缝可能性最大处。伸缩缝的间距可按表 6.5.1 采用。

砌体房屋伸缩缝的最大间距（m）　　　　　　表 6.5.1

屋盖或楼盖类别		间距
整体式或装配整体式钢筋混凝土结构	有保温层或隔热层的屋盖、楼盖	50
	无保温层或隔热层的屋盖	40
装配式无檩体系钢筋混凝土结构	有保温层或隔热层的屋盖、楼盖	60
	无保温层或隔热层的屋盖	50
装配式有檩体系钢筋混凝土结构	有保温层或隔热层的屋盖	75
	无保温层或隔热层的屋盖	60
瓦材屋盖、木屋盖或楼盖、轻钢屋盖		100

注：1. 对烧结普通砖、烧结多孔砖、配筋砌块砌体房屋，取表中数值；对石砌体、蒸压灰砂普通砖、蒸压粉煤灰普通砖、混凝土砌块、混凝土普通砖和混凝土多孔砖房屋，取表中数值乘以 0.8 的系数，当墙体有可靠外保温措施时，其间距可取表中数值；
2. 在钢筋混凝土屋面上挂瓦的屋盖应按钢筋混凝土屋盖采用；
3. 层高大于 5m 的烧结普通砖、烧结多孔砖、配筋砌块砌体结构单层房屋，其伸缩缝间距可按表中数值乘以 1.3；
4. 温差较大且变化频繁地区和严寒地区不采暖的房屋及构筑物墙体的伸缩缝的最大间距，应按表中数值予以适当减小；
5. 墙体的伸缩缝应与结构的其他变形缝相重合，缝宽度应满足各种变形缝的变形要求；在进行立面处理时，必须保证缝隙的变形作用。

64.【答案】C

【解析】参见《砌体结构设计规范》GB 50003-2011 第 6.2.8 条：当梁跨度大于或等于下列数值时，其支承处宜加设壁柱，或采取其他加强措施：

1. 对 240mm 厚的砖墙为 6m；对 180mm 厚的砖墙为 4.8m；

2. 对砌块、料石墙为 4.8m。

65.【答案】D

【解析】参见《高层建筑混凝土结构技术规程》JGJ 3-2010 第9.3.3条：内筒的宽度可为高度的1/12~1/15，如有另外的角筒或剪力墙时，内筒平面尺寸可适当减小。内筒宜贯通建筑物全高，竖向刚度宜均匀变化。

66.【答案】D

【解析】参见《建筑抗震设计规范》GB 50011-2010 第1.0.1条：按本规范进行抗震设计的建筑，其基本的抗震设防目标是：当遭受低于本地区抗震设防烈度的多遇地震影响时，主体结构不受损坏或不需修理可继续使用；当遭受相当于本地区抗震设防烈度的设防地震影响时，可能发生损坏，但经一般性修理仍可继续使用；当遭受高于本地区抗震设防烈度的罕遇地震影响时，不致倒塌或发生危及生命的严重破坏。使用功能或其他方面有专门要求的建筑，当采用抗震性能化设计时，具有更具体或更高的抗震设防目标。

简称"小震不坏、中震可修、大震不倒"。

67.【答案】C

【解析】筒中筒结构中内筒矩形平面长宽比不宜大于2，内筒的宽度为高度的1/15~1/12。

68.【答案】C

【解析】参见《空间网格结构技术规程》JGJ 7-2010 第3.5.2条：网架与立体桁架可预先起拱，其起拱值可取不大于短向跨度的1/300。当仅为改善外观要求时，最大挠度可取恒荷载与活荷载标准值作用下挠度减去起拱值。

69.【答案】C

【解析】索膜结构是由多种高强薄膜材料及加强构件钢索通过一定方式使其内部产生一定的预张应力以形成某种空间形状，作为覆盖结构，并能承受一定的外荷载作用的一种空间结构形式。这种结构轻质、跨度大、施工速度快，适合对耐久性要求不高的临时建筑。

70.【答案】C

【解析】当悬索结构的跨度不超过160m时，钢索用量不超过10kg/m^2，较经济合理。

71.【答案】B

【解析】后浇带是在建筑施工中为防止现浇钢筋混凝土结构由于自身收缩不均或沉降不均可能产生的有害裂缝，按照设计或施工规范要求，在基础底板、墙、梁相应位置留设的临时施工缝。

参见《高层建筑混凝土结构技术规程》JGJ 3-2010 第3.4.13条：当采用有效的构造措施和施工措施减小温度和混凝土收缩对结构的影响时，可适当放宽伸缩缝的间距。这些措施可包括但不限于下列方面：

1. 顶层、底层、山墙和纵墙端开间等受温度变化影响较大的部位提高配筋率；

2. 顶层加强保温隔热措施，外墙设置外保温层；

3. 每30~40m间距留出施工后浇带，带宽800~1000mm，钢筋采用搭接接头，后浇带混凝土宜在45d后浇筑；

4. 采用收缩小的水泥、减少水泥用量、在混凝土中加入适宜的外加剂；

5. 提高每层楼板的构造配筋率或采用部分预应力结构。

72.【答案】B

【解析】由题可知，$N = \varphi \gamma_a fA = 0.9 \times 1.89 \times 0.8369 \times 370 \times 370 = 194.89 \text{kN}$

73.【答案】B

【解析】参见《钢结构设计规范》GB 50017-2017 第 18.2.4.6 条：柱脚在地面以下的部分应采用强度等级较低的混凝土包裹（保护层厚度不应小于50mm），包裹的混凝土高：1-1 室外地面不应小于150mm，室内地面不宜小于50mm，并宜采取措施防止水分残留；当柱脚底面在地面以上时，柱脚底面高出室外地面不应小于100mm，室内地面不宜小于50mm。

74.【答案】B

【解析】框架-剪力墙结构具有较强的抗震能力，同时在空间布置上也比较灵活。

75.【答案】A

【解析】参见《高层建筑混凝土结构技术规程》JGJ 3-2010。

第 10.1.2 条：9度抗震设计时不应采用带转换层的结构、带加强层的结构、错层结构和连体结构。

第 10.2.8 条：转换梁设计尚应符合下列规定：

1. 转换梁与转换柱截面中线宜重合。

2. 转换梁截面高度不宜小于计算跨度的1/8。托柱转换梁截面宽度不应小于其上所托柱在梁宽方向的截面宽度。框支梁截面宽度不宜大于框支柱相应方向的截面宽度，且不宜小于其上墙体截面厚度的2倍和400mm的较大值。

第 10.2.9 条：转换层上部的竖向抗侧力构件:(墙、柱)宜直接落在转换层的主要转换构件上。

76.【答案】C

【解析】参见《高层建筑混凝土结构技术规程》JGJ 3-2010 第 3.9.3 条：抗震设计时，高层建筑钢筋混凝土结构构件应根据抗震设防分类、烈度、结构类型和房屋高度采用不同的抗震等级，并应符合相应的计算和构造措施要求。

楼面活荷载可以等效为楼面的质量，故对建筑物的地震作用有关，风荷载与地震作用的大小无直接关系。

77.【答案】C

【解析】鞭梢效应（whipping effect）指当建筑物受地震作用时，它顶部的小突出部分由于质量和刚度比较小，在每一个来回的转折瞬间，形成较大的速度，产生较大的位移，这种现象称为鞭梢效应。楼、电梯间及局部出屋顶的电梯机房、楼梯间、水箱间等，在承受地震作用时由于"鞭梢效应"，承受较大的地震力，因此应采用框架承重，不应采用砌体墙承重。

78.【答案】C

【解析】根据《建筑工程抗震设防分类标准》GB 50223-2008 第 4.0.3 条：医疗建筑的抗震设防类别，应符合下列规定：

1. 三级医院中承担特别重要医疗任务的门诊、医技、住院用房，抗震设防类别应划为特殊设防类。

2. 二、三级医院的门诊、医技、住院用房，具有外科手术室或急诊科的乡镇卫生院的医疗用房，县级及以上急救中心的指挥、通信、运输系统的重要建筑，县级及以上的独立采供血机构的建筑，抗震设防类别应划为重点设防类。

3. 工矿企业的医疗建筑，可比照城市的医疗建筑示例确定其抗震设防类别。

第3.0.2条：建筑工程应分为以下四个抗震设防类别：

1. 特殊设防类：指使用上有特殊设施，涉及国家公共安全的重大建筑工程和地震时可能发生严重次生灾害等特别重大灾害后果，需要进行特殊设防的建筑。简称甲类。

2. 重点设防类：指地震时使用功能不能中断或需尽快恢复的生命线相关建筑，以及地震时可能导致大量人员伤亡等重大灾害后果，需要提高设防标准的建筑。简称乙类。

3. 标准设防类：指大量的除1、2、4款以外按标准要求进行设防的建筑。简称丙类。

4. 适度设防类：指使用上人员稀少且震损不致产生次生灾害，允许在一定条件下适度降低要求的建筑。简称丁类。

79.【答案】A

【解析】参见《建筑工程抗震设防分类标准》GB 50223—2008 第4.0.6条：疾病预防与控制中心建筑的抗震设防类别，应符合下列规定：

1. 承担研究、中试和存放剧毒的高危险传染病病毒任务的疾病预防与控制中心的建筑或其区段，抗震设防类别应划为特殊设防类。

2. 不属于1款的县、县级市及以上的疾病预防与控制中心的主要建筑，抗震设防类别应划为重点设防类。

第3.0.2条：建筑工程应分为以下四个抗震设防类别：

1. 特殊设防类：指使用上有特殊设施，涉及国家公共安全的重大建筑工程和地震时可能发生严重次生灾害等特别重大灾害后果，需要进行特殊设防的建筑。简称甲类。

2. 重点设防类：指地震时使用功能不能中断或需尽快恢复的生命线相关建筑，以及地震时可能导致大量人员伤亡等重大灾害后果，需要提高设防标准的建筑。简称乙类。

3. 标准设防类：指大量的除1、2、4款以外按标准要求进行设防的建筑。简称丙类。

4. 适度设防类：指使用上人员稀少且震损不致产生次生灾害，允许在一定条件下适度降低要求的建筑。简称丁类。

80.【答案】C

【解析】对于钢筋混凝土框架-剪力墙结构，在地震过程中，连梁首先破坏形成塑性铰，然后剪力墙底部屈服进入弹塑性阶段，框架柱不允许屈服出现塑性铰。所以连梁是第一道抗震防线；剪力墙是第二道防线，也是主要的抗侧力结构；框架是第三道抗震防线。

81.【答案】B

【解析】平板网架的跨高比：

1）$L \leqslant 30m$ 时跨高比取 1/13~1/10；

2）$30m<L \leqslant 60m$ 时时跨高比取 1/15~1/12；

3）$L>60m$ 时跨高比取 1/18~1/14。

82.【答案】D

【解析】板柱结构由楼板和柱组成承重体系的房屋结构。它的特点是楼板下没有梁，空间通常简洁，平面布置灵活，能降低建筑物层高。在柱网尺寸大于6m的建筑中，为减轻楼板自重，可采用双向密肋板或双向暗密肋内填轻质材料的夹芯板，或预应力混凝土板。由于活荷载标准值较大，宜采用预应力双向密肋楼板体系。

83.【答案】C

【解析】参见《砌体结构设计规范》GB 50003-2011 第7.1.5条：圈梁应符合下列构造要求：圈梁宜连续地设在同一水平面上，并形成封闭状；当圈梁被门窗洞口截断时，应在洞口上部增设相同截面的附加圈梁。附加圈梁与圈梁的搭接长度不应小于其中到中垂直间距的2倍，且不得小于1m。

84.【答案】C

【解析】普通黏土砖、黏土空心砖砌筑前应浇水湿润，是为了防止砖吸收砂浆中的水分，影响砂浆强度。

85.【答案】B

【解析】含水量的定义是土中水的质量与土的颗粒质量之比。

86.【答案】C

【解析】参见《建筑地基基础设计规范》GB 50007-2011 第4.1.5条，碎石土为粒径大于2mm的颗粒含量超过全重50%的土。碎石土可按表4.1.5分为漂石、块石、卵石、碎石、圆砾和角砾。第4.1.7条，砂土为粒径大于2mm的颗粒含量不超过全重50%、粒径大于0.075mm的颗粒超过全重50%的土。砂土可按表4.1.7分为砾砂、粗砂、中砂、细砂和粉砂。第4.1.9条，黏性土为塑性指数 I_P 大于10的土，可按表4.1.9分为黏土、粉质黏土。第4.1.12条，淤泥为在静水或缓慢的流水环境中沉积，并经生物化学作用形成，其天然含水量大于液限、天然孔隙比大于或等于1.5的黏性土。当天然含水量大于液限而天然孔隙比小于1.5但大于或等于1.0的黏性土或粉土为淤泥质土。含有大量未分解的腐殖质，有机质含量大于60%的土为泥炭，有机质含量大于或等于10%且小于或等于60%的土为泥炭质土。

87.【答案】B

【解析】参见《建筑地基基础设计规范》GB 50007-2011 第5.3.3条。在计算地基变形时，应符合下列规定：

1.由于建筑地基不均匀、荷载差异很大、体型复杂等因素引起的地基变形，对于砌体承重结构应由局部倾斜值控制；对于框架结构和单层排架结构应由相邻柱基的沉降差控制；对于多层或高层建筑和高耸结构应由倾斜值控制；必要时尚应控制平均沉降量。

2. 在必要情况下,需要分别预估建筑物在施工期间和使用期间的地基变形值,以便预留建筑物有关部分之间的净空,选择连接方法和施工顺序。

88.【答案】B

【解析】参见《建筑地基基础设计规范》GB 50007-2011 第 5.2.1 条,当偏心荷载作用时,应符合下式规定:

$$p_{kmax} \leq 1.2f_a$$

式中:p_{kmax}——相应于作用的标准组合时,基础底面边缘的最大压力值(kPa)。

89.【答案】D

【解析】对于特别重要或对风荷载比较敏感的高层建筑,其基本风压为100年重现期的风压值。

90.【答案】C

【解析】温度变化、地基沉降和结构构件收缩在结构中产生的内力均通过变形间接产生。

91.【答案】C

【解析】水泥砂浆容重为20kN/m³,黄岗岩面砖容重为15.4kN/m³;由表5.1.1可知楼面均布活荷载为2.0kN/m²。增加的荷载为 20×0.02+15.4×0.2=0.785kN/m²,两者比值为 0.785/2=39.25%,所以增加的荷载约占规范规定均布活荷载的40%。

92.【答案】D

【解析】钢的容重为78.5kN/m³;钢筋混凝土的容重为25kN/m³;花岗石的容重为28kN/m³;普通砖的容重为18kN/m³。

93.【答案】C

【解析】参见《建筑结构荷载规范》GB 50009-2012 第8.1.1条:垂直于建筑物表面上的风荷载标准值,应按下列规定确定:

1. 计算主要受力结构时,应按下式计算:$w_k = \beta_z \mu_s \mu_z w_0$

式中:w_k——风荷载标准值(kN/m²);

β_z——高度Z处的风振系数;

μ_s——风荷载体形系数;

μ_z——风压高度变化系数;

w_0——基本风压(kN/m²)。

风荷载体形系数与建筑物平面形状有关,圆形平面的风荷载体形系数最小。

94.【答案】D

【解析】参见《建筑地基基础设计规范》GB 50007-2011 第8.5.3条第2款,扩底灌注桩的扩底直径,不应大于桩身直径的3倍。

95.【答案】C

【解析】参见《建筑地基基础设计规范》GB 50007-2011 第8.5.23条第四款:连系梁顶面宜与承台位于同一标高。连系梁的宽度不应小于250mm,梁的高度可取承台中心距的

1/10~1/15，且不小于400mm。

96.【答案】 B

【解析】一般来说，多层建筑物的筏形基础，底板厚度应该大于200mm，同时不小于最大柱网跨度或支撑跨度的1/20,每层楼可以按50mm考虑,对12层以上建筑物的梁板式阀基，底板厚度与最大双向板格的短边净跨之比不应小于1/14，且板厚不应小于400mm。同时满足抗弯、抗冲切、抗剪等强度要求。

97.【答案】 C

【解析】参见《建筑地基基础设计规范》GB 50007-2011 第8.2.1条第3款，当有垫层时钢筋保护层的厚度不小于40mm；无垫层时不小于70mm。

98.【答案】 C

【解析】孔隙比e的定义是土中孔隙体积与土的颗粒体积之比，与土的性质，结构都有关系，是反应土体密实程度的重要物理性质指标。e越大，土体越疏松；e越小，土体越密实。

99.【答案】 B

【解析】土的密度一般分为：天然密度，干密度，饱和密度和有效密度。天然密度ρ是指在天然状态下，单位体积土的质量，单位一般为g/cm^3或t/m^3。天然状态下土的密度变化范围较大。一般黏性土和粉土密度=1.8~2.0t/m^3；砂土密度=1.6~2.0t/m^3；腐殖土密度=1.5~1.7t/cm^3。

100.【答案】 A

【解析】参考《建筑地基基础设计规范》GB 50007-2011 附录G。0.2条注6，碎石土，砾砂，粗砂，中砂（粒径小于0.075mm颗粒含量不大于15%），细砂（粒径小于0.075mm颗粒含量不大于10%）均按不冻胀考虑。

一级注册建筑师考试建筑结构模拟题 VIII

1. 判断图 1 所示结构零杆数量（　　）。

（A）2

（B）3

（C）4

（D）5

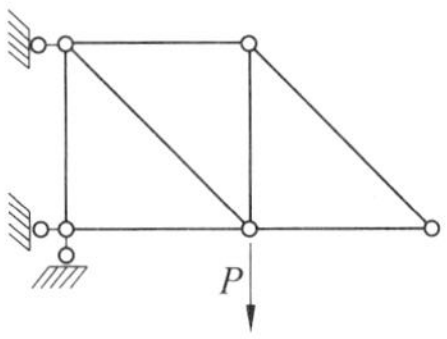

图 1

2. 图 2 所示结构在外力 P 作用下，零杆数量为（　　）。

（A）0

（B）1 根

（C）2 根

（D）3 根

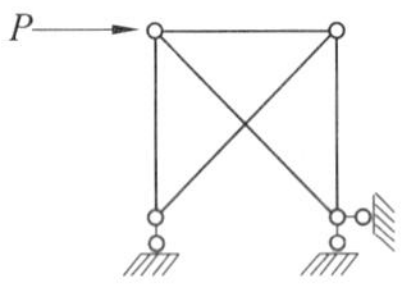

图 2

3. 图 3 所示桁架中零杆数量为（　　）。

（A）4 根

（B）5 根

（C）6 根

（D）7 根

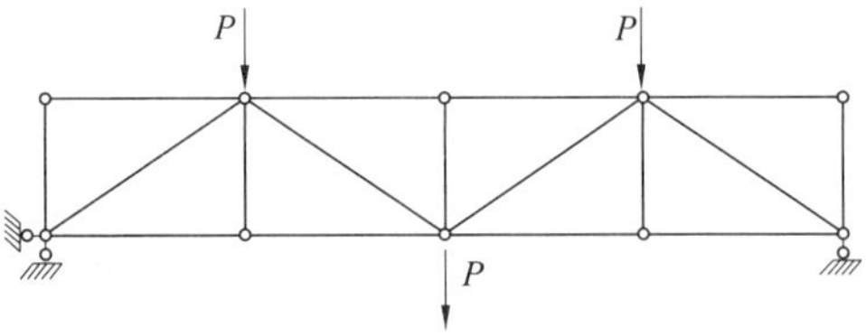

图 3

4. 图 4 所示结构的超静定次数为（　　）。

（A）2

（B）3

（C）4

（D）5

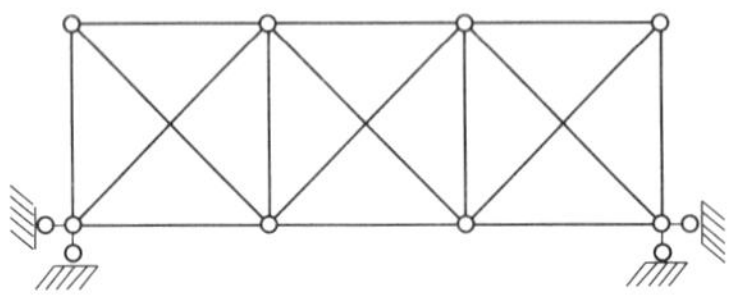

图 4

5. 图 5 所示几何不变体系，其多余约束为（　　）。

（A）1 个

（B）2 个

（C）3 个

（D）4 个

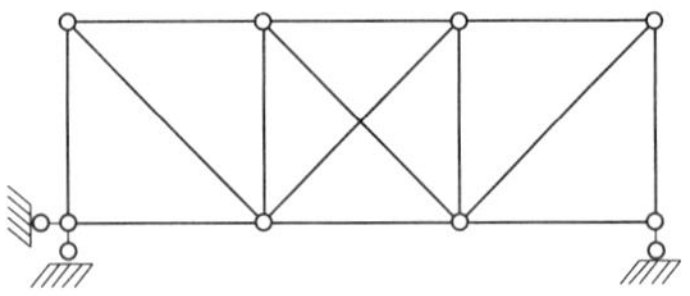

图 5

6. 图 6 所示结构的超静定次数为（　　）。

（A）1 次

（B）2 次

（C）3 次

（D）4 次

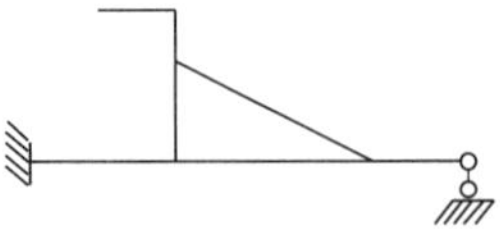

图 6

7. 图 7 中哪个点弯矩最大（　　）。

（A）A

（B）B

（C）C

（D）D

8. 图 8 所示桁架，正确的内力说法是（　　）。

（A）斜腹杆受压，高度 h 增大时压力不变

（B）斜腹杆受拉，高度 h 增大时拉力减小

（C）斜腹杆受压，高度 h 增大时压力减小

（D）斜腹杆受拉，高度 h 增大时拉力不变

9. 如图 9 所示，立柱下端 A 点的弯矩 M_{AB} 是多少（　　）。

（A）5kN·m 右侧受拉

（B）6kN·m 左侧受拉

（C）4kN·m 右侧受拉

（D）4kN·m 左侧受拉

10. 图 10 所示的结构在水平荷载作用下，试问下列哪一组弯矩图剪力图正确（　　）。（结构自重不计）

（A）Ⅰ，Ⅲ　　（B）Ⅰ，Ⅳ　　（C）Ⅱ，Ⅲ　　（D）Ⅱ，Ⅳ

11. 如图 11 所示的梁受集中荷载 P 的作用，正确的剪力图应该是哪个选项（　　）。

12. 如图 12 所示的对称结构中，Ⅰ 点处的弯矩为下列何值（　　）。

（A）0　　　　　　　　　　　（B）qa^2

（C）$qa^2/2$　　　　　　　　（D）$qa^2/12$

13. 如图 13 所示受力杆系，当荷载 P 等于 1 时，以下杆件内力计算结果哪项完全正确（　　）。

（A）①杆受拉，拉力为 1/2

（B）②杆受压，压力为 $\sqrt{3}/3$

（C）①杆受拉，拉力为 1

（D）②杆受压，压力为 1/2

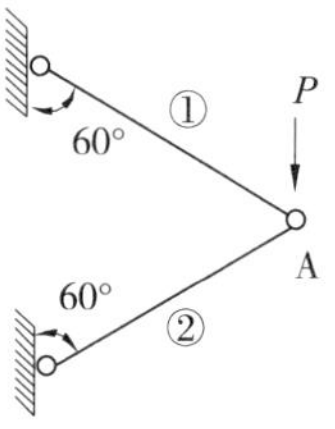

图 13

14. 图 14 所示桁架结构中，零杆数量为（　　）。

（A）2 根

（B）3 根

（C）4 根

（D）5 根

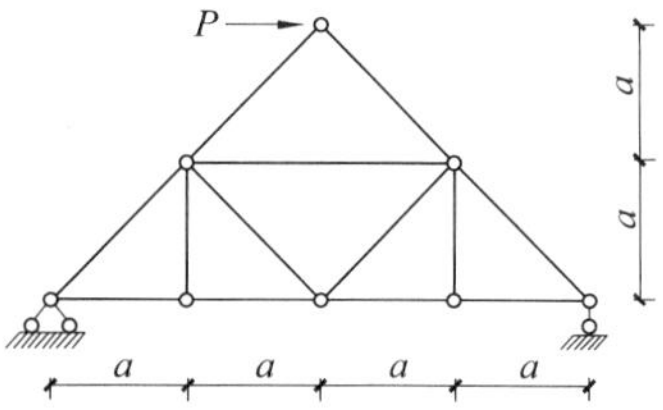

图 14

15. 图 15 所示结构超静定次数为（　　）。

（A）0

（B）1

（C）2

（D）3

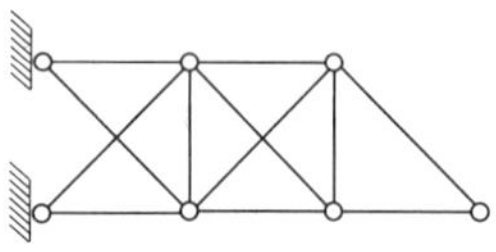

图 15

16. 图 16 所示结构 A 点的弯矩为（　　）。

（A）0.5M　　（B）M　　（C）1.5M　　（D）2M

图 16

17. 图 17 所示双跨刚架，正确的弯矩图是（　　）。

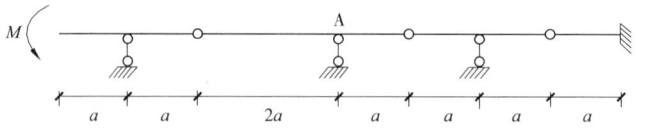

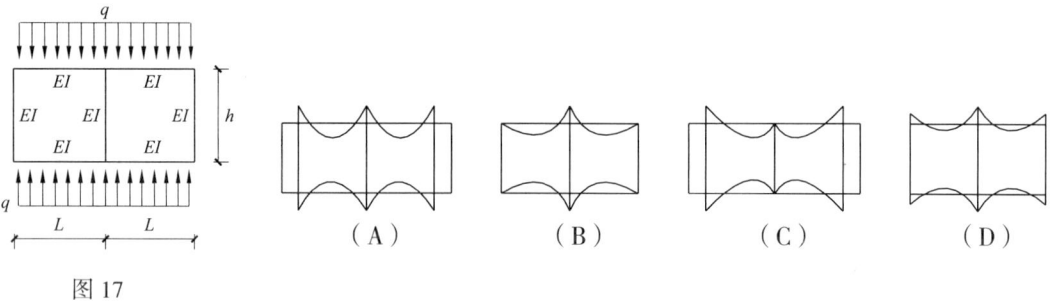

图 17

18. 绘制图 18 所示结构剪力图（　　）。

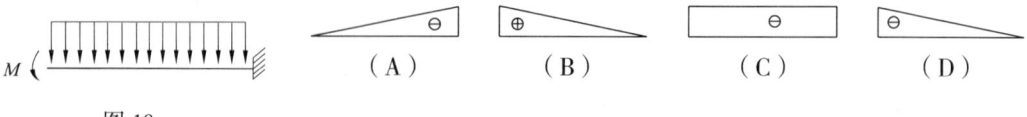

图 18

19. 图示不同支座条件下的单跨梁，在均布荷载作用下，**a** 点弯矩 M_a 最小的是（　　）。

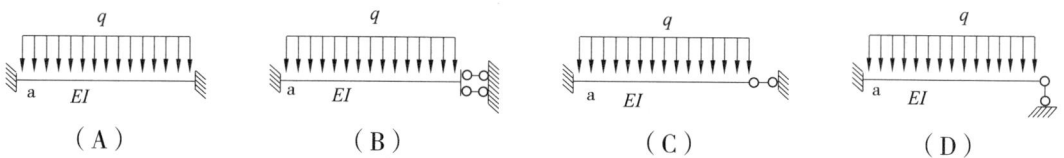

20. 如图 19 所示梁在荷载作用下，其剪力图为下列哪项（　　）。（提示：梁自重不计）

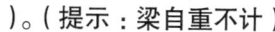

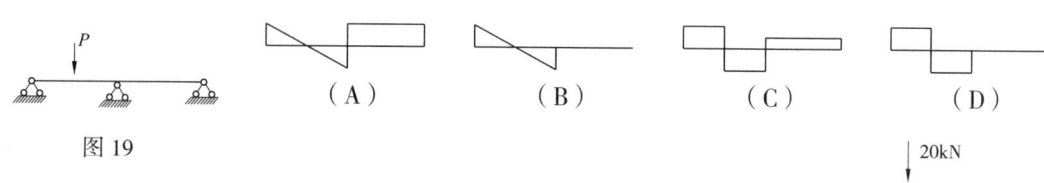

图 19

21. 如图 20 所示结构受力，正确的是（　　）。

（A）$R_A=R_B$、$V_A=V_B$

（B）$R_A<R_B$、$V_A<V_B$

（C）$R_A<R_B$、$V_A=V_B$

（D）$R_A>R_B$、$V_A=V_B$

22. 如图 21 所示，管道支架承受两个集中荷载 Q_1、Q_2，问杆件 **BC** 的内力为多少（　　）。

（A）压力 $20\sqrt{3}$ kN

（B）压力 10 kN

（C）压力 $10\sqrt{3}$ kN

（D）压力 20 kN

23. 图 22 所示结构在外荷载 q 的作用下，支座 **A** 的弯矩为（　　）。

（A）$M_A=\frac{1}{2}ql^2$ 　　（B）$M_A=ql^2$

（C）$M_A=2ql^2$ 　　（D）$M_A=4ql^2$

24. 图 23 示单跨双层框架，正确的弯矩图是（　　）。

图 20

图 21

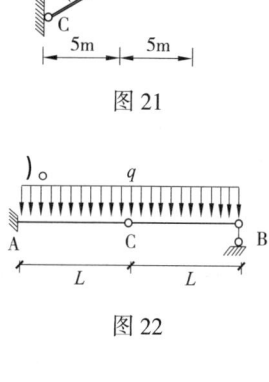

图 22

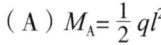

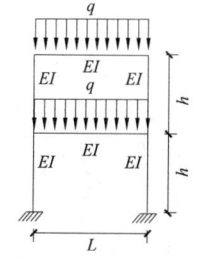

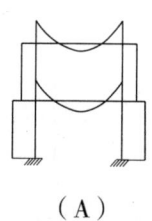（A）　　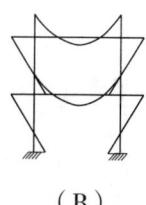（B）　　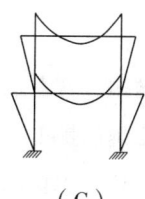（C）　　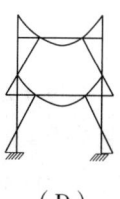（D）

图 23

25. 如图 24 所示屋顶微波天线抗倾覆计算简图中，Q 为其自重，如果不考虑地脚螺栓的锚固作用，微波天线不致倾覆时 Q 最小值的正确答案是（　　）。（风荷载简化为沿高度方向均布荷载 $q=6\text{kN/m}$）

(A) $Q \geqslant 200\text{kN}$

(B) $Q \geqslant 400\text{kN}$

(C) $Q \geqslant 400\text{kN}$

(D) $Q \geqslant 20\text{kN}$

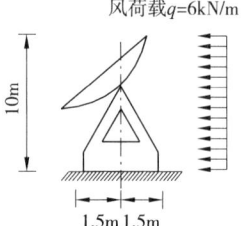

图 24

26. 题图所示结构的弯矩图正确的是（　　）。

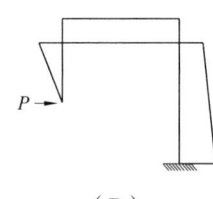 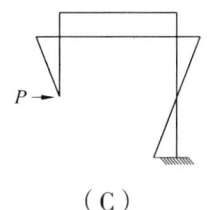 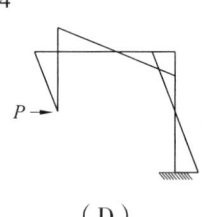

（A）　　　（B）　　　（C）　　　（D）

27. 如图 25 所示，两个矩形截面梁，在相同的竖向剪力作用下，两个截面的平均剪应力关系为（　　）。

(A) $\tau_{\text{I}} = \dfrac{1}{2}\tau_{\text{II}}$

(B) $\tau_{\text{I}} = \tau_{\text{II}}$

(C) $\tau_{\text{I}} = 2\tau_{\text{II}}$

(D) $\tau_{\text{I}} = 4\tau_{\text{II}}$

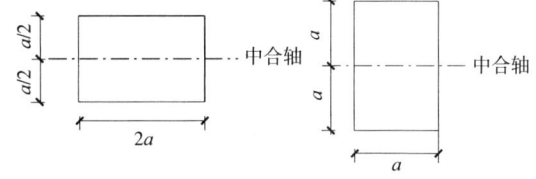

图 25

28. 图 26 所示悬臂梁在两种荷载作用下，下列说法正确的是（　　）。（悬臂梁长度为 L）

(A) 端点 B 的竖向位移相同

(B) 端点 A 的竖向反力相同

(C) 两者剪力图相同

(D) 两者弯矩图相同

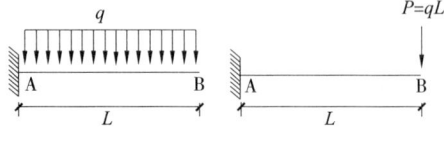

图 26

29. 图 27 所示结构，B 点的反力是（　　）。

(A) $R_\text{B}=P$

(B) $R_\text{B}=1/2P$

(C) $R_\text{B}=2P$

(D) $R_\text{B}=0$

30. 图 28 所示结构，若右端支座发生下沉 $\varDelta$，下列关于梁的描述，正确的是（　　）。

(A) $M_\text{A}=0$，$M_\text{C}<0$（上部受拉）

(B) $M_\text{A}<0$（上部受拉）

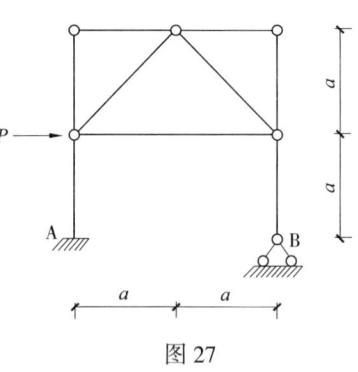

图 27

268

（C）$M_A>0$（下部受拉）

（D）$M_A=0$，$M_C>0$（下部受拉）

31. 图 29 所示刚架内力分布相同的是（　　）。

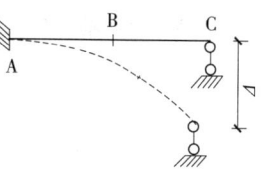

图 28

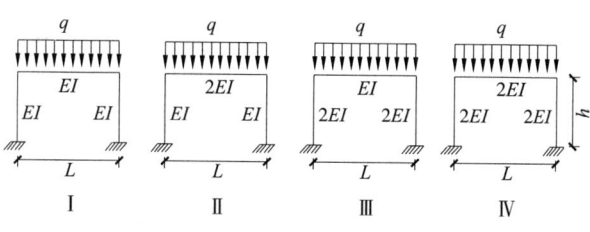

图 29

（A）Ⅰ和Ⅱ　　　　（B）Ⅰ和Ⅲ　　　　（C）Ⅰ和Ⅳ　　　　（D）Ⅲ和Ⅳ

32. 如图 30 所示结构各杆截面相同，各杆温度均匀升高 t，则（　　）。

（A）$M_A=M_B=M_C$

（B）$M_A>M_B>M_C$

（C）$M_A<M_B=M_C$

（D）$M_A>M_B=M_C$

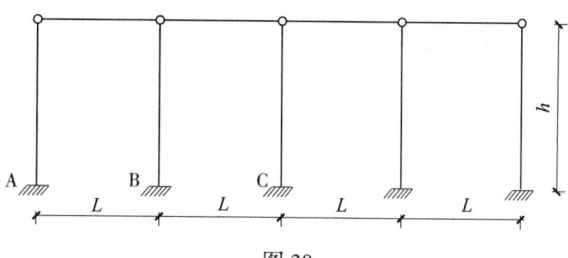

图 30

33. 四跨连续梁，各跨材料及截面相同，在图 31 荷载布置下，各跨跨中点弯矩最大的是（　　）。

（A）M_1　　　　　　　　　　（B）M_2

（C）M_3　　　　　　　　　　（D）M_4

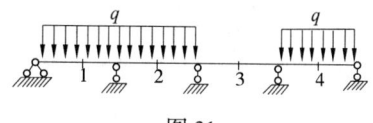

图 31

34. 刚架承受如图 32 所示均布荷载作用，下列弯矩图中正确的是（　　）。

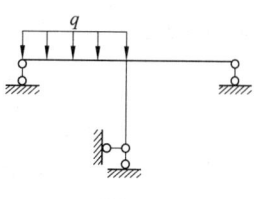

图 32

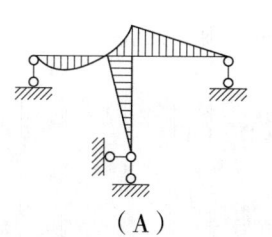
（A）

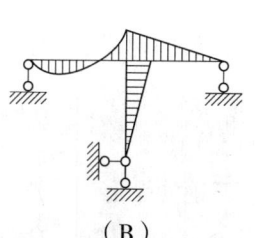
（B）

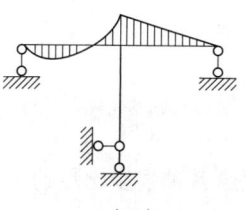
（C）

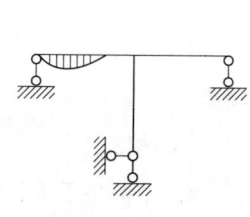
（D）

35. 图 33 所示刚架中，A 点的弯矩为（ 　　）。（以 A 点左侧受拉为正）

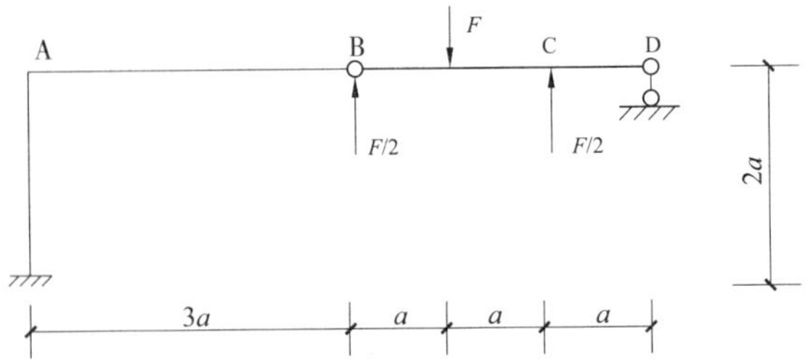

图 33

（A）$M_A = \dfrac{3}{2}Fa$　　（B）$M_A = Fa$　　（C）$M_A = 0$　　（D）$M_A = -Fa$

36. 抗震设防地区承重砌体结构中使用的烧结普通砖，其最低强度等级为（ 　　）。

（A）MU20　　（B）MU15　　（C）MU10　　（D）M7.5

37. 判定砌体结构房屋的空间工作性能为刚性方案、弹性方案和刚弹性方案时，与下列何因素有关（ 　　）。

Ⅰ．砌体的材料　　Ⅱ．砌体的强度　　Ⅲ．横墙的间距　　Ⅳ．屋盖、楼盖的区别

（A）Ⅰ、Ⅱ　　（B）Ⅱ、Ⅲ　　（C）Ⅰ、Ⅳ　　（D）Ⅲ、Ⅳ

38. 在钢结构中，钢材的主要力学性能包括以下哪些方面（ 　　）。

Ⅰ．强度　　Ⅱ．伸长率　　Ⅲ．冷弯性能　　Ⅳ．冲击韧性

（A）Ⅰ、Ⅲ、Ⅳ　　（B）Ⅰ、Ⅱ、Ⅳ　　（C）Ⅰ、Ⅱ、Ⅲ　　（D）Ⅰ、Ⅱ、Ⅲ、Ⅳ

39. 无粘结预应力混凝土结构中的预应力钢筋，需具备的性能有（ 　　）。

Ⅰ．较高的强度等级　　　　　　　　Ⅱ．一定的塑性性能

Ⅲ．与混凝土间足够的粘结强度　　　Ⅳ．低松弛性能

（A）Ⅰ、Ⅱ、Ⅲ　　　　　　　　　　（B）Ⅰ、Ⅲ、Ⅳ

（C）Ⅰ、Ⅱ、Ⅲ、Ⅳ　　　　　　　　（D）Ⅰ、Ⅱ、Ⅳ

40. 混凝土强度等级以 C×× 表示，C 后面的数字 ×× 为以下哪一项（ 　　）。

（A）立方体试件抗压强度标准值（N/mm²）

（B）混凝土轴心抗压强度标准值（N/mm²）

（C）混凝土轴心抗压强度设计值（N/mm²）

（D）混凝土轴心抗拉强度标准值（N/mm²）

41. 规范规定：在严寒地区，与无侵蚀性土壤接触的地下室外墙最低混凝土强度级为下列哪项（ 　　）。

（A）C25　　（B）C30　　（C）C35　　（D）C40

42. 下列关于木材顺纹各种强度比较的论述，正确的是（ 　　）。

（A）抗压强度大于抗拉强度　　　　（B）抗剪强度大于抗拉强度

（C）抗剪强度大于抗压强度　　　　（D）因种类不同而强度各异，无法判断

43. 同一强度等级的混凝土，其强度标准值以下何种关系为正确（   ）。

（A）轴心抗压强度 > 立方体抗压强度 > 抗拉强度

（B）轴心抗压强度 > 抗拉强度 > 立方体抗压强度

（C）立方体抗压强度 > 轴心抗压强度 > 抗拉强度

（D）抗拉强度 > 轴心抗压强度 > 立方体抗压强度

44. 关于钢筋混凝土结构的预埋件，以下要求哪个不正确（   ）。

（A）预埋件的锚板宜采用 Q235、Q345 级钢

（B）锚筋应采用 HRB400 或 HPB300 钢筋

（C）锚筋不应采用冷加工钢筋

（D）锚筋直径不应小于 8mm

45. 普通钢筋强度标准值标 f_{yk}，强度设计值 f_y 和疲劳应力幅限值 Δf_y^f 三者之间的关系，以下哪种描述正确（   ）。

（A）$f_{yk} > f_y > \Delta f_y^f$　　　　　　（B）$f_{yk} < f_y < \Delta f_y^f$

（C）$f_y > f_{yk} > \Delta f_y^f$　　　　　　（D）$\Delta f_y^f > f_{yk} > f_y$

46. 现场两根 Q345B 钢管手工对接焊，应选择哪种型号的焊条与之相适应（   ）。

（A）E43　　　　（B）E50　　　　（C）E55　　　　（D）ER55

47. 在抗震设防 8 度区，高层建筑平面局部突出的长度与其宽度之比，不宜大于下列哪一个数值（   ）。

（A）1.5　　　　（B）2.0　　　　（C）2.5　　　　（D）3.0

48. 采用隔震设计的多层砌体房屋，其建筑场地宜为下列何种类别（   ）。

（A）Ⅰ~Ⅳ 类　　　　　　　　　（B）Ⅱ~Ⅳ 类

（C）Ⅲ~Ⅳ 类　　　　　　　　　（D）Ⅰ~Ⅲ 类

49. 砌体结构的屋盖为瓦材屋面的木屋盖和轻钢屋盖，当采用刚性方案计算时，其房屋横墙间距应小于下列哪一个取值（   ）。

（A）12m　　　　（B）16m　　　　（C）18m　　　　（D）20m

50. 当木檩条跨度 l 大于 3.3m 时，其计算挠度的限值为下列哪一个数值（   ）。

（A）$l/150$　　　　（B）$l/250$　　　　（C）$l/350$　　　　（D）$l/450$

51. 混凝土的徐变与很多因素有关，以下叙述哪项不正确（   ）。

（A）水泥用量越多，水灰比越大，徐变越大

（B）增加混凝土的骨料含量，徐变将减小

（C）构件截面的应力越大，徐变越小

（D）养护条件好，徐变小

52. 胶合木构件的木板接长连接应采用下列哪一种方式（   ）。

（A）螺栓连接　　　　　　　　　（B）指接连接

（C）钉连接　　　　　　　　　　（D）齿板连接

53. 对预应力混凝土构件中的预应力钢筋,张拉控制应力取值,以下叙述何为正确( )。

（A）张拉控制应力取值应尽量趋近钢筋的屈服强度

（B）张拉控制应力取值过低则达不到提高构件承载力的效果

（C）张拉控制应力取值过高会降低构件的延性

（D）张拉控制应力取值不得超过其强度标准值的50%

54. 如果要求钢筋混凝土受拉和受弯构件在设计荷载作用下不出现裂缝,应采取以下何项措施( )。

（A）配筋率不变,加大钢筋直径　　　　（B）提高混凝土强度等级

（C）加密箍筋　　　　　　　　　　　　（D）改为预应力混凝土构件

55. 采用哪一种措施可以减小普通钢筋混凝土简支梁裂缝的宽度( )。

（A）增加箍筋的数量

（B）钢筋总面积不变,增加底部主筋的直径

（C）钢筋总面积不变,减小底部主筋的直径

（D）增加顶部构造钢筋

56. 高层建筑钢筋混凝土剪力墙结构伸缩缝的间距不宜大于( )。

（A）45m　　　　（B）100m　　　　（C）170m　　　　（D）185m

57. 高层建筑中钢筋混凝土框架梁的截面宽度不应小于以下何值( )。

（A）350mm　　　（B）300mm　　　（C）250mm　　　（D）200mm

58. 现浇框架结构在露天情况下伸缩缝的最大距离为( )。

（A）不超过10m　（B）35m　　　　（C）2倍房宽　　　（D）不受限制

59. 一般情况下,下列哪种说法正确( )。

（A）纯钢结构防火性能比钢筋混凝土结构差

（B）钢筋混凝土结构防火性能比纯钢结构差

（C）砖石结构防火性能比纯钢结构差

（D）钢筋混凝土结构防火性能与纯钢结构差不多

60. 下列高层建筑钢结构除锈方式中,哪一种不应采用( )。

（A）钢丝刷除锈　　　　　　　　　　　（B）动力工具除锈

（C）喷砂除锈　　　　　　　　　　　　（D）稀酸清洗除锈

61. 多层钢结构房屋钢梁与钢柱的连接,目前我国一般采用下列哪种方式( )。

（A）螺栓连接　（B）焊接连接　（C）栓焊混合连接　（D）铆接连接

62. 对钢筋混凝土超筋梁受弯破坏过程,以下哪项描述正确( )。

（A）受拉区钢筋被拉断,而受压区混凝土未压碎

（B）梁支座附近出现45°斜裂缝导致梁破坏

（C）受拉区钢筋未屈服,受压区混凝土先压碎

（D）受拉区钢筋先屈服并经过一段流幅后,受压区混凝土压碎

63. 下列关于防止或减轻砌体结构墙体开裂的技术措施中，何项不正确（　　）。

（A）设置屋顶保温、隔热层可防止或减轻房屋顶层墙体裂缝

（B）增大基础圈梁刚度可防止或减轻房屋底层墙体裂缝

（C）加大屋顶层现浇混凝土楼板厚度是防止或减轻屋顶层墙体裂缝的最有效措施

（D）女儿墙设置贯通其全高的构造柱并与顶部钢筋混凝土压顶整浇，可防止或减轻房屋顶层墙体裂缝

64. 在砌体中埋设管线时，不应在截面长边小于以下何值的承重墙体、独立柱内埋设管线（　　）。

（A）500mm　　（B）600mm　　（C）700mm　　（D）800mm

65. 钢筋混凝土筒中筒结构的高度不宜低于下列哪一个数值（　　）。

（A）60m　　（B）80m　　（C）100m　　（D）120m

66. 进行抗震设计的建筑应达到的抗震设防目标是（　　）。

Ⅰ．当遭受多遇地震影响时，主体结构不受损坏或不需修理可继续使用

Ⅱ．当遭受相当于本地区抗震设防烈度的设防地震影响时，可能发生损坏、但经一般性修理可继续使用

Ⅲ．当遭受罕遇地震影响时，不致倒塌或发生危及生命的严重破坏

（A）Ⅰ、Ⅱ　　（B）Ⅰ、Ⅲ　　（C）Ⅱ、Ⅲ　　（D）Ⅰ、Ⅱ、Ⅲ

67. 根据现行《建筑抗震设计规范》，确定现浇钢筋混凝土房屋适用的最大高度与下列哪项因素无关（　　）。

（A）抗震设防烈度　　　　　　（B）设计地震分组

（C）结构类型　　　　　　　　（D）结构平面和竖向的规则情况

68. 某楼面独立轧制工字钢梁不能满足抗弯强度的要求，为满足要求所采用的以下措施。哪项不可取（　　）。

（A）加大翼缘宽度　（B）加大梁高度　（C）加大翼缘厚度　（D）加大腹板厚度

69. 钢屋盖上弦横向水平支撑作用，对下面哪项无效（　　）。

（A）减小屋盖上弦杆垂直于屋架平面方向的计算长度

（B）提高上弦杆在屋架平面外的稳定性

（C）有效地减小上弦杆的内力

（D）作为山墙抗风柱的上部支撑点

70. 薄板与薄壳结构，其物理力学性能，下列哪种说法是不正确的（　　）。

（A）薄板与薄壳结构，其厚度远小于跨度

（B）薄板主要承受横向的剪力、弯矩和扭矩

（C）薄壳主要承受法向力和顺曲面方向的剪力

（D）薄壳的稳定性强于薄板

71. 当屋面板上部有保温或隔热措施时，全现浇钢筋混凝土框架结构房屋，其伸缩缝的最大间距为下列哪一个数值（　　）。

（A）45m　　　　（B）55m　　　　（C）50m　　　　（D）60m

72. 承重的独立砖柱，其截面尺寸不应小于以下何值（　　）。

（A）240mm×240mm　　　　　　（B）240mm×370mm

（C）370mm×370mm　　　　　　（D）不受限制，按计算决定

73. 钢结构柱脚底面在地面以上时，柱脚底面应高出地面，其最小值为下列哪一个数值（　　）。

（A）100mm　　　（B）200mm　　　（C）400mm　　　（D）600mm

74. 跨度大于 30m 的混凝土梁，选用下列哪一种类型较为经济合理（　　）。

（A）高宽比为 4 的矩形截面钢筋混凝土梁

（B）钢骨混凝土梁

（C）矩形截面预应力混凝土梁

（D）箱形截面预应力混凝土梁

75. 框架-核心筒结构的抗震设计，下列所述的哪一项是不恰当的（　　）。

（A）核心筒与框架之间的楼盖宜采用梁板体系

（B）核心筒在支承楼层梁的位置宜设暗柱

（C）9 度时宜采用加强层

（D）楼层梁不宜支在洞口连梁上

76. 某建筑物，其抗震设防烈度为 7 度，根据《建筑抗震设计规范》，"小震不坏"的设防目标是指下列哪一条（　　）。

（A）当遭遇低于 7 度的多遇地震影响时，经修理仍可继续使用

（B）当遭遇低于 7 度的多遇地震影响时，一般不受损坏或不需修理仍可继续使用

（C）当遭受 7 度的地震影响时，不受损坏或不需修理仍可继续使用

（D）当遭遇低于 7 度的多遇地震影响时可能损坏，经一般修理仍可继续使用

77. 钢筋混凝土结构中采用砌体填充墙，下列说法存在错误的是（　　）。

（A）填充墙的平面和竖向布置，宜避免形成薄弱层和短柱

（B）楼梯间和人流通道的填充墙，尚应该采用钢丝网砂浆面层加强

（C）墙顶应与框架梁、楼板密切结合，可不采用拉结措施

（D）墙长超过 8m，宜设置钢筋混凝土构造柱

78. 某三层钢筋混凝土框架结构建筑，框架柱为三级抗震等级，柱截面尺寸最小为（　　）。

（A）300mm×300mm　　　　　　（B）350mm×350mm

（C）400mm×400mm　　　　　　（D）450mm×450mm

79. 抗震设计时，对以下哪类建筑应进行专门研究和论证，采取特殊的加强措施（　　）。

（A）规则　　　（B）不规则　　　（C）特别不规则　　　（D）严重不规则

80. 抗震设计的钢筋混凝土框架-抗震墙结构中，在地震作用下的主要耗能构件为下列何项（ ）。

（A）抗震墙　　　　（B）连梁　　　　（C）框架梁　　　　（D）框架柱

81. 60m 跨度以上的平板网架，其高度取值在下列哪一个范围内（ ）。

（A）（1/11~1/10）L　　　　　　　　（B）（1/12~1/11）L

（C）（1/14~1/13）L　　　　　　　　（D）（1/18~1/14）L

82. 钢筋混凝土双向密肋楼盖的肋间距，下列哪一种数值范围较为合理（ ）。

（A）400~600mm　（B）700~1000mm　（C）1200~1500mm　（D）1600~2000mm

83. 砌体结构钢筋混凝土圈梁的宽度应与墙厚相同，其高度最小不应小于（ ）。

（A）120mm　　　（B）150mm　　　（C）180mm　　　（D）240mm

84. 下列关于夹心墙的连接件或连接钢筋网片作用的表述，何者不正确（ ）。

（A）协调内外叶墙的变形并为内叶墙提供支持作用

（B）提供内叶墙的承载力增加叶墙的稳定性

（C）防止外叶墙在大变形下的失稳

（D）确保夹心墙的耐久性

85. 土的含水量 w 的定义，下列何种说法是正确的（ ）。

（A）土的含水量 w 是土中水的质量与土的全部质量之比

（B）土的含水量 w 是土中水的质量与土的颗粒质量之比

（C）土的含水量 w 是土中水的质量与土的干密度之比

（D）土的含水量 w 是土中水的质量与土的中坜密度之比

86. 某一五层框架结构教学楼，采用独立柱基础，在进行地基变形验算时，应以哪一种地基变形特征控制（ ）。

（A）沉降量　　　（B）倾斜　　　（C）沉降差　　　（D）局部倾斜

87. 在计算地基变形时，对各类建筑的变形控制，下列哪一种说法是不正确的（ ）。

（A）对砌体承重结构由局部倾斜控制　　（B）对框架结构由相邻柱基的沉降差控制

（C）对于高层建筑由整体倾斜值控制　　（D）对于多层钢结构建筑由最大沉降差控制

88. 当新建建筑物的基础埋深大于旧有建筑物基础，且距离较近时，应采取适当的施工方法，下列哪一种说法是不正确的（ ）。

（A）打板桩　　　　　　　　　　　　　（B）做地下连续墙

（C）加固原有建筑物地基　　　　　　　（D）减少新建建筑物层数

89. 钢筋混凝土高层建筑的高度大于下列哪一个数值时宜采用风洞试验来确定建筑物的风荷载（ ）。

（A）200m　　　（B）220m　　　（C）250m　　　（D）300m

90. 下列对楼梯栏杆顶部水平荷载的叙述，哪项正确（ ）。

（A）所有工程的楼梯栏杆顶部都不需要考虑

（B）所有工程的楼梯栏杆顶部都需要考虑

（C）学校等人员密集场所楼梯栏杆顶部需要考虑，其他不需要考虑

（D）幼儿园、托儿所等楼梯栏杆顶部需要考虑，其他不需要考虑

91. 某办公楼设计中将楼面混凝土面层厚度由原来的 50mm 调整为 100mm，调整后增加的楼面荷载标准值与下列何项最为接近（　　）。提示：混凝土容重按 $20kN/m^3$ 计算。

（A）$0.5kN/m^2$　　　（B）$1.0kN/m^2$　　　（C）$1.5kN/m^2$　　　（D）$2.0kN/m^2$

92. 我国绝大多数地区基本风压数值的范围是多少（　　）。

（A）$0.3\sim0.8kN/m^2$　　（B）$3\sim8kN/m^2$　　（C）$0.6\sim1.0kN/m^2$　　（D）$6\sim10kN/m^2$

93. 无筋砖扩展基础的台阶宽高比允许值，当砖不低于 MU10，砂浆不低于 M5 时，为下列哪一个数值（　　）。

（A）1：1.30　　　（B）1：1.40　　　（C）1：1.50　　　（D）1：1.20

94. 桩径大于 600mm 的钻孔灌注桩，其构造钢筋的长度不宜小于下列哪一个数值（　　）。

（A）桩长的 1/3　　（B）桩长的 1/2　　（C）桩长的 2/3　　（D）桩长的 3/4

95. 根据《建筑地基基础设计规范》，当钢筋混凝土筏板基础的厚度大于 2000mm 时，宜在中部设置双向钢筋网，其最小直径和最大间距为（　　）。

（A）$\varphi 10$，200mm　（B）$\varphi 12$，300mm　（C）$\varphi 14$，250mm　（D）$\varphi 16$，300mm

96. 下列关于高层建筑箱型基础设计的阐述中，错误的是（　　）。

（A）箱型基础的外墙应沿建筑的周边布置，可不设内墙

（B）箱型基础的高度应满足结构的承载力和刚度要求，不宜小于 3m

（C）箱型基础的底板厚度不应小于 300mm，顶板厚度不应小于 200mm

（D）箱型基础的底板和顶板均应采用双层双向配筋

97. 在进行柱下独立基础的抗冲切承载力验算时，地基土的反力值应取（　　）。

（A）净反力标准值　　　　　　　　（B）净反力设计值

（C）平均反力标准值　　　　　　　（D）平均反力设计值

98. 黏性土的状态，可分为坚硬、硬塑、可塑、软塑、流塑，这是根据下列那个指标确定的（　　）。

（A）液性指数　　（B）塑性指数　　（C）天然含水量　　（D）天然孔隙比

99. 土的强度实质上是由下列哪一种力学特征决定的（　　）。

（A）土的抗压强度　　　　　　　　（B）土的抗剪强度

（C）土的内摩擦角 φ 值　　　　　　（D）土的黏聚力 C 值

100. 岩石坚硬程度的划分，下列何种说法是正确的（　　）。

（A）可划分为坚硬岩、软岩、极软岩三类

（B）可划分为坚硬岩、较硬岩、软岩、极软岩四类

（C）可划分为坚硬岩、较硬岩、软岩三类

（D）可划分为坚硬岩、较硬岩、较软岩、软岩和极软岩五类

模拟题 VIII 参考答案及解析

1.【答案】C

【解析】如图1所示1，2杆为L形节点零杆，将其去掉后3，4杆也为L形零杆节点，总计四根零杆，其余各杆根据节点平衡可知，其内力均不为零。

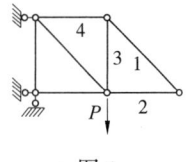

图 1

2.【答案】D

【解析】如图所示1，4，5杆组成无外力作用下T形结点，故1杆为零杆。拿掉1杆后2，3杆组成L形结点，无外力作用，故2，3也为零杆，总计3根零杆。故选D。

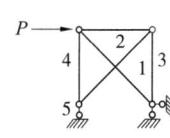

图 2

3.【答案】D

【解析】1，2，3杆为T型节点零杆，4，5，6，7杆为L形节点零杆，总计7根零杆。

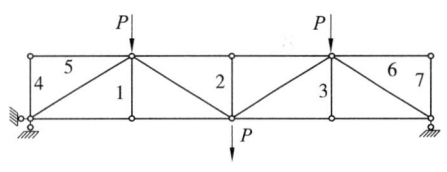

图 3

4.【答案】C

【解析】断去图4所示的四根杆件，剩余结构为静定结构，由此可知超静定次数为4。

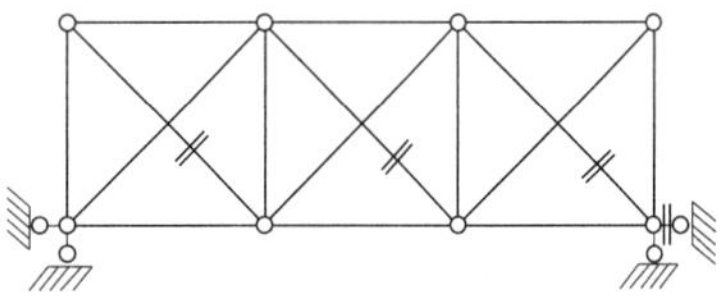

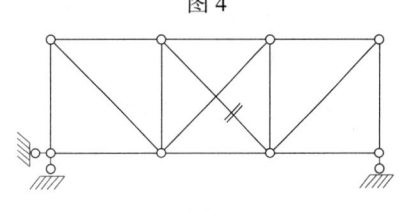

图 4

5.【答案】A

【解析】断去图5所示的杆件，剩余结构为静定结构，由此可知超静定次数为1。

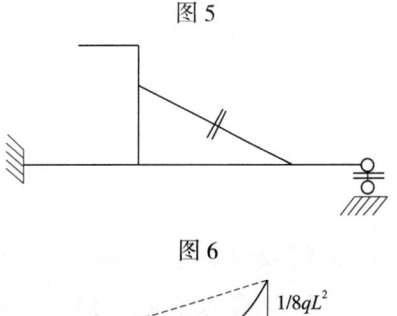

图 5

6.【答案】A

【解析】断去图6所示的杆件，剩下的结构为静定结构，其中一根链杆等于一个约束，一根固端梁等于三次约束，总计四次超静定。

图 6

7.【答案】C

【解析】多跨连续梁中，相邻的跨满布荷载会削减该跨的弯矩，这个规律被称为相邻有利原则，B跨仅有一个满布荷载的邻跨，而D跨有两个，因此D处弯矩受削弱更多，故D处的弯矩小于B处；由于D跨的荷载会限制C点处的转角位移，因此我们可以使用极限假设法将AC跨简化为图7所示的结构，由图7可知跨

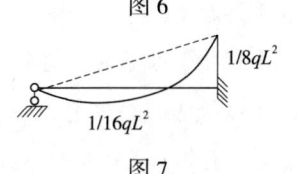

图 7

中 B 点弯矩 $\frac{1}{16}ql^2$ 小于 C 点处弯矩 $\frac{1}{8}ql^2$，A 点为铰支座，弯矩为零，综上所述 C 点弯矩最大。

8.【答案】C

【解析】利用截面法，截断上悬杆，斜腹杆和下悬杆，并取截面以左的部分为隔离体，根据 $\sum Y = \frac{7}{2}P + N_1 \times \cos\alpha - 2P = 0$ 可知，$N_1 = \frac{-3P}{2\cos\alpha}$，当高度增加时，$\alpha$ 角减小，$\cos\alpha$ 增大压力 N_1 减小。

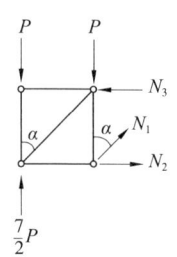

图 8

9.【答案】C

【解析】对 A 点取距，$M_A = P \times h = 1 \times (6-2) = 4\text{kN} \cdot \text{m}$。

10.【答案】A

【解析】刚节点处可近似看为嵌固端，立柱的受力可以近似看作固端梁支座位移，则有柱底外侧受拉，柱顶内侧受拉，再根据梁柱刚节点平衡，可判断弯矩图Ⅰ正确，横梁弯矩图为一条斜线段，由此可知横梁的剪力图为一条与轴线平行的线段，因此选择 A。

11.【答案】B

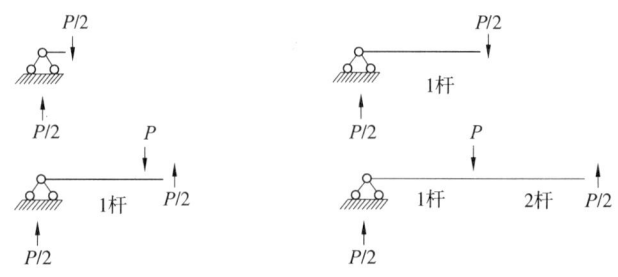

图 9

【解析】①在有力的位置将杆分段；
②取隔离体求各段杆的杆端剪力；
③剪力使杆顺时针转时为正，连接杆端剪力成剪力图。
按照提示中的方法画出剪力图如图选项 B 所示。
注：集中力作用点处剪力图发生突变。

12.【答案】A

【解析】结构对称时可以取一半进行分析，如图 10 所示，取左半部分为隔离体（隔离体如图 11 所示），$M_1 = \frac{1}{2}qa^2$。

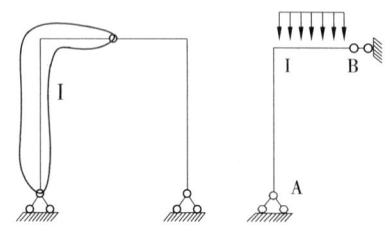

图 10   图 11

13.【答案】C

【解析】根据 A 点力的平衡可判断两个杆的受力。

如图 12 所示，根据 $\sum X = 0$ 可知 N_1 和 N_2 大小相等，N_1 为拉力，N_2 为压力；再根据 $\sum Y = 0$ 可得出 $N_1 \times \sin 30° + N_2 \times \sin 30° = P \Rightarrow N_1 = -N_2 = 1$。

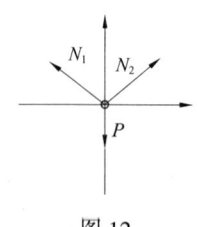

图 12

14.【答案】D

【解析】根据结构对称性,将荷载分解成图13所示的荷载1和荷载2两种情况的叠加,只有在两种荷载下都是零杆的杆件才是零杆(各杆件编号如图14所示),6杆和9杆为T型节点的零杆;

在荷载2条件下,11杆为零杆,在荷载1条件下,根据结构对称性可知11杆的内力为反对称,但将杆件截断后暴露出来的内力是正对称的,为了同时满足上述两个条件,11杆只能为零杆;荷载1条件下,将11杆去除后,12杆、7杆、6杆、5杆组成了K型节点,因为6杆为零杆,则7杆也为零杆,同理8杆也为零杆,在荷载2条件下,7、杆、8杆也为零杆,综上所述,6、7、8、9、11共5个杆为零杆。

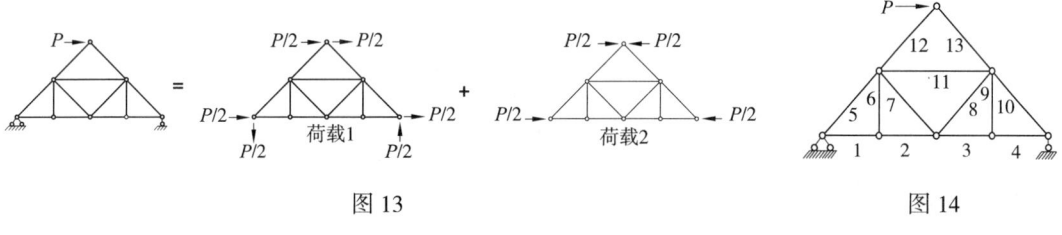

图13　　　　　　　　　　图14

15.【答案】C

【解析】去二元体,断杆法。按照图15所示顺序去二元体和断杆,共计使用两次断杆法,可知超静定次数为2。

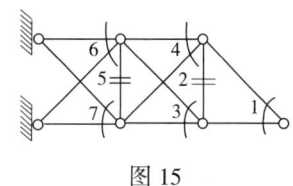

图15

16.【答案】D

【解析】如下图所示,对C点取矩$\sum M_C = M - R_B \times a = 0$,可得出$R_B = \dfrac{M}{a}$,则$M_A = \dfrac{M}{a} \times 2a = 2M$。

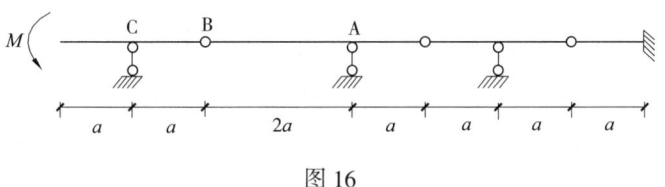

图16

17.【答案】A

【解析】如图17所示AB和BC两段可以看成是两个固端梁,受均布荷载时,两端上侧受拉,中间下侧受拉,根据刚节点平衡可知AB段外侧受拉,综上所述A为正确选项。

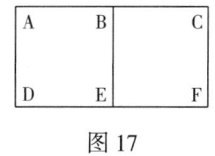

图17

18.【答案】A

【解析】集中力偶对剪力图没有影响;均布荷载使结构逆时针转动,因此剪力为负,悬臂梁的悬臂端剪力为零,综上所述A为正确选项。

19.【答案】A

【解析】约束越多,变形越小,弯矩越小,A三次超静定,B两次,C和D一次,因此A为正确选项。

20.【答案】C

【解析】集中力作用处剪力图应发生突变，故排除AB；中间支座处弯矩不为零，右侧支座弯矩为零，右跨弯矩图为斜线段，剪力图应为水平线段。

21.【答案】D

【解析】取左半跨为隔离体，对D节点取矩有$\sum M_L = R_A \times 2 - V_A \times 3 = 0$，由此可知 $V_A = \dfrac{2R_A}{3}$，根据水平力平衡可知$V_B = \dfrac{2R_A}{3}$，取右半跨为隔离体，对D点取矩$\sum M_D = R_B \times 2 - V_B \times 2 = 0$，由此可知$R_B = \dfrac{2R_A}{3}$。

22.【答案】D

【解析】取隔离体如图18所示，铰A和弯矩为零，对A取距有$\sum M_A = Q_1 \times 5 + Q_2 \times 10 - N_{BC} \times 10 \times \sin 30° = 0 \Rightarrow N_{BC} = 20\text{kN}$。

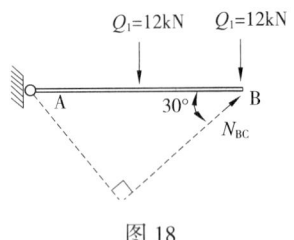

图 18

23.【答案】B

【解析】可将附属部分一半的荷载看作施加在C支座的集中荷载（另一半由B支座承担）

A支座的弯矩

$$M_A = \dfrac{1}{2}ql \times l + ql \times \dfrac{1}{2}l = ql^2$$

24.【答案】B

25.【答案】A

【解析】如图19所示，对结构左下角端点取矩，当重力和风荷载对该点力矩相等时，结构处于不倾覆的极限状态；天线重力对该点力矩为：$M_1 = 1.5Q$，风荷载对该点力矩为$M_2 = q \times h \times \dfrac{h}{2} = 6 \times 10 \times 5 = 300\text{kN} \cdot \text{m}$，令$M_1 = M_2$可解出$Q = 200\text{kN}$，为使天线不倾覆，则$Q$应大于200kN。

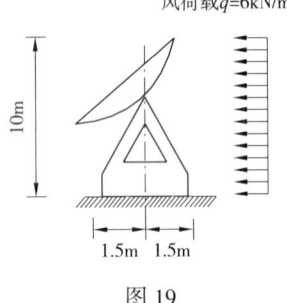

图 19

26.【答案】C

【解析】结构上部横梁无剪力，弯矩沿杆轴线不变，因此D错误；竖向杆靠近支座处左侧受拉可排除AB。

27.【答案】B

【解析】两截面的惯性矩不同，故剪应力分布不同；面积相等，剪力相同，平均剪应力相同。

28.【答案】B

【解析】第一种情况下A端的竖向支座反力为$qL\uparrow$，第二种情况下A端支座反力为$qL\uparrow$，B为正确选项。

29.【答案】D

【解析】全部荷载都由固定端A承担，因此支座B无水平反力。

30.【答案】B

【解析】超静定结构支座位移会引起内力变化，支座沉降相当于在C点施加了一个向下的荷载，使梁上侧受拉，A点处弯矩最大，选择B。

31.【答案】C

【解析】超静定结构内力根据刚度分配，Ⅰ和Ⅳ梁柱的刚度比例相同，因此内力分布相同。

32.【答案】B

【解析】结构对称，C轴左右两侧结构温度变化引起C的位移相互抵消，因此C轴不产生位移，弯矩为零；A轴相比B轴约束更少位移更大，因此弯矩更大，所以有$M_A>M_B>M_C$。

33.【答案】D

【解析】该跨满布荷载，再隔跨满布荷载时，该跨的弯矩最大，根据这个规律可知D正确。

34.【答案】C

【解析】结构无水平方向外力，因此铰支座水平反力为零，因此竖杆弯矩为零、排除AB；横竖杆交接处为刚节点，因此弯矩不为零，排除D。

35.【答案】C

【解析】先计算附属部分，对D节点取矩$\sum M_D = R_B \times 3a - F \times 2a + \frac{F}{2} \times a = 0$。由此可知$R_B=0.5Fa$，$R_B$与施加在B节点的外力刚好平衡，因此主图结构AB相当于无外力作用，弯矩为零。

36.【答案】C

【解析】砌体材料应符合下列规定：

1）普通砖和多孔砖的强度等级不应低于MU10，其砌筑砂浆强度等级不应低于M5；蒸压灰砂普通砖、蒸压粉煤灰普通砖及混凝土砖的强度等级不应低于MU15，其砌筑砂浆强度等级不应低于Ms5（Mb5）；

2）混凝土砌块的强度等级不应低于MU7.5，其砌筑砂浆强度等级不应低于Mb7.5；

3）约束砖砌体墙，其砌筑砂浆强度等级不应低于M10或Mb10；

4）配筋砌块砌体抗震墙，其混凝土空心砌块的强度等级不应低于MU10，其砌筑砂浆强度等级不应低于Mb10。

37.【答案】D

【解析】参见《砌体结构设计规范》GB 50003-2011 第4.2.1条：房屋的静力计算，根据房屋的空间工作性能分为刚性方案、刚弹性方案和弹性方案。设计时，可按表4.2.1确定静力计算方案。

房屋的静力计算方案　　　　　表 4.2.1

	屋盖或楼盖类别	刚性方案	刚弹性方案	弹性方案
1	整体式、装配整体和装配式无檩体系钢筋混凝土屋盖或钢筋混凝土楼盖	$s<32$	$32 \leq s \leq 72$	$s>72$
2	装配式有檩体系钢筋混凝土屋盖、轻钢屋盖和有密铺望板的木屋盖或木楼盖	$s<20$	$20 \leq s \leq 48$	$s>48$
3	瓦材屋面的木屋盖和轻钢屋盖	$s<16$	$16 \leq s \leq 36$	$s>36$

注：1. 表中s为房屋横墙间距，其长度单位为"m"；
　　2. 当屋盖、楼盖类别不同或横墙间距不同时，可按本规范第4.2.7条的规定确定房屋的静力计算方案；
　　3. 对无山墙或伸缩缝处无横墙的房屋，应按弹性方案考虑。

由表可知，砌体结构的刚性方案、弹性方案和刚弹性方案的划分与屋盖、楼盖的类别和横墙的间距有关。

38.【答案】D

【解析】钢材的主要力学性能强度性能、塑性性能、冷弯性能和韧性性能。

39.【答案】D

【解析】无粘结预应力钢筋由高强钢丝组成钢丝束或用高强钢丝扭结而成的钢绞线，通过防锈、防腐润滑油脂等涂层包裹塑料套管而构成的新型预应力筋。它与施加预应力的混凝土之间没有粘结力，可以永久地相对滑动，预应力全部由两端的锚具传递。

40.【答案】A

【解析】C 为 concrete 的首字母，××混凝土强度等级。

参见《混凝土结构设计规范》GB 50010-2010（2015 年版）第 4.1.1 条：混凝土强度等级应按立方体抗压强度标准值确定。立方体抗压强度标准值系指按标准方法制作、养护的边长为 150mm 的立方体试件，在 28d 或设计规定龄期以标准试验方法测得的具有 95%保证率的抗压强度值。

41.【答案】B

【解析】参见《混凝土结构设计规范》GB 50010-2010（2015 年版）表 3.5.2 和表 3.5.3：

混凝土结构的环境类别　　　　　　　　　　　　　　　表 3.5.2

环境类别	条件
一	室内干燥环境 无侵蚀性静水浸没环境
二 a	室内潮湿环境 非严寒和非寒冷地区的露天环境 非严寒和非寒冷地区与无侵蚀性的水或土壤直接接触的环境 严寒和寒冷地区的冰冻线以下与无侵蚀性的水或土壤直接接触的环境
二 b	干湿交替环境 水位频繁变动环境 严寒和寒冷地区的露天环境 严寒和寒冷地区的冰冻线以上与无侵蚀性的水或土壤直接接触的环境
三 a	严寒和寒冷地区冬季水位变动区环境 受除冰盐影响环境 海风环境
三 b	盐渍土环境 受除冰盐作用环境 海岸环境
四	海水环境
五	受人为或自然的侵蚀性物质影响的环境

注：1. 室内潮湿环境是指构件表面经常处于结露或湿润状态的环境；
　　2. 严寒和寒冷地区的划分应符合现行国家标准《民用建筑热工设计规范》GB 50176 的有关规定；
　　3. 海岸环境和海风环境宜根据当地情况，考虑主导风向及结构所处迎风、背风部位等因素的影响，由调查研究和工程经验确定；
　　4. 受除冰盐影响环境是指受到除冰盐雾影响的环境；受除冰盐作用环境是指被除冰盐溶液溅射的环境以及使用除冰盐地区的洗车房、停车楼等建筑。
　　5. 暴露的环境是指混凝土结构表面所处的环境。

设计使用年限为50年的混凝土结构,其混凝土材料宜符合表3.5.3的规定。

结构混凝土材料的耐久性基本要求　　　　　　　　　　　表 3.5.3

环境等级	最大水胶比	最低强度等级	最大氯离子含量（%）	最大碱含量（kg/m³）
一	0.60	C20	0.30	不限制
二 a	0.55	C25	0.20	3.0
二 b	0.50（0.55）	C30（C25）	0.15	
三 a	0.45（0.50）	C35（C30）	0.15	
三 b	0.40	C40	0.10	

注：1. 氯离子含量系指其占胶凝材料总量的百分比；
2. 预应力构件混凝土中的最大氯离子含量为0.06%；其最低混凝土强度等级宜按表中的规定提高两个等级；
3. 素混凝土构件的水胶比及最低强度等级的要求可适当放松；
4. 有可靠工程经验时，二类环境中的最低混凝土强度等级可降低一个等级；
5. 处于严寒和寒冷地区二b、三a类环境中的混凝土应使用引气剂，并可采用括号中的有关参数；
6. 当使用非碱活性骨料时，对混凝土中的碱含量可不作限制。严寒地区，与无侵蚀性土壤接触的地下室外墙的环境分类为二b，二b环境等级的混凝土最低强度等级为C30。

42.【答案】A

【解析】参见《木结构设计规范》GB 50005-2017 表 4.3.1-3：

木材的强度设计值和弹性模量（N/mm²）　　　　　　　　　　表 4.3.1-3

强度等级	组别	抗弯 f_m	顺纹抗压及承压 f_c	顺纹抗拉 f_t	顺纹抗剪 f_v	横纹承压 $f_{c,90}$			弹性模量 E
						全表面	局部表面和齿面	拉力螺栓垫板下	
TC17	A	17	16	10	1.7	2.3	3.5	4.6	10000
	B		15	9.5	1.6				
TC15	A	15	13	9.0	1.6	2.1	3.1	4.2	10000
	B		12	9.0	1.5				
TC13	A	13	12	8.5	1.5	1.9	2.9	3.8	10000
	B		10	8.0	1.4				9000
TC11	A	11	10	7.5	1.4	1.8	2.7	3.6	9000
	B		10	7.0	1.2				
TB20	—	20	18	12	2.8	4.2	6.3	8.4	12000
TB17	—	17	16	11	2.4	3.8	5.7	7.6	11000
TB15	—	15	14	10	2.0	3.1	4.7	6.2	10000
TB13	—	13	12	9.0	1.4	2.4	3.6	4.8	8000
TB11	—	11	10	8.0	1.3	2.1	3.2	4.1	7000

注：计算木构件端部（如接头处）的拉力螺栓垫板时，木材横纹承压强度设计值应按"局部表面和齿面"一栏的数值采用。

43.【答案】C

【解析】立方体抗压强度采用的是150mm×150mm×150mm立方体试块所测得的强度，轴心抗压强度是采用150mm×150mm×300mm棱柱体试块。试验机承压钢板通过界面上的摩擦力对混凝土试块横向变形形成约束，离承压钢板越远试块混凝土所受约束就越小。在立方体试块中由于试块高度较小，这种水平约束影响可一直达到试块高度的中部，正是由于这种水平约束的存在使立方体试块混凝土的强度有所提高。当试块高宽比增大后，上下两个端面上摩擦力约束影响已达不到试块高度的中部，使中部混凝土处在横向自由变形状态，而且高宽比越大中部横向自由变形区域也就越大，因此测得的强度就将逐步有所降低。所以轴心抗压强度小于立方体抗压强度；与抗压强度相比，混凝土的抗拉强度很小。

44.【答案】D

【解析】参见《混凝土结构设计规范》GB 50010—2010（2015年版）第9.7.1条：受力预埋件的锚板宜采用Q235、Q345级钢，锚板厚度应根据受力情况计算确定，且不宜小于锚筋直径的60%；受拉和受弯预埋件的锚板厚度尚宜大于$b/8$，b为锚筋的间距。

受力预埋件的锚筋应采用HRB400或HPB300钢筋，不应采用冷加工钢筋。

直锚筋与锚板应采用T形焊接。当锚筋直径不大于20mm时宜采用压力埋弧焊；当锚筋直径大于20mm时宜采用穿孔塞焊。当采用手工焊时，焊缝高度不宜小于6mm，且对300MPa级钢筋不宜小于$0.5d$，对其他钢筋不宜小于$0.6d$，d为锚筋的直径。

第9.7.4条：预埋件锚筋中心至锚板边缘的距离不应小于$2d$和20mm。预埋件的位置应使锚筋位于构件的外层主筋的内侧。预埋件的受力直锚筋直径不宜小于8mm，且不宜大于25mm。

冷加工钢筋包括冷拉和冷拔。钢筋经过冷拉或冷拔后，强度提高，但塑性降低。作为锚筋，需要足够的表面积与混凝土接触，传递剪力，冷加工钢筋由于直径较小，不宜作为预埋件的锚筋。

45.【答案】A

【解析】普通钢筋强度标准值f_{yk}是根据钢筋的屈服强度确定的；强度设计值f_y为强度标准值除以大于1的分项系数；疲劳应力幅限值Δf_y^f与钢筋疲劳应力比值有关，其取值最小。

46.【答案】B

【解析】参见《钢结构设计规范》GB 50017—2017表4.4.5：

焊缝的强度设计值（N/mm²） 表 4.4.5

焊接方法和焊条型号	构件钢材		对接焊缝				角焊缝
	牌号	厚度或直径（mm）	抗压 f_c^w	焊缝质量为下列等级时，抗拉 f_t^w		抗剪 f_v^w	抗拉、抗压和抗剪 f_f^w
				一级、二级	三级		
自动焊、半自动焊和E43型焊条的手工焊	Q235钢	≤16	215	215	185	125	160
		>16~40	205	205	175	120	
		>40~60	200	200	170	115	
		>60~100	190	190	160	110	
自动焊、半自动焊和E50型焊条的手工焊	Q345钢	≤16	310	310	265	180	200
		>16~35	295	295	250	170	
		>35~50	265	265	225	155	
		>50~100	250	250	210	145	

续表

焊接方法和焊条型号	构件钢材		对接焊缝			角焊缝
	牌号	厚度或直径（mm）	抗压 f_c^w	焊缝质量为下列等级时，抗拉 f_t^w		抗剪 f_v^w	抗拉、抗压和抗剪 f_f^w
				一级、二级	三级		
自动焊、半自动焊和 E55 型焊条的手工焊	Q390 钢	≤16	350	350	300	205	200（E50）220（E55）
		>16~35	335	335	285	190	
		>35~50	315	315	270	180	
		>50~100	295	295	250	170	
	Q420 钢	≤16	380	380	320	220	220
		>16~35	360	360	305	210	
		>35~50	340	340	290	195	
		>50~100	325	325	275	185	

47.【答案】A

【解析】参见《高层建筑混凝土结构技术规程》JGJ 3—2010 第 3.4.3 条：抗震设计的混凝土高层建筑，其平面布置宜符合下列规定：

1. 平面宜简单、规则、对称，减少偏心；

2. 平面长度不宜过长（图 20），L/B 宜符合表 3.4.3 的要求；

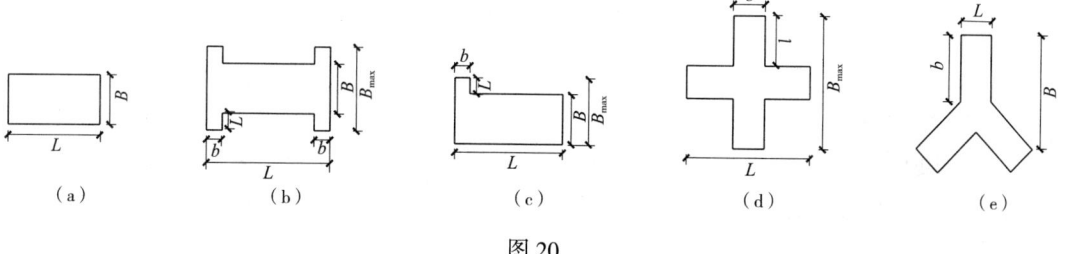

图 20

平面尺寸及突出部位尺寸的比值限值　　表 3.4.3

设防烈度	L/B	l/B_max	l/b
6、7 度	≤6.0	≤0.35	≤2.0
8、9 度	≤5.0	≤0.30	≤1.5

3. 平面突出部分的长度 l 不宜过大、宽度 b 不宜过小（详规程中的图 3.4.3），l/B_{max}、l/b 宜符合表 3.4.3 的要求；

4. 建筑平面不宜采用角部重叠或细腰形平面布置。

48.【答案】D

【解析】参见《建筑抗震设计规范》GB 50011—2010 第 12.1.3 条：建筑结构采用隔震设计时应符合下列各项要求：

1. 结构高宽比宜小于 4，且不应大于相关规范规程对非隔震结构的具体规定，其变形特征接近剪切变形，最大高度应满足本规范非隔震结构的要求；高宽比大于 4 或非隔震结构相关规定的结构采用隔震设计时,应进行专门研究。

2. 建筑场地宜为Ⅰ、Ⅱ、Ⅲ类,并应选用稳定性较好的基础类型。

3. 风荷载和其他非地震作用的水平荷载标准值产生的总水平力不宜超过结构总重力的10%。

4. 隔震层应提供必要的竖向承载力、侧向刚度和阻尼;穿过隔震层的设备配管、配线,应采用柔性连接或其他有效措施以适应隔震层的罕遇地震水平位移。

49.【答案】B

【解析】参见《砌体结构设计规范》GB 50003-2011 第4.2.1条:房屋的静力计算,根据房屋的空间工作性能分为刚性方案、刚弹性方案和弹性方案。设计时,可按表4.2.1确定静力计算方案。

房屋的静力计算方案　　　　　　　　　　　　　　　　表4.2.1

	屋盖或楼盖类别	刚性方案	刚弹性方案	弹性方案
1	整体式、装配整体和装配式无檩体系钢筋混凝土屋盖或钢筋混凝土楼盖	$s<32$	$32 \leq s \leq 72$	$s>72$
2	装配式有檩体系钢筋混凝土屋盖、轻钢屋盖和有密铺望板的木屋盖或木楼盖	$s<20$	$20 \leq s \leq 48$	$s>48$
3	瓦材屋面的木屋盖和轻钢屋盖	$s<16$	$16 \leq s \leq 36$	$s>36$

注:1. 表中 s 为房屋横墙间距,其长度单位为"m";
　　2. 当屋盖、楼盖类别不同或横墙间距不同时,可按本规范第4.2.7条的规定确定房屋的静力计算方案;
　　3. 对无山墙或伸缩缝处无横墙的房屋,应按弹性方案考虑。

由表可知,砌体结构的刚性方案、弹性方案和刚弹性方案的划分与屋盖、楼盖的。

50.【答案】B

【解析】参见《木结构设计规范》GB 50005-2003 第4.2.7条:受弯构件的计算挠度,应满足表4.2.7的挠度极限。

受弯构件挠度限值　　　　　　　　　　　　　　　　表4.2.7

项次	构件类别		挠度限值 [w]
1	檩条	$l \leq 3.3m$	1/200
		$l \geq 3.3m$	1/250
2	椽条		1/150
3	吊顶中的受弯构件		1/250
4	楼板梁和搁栅		1/250

注:表中,l—受弯构件计算跨度。

51.【答案】C

【解析】影响徐变的主要因素:

混凝土的龄期:龄期越长,硬结程度越好,徐变就越小,反之,越大。

混凝土组成成分:水灰比越大,徐变越大;水泥用量多,徐变也越大;骨料越坚硬,徐变越小;骨料质量及级配越好,徐变越小。

养护和使用条件：受荷前养护的温湿度越高，水泥水化作用越充分，徐变就越小；采用蒸汽养护可使徐变减少20%~35%；受荷后构件所处的环境温度越高，相对湿度越小，徐变就越大；构件的应力越大，徐变量越大。

52.【答案】B

【解析】参见《木结构设计规范》GB 50005-2003 第8.3.4条：制作胶合木构件的木板接长应采用指接。用于承重构件，其指接边坡度 η 不应大于 1/10，指长不应小于20mm，指端宽度 b_f 宜取 0.2~0.5mm。

53.【答案】C

【解析】张拉控制应力是张拉设备张拉预应力钢筋时所控制的总张拉力除以预应力钢筋截面面积得到的应力。张拉控制应力的取值，直接影响预应力混凝土的使用效果，如果张拉控制应力取值过低，则预应力钢筋经过各种损失后，对混凝土产生的预压应力过小，不能有效地提高预应力混凝土构件的抗裂度和刚度。如果张拉控制应力取值过高，则可能会使构件的某些部位受到拉力（称为预拉力）甚至开裂，对后张法构件可能造成端部混凝土局压破坏；构件出现裂缝时的荷载值与极限荷载值很接近，使构件在破坏前无明显的预兆，构件的延性较差。

预应力构件提高的是构件的抗裂性能和耐久性，并不能提高构件的承载能力。

参见《混凝土结构设计规范》GB 50010-2010（2015年版）第10.1.3条：预应力筋的张拉控制应力 σ_{con} 应符合下列规定：

1. 消除应力钢丝、钢绞线	$\sigma_{con} \leq 0.75 f_{ptk}$	（10.1.3-1）
2. 中强度预应力钢丝	$\sigma_{con} \leq 0.70 f_{ptk}$	（10.1.3-2）
3. 预应力螺纹钢筋	$\sigma_{con} \leq 0.85 f_{pyk}$	（10.1.3-3）

式中：f_{ptk}——预应力筋极限强度标准值；

f_{pyk}——预应力螺纹钢筋屈服强度标准值。

消除应力钢丝、钢绞线、中强度预应力钢丝的张拉控制应力值不应小于 $0.4f_{ptk}$；预应力螺纹钢筋的张拉应力控制值不宜小于 $0.5f_{pyk}$。

54.【答案】D

【解析】减小混凝土裂缝宽度的方法有：①采用小直径钢筋；②采用带肋钢筋；③适当增加钢筋面积；④适当减小混凝土保护层厚度。但解决裂缝最有效的办法是采用预应力混凝土结构，它可以推迟混凝土裂缝的出现和开展，甚至避免开裂。

55.【答案】C

【解析】减小混凝土裂缝宽度的方法有：①采用小直径钢筋；②不宜采用高强钢筋；③采用带肋钢筋；④适当增加钢筋面积；⑤适当减小混凝土保护层厚度；⑥采用预应力构件。

56.【答案】A

【解析】参见《高层建筑混凝土结构技术规程》JGJ 3-2010 第3.4.12条：高层建筑结构伸缩缝的最大间距宜符合表3.4.12的规定。

伸缩缝的最大间距　　　　　　　　　　　　　　　　　表 3.4.12

结构体系	施工方法	最大间距（m）
框架结构	现浇	55
剪力墙结构	现浇	45

注：1. 框架-剪力墙的伸缩缝间距可根据结构的具体布置情况去表中框架结构与剪力墙结构之间的数值；
　　2. 当屋面无保温或隔热措施、混凝土的收缩较大或室内及结构因施工外漏时间较长时，伸缩缝距应当减小；
　　3. 位于气候干燥地区、夏季炎热且暴雨频繁地区的结构，伸缩缝的间距宜适当减小。

57.【答案】D

【解析】参见《高层建筑混凝土结构技术规程》JGJ 3-2010 第 6.3.1 条：框架结构的主梁截面高度可按计算跨度的 1/10~1/18 确定；梁净跨与截面高度之比不宜小于 4。梁的截面宽度不宜小于梁截面高度的 1/4，也不宜小于 200mm。

当梁高较小或采用扁梁时，除应验算其承载力和受剪截面要求外，尚应满足刚度和裂缝的有关要求。在计算梁的挠度时，可扣除梁的合理起拱值；对现浇梁板结构，宜考虑梁受压翼缘的有利影响。

58.【答案】B

【解析】参见《混凝土结构设计规范》GB 50010-2010（2015 年版）第 8.1.1 条：钢筋混凝土结构伸缩缝的最大间距可按表 8.1.1 确定。

钢筋混凝土结构伸缩缝最大间距（m）　　　　　　　　　表 8.1.1

结构类型		室内或土中	露天
排架结构	装配式	100	70
框架结构	装配式	75	50
	现浇式	55	35
剪力墙结构	装配式	65	40
	现浇式	45	30
挡土墙、地下室墙壁等类结构	装配式	40	30
	现浇式	30	20

59.【答案】A

【解析】钢材在高温下强度丧失很多，与其他结构相比，纯钢结构防火性能最差。

60.【答案】D

【解析】稀酸在除锈的同时，也会与钢结构构件产生反应，加剧构件的腐蚀程度，故不应采用稀酸清洗除锈。

61.【答案】C

【解析】多层钢结构房屋钢梁与钢柱的连接长采用栓焊混合连接的连接方式。

62.【答案】C

【解析】超筋破坏特点：混凝土受压区先被压碎，纵向受拉钢筋未屈服；裂缝、变形均不太明显，破坏具有脆性性质；钢筋未充分发挥作用。

63.【答案】C

【解析】参见《砌体结构设计规范》GB 50003-2011 第 6.5.2 和 6.5.3 条：

6.5.2 房屋顶层墙体，宜根据情况采取下列措施：

1. 屋面应设置保温、隔热层；

2. 屋面保温（隔热）层或屋面刚性面层及砂浆找平层应设置分隔缝，分隔缝间距不宜大于 6m，其缝宽不小于 30mm，并与女儿墙隔开；

3. 采用装配式有檩体系钢筋混凝土屋盖和瓦材屋盖；

4. 顶层屋面板下设置现浇钢筋混凝土圈梁，并沿内外墙拉通，房屋两端圈梁下的墙体内宜设置水平钢筋；

5. 顶层墙体有门窗等洞口时，在过梁上的水平灰缝内设置 2~3 道焊接钢筋网片或 2 根直径 6mm 钢筋，焊接钢筋网片或钢筋应伸入洞口两端墙内不小于 600mm；

6. 顶层及女儿墙砂浆强度等级不低于 M7.5（Mb7.5、Ms7.5）；

7. 女儿墙应设置构造柱，构造柱间距不宜大于 4m，构造柱应伸至女儿墙顶并与现浇钢筋混凝土压顶整浇在一起；

8. 对顶层墙体施加竖向预应力。

6.5.3 房屋底层墙体，宜根据情况采取下列措施：

1. 增大基础圈梁的刚度；

2. 在底层的窗台下墙体灰缝内设置 3 道焊接钢筋网片或 2 根直径 6mm 钢筋，并伸入两边窗间墙内不小于 600mm。

可知 A、B、D 正确，加大屋顶层现浇混凝土楼板厚度将加大屋盖的刚度，当产生温度变形时，将对下部墙体产生更大的作用力，促使墙体开裂。

64.【答案】A

【解析】参见《砌体结构设计规范》GB 50003-2011 第 6.2.4 条：在砌体中留槽洞及埋设管道时，应遵守下列规定：

1. 不应在截面长边小于 500mm 的承重墙体、独立柱内埋设管线；

2. 不宜在墙体中穿行暗线或预留、开凿沟槽，当无法避免时应采取必要的措施或按削弱后的截面验算墙体的承载力。

注：对受力较小或未灌孔的砌块砌体，允许在墙体的竖向孔洞中设置管线。

65.【答案】B

【解析】参见《高层建筑混凝土结构技术规程》JGJ 3-2010 第 9.1.2 条：筒中筒结构的高度不宜低于 80m，高宽比不宜小于 3。对高度不超过 60m 的框架－核心筒结构，可按框架－剪力墙结构设计。

66.【答案】D

【解析】参见《建筑抗震设计规范》GB 50011-2010 第 1.0.1 条：按本规范进行抗震设计的建筑，其基本的抗震设防目标是：当遭受低于本地区抗震设防烈度的多遇地震影响时，主体结构不受损坏或不需修理可继续使用;当遭受相当于本地区抗震设防烈度的设防地震影响时,可能发生损坏,但经一般性修理仍可继续使用;当遭受高于本地区抗震设防烈度的罕遇地震影响时,不致倒塌或发生危及生命的严重破坏。使用功能或其他方面有专门要求的建筑,当采用抗震性能化设计时,具有更具体或更高的抗震设防目标。

67.【答案】B

【解析】参见《建筑抗震设计规范》GB 50011-2010 6.1.1 条。

68.【答案】D

【解析】在不改变材料的情况下,为提高钢梁的抗弯强度,可通过提高构件的截面惯性矩的方法来实现。加大翼缘宽度、加大梁高度和加大翼缘厚度均可有效提高截面的惯性矩,加大腹板厚度虽然也可以提高惯性矩,但是提高的效果有限。

69.【答案】C

【解析】钢屋盖上弦横向水平支撑作用,可以减小屋盖上弦杆垂直于屋架平面方向的计算长度、提高上弦杆在屋架平面外的稳定性,也可作为山墙抗风柱的上部支撑点,但并不能减小上弦杆的内力。

70.【答案】B

【解析】薄板:只考虑垂直于板的外受力(受弯,平面外受剪);

膜:只考虑平面内受力;

薄壳:同时具有薄板和膜的特点,面内和垂直于面的力都能承受。

71.【答案】B

【解析】参见《混凝土结构设计规范》GB 50010-2010(2015 年版)表 8.1.1:钢筋混凝土结构伸缩缝的最大间距可按表 8.1.1 确定。

钢筋混凝土结构伸缩缝最大间距(m) 表 8.1.1

结构类型		室内或土中	露天
排架结构	装配式	100	70
框架结构	装配式	75	50
	现浇式	55	35
剪力墙结构	装配式	65	40
	现浇式	45	30
挡土墙、地下室墙壁等类结构	装配式	40	30
	现浇式	30	20

注:1. 装配整体式结构的伸缩缝间距,可根据结构的具体情况取表中装配式结构与现浇式结构之间的数值;
   2. 框架-剪力墙结构或框架-核心筒结构房屋的伸缩缝间距,可根据结构的具体情况取表中框架结构与剪力墙结构之间的数值;
   3. 当屋面无保温或隔热措施时,框架结构、剪力墙结构的伸缩缝间距宜按表中露天栏的数值取用;
   4. 现浇挑檐、雨罩等外露结构的局部伸缩缝间距不宜大于12m。

72.【答案】B

【解析】参见《砌体结构设计规范》GB 50003-2011 第 6.2.5 条:承重的独立砖柱截面尺寸不应小于240mm×370mm。毛石墙的厚度不宜小于350mm,毛料石柱较小边长不宜小于400mm。

注：当有振动荷载时，墙、柱不宜采用毛石砌体。

73.【答案】A

【解析】参见《钢结构设计规范》GB 50017-2003 第 8.9.3 条：柱脚在地面以下的部分应采用强度等级较低的混凝土包裹（保护层厚度不应小于 50mm），并应使包裹的混凝土高出地面不小于 150mm。当柱脚底面在地面以上时，柱脚底面应高出地面不小于 100mm。

74.【答案】D

【解析】跨度大于 30m 的混凝土梁，为控制混凝土裂缝的出现和开展，应采用预应力混凝土，箱形截面预应力混凝土梁相比矩形截面预应力混凝土梁具有截面刚度大、自重轻等优点。

75.【答案】C

【解析】参见《建筑抗震设计规范》GB 50011-2010 6.7 条：9 度时不应采用加强层。

76.【答案】B

【解析】参见《建筑抗震设计规范》GB 50011-2010 第 1.0.1 条：按本规范进行抗震设计的建筑，其基本的抗震设防目标是：当遭受低于本地区抗震设防烈度的多遇地震影响时，主体结构不受损坏或不需修理可继续使用；当遭受相当于本地区抗震设防烈度的设防地震影响时，可能发生损坏，但经一般性修理仍可继续使用；当遭受高于本地区抗震设防烈度的罕遇地震影响时，不致倒塌或发生危及生命的严重破坏。使用功能或其他方面有专门要求的建筑，当采用抗震性能化设计时，具有更具体或更高的抗震设防目标。

小震不坏是指当遭受低于本地区抗震设防烈度的多遇地震影响时，主体结构不受损坏或不需修理可继续使用。

77.【答案】C

【解析】填充墙与框架结构的连接，可根据设计采用脱开或不脱开方法，当采用不脱开方法时，需要采用拉结措施。

78.【答案】C

【解析】参考《混凝土结构设计规范》GB 50010-2010（2015 年版）第 11.4.11 条：框架柱的截面尺寸应符合下列要求：一、二、三级抗震等级且层数超过 2 层时不宜小于 400mm。

79.【答案】C

【解析】参见《抗震结构设计规范》GB 50011-2010（2016 年版）第 3.4.1 条：建筑设计应根据抗震概念设计的要求明确建筑形体的规则性。不规则的建筑应按规定采取加强措施；特别不规则的建筑应进行专门研究和论证，采取特别的加强措施；严重不规则的建筑不应采用。

注：形体指建筑平面形状和立面、竖向剖面的变化。

80.【答案】B

【解析】结构构件应具有必要的承载力、刚度、稳定性、延性及耗能等方面的性能。主要耗能构件应有较高的延性和适当的刚度，承受竖向荷载的主要构件不宜作为主要耗能构件。连梁在发生延性破坏时，梁端会出现垂直裂缝，受拉区会出现微裂缝，在地震作用下会出现交又裂缝，并形成塑性铰，结构刚度降低，变形加大，从而吸收大量的地震能量，同时通过塑性铰仍能继续传递弯矩和剪力，对墙肢起到了一定的约束作用，使剪力墙保持足够的刚度和强度。在这一过程中，连梁起了一种耗能的作用，对减少墙肢内力，延缓墙肢屈服有着重要的作用。

81.【答案】D

【解析】平板网架的跨高比：

1）$L<30m$ 时跨高比取 $1/13~1/10$；

2）$30m<L\leq 60m$ 时时跨高比取 $1/15~1/12$；

3）$L>60m$ 时跨高比取 $1/18~1/14$。

82.【答案】B

【解析】双向密肋楼盖的肋间距通常取 600~1200mm。

83.【答案】A

【解析】参见《砌体结构设计规范》GB 50003-2011 第7.1.5条:圈梁应符合下列构造要求：

1. 圈梁宜连续地设在同一水平面上，并形成封闭状；当圈梁被门窗洞口截断时，应在洞口上部增设相同截面的附加圈梁。附加圈梁与圈梁的搭接长度不应小于其中到中垂直间距的2倍，且不得小于1m；

2. 纵、横墙交接处的圈梁应可靠连接。刚弹性和弹性方案房屋，圈梁应与屋架、大梁等构件可靠连接；

3. 混凝土圈梁的宽度宜与墙厚相同，当墙厚不小于240mm时，其宽度不宜小于墙厚的2/3。圈梁高度不应小于120mm。纵向钢筋数量不应少于4根，直径不应小于10mm，绑扎接头的搭接长度按受拉钢筋考虑，箍筋间距不应大于300mm；

4. 圈梁兼作过梁时，过梁部分的钢筋应按计算面积另行增配。

84.【答案】D

【解析】夹心墙：墙体中预留的连续空腔内填充保温或隔热材料，并在墙的内叶和外叶之间用防锈的金属拉结件连接形成的墙体。又称夹心复合墙或空腔墙。夹心墙的连接件或连接钢筋网片的主要作用有：①防止外叶墙在大变形下的失稳；②提供内叶墙的承载力增加叶墙的稳定性；③协调内外叶墙的变形并为内叶墙提供支持作用。

85.【答案】B

【解析】含水量的定义是土中水的质量与土的颗粒质量之比。

86.【答案】C

【解析】参见《建筑地基基础设计规范》GB 50007-2011 5.3.3条规定了地基变形设计的建筑物类别和需要进行基地变形验算的情况。

在计算地基变形时，应符合下列规定：

1. 由于建筑地基不均匀、荷载差异很大、体型复杂等因素引起的地基变形，对于砌体承重结构应由局部倾斜值控制；对于框架结构和单层排架结构应由相邻柱基的沉降差控制；对于多层或高层建筑和高耸结构应由倾斜值控制；必要时尚应控制平均沉降量。

2. 在必要情况下，需要分别预估建筑物在施工期间和使用期间的地基变形值，以便预留建筑物有关部分之间的净空，选择连接方法和施工顺序。

87.【答案】D

【解析】参见《建筑地基基础设计规范》GB 50007-2011 第 5.3.3 条。在计算地基变形时，应符合下列规定：

1. 由于建筑地基不均匀、荷载差异很大、体型复杂等因素引起的地基变形，对于砌体承重结构应由局部倾斜值控制；对于框架结构和单层排架结构应由相邻柱基的沉降差控制；对于多层或高层建筑和高耸结构应由倾斜值控制；必要时尚应控制平均沉降量。

2. 在必要情况下，需要分别预估建筑物在施工期间和使用期间的地基变形值，以便预留建筑物有关部分之间的净空，选择连接方法和施工顺序。

88.【答案】D

【解析】参见《建筑地基基础设计规范》GB 50007-2011 5.1.6 条，当存在相邻建筑物时，新建建筑物的基础埋深不宜大于原有建筑基础。当埋深大于原有建筑基础时，两基础间应保持一定净距，其数值应根据建筑荷载大小、基础形式和土质情况确定。但是当以上的条件没有办法满足的时候，应该采取分段施工的方法，设置临时加固支撑，打板桩，地下连续墙等施工措施，或加固原有建筑物的地基。

89.【答案】A

【解析】参见《高层建筑混凝土结构技术规程》JGJ 3-2010 第 4.2.7 条：房屋高度大于 200m 或有下列情况之一时，宜进行风洞试验判断确定建筑物的风荷载：

1. 平面形状或立面形状复杂；

2. 立面开洞或连体建筑；

3. 周围地形和环境较复杂。

90.【答案】B

【解析】参见《建筑结构荷载规范》GB 50009-2012 第 5.5.2 条：楼梯、看台、阳台和上人屋面等的栏杆活荷载标准值，不应小于下列规定：

1. 住宅、宿舍、办公楼、旅馆、医院、托儿所、幼儿园，栏杆顶部的水平荷载应取 1.0kN/m；

2. 学校、食堂、剧场、电影院、车站、礼堂、展览馆或体育场，栏杆顶部的水平荷载应取 1.0kN/m，竖向荷载应取 1.2kN/m，水平荷载与竖向荷载应分别考虑。

91.【答案】B

【解析】$20 \times (0.1-0.05) = 1.0 kN/m^2$。

92.【答案】A

【解析】参见《建筑结构荷载规范》GB 50009-2012 附录 E 附表 E.5：全国各城市的雪压、风压和基本气温，我国绝大多数地区基本风压数值在 $0.3 \sim 0.8 kN/m^2$ 的范围内。

93.【答案】C

【解析】参见《建筑地基基础设计规范》GB 50007-2011 8.1.1 条表 8.1.1 砖不低于

MU10、砂浆不低于 M5 时，无筋砖扩展基础的台阶宽高比允许值为 1：1.5。

94.【答案】C

【解析】参见《建筑地基基础设计规范》GB 50007—2011 8.5.3 条。桩径大于 600mm 的钻孔灌注桩，构造钢筋的长度不宜小于桩长的 2/3。

95.【答案】B

【解析】参见《建筑地基基础设计规范》GB 50007—2011 第 8.4.10 条：平板式筏基受剪承载力应按式（8.4.10）验算，当筏板的厚度大于 2000mm 时，宜在板厚中间部位设置直径不小于 12mm、间距不大于 300mm 的双向钢筋网。

96.【答案】A

【解析】箱基的外墙应沿建筑物四周布置，内墙宜按上部结构柱网尺寸和剪力墙位置纵、横向交叉布置。

97.【答案】B

【解析】冲切承载力属于承载能力极限状态，应该采用荷载的设计值，并且应该考虑基底静反力。

98.【答案】A

【解析】对黏性土和粉质黏土来说，有一个指标叫液性指数，是用来判断土的软硬状态的，是天然含水率与界限含水率相对关系的指标，液性指数与土的类别及含水量有关，同一种土，含水量越大则液性指数越大，土质越软。

99.【答案】B

【解析】土的强度是指土在外力作用下达到屈服或破坏时的极限应力。由于剪应力对土的破坏起控制作用，所以土的强度通常是指它的抗剪强度。

100.【答案】D

【解析】参见《建筑地基基础设计规范》GB 50007—2011 4.1.3 条，岩石的坚硬程度应根据岩块的饱和单轴抗压强度 f_{rk} 按表 4.1.3 分为坚硬岩、较硬岩、较软岩、软岩和极软岩。当缺乏饱和单轴抗压强度资料或不能进行该项试验时，可在现场通过观察定性划分，划分标准可按本规范附录 A.0.1 条执行。

一级注册建筑师考试建筑结构模拟题 IX

1. 判断图 1 所示结构零杆数量（　　）。

（A）2

（B）3

（C）4

（D）5

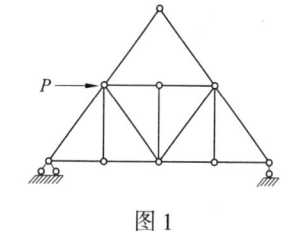

图 1

2. 判断图 2 所示结构零杆数量（　　）。

（A）2

（B）3

（C）4

（D）5

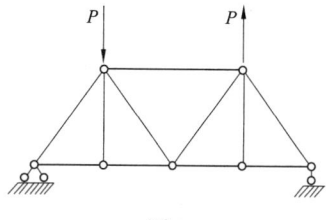

图 2

3. 判断图 3 所示结构零杆数量（　　）。

（A）0

（B）2

（C）4

（D）6

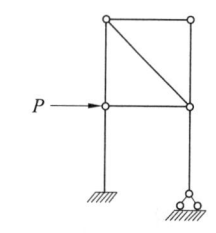

图 3

4. 图 4 所示体系的几何组成为（　　）。

（A）几何可变体系

（B）无多余约束的几何不变体系

（C）有 1 个多余约束的几何不变体系

（D）有 2 个多余约束的几何不变体系

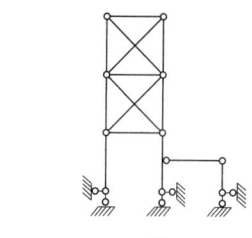

图 4

5. 图 5 所示结构属于何种体系（　　）。

（A）无多余约束的几何不变体系

（B）有多余约束的几何不变体系

（C）常变体系

（D）瞬变体系

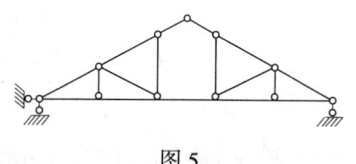

图 5

6. 三铰拱在一定的竖向荷载作用下，矢高增加时，其支座反力的变化情况为（　　）。

（A）水平推力增加，竖向反力减小　　（B）水平推力增加，竖向反力不变

（C）水平推力减小，竖向反力增加　　（D）水平推力减小，竖向反力不变

7. 图 6 所示结构内力发生变化的杆件有（　　）根。

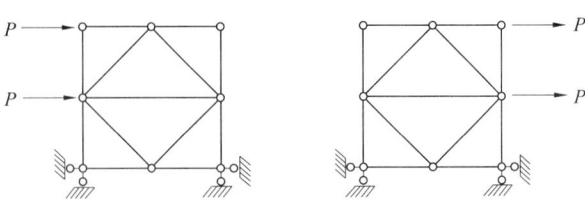

图 6

（A）2　　　　（B）3　　　　（C）4　　　　（D）5

8. 如图 7 所示多跨静定梁，B 支座处左侧截面剪力及弯矩分别为（　　）。

（A）8kN，-32kN·m　　　　　　（B）-6kN，-24kN·m

（C）12kN，-36kN·m　　　　　　（D）-14kN，-32kN·m

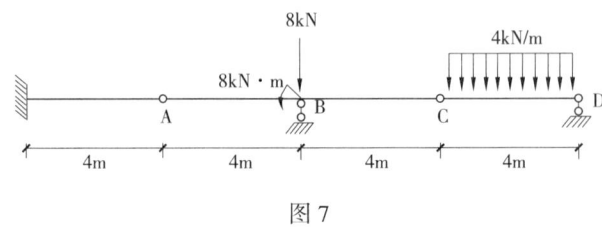

图 7

9. M_1、M_2 为同一梁受不同荷载 P 和 q 时的跨中截面弯矩，如图 8 所示如欲使 $M_1=M_2$ 则 P 和 q 应满足什么关系（　　）。

（A）$P=qL$　　（B）$P=qL/2$　　（C）$q=P/2L$　　（D）$q=P/8L$

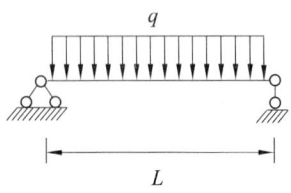 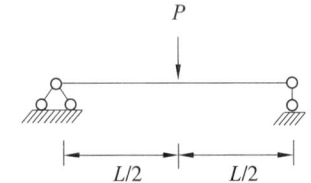

图 8

10. 如图 9 所示，钢筋混凝土柱的牛腿受垂直力 P 的作用，以下对截面 1-1 的内力论述哪项完全正确（　　）。

（A）没有轴力，没有弯矩，没有剪力

（B）有轴力，有弯矩，有剪力

（C）有弯矩，有剪力，没有轴力

（D）有弯矩，没有轴力，没有剪力

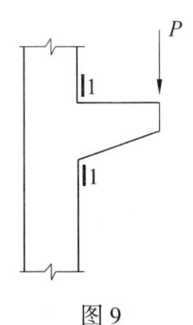

图 9

11. 矩形钢筋混凝土开口水池的平面尺寸为 **20m×40m**，剖面图为图 10 所示，在图示水位时，池壁的最大弯矩值为（　　）。

（A）150kN·m/m

（B）132kN·m/m

（C）100kN·m/m

（D）89.7kN·m/m

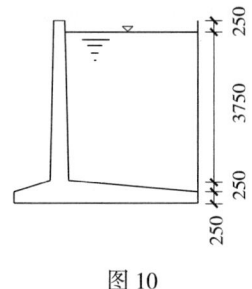

图 10

12. 如图 11 所示的结构中，要使 P 位置处梁的弯矩为零，则 P_1 应该为何值（　　）。

（A）$P/4$

（B）$P/2$

（C）$3P/4$

（D）P

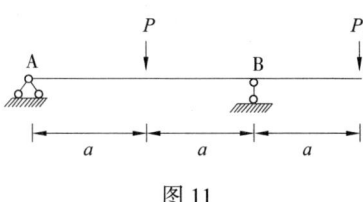

图 11

13. 对图 12 所示，平面杆件体系内力分析结果哪项完全正确（　　）。

（A）①杆受压 ③杆是零杆

（B）⑤杆受压 ③杆受压

（C）⑥杆受拉 ③杆受拉

（D）④杆受拉 ②杆受压

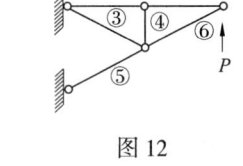

图 12

14. 如图 13 所示桁架零杆判断全对的是（　　）。

（A）5，8，9，15

（B）5，9，11，13

（C）9，11，15，17

（D）无

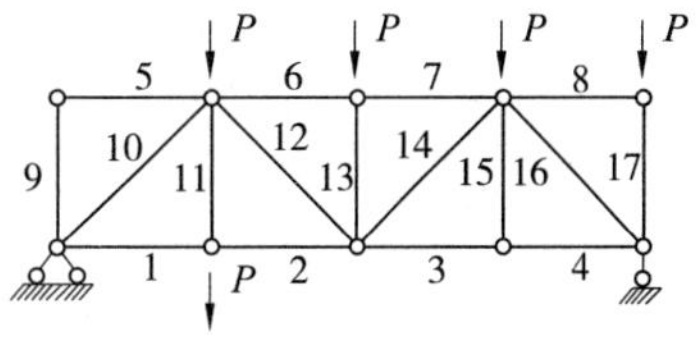

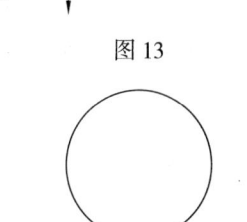

图 13

15. 确定图 14 所示结构超静定次数（　　）。

（A）1 次

（B）2 次

（C）3 次

（D）静定结构

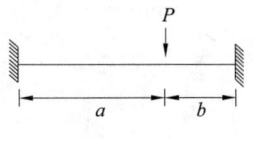

图 14

16. 如图 15 所示，梁在荷载 *P* 的作用下，分析对梁产生的内力和变形，下列哪项不正确（　　）。

（A）$R_a < R_b$

（B）$M_a < M_b$

（C）跨中最大 *M* 在 *P* 力作用点处

（D）跨中最大挠度在 *P* 力作用处

图 15

17. 图 16 所示结构支座 a 发生沉降 Δ 时，正确的剪力图是（　　）。

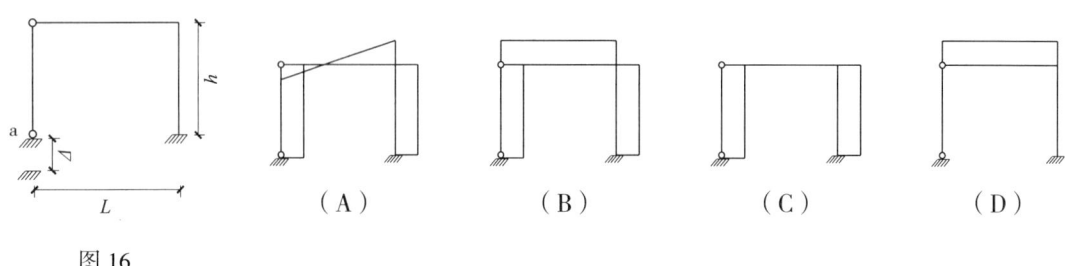

图 16

18. 如图 17 所示结构受均布荷载作用，以下内力和变形图错误的是（　　）。

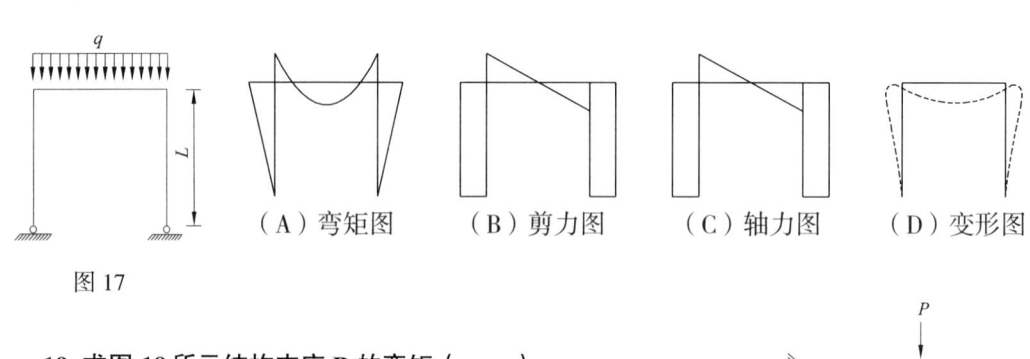

图 17

19. 求图 18 所示结构支座 B 的弯矩（　　）。

（A）$\dfrac{pl}{2}$

（B）0

（C）pl

（D）$2pl$

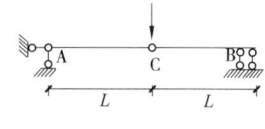

图 18

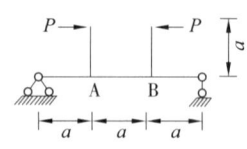

图 19

20. 下列各选项，哪项是图 19 所示结构的弯矩图（　　）。

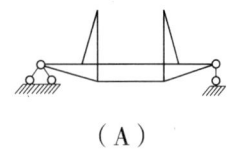 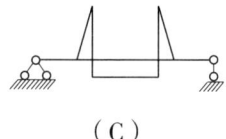 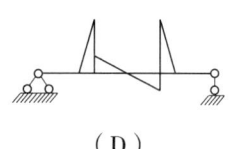

（A）　　　　（B）　　　　（C）　　　　（D）

21. 题图示结构的弯矩图正确的是（　　）。

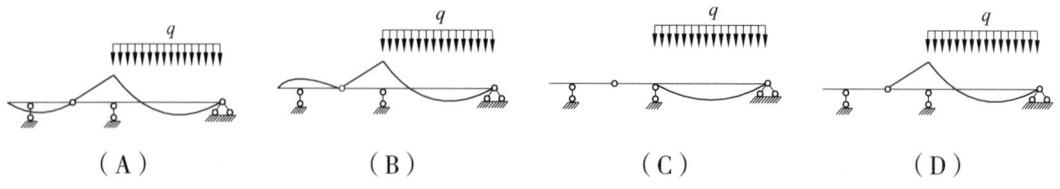

（A）　　　　（B）　　　　（C）　　　　（D）

22. 如图 20 所示受力杆系，当荷载 P 等于 1 时，以下杆件内力的计算结果哪项正确（　　）。

（A）①杆受拉，拉力为 $\sqrt{3}$

（B）②杆受压，压力为 $\dfrac{2\sqrt{3}}{3}$

（C）①杆受拉，拉力为 $\dfrac{1}{2}$

（D）②杆受压，压力为 $\dfrac{\sqrt{3}}{3}$

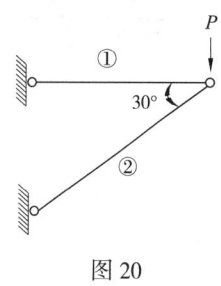

图 20

23. 如图 21 所示的结构中，Ⅱ 点处的支座反力为下列何值（　　）。

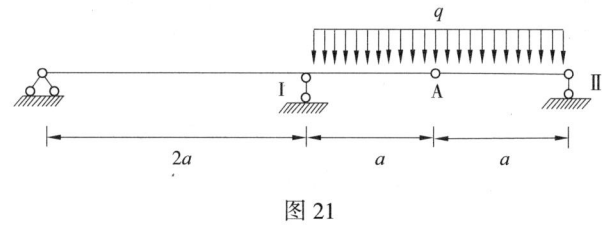

图 21

（A）0　　（B）qa　　（C）$\dfrac{qa}{2}$　　（D）$\dfrac{qa}{4}$

24. 如图 22 所示塔架抗倾覆计算简图中塔架自重为沿高度方向每延米 **0.9kN**，风荷载为 **6kN/m**，如果不考虑地脚螺栓的锚固作用，塔架不致倾覆的最大高度是多少（　　）。

（A）$h<18\text{m}$

（B）不确定

（C）$h<12\text{m}$

（D）$h<6\text{m}$

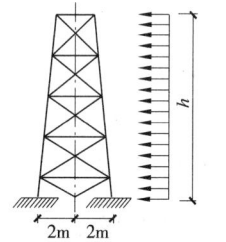

图 22

25. 题图所示结构中，杆 a 的内力 N_a（kN）应为下列何项（　　）。

（A）$N_a=0$

（B）$N_a=10$（拉力）

（C）$N_a=10$（压力）

（D）$N_a=10\sqrt{3}$（拉力）

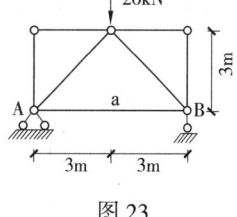

图 23

26. 图 22 所示刚架，当中支座产生竖向位移 $\varDelta$ 时，正确的弯矩图是（　　）。

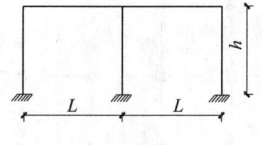 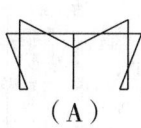 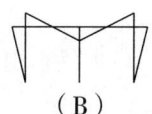 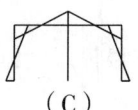 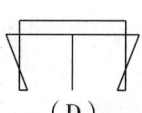

图 24　　（A）　　（B）　　（C）　　（D）

27. 已知弯矩图（如图25），求支座A的支座反力（　　）。

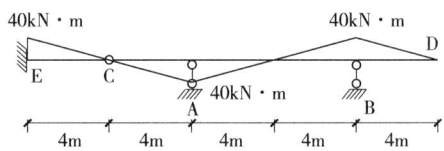

图25

（A）20kN↓　　　（B）20kN↑　　　（C）10kN↑　　　（D）10kN↓

28. 不对称工字型钢截面梁的截面形状如图26所示，该梁在对中和轴的弯矩作用下，1~5点中，纵向应力绝对值最大的是哪一点（　　）。

（A）点1　　　　　　　　　（B）点2
（C）点4　　　　　　　　　（D）点5

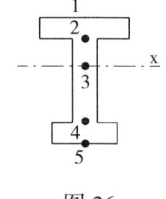

图26

29. 下列选项为图25所示梁的弯矩图形式，哪项正确（　　）。

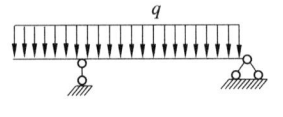 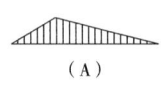 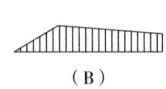 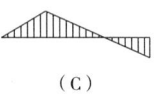 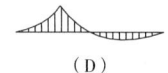

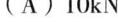

图27

30. 如图28所示带拉杆的三铰拱，杆件AB中轴力为（　　）。

（A）10kN
（B）15kN
（C）20kN
（D）30kN

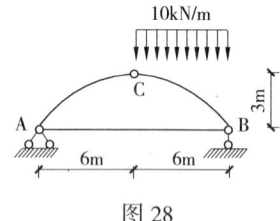

图28

31. 如图29所示受力杆系，当荷载P等于1时，以下杆件内力计算结果哪项完全正确（　　）。

（A）①杆受拉，拉力为1/2
（B）②杆受压，压力为$\sqrt{3}/3$
（C）①杆受拉，拉力为1
（D）②杆受压，压力为1/2

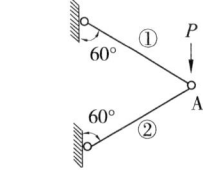

图29

32. 图30所示单层多跨钢筋混凝土框架结构，温度均匀变化时楼板将产生应力，对应力的说法正确的是（　　）。

（A）升温时，楼板产生压应力，应力绝对值中部小，端部大

（B）升温时，楼板产生压应力，应力绝对值中部大，端部小

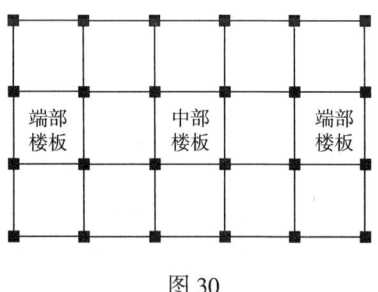

图30

（C）升温时，楼板产生拉应力，应力绝对值中部小，端部大

（D）升温时，楼板产生拉应力，应力绝对值中部大，端部小

33. 题图所示不同支座条件下的单跨梁，在跨中集中力 *P* 作用下，跨中 **a** 点弯矩最小的是（　　）。

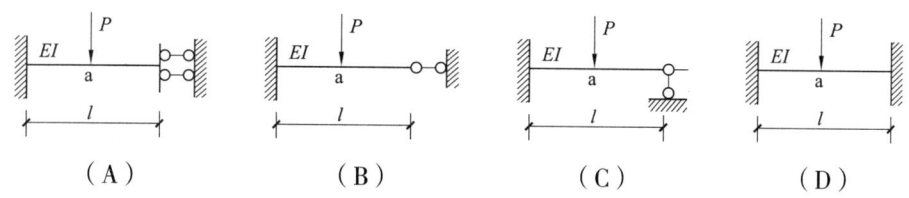

34. 题图所示五跨等跨等截面连续梁，在支座 **a** 产生最大弯矩的荷载布置为（　　）。

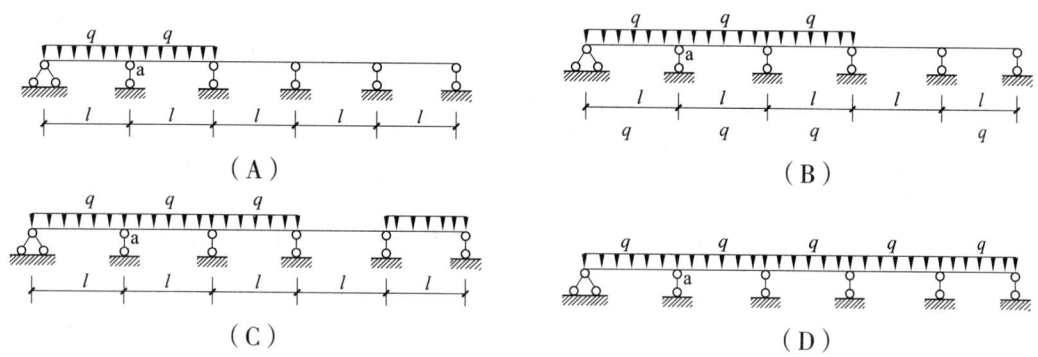

35. 题图所示单层单跨框架，柱底 **a** 点弯矩最小的是（　　）。

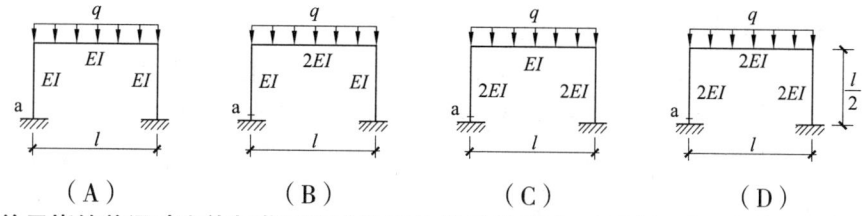

36. 关于烧结普通砖砌体与蒸压灰砂砖砌体性能的论述，下列何项正确（　　）。

（A）二者的线胀系数相同　　　　　（B）前者的线胀系数比后者大

（C）前者的线胀系数比后者小　　　（D）二者具有相同的收缩率

37. 如图 31 所示，某室外砌体结构矩形水池，当超量蓄水时，水池长边中部墙体首先出现裂缝部位为下列哪处（　　）。

（A）池底外侧 a 处，水平裂缝

（B）池底内侧 b 处，水平裂缝

（C）池壁中部 c 处，水平裂缝

（D）池壁中部 c 处，竖向裂缝

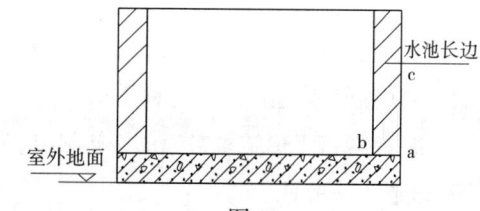

图 31

38. 以下哪项不属于钢材的主要力学性能指标（　　）。

（A）抗剪强度　　　（B）抗拉强度　　　（C）屈服点　　　（D）伸长率

39. 预应力混凝土结构的预应力钢筋强度等级要求较普通钢筋高，其主要原因是（　　）。

（A）预应力钢筋强度除满足使用荷载作用所需外，还要同时满足受拉区混凝土的预应力要求

（B）使预应力混凝土钢筋获得更高的极限承载能力

（C）使预应力混凝土结构获得更好的延性

（D）使预应力钢筋截面减小而有利于布置

40. 钢筋混凝土结构的混凝土强度不应低于以下哪个级别（　　）。

（A）C10　　　　（B）C15　　　　（C）C20　　　　（D）C25

41. 预应力混凝土结构施加预应力时，其立方体抗压强度不宜低于设计强度的百分之多少（　　）。

（A）60%　　　　（B）65%　　　　（C）70%　　　　（D）75%

42. 下列木材强度设计值的比较中，正确的是（　　）。

（A）顺纹抗压＞顺纹抗拉＞顺纹抗剪

（B）顺纹抗剪＞顺纹抗拉＞顺纹抗压

（C）顺纹抗压＞顺纹抗剪＞顺纹抗拉

（D）顺纹抗剪＞顺纹抗压＞顺纹抗拉

43. 钢筋混凝土构件中，钢筋和混凝土两种材料能结合在一起共同工作的条件，以下叙述正确的是（　　）。

Ⅰ．两者之间有很强的粘结力

Ⅱ．混凝土能保护钢筋不锈蚀

Ⅲ．两者在正常使用温度下线膨胀系数相近

Ⅳ．两者受拉或受压的弹性模量相近

（A）Ⅰ、Ⅱ、Ⅲ　　（B）Ⅱ、Ⅲ、Ⅳ　　（C）Ⅰ、Ⅱ、Ⅳ　　（D）Ⅰ、Ⅲ、Ⅳ

44. 钢筋混凝土结构中，B16 代表直径为 16mm 的何种钢筋（　　）。

（A）HPB300　　（B）HRB335　　（C）HRB400　　（D）RRB400

45. 以下哪项不属于钢材的主要力学指标（　　）。

（A）抗剪强度　　（B）抗拉强度　　（C）屈服点　　（D）伸长率

46. 同种牌号的碳素钢中，质量等级最低的是下列哪个等级（　　）。

（A）A 级　　　　（B）B 级　　　　（C）C 级　　　　（D）D 级

47. 下列何项不属于竖向不规则（　　）。

（A）侧向刚度不规则　　　　　　（B）楼层承载力突变

（C）扭转不规则　　　　　　　　（D）竖向抗侧力构件不连续

48. 按现行《建筑抗震设计规范》，对底部框架-抗震墙砌体房屋结构的底部抗震墙要求，下列表述正确的是（　　）。

（A）6 度设防且总层数不超过六层时，允许采用嵌砌于框架之间的约束普通砖砌体或小砌块砌体的砌体抗震墙

（B）7 度、8 度设防时，应采用钢筋混凝土抗震墙或配筋小砌块砌体抗震墙

（C）上部砌体墙与底部的框架梁或抗震墙可不对齐

（D）应沿纵横两方向，均匀、对称设置一定数量符合规定的抗震墙

49. 某一长度为 50m 的单层砖砌体结构工业厂房采用轻钢屋盖，横向墙仅有两端山墙，应采用下列哪一种方案进行计算（　　）。

（A）刚性方案 　　　　　　　　　（B）柔性方案

（C）弹性方案 　　　　　　　　　（D）刚弹性方案

50. 木屋盖宜采用外排水，若必须采用内排水时，不应采用以下何种天沟（　　）。

（A）木制天沟 　　　　　　　　　（B）混凝土预制天沟

（C）现浇混凝土天沟 　　　　　　（D）混凝土预制叠合式天沟

51. 减小混凝土收缩，以下哪种措施最有效（　　）。

（A）增加水泥用量 　　　　　　　（B）采用高强度等级水泥

（C）增大水灰比 　　　　　　　　（D）振捣密实，加强养护

52. 某临时仓库，跨度为 9m，采用三角形木桁架屋盖（图 32），当 h 为何值时，符合规范规定的最小值（　　）。

（A）$h=0.9$m

（B）$h=1.125$m

（C）$h=1.5$m

（D）$h=1.8$m

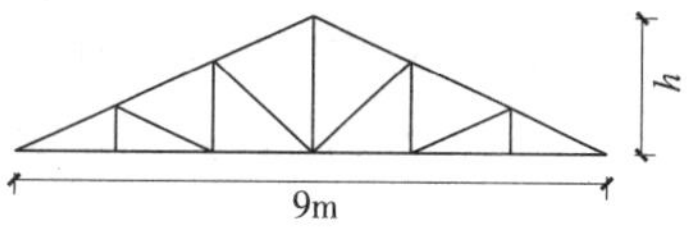

图 32

53. 在预应力混凝土结构中，预应力钢筋超张拉的目的，以下叙述何为正确（　　）。

（A）使构件的承载能力更高 　　　（B）减小预应力损失

（C）利用钢筋屈服后的强度提高特性 （D）节省预应力钢筋

54. 对后张法有粘结预应力混凝土构件，以下哪些因素可造成预应力损失（　　）。

Ⅰ．张拉端锚具变形和钢筋滑动 　　Ⅱ．预应力筋与孔道壁之间的摩擦

Ⅲ．预应力筋松弛 　　　　　　　　Ⅳ．混凝土收缩、徐变

（A）Ⅰ、Ⅱ、Ⅲ 　　　　　　　　　（B）Ⅰ、Ⅱ、Ⅲ、Ⅳ

（C）Ⅱ、Ⅲ、Ⅳ 　　　　　　　　　（D）Ⅰ、Ⅲ、Ⅳ

55. 关于混凝土受弯构件设定受剪截面限制条件的机理，下列说法错误的是（　　）。

（A）防止构件截面发生斜截面受弯破坏 （B）防止构件截面发生斜压破坏

（C）限制在使用阶段的斜裂缝宽度 　　　（D）限制最大配箍率

56. 关于高层钢结构建筑结构缝的设置，下列何种缝不宜设置（　　）。

（A）沉降缝兼作防震缝 　　　　　（B）沉降缝兼作伸缩缝

（C）沉降缝 　　　　　　　　　　（D）防震缝

57. 短肢剪力墙是指墙肢截面高度与厚度之比为下列何值的剪力墙（　　）。

（A）≥12 　　（B）12~8 　　（C）8~5 　　（D）5~3

58. 高层建筑中,当外墙采用玻璃幕墙时,幕墙及其与主体结构的连接件设计中,下列何项对风荷载的考虑符合规范要求(   )。

Ⅰ.要考虑对幕墙的风压力   Ⅱ.要考虑对幕墙的风吸力

Ⅲ.设计幕墙时,应计算幕墙的阵风系数   Ⅳ.一般情况下,不考虑幕墙的风吸力

(A)Ⅰ、Ⅱ   (B)Ⅰ、Ⅱ、Ⅲ   (C)Ⅰ、Ⅲ、Ⅳ   (D)Ⅱ、Ⅲ

59. 钢筋混凝土升板结构的柱网尺寸,下列哪一个数值是较经济的(   )。

(A)6m 左右   (B)8m 左右   (C)9m 左右   (D)10m 左右

60. 钢结构的稳定性,下列哪一种说法是不正确的(   )。

(A)钢柱的稳定性必须考虑   (B)钢梁的稳定性必须考虑

(C)钢结构整体的稳定性不必考虑   (D)钢支撑的稳定性必须考虑

61. 压型钢板组合楼盖,钢梁上设立的栓钉顶面的混凝土保护层厚度不应小于下列哪一个数值(   )。

(A)10mm   (B)15mm   (C)20mm   (D)25mm

62. 下列关于钢筋混凝土结构构件应符合的力学要求中,错误的是(   )。

(A)弯曲破坏先于剪切破坏

(B)钢筋屈服先于混凝土压溃

(C)钢筋的锚固粘结破坏先于构件破坏

(D)应进行承载能力极限状态和正常使用极限状态设计

63. 砖砌体结构房屋,跨度大于以下何值的梁,应在支承处砌体上设置混凝土或钢筋混凝土垫块(   )。

(A)4.2m   (B)4.8m   (C)6.0m   (D)7.5m

64. 非地震区砖砌体结构中,门、窗洞口采用钢筋砖过梁时,其洞口宽度不宜超过以下何值(   )。

(A)1.2m   (B)1.5m   (C)1.8m   (D)2.0m

65. 钢筋混凝土井式楼盖的选用,下列哪一种说法是适宜的(   )。

(A)两边之比应为1   (B)长边与短边的比不宜大于1.5

(C)长边与短边的比不宜大于2.0   (D)长边与短边的比不宜大于2.5

66. 国务院所属各部委的办公大楼,其抗震设防分类属于哪一类(   )。

(A)甲类   (B)乙类   (C)丙类   (D)丁类

67. 根据现行《建筑抗震设计规范》按 8 度 0.2g 设防时,现浇钢筋混凝土框架-抗震墙、抗震墙、框架-核心筒结构房屋适用的最大高度分别为(   )。

(A)80m、90m、100m   (B)90m、100m、110m

(C)100m、100m、110m   (D)100m、100m、100m

68. 以下哪项不属于钢结构正常使用极限状态下需要考虑的内容(   )。

(A)结构转变为可变体系   (B)钢梁的挠度

（C）人行走带来的振动　　　　　　　（D）腐蚀环境下涂层的材料和厚度

69. 在竖向荷载作用下，梯形钢屋架上弦和下弦杆的内力分别为下列哪一种（　　）。

（A）压力和拉力　　（B）拉力和压力　　（C）均受压力　　（D）均受拉力

70. 单层刚架房屋的侧向稳定，下列哪一种措施是不恰当的（　　）。

（A）纵向设置杆件能承受拉力和压力的垂直支撑

（B）纵向设置门形支撑

（C）纵向设置杆件仅能承受拉力的垂直支撑

（D）加大刚架柱的截面

71. 下列钢筋混凝土构件保护层的作用中，不正确的是（　　）。

（A）防火　　　　（B）抗裂　　　　（C）防锈　　　　（D）增加纵向粘结力

72. 一钢筋砖过梁，墙宽 240mm，过梁截面的有效高度为 1000mm，跨中弯矩设计值为 15kN·m，f_y= 210N/mm²，求所需的钢筋面积（忽略小数部分）（　　）。

（A）66mm²　　（B）71mm²　　（C）79mm²　　（D）84mm²

73. 有采暖设施的单层钢结构房屋，其纵向温度区段最大长度值，下列哪一个数值是适宜的（　　）。

（A）150m　　　（B）160m　　　（C）180m　　　（D）220m

74. 对于悬索结构的概念设计，下列哪一种说法是不正确的（　　）。

（A）悬索支座的锚固结构构件刚度应较大

（B）承重索或稳定索必须都处于受拉状态

（C）索桁架的下索一般应施加预应力

（D）双曲抛物面的刚度和稳定性优于车轮形悬索结构

75. 底层框架-抗震墙房屋，应在底层设置一定数量的抗震墙，下列哪项叙述是不正确的（　　）。

（A）抗震墙应沿纵横方向均匀、对称布置

（B）7度5层，可采用嵌砌于框架内的墙体抗震墙

（C）8度时应采用钢筋混凝土抗震墙

（D）设置抗震墙后，底层之侧向刚度应大于其上层之侧向刚度

76. 地震时使用功能不能中断的建筑应划分为下列哪一个类别（　　）。

（A）甲类　　　　（B）乙类　　　　（C）丙类　　　　（D）丁类

77. 钢筋混凝土抗震墙设置约束边缘构件的目的，下列哪一种说法是不正确的（　　）。

（A）提高延性性能　　　　　　　　　（B）加强对混凝土的约束

（C）提高抗剪承载力　　　　　　　　（D）防止底部纵筋首先屈服

78. 根据《建筑抗震设计规范》GB 50011-2001（2016年版），下列哪一类建筑是属于较小的乙类建筑（　　）。

（A）人数不够规模的影剧院　　　　　（B）某些工矿企业的变电所

（C）县级二级医院的住院部 （D）中小型纪念馆建筑

79. 根据现行《建筑抗震设计规范》，下列内容哪一项提法是不对的（   ）。

（A）建筑场地类别划分为Ⅰ、Ⅱ、Ⅲ、Ⅳ类

（B）设计地震分为第一、二、三组

（C）依据震源的远近，分为设计远震与设计近震

（D）建筑场地的类别划分取决于土层等效剪切波速和场地覆盖层厚度

80. 框架结构体系与剪力墙结构体系相比，以下何种说法正确的是（   ）。

（A）框架结构的延性好些，但抗侧力差些

（B）框架结构的延性差些，但抗侧力好些

（C）框架结构的延性和抗侧力都比剪力墙结构好

（D）框架结构的延性和抗侧力都比剪力墙结构差

81. 属于超限大跨度结构的是屋盖跨度大于（   ）。

（A）30m　　　　　（B）60m　　　　　（C）90m　　　　　（D）120m

82. 钢筋混凝土筒中筒结构内筒的边长与高度的比值，在下列何种数值范围内是合适的（   ）。

（A）1/8~1/6　　（B）1/10~1/8　　（C）1/12~1/10　　（D）1/15~1/12

83. 砌体结构的墙梁是由钢筋混凝土托梁和其上墙体组成的组合构件，对于非自承重墙梁的托梁高度与计算跨度的比值应为（   ）。

（A）≥1/8　　（B）≥1/10　　（C）≥1/12　　（D）≥1/15

84. 对设置夹心墙的理解，下列何项是正确的（   ）。

（A）建筑节能的需要　　　　　（B）墙体稳定的需要

（C）墙体承载能力的需要　　　（D）墙体耐久性的需要

85. 在地基土的工程特性指标中，地基土的载荷试验承载力应取（   ）。

（A）标准值　　（B）平均值　　（C）设计值　　（D）特征值

86. 地基变形计算深度应采用下列何种方法计算（   ）。

（A）应力比法　　　　　（B）修正变形比法

（C）按基础面积计算　　（D）按基础宽度计算

87. 根据《地基基础设计规范》GB 50007，下列何种建筑物的桩基可不进行沉降验算（   ）。

（A）地基基础设计等级为甲级的建筑物

（B）桩端以下存在软弱土层的设计等级为丙级的建筑物

（C）摩擦型桩基

（D）体型复杂的设计等级为乙级的建筑物

88. 对于存在液化土层的基础，下列哪一项措施不属于全部消除地基液化沉降的措施（   ）。

（A）采用桩基础，桩端伸入稳定土层

（B）用非液化土替换全部液化土层

（C）采用加密法加固，至液化深度下界

（D）采用箱基、筏基，加强基础的整体性和刚度

89. 在下列荷载中，哪一项为活载（　　）。
（A）风荷载　　（B）土压力　　（C）结构自重　　（D）结构的面层做法

90. 我国《建筑结构荷载规范》中基本雪压，是以当地一般空旷平坦地面上统计所得多少年一遇最大积雪的自重确定（　　）。
（A）50年　　（B）40年　　（C）30年　　（D）20年

91. 下列常用建筑材料中，自重最轻的是（　　）。
（A）钢材　　（B）钢筋混凝土　　（C）花岗石　　（D）普通砖

92. 我国《建筑结构荷载规范》中基本风压，是以当地比较空旷平坦地面上，离地面10m高统计所得多少年一遇10min平均最大风速为标准确定的是（　　）。
（A）10年　　（B）20年　　（C）30年　　（D）50年

93. 根据《地基基础设计规范》GB 50007-2002，摩擦型桩的中心距，不宜小于下列哪一个数值（　　）。
（A）2倍桩身直径　　（B）2.5倍桩身直径　　（C）3倍桩身直径　　（D）3.5倍桩身直径

94. 摩擦型桩的中心与桩身直径的最小比值，下列哪个数值是恰当的（　　）。
（A）2倍　　（B）2.5倍　　（C）3倍　　（D）3.5倍

95. 在如下抗震设防烈度时，下列哪种桩可以不必通长配筋（　　）。
（A）7度时，桩径500mm的嵌岩灌注桩
（B）8度时，桩径1000mm的沉管灌注桩
（C）7度时，桩径800mm的钻孔灌注桩
（D）6度时，桩径700mm的抗拔桩

96. 钢筋混凝土框架结构，当采用等厚度筏板不满足抗冲切承载力要求时，应采用合理的方法，下列哪一种方法不合理（　　）。
（A）筏板上增设柱墩　　　　　　（B）筏板下局部增加板厚度
（C）柱下设置桩基　　　　　　　（D）柱下筏板增设抗冲切箍筋

97. 沉积土有不同的粗细颗粒组成，其承载力和压缩性不同，下列何种说法是不正确的（　　）。
（A）细颗粒组成的土层，其压缩性高　　（B）细颗粒组成的土层，其承载力低
（C）粗颗粒组成的土层，其压缩性高　　（D）粗颗粒组成的土层，其承载力高

98. 土的力学性质与内摩擦角φ值和黏聚力C值的关系，下列哪种说法是不正确的（　　）。
（A）土粒越粗，φ值越大　　　　　（B）土粒越细，φ值越大
（C）土粒越粗，C值越小　　　　　　（D）土的抗剪强度取决于C、φ值

99. 粉土的物理特性，下列哪种说法是不正确的（　　）。
（A）粉土其塑性指数 IP ≤ 10
（B）粉土中粒径大于0.075mm的颗粒含量不超过全量50%

（C）粉土承载力基本值由含水量 v 和孔隙比 e 决定，而黏性土承载力基本值由液性指数 I_1 和孔隙比 e 确定

（D）一般说来，粉土的承载力比黏性土高

100. 砂土种类的划分，下列哪种说法是正确的（　　）。

（A）砂土分为粗、中、细砂　　　　（B）砂土分为粗、中、细、粉砂

（C）砂土分为粗、中、粉砂　　　　（D）砂土分为砾砂、粗、中、细和粉砂

模拟题Ⅸ 参考答案及解析

1.【答案】D

【解析】1,2杆为二元体零杆，3,4,5杆为T型节点零杆，其余各杆根据节点平衡可知均不为零杆。

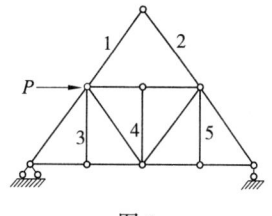

图 1

2.【答案】A

【解析】结构对称，荷载反对称，内力反对称，则对称轴通过的杆为零，故7为零杆。3,4杆分别处于无外力作用的T形结点中，3,4杆也为零杆，总计3根零杆。故选B。

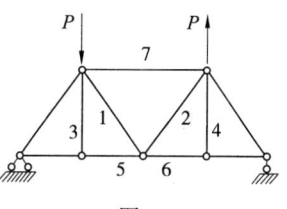

图 2

3.【答案】D

【解析】全部荷载都由悬臂柱承担，其余各杆均为零杆。

4.【答案】A

【解析】去除图3所示的二元体后，剩余结构是几何可变体系。

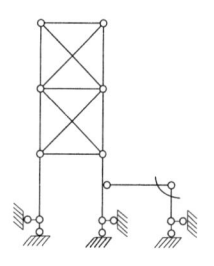

图 3

5.【答案】B

【解析】按照图4顺序依次去二元体和断杆，剩余结构为简支梁，总计断杆两次，即有两个多余约束，因此答案选择B

6.【答案】D

【解析】三铰拱底部两个铰的距离不变，取整体为隔离体，对其中任意一铰支座取矩求竖向反力，可知无论拱高怎么变化，竖向支反力均不变；三铰拱顶部的铰的和弯矩为零，取半结构为隔离体，对顶铰取矩，当拱高增加时，竖向支反力不变，水平支反力会减小，因此D为正确选项。

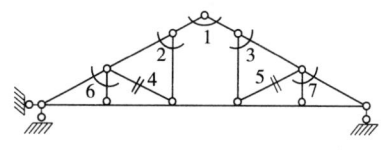

图 4

7.【答案】B

【解析】如图5~6所示，将两种荷载分解，分别对比分解后荷载作用下的内力（荷载1.1与荷载2.1比较；荷载1.2与荷载2.2比较），若有一种情况内力不同，则该杆件可断定为内力发生变化。荷载1.1与荷载2.1外力相同，则各杆件内力必然相同，因此可忽略；荷载1.2和荷载2.2，结构正对称，荷载正对称，内力必然正对称，即4杆和5杆内力正对称，8杆和9杆内力正对称，但这四根杆为K型节点杆，内力必然反对称，为同时满足上述两个条件，则这四根杆必为零杆，即荷载1.2和荷载2.2作用下四根杆件内力相同；根据节点平衡可知，荷载1.2作用下1,2,7杆受压，荷载2.2作用下1,2,7杆受拉，判定内力发生变化；荷载1.2荷载2.2作用下无支反力，根据铰支座处节点平衡可知 10, 12, 13, 11, 均为零杆，推断出 10 杆和 11 杆为零杆后，根据节点平衡可知 3 杆和 6 杆也为零杆，综上所述，只有 1, 2, 7, 杆内力发生变化，总计 3 次。

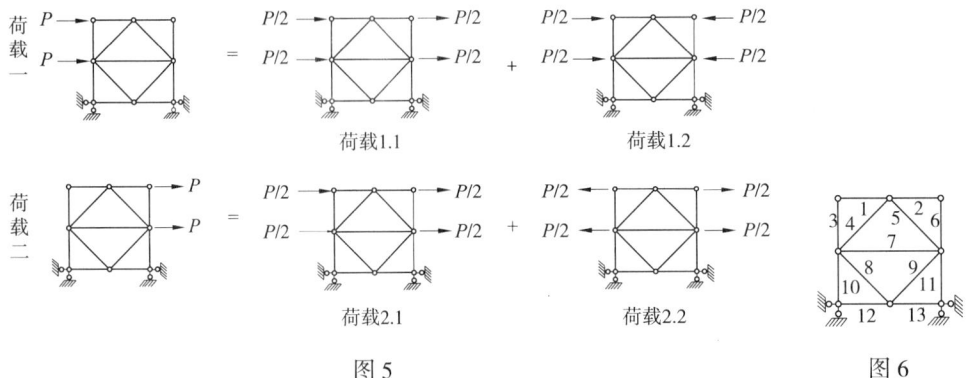

图 5　　　　　　　　　　　　　　　　　图 6

8.【答案】B

【解析】附属结构 CD 在 C 节点施加给伸臂梁 AC 的集中力为 $4\times4\div2=8$ kN，取伸臂梁 AC 为隔离体，对 B 支座取矩有 $\sum M_B=R_A\times4+8-8\times4=0$，可得出 $R_A=6$ kN↓，则左截面的剪力为 -6 kN，弯矩为 $-6\times4=-24$ kN·m，B 为正确选项。

9.【答案】B

【解析】简支梁均布荷载作用下跨中弯矩公式 $M=\dfrac{1}{8}qL^2$，集中荷载作用下跨中弯矩公式 $M=\dfrac{1}{4}PL$

令 $M_1=M_2$ 即 $\dfrac{1}{8}qL^2=\dfrac{1}{4}PL^2$，得出 $P=\dfrac{qL}{2}$。

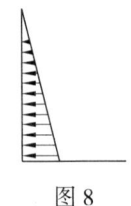

图 7

10.【答案】C

【解析】取隔离体如图 7 所示，取牛腿即 1-1 截面右侧为隔离体，截面暴露出的内力如图所示，仅有剪力和弯矩，没有轴力。

11.【答案】A

【解析】池底压力最大处压力为 $\rho gh=37.5$ kN/m²，将三角形荷载转化为集中荷载，力的大小与三角形面积相等，合力作用点为三角形形心即距离底边 $\dfrac{2}{3}h$ 处，则有 $M=\dfrac{1}{2}\times37.5\times3.75\times\dfrac{1}{3}\times3.75=87.9$ kN·m。

图 8

12.【答案】D

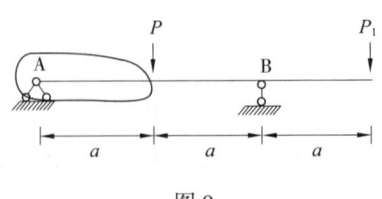

图 9

【解析】取 P 左侧为隔离体可求 A 支反力。

如图 9 所示，取 P 左侧部分为隔离体，由 P 处弯矩为零可知 A 的竖向支反力为零，再由 $\sum M_B = R_A \times 2a - P \times a + P_1 \times a = 0 \Rightarrow P = P_1$。

13.【答案】A

【解析】去除零杆后再做分析，杆①②④构成了一个 T 型结点，其中杆④是单杆即零杆，将其去除后杆③⑤⑥成为 T 型结点，其中杆③为单杆即零杆；对 P 作用结点进行受力分析可知杆⑤⑥为拉杆，杆①②为压杆。

14.【答案】A

【解析】5 杆和 9 杆组成 L 形结点，为零杆；根据 A 结点的平衡可以推断出 8 杆为零杆，15 杆为 T 型结点单杆，故为零杆。

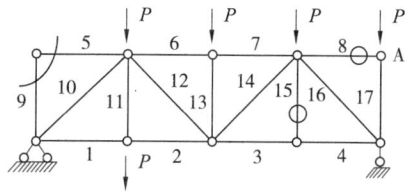

图 10

15.【答案】C

【解析】如图 11 所示将结构断开，暴露出三个约束，因此为三次超静定。

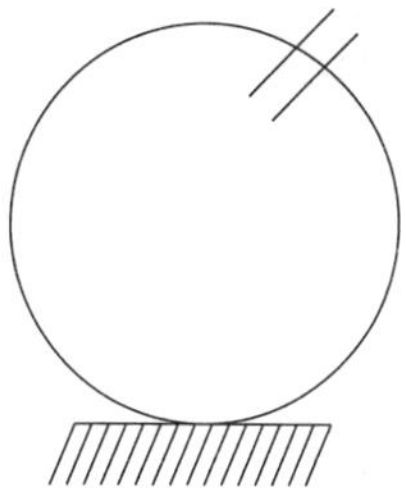

16.【答案】D

【解析】离集中荷载近的固端梁的支座反力较大，最大挠度在跨中，最大弯矩在集中力作用点。

17.【答案】D

【解析】超静定结构支座位移会引起内力变化，a 支座向下沉降相当于在 a 支座处对结构施加了一个向下的荷载，结构的两个竖直段均只有轴向力没有剪力，只有水平段有垂直于轴向的外力，因此仅有水平段有剪力产生。

图 11

18.【答案】C

【解析】结构受均布荷载作用后，两竖杆向外倾斜，横梁受拉，因此轴力图为直线段，故 C 错误。

19.【答案】C

【解析】无约束则无内力，左半跨对弯矩无约束，对 B 支座的弯矩大小无影响，因此可以不考虑，则 B 支座的弯矩为 $M_C = pL$。

20.【答案】C

【解析】外力为水平力且无弯矩，因此支座处无竖向支反力，因此 A 结点左侧和 B 结点右侧无弯矩，由此由刚结点平衡可知 AB 之间弯矩为 Pa，因此 C 为正确选项。

21.【答案】C

【解析】施加在主体结构上的荷载对附属结构无影响，因此伸臂梁左侧的附属结构无弯矩，伸臂梁伸臂部分无外荷载作用，且左侧节点为自由端，故弯矩为零。

22.【答案】A

【解析】取 P 作用节点为隔离体。

如图 12 所示，取 P 作用节点为隔离体，根据 N_2 竖向投影与 P 平衡可知 $N_2 \times \sin 30° = P \Rightarrow N_2 = 2P$；由 N_2 水平投影与 N_1 平衡可得出 $N_1 = N_2 \times \cos 30° = \sqrt{3}P$（拉力）。

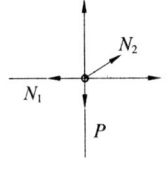

图 12

23.【答案】C

【解析】计算支座反力时应将分布力转化为集中力。

A 支座和弯矩为零，对 A 取矩则有 $\sum M_A = R_B \times a - q \times a \times \dfrac{a}{2} = 0 \Rightarrow R_B = \dfrac{qa}{2}$。

24.【答案】D

【解析】对结构左下角端点取矩，当重力和风荷载对该点力矩相等时，结构处于不倾覆的极限状态；天线重力对该点力矩为：$M_1 = g \times h \times 2 = 18h$，风荷载对该点力矩为 $M_2 = q \times h \times \dfrac{h}{2} = 6 \times h \times \dfrac{h}{2} = 3h^2$，令 $M_1 = M_2$ 即 $18h = 3h^2$，得出 $h = 6$m，为使天线不倾覆，h 应小于 6m。

25.【答案】B

【解析】根据结构的对称性可知，两个支座反力均为 10kN，左上角和右上角的四根杆件为 L 形节点的零杆，去掉零杆后，根据节点 B 的节点平衡可求出 a 杆的轴力，如图 13 所示。

N 的竖向分力与 R_B 平衡，均为 10kN，N_a 与 N 的夹角为 45 度，可知 N_a 的大小与 N 的竖向分力相同，且方向向左，为拉力。

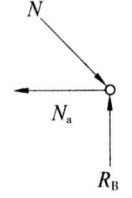

图 13

26.【答案】A

【解析】所有节点均为刚节点，中间支座沉降，水平段可以看作为固端梁支座位移的情况，沉降支座两侧的水平段下侧受拉，远端上侧受拉；中间支座沉降后，两边的竖杆必会产生水平向的位移，此时竖杆也可看作为支座发生位移的固端梁，中间必然会产生反弯点，综上所述 A 正确。

27.【答案】A

【解析】由弯矩图可以判断 D 处有一大小为 10kN，方向向下的集中力，伸臂梁 CD 施加给悬臂梁 EC 一个 10kN，方向向下的集中力，作用点在 C 点，由力的平衡可知，C 节点对伸臂梁 CD 有一个向上的反力，取伸臂梁 CD 为隔离体，对节点 A 取矩有 $\sum M_A = 10 \times 12 - R_B \times 8 + 10 \times 4 = 0$，可知 $R_B = 20$kN↑，由 $\sum F_Y = R_C + R_A + R_B - 10 = 0$ 可知 $R_A = 20$kN↑。

28.【答案】D

【解析】根据公式 $\sigma = \dfrac{My}{I}$，距离中性轴越远处，正应力越大，因此选择 D。

29.【答案】D

【解析】均布荷载的弯矩图为抛物线形，且固定铰支座处弯矩为零，因此选择 D。

30.【答案】B

【解析】首先取整体为隔离体，对 B 点取矩 $\sum M_B = R_A \times 12 - 10 \times 6 \times 3 = 0$，可得 $R_A = 15$，再将结构从中间一分为二，取左半跨为隔离体（如图 14 所示），

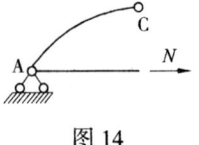

图 14

对 C 点取矩 $\Sigma M_\mathrm{C}=R_\mathrm{A}\times 6-N\times 3=0$ 可得 $N=2R_\mathrm{A}=30\mathrm{kN}$。

31.【答案】C

【解析】如图 15 所示,根据 $\Sigma X=0$ 可知 N_1 和 N_2 大小相等,N_1 为拉力,N_2 为压力;再根据 $\Sigma Y=0$ 可得出 $N_1\times\sin30°+N_2\times\sin30°=P\Rightarrow N_1=-N_2=1$。

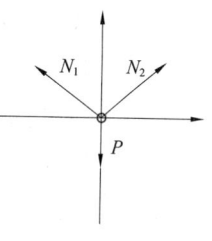

图 15

32.【答案】B

【解析】温度升高时,楼板受热膨胀,但其还受到其他楼板的约束,因此会产生压应力,越靠近中间的楼板受到的约束越多,其压应力越大,越靠近边缘的楼板受到的约束越少,压应力越小。

33.【答案】B

【解析】B 选项中的右侧支座对结构无旋转约束,因此该结构可近似看作一悬臂梁,因此 a 点弯矩为零,其他各选项中 a 点弯矩均大于零,故选择 B。

34.【答案】A

【解析】对支座而言,支座两侧满布荷载时弯矩最大,根据相邻有利原则,该支座隔跨满布荷载时对该支座的弯矩有削减作用,因此支座两侧满布荷载,隔跨为空载时支座弯矩最大,A 正确。

35.【答案】B

【解析】梁柱刚度比越大,柱对梁的约束越小,梁柱越接近于铰接,图示结构梁底弯矩越接近于 0,答案选择 B。

36.【答案】C

【解析】参见《砌体结构设计规范》GB 50003-2011 第 3.2.5.3 条:砌体的线膨胀系数和收缩率,可按表 3.2.5-2 采用。

砌体的线膨胀系数和收缩率 表 3.2.5-2

砌体类别	线膨胀系数（$10^{-6}/℃$）	收缩率（mm/m）
烧结普通砖、烧结多孔砖砌体	5	-0.1
蒸压灰砂普通砖、蒸压粉煤灰普通砖砌体	8	-0.2
混凝土普通砖、混凝土多孔砖、混凝土砌块砌体	10	-0.2
轻集料混凝土砌块砌体	10	-0.3
料石和毛石砌体	8	—

注:表中的收缩率系由达到的收缩允许标准的块体砌筑 28d 的砌体收缩系数。当地方有可靠的砌体收缩试验数据时,亦可采用当地的试验数据。

由表可知,砌体的线膨胀系数和收缩率与砌体类别有关。

37.【答案】B

【解析】水压力随着水深的增加而增大,水池长边的受力等效于竖直的受梯形荷载的悬臂梁,当水池超量蓄水时,水池底部的水压力增大,荷载增大,水池底部内侧 b 处首先出现水平裂缝。

38.【答案】A

【解析】钢材的主要力学性能强度性能、塑性性能、冷弯性能和韧性性能。

39.【答案】A

【解析】预应力构件中，在承受外荷载之前，利用张拉钢筋的回弹对混凝土构件施加预应力，克服了混凝土抗拉强度低、开裂早的缺点。混凝土结构通过张拉预应力钢筋使构件受拉区产生预压应力，避免裂缝过早出现。预应力钢筋强度不高，就不可能产生较高的预压应力。

40.【答案】C

【解析】参见《混凝土结构设计规范》GB 50010-2010（2015 年版）第 4.1.2 条：

素混凝土结构的混凝土强度等级不应低于 C15；钢筋混凝土结构的混凝土强度等级不应低于 C20；采用强度等级 400MPa 及以上的钢筋时，混凝土强度等级不应低于 C25。预应力混凝土结构的混凝土强度等级不宜低于 C40，且不应低于 C30。

承受重复荷载的钢筋混凝土构件，混凝土强度等级不应低于 C30。

41.【答案】D

【解析】参见《混凝土结构设计规范》GB 50010-2010（2015 年版）第 10.1.1 条：施加预应力时，所需的混凝土立方体抗压强度应经计算确定，但不宜低于设计的混凝土强度等级值的 75%。

注：当张拉预应力筋是为防止混凝土早期出现的收缩裂缝时，可不受上述限制，但应符合局部受压承载力的规定。

42.【答案】A

【解析】参见《木结构设计规范》GB 50005-2017 表 4.3.1-3：

木材的强度设计值和弹性模量（N/mm²）　　　　表 4.3.1-3

强度等级	组别	抗弯 f_m	顺纹抗压及承压 f_c	顺纹抗拉 f_t	顺纹抗剪 f_v	横纹承压 $f_{c,90}$			弹性模量 E
						全表面	局部表面和齿面	拉力螺栓垫板下	
TC17	A	17	16	10	1.7	2.3	3.5	4.6	10000
	B		15	9.5	1.6				
TC15	A	15	13	9.0	1.6	2.1	3.1	4.2	10000
	B		12	9.0	1.5				
TC13	A	13	12	8.5	1.5	1.9	2.9	3.8	10000
	B		10	8.0	1.4				9000
TC11	A	11	10	7.5	1.4	1.8	2.7	3.6	9000
	B		10	7.0	1.2				
TB20	—	20	18	12	2.8	4.2	6.3	8.4	12000
TB17	—	17	16	11	2.4	3.8	5.7	7.6	11000
TB15	—	15	14	10	2.0	3.1	4.7	6.2	10000
TB13	—	13	12	9.0	1.4	2.4	3.6	4.8	8000
TB11	—	11	10	8.0	1.3	2.1	3.2	4.1	7000

注：计算木构件端部（如接头处）的拉力螺栓垫板时，木材横纹承压强度设计值应按"局部表面和齿面"一栏的数值采用。

43.【答案】A

【解析】钢筋和混凝土两种材料能结合在一起共同工作的主要原因是：①混凝土硬化后混凝土与钢筋之间产生了粘结力。它由分子力（胶合力）、摩阻力和机械咬合力三部分组成；②混凝土能保护钢筋不锈蚀，具有良好的耐久性；③钢筋与混凝土有着近似相同的线膨胀系数（钢筋约为 1.2×10^{-5}，混凝土在 $1.0\times 10^{-5} \sim 1.5\times 10^{-5}$），不会由环境不同产生过大的应力。

钢筋的弹性模量约为 $2\times 10^5 \text{N/mm}^2$（HRB400），混凝土的弹性模量约为 $3\times 10^4 \text{N/mm}^2$（C30）。

44.【答案】B

【解析】参见《混凝土结构设计规范》GB 50010-2010（2015年版）表 4.2.2-1：

普通钢筋强度标准值（N/mm²）　　　　　表 4.2.2-1

牌号	符号	公称直径 d（mm）	屈服强度标准值 f_{yk}	极限强度标准值 f_{stk}
HPB300	A	6~22	300	420
HRB335 HRBF335	B B^F	6~50	335	455
HRB400 HRBF400 RRB400	C C^F C^R	6~50	400	540
HRB500 HRBF500	D D^F	6~50	500	630

45.【答案】A

【解析】屈服强度、抗拉强度、伸长率和弹性模量是钢材的主要力学指标。

屈服点又称屈服强度，是钢筋开始丧失对变形的抵抗能力，并开始产生大量塑性变形时所对应的应力。

抗拉强度是材料由均匀塑性变形向局部集中塑性变形过渡的临界值，也是材料在静拉伸条件下的最大承载能力。

伸长率指金属材料受外力（拉力）作用断裂时，试件伸长的长度与原始长度的百分比，它表示钢材塑性变形能力。

弹性模量指材料在弹性变形阶段，其应力和应变成正比例关系（即符合胡克定律），其比例系数称为弹性模量。

钢材的抗剪强度虽然也很重要，但抗剪强度设计值可以由其抗拉强度设计值推算得到，故不属于主要力学指标。

46.【答案】A

【解析】碳素钢的质量等级分为 A、B、C、D、E，其质量从前至后依次提高。

47.【答案】C

【解析】平面不规则类型或表 3.4.3-2 所列举的某项竖向不规则类型以及类似的不规则类型，应属于不规则的建筑。

平面不规则的主要类型 表 3.4.3-1

不规则类型	定义和参考指标
扭转不规则	在规定的水平力作用下,楼层的最大弹性水平位移(或层间位移),大于该楼层两端弹性水平位移(或层间位移)平均值的1.2倍
凹凸不规则	平面凹进的尺寸,大于相应投影方向总尺寸的30%
楼板局部不连续	楼板的尺寸和平面刚度急剧变化,例如,有效楼板宽度小于该层楼板宽度的50%,或开洞面积大于该层楼面面积的30%,或较大的楼层错层

竖向不规则的主要类型 表 3.4.3-2

不规则类型	定义和参考类型
侧向刚度不规则	该层的侧向刚度小于相邻上一层的70%,或小于上相邻三个楼层侧向刚度平均值的80%;除顶层或出屋面小建筑外,局部收进的水平向尺寸大于相邻下一层的25%
竖向抗侧力构件不连续	竖向抗侧力构件(柱、抗震墙、抗震支撑)的内力由水平转换(梁、桁架等)向下传递
楼层承载力突变	抗侧力结构的层间受剪承载力小于相邻上一楼层的80%

48.【答案】D

【解析】参见《建筑抗震设计规范》GB 50011-2010 第 7.1.8 条:

底部框架-抗震墙砌体房屋的结构布置,应符合下列要求:

1. 上部的砌体墙体与底部的框架梁或抗震墙,除楼梯间附近的个别墙段外均应对齐。

2. 房屋的底部,应沿纵横两方向设置一定数量的抗震墙,并应均匀对称布置。6度且总层数不超过四层的底层框架-抗震墙砌体房屋,应允许采用嵌砌于框架之间的约束普通砖砌体或小砌块砌体的砌体抗震墙,但应计入砌体墙对框架的附加轴力和附加剪力并进行底层的抗震验算,且同一方向不应同时采用钢筋混凝土抗震墙和约束砌体抗震墙;其余情况,8度时应采用钢筋混凝土抗震墙,6、7度时应采用钢筋混凝土抗震墙或配筋小砌块砌体抗震墙。

3. 底层框架-抗震墙砌体房屋的纵横两个方向,第二层计入构造柱影响的侧向刚度与底层侧向刚度的比值,6、7度时不应大于2.5,8度时不应大于2.0,且均不应小于1.0。

4. 底部两层框架-抗震墙砌体房屋纵横两个方向,底层与底部第二层侧向刚度应接近,第三层计入构造柱影响的侧向刚度与底部第二层侧向刚度的比值,6、7度时不应大于2.0,8度时不应大于1.5,且均不应小于1.0。

5. 底部框架-抗震墙砌体房屋的抗震墙应设置条形基础、筏形基础等整体性好的基础。

49.【答案】C

【解析】参见《砌体结构设计规范》GB 50003-2011 第 4.2.1 条:房屋的静力计算,根据房屋的空间工作性能分为刚性方案、刚弹性方案和弹性方案。设计时,可按表 4.2.1 确定静力计算方案。

房屋的静力计算方案 表 4.2.1

	屋盖或楼盖类别	刚性方案	刚弹性方案	弹性方案
1	整体式、装配整体和装配式无檩体系钢筋混凝土屋盖或钢筋混凝土楼盖	s<32	32 ≤ s ≤ 72	s>72
2	装配式有檩体系钢筋混凝土屋盖、轻钢屋盖和有密铺望板的木屋盖或木楼盖	s<20	20 ≤ s ≤ 48	s>48
3	瓦材屋面的木屋盖和轻钢屋盖	s<16	16 ≤ s ≤ 36	s>36

注：1. 表中 s 为房屋横墙间距，其长度单位为"m"；
   2. 当屋盖、楼盖类别不同或横墙间距不同时，可按本规范第 4.2.7 条的规定确定房屋的静力计算方案；
   3. 对无山墙或伸缩缝处无横墙的房屋，应按弹性方案考虑。

由表可知，砌体结构的刚性方案、弹性方案和刚弹性方案的划分与屋盖、楼盖的类别有关。

50.【答案】A

【解析】参见《木结构设计规范》GB 50005-2017 第 7.1.4.4 条：木屋盖宜采用外排水，若必须采用内排水时，不应采用木制天沟。

51.【答案】D

【解析】混凝土收缩是指在混凝土凝结初期或硬化过程中出现的体积缩小现象。

影响混凝土收缩的因素有以下几个方面：①水灰比越大，收缩越大；②水泥用量越多，收缩越大；③水泥活性越高，颗粒越细，收缩越大；④养护条件好，使用环境湿度较高，收缩就小；⑤混凝土振捣密实，收缩就小；⑥构件体表比越大，收缩越小⑦骨料的弹性模量越大，收缩越小。

52.【答案】D

【解析】三角形木桁架的最小高跨比为 1/5，结构跨度为 9m，故中央高度最小为 9/5=1.8m。

53.【答案】B

【解析】预应力在张拉时是按照设计的张拉力进行，但因为施工条件的不可预见性，预应力值损失导致张拉的效果达不到设计要求，所以设计部门为保守，就提出预应力在张拉时，要比设计值高出 5%。所以超张拉的目的是减小预应力损失。

54.【答案】B

【解析】预应力损失值包括：张拉端锚具变形和钢筋内缩一起的预应力损失值 σ_{l1}；
预应力钢筋与孔壁之间（后张法）和转向装置处的（先张法）摩擦引起的预应力损失值 σ_{l2}；
混凝土加热养护时，受张拉的钢筋与承受拉力设备之间的温差引起的预应力损失值 σ_{l3}；
钢筋应力松弛引起的预应力损失值 σ_{l4}；
混凝土收缩、徐变引起的受拉区和受压区预应力钢筋的应力损失值 σ_{l5}；
螺旋预应力配筋对环形构件混凝土的局部挤压所引起的预应力损失值 σ_{l6}。
先张法构件预应力损失值组合：$\sigma_{l1}+\sigma_{l2}+\sigma_{l3}+\sigma_{l4}+\sigma_{l5}$；
后张法构件预应力损失值组合：$\sigma_{l1}+\sigma_{l2}+\sigma_{l4}+\sigma_{l4}+\sigma_{l6}$。

55.【答案】A

【解析】参见《混凝土结构设计规范》GB 50010-2010（2015年版）条文说明第 6.3.1 条：规定受弯构件的受剪截面限制条件，其目的首先是防止构件截面发生斜压破坏（或腹板压坏），其次是限制在使用阶段可能发生的斜裂缝宽度，同时也是构件斜截面受剪破坏的最大配箍率条件。

56.【答案】D

【解析】参见《高层民用建筑钢结构技术规程》JGJ 99-2015 第 3.3.4 条：高层民用建筑宜不设防震缝；体型复杂、平立面不规则的建筑，应根据不规则程度、地基基础等因素，确定是否设防震缝；当在适当部位设置防震缝时，宜形成多个较规则的抗侧力结构单元。

57.【答案】C

【解析】短肢剪力墙是指截面厚度不大于300mm、各肢截面高度与厚度之比的最大值大于4但不大于8的剪力墙。

58.【答案】B

【解析】阵风系数是考虑到瞬时风较平均风大而乘的系数。高层建筑中，当外墙采用玻璃幕墙时，幕墙及其与主体结构的连接件设计应该同时考虑风压力和风吸力的影响，计算风荷载时应考虑阵风系数。

59.【答案】A

【解析】升板结构：由安装在预制柱上的升板机，将在地坪上已叠层浇注成的屋面板和楼板依次提升到位，并以钢销支托，并在节点浇筑混凝土而成的板柱结构。升板通常有钢筋混凝土平板、密肋板及格梁板等。

建筑物柱网接近正方形，柱距小于6m，且楼面荷载不大的情况下，可以采用先进的升板法。

60.【答案】C

【解析】钢结构的稳定性包括构件稳定性、局部稳定性和结构的整体稳定性，都必须给予考虑。

61.【答案】B

【解析】参见《钢结构设计规范》GB 50017-2017 第 14.7.4 条：抗剪连接件的设置应符合以下规定：

1. 圆柱头焊钉连接件钉头下表面或槽钢连接件上翼缘下表面与翼板底部钢筋顶面的距离不宜小于30mm；

2. 连接件沿梁跨度方向的最大间距不应大于混凝土翼板（包括板托）厚度的3倍，且不大于300mm；连接件的外侧边缘与钢梁翼缘边缘之间的距离不应小于20mm；连接件的外侧边缘至混凝土翼板边缘间的距离不应小于100mm；连接件顶面的混凝土保护层厚度不应小于15mm。

62.【答案】C

【解析】弯曲破坏为延性破坏，剪切破坏为脆性破坏，设计中尽量避免剪切破坏的发生；钢筋屈服先于混凝土压碎的破坏属于适筋梁破坏，设计中允许，但少筋破坏和超筋破坏应尽量避免；钢筋的锚固是必须保证的构造要求，不能先于构件破坏；构件设计应进行承载能力极限状态和正常使用极限状态设计。

63.【答案】 B

【解析】参见《砌体结构设计规范》GB 50003-2011 第 6.2.7 条：跨度大于 6m 的屋架和跨度大于下列数值的梁，应在支承处砌体上设置混凝土或钢筋混凝土垫块；当墙中设有圈梁时，垫块与圈梁宜浇成整体。

1. 对砖砌体为 4.8m；

2. 对砌块和料石砌体为 4.2m；

3. 对毛石砌体为 3.9m。

64.【答案】 B

【解析】参见《砌体结构设计规范》GB 50003-2011 第 7.2.1 条：对有较大振动荷载或可能产生不均匀沉降的房屋，应采用混凝土过梁。当过梁的跨度不大于 1.5m 时，可采用钢筋砖过梁；不大于 1.2m 时，可采用砖砌平拱过梁。

65.【答案】 B

【解析】钢筋混凝土井式楼盖在平面上宜做成正方形，如果做成矩形，其长边与短边的比不宜大于 1.5，以保证板面荷载较均匀地向两个方向传递。

66.【答案】 B

【解析】根据《建筑工程抗震设防分类标准》GB 50223-2008 第 3.0.2 条：建筑工程应分为以下四个抗震设防类别：

1. 特殊设防类：指使用上有特殊设施，涉及国家公共安全的重大建筑工程和地震时可能发生严重次生灾害等特别重大灾害后果，需要进行特殊设防的建筑。简称甲类。

2. 重点设防类：指地震时使用功能不能中断或需尽快恢复的生命线相关建筑，以及地震时可能导致大量人员伤亡等重大灾害后果，需要提高设防标准的建筑。简称乙类。

3. 标准设防类：指大量的除 1、2、4 款以外按标准要求进行设防的建筑。简称丙类。

4. 适度设防类：指使用上人员稀少且震损不致发生次生灾害，允许在一定条件下适度降低要求的建筑。简称丁类。

由上可知，国务院所属各部委的办公大楼应属于乙类。

67.【答案】 D

【解析】参见《建筑抗震设计规范》GB 50011-2010 6.1.1 条。

68.【答案】 A

【解析】结构转变为可变体系，意味着结构的破坏。

69.【答案】 A

【解析】在竖向荷载作用下，梯形钢屋架上弦杆受压，下弦杆受拉。

70.【答案】 D

【解析】从经济合理的角度考虑，提高单层刚架房屋的侧向稳定，应该采用加设侧向支撑的方式，不应采用加大刚架柱截面的方式。

71.【答案】B

【解析】在发生火灾时，钢筋混凝土构件的混凝土保护层具有很好的隔热作用，提高构件在火灾中的耐火时限，保证这段时间里，构件不会失去支撑能力；钢筋裸露在大气或者其他介质中，容易受蚀生锈，使得钢筋的有效截面减少，影响结构受力，混凝土保护层包裹着钢筋使其隔绝空气和其他介质，保证构件在设计使用年限内钢筋不发生降低结构可靠度的锈蚀；一定厚度的混凝土保护层有利于提高混凝土对钢筋的握裹力，增强粘结力；混凝土抗拉性能较差，容易开裂。

72.【答案】D

【解析】由公式 $M \leq 0.85 h_0 f_y A_s$，得 $A_s \geq \dfrac{M}{0.85 h_0 f_y} = \dfrac{15 \times 10^6}{0.85 \times 1000 \times 210} = 84 \text{mm}^2$。

73.【答案】D

【解析】参见《钢结构设计规范》GB 50017-2017 第 3.3.5 条：单层房屋和露天结构的温度区段长度（伸缩缝的间距），当不超过表 3.3.5 的数值时，一般情况可不考虑温度应力和温度变形的影响。

温度区段长度值（m）　　　　　　　　　　表 3.3.5

结构情况	纵向温度区段（垂直屋架或构架跨度方向）	横向温度区段（沿屋架或构架跨度方向）	
		柱顶为刚接	柱顶为铰接
采暖房屋和非采暖地区的房屋	220	120	150
热车间和采暖地区的非采暖房屋	180	100	125
露天结构	120	—	—
围护构件为金属压型钢板的房屋	250	150	

注：1. 厂房柱为其他材料时，应按相应规范的规定设置伸缩缝。围护结构可根据具体情况参照有关规范单独设置伸缩缝；
2. 无桥式吊车房屋的柱间支撑和有桥式吊车房屋吊车梁或吊车桁架以下的柱间支撑，宜对称布置于温度区段中部。当不对称布置时，上述柱间支撑的中点（两道柱间支撑时为两支撑距离的中点）至温度区段端部的距离不宜大于表 8.1.5 纵向温度区段长度的 60%；
3. 当有充分依据或可靠措施时，表中数字可予以增减。

74.【答案】D

【解析】悬索结构是由柔性受拉索及其边缘构件所形成的承重结构，主要应用于建筑工程和桥梁工程。其索的材料可以采用钢丝束、钢丝绳、钢绞线、链条、圆钢，以及其他受拉性能良好的线材。索只能承受压力，因此必须处于受拉状态，悬索结构能充分利用高强材料的抗拉性能，可以做到跨度大、悬索结构自重小、材料省、易施工；悬索支座的锚固结构构件刚度较大，以保证悬索的应力稳定；索析架的下索一般应施加预应力，使得整体结构成形；双曲面交叉悬索结构由两组曲率相反的拉索交叉组成，其曲面为双曲抛物面，亦称鞍形悬索，外形多变，可适用于圆形、椭圆形、菱形等多种建筑平面形状。曲率下凹的索网为承重索，上凸的为稳定索，通过对稳定索施加预应力来使承重索张紧，从而提高屋面刚度，边缘构件可根据不同建筑造型的需要采用双曲环梁和斜向边拱等各种形式。车轮形悬索结构类似自行车车轮，由内外双环及双环之间的双层拉索组成，与双曲抛物面结构相比，具有更大的刚度和稳定性。

75.【答案】B

【解析】参见《建筑抗震设计规范》GB 50011-2010 第 7.1.8 条：房屋的底部，应沿纵横两方向设置一定数量的抗震墙，并应均匀对称布置。6 度且总层数不超过四层的底层框架—抗震墙砌体房屋，应允许采用嵌砌于框架之间的约束普通砖砌体或小砌块砌体的砌体抗震墙，但应计入砌体墙对框架的附加轴力和附加剪力并进行底层的抗震验算，且同一方向不应同时采用钢筋混凝土抗战墙和约束砌体抗震墙；其余情况，8 度时应采用钢筋混凝土抗震墙，6、7 度时应采用钢筋混凝土抗震墙或配筋小砌块砌体抗震墙。底层框架—抗震墙砌体房屋的纵横两个方向，第二层计入构造柱影响的侧向刚度与底层侧向刚度的比值，6、7 度时不应大于 2.5，8 度时不应大于 2.0，且均不应小于 1.0。

76.【答案】B

【解析】根据《建筑工程抗震设防分类标准》GB 50223-2008 第 3.0.2 条：建筑工程应分为以下四个抗震设防类别：

1. 特殊设防类：指使用上有特殊设施，涉及国家公共安全的重大建筑工程和地震时可能发生严重次生灾害等特别重大灾害后果，需要进行特殊设防的建筑。简称甲类。

2. 重点设防类：指地震时使用功能不能中断或需尽快恢复的生命线相关建筑，以及地震时可能导致大量人员伤亡等重大灾害后果，需要提高设防标准的建筑。简称乙类。

3. 标准设防类：指大量的除 1、2、4 款以外按标准要求进行设防的建筑。简称丙类。

4. 适度设防类：指使用上人员稀少且震损不致产生次生灾害，允许在一定条件下适度降低要求的建筑。简称丁类。

77.【答案】D

【解析】抗震墙墙肢两端和洞口两侧应设置边缘构件。抗震墙的边缘构件分为约束边缘构件和构造边缘构件两类。约束边缘构件是指用箍筋约束的暗柱、端柱和翼墙，其混凝土用箍筋约束，有比较大的变形能力，并可提高抗剪能力。

78.【答案】C

【解析】根据《建筑工程抗震设防分类标准》GB 50223-2008 第 4.0.3 条：医疗建筑的抗震设防类别，应符合下列规定：

1. 三级医院中承担特别重要医疗任务的门诊、医技、住院用房，抗震设防类别应划为特殊设防类。

2. 二、三级医院的门诊、医技、住院用房，具有外科手术室或急诊科的乡镇卫生院的医疗用房，县级及以上急救中心的指挥、通信、运输系统的重要建筑，县级及以上的独立采供血机构的建筑，抗震设防类别应划为重点设防类。

3. 工矿企业的医疗建筑，可比照城市的医疗建筑示例确定其抗震设防类别。

第3.0.2条：建筑工程应分为以下四个抗震设防类别：

1）特殊设防类：指使用上有特殊设施，涉及国家公共安全的重大建筑工程和地震时可能发生严重次生灾害等特别重大灾害后果，需要进行特殊设防的建筑。简称甲类。

2）重点设防类：指地震时使用功能不能中断或需尽快恢复的生命线相关建筑，以及地震时可能导致大量人员伤亡等重大灾害后果，需要提高设防标准的建筑。简称乙类。

3）标准设防类：指大量的除1、2、4款以外按标准要求进行设防的建筑。简称丙类。

4）适度设防类：指使用上人员稀少且震损不致产生次生灾害，允许在一定条件下适度降低要求的建筑。简称丁类。

79.【答案】C

【解析】参见《建筑抗震设计规范》GB 50011-2010 条文说明第3.2.2条：

"设计特征周期"即设计所用的地震影响系数的特征周期（T_g），简称特征周期。89规范规定，其取值根据设计近、远震和场地类别来确定，我国绝大多数地区只考虑设计近震，需要考虑设计远震的地区很少（约占县级城镇的5%）。2001规范将89规范的设计近震、远震改称设计地震分组，可更好体现震级和震中距的影响，建筑工程的设计地震分为三组。根据规范编制保持其规定延续性的要求和房屋建筑抗震设防决策，2001规范的设计地震的分组在《中国地震动反应谱特征周期区划图B1》基础上略做调整。本次修订对各地的设计地震分组做了较大的调整，使之与《中国地震动参数区划图B1》一致。修改后变化的情况汇总如下：

区划图B1中0.35s的区域作为设计地震第一组；区划图B1中0.40s的区域作为设计地震第二组；区划图B1中0.45s的区域，作为设计地震第三组。

第4.1.2 建筑场地的类别划分，应以土层等效剪切波速和场地覆盖层厚度为准。第4.1.6 建筑的场地类别，应根据土层等效剪切波速和场地覆盖层厚度按表4.1.6划分为四类，其中Ⅰ类分为I_0、I_1两个亚类。当有可靠的剪切波速和覆盖层厚度且其值处于表4.1.6所列场地类别的分界线附近时，应允许按插值方法确定地震作用计算所用的特征周期。

各类建筑场地的覆盖层厚度 表4.1.6

岩石的剪切波速或土的等效剪切波速（m/s）	场地类别				
	I_0	I_1	Ⅱ	Ⅲ	Ⅳ
v_s>800	0				
800≥v_s>500		0			
500≥v_{se}>250		<5	≥5		
250≥v_{se}>150		<3	3~50	>50	
v_{se}≤150		<3	3~15	15~80	>80

80.【答案】A

【解析】框架结构的延性（变形能力）较好，而剪力墙结构的抗侧力能力较强，框架剪力墙结构正是结合了两者的优点。

81.【答案】D

【解析】按跨度分类：

1）跨度 $L \leq 30m$ 的网架称之为小跨度网架；

2）跨度 $30m < L \leq 60m$ 的为中跨度网架；

3）跨度 $L > 60$ 为大跨度网架。

随着网架跨度的不断增大，出现了特大跨度和超大跨度的说法，$L > 90m$ 的称为特大跨度；$L > 150m$ 称为超限大跨度。

82.【答案】D

【解析】参见《高层建筑混凝土结构技术规程》JGJ 3-2010 第 9.3.3 条：内筒的宽度可为高度的 1/12~1/15，如有另外的角筒或剪力墙时，内筒平面尺寸可适当减小。内筒宜贯通建筑物全高，竖向刚度宜均匀变化。

83.【答案】D

【解析】参见《砌体结构设计规范》GB 50003-2011 第 7.3.2 条：采用烧结普通砖砌体、混凝土普通砖砌体、混凝土多孔砖砌体和混凝土砌块砌体的墙梁设计应符合下列规定：

1. 墙梁设计应符合表 7.3.2 的规定：

墙梁的一般规定　　　　　　　　　　　　　表 7.3.2

墙梁类别	墙体总高度（m）	跨度（m）	墙体高跨比 h_w/l_{0i}	托梁高跨比 h_b/l_{0i}	洞宽比 b_h/l_{0i}	洞高 h_h
承重墙梁	≤ 18	≤ 9	≥ 0.4	≥ 1/10	≤ 0.3	≤ $5h_w/6$ 且 $h_w - h_h \geq 0.4m$
自承重墙梁	≤ 18	≤ 12	≥ 1/3	≥ 1/15	≤ 0.8	—

注：墙体总高度指托梁顶面到檐口的高度，带阁楼的坡屋面应算到山尖墙 1/2 高度处。

84.【答案】A

【解析】夹心墙：墙体中预留的连续空腔内填充保温或隔热材料，并在墙的内叶和外叶之间用防锈的金属拉结件连接形成的墙体。又称夹心复合墙或空腔墙。夹心墙的主要作用是节能。

85.【答案】D

【解析】根据《建筑地基基础设计规范》GB 50007-2011 第 4.2.2 条规定：地基土工程特性指标的代表值应分别为标准值，平均值及特征值。抗剪强度指标应取标准值，压缩性指标应取平均值，荷载试验承载力应取特征值。

86.【答案】B

【解析】参见《建筑地基基础设计规范》GB 50007-2011 第 5.3.7 条。通过计算深度向上取厚度为 Δz 的土层计算变形值与计算深度范围内总变形值的比较确定。

87.【答案】B

【解析】参见《建筑地基基础设计规范》GB 50007-20118 第 5.13 条，对以下建筑物的桩基应进行沉降验算：

1. 地基基础设计等级为甲级的建筑物桩基；

2. 体形复杂、荷载不均匀或桩端以下存在软弱土层的设计等级为乙级的建筑物桩基；

3. 摩擦型桩基。

88.【答案】D

【解析】可以通过确保持力层为稳定土层，或者使液化土层被完全替换或加固，使得地基的液化沉降被完全消除，但是加强基础整体性的方法，对液化土层的沉降并不能消除。

89.【答案】A

【解析】参见《建筑结构荷载规范》GB 50009-2012 第3.1.1条：建筑结构的荷载可分为下列三类：

1. 永久荷载，包括结构自重、土压力、预应力等。

2. 可变荷载，包括楼面活荷载、屋面活荷载和积灰荷载、吊车荷载、风荷载、雪荷载、温度作用等。

3. 偶然荷载，包括爆炸力、撞击力等。

90.【答案】A

【解析】参见《建筑结构荷载规范》GB 50009-2012 第7.1.2条：基本雪压应采用按本规范规定的方法确定的50年重现期的雪压；对雪荷载敏感的结构，应采用100年重现期的雪压。

91.【答案】D

【解析】钢的容重为78.5kN/m³；钢筋混凝土的容重为25kN/m³；花岗石的容重为28kN/m³；普通砖的容重为18kN/m³。

92.【答案】D

【解析】参见《建筑结构荷载规范》GB 50009-2012 第2.1.22条：

基本风压 reference wind pressure：风荷载的基准压力，一般按当地空旷平坦地面上10m高度处10min平均的风速观测数据，经概率统计得出50年一遇最大值确定的风速，再考虑相应的空气密度，按贝努利（Bernoulli）公式确定的风压。

93.【答案】C

【解析】参见《建筑地基基础设计规范》GB 50007-2011 第8.5.3条第一款，摩擦型桩的中心距不宜小于桩身直径的3倍；扩底灌注桩的中心距不宜小于扩底直径的1.5倍，当扩底直径大于2m时，桩端净距不宜小于1m。在确定桩距时尚应考虑施工工艺中挤土等效应对邻近桩的影响。

94.【答案】C

【解析】参见《建筑地基基础设计规范》GB 50007-2011 第8.5.3条第一款：摩擦型桩的中心距不宜小于桩身直径的3倍；扩底灌注桩的中心距不宜小于扩底直径的1.5倍，当扩底直径大于2m时，桩端净距不宜小于1m。在确定桩距时尚应考虑施工工艺中挤土等效应对邻近桩的影响。

95.【答案】C

【解析】参见《复合载体夯扩桩设计规程》JGJ/T 135-2001 第3.0.8条第四款：钢筋笼宜通长配筋；在下列情况下应通长配筋，并进行配筋验算：

1. 抗拔桩（主筋进入夯扩体）；

2. 受水平荷载和弯矩较大的桩；

3. 设防烈度为 8 度及 8 度以上地震区的桩；

4. 被加固土层为软土层或较厚人工填土层。

参见《建筑地基基础设计规范》GB 50007-2011 第 8.5.3 条第八款第三条坡地岸边的桩、8 度及 8 度以上地震区的桩、抗拔桩、嵌岩端承桩应通长配筋。

96.【答案】C

【解析】应该采用增强筏板抗冲切承载力的方法，增设柱墩和筏板下局部增加板厚度的方法，都等效于增加了混凝土板的厚度，柱下筏板增设抗冲切箍筋也通过抗剪钢筋提高抗冲切承载力。

97.【答案】C

【解析】地基土在压力作用下体积减小的特性称为土的压缩性，相较与细颗粒土层，粗颗粒的土层压缩性较低，承载力高；而相对于粗颗粒的土层，细颗粒的土层压缩性高，承载力较低。

98.【答案】B

【解析】土体的颗粒越粗，土体的黏聚力 C 值越小，土体的内摩擦角 φ 值就越大。

99.【答案】D

【解析】现行《土工试验规范》规定，土中颗粒粒径大于 0.075mm 的颗粒质量不超过总质量的 50%，且塑性指数等于或小于 10 的土为粉土。粉土承载力基本值由两项指标确定，分别为含水量 w 和孔隙比 e，而黏性土承载力基本值是由液性指数 I_1 和孔隙比 e 确定的。在一般情况下，粉土的承载力会比黏性土低一些。

100.【答案】D

【解析】参见《建筑地基基础设计规范》GB 50007-2011 4.1.7 条。砂土为粒径大于 2mm 的颗粒含量不超过全重 50%、粒径大于 0.075mm 的颗粒超过全重 50% 的土。砂土可按表 4.1.7 分为砾砂、粗砂、中砂、细砂和粉砂。

本书受教育部人文社会科学重点研究基地重大项目"反思中国公共行政学研究"（项目编号为08JJD840194）资助

中山大学公共行政学丛书

Reflections on Chinese
Public Administration:
From Crisis to Rebuilding

反思中国公共行政学
危机与重建

马 骏　张成福　何艳玲　主编

中央编译出版社
Central Compilation & Translation Press

目录 | Contents

前言 ··· 1

第一篇

中国公共行政学的"身份危机" ····················· 马　骏　刘亚平 / 3
"我们在做什么样的研究"：中国行政学研究评述（1995—2005）
　　·· 何艳玲 / 12
中国行政管理学博士论文研究 ······················· 敬乂嘉 / 41
公共行政学中的规范研究 ··············· 颜昌武　牛美丽 / 64

第二篇

重建中国公共行政的公共理论 ······················· 张成福 / 89
公共行政的管理主义——反思与批判 ············· 张成福 / 104
进一步发展中国公共行政学科：四个关键 ········· 周敬伟 / 117
公共行政中的对策研究：批判与反思 ··············· 刘亚平 / 133
透视定性研究方法 ······································ 牛美丽 / 150
"新科学"与公共行政学研究——混沌理论 ········· 朱春奎 / 162

第三篇

公共政策研究：繁荣景象下的忧患 ………………… 朱亚鹏　岳经纶／181

我国公共部门人力资源管理十年研究之反思 ………… 孙柏瑛／201

中国公共预算研究述评——对期刊论文的评估（1998—2007）
……………………………………………………………… 武玉坤／219

我国行政伦理研究状况的分析与反思 ………………… 罗　蔚／240

前　言

　　学科的进步与知识的增长来自于批判性的反思。自 20 世纪 80 年代恢复以来，中国公共行政学研究取得了长足的发展，似乎呈现出一派欣欣向荣之势。毫无疑问，在过去将近 30 年的学科建设历程中，公共行政学作为一个学科，从无到有，并在 20 世纪 90 年代后期以来发展壮大。这些都是有目共睹的成就，也是我们前行的基础。然而，我们决不能安于现状，也无法安于现状。总体来说，过去将近 30 年的成绩主要体现在创建了一套完整的公共行政学教育体系。经过国内同行的共同努力，我们已经建立起了一个从本科到硕士再到博士的完整的公共行政学教育体系——组建了一支教学、研究队伍，编辑或者撰写了门类齐全的教材。在这个过程中，我们也在各个领域展开了属于我们这个学科的研究。然而，最近几年，越来越多的学者都开始对中国公共行政学的研究现状提出了一些批评，也表达了一些忧虑。如果我们的研究不能形成受人重视、受人尊重的研究成果，那么，公共行政学就很难发展成为一门受人重视、受人尊敬的学科。如果说过去 30 年我们的重点和成绩是建设学科，那么，在未来的岁月里，中国公共行政学必须将重点转向改进我们的研究，提升我们的研究质量。[①]

　　为了进一步推动中国公共行政学的知识发展，改进我们的研究，

---

　　① 在 2008 年 11 月苏州大学的会议上，吉林大学行政学院的周光辉教授对中国政治学的现状与发展也作了类似的评论与呼吁。

2007年5月26—27日，中山大学行政管理研究中心（教育部人文社科重点研究基地）、中山大学政治与公共事务管理学院与中国人民大学公共管理学院行政管理学系、政府管理与改革研究中心在中山大学召开了"首届中国青年公共行政学者论坛：反思中国公共行政学"全国学术研讨会。来自国内主要高校行政学界的中、青年学者30余人参加了此次会议，与会者围绕中国公共行政学研究展开了批判性的反思，并就如何改进我们的研究阐述了自己的观点。与会者坚信，目前，中国正处于巨大的经济与社会变迁之中，而公共行政在这一大变局中扮演着举足轻重的角色，这既为中国的公共行政研究提供了丰富多彩的经验素材，也提出了各种迫切需要在理论上进行解答的现实问题。因此，如果我们能够及时地转变我们的研究，尤其是我们的研究方法，提升我们的研究质量，那么，中国公共行政学必将能够获得新的发展，从而牢固地确立我们的学科地位。总而言之，改进我们的研究，回应中国公共行政领域提出的重大的理论和现实问题，构建本土化的公共行政理论，回应时代和社会的重大挑战，这就是我们学科生命力所在！公共行政研究者是大有可为！

为了更好地总结此次会议成果，我们将此次会议主要论文结集出版。这些论文大多在会后进行了反复修改。此外，在征得作者同意的条件下，我们也在这本论文集中收录了几篇没有参会的论文。这些论文的作者也和我们一样在反思中国公共行政研究，并形成了许多很有价值的观点。作为编者，我们要对所有论文的作者表示衷心的感谢。这些作者大多数是年轻的学者，或许他们的一些观点并非很成熟，其研究也并非无可挑剔；又或许，在某些人的眼里，他们似乎是一群不懂成人处事哲学的、揭穿皇帝新装的"小孩"。但是，他们的内心是真诚的，他们的本意更是建设性的，他们尊重所有行政学人为中国行政学科所做出的巨大努力，也希望通过批判性的反思来推动我们的学科进一步发展。一个没有反思精神的学科是没有前途的，没有希望的！要想前行，我们既需要继承，更需要面对问题的勇气与解决这些问题的决心与能力。特别值得一提的是，中山大学行政管理研究中心名誉主任、学术委员会主任、政治与公共事务管理学院名誉院长、公共行政学泰斗夏书章教授亲临了"首届中国青年公共行政学者论坛：反思中国公共行政学"全国学术研讨会并致辞。夏老对会议的主题高度赞赏，并对年轻学者提出了殷殷期望与寄语。学科的发展是一个薪火相传、不断进步的过程。我们相信，在老一辈学者的支持和指点下，在越来越多的志同道合者的努力下，我国公共行政学的研究必将在 21 世纪迈向一个新台阶。

本论文集主要分三个部分。第一部分集中对中国公共行政学的研究现状进行反思。马骏根据自己对中国公共行政研究的观察和体验，指出中国的公共行政研究存在比较严重的"身份危机"，并初步地探讨了为什么会存在这一危机。随后的三篇文章，运用定量分析的方法，在各个领域系统地评估了中国公共行政学的研究。其中，何艳玲评估了发表在期刊上的公共行政学论文，敬乂嘉评估了几个主要大学的公共行政学博士论文。这两篇研究评估主要是从实证主义的角度出发了对研究现状进行评估，这对规范研究而言，未免失之公允。为此，在第一部分的最后，颜昌武、牛美丽在梳理了人类知识发展过程中规范研究的兴衰起落之后，对中国公共行政学中的规范研究进行了反思。这些反思都发现，无论从实证研究还是规范研究的角度看，我们的研究确实存在着比较严重的问题。相当多的研究存在着比较严重的质量问题，无助于推进知识增长与积累。相当多的研究完全脱离真实世界，甚至在玩弄概念游戏。许多研究不过是在简单重复、堆积，但却不能增进我们对"真实世界"的解释和理解，也不能促成批判性的反思。因此，我们呼吁直面这些问题，解决这些问题，建立有中国特色、中国气派的公共行政学理论。

第二部分的论文在反思的基础上探索完善中国公共行政研究的路径。张成福对公共行政研究中的管理主义倾向进行了批评，并呼吁重视公共行政的公共理论，通过建立公共行政的公共理论奠定中国公共行政的合法性基础，避免陷入管理主义的泥潭。在这样一个管理主义甚至是工程主义的公共行政研究越来越流行的时代，重新温习这两篇旧文的观点无疑是非常必要的。理论与实践之间的弥合一直是公共行政研究的难题。中国公共行政研究长期存在的一个问题也正是理论与实践脱节。这就涉及到如何处理理论研究和对策研究之间复杂的关系的问题，如何开展对策研究的问题。对此，刘亚平展开了批判性的反思，并提出了自己的观点。研究方法的落后一直是中国公共行政研究的瓶颈问题，这主要体现在许多研究都没有遵循实证研究的研究方法。定性研究是实证研究中最基本的两大研究方法之一。然而，不幸的是，中国公共行政研究一直也存在着对定性研究的误解，从而充斥着各种根本没有使用定性研究方法的"定性研究"。为了改进我们的研究，需要转变我们的研究方法，需要对定性研究有一个正确的认识和把握。因此，本论文集收录了牛美丽关于定性研究方法的论文。通过评估公共行政学领域运用"新科学"中的混沌理论开展的研究，朱春奎则呼吁我们从根本上超越传统的建立在牛顿物理学之上的现代社会科学的思维方式，关注现实世界的复杂性。周敬伟则迈得更远，从"新科学"、战略管理理论以及公共行政学的学科定位这一角度批判性地反思了公共行政学研究。

论文集的第三部分集中对公共行政学的特定领域进行反思，并提出了进一步推进研究的想法。朱亚鹏和岳经纶表达了他们对似乎繁荣的中国公共政策研究的忧心，并提出了一些完善研究的思路。孙柏瑛反思了中国公共部门人力资源管理的十年研究，也提出了关于改善现有研究的想法。武玉坤评估了从1998到2007年之间的中国公共预算研究，指出中国公共行政学仍需进一步加强对公共预算的研究，并在此过程中运用恰当的研究方法。基于对文献的分析与评估，罗蔚反思了中国行政伦理研究的反思。

对于所有的事业来说，都是批评容易，建设困难。我们以为，在重建中国公共行政研究的过程中，必须处理好下面五对关系：

一是政治与管理的关系。毫无疑问，公共行政要涉及各种管理与技术。因此，我们可以借鉴商业管理的某些经验。但是，每一个公共行政研究者都必须铭记的是，公共行政与商业行政在最不重要的地方是相同的，而在最重要的地方则根本不同。而这个根本的不同就是公共行政是与政治紧密地联系在一起的。因此，在重建中国公共行政研究的过程中，我们必须关注政治。只有将政治与管理结合起来，我们才能真正理解中国公共行政的本质。

二是规范研究与实证研究的关系。目前，由于实证研究落后，中国公共行政学缺乏对真实世界的了解，缺乏理论上的解释力，因此，相当多的研究者已经在呼吁要重视实证研究。然而，我们以为，与此同时，绝不可偏废规范研究。一个健康的学科也许应该形成这样的格局，绝大部分人主要从事实证研究，致力于帮助我们更好地了解和解释真实世界中的各种现象，而另一部分学者则主要从事规范研究，探寻一些本学科最基本的问题，比如学科的知识论基础，以及为了建立一个美好的社会政府应该承担何种角色等等价值层面的问题。

三是定性研究与定量研究的关系。具体到实证研究领域，又存在着定性研究与定量研究之争。20世纪70年代以来，定量研究越来越兴盛，并呈现出压倒定性研究之趋势。在这种背景下，许多定量研究者开始贬低定性研究。然而，我们认为，所谓定量研究优于定性研究的想法只能是一种无知的傲慢。在我们看来，只有"好的研究"与"差的研究"之分，而这与两种研究方法之高下无关。实际上，20世纪80年代以来，定性研究开始全面复兴，并呈现出欣欣向荣之势。在国外公共行政学研究中，许多原创性的理论都是来自于定性研究。鉴于中国体制的某些特点，在现阶段，要想收集全面系统的定量数据进行统计检验，无疑存在许多障碍。在这种情况下，掌握并正确地使用定性研究方法就更为重要。

四是传统思维与"新科学"。20世纪的社会科学都是建立在牛顿物理学的逻辑之上的。其基本的假设是，变量之间存在稳定的线性关系，而且，变量之间是"漆黑的"空洞。在这种逻辑的指引下，20世纪的公共行政学，尤其是那些希望将公共行政学建成一门真正的科学的研究，都致力于寻找变量之间的这种稳定的线性关系，并坚信只要找到了这一关系，我们就找到了公共行政中的自然法则。然而，20世纪中期以来，"新科学"——混沌理论、量子理论与复杂科学等——对社会科学的影响越来越大，并在1990年代开始对公共行政研究产生了某些影响。尽管现在仍然很难对"新科学"未来的影响做出最后的判断，但是，有一点是肯定的，21世纪的公共行政学必将在"新科学"的影响下呈现出新的面貌。因此，在构建中国公共行政学理论的过程中，我们需要关注"新科学"在社会科学领域的进展。

五是对策研究与理论研究。公共行政学是一门应用性的学科，研究现代政府面临的各种问题并提出解决问题的途径，必然在公共行政学研究中占有举足轻重的地位。因此，公共行政学不可忽视、轻视对策研究。

对策研究是"为解决现实问题"的研究，其重点在于为现实问题提供解决的方案。然而，如果公共行政学中充斥了过多的对策研究，其理论化的努力则会受挫。这主要是因为，公共行政的实践及改革瞬息变化，以对策研究为主将使公共行政研究者忙于跟踪这些不断变化的行政事件，无法集中时间来深入研究现实世界，更无法批判性对实践进行反思，无法构建理论，难以形成累积性的知识基础，而这长期来看，将严重制约公共行政学指导实践的能力。因此，公共行政学研究的核心应是以理论建构为主要目标的问题研究。问题研究是"基于现实问题"的研究，其重点往往在于解释或者理解而不是解决现实问题。实际上，公共行政学研究并非一定要事事直接指向实践问题的解决，如果我们的研究能够帮助实践者更好地理解其自身的行为及其身处的制度环境以及这些制度环境与行为可能蕴含的影响，那么，我们的研究或许能够更好地指导公共行政实践。

最后，在建立中国公共行政学理论的过程中，我们需要在下面几点达成共识：

首先，无论我们的研究取向如何，包括解释性的、诠释性的和批判性的研究，我们的研究都必须遵守这些研究最基本的学术规范、学术准则和质量标准。在此前提下，具体研究方法与研究技术的运用只是一种基于不同学术训练、不同问题体验而做的选择。对于中国公共行政学研究来说，没有"最好的方法"，只有"最合适的方法"。

其次，公共行政学者必须具有基本的社会关怀和公共精神以及对真实世界的理论敏锐。尽管我们的研究不一定要事事直接指向行政实践问题的解决，但是，我们的研究必须是扎根于中国公共行政真实世界，并能对之做到尽可能深刻、准确地解释或理解，即使是不以解释或理解为目标的规范研究也必须立足于真实世界。只有在此意义上，才可能达成中国公共行政学的本土化，才能弥合或缩小理论与实践之间的鸿沟。

再次，呼吁本土化的中国公共行政学理论并不等于说要放弃所有西方行政学的概念与理论体系。我们需要做的是：与现成的西方公共行政学概念、范畴与理论对话，但首先要找到它们在我国真实行政实践背景下的真实内涵；如果找不到现成的概念、范畴与理论，则有必要在大量的、有质量的研究基础上建构"中国的"的概念、范畴与理论。在此过程中，需要特别警惕的是，西方公共行政学概念、范畴与理论构建的前提不应该是我们"不言自明"的预设，而需要在我国背景下重新清零或者重新证明。

此外，对于我国公共行政学发展来说，全体公共行政学研究者的学术自律是关键。这种自律不仅体现在自身对学术规范的尊重，对研究品质孜孜不倦的追求，也体现在对他人学术成果的尊重，还体现在研究者在研究过程中对职业操守的恪守。本论文集的成果获得了教育部人文社会科学重点研究基地重大项目"反思中国公共行政学研究"、"国外公共行政学理论前沿及其借鉴"的资助，在此表示感谢！

编者于 2008 年 9 月 15 日

第一篇

第一集

中国公共行政学的"身份危机"*

马骏 刘亚平

中山大学行政管理研究中心/中山大学政治与公共事务管理学院

[摘要] 中国公共行政学面临着深刻的"身份危机"。这种身份危机主要来源于我们的研究本身存在的一系列问题。从根本上讲，我们的许多研究既不能帮助我们理解公共行政的真实世界，也不能为我们探索公共行政的规范价值提供启发，因而无法弥合理论与实践脱节的鸿沟。若要推动我们的学科发展，我们必须正视这些问题，必须具有面对问题的勇气。

[关键词] 中国公共行政学 知识增长 身份危机

目前，中国公共行政学呈现出一派欣欣向荣之势。一方面，超过一百所大学提供 MPA 的学位，以每所大学平均有 15 位教师计算，则中国至少有 1500 名公共行政学学者；另一方面，公共行政学研究的论文与著作也是汗牛充栋，中国公共行政学的产量至少接近世界一流水平。然而，一个必须反思的问题是，我们的研究是否得到国内学术界其他学科同行的认同？是否得到国外公共行政学同行的认同？是否得到国内公共行政实践者的认同？如果我们没有获得这种认同，那么，无论作为一个学科

---

* 本文发表于《中国人民大学学报》2007 年第 4 期。收入本论文集时作了修改。

还是一个应用领域来说，中国公共行政学都存在着严重的"身份危机"。无论多么地热爱我们的专业，我们都不能否认，我们现在的确存在严重的身份危机。也许正是因为我们非常热爱我们的"皇帝"——"中国公共行政学"，我们才必须像那个天真的孩子一样鼓起勇气评点"皇帝的新衣"。我们需要批判性的反思，需要面对问题的勇气。如果我们不对学科的现状进行深刻的反思，如果我们满足于现状，那么，中国公共行政学的研究就不可能得到应有的发展。当然，应该强调的是，反思不是割断历史，而是为了更好地继承，推动中国公共行政学不断发展。

如果我们现在存在身份危机，那么，我们必须反思这样一些问题：经过二十多年的研究，我们"生产"了什么知识？我们的研究是否促进了公共行政学的知识发展？我们的研究是否符合不同的研究取向所要求的"质量标准"？我们生产的这些知识对于因处于巨大社会与经济转型而面临巨大挑战的中国政府来说是否有用？如果我们的研究缺乏质量，那么，我们是如何进行研究的？或者，我们是如何"生产"这些知识的？基于我们对中国公共行政学的了解，我们认为，在这些方面，中国公共行政学研究存在八大问题。

一是研究重心的"非中国化"。一个非常奇怪的现象是，目前，相当多的中国公共行政学家都将研究重点放在美国和其他西方国家的公共行政学理论和实践上，而不是中国公共行政本身。由于中国公共行政学研究起步晚，在研究的早期将研究重点放在引进上是可以理解的。但是，经过20多年后仍然将重点放在美国或西方的公共行政学研究上就是非常令人费解，也是非常令人遗憾的。实际上，目前国外的公共行政学研究仍然没有发展出一个具有普遍意义的公共行政学理论。作为公共行政学发源地也是公共行政学最发达的美国公共行政学研究也不例外（马骏，2006）。正如美国公共行政学家法默尔（Farmer, 1995, Chap. 4）指出的，美国的公共行政学也只是一种"特殊主义"的知识体系。在这种情况下，将研究重点放在美国和其他西方国家的公共行政学理论上就是非常致命的。这不仅阻碍了对于本土问题的学术关怀，妨碍本土理论的构建，也不可能对中国公共行政实践提供切实可行的指导。

二是"管理主义"盛行。政治与行政"二分"是美国公共行政学建立时期的一个重要基石,通过将行政从政治中分离出来,管理主义就可以被运用来建立一种所谓的行政科学。20世纪40年代,政治与行政"二分"受到猛烈批评,其后,该范式基本被放弃。然而,正如特雷·莫(Terry Moe,1991)指出的,政治与行政的分离实际上仍然隐蔽地存在于公共行政学当中。对于分离的批评,只是迫使研究者在关于行政问题的研究中加入一些关于政治维度的研究,两者实际上并没有真正整合在一起,政治和管理的研究像两条互不相交的平行线。

然而,与美国公共行政学相比,中国公共行政学研究则把政治与行政"二分"发挥得淋漓尽致。尽管有人批评政治与行政"二分",但是,迄今为止,我们的研究并没有真正地把政治与行政整合在一起。最近十来年盛行的管理主义倾向更是将政治与行政"二分"推向极致。与这种管理主义相伴随的则是一种或隐或现的技术主义或工程主义的研究取向。然而,中国公共行政的一个最大特点就是,政治与行政是水乳交融、无法区分的。一种忽略了政治维度的中国公共行政学研究根本无法真正理解与政治密不可分、浑然一体的公共行政现实。

三是缺乏对真实世界的了解。如果中国公共行政学研究的重点是中国的公共行政实践,那么,它的首要任务就是要深入研究当代中国公共行政的基本架构、运行过程以及其中的组织与个人行为等等。然而,尽管经过了二十多年的研究,我们对于"真实世界"中的公共行政仍然知之甚少。实际上,简单浏览一下中国公共行政学的文献就会发现,许多(即使是研究中国公共行政的文献)既没有深入政府部门进行调查,也没有收集各种数据来进行分析。在这种情况下,许多研究结论都缺乏经验事实支持。在这样一种研究氛围下,没有检验的理论假设常常被当成真理,理论构建也只是概念之间的循环论证,主要停留在概念分析的层面。当然,有些研究进行了实地调研或者进行了数据分析。但是,由于没有运用现代社会科学的方法对各种数据与资料进行分析,这些研究都未能从一大堆经验事实中形成具有理论意义的概念与分析框架,未能构建出能够很好解释"真实世界中国公共行政"的本土理论。其实,无论是从事定量研究还是定性研究,最大的挑战都是如何从一大堆经验事实中构建出一个与经验事实相符合的理论框架（马骏，2006）。

四是消解了"历史"的公共行政研究。如果中国公共行政学研究的重点是中国的公共行政实践，那么，我们不仅需要研究现在的公共行政实践，还要研究这一实践的历史，尤其是20世纪巨大历史转型时期的中国行政史。正如著名行政史专家拉施尔德斯所说的，"没有地理和历史的相关知识，我们就无法评估社会现象的独特性和相对性——过去的知识有助于我们增长见识，并有助于我们深入了解当代行政架构和过程是怎样的，为什么会这样，以及它们的起源"（Raadschelders, 1994：121）。

然而，尽管中国的学术研究一向非常重视历史研究，中国公共行政学研究却严重地忽视行政史的研究，尤其是20世纪的中国行政史。即使偶尔有一些零星的研究，但是，这些研究并未对中国的公共行政理论产生影响。然而，一种缺乏历史意识的中国公共行政学研究不仅不能帮助我们理解中国公共行政实践的过去，而且使得我们不能很好地理解目前实践的历史逻辑，也在一定程度上妨碍了我们理性而冷静地审视那些不断涌入的西方公共行政学理论。

五是规范理论的贫困。虽然以历史或现在的经验事实为研究对象的经验研究是非常重要的，但是，对于一个以帮助政府改革来实现进步为使命的学科来说，规范理论同样重要。如果缺乏规范理论，那么，我们将无法认识目前公共行政实践与理论背后隐含的价值或更大的政治哲学，无法认识现有经验之外的其他可能性，而只能跟在现有经验事实的后面，研究已经发生了的事情，更无法超越现实的局限，从而会变得像沃尔多（Waldo）说的那样，"过分地拒绝讨论原则，而拥抱缺乏批判的经验主义"[Waldo, 1984（1948）：200]。从根本上来讲，公共行政研究的规范理论应该告诉我们"美好社会"应当是什么样的，公共行政在这个"美好社会"中应该处于什么位置，公共行政在构建美好社会的事业中应该发挥什么作用。同样如公共行政学大师沃尔多所说，任何政治哲学都必须包括美好生活的讨论，任何公共行政学学者（即使那些标榜自己从事科学研究的学者）都有自己的关于美好社会的远景[Waldo, 1984（1948）：67—69]。

目前，中国社会正处于关键性的转型期，政府职能转变也面临巨大的挑战。对于一个处于如此巨大的社会与政府转型时期的公共行政学来说，为这些关键性的规范问题提供建设性的回答显然是义不容辞的。在过去的二十多年中，中国公共行政学中的规范研究可谓十分发达，许多研究者都将自己的研究定位为规范研究。然而，需要反思的是，现有的规范理论是否很好地从公共行政学的角度结合政治哲学回答了这些最基本的问题。然而，在目前的文献中，我们看不到我们希望看到的这种规范理论。许多规范研究都未关注这些根本性的问题，并从这一视角去探索中国公共行政的规范理论，进而批判性地审视公共行政实践。对于最后一点，需要进一步强调。对于规范理论来说，批判研究是非常重要的。一种没有基本的社会关怀、缺乏批判精神的规范理论很难说是真正的规范理论。

六是缺乏研究质量。根据美国著名公共行政学家杰·怀特教授（White，1986，1999）的分类，公共行政学研究存在三种研究取向：解释或实证研究、诠释研究和批判研究。实证研究以演绎和归纳逻辑的科学分析思路为基础，它关注的是现象与现象之间的因果关联，通过发展一套相互关联的并可以验证的法则来说明相关变量之间的因果关系，从而达到解释、预测和控制自然和社会事件的目的。诠释使解释性研究的结论有意义，而批判则决定新的结论是进一步证实还是推翻现有的理论。诠释性研究帮助我们了解研究对象本身对自己行动所赋予的意义，从行动本身去理解人的行动，从事情发生的脉络和情境中去理解个人的行动，从而还原人的主体性。批判性研究则是帮助我们认识当前视角的局限性，通过展示我们隐含的预设并对之进行批判，来揭示实践者模模糊糊认识到的不适当之处，从而帮助他们看到事情真实的一面。批判性研究质疑我们最基本的假设，并要求我们对假设做出评价以作为行动的基础。

无论选择哪种研究途径，公共行政学研究都需要符合这些研究取向的质量标准。正如杰·怀特和盖·亚当斯指出的：

> 选择追随主流社会科学逻辑的人们，应该好好地运用假设检验、实验和描述性及推论性的统计等方法进行研究。在诠释和批判推理指导的研究中，质量标准是同等重要的。被理解为叙事的知识发展

和使用的逻辑需要进行进一步的清晰表达。需要用方法论的原则来指导该领域的叙事研究。必须关注什么可以被视为好的故事。亟需对叙事知识的适当标准和基准进行讨论。必须找出内涵的、说明的以及技术的语言游戏的可接受规则，并检视其对研究的适用性〔White & Adams, 2005（1994）：17〕。

然而，简单地浏览一下现有的文献，就不难发现，相当多的中国公共行政学研究都没有遵循实证研究、诠释研究和批判研究各自的研究方法，因而在研究质量上都存在严重的问题，未能促进知识的增长。许多似乎是实证取向的研究其实并没有运用现代社会科学的方法。许多研究根本没有一个明确的研究问题，没有文献评估。更为严重的是，相当多似乎是实证取向的研究没有深入研究因果机制，没有构建出具有说服力的理论，更没有进行理论检验，或者理论观点没有经验事实支持。许多非实证取向的研究也并没有遵循诠释研究和批判研究的研究方法。总而言之，无论是用实证研究、诠释研究还是批判研究的标准来判断，中国公共行政学研究的研究质量总体上都是存在问题的（马骏，2006）。

对于定性研究，或许有必要多说几句。目前，国内许多研究者都将自己的研究定位为定性研究。然而，作为一种实证研究，定性研究无论在形成研究问题，还是在理论化和数据收集上都有自己的特点。定性研究有几种，例如生活史、案例研究、民族志、现象学和扎根理论。每种定性研究都有自己独特的研究方法。然而，如果根据这些标准去判别的话，许多可以或者只能视为定性研究的论文或专著并没有明确地运用这些定性研究的方法。这使得我们在对知识分类时将面对一批很难归类的研究（何艳玲，2007）。具体地说，存在一批在规范和定性研究之间的似是而非的研究。

七是缺乏学术规范。学术研究是一个学术共同体就某一领域的社会问题运用实证研究、诠释研究或批判研究的方法进行的专业化的研究。学术共同体的建立对于一个学科走向成熟来说是非常关键的。作为一个学术共同体必须有一些共同的学术规范。这些学术规范将在下面这些问题上达成基本的共识：什么是学术研究？什么不是学术研究？什么是有质量的学术研究？研究者在学术研究中应该遵循哪些基本的行为准则？如果一个学科根本没有这些规范或者在规范上达不成共识，那么，这个学科就是没有基本的准入门槛的，这样就很难建立起一个以知识增长为根本目的的学术共同体，就很难在专业性研究和非专业性研究之间进行区别。试想，一个没有任何准入门槛，什么人都可以成为学者的学科能发展成为一个专业性很强的学科吗？能成为一个国内学术界其他学科的同行和国外本学科同行认同的学科吗？

目前，中国公共行政学研究在这个问题上或多或少地存在着一些隐忧。一些学者已经意识到中国公共行政学的门槛太低。简单浏览一下目前国内的文献就不难发现，这些担忧不是没有道理的。形成有价值的研究问题是学术研究的第一步。但是，从目前的文献看，许多研究从头到尾根本就没有一个明确的研究问题。这无疑是一个非常令人费解的现象。如果没有一个让我们困惑的问题，为什么要写文章甚至一本专著呢？同样地，文献评估也是学术研究的基本规范。但是，正如何艳玲（2007）最近对中国公共行政学过去十年的研究进行的评估表明的，中国公共行政学研究在文献评估上存在着严重的缺陷。许多研究要么根本没有文献评估，要么文献评估与研究问题之间缺乏紧密的联系，要么只是简单地罗列文献而不是进行批判性的评估。后两者只是一种虚假的文献评估。由于缺乏文献评估或进行虚假的文献评估，中国公共行政学研究存在大量的重复研究，甚至是低水平的重复。纽南得在20世纪90年代评估美国公共行政学研究时指出，由于无视过去的经验和研究，导致今天公共行政领域累积的成果大部分都是"乱七八糟的大杂烩"［转引自 White & Adams，2005（1994）：序言］。这一点或多或少也适用于目前的中国公共行政学研究。这些都表明，中国公共行政学研究严重缺乏基本的学术规范。

八是缺乏指导实践的能力。作为一门应用性的学科，公共行政学的核心使命是通过不断的政府创新推动社会进步。正如杰·怀特和盖·亚当斯指出的，"无论倾向于哪种路径，我们相信必须回答这一问题：如果我们不能对我们这个时代的重大问题作出建设性的贡献的话，我们作为一个领域又有什么可取之处呢？"［White & Adams，2005（1994）：16］

然而，严格地说，在过去 20 多年中，中国公共行政学整体上并没有对我们这个处于巨大变革的社会所面临的重大问题作出建设性的贡献。一些公共行政学家也许会抱怨经济学家垄断了政策咨询，抱怨国家过分推崇经济学。但是，我们自身应该做这样的反思：如果国家决定依赖中国的公共行政学家来获得政策咨询，我们能不能作出自己的贡献？（马骏，2006）

如果我们的研究仍然继续不关注真实世界的中国公共行政，如果我们的研究仍然不能运用现代社会科学的研究方法构建出本土化的中国公共行政理论，我们又如何能对中国的改革作出贡献呢？如何在中国公共行政实践者面前获得认同与尊重？毛泽东曾经说："没有调查就没有发言权"。如果我们对真实世界的中国公共行政一窍不通，我们如何敢建议中国政府应该如何进行改革？在很大程度上，正是由于对真实世界缺乏了解才严重地制约了中国公共行政学的理论与实践结合的能力（马骏，2006）。

同样重要的是，能够为公共行政实践提供指导的公共行政学也需要在基本的价值问题上提出令人信服的规范理论。这个规范理论不仅能够为公共行政研究者和政府改革者提供一个对经验活动和改革实践进行价值评判的依据，而且能够凝集社会各个主要阶层在基本的价值问题上的共识。在社会转型期，无论是社会各个阶层还是学术界内部都会在如何进行国家治理结构转型进而如何调整公共政策这些基本问题上发生分歧。但是，如果在基本的价值选择上我们有一个共识，那么，无论分歧多大，各种政治力量最后都可以在国家治理结构应该如何实现转型上达成一致，进而调整政策，分配公共资源来解决各种社会经济问题。然而，正如瓦尔达沃夫斯基和凯顿指出的，如果这种共识消失了，或者根本没有这种共识，那么，各种政治力量就很难在政策制定和预算资源的分配上达成一致（Wildavasky & Caiden, Chap. 4）。目前，中国就处于这样一个关键性的转型时期，这一转型需要一个公共行政的规范理论来引导我们的改革设计乃至我们的研究。但是，如前所述，我们并没有这样一个可以帮助我们达成共识的规范理论。这也严重地削弱了中国公共行政学指导改革和实践的能力。

正是因为我们的研究存在着这样一些致命的问题，无论是作为一个学科或者是一个应用领域，我们才面临着实际上正在越来越严重的"身份危机"。当然，也许有人会不同意我们的这一结论，或者认为我们在危言耸听——实际上，我们也多么希望我们是在杞人忧天。我们指出这些问题，只是因为我们十分地认同于我们自己的"公共行政研究者"的身份。我们希望我们的研究是对人类发展有用的，是受其他学科的同行和实践者尊重的。面对这些问题，回避绝非正确的选择，我们必须拥有面对问题的勇气，必须要不断地改进我们的研究，推动中国公共行政学向前发展。

【参考文献】

何艳玲：《问题与方法：近十年来我国行政学研究评估》(1995—2005)，载《政治学研究》，2007 年第 1 期。

马骏：《反思中国公共行政学：面对问题的勇气》，载《中山大学学报》，2006 年第 3 期。

Farmer, D. J. (1995). *The Language of Public Administration*. Tuscaloosa: University of Alabama Press, .

Moe, T.. (1991). Politics and the Theory of Organization. *Journal of Law, Economics, and Organization*, 7 (Special issue): 106–129.

Raadschelders, J. C. N. (1994). Administrative History: Contents, Meaning and Usefulness. *International Review of Administrative Science*, 60: 117–129.

Waldo, D. (1984 [1948]). *The Administrative State: A Study of the Political Theory of American Public Administration* (2nd ed.). New York: Holmes & Meier.

White, J. D. (1986). On the Growth of Knowledge in Public Administration. *Public Administration Review*, 46 (1): 15–24.

White, J. D. (1999). *Taking Language Seriously: The Narrative Foundations of Public Administration Research*. Washington: Georgetown University Press.

White, J. D. & Adams, G. Eds. (1994). *Research in Public Administration Reflections on Theory and Practice*. Thousand Oak: Sage. (中译本：《公共行政研究：理论与实践的反思》，刘亚平、高洁译，北京：清华大学出版社 2005 年版。)

Wildavsky, A. & Caiden, N. (2004). *The New Politics of the Budgetary Process*. New York: Pearson Education, Inc.

"我们在做什么样的研究"：
中国行政学研究评述（1995—2005）*

何艳玲

中山大学行政管理研究中心/中山大学政治与公共事务管理学院

[摘要] 为了避免行政学研究陷入缺乏反思的自说自话境地，本文对近10年来中国行政学研究主要成果做了评估。基于现有的行政学研究成果，论文指出，中国行政学研究有如下几点需要引起关注：存在研究品质危机与学科合法性危机；行政学研究滞后于行政学教育的发展。论文对这些危机的解决提出了基本看法。

[关键词] 行政学研究　评述　1995—2005

一、为什么要做这项评估

自从20世纪80年代中期我国行政学恢复重建以来，得力于众多行政学者的不懈努力，我国行政学研究取得了长足进步，并逐渐成为"显

---

* 本文主体部分《问题与方法：近十年来我国行政学研究评估》已刊登于《政治学研究》2007年第1期，《危机与重建：对我国行政学研究的进一步反思》已刊登于《中国人民大学学报》2007年第4期。收入本论文集时作了修改。

学"。在欣喜之余，也为了避免行政学研究陷入"一种缺乏反思的自说自话的境地"（马骏，2006），我们认为有必要客观地对我国行政学研究进行总结与评估①，以促进行政学的进一步发展。

基于这种评估，我们需要了解有关我国行政学研究的如下问题：（1）有哪些人做研究？（2）这些研究的基本特征是什么？（3）这些研究对于行政学的知识增长起着怎样的作用？或者，这些研究对于解释我国行政实践又有什么作用？（4）与10年前相比，我们在行政理论或行政实践方面是否知道得更多？在此基础上，我们需要描绘一幅关于我国行政学研究的整体图景，并就一个问题达成基本共识，即目前我国行政学研究处在怎样的发展阶段。

二、样本来源及指标设计

基于我国行政学期刊的现状，本次评估选择的样本包括：1995—2005年间的《中国行政管理》、人大复印资料《公共行政》②、2004—2005年间的《公共管理学报》、《公共管理评论》，以及1995—2005年间《政治学研究》、《中国管理科学》、《管理科学学报》中的行政学论文③。考虑到行政学研究的跨专业性，本次评估特别选择了《中国管理科学》、《管理科学学报》这两种国家自然科学基金资助项目指定发表研究成果的刊物，以增强样本之间的可比性。在数据处理过程中，我们剔除了非学术论文的笔谈、书评、会议综述等等，最后获得总样本量为2729篇。其中，有1608篇论文来自《中国行政管理》，占样本总量的58.9%；其次是《公共行政》，有765篇，占28%；随后依次为《政治学研究》、《公共管理学报》、《管理科学学报》、《公共管理评论》、《中国管理科学》，其样本数分别占样本量的5.2%、3.8%、1.5%、1.4%、1.2%。

---

① 这方面较早的成果参见董建新等（2005）。
② 由于《公共行政》为转载期刊，为避免样本重叠，在评估中剔除了《公共行政》中转载自其他样本期刊中的论文。
③ 在《政治学研究》、《中国管理科学》、《管理科学学报》中选择的标准是论文具有明显的行政学学科取向或问题取向；对在其他4种期刊上发表的文章，则都看成是行政学领域的论文，不再进行筛选。

基于评估需要，本次评估设计了一些具体指标，包括：

1. 论文出处。设计这一指标的目的是了解每一种期刊在选择论文方面的基本倾向与旨趣，并作出比较。

2. 论文发表年份。设计这一指标的目的是为了分析在不同的阶段，行政学研究是否呈现出了不同的特征。

3. 作者单位①与学术地位。这两个指标主要用来分析"有哪些人在做行政学研究"，以及研究者所处的系统与学术地位对其研究倾向有无影响。关于作者单位，我们将其分为 7 个类别，即高等院校、社科院系统、党校系统（行政学院）、民间研究机构（学会、协会等）、政府部门、其他和无注明；而学术地位则划分为硕士研究生及以下、博士研究生、讲师、助教、副教授、教授、未标明和无学术身份等层次。

4. 研究主题。结合我国实际情况并参照行政过程的内在逻辑，我们将行政学研究主题划分为：行政组织与职能、行政决策、公共政策、人事与人力资源管理（公务员制度）、公共财政、绩效评估（行政效率）、行政改革、政府间关系、行政哲学（行政伦理、行政文化）、NGO、学科发展、研究方法、其他。但这只是一个大致的分类，事实上，很多论文很难精确地确定其领域，对于这些论文我们只能尽量将其归类到某一专门领域，实在无法分类的则归为"其他"。

5. 研究类型。研究类型涉及到行政学研究的方法论问题。如何区分不同的行政学方法论，对此尚无定论。本次评估对研究类型的分类主要基于如下几点考虑：（1）分类变量应该在同一逻辑区间，以避免分类交叉。（2）尽量采用通用分类标准。（3）对我国行政学研究具有统计与分析意义。（4）指标尽量简单。基于此，本次评估以规范研究②与实证研究作为我国行政学研究的基本分类。规范研究一般先提出符合预设立场的标准，然后提出如何达到这些标准的对策，并以此作为解决问题和制定

---

① 对于合作文章，第一作者被当作主要作者，作者单位与学术地位的分类以该作者的情况为准。

② 将研究类型分为规范研究与实证研究其实是一个简单却不太妥当的划分方法。在处理数据过程中，我们将非实证研究的成果统一当作规范研究。但从现有的行政学研究成果来看，事实上，如果沿用规范研究的定义，则并非所有"非实证"的行政学研究（包括定性研究与定量研究）都必然是规范研究。事实上，有相当部分研究成果既非实证研究又非规范研究。

政策的依据。相反，实证研究往往会撇开预设立场，致力于在经验事实中证明某一种解释或者建构某一种理论。

6. 所处研究阶段。帕里、克里默（2005）将研究阶段分为问题描述、变量识别、确定变量之间的关系、建立变量间的因果关系、为政策的形成而控制变量、评估替代性政策或者项目等几个阶段。借鉴这一分类并考虑到我国行政学研究的实际状况，本次评估将研究阶段分为概念界定、问题描述、变量分析（包括阐明相关变量；描述变量之间的可能关系；建立变量之间的因果关系；为政策制定而控制变量等）三个阶段。

7. 基本规范。现有研究者在对政治学研究进行评估的时候，对论文的规范性从以下几个方面进行判断：（1）是否有理论预设。（2）是否有明确的问题意识。（3）是否有文献评论。（4）文献引用情况如何（肖唐镖、郑传贵，2005）。在评估的前期阶段，我们发现有些行政学论文甚至不具备最基本的"文献引用"这一形式规范。因此，考虑到这一情况，本次评估将此指标界定为三种情况：（1）无文献引用无理论对话；（2）有文献引用无理论对话；（3）有理论对话。

8. 资料收集方法。按照行政学研究常用的方法，我们将资料收集方法分为非经验主义方法、问卷调查、实地访谈、参与观察、受控田野调查或实验法。除了第一种，后面几种皆为经验主义方法。

9. 统计方法层次。包括无统计运用、统计描述、单变量推论、双变量相关分析、双变量回归分析、多变量分析（包括因果分析、多因回归分析、多因方差分析、因子分析等）。

10. 资金来源。为了检验制度性支持对行政学研究成果的影响，本次评估特别设置了资金资助这一指标，具体包括如下层次：国家级社科基金（包括国家社科基金与教育部人文社科基金）、省市级政府基金、校级基金、特定基金会等非营利组织、企事业单位横向项目、国家自然科学基金、无资金支持①。

---

① 所有未标明资金支持的都看成无资金支持。

三、样本分析

尽管本次评估努力使自身结论立足于数据分析基础之上,但评估的结果却未必准确、恰当;而且由于某些指标的界定可能存在主观判断的因素,因此即便是统计结果也可能存在争议。但是为了促进我国行政学界更广泛意义上的反思,我们非常期待这种争论。

(一)哪些人在做行政学研究

有哪些人在做行政学研究呢?表1、表2、表3提供了一些描述性信息。表1说明,有55.8%的研究人员来自高校,这表明高校是行政学研究的主要阵地,如果剔除其他(主要是企业)或者无标明单位者,则来自高校的行政学研究者所占比例将更大。其次是党校(行政学院)系统,所占比例为12.5%,再次是政府部门,占7.7%。来自民间研究机构的也占3.2%,让人有点惊讶的是来自社科院系统的行政学研究者仅占1.5%。

表1 作者单位

作者单位	频次	百分比(%)
高等院校	1522	55.8
社科院	41	1.5
党校、行政学院	341	12.5
民间研究机构(学会、协会等)	87	3.2
政府部门	211	7.7
其他和无注明	527	19.3
总计	2729	100.0

表2 作者单位与论文出处交叉列联表

作者单位			论文出处							总数
			政治学研究	中国行政管理	公共行政	公共管理学报	公共管理评论	中国管理科学	管理科学学报	
作者单位	高等院校	频次	81	712	542	91	28	31	37	1522
		百分比(%)	57.4	44.3	70.8	87.5	77.8	93.9	88.1	55.8
	社科院	频次	12	7	10	5	2	1	4	41
		百分比(%)	8.5	4	1.3	4.8	5.6	3.0	9.5	1.5
	党校、行政学院	频次	14	186	138	2	1	0	0	341
		百分比(%)	9.9	11.6	18.0	1.9	2.8	0	0	12.5
	民间研究机构（学会、协会等）	频次	1	79	6	1	0	0	0	87
		百分比(%)	7	4.9	8	1.0	0	0	0	3.2
	政府部门	频次	6	169	25	5	5	0	1	211
		百分比(%)	4.3	10.5	3.3	4.8	13.9	0	2.4	7.7
	其他和无注明	频次	27	455	44	0	0	1	0	527
		百分比(%)	19.1	28.3	5.8	0	0	3.0	0	19.3
总数		频次	141	1608	765	104	36	33	42	2729
		百分比(%)	100.0	100.0	100.0	100.0	100.0	100.0	100.0	100.0

对照"论文出处"与"作者单位"的交叉列联表分析（见表2），有几个值得注意的现象：(1) 在研究者的分布方面，《中国行政管理》的作者群分布相对均衡，也即，在这份期刊上发表论文的作者虽然以高校为多，但是来自其他各系统的也占有一定比例，而其他几种期刊的作者主要都来自高校。(2) 来自政府部门的研究者在《中国行政管理》与《公共管理评论》上发表论文的比例分别为10.5%和13.9%，其比例均大大高于其他期刊。与其他研究者相比，来自政府部门的研究者可能具有两个特点：学术训练可能相对较弱；但他们更可能提供带有经验性质的研究成果。由于政府部门研究者的这两个特点对其研究成果价值有相互冲突的影响，因此还需要更多的数据才能更准确地判断以上期刊的学术旨趣。

至于学术地位，由于某些刊物并未标明，导致选择"未标明和无学术身份"这一选项的样本太多（占62.2%），因此最后的数据似乎说服力不强。不过，根据表3还是可以得出一些结论。比如在所有的研究者中，教授最多，所占比例为19.9%，其次是副教授，所占比例为9.1%，讲师（助教、助理研究员等）为3.0%。这表明教授、副教授等学术地位较高者是行政学研究成果的主要贡献者，这一点与休斯顿、德里关于美国公共行政研究的结果基本一致[1]。值得注意的是，博士研究生占所有论文作者的比例为4.1%，超过了讲师。考虑到我国相当多的讲师其最后学位都是硕士[2]，这一数据似乎说明接受更多学术训练的年轻行政学研究者（博士研究生）正在成长。

表3 作者学术地位

学术地位	频次	百分比(%)
硕士研究生及以下	48	1.8
博士研究生	109	4.0
讲师、助教（助理研究员）	83	3.0
副教授（副研究员）	247	9.1
教授（研究员）	544	19.9
未标明和无学术地位	1698	62.2
总计	2729	100.0

（二）在做哪些领域的研究

图1说明，关于行政改革的研究占了28.5%，居所有研究主题之首，显示出这一专题在我国的重要性。其次是行政哲学（包括行政伦理、行

---

[1] 这与休斯顿、德里（2005）所作的关于美国公共行政研究的结果基本一致。他们在统计美国《行政管理与社会》（*Administration and Society*）、《公共预算与财政》（*Public Budgeting and Finance*）、《公共人事管理评论》（*Review of Public Personnel Administration*）、《政策研究评论》（*Policy Studies Review*）等数种期刊的论文后发现，在以上期刊发表论文的一般也是有一定地位的学者（例如教授与副教授）。

[2] 在排名相对靠前的高校，这一情况在这几年有了很大变化，即刚刚毕业的博士研究生一般会有至少两年的讲师任职阶段，而不再是毕业后即为副教授。

政文化)(13.2%)、公共财政（9.8%）、行政组织与职能（8.8%）、公共政策（8.6%）等领域，有关行政学研究方法的研究仅 27 篇，只占 1%。

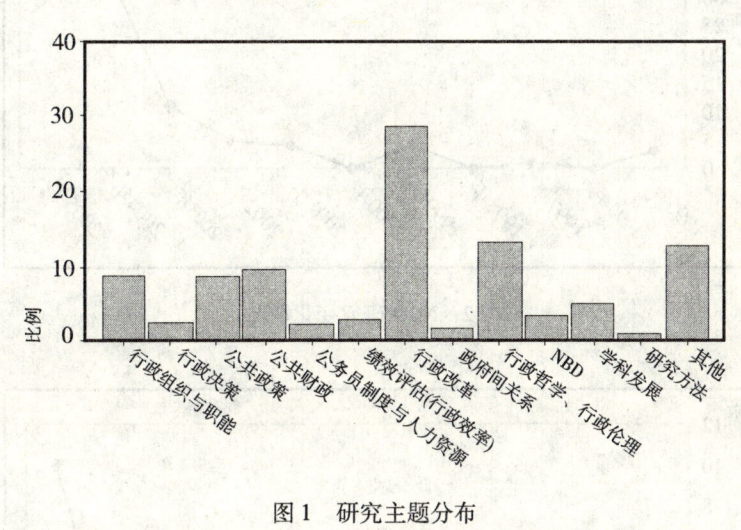

图 1　研究主题分布

在研究领域的纵向分布中，有两个值得关注的现象：（1）NGO 研究基本上呈现出逐渐增长的态势（见图 2）。其中 2004—2005 年间关于 NGO 的研究急剧增加，这显示出我国行政学对政府与社会关系的日益关注。在公共问题日趋复杂的今天，政府与其他组织之间的伙伴关系也越来越重要。（2）研究方法讨论呈现出不规则的分布情况。从图 3 可以看出，1995—1996 年间研究方法问题尚未提上日程，1997 年开始出现行政学研究方法的讨论，这一讨论断断续续，到 2001 年达到第一个高峰。其中的原因可能在于，从 2001 年第 8 期开始，《中国行政管理》开辟了"公共行政学研究方法论"专栏，以提供一个探讨行政学研究方法的阵地，弥补我国行政学在研究方法领域的不足。10 年间关于研究方法的论文总共 27 篇，其中 13 篇来自《中国行政管理》，而这 13 篇中的 7 篇又集中发表于 2001 年。遗憾的是，此栏目只延续了半年；更遗憾的是，这一专栏的创办并未在全国行政学界引发更深入的讨论。

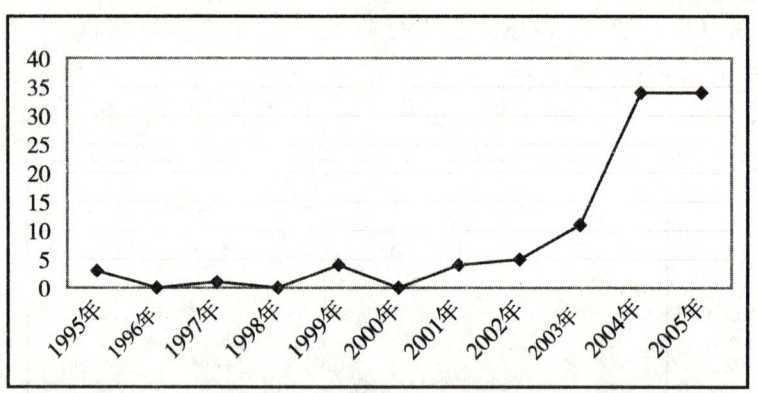

图 2　NGO 研究变化情况

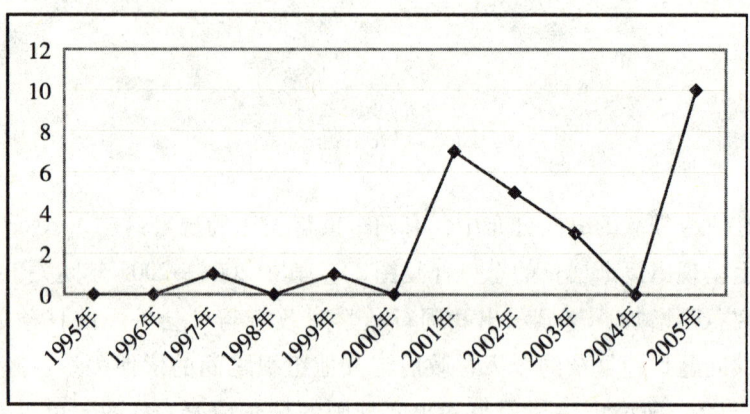

图 3　"研究方法"论文逐年分布

(三) 在做怎样的研究

研究类型、基本规范、研究阶段、资料收集方法等指标可以说明我国行政学者"在做怎样的研究"。

1. 研究类型

数据显示,有 2580 篇行政学的论文都属于规范研究,占 94.5%,实证研究仅占4.5%①，呈现出非常明显的"结构性失衡"（类似结论参见董建新等，2005）现象。因此，就目前的中国行政学研究而言，我们可以领略到很多研究中所显现的宏大叙事，但对于公共行政实践的局部叙事却大大匮乏。当没有实证资料支撑的宏大叙事到处泛滥的时候，很难说将会产生真正有质量的规范研究。

表4说明，《中国管理科学》、《管理科学学报》、《公共管理评论》中实证研究的比例明显较高，分别达到了66.7%、66.7%、50%，《公共管理学报》中实证研究的比例为14.4%，其他期刊中实证研究的比例都很低。出现这一比例的结果或许是因为笔者从《中国管理科学》、《管理科学学报》、《公共管理评论》以及《公共管理学报》中获得样本量较少，但也可以从一个侧面表明《中国管理科学》、《管理科学学报》这两种偏自然科学取向期刊与《公共管理评论》、《公共管理学报》这两种新办行政学期刊的基本学术取向与学术趣味。

2. 研究的规范性

统计结果表明，在所有的样本论文中，既"无文献引用又无理论对话"的论文一共有1190篇，几乎占总样本的一半（43.6%），有文献引用无理论对话的论文一共有1142篇，占41.8%，有理论对话的论文397篇，占14.9%。这是一组让人非常惊讶的数据。在我们看来，"文献引用"是学术论文最基本的规范，而理论对话（包括明显的和不明显的）则是研究的问题意识得以厘清与新的理论得以构建的重要前提。一般而言，除非大师的开山之作，任何企图为学科知识增长而做的学术研究必定是在他人理论基础上所进行的拓展。缺乏文献评论或引用，必然造成重复研究，并导致行政学研究成果整体累积性不强。因此至少在形式上来看，行政学研究的规范性已经成为一个特别突出的问题。

---

① 更有人认为这些年来我国政治学界对现实政治的研究，"更多的是'剪刀加浆糊'式的研究，既不像规范研究，也不像经验研究。"参见肖唐镖等（2001：8）。这一批评比较偏颇，但是至少在某种程度上表明了政治学与行政学研究规范性的欠缺。

表4 研究类型与论文出处交叉列联表

			论文出处							总数
			政治学研究	中国行政管理	公共行政	公共管理学报	公共管理评论	中国管理科学	管理科学学报	
研究类型	规范研究	频次	135	1564	749	89	18	11	14	2580
		百分比(%)	95.7	97.3	97.9	85.6	50.0	33.3	31.3	94.5
	实证研究	频次	6	45	16	15	18	22	28	149
		百分比(%)	4.3	2.7	2.1	14.4	50.0	66.7	66.7	5.5
总数		频次	141	1608	765	104	36	33	42	2729
		百分比(%)	100.0	100.0	100.0	100.0	100.0	100.0	100.0	100.0

表5显示，《公共管理学报》、《管理科学学报》、《公共管理评论》、《中国管理科学》中"有理论对话"的论文较多，《中国行政管理》"有理论对话"的论文比例则较低，仅占7.6%。同时，《中国行政管理》中"无文献引用"的论文比例也最高，达到其论文总数的58.5%。《公共行政》与《政治学研究》中"有理论对话"的论文都在20%左右。

仅从数据来看，作为最早的行政学专业刊物，《中国行政管理》在学术规范性方面表现不太突出，但这似乎并不能成为评判这些论文有无价值的根据。《中国行政管理》作为中国行政管理学会的会刊，发表文章的类型受到中国行政管理学会业务范围限制，即"研究行政管理的现实问题，总结行政管理的经验，提供行政管理改革的建议，发挥咨询参谋作用"。从编辑取向来看，《中国行政管理》似乎有意在学术性论文与应用性文章之间达到一种相对的平衡，因此在《中国行政管理》中有大量描述当前热点问题或来自实际部门工作者的文章，这些论文往往倾向于对我国发生的大事发表观点，或结合本部门实际讨论问题。事实上，从反映我国行政实践的角度来看，这些文章同样具有意义。

表5 论文出处与基本规范交叉列联表

研究类型			论文出处							总数
			政治学研究	中国行政管理	公共行政	公共管理学报	公共管理评论	中国管理科学	管理科学学报	
研究类型	无文献引用无理论对话	频次	18	941	227	1	3	0	0	1190
		百分比(%)	12.8	58.5	29.7	1.0	8.3	0	0	43.6
	无文献引用有理论对话	频次	92	544	399	41	19	22	25	1142
		百分比(%)	65.2	33.8	52.2	39.4	52.8	66.7	59.5	41.8
	有理论对话	频次	31	123	139	62	14	11	17	397
		百分比(%)	22.0	7.6	18.2	59.6	38.9	33.3	40.5	14.5
总数		频次	141	1608	765	104	36	33	42	2729
		百分比(%)	100.0	100.0	100.0	100.0	100.0	100.0	100.0	100.0

不过,从1995—2005年,开展"理论对话"的研究确实在逐渐增加。在1995年,"有理论对话"的论文占当年所有样本的1.6%,到了2004年,这一比例已经上升为22.7%,这似乎可以表明我国行政学研究的规范性程度在不断增强(Kronenberg,1971:190-225,见图4)。

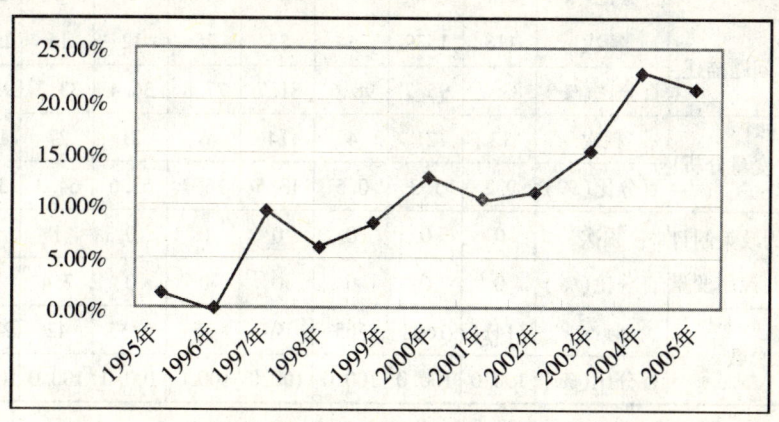

图4 "有理论对话"的论文占当年总样本量的比例

3. 研究阶段

帕里与克里默的研究表明，他们样本中的大部分论文都处于研究的初始阶段，即为未来的研究识别问题和变量（帕里、克里默，2005）。我们的数据也表明，我国行政学研究中大量论文都处在问题描述阶段，占93.4%，有2.6%的论文止于"概念界定"，进行变量分析的论文仅有3.9%。为政策制定而控制变量的论文仅有1篇，来自于《管理科学学报》。

从期刊横向比较来看，《管理科学学报》、《中国管理科学》上进行变量分析的论文明显居高，分别达到64.3%、63.6%，其次是《公共管理评论》、《公共管理学报》、《政治学研究》，其比例分别为16.7%、13.5%、9.2%，而《中国行政管理》、《公共行政》上所刊登论文中进行变量分析的比例分别仅为1.3%、0.5%（见表6）。

表6 所处研究阶段与论文出处交叉列联表

			论文出处						总数
			政治学研究	中国行政管理	公共行政	公共管理学报	公共管理评论	中国管理科学	管理科学学报	
所处研究阶段	概念界定	频次	10	48	7	5	2	0	0	72
		百分比(%)	7.1	3.0	9	4.8	5.6	0	0	2.6
	问题描述	频次	118	1539	754	85	28	12	14	2550
		百分比(%)	83.7	95.7	98.6	81.7	77.8	36.4	33.3	93.4
	变量分析	频次	13	21	4	14	6	21	27	106
		百分比(%)	9.2	1.3	0.5	13.5	16.7	63.6	64.3	3.9
	为政策制订而控制变量	频次	0	0	0	0	0	0	1	1
		百分比(%)	0	0	0	0	0	0	2.4	0
总数		频次	141	1608	765	104	36	33	42	2729
		百分比(%)	100.0	100.0	100.0	100.0	100.0	100.0	100.0	100.0

4. 资料收集方法与统计方法层次

数据显示，高达96.7%的论文运用的都是非经验主义的资料收集方法，这似乎表明行政学者多倾向于坐在书房里做研究（见表7）。从横向比较来看，《公共管理评论》、《中国管理科学》、《管理科学学报》中采用经验主义方法进行研究的比例总体上要高于其他期刊。不过，在仅有的6篇采取参与观察方法的论文中，有5篇都来自《中国行政管理》，而唯一一篇用了实验法的论文则来自《管理科学学报》。

表7 资料收集方法

资料收集方法	频次	百分比(%)
非经验主义方法	2638	96.7
问卷调查	19	7
实地访谈	65	2.4
参与观察	6	2
受控田野或实验法	1	0
总计	2729	100.0

在统计方法的运用方面，有94%的论文无统计运用；即便有统计，一般只是描述统计，其他统计方法运用较少。从刊物的横向比较来看，《中国管理科学》、《管理科学学报》中论文运用统计方法的比例远超过其他几种期刊，分别达到69.7%、69%，《公共管理学报》中的论文运用统计方法的比例也有41.7%，其余期刊中的论文这一比例都偏低，但《公共管理学报》、《政治学研究》比《公共行政》、《中国行政管理》略高（见表8）。

表8 统计方法层次与论文出处交叉列联表

			论文出处						总数
			政治学研究	中国行政管理	公共行政	公共管理学报	公共管理评论	中国管理科学	管理科学学报	
作者单位	无统计运用	频次	124	1558	749	89	21	10	13	2564
		百分比(%)	87.9	96.9	97.9	85.6	58.3	30.3	31.0	94.0
	描述统计	频次	4	32	16	9	5	7	2	75
		百分比(%)	2.8	2.0	2.1	8.7	13.9	21.2	4.8	2.7
	单变量推论	频次	1	0	0	1	0	0	0	2
		百分比(%)	7	0	0	1.0	0	0	0	1
	双变量相关	频次	11	12	0	4	0	4	3	34
		百分比(%)	7.8	7	0	3.8	0	12.1	7.1	1.2
	双变量回归分析	频次	0	0	0	0	4	3	1	8
		百分比(%)	0	0	0	0	11.1	9.1	2.4	3
	多变量分析	频次	1	6	0	1	6	9	23	46
		百分比(%)	7	4	0	1.0	16.7	27.3	54.8	1.7
总数		频次	141	1608	765	104	36	33	42	2729
		百分比(%)	100.0	100.0	100.0	100.0	100.0	100.0	100.0	100.0

(四) 行政学研究的资金支持

统计结果标明,高达91.7%的研究都没有资金支持。获国家级社科基金,省、市级政府基金,国家自然科学基金资助的研究分别占4.2%、1.8%、1.4%。其他获非营利组织与校级资金资助的研究分别占0.7%、0.2%。从刊物比较来看,在《管理科学学报》、《中国管理科学》上发表的没有资金支持的论文分别多达76.2%、66.7%,其他都有不同资金来源,尤其以国家自然科学基金为多。其中,《管理科学学报》中的论文受国家自然科学基金资助的比例达到了61.9%(见表9)。

表9 资金来源与论文出处交叉列联表

作者单位			论文出处							总数
			政治学研究	中国行政管理	公共行政	公共管理学报	公共管理评论	中国管理科学	管理科学学报	
作者单位	国家级基金	频次	0	79	0	22	5	5	3	114
		百分比(%)	0	4.9	0	21.2	13.9	15.2	7.1	4.2
	省、市级政府基金	频次	0	38	0	4	0	4	2	49
		百分比(%)	0	2.4	0	3.8	2.8	12.1	4.8	1.8
	校级基金	频次	0	4	0	0	0	0	1	5
		百分比(%)	0	2	0	0	0	0	2.4	2
	基金会等非营利组织	频次	0	17	1	0	1	0	0	19
		百分比(%)	0	1.1	1	0	2.8	0	0	7
	无基金支持或无标明	频次	141	1470	764	78	29	11	10	2503
		百分比(%)	100.0	91.4	99.9	75.0	80.6	33.3	23.8	91.7
	国家自然科学基金	频次	0	0	0	0	0	13	26	39
		百分比(%)	0	0	0	0	0	39.4	61.9	1.4
总数		频次	141	1608	765	104	36	33	42	2729
		百分比(%)	100.0	100.0	100.0	100.0	100.0	100.0	100.0	100.0

四、讨论

有学者曾经用"六多六少"描述了我国行政学的危机，即"定性分析多，定量分析少；演绎分析多，综合归纳少；宏观分析多，中观、微观分析少；文献分析多，现状分析少；玩'智力拼板'的多，有创新的少；药方开的多，把握病因的少。"（袁达毅，2002）这一归纳大致可以说明我国行政学研究的整体状况，但还有必要将这些思考推向深入，以便更深刻地描绘我国行政学研究的具体景观。前文已经对我国行政学研究现状给作了描述，根据此前的数据分析结果，还有如下几点需要引起

关注:

(一)"研究品质危机":表面的繁荣与实质的困境

评估行政学研究质量的优劣,向来是众多学者争论的议题。1984 年,McCurdy 和 Cleary 非常高调地以"为什么我们不能解决公共行政学的研究议题"为题,设定了六个评估标准,并据此发现大多数美国公共行政学的论文均不符合量的研究方法要求(McCurdy & Cleary,1984)。此后,许多学者均对行政研究的质量危机加以关注,并撰专文加以讨论(具体参见 Box,1992)。从我国的情况来看,自 20 世纪 80 年代重建以来,行政学研究已经取得了巨大进步。如果从参与的研究者、涉及的研究领域以及成果数量来看,这种进步用"百花齐放"、"百家争鸣"来形容也不为过。但是,无法回避的一个事实是,我国行政学研究的"研究品质危机"依然非常严重,具体体现在:

1. 缺乏学术规范自觉,学术评价机制无法取得共识

学术规范是一种执行中的标准和规则,是推进学术发展的必要手段。由于我国行政学研究尚未在学术规范上达成共识,也缺乏关于学术规范的讨论,导致重复性、非学术性的研究工作很多,而且近年来并无大的改观。由于没有统一的学术规范,多数研究并不规范,比如缺乏理论预设,没有明确的理论取向或者明确的问题意识,甚至没有文献引用等等。"学术活动是一项在前人积累的基础上进行的事业,不充分了解某一专门领域中先前的思想发展路径和研究成果就发表意见,哪怕是认真而诚恳地发表意见,也是不行的。"(徐友渔,2004)学术规范不仅是一系列技术标准,也是学术得到尊重的保证。由于没有统一的学术规范,也使我们欠缺对行政学研究进行评判的质量标准;由于没有统一的质量评价标准,行政学研究者本身也难以分清哪些是好的研究,哪些是不好的研究,学术风格无法形成,也无法构建明确的、具有知识传承性的知识社群。这一点,无疑在某种程度上已成为限制我国行政学研究发展的一个瓶颈。实际上,由于某些论文的规范性严重不足,本次评估在对这些论文进行分类的时候甚至难以清晰地界定其研究类型与研究方法。

2. 实证研究严重短缺,研究成果结构性失衡

对学科的发展而言,规范研究与实证研究很难说孰优孰劣,它们对

学科研究而言都是不可或缺的。从整个西方社会科学研究的传统来说，实证研究范式相对更为主流。这一研究范式倡导将自然科学实证的精神贯彻于社会现象研究之中，强调知识必须建立在观察和实验的经验事实上，通过经验观察的数据和实验研究的手段来揭示一般结论。

从上文的数据可以看到，我国行政学实证研究严重短缺，并导致行政学研究成果的结构性失衡。大多数规范研究立足于宏大叙事，每一句话都是对的，但每一句话都没用。而且，因为规范研究本身的"不规范"，多数研究无法建构理论促进知识增长，更无法解释真实的行政问题，无法揭示真实的行政过程。"在缺乏研究资料，对我国行政管理的历史和现状不大清楚的情况下，试图建立对实践具有指导作用的学科理论体系，是十分困难的，也是徒劳的"（张康之，2006）。脱离真实的行政实践，就无法建立敏锐的问题意识。"问题意识的强调有利于研究者找到学术前沿，减少没有知识增长的重复"（何艳玲，2005）。目前我国行政学研究成果层出不穷，但需要时刻警醒的是，无数成果在表面的扩展、堆积，并不意味着我们对此领域有了深入的理解。

在数据处理过程中，我将"非实证研究"以外的研究都处理为"规范研究"；但实际上，有相当一部分论文既非实证研究，也非严格的"规范研究"。20世纪70年代以后在西方公共行政学界逐渐兴起的诠释研究与批判研究，在我国公共行政研究中几乎没有得到任何呼应。中国的公共行政实践是如此丰富，这对每一个身处其中的行政学研究者而言都是一件盛事；但我们可以贡献的、能够对这些实践进行精确描述并给以解释的理论却如此贫乏，这又不能不说是一件憾事！

3. 经验主义方法的运用不够熟练，对定性研究存在深刻误读

数据显示，高达96.7%的行政学论文采用的都是非经验主义的资料收集方法，而问卷调查、实地访谈、参与观察、受控田野调查、实验法等经验主义方法的运用则极少。资料收集方法如同研究者的武器，精良的武器可以"化平淡为神奇"，而糟糕的武器则可能会"化神奇为平淡"。在研究过程中，很多研究者对于一些行政学问题经常会有一些美妙的"体验"甚至"顿悟"。但是，体验或者顿悟并不是理论，要让这种体验或者顿悟变成可以讨论的理论，则必须通过有意义的研究设计，运用有

效的资料收集方法将其"做"出来。

在此必须指出是,在资料处理层面,我们对定性研究同样存在非常深刻的误读。一般认为,定量研究是指研究者事先建立假设并确定具有因果关系的各种变量,然后使用某些经过检测的工具对这些变量进行测量和分析,从而验证研究者预定的假设。通常,定量研究都意味着统计技术的运用。数据显示,我国行政学研究中有94%的论文都无统计运用。但问题在于,是不是所有的非定量研究都是定性研究呢?

我们经常将所有非定量的研究包括思辨、思考等都划入定性研究的范畴,这实际上是对定性研究的误读。对于定性研究,我个人倾向于这一界定:"在自然环境中,使用实地体验、开放型访谈、参与性与非参与性观察、文献分析、个案调查等方法对社会现象进行深入细致和长期的研究;分析方式以归纳为主,在当时当地收集第一手资料,从当事人的视角理解他们行为的意义和他们对事物的看法,然后在这一基础上建立假设和理论,通过证伪法和相关检验等方法对研究结果进行检验;研究者本人是主要的研究工具,其个人背景以及和被研究者之间的关系对研究过程和结果的影响必须加以考虑;研究过程是研究结果中一个必不可少的部分,必须详细记载和报道。"(陈向明,1996)[①] 这是一个有点冗长的定义,但却全面地揭示了定性研究的实质性内涵及其与定量研究的区别。

与定量研究一样,定性研究也是实证研究的重要研究方法;而且,与定量研究相比,定性研究往往需要更长时间的、个人体验式的训练。从行政学研究来看,定性研究强调深入了解行政过程中的细节,尊重公共行政实践者对自己行为的解释,因此更可能对真实的行政世界给以透彻的解释。

基于这些概念的澄清,对于我国行政学研究的真实状况有必要再次重申两点:一方面,从研究类型上来看,"实证研究"大大少于"非实证研究",但并非所有"非实证研究"都是"规范研究"。事实上,有相当部分研究既非实证研究又非规范研究。这些研究成果是什么呢?它们可

---

① 有相当部分学者更倾向于将定性研究称为质化研究或质性研究。

能是对一些问题基于想象的描述，也可能是对一些对策基于想象的思考，也可能是其他一些难以归类的作品。这些问题的描述与对策的提出并非没有意义，但并不是符合学术规范的研究。另一方面，从资料获得途径来看，"定量研究"大大少于"非定量研究"，但是并非所有的"非定量研究"都是定性研究。事实上，与定量研究相比，我国行政学研究中有质量的定性研究同样缺乏。

4. 对研究方法缺乏持续性地反思，行政学知识增长缓慢

张梦中、马克·霍哲在《中国行政管理》上的"公共行政学研究方法论"专栏总序中曾对我国行政学研究方法作了总结，其结论是"目前的研究方法尚属于手工作坊式的初级阶段；对行政学方法论的研究属于'凤毛麟角'（张梦中、马克·霍哲，2001）。事实上，我国行政学研究方法陈旧单一的局面并未打破，传统的、静止的、定性的、孤立的单学科研究依然是主流方法，无法实现从应然研究向实然研究、静态研究向动态研究、定性研究向定量研究的基本转变。科学方法的缺失使行政学研究的科学性大打折扣，并直接制约了我国行政学的发展。"理论想法是非常廉价的，而能把研究做出来才是真正的研究功底。"（周雪光，2005）经由严谨的方法论训练，通过有意义的研究设计将某种公共行政理念、体验甚至顿悟做出来，这是每一个行政学者应有的抱负和自律。也只有在此意义上，我们才可能生产更多可以有效解释中国行政实践的"优美的理论"①。

（二）"学科合法性危机"：危机的延续及其深化

从整个西方行政学发展的历程来看，行政学的学科合法性也一直是讨论的焦点。早在1968年，沃尔多就撰文指出："行政学的性质与范围，研究方法与教学已发生问题。历经批判攻击二十年后，认同危机（Identity Crisis）尚未完全解决，多数与此有关的公共行政重要理论问题迄今仍处危机中。"（Waldo，1968）此后，众多学者也随之指出，公共行政是

---

① 按照美国政治学者夏夫利（Shively，2004）的说法，好的理论必定是"优美的理论"，优美的理论首先必须满足简明性、预测的准确性、重要性等标准。除此之外，优美的理论所必备的另一个要素是"令人惊喜的发现"，即理论使我们重新思考我们的世界，并给我们带来一种特别的喜悦之情。

"借用的学科"（Freclerickson，1976），并一直在遭遇"知识危机"（Ostrom，1989）与"合法性危机"（Denhardt，1993）。一个饶有趣味却发人深思的提法是，公共行政学界似乎已经被认同问题搞得"有点精神分裂症"（a little schizophrenic）（Robert & Rodgers，2000）了。就我国行政学研究而言，由于缺乏方法论反省所产生的研究品质危机，必然也会带来行政学的学科合法性危机。事实上，与其他社会科学（比如经济学、社会学、政治学）相比，行政学似乎总是缺少容易辨别的知识核心与学科界限。

1. 没有形成脉络清晰的行政学"大问题"，行政学知识的传承性不强

如同政治学对民主与选举具有特别的执著一样，行政学也有其特定的学术焦点，这些学术焦点即构成了此学科的"大问题"（big question）。事实上，当我们考察一门学科的发展并审视其在社会科学群的地位的时候，一个可行的策略就是追寻该学科在"大问题"上的脉络及其展开的讨论。比如，关于"公共管理"这一大问题，可以集中讨论的有（Behn，1995）：（1）微观管理（micromanagement）问题：公共管理者如何打破微观管理的循环，也即过度的程序规则阻止公共部门的产出结果，并导致更多程序性的规则与未知的问题。（2）激励问题（Motivation）：公共管理者如何激励人员（政府部门员工与政府以外那些拥有正式权力的人），努力并且理智地实现公共目标。（3）绩效评估问题（Measurement）：公共管理者如何衡量部门绩效以促进增加绩效的成果。在行政学研究方法处于相对落后的情况下，学科"大问题"的形成与持续不断的讨论更可能说服其他学科了解行政学研究所聚焦的独特问题，并可能产生更具有科学优势和提出有力结论的领域。但表10说明，近年来我国行政学研究的领域非常分散，核心研究领域并不明显。如果进一步追究，很多研究领域也很难理清楚其发展轨迹。由于没有核心的研究领域，行政学的知识传承性也不强。

表10 我国行政学研究领域的具体分布

研究主题	频次	百分比(%)
行政组织与职能	241	8.8
行政决策	65	2.4
公共政策	235	8.6
人事与人力资源管理（公务员制度）	262	9.6
公共财政	56	2.1
绩效评估（行政效率）	79	2.9
行政改革	778	28.5
政府间关系	48	1.8
行政哲学（行政伦理、行政文化）	359	13.2
NGO	96	3.5
学科发展	136	5.0
研究方法	27	1.0
其他	347	12.7
总计	2729	100.0

2. 重复性研究众多，削弱了行政学在整个社会科学群的影响力

由于缺乏理论对话，造成我国行政学研究中重复性研究众多。比如，我在处理数据时经常发现，如果要对行政学某一领域有所了解，你只需要阅读这一领域的一篇论文即可，因为大多数其他论文很可能只是在不同程度地重复这一讨论而已。重复性研究的大量累积造成行政学论文的理论贡献[①]整体薄弱，并相应削弱了此学科在整个社会科学群的地位与影

---

① 美国Brigham Young大学的David Whetten教授曾指出：如果要考察一篇论文是否构成理论贡献，必须要考察以下7个条件：(1) 论文有创新吗？(2) 论文到底阐述了一个什么样的问题？(3) 为什么是这样？指论文的理论逻辑是什么以及作者的结论是否可信。(4) 论文表达的意思清楚吗？指论文是否清楚阐明了该理论所包含的因素以及这些因素之间的关系、这些关系为什么会发生等。(5) 论文的严谨性如何？指论文的逻辑性是否清楚以及阅读起来是否流畅。(6) 论文是否能够推进在现有领域中的研究者进行更深层次的研究。(7) 哪些人是该论文的阅读对象？如果论文理论方面很抽象，那么阅读对象就仅仅包括学术研究者，而不包括实践者。所以，有必要明确哪些人才是该论文的阅读对象。参见Whetten (2005)。

响力。一个可能不太恰当的结论是，这些年来我国行政学研究已经在某种程度上陷入了"有进步无发展"的旋涡。也即，我们有很多零散的、局部的进步，但并没有行政学学科根本性的整体性的发展。与20年前相比，我国行政学研究很难说在整个社会科学群已经摆脱了合法性认同危机；相反，由于重复性研究越来越多，这种学科合法性危机似乎还深化了。

3. 本土关怀实质性缺乏，研究无法关照中国经验

审视我国行政学研究近年来的进展可以发现，我国行政学研究中最具有创意的研究往往来自于对西方公共行政学研究成果的沿用。这种借鉴本身当然没有问题，但关键是，许多立足于西方经验的概念与理论都无法准确地关照中国现实。所谓行政学研究的本土关怀，不仅要对中国经验给以应有的关注，更重要的是：我们需要重新检验基于西方经验基础之上的行政学概念与理论，并构建可以更好地解释中国经验的概念与理论。事实上，只有面向本土经验，了解和解释我国的公共行政实践，我们才可能找到合适的分析中国公共行政实践的工具。对我国行政学学科合法性危机的解决而言，研究的"规范化"是第一步，而研究的"中国化"则是第二步。

（三）行政学研究滞后于行政学教育的发展：面向社会的合法性危机

不能否认，近年来我国行政学教育体系获得了空前的发展。比如，获得行政管理学博士学位授予权的院校从最初的3所院校开始逐年增加，至于MPA（Master of Public Administration），则从2001年以来的24所院校扩展到了83所。此外，目前以中山大学为主的高校也正在积极论证在我国开展DPA（Doctor of Public Administration）教育的可能性与可行性。

学科教育与学科研究应该是相互促进的关系，但从整体上来看，我国的行政学研究并没能跟上行政学教育的发展步伐。事实上，在评估的时候，笔者发现相当数量的研究并没有超越10年前的研究水准。行政学研究的滞后，必将给飞速发展的行政学教育带来障碍，并因此而造成了此学科面向整个社会时的合法性危机。

五、结论

近15年前，美国公共行政学家认为，美国的公共行政研究"没有应用高级研究方法，因此该领域内的研究是应用性的、非理论性的、非积累性的"（帕里、克里默，2005）；而且，公共行政期刊上刊载的学术取向的研究大部分都是资金不足的、概念性的、非经验的且极少涉及理论检验的……公共行政学尚未发展起一个累积性的知识基础，至少未在社会科学原则的基础上发展起来（休斯顿、德里，2005：103）。近10年前，薄贵利曾将中国行政学的弱点归结为三个方面，"即理论上欠成熟、理论脱离实际和方法论上的简单呆板"（薄贵利，1998）。让人惊讶的是，这种反思大致上仍然适合今天的中国行政学研究。对我国行政学研究的进一步发展而言，当务之急是：中国行政学如何在整个社会科学中获得其应有的学科地位，同时促进学科本身质的增长？我个人认为，有如下几点需要引起特别关注：

（一）发展行政学中层理论，构建中国行政学研究分析工具

显然，为了把握中国行政学的现代性和本土性问题，我们必须能够构建——解释中国行政发展问题的特定分析工具[①]。分析工具从哪里来呢？在某种程度上，中层理论可以给我们提供更多的启示（麻宝斌、李广辉，2005）。

中层理论是美国社会学家墨顿所提倡的研究范式。在默顿看来，其师帕森斯[②]的理论过于宏观与抽象，不能很好地用于分析与指导现实问题和现实现象，而中层理论"既非日常研究中大批涌现的微观而且必要的

[①] 张康之（2006）认为，"缺乏分析工具，是我国行政学研究的一个十分突出的现象。"
[②] 在《社会行动的结构》、《社会体系》、《关于行动的一般理论》等著作中，帕森斯试图建立一个庞大的、能解释所有人类行动的理论体系，后来社会学界将其结构功能论称为"巨型理论"。作为帕森斯的学生，默顿却对其师无所不包的理论体系兴趣不大。他认为，构筑这样的抽象的统一理论，条件还不成熟，因为缺乏必要的理论和经验基础研究，还没有进行充分的准备工作；而只热衷于研究实际问题，也会窒息社会学。所以现代社会学的主要任务是"发展具体的、适用于有限数据的理论"，即"中层理论"。这些理论集中体现在他的专著《社会理论与社会结构》、《论理论社会学》中。参见默顿（1990，2006）。

操作性假设，也不是一个包罗一切、用以解释所有我们可观察到的社会行为、社会组织和社会变迁的一致性的自成体系的统一理论，而是指介于两者之间的理论。"中层理论的意义在于，"系统的一般理论远离特定的社会行为、社会组织和社会变迁，已不能解释我们观察到的现象；而对于特定事件的详尽而系统的描述又缺乏整体的概括性，中层理论则介于两者之间。"（默顿，1990：54—55）

默顿的观点在20世纪70年代曾受到过法国社会学家布迪厄的有力批判，但作为一种研究策略，我们认为它对目前中国行政学研究也非常重要。通过中层理论层面上的努力，既可以获得带有普适性的行政学知识，又能保持对比较微观的、地方性问题的解释力。按照有些学者的看法，中层理论不仅可以有效防止社会科学研究的巫术化倾向，而且有助于缓解五种紧张[①]，即"经验研究与理论研究之间的紧张，外来理论与本土化之间的紧张，全域性理论与地方性知识之间的紧张，社会科学知识的有效性与它的可更新性、开放性之间的紧张，社会科学研究者的良知与科学态度之间的紧张。"

（二）发挥主流行政学期刊的正确导向作用

1999年秋天，美国《公共行政评论》（*Public Administration Review*，PAR）新任总编 Larry D. Terry，助理编辑 Camilla Stivers，书评编辑 Larry Luton 等人展开了一次"构筑桥梁的旅程"（building bridges tour）。在此次旅程中，他们拜访了各个主要大学、专业会议以及"美国公共行政协会"（American Society of Public Administration, ASPA）相关会议，其目的在于通过面对面的对话，弥补期刊、研究者乃至实务者之间的缝隙，促进PAR期刊更加多元的思考，并确定未来的任务。从我国的情况来看，基于职称评定激励机制，国内公认的主要行政学刊物比如《政治学研

---

① 具体论述参见毛丹（2006）。此处所谓"社会科学研究的巫术化"源于弗雷泽在《金枝》中所提出的概念。弗雷泽认为，巫术与科学相似，都要理解和控制对象，因此巫术是科学的近亲；但是，巫术"是一种被歪曲了的自然规律的体系，也是一套谬误的指导行动的准则；它是一种伪科学，也是一种没有成效的技艺"。如果社会科学研究者脱离社会经验，也不讲验证，只做逻辑推论，或者只管用常识、文化惯例去理解和处理社会问题，那就离巫术不远了。同时参见弗雷泽（1998）。

究》、《中国行政管理》①，以及新创刊的《公共行政评论》② 等等，都是国内行政学界公认的主要行政学刊物，应该而且可以为行政学研究的整体走向起到指引导航作用。在此意义上，具有良好学术判断的编辑对于行政学研究走向规范化至关重要。

（三）有针对性的研究方法训练

营造较高的专业技术壁垒是构建学科合法性的重要手段。如果不论专业背景，不论是否经过特定的专业训练，都可以半路出家进入行政学界，这样的学科其存在与否本身就成了一个问题。事实上，长期以来，行政学研究都被许多其他领域的研究者当成了随时可以进入的领域。从某种意义上，这或许可以维持行政学研究的开放性，但从另外一个层面上，这种"低门槛"的准入机制很可能会最终伤害到这一学科本身的合法性。

为了构建行政学专业技术壁垒，需要进行长期的、有针对性的研究方法训练，比如普及性的方法训练，需要创办各种研讨班、研究方法工作坊。不容否认，在这方面，社会学与政治学都比行政学要做得更好③。我的一个看法是，在方法训练的初期阶段，甚至可以提倡每一个研究者都有意识地临摹规范论文的"八股文"④，以确立自觉的方法意识，并将

---

① 《中国行政管理》中所刊登的论文的学术规范性在2006年后已经有了明显的提高，而这种变化在2007年新出的几期中也得到了更明显的验证。
② 《公共行政评论》于2008年正式创刊，由中山大学行政管理研究中心编辑出版。其办刊宗旨为：倡导规范严谨的研究方法，提升公共行政研究质量；回应公共行政实践，建构公共行政学本土化理论；跟踪国际公共行政理论前沿，展开建设性的学术对话；弘扬公共精神，服务我国公共行政实践。为国内外所有有志于中国行政学研究的人士搭建平等的交流平台、营造温暖的精神家园。
③ 就社会学而言，在方法训练上比较重要的事件就有：1995年以来举办的几期"社会学研究方法高级研讨班"、1997年举办的"社会学研究课题设计"培训班，以及近几年福特基金会资助的"中国社会学研究课题"项目。政治学方面，美国杜克大学已经在2006年、2007年、2008年连续三年与国内高校合作举办了"政治学研究方法暑假研习营"活动，取得了较好成效。
④ 一般认为，规范论文的"八股文"格式是：(1) 要有题目界说：明确界定研究主题、范围，并阐明本研究之背景、重要性、动机。(2) 要有探讨问题：将研究主题分成数个问题，予以说明、阐述，指明欲获得何种研究成果。(3) 要有文献检讨：有关本研究之著作评析、重要参考文献之评述，可作为本研究之基础或依据。或在文内对某些观点加以讨论，旁征博引，充分呈现。(4) 要有研究方法：采用何种研究方法，并说明理由，以及如何运用，如系采用经验调查方法应详细说明研究设计及进行过程。(5) 要有分析架构：基于什么理论基础、引申出分析架构，或逻辑分析、思路进展的结构。(6) 要有研究发现，具严谨性：逻辑的系统性与经验的印证性，以及文字的通畅。(7) 要有结论：提出创见或贡献。具体参见朱法源（1999）。

对学术规范的追求化为内生的力量。

（四）行政学研究者的自律与自省

数据显示，我国行政学研究者中有55.8%的研究人员来自高校，这表明高校是行政学研究的主要阵地。来自于高校的研究者同时扮演着两种角色，一是行政学研究人员，一是行政学教学人员。从根本上来说，由于高校研究者的师长身份，他们实际上承担着行政学知识传承最重要的一个环节。我一直认为，有怎样的研究者，就有怎样的学科；有怎样的老师，就有怎样的学生。因此，行政学研究者的自律与自省，对于我国行政学研究危机的缓解意义重大。而且正如前文提到的，这种自律首先表现为研究者对研究本身以及其他研究者的尊重。

除此之外，我们能做的工作还有：构建学术对话的平台，每年的中国行政管理学年会以及各种专题研讨会①，都可以成为重要的桥梁；有关国家资金向行政学方法论研究和实证研究适度倾斜，加大对成果的制度性支持。

只有在以上基础之上，才可能有中国行政理论实质上的增长。"公共行政不仅仅是专家的自我反省，更是一项充满激情的自觉事业！"行政学的"研究品质危机"与行政学的"学科合法性危机"的解决，必定是一个需要所有行政学研究社群成员共同参与的长期过程。因此，期待本文的反思可以激发更多关于中国行政学的、负责任的讨论！更期待中国行政学研究新的发展高峰！

【参考文献】

薄贵利：《中国行政学：问题、挑战与对策》，载《中国行政管理》，1998年第12期。

陈向明：《社会科学中定性研究方法》，载《中国社会科学》，1996年第6期。

董建新、白锐、梁茂春：《中国行政学方法论分析：2000—2004》，载《上海行政学院学报》，2005年第2期。

---

① 中山大学行政管理研究中心、政治与公共事务管理学院与中国人民大学政府管理与改革研究中心于2007年5月26—27日在中山大学召开了"首届中国公共行政学青年学者论坛：反思中国公共行政学"全国学术研讨会，本文的部分观点来源于与参会者的交流，特此致谢。

弗雷泽:《金枝》,北京:大众文艺出版社1998年版。

马骏:《中国公共行政学研究的反思:面对问题的勇气》,载《中山大学学报》,2006年第5期。

何艳玲:《特定事件、治理过程与治理文化:一个新的地方治理实践分析框架》,载《华中师范大学学报》,2005年第5期。

怀特、亚当斯编:《公共行政研究:对理论与实践的反思》,北京:清华大学出版社2005年版。

麻宝斌、李广辉:《行政学中层研究》,载《北京科技大学学报》,2005年第2期。

毛丹:《社会学研究中的中层理论关心》,载《浙江社会科学》,2006年第5期。

默顿:《论理论社会学》,北京:华夏出版社1990年版。

默顿:《社会理论与社会结构》,南京:译林出版社2006年版。

纽南得:《公共行政研究:对理论与实践的反思》序,载怀特、亚当斯编:《公共行政研究:对理论与实践的反思》,北京:清华大学出版社2005年版。

帕里、克里默:《〈公共行政评论〉(1975—1984)中的研究方法》,载怀特、亚当斯编:《公共行政研究:对理论与实践的反思》,北京:清华大学出版社2005年版。

肖唐镖、邱新有、唐晓腾:《多维视角中的村民直选》,北京:中国社会科学出版社2001年版。

肖唐镖、郑传贵:《主题、类型和规范:国内政治学研究的状况分析——以近十年复印报刊资料〈政治学〉中的论文为对象》,载《北京行政学院学报》,2005年第2期。

休斯敦、德里:《公共行政研究:对期刊的主评论》,载怀特、亚当斯编:《公共行政研究:对理论与实践的反思》,北京:清华大学出版社2005年版。

徐友渔:《为提倡学术规范一辩》,载邓正来主编:《中国学术规范化讨论文选》,北京:法律出版社2004年版。

袁达毅:《中国行政学的危机与出路》,载《江西行政学院学报》,2002年第2期。

张康之:《论行政学研究中的学术自觉》,载《理论与改革》,2006年第3期。

张梦中、马克·霍哲:《"公共行政学研究方法论"专栏总序》,载《中国行政管理》,2001年第8期。

周雪光:《社会研究要略》,中山大学讲座稿,2005年。

朱浤源主编:《撰写博硕士论文实战手册》,台北:正中书局1999年版。

Behn, R. (1995). The Big Questions of Public Management. *Public Administration Review*, 55 (4): 313-324.

Box, R.C. (1992). An Examination of the Debate over Research in Public Administration. *Public Administration Review*, 52 (1): 62 - 69.

Denhardt, R. B. (1993). *Theories of Public Organization.* C. A.: Wadsworth, Publishing Inc.

Freclerickson, H. G. (1976). The Lineage of New Public Administration. *Administration and Society*, 8: 144 - 174.

Kronenberg, P. S. (1971). The Scientific and Moral Authority of Empirical Theory of Public Administration, in Marini, F. Ed. *Toward a New Public Administration: The Minnowbrook Perspective.* Scranton: Chandler.

McCurdy, H. E. & Cleary, R. E. (1984). Why Can't We Resolve the Research Issue in Public Administration? *Public Administration Review*, 44: 49 - 55.

Ostrom, V. (1989). *The Intellectual Crisis in American Public Administration.* Alabama: The University of Alabama Press.

Robert, R. & Rodgers, N. (2000). Defining the Boundaries of Public Administration: Undisciplined Mongrels Versus Disciplined Purists. *Public Administration Review*, 60 (5): 435 -443.

Shively, P. W. (2004). *The Craft of Political Research* (6th Edition). New Jersey: Prentice Hall. (中译本：《政治科学研究方法》，上海：上海世纪出版集团 2006 年版。)

Waldo, D. (1968). Scope of the Theory of Public Administration. In Charlesworth, J. C. Ed. *Theory and Practice of Public Administration*, Philadelphia: The American Academy of Political and Social Science.

Whetten, D.：《何谓理论贡献》，"当代中国管理学研究方法论"研讨会发言稿，2005 年。

White, J. D. & Adams, G. B. (1994). *Research in Public Administration Reflections on Theory and Practice.* Newbury Park: Sage.

中国行政管理学博士论文研究*

敬乂嘉

复旦大学国际关系与公共事务学院

[摘要] 在对McCurdy和Cleary于1984年提出的论文评价框架进行改造的基础上,对我国2002—2006年间产生的132篇行政管理学博士论文的质量进行了评估。总体来看,在研究的问题、合理性、理论相关性、因果性、重要性和创新性六个方面,行政管理学博士论文的质量都需进一步提高,其创造知识和服务实践的潜力需要进一步挖掘。通过与美国在1981、1990和1998年产生的行政管理专业博士论文比较,可以看出,该类博士论文的水平与美国1981年的博士论文水平比较接近。博士论文的质量不甚理想的根本原因在于,行政管理学博士教育和学术制度在走向现代性的过渡期中出现的不适和尴尬,突出表现在博士生培养中缺乏对研究的切实认同、博导制度有效性不足,以及行政学研究在国际化过程中的适应不良。尽管目前国内学界对于行政管理学研究的现代化和国际化发展存在普遍共识,但是在具体实践中仍然存在多种误区和实际投入不足的障碍。

[关键词] 行政管理 博士论文 质量 现代化 国际化

---

* 本文即将发表于《复旦公共行政评论》2009年春季卷。

中国的行政管理教育在上世纪80年代才逐渐恢复，但是此后的发展非常迅速（薛澜、彭宗超，2000）。行政管理学博士的培养从1999年设立行政管理学二级学科博士点开始，目前已经有17所大学具有授予行政管理学博士学位的资格。与其他学科一样，博士教育构成行政管理教育的精华，其使命在于为本学科构建学术生产和知识创造的基础。这样无论对于该领域的教育者、学生、主管部门，还是一般政府部门和公众，一个自然的关注点就在于了解这个新兴的行政管理学博士教育究竟在多大程度实现了其使命。

由于博士教育的直接成果是博士论文，本文将对在2002—2006年间产生的行政管理学博士论文进行评估，以衡量其质量、确定主要的优缺点，并发现一些潜在的问题。本文的研究建立在从上世纪80年代以来在美国《公共行政评论》上发表的一系列相关论文的基础上（McCurdy & Cleary，1984；Cleary，1992，2000；White，1986a，1986b；Adams & White，1994）。其中McCurdy和Cleary在1984年进到的开创性研究为本文的讨论设定了基本的框架。与上述的研究类似，本文还试图探索中国的行政管理学研究在多大程序上建立了其学科认同，是否形成了具备基本共识和沟通的社区，是否激发了独立研究并且创造了新的知识。本文亦试图通过对行政管理学博士论文的分析，为社会科学其他学科的反思，提供间接的素材。

和美国的同行一样，本文是对行政管理学研究所面临危机的一个反应。尽管当前缺乏对博士生的研究成果直接进行评估的文献，国内的许多学者还是注意到了公共行政学研究中存在的严重缺陷。马骏（2006）将主要问题归结为研究重心的非中国化、研究方法的非规范化、缺乏对真实世界的了解，以及缺乏指导实践的能力。袁达毅（2002）从技术角度认为存在偏好定性研究甚于定量研究，偏好演绎分析甚于归纳分析，偏好宏观分析甚于中观和微观分析，以及偏好政策设计甚于原因解释等弊端。在整体意义上，这个新兴的研究领域似乎面临着一个合法性的危机。一些学者否认该危机是由于在研究范围和价值上缺乏共识造成的，而认为是由于该学科对于在国内社会科学界已经初现端倪的方法论革命的漠视或适应不良造成的（刘亚平，2006）。由于上述种种因，再加上中行政管理学科的新生特征，该学科在国内的学术地位难以得到认同。1999年教育部开始评选全国优秀博士论文以来，迄今尚无行政管理学的博士论文获奖就是一个证明。与中国接近30年的公共部门改革和公共管理现代化的迅猛步伐相比，公共行政学的研究似乎只能茫然面对并无奈错失一个不能错过的黄金年代。

本文将根据以上思路对中国行政管学理博士论文进行分析。论文首先在构建评估体系的基础上，定量地评估中国行政管理学博士论文的质量，并提出一些相关的发现。在此基础上，本文分析了影响国内行政管理学博士研究质量的一些关键因素。最后，本文分析了中国行政管理研究发展的基本趋势。

一、博士论文数据分析

2002年我国首批行政管理专业的11名博士生毕业。这些学生分属于北京大学、人民大学、复旦大学和中山大学。尽管到现在为止，另外13所大学也已经获准设立行政管理学博士学位项目，但在2007年以前这些学校尚未产生博士学位获得者。本文的研究对象是2002—2006年间在以上四所大学行政管理专业产生的所有博士论文。

事实上，由行政管理专业产生的博士论文并非行政管理博士论文的全部。国内其他一些博士项目也专注于政府和公共事务的研究，例如清华大学公共管理学院的公共管理学博士学位项目。由于行政管理的多学科特征，其他学科例如政治学或经济学的一些论文也可能在实际上研究行政问题。本文假设了选定的行政管理专业博士论文对于行政管理博士论文的代表性。2002—2006年的五年间，共有132篇行政管理专业博士论文通过了论文答辩。表1显示了这些论文在通过答辩的年份和学校上的分布。

表1　行政管理学博士论文通过答辩的年份和学校的分布

	年份					总数
	2002	2003	2004	2005	2006	
北京大学	1	6	3	12	7	29
人民大学	5	6	6	15	8	40
复旦大学	4	2	4	7	3	20
中山大学	1	13	9	8	12	43
总　数	11	27	22	42	30	132

为了获取论文信息，我收集了这132篇博士论文的封面、内容目录、摘要和参考文献。主要信息通过论文摘要获得。通常这些论文的摘要长度为1到2页，只有一个学校的摘要的平均长度为4页，加入了对各章的介绍。这些摘要的一个常见问题是提供的信息非常有限，例如可能缺乏一个清晰的问题，没有介绍研究将要使用的证据，并且没有提供主要的结论。通过检查内容目录则可获得重要的辅助信息。本研究依据预先编制的编码薄对这些资料进行了数据的提取和标准化。对照一些在网络上可以查询到的博士论文全文，对依据这些内容提取的数据进行了检验，发现数据基本是可靠的。本文还通过网络等其他渠道，获得一些补充信息。

二、博士论文质量的衡量标准

社会科学博士论文质量的衡量标准，直接与学者所秉承的本体论和知识论有关，由内在于基础研究范式中的价值观所决定。国外的公共行政和政策研究界在研究的"本质、应用和有用性"上面，存在实证主义者和后实证主义者的激烈争论（Deleon，1998）。对于基本的问题，例如社会科学研究应该是价值中立的还是价值充溢的，应该是实证的还是诠释性的，应该是事实导向还是行动导向的，都缺乏定论。总体来看，实证主义者（Lynn，1994，1999；Chalip，1985）的立场在公共行政和政策研究领域居于主流地位，占据了学校科系、专业杂志和协会的主要阵地；

后实证主义者（Majone, 1989; Miller & Fox, 2001; Durning, 1999; Amy, 1984）作为一种对现代主义的新兴反思力量，其影响比较有限。这与其他社会科学学科的情况存在相当的一致性，在"科学"与"艺术"的辩论中，现代社会科学标准的统治地位在公共行政和政策研究中是非常明显的。

改革开放以来，国内经历了一个对国外社会科学的迅速引进过程，对现代社会科学的基本范式主要还是一个接受的过程，反思性的力量还十分微弱。现代社会科学的一些基本概念已经渗透到博士论文的衡量标准中。目前国内博士论文的评审，除了导师认可，还需要通过盲审和口头答辩。后面连续两个评审步骤的标准大致相同，并且不同学科和学校间的标准也基本一致。根据在网上收集的四所大学的文科博士论文评阅书文本，其对博士论文的要求强调了以下四个方面：（1）研究成果的理论和实践重要性；（2）研究证据的充分性和可靠性；（3）运用理论、专业知识和研究方法的技巧；（4）规范、合逻辑和优雅的写作风格。前三项包含了对于结论、证据和论证的要求。口头答辩只为博士候选人的答辩表现赋予了一个较小的权重（约10%），把它加入到对博士论文的总体评价中。

尽管这些标准原则上与现代社会科学的标准是吻合的，但在操作时却仍然存在很大的灵活性，因此也造成在学术评价中存在放松必要严谨性的危险。本文按照现代社会学科的规范，借鉴了 McCurdy 和 Cleary 在其 1984 年的研究中提出的衡量博士论文质量的指标体系，还针对中国的学术发展现状进行适当调整，提出了本文衡量博士论文质量的六个指标：

研究的问题：该指标要求论文具有清晰界定的问题，对该问题的回答必然导致对于知识的有目的的探索、组织和生产。对于该指标，McCurdy 和 Cleary 在 1984 年的研究，以及 White 在 1986 年的研究，都采用了"目的性"的标准。本文没有采用这个存在模糊性的标准。根据该标准，类似"我将研究绩效管理系统"和"我准备从三个角度研究西方官僚制"的声称，由于缺乏焦点或者问题意识，不算是合理的研究的问题。纯粹价值观问题不构成研究的问题。通常运用事实回答"是什么"、"如何做"和"为什么"等问题的论文被看为具有研究的问题。在作最后判断时作者运用了一定的自行裁量，进一步剔除一些缺乏经验和理论基础的假问题。

合理性：该指标要求论文的研究结果源于符合现代社会科学原则的调查过程。现代社会科学的证据、验证过程和知识本身要求具有或者尽可能具有客观性、普遍性、可重复性、可证伪性和可预测性等特征。调查逻辑、研究设计，以及数据收集和处理，对于研究及其结果的合理性和可信性具有重大影响。据此标准，主流的社会科学研究设计，例如实验和准实验，以及横截面的统计处理，具有较强的合理性。案例研究和田野观察具有有限的合理性。描述的、讲故事的和纯演绎的分析不具有合理性。

理论相关性：该标准要求研究者试图去应用、检验、发展或者挑战某个存在的理论或者理论框架，或者尝试发展一个新的理论。理论是知识的浓缩和系统化的形态，也是知识系统贮存和发展的基石。尽管行政管理研究要以服务实践为导向，有用知识的创造必须与理论构建和升级结合起来。现代知识的系统性要求研究必然是对已有理论的承继、积累、发展和突破。

因果性：该指标要求研究结论的形态是在两个或者多个现象之间存在的因果规律性。因果性的知识是解释现实和设计政策的基础，处在知识类型序列的高端。但是一个合理的研究的问题并不必然导致对于因果性的研究，例如一篇论文探讨如何增加人们对于政府的信任，但是却没有首先确认导致对政府的信任或不信任的基本条件。

重要性：该指标要求研究的问题对于中国行政管理实践具有核心的重要性。尽管论文的实际重要性难以测定，但是被研究问题的实践重要性是可以检验的。当前学界对于行政管理核心研究领域的讨论还是不充分的，并且对于重要性的定义和操作化可以因人因时间而异，但是对于中国政府及其改革的研究必然具有关键的重要性。与当前中国从计划经济体制向市场经济体制转轨相适应，本文确认了三个具备核心重要性的研讨主题。一是中国政府的职能分化与角色再定位，二是朝向合作治理的政府职能跨边界整合，三是公共行政现代化的一些新趋势，包括公民参与、电子政务和绩效管理等。一个需要注意的问题是，重要的研究的问题并不必然具有更多的理论发展机会。

表2 行政管理学博士论文在评价指标上的表现

	2002—2006
研究问题	49.2 (65)
合理性	31.1 (41)
理论相关性	45.5 (60)
因果性	21.2 (28)
重要性	42.4 (56)
创新性	37.9 (50)
6个指标	3 (4)
5个指标	7.6 (10)
4个指标	11.4 (15)
3个指标	23.5 (31)
2个指标	18.2 (24)
1个指标	18.9 (25)
0个指标	17.4 (23)
n	132

创新性：该指标要求论文在分析视角、研究的问题、理论探索和研究方法等任一方面提供有意义的启发；或者论文能够帮助设立一个新的研究领域或研究路径；或者至少论文能够引发热烈的争论。当前创造性的缺乏已经使得行政学研究成为学术生产的贫瘠土壤，创新思维就显得尤为重要。

以上六个质量指标在原则上与 McCurdy 和 Cleary 在1984年提出的标准是一致的，基本涵盖了社会科学研究的现代标准。在指标设定上，考虑到中国现代学术处于起步发展阶段，我对各项指标有所放宽，但是这些指标仍然使我们可以在中美间就行政管理学上博士论文的质量作一比较。这些指标都被按照二元变量进行赋值，即当符合要求时，赋值为1，否则为0，从而可以进行量化分析。为了定量处理的方便，本文对于六个指标赋予了相同的重要性。

三、评估结果

(一) 总体表现与各指标的表现

如表 2 所示,国内行政管理学博士论文的质量总的说来不能令人满意。仅仅有 4 篇(3%)论文满足了所有指标,有 29 篇(22%)论文符合了 4 个或以上的指标,72 篇(54.5%)论文只符合了 2 个或以下的指标,有 23 篇(17.4%)论文没有符合任何一个指标。就单个指标而言,没有任何一个指标的符合率超过 50%,存在一个从 21.2%(因果性)到 49.2%(研究问题)的变化区间。如果本文的分析指标和数据提取是可信的,那么论文总得分在统计分布上的正倾斜特征,表明国内的行政管理学博士论文没有很好地胜任其创造知识的使命。

研究的问题: 65 篇(49.2%)论文具有研究的问题。相当多的文章有研究客体,例如对于投资基金的政府管制,但是没有在对于事件历史和文献进行评论的基础上提出问题。存在一个明显的"教科书"心态,即期望论文尽量全面覆盖被研究对象所涉及的领域。基于理论推动的全面性当然是可取的,但是普遍存在的围绕研究客体的全面性却会妨碍集中的理论探索。很多论文的结构是以研究客体为中心的,罗列了被研究对象的历史和现状、社会背景、相关理论、分类、特征描述、正反效果、国外实践、现有政策及其弊端、可能政策设计等。

在研究的问题方面存在三个明显的缺陷。首先是对于"大问题"的偏爱,这使得研究的问题常常是模糊的、过于基础,并且难以在经验上检验。例如一些论文的直接研究对象是"中国公平问题"、"中国国家制度能力"、"中国政府经济职能"、"文官制度"等,而不是这些问题下的一些局部方面或者侧面。第二个缺陷是缺乏问题意识。许多论文研究的问题来自于一般的描述分析或者政府部门的实际需要。尽管作者不遗余力地阐明其研究的重要性,但是论文读者——如果不是仅仅只有我一个读者的话——仍然会疑惑"究竟什么地方出问题了"?缺乏研究方向的论文绝非少数。最后一个缺陷是在"怎么做"和"为什么"的问题上偏好前者。显然,就这两个问题的关系而言,对后者的解决才能为前者的解决创造前提条件。

表3 行政管理学博士论文的研究领域

问题领域	%
政策分析	33.3（44）
行政理论与实践	28（37）
治理与公民社会	10.6（14）
管理创新	9.8（13）
其他	9.8（13）
财政和预算	5.3（7）
组织理论	3（4）
n = 132	100（132）

通过分析被研究的问题的性质，确认了行政管理学博士生研究的主要领域。政策分析和行政理论与实践占有压倒性的优势，这方面的论文占到了61.3%。有关公共行政的新实践，包括治理与公民社会、管理创新和其他方面的论文比例，处在第二个层次上。财政和预算以及组织理论被选做论文课题的可能性是最低的。这样一个倒金字塔的构成与美国1981年的论文构成十分相似（Cleary，1992）。除了这些研究领域本身容量的差异（例如政策分析的研究对象可以非常广泛），其研究难度也是一个影响因素。对于例如绩效管理这样的新实践领域和例如组织网络化这样的理论密集现象，本土既有的理论探索、数据积累和研究框架常常付之阙如，因此进入门槛也更高。

表4 博士论文的学科基础

学科	%
经济学	36.4（48）
行政理论	35.6（47）
政治学	10.6（14）
管理理论	9.1（12）
其他	7.6（10）
社会学	0.8（1）
n = 132	100（132）

从所研究的问题可以看出明显的学科倾向。由于多数研究都是多学科或跨学科的，本文确认了每篇研究最主要的学科基础。从表4提供的数据可以看出，管理学（包含行政理论和管理理论）和经济学这两个学科占有优势，包含了107篇（81.1%）论文。考虑到行政管理专业在这四所学校的历史发展路径，似乎难以解释为什么强调效率、经济和有效性的工程学观点会具有这种压倒性的优势。政治学和法学的观点几乎被完全边缘化了。这种情况与美国的情况构成了鲜明的对比，后者的行政学研究主要受到了三种几乎同等重要的学科方向的塑造，包含管理学、政治学和法律学，反映了政府不同部门之间的角力与平衡（Rosenbloom, 1992）。在行政管理学博士论文中，一个显然的意象是功利主义对于无知之幕的成功突破，而把其他考虑弃置于幕后。

合理性： 有41篇（31.1%）论文在研究方法上有不同程度的合理性，而绝大多数论文没有应用任何现代社会科学的方法。在这41篇论文中，6篇做了问卷调查，1篇做了访谈，还有34篇案例研究。不存在实验或准实验研究，但更重要的是没有像线性回归这样的比较成熟的统计分析。在132篇论文中，仅仅有7篇有比较集中的数据集，其中6篇基于问卷调查，1篇基于二手资料。通过检查论文的内容目录发现，没有任何一篇论文使用单独一章或者一节来特别讨论数据的获取途径、质量和数据特征，或者对经验研究的结果进行分析。没有论文报告抽样的方法或者推论统计的使用或结果。

考虑到这41篇论文中有34篇（83%）属于案例研究，国内论文在合理性指标上的表现可能存在虚高。在我的分析中，一个研究只要用完整的一章或者一节来探讨一个案例，就可以被视为案例研究。这个标准是相当宽松的。事实上，在这34篇论文中，多数案例都是通过搜集二手资料获得的，例如书报杂志、网络和各种政府或者研究组织的报告，作者很少深入实际作田野调查或者访谈。此外，作者对案例的选择以及案例所具有的支持和检验结论的能力，都是非常可疑的。仅有极少数论文遵循了像舍尔日尼克所著的 *TVA and the Grass Roots* 一书中运用的经典案例研究模式（Selznick, 1949），以核四案为例研究台湾地区民进党政府决策过程的论文就是一例。篇幅上的比例也暴露了问题。这34个案例研究论文的平均总长度为 159 页，而平均分配给案例的长度不足 10 页。显然对于多数论文来说，有没有其所采纳的案例，其实并不影响其论文观点的效力。如果这些案例研究被排除出去，则仅有 7 篇（5%）论文满足合理性指标。McCurdy 和 Cleary 在 1984 年设定的指标采纳的是这个严格的标准。

理论相关性：60 篇（45.5%）论文显示了对于应用某个已有理论的自觉性。在这 60 篇论文中，绝大多数使用已有理论例如委托代理理论或者已有分析框架例如政策阶段模型，来分析中国现象。新制度主义是被最多采纳的分析视角。"制度"一词本身就出现在 27 篇论文的标题中，显示出当前国内行政管理研究中对于游戏规则及其后果的空前重视。一些论文，例如一篇探讨公共行政理论范式演变的论文和一篇研究公共组织学习的论文，尝试延伸或者建立基本分析框架。但是这些文章通常缺乏经验证据的支持。需要特别指出，行政管理学博士论文中存在一种理论"富余"的现象，几乎所有论文都会提及至少一个理论或者理论框架，但是在实际研究中并没有真正地或者正确地加以运用。

在该指标上相对不错的表现也因为两个问题而打折。首先是"进口"理论的统治地位。像国内一般的行政管理研究一样，博士生的行政管理学研究同样是一个外来理论的殖民地。由此带来的在研究语境上的根本差异，使得论文的理论探讨容易与中国的实际情形存在各种形式的脱节。这自然削弱了这些理论的解释力，更造成了经验测试的困难局面。当本土理论因羸弱而不能自持时，学习构成了一个次优选择，但是我们同时又面临第二个问题，即缺乏在检验、发展和挑战外来理论上的勇气和投入。这反过来会剥夺国外社会科学理论在中国落地生根和发展的基础。在现在的情况下，怀疑主义似乎多多益善。

因果性：28 篇（21.2%）论文是否提供了基本的因果判断，这在六个指标中表现最差。这是这些研究所提出的问题的性质必然导致的结果，也与上面在理论相关性的分析中提出的问题一脉相承。外来理论及其被一般化的因果逻辑形态通常被轻易接受，但是它们内在的研究调查的逻辑却很难被同样复制。这些理论在中国的语境下很难被操作化，以及进行数据提取、检验和改进。博士论文中占支配地位的倾向是视已有理论为公理，用这些所谓的公理来描述或解释现象，而不是再回过头去检验这些理论。

重要性：56篇（42.4%）论文符合了重要性的标准。为了符合该标准，一篇论文首先应该探讨一个与中国政府相关的问题。该要求直接排除了许多聚焦在外国实践或作纯理论研究的论文。比如一个研究中国的非政府组织与政府关系的文章被界定为重要，把这项研究放到美国就不一定是这样。在该指标上的较好表现表明国内的行政管理博士候选人及其导师在本领域的核心问题上存在某些共识。

在这56篇论文中，有16篇探讨政府职能的分化与再定位，例如有几篇论文就是研究向服务型政府的转型和在后农业税时代农村公共财政体制的构建的。有20篇论文讨论在公私部门边界发生的治理问题，例如地方政府与业主委员会之间的冲突与秩序以及运用市场机制提供公共服务。剩下的19篇论文探讨那些为中国政府赋权的新实践，这些实践提倡了例如效率、参与和公正等价值。

创新性：50篇（37.9%）论文具有某种创新性。尽管这些论文可能在理论建构上乏善可陈，但它们的确展现了作者对于前沿的理论研究和实践进展的敏感性和可塑性。例如一篇研究中国国防工业的管理改革的文章，将分析触角延伸到国有经济的最后堡垒和政府职能的核心领域。对于新的政策工具的研究，例如通过政府购买来支持小企业发展，也被视作具有创新意义。创新性随时间而存在变化。一篇在2003年研究电子政务并为其设定基本分析框架的论文被视为创新性的，但是一篇2006年的类似研究，由于没有提出进一步的发展，就没有被这样界定。

（二）其他发现

被分析的四所大学的行政管理学博士项目在论文的表现上几乎没有区别，各校产生的论文在这六项指标上的总得分平均值，存在一个从2.17到2.4的狭窄变化区间。性别对于论文质量也没有显著影响。在132名博士里面有23%是女性（30名），其论文总得分平均值为2.43，比男性博士的平均分高0.2（$t=0.61$）。

行政管理学博士论文质量的总体表现能否延伸到其他相关学科的博士项目，例如政治学、社会学和经济学，是一个有待考察的方面。Adams

等人(1994)将美国公共行政与管理学、规划、犯罪学、社会工作和女性研究等其他行为科学领域的博士论文进行了对比,发现其质量大致相当。虽然缺乏直接的数据,考虑到行政管理与其他社会科学学科的紧密联系,其表现可能代表了国内社会科学领域博士论文的平均水平。

本研究还对不同质量指标之间的关系进行了简要分析。在6个指标所涉及的15个相关性系数中,全部都是正数,其中60%(9个)在0.05的水平上具有显著性。该信息表明在这些指标之间,存在相互促进的关系;同时由于最大相关性系数仅为0.35,表明指标间不存在信息重叠的问题。

此外,将本研究的结果与美国在1981、1990和1998年产生的论文进行的对比(McCurdy & Cleary 1984; Cleary, 1992, 2000),为我们提供了一些有趣的发现。该对比的意义不仅仅在于国内对于美国公共行政实践的大量借鉴,而且还在于国内行政管理学的高度美国化现象。行政学的中国化方面还有很长的路要走。尽管我使用的指标和McCurdy和Cleary的指标相比有所调整,但两者在总体上是一致的,是具有可比性的。表5对中美行政管理学博士论文在6个指标上的表现进行了比较。一个一般的结论是中国在2002—2006年间产生的132篇论文与美国在1981年产生的142篇论文在总体表现上比较接近。

表5 中美行政管理学博士论文在6个评价指标上的表现比较(%)

	中国	美国		
	2002—2006	1981	1990	1998
研究问题	49.2 (65)	64.1 (91)	80 (132)	89.3 (150)
合理性	31.1 (41)	21.1 (30)	29.1 (48)	33.9 (57)
理论相关性	45.5 (60)	17.6 (25)	21.8 (36)	19 (32)
因果性	21.2 (28)	26.1 (43)	51.5 (85)	86.9 (146)
重要性	42.4 (56)	38.7 (55)	32.1 (53)	37.5 (63)
创新性	37.9 (50)	16.9 (24)	72.7 (120)	64.3 (108)

	中国	美国		
	2002—2006	1981	1990	1998
6个指标	3 (4)	0 (0)	1.8 (3)	0.6 (1)
5个指标	7.6 (10)	3.5 (5)	6.1 (10)	12.5 (21)
4个指标	11.4 (15)	9.9 (14)	26.7 (44)	32.7 (55)
3个指标	23.5 (31)	16.2 (23)	26.1 (43)	31.5 (53)
2个指标	18.2 (24)	23.9 (34)	24.2 (40)	17.3 (29)
1个指标	18.9 (25)	28.2 (40)	9.7 (16)	10.4 (7)
0个指标	17.4 (23)	18.3 (26)	5.5 (9)	1.2 (2)
n	132	142	165	168

在单个指标上对中国的132篇论文和美国在1981年产生的142篇论文进行逐个比较后发现，中国论文在合理性、理论相关性、重要性和创新性上得分更高，而美国论文在研究问题和因果性上强于中国。有必要对这个比较结果作出调整。如前所述，为了适应国内现代社会科学学术的发展阶段，我在指标内涵上有所放宽。具体来看，在合理性指标上，我包含了合理性有限的案例研究和访谈，如果与McCurdy和Cleary的标准拉平，必须把35篇这样的论文去除，则该指标合格率将从31.1%骤减到约5%，大大低于美国1981年21.1%的水平。在理论相关性指标上，我仅仅要求论文至少应用了已有的理论，而美国研究者的要求是"检验一个理论或者回答一个体现了因果命题的问题"（McCurdy & Cleary, 1984），这样实际上国内论文在该指标上的表现也会出现严重缩水。最后，国内论文在创新性上相对较好的表现可能与该学科的发展历史短有关，这增加了该学科的论文在今后保持创新性的难度。需要注意的是，美国论文在1981—1990年间在该指标上出现的从16.9%到72.7%的大幅增长，对于中国来说不太可能，其本身是否可信也有待证实。

考虑到国内论文在合理性和理论相关性上的虚高，表6下端国内论文的多指标总和表现也必须下调，使得它与美国1981年论文的总体表现比较接近。两者在统计上都是明显的正偏斜分布。表 6 显示美国论文在 1981、1990 和 1998 年间，在绝大多数单个指标上出现显著改善，并且 1990 和 1998 年在论文的多指标总和表现上出现了近似正态分布的特征。该时序变化的趋势在中国是否会出现，还有待今后多年持续的学术关注和研究。

四、行政管理学博士之研究与教育的其他问题

导致目前行政管理学博士论文现状的原因是复杂和多样的，很难提出和应用一个完备的分析视角或者框架来进行解释。根据中国社会和社会科学发展的阶段特征，本文认为当前造成博士论文质量不甚理想的根本原因，是行政管理学的博士教育和学术制度在现代性的脱节突进和传统性的无序固守之间存在的不适和尴尬。这种不适和尴尬并非为中国所独有，或者可以说是一种普遍性的发展伴生症状，但是中国从封闭到开放后经历的快速现代化和国际化过程加剧了社会科学界的这种适应困难。换言之，在上面提出的衡量博士论文质量的标准中，蕴含了以工具理性为核心的现代性要求，它要求以马克斯·韦伯所刻画的现代正式制度为实现基础。这些正式教育和学术制度并非在中国本土产生，在其引入过程中出现的利益冲突、权力角逐、场境转移和理解偏差，都不可避免地会造成形式合法性对于实质合法性的替代或置换。社会学新制度主义的代表对此现象都有精准的分析（Meyer & Rowan, 1977; Tolbert & Zucker, 1999）。当变化过于迅速使得行动者无法及时适应时，或者变化的期望结果对于行动者不利时，具备社会合法性的外来制度仍然会在仪式性的欢呼中被采纳到正式的组织或制度结构中，但是行动者原先赖以获得权力和资源的渠道，并不会顷刻消解，而会以非正式制度的方式竭力维持并发挥实际作用。社会学新制度主义为剖析当前的行政管理学博士的教育制度和学术制度提供了适宜的角度。循此角度，本文将探讨在博士生培养制度、博导制度和国际化学术倾向上的制度脱节对博士论文质量的不良影响。

一个首要的困境是目前行政管理学博士培养在制度和实践上对研究的重要性缺乏实质认同，这在一定程度上降低了在招生、学术训练和评

价上的标准。事实上，在招生上基于关系、基于学校当局或所在地方政府官员培养需要的现象，并不是偶尔的传闻。但是最主要的伤害来自于学生来源和培养制度上的系统缺陷。以四所大学中的某所为例，该校在2002—2006年间毕业的博士中有58%是在职学生，而他们的平均毕业时间是3.8年。很难想象这些同时肩负工作和家庭责任的学生能在4年内完成一篇具备一定水平的博士论文，而这种现象实际在所有17所能够授予行政管理学博士学位的学校中都不是例外情况。我的研究还不能证明在职学生的论文显著拉低了博士研究的总体质量，实际上该校的全日制学生论文的总分平均值（2.61）比在职学生论文的总分平均值（1.96）高了0.65，但该差异在统计上尚不显著（$t=1.26$）。针对该情况，目前许多行政管理博士项目已经在逐步提高全日制学生的比例。仍以该校为例，其2002—2003年间的毕业生中，几乎清一色是在职学生；该比例在2004—2005年间减到了50%，在2006年又降到25%。

由于目前的行政管理学博士均为在职生，所以我们甚至没有见到哪怕是一篇标准的从业者研究（practitioner research）成果，即将主要视角放在自己工作的机构或职责的研究成果。这种现象进一步证明了马骏（2006）对于公共行政研究"缺乏对真实世界的了解"的反思——即使是这些实际的从业者也不愿或者不能去深入研究那些所在机构直接面临的问题，去搜集第一手的资料和数据。

缺乏研究兴趣和理论热情，缺乏扎实的研究能力，抑制了博士生持续的学术创造力。对于4所大学中2所大学的博士毕业生在就读期间和毕业后（截至2007年）出版著作的统计显示，这些学生平均每人出版了0.4本书。由于这些著作几乎全部是由博士论文改造而成，并且考虑到目前学术著作质量审核制度的缺失，这种较高的出版率基本不能反映学生的持续学术创造力。期刊文章的平均发表量虽然有5.6篇，超过一般毕业要求（2篇核心期刊论文）3.6篇，但是多数文章并没有发表在本学科或者社会科学界较有影响的杂志上；从单个作者发表文章的标题看，也难以发现一个持续系统的研究兴趣或理论脉络。

国内特有的博导制度对于训练博士生独立研究的能力也造成了一定的负面影响。博导制度的原初目的是为学生进行独立研究创造智力引导和研究资源，其宗旨是服务于学生的研究需要。但是，目前博导在国内是一个正式的岗位。为了获得该资格，除非是超擢提拔，教师通常需要在获得正教授职称1—2年后，向学校申请并接受学校的正式评估，进而得到任命。这种类似行会的制度限制很难促进在导师和学生间建立研究导向的关系。数据显示这132名学生一共有18名导师，全部是正教授，2007年他们在44岁到88岁之间，平均年龄为58岁。其中3人获得国外学位，5人获得博士学位，1人获国外博士学位。

我国目前的博导制度导致了两个问题。首先是学术旨趣和研究领域的偏差。例如所有论文中有52篇（39.4%）主要运用了技术性很强的经济学分析，而所有18位博导中无一具有经济学的最后学位。有限的博导数目使得学生的选择范围十分有限，并且学生往往因为多种原因，不得不在导师的研究领域内选择研究课题，这可能局限了博士生的研究视野。学生的论文采纳了错误的或者可疑的观点来设定其分析框架，却没有被导师发现，这种情况时有发生。第二个问题在于，博导制度与博士生招生间缺乏衔接，容易造成招生规模超过导师指导能力的情况。这样一方面博士研究生在学习阶段中难以得到导师足够程度的指导，另一方面那些处在学术创造性和生产力高峰的青年学者，又很难将博士生吸引到其研究中。非正高职称的教员进入博士论文指导委员会的情况也是少见的。为了应对以上问题，未来需要将博导资格实实在在地放宽。

国内行政管理学博士论文的国际化趋势也是一个喜忧参半的现象。在"舶来"学术的威压下，国外的理论、文献、人物，成为宣示论文质量的重要标志，这在前面已经提及。表6提供了所有132篇论文的参考文献构成。平均来看，中文文献与英文文献出现在参考文献中的几率（Odds）为2.5∶1。鉴于中文文献中有大量的翻译作品，中国来源文献与外国来源文献的出现几率迅速降低到0.95∶1。这种情况与前面分析的在理论相关性上的外国取向完全吻合。国际化的取向也表现在博士生来源国的多样化。在2002—2006年间，有3名毕业生来自韩国，1名来自毛里求斯，还有1名学生来自台湾地区。

表6　博士论文的参考文献构成

	最小值	最大值	均值
1. 中文文献数量	23	423	127
中文杂志文章	0	186	29
翻译作品	0	209	41
2. 外文文献数量	0	225	50
外文杂志文章	0	77	15

n = 89（中山大学的数据缺失）

　　国际化趋势中存在一些误区。首先，尽管在132篇论文中有近一半的62篇可以大致被界定为"国际化"研究，但是其中17篇（27%）几乎完全集中在对国外公共行政实践的介绍和分析上，占多数的41篇（66%）只是用一章或者一节来将国外公共行政实践作为示例，只有4篇（7%）对中国与其他国家作系统比较。显然国际化的视野还仅仅停留在初级的以介绍为主的阶段，缺乏理论驱动下的比较研究。

　　另一个问题是在研究对象的选择上存在显而易见的偏爱。在这62篇存在国际化取向的论文中，仅仅5篇关注了像菲律宾这样的发展中国家或不发达国家；形成强烈对比的是，这62篇论文中的一半都选择了美国作为分析比较对象。尽管中美间存在一些很好的可比性（蓝志勇，2006），但是美国似乎很难在如此众多的方面都成为中国的最好比较对象或学习对象。除了资料的可得性、发达国家的理论强势外，缺乏真正的国际视角和理论关爱，也是造成国际化取向过于狭隘的原因。

　　显然，尽管国际化的势头有助于推进中国行政管理学研究的现代化，但是要想获得其各方面的益处，避免潜在的问题，需要很多配套的努力。例如，我们的博士生导师是否对此势头有所准备？博士生是否有能力发现、阅读和运用外国的文献？能否在国外理论和国内问题之间建立有意义的联系？怎样才能在将国外理论应用到中国情形时实现新的理论创造？对这些问题的回答我们还处在一个探索的初期，需要有意识地防止国际化堕落为一种缺乏实际内容的仪式。

五、结论与展望

本文检验了 2002—2006 年间中国大陆产生的 132 篇公共行政学博士论文的质量。经验研究的结果显示，在研究的问题、合理性、理论相关性、因果性、重要性和创新性等六个指标上，公共行政学博士论文的质量都有待提高，其发展知识和创造理论的能力亟待加强。在朝向现代化和国际化的转型过程中，相关的研究和教育制度环境还存在缺陷，例如在博士生培养制度中的标准软化、博导制度的不足，以及对国际化潮流的盲目追求。

本文的研究还存在一些局限性。首先是数据选样在时间上的特殊性，即只包含行政管理学博士项目初创期的一批论文，因此只涉及个别精英大学，这都可能导致在数据中出现一些系统的偏差。解决这个问题的办法是在今后通过连续的观察和研究，取得在时间和范围上更开阔的样本。另外，本文的研究完全是文本分析，而在对影响论文质量的因素的分析上，最好的方法是对论文作者进行调查。这是今后拓展此项研究的一个方向。从这个意义上看，本文第四部分归纳的问题还是不全面的。最后，本文的重点是对现状的经验分析与总结，还没有从根本上阐明应当如何看待和处理在西方发展起来的现代社会科学研究标准与中国社会科学研究实际环境之间的矛盾和可适性。相应的研究才能从根本上说明本文所依据的评估体系的正当性。从这个角度进行深入的、具体的、基于证据的和富于探索性的研究，对于现代中国社会科学的发展无疑是非常有益的。

考虑到行政管理专业乃至国内社会科学整体的博士教育和研究的初生特征，任何过度的批评可能都是吹毛求疵的。将现代社会科学的标准应用到像中国这样的发展中国家，不可避免会产生一些令人震惊的结果。实际上，McCurdy 和 Cleary 在 1984 年对于美国公共行政学博士论文的研究，也无异于一记当头棒喝。要理解国内行政管理学博士论文的现状，有必要采取一个过渡期的大视角。当前中国行政管理学的研究正面临着向现代社会科学标准的转型，噪音、希望和机会必不可免地会同时存在。

在展望未来的时候，我们需要注意一些积极的趋势，它们为我们预测未来的行政管理学博士论文研究和一般行政管理学研究提供了线索。对于"研究"的价值认同和在实际制度上的协调性在不断增长就是一个良好的迹象。目前在所分析的4所大学的公共行政系中，几乎所有非正高职称的教师都具有博士学位；虽然对于海归博士的录用还处在初期，但是绝大多数的青年教员都参与过国际交流项目，在国外校园学习生活过一段时间。行政管理专业在人力和社会资本上的升级，显然有利于该学科在长期内向"科学研究"范式的转变，尽管在近期对于知识及其载体的认识仍然存在不小的争论。这也不难说明为什么非常不同的研究逻辑和方法可以同时并存在国内的各种行政管理学术研讨会上。当前本领域的专业化和标准化无疑都急需发展，在这一方面，像美国编制《国际博士论文摘要》这样的构建学术社区的服务，在中国也应该得到学术性专业组织的注意和引进。

对博士论文参考文献的分析也揭示出明显的重视研究的趋势，即对于期刊论文而非专著的重视在增长。尽管国内期刊文章的质量还需要通过不断改革期刊用稿制度尤其是同行匿名评审制度来提高，期刊文章已经越来越倾向于作前沿的和严谨的研究。2002—2006年间，在北大、人大和复旦产生的行政管理学博士论文的参考文献中，期刊文章数目平均从30个增加到57个，使用非期刊来源文献与期刊文献的几率从4.3:1降至2.7:1。参考文献的未来发展趋势必然是大量期刊文章和少量经典著作的结合。

作什么样的研究具有根本的重要性。几乎所有非纯演绎性的论文都自视为"实证研究"，尽管该术语存在普遍的误解和误用。实际上在132篇论文中，仅有10篇（7.6%）被界定为经验研究，32篇（24.2%）是纯理论性的演绎研究，90篇（68.2%）是对于事件或者过程的描述性分析。按照White（1986b）对于研究模式的界定，很少有论文符合了实证研究、诠释研究和批评研究的基本规范。一个可能的情况在于，当前的描述性分析和框架设定的阶段会为自身提供在今后转向经验研究和因果分析的条件，但是这种令人乐观的转变不是自动的，需要学界的不断反思和外力的推动。

国内学界已经普遍意识到在方法论训练上的缺陷对于博士生开展主流社会科学研究的直接限制，并且开始采取对策。行政管理学界对方法论的探讨开始于 1997 年，1997—2005 年间，已经有 25 篇探讨方法论的论文发表在本领域的主要刊物上，其中半数（13 篇）发表于曾在 2001 年设立了方法论专栏的《中国行政管理》杂志（何艳玲，2007）。包括中国行政管理学会这样的专业组织，也都在积极发起短期的方法论研习班（郭济，2004）。但是目前这些努力在行政管理教育体系中的制度化程度还有待提高。在国内已有的行政管理学博士项目课程体系中，像统计分析和线性规划这样的定量课程，以及定性的方法论课程，需要尽快开设或者加大开设力度，使其真正融入到博士生培养的基本思路中，并且将该思想延伸到招生环节和硕士生、本科生的培养思路中。在 132 篇论文中，已经有一篇研究我国大中城市政府紧急事件响应机制的论文，尝试以规范方式提出和验证两条假说。这是一个很好的迹象。

显然，中国行政管理学博士论文研究的现代化取决于其外部环境和领域内行动者的系统改进。从长期看，转轨成功与否最终取决于一个内生的过程，即庞大的中国行政管理研究界的渐进适应，其自我反思和改造的能力及其服务中国行政实践的知识创造的效果。

【参考文献】

郭济：《大力加强方法论研究，切实提高公共行政管理的科学化水平》，载《中国行政管理》，2004 年第 12 期。

何艳玲：《问题与方法：近十年来中国行政学研究评估（1995—2005）》，载《政治学研究》，2007 年第 1 期。

蓝志勇：《美国公共管理学科的发展轨迹及其对中国的启迪》，载《中国行政管理》，2006 年第 4 期。

刘亚平：《公共行政学的合法性危机与方法论径路》，载《武汉大学学报》（哲学社会科学版），2006 年第 1 期。

马骏：《中国公共行政学研究的反思：面对问题的勇气》，载《中山大学学报》（社会科学版），2006 年第 3 期。

薛澜、彭宗超：《历史、现状与未来：中国行政管理教育发展分析》，载《中国行政管理》，2000 年第 12 期。

袁达毅：《中国行政学的危机与出路》，载《江西行政学院学报》，2002 年第 2 期。

Adams, G. , & White, J. (1994). Dissertation Research in Public Administration and Cognate Fields: An Assessment of Methods and Quality. *Public Administration Review*, 54 (6): 565 – 576.

Amy, D. (1984). Why Policy Analysis and Ethics are Incompatible. *Journal of Policy Analysis and Management*, 3 (4): 573 – 591.

Chalip, L. (1985). Policy Research as Social Science: Outflanking the Value Dilemma. *Policy Studies Review*, 5 (2): 287 – 308.

Cleary, R. (1992). Revisiting the Doctoral Dissertation in Public Administration: An Examination of the Dissertations of 1990. *Public Administration Review*, 52 (1): 55 – 61.

Cleary, R. (1998). The Public Administration Doctoral Dissertation Reexamined: An Evaluation of the Dissertations of 1998. *Public Administration Review*, 60 (5): 446 – 455.

DeLeon, P. (1998). The Evidentiary Basis of Policy Analysis: Empiricist vs. Postpositivist Positions. *Policy Studies Journal*, 26 (1): 114 – 184.

Durning, D. (1999). The Transition from Traditional to Postpositivist Policy Analysis: A Role for Q – Methodology. *Journal of Policy Analysis and Management*, 18 (3): 389 – 410.

Lynn, L. (1994). Public Management Research: The Triumph of Art over Science. *Journal of Policy Analysis and Management*, 13 (2): 231 – 259.

Lynn, L. (1999). A Place at the Table: Policy Analysis, Its Postpositive Critics, and the Future of Practice. *Journal of Policy Analysis and Management*, 18 (3): 411 – 424.

Majone, G. (1989). *Evidence, Argument and Persuasion in the Policy Process*. New Haven: Yale University Press.

McCurdy, H. & Cleary, R. (1984). Why Can't We Resolve the Research Issue in Public Administration? *Public Administration Review*, 44 (1): 49 – 55.

Meyer, J. , & Rowan, B. (1977). Institutionalized organizations: Formal structure as myth and ceremony. *American Journal of Sociology*, 83 (2): 340 – 363.

Miller, H. & Fox, C. (2001). The Epistemic Community. *Administration and Society*, 32 (6): 668 – 685.

Rosenbloom, D. (1992). Public Administration Theory and the Separation of Powers. *Public Administration Review*, 43 (3): 219 – 227.

Selznick, P. (1949). *TVA and the Grass Roots*. Berkeley: University of California Press.

Tolbert, P. & Zucker, L. (1999). The institutionalization of institutional theory. In Clegg, S. & Hardy, C. Eds. *Studying Organization: Theory and Method*: 169 – 184. London: Sage Publications.

White, J. (1986a). Dissertations and Publications in Public Administration. *Public Administration Review*, 46 (6): 227 – 234.

White, J. (1986b). On the Growth of Knowledge in Public Administration. *Public Administration Review*, 46 (1): 15 – 24.

Wilson, W. (1887). The Study of Administration. *Political Science Quarterly*, 2 (2), 197 – 222.

公共行政学中的规范研究*

颜昌武　牛美丽

暨南大学管理学院

中山大学行政管理研究中心/政治与公共事务管理学院

[摘要] 公共行政领域不仅需要严谨、科学的经验研究，也需要富于批判性与建设性的规范研究。当前的中国公共行政学总体上缺乏有质量的规范研究。一方面，我们对规范研究的质量标准缺乏应有的学术判断；另一方面，现有的规范研究太过沉迷于空泛的体系建构，缺乏针对行政实践的原创性理论。同时，这些所谓的规范研究也因缺乏反思与批判的精神而丧失了公共性，从而无力承担起指引公共行政实践的使命。规范研究的缺失，使得中国的公共行政学在理论上和应用上都处于一种合法性危机之中。要消除这种危机，一个重要的工作就是要在中国的公共行政学研究中重新审视和确立规范研究路径。本文通过回顾规范研究的历史兴替，阐明了规范研究的基本特征、质量标准及其对公共行政学的重要意义，并在此基础上检视了我国目前规范研究的得失。

[关键词] 公共行政学　规范研究　价值关怀　批判精神　文本诠释

---

* 本文发表于《公共行政评论》2009 年第 1 期。

任何社会科学的研究总不能摆脱规范与经验①的二元化取向的格局，都是在规范研究与经验研究的张力场中成长的（胡伟，1999）。公共行政学也不例外。在西方行政学史上，一直交织着两条重要的研究路径：实证研究与规范研究。前者以西蒙（Herbert Simon）为代表，致力于发展一种精致的、更符合主流社会科学之学科标准的行政科学。后者以沃尔多（Dwight Waldo）为领袖，主张在公共行政的实践与研究中维护美国民主宪政的传统和弘扬公平、正义等规范价值（颜昌武、刘云东，2008）。现代公共行政学正是围绕着这两条理论主线不断发展起来的。只有同时把握这两条主线，熟悉它们各自的主要理论主张和操作方法，才能完整和准确地把握现代公共行政学。

当前我国正处于转型时期，公共行政实践面临众多挑战，公共行政学科要想得到学界和社会的广泛认同，就必须有效地反映当前真实的公共行政实践，并为解决实践中的问题提供有益的理论指导。这不仅需要严谨、科学的实证研究，也需要建设性的规范理论。随着学术界越来越多地关注研究方法的严谨性与规范性，我国行政学的实证研究出现了较为喜人的发展势头，比如一些高校开始把社会研究方法列为行政管理专业博士生入学考试的必考科目，并且在博士生教学中增加了研究方法的必修课。但遗憾的是，这些考试和课程的设置仅仅限于经验研究方法，对于规范研究方法，仍然没有明显的进展。目前学术界对于规范研究的理解非常有限，诚如马骏、任剑涛所指，一些学者认为只要不用量化数据就是在做规范研究，而不知规范研究也有其独特的操作方式和质量标准。本文首先介绍了规范研究的概念，及其独特的构成要素和质量评价标准，然后揭示了规范研究对于公共行政学科发展的重要意义，并在此基础上检视我国目前规范研究的得失。

---

① 为了尊重原作者，本文使用了"经验研究"和"实证研究"两个概念，但实际上，这两个概念在本文中是通用的，即应用的是一个广义的实证研究概念，既包括传统意义上的实证研究－定量研究，也包含定性研究。

一、规范研究的历史兴替

当提及公共行政学中的规范研究时,我们首先要澄清"到底什么是规范研究"。对这一问题的合理回答是理解和开展规范研究的基石。一直以来,人们关于规范研究的认识似乎只是停留在一种"默会知识"(tacit knowledge)上,对于规范研究,"我们懂得的比我们能讲得出的要更为丰富"(Polanyi, 1983:4),因而即使是一些在公共行政领域以从事规范研究著称的西方学者,如斯皮瑟(Michael Sipcer),在面对这一问题时,也表现出了令人诧异的迷茫,不知如何回答是好(Sipcer, 2008:50)。我国行政学界对这一问题的理解也同样存在很大的差异,马骏、刘亚平(2007)认为,当前我国公共行政研究中存在着"规范理论贫困"的问题。规范理论之所以缺乏,主要是因为规范研究的缺乏,而之所以缺乏规范研究,关键在于学术界对规范研究方法缺乏正确的认识。何艳玲(2008:28)、陈辉(2008)声称,我国目前的公共行政学"实证研究太少,规范研究太多"。但诚如何艳玲(2008)所坦承,这种判断并不准确,因为很多所谓的规范研究事实上只是不严谨的学术研究而已。那么,到底什么是规范研究?要回答这个问题,我们需要首先了解规范研究的历史。

在西方,学术研究中的规范与经验二分取向由来已久。早在古希腊时期,西方人对自然和社会的探讨就采用了两种不同的路径。前者以"真"为取向,后者以"善"为价值。通过两种不同的智识努力(intellectual endeavor),古希腊人发展出了两套知识体系,一套是关于"自然规律"的知识体系——物理学,即后人所说的"自然科学"的前身;另一套则是关于人与社会的知识体系——形而上学,后人常称之为"人文科学"或"精神科学"。虽然古希腊人已经认识到两种知识体系的差异并形成了不同的研究传统,如"柏拉图的带有较多哲学色彩、怀疑论和'理想主义',亚里士多德的较为现实、科学和'敏感'"(沃尔多,1996:11),但他们更多地是从统一的而非对立的观点来看待这两者之间的区别,古希腊的经典命题"知识即美德",就恰当地表明了两者的统一性。

自苏格拉底以降，一直到文艺复兴之前，对科学（物理学）与哲学（形而上学）这两种不同知识体系的不同探究方式——经验研究与规范研究——之间的对立与冲突尚处于隐而不显的状态，并且始终是规范研究占有方法论上的霸权地位。之所以如此，一方面是因为在古典社会中，各种社会要素的分化程度很低，人们对社会生活进行理论探究也还处于草创阶段，加之人们无法对社会生活进行定量分析，只能从规范研究的角度，甚至直接从价值观的角度来观察和理解社会生活；另一方面是因为古典社会生活也不需要定量化，因而难以形成一个直接进入操作状态的经验研究（任剑涛，2003）。

肇始于14世纪的文艺复兴运动不仅是向古希腊人文主义传统的回归，更开启了近代自然科学世界观及在此基础上形成的实证主义的勃兴，并因此开启了社会科学族群的崛起与社会科学中规范研究与经验研究的巨大分野。从一开始，文艺复兴就被罩上了一层光辉灿烂的面纱，并被定义为一个从黑暗中挣脱出来的觉醒与启蒙的运动。人如何才能觉醒？无论是在培根的经验主义那里，还是在笛卡尔的理性主义那里，答案都在于"知识就是力量"。人们普遍相信，科学知识可以用来消除神话和幻想，只要运用知识，人们就能破除宗教迷信和盲从，摆脱原初的蒙昧状态。简言之，人文主义复兴的内在动力来源于对崭新的世界知识的迫切需求，而这种需求最后却在现代自然科学的创立与自然科学世界观的扩展过程中得以最终实现。从这个意义上讲，现代自然科学是文艺复兴运动的产物。与此相伴随的，就是科学与哲学的分化、自然科学与人文科学的分野、自然科学与社会科学的联盟，以及由此产生的人文科学与自然科学这两种认知方式的尖锐对立。

在文艺复兴之前，科学（物理学）与哲学（形而上学）尚处于混沌之中，难分彼此。笛卡尔率先打破了这种混沌状态，他认为，自然与人类、物质与精神、物理世界与社会/精神世界之间存在着根本的差异，因而，对这两者的认知方式也迥然有异（华勒斯坦等，1997：4）。笛卡尔的这一观念为科学从哲学中分化出来奠定了坚定的基石。1663年英国皇家学会建立时，其宗旨被确定为"通过实验手段增益关于自然万物的知识，完善一切手工工艺、制造方法和机械技术，改进各种机器和发明"（华勒斯坦等，1997：4）。为该学会起草章程的虎克（Thomas Hooke）强调说，皇家学会"无涉于神学、形而上学、伦理学、政治学、语法学、修辞学或逻辑学"（华勒斯坦等，1997：4）。此后，科学开始被界定为"对于超越时空、永远正确的自然界的普遍必然法则的追寻"，当形而上学随着它的上帝远遁的时候，"实验性、经验性研究对于科学视界的重要性"就日益凸显起来（华勒斯坦等，1997：4—5）。在自然科学兴起并入侵社会生活领域之前，其研究方法仅用于对"自然规律"的探讨，而对人类精神/社会世界的理解则几乎是规范研究方法的天下。但当自然科学明确了知识的内涵、划定了知识的范围之后，传统的那种对于社会生活的规范性研究无可挽回地衰落了，因为社会学、经济学等新兴的社会科学族群要想跻身于"科学"行列，就必须承认自然科学在知识领域内的支配性地位，同时对以规范研究为主导形式的哲学文化或人文科学加以自觉抵制。虽然仍有少数重要的学者执着于正义、善、幸福以及诸如此类的规范性价值，但诚如哈贝马斯（1989：208）所说："在今天，要想使这种形而上的思维方式显得有理，已经不再是容易的事了。"

为什么会发生这种转变呢？从根本上来说，是因为现代社会较之于传统社会发生了翻天覆地的改变，人们看待、理解和把握社会生活的方式也相应地发生了改变。按照吉登斯（1998：导论）的说法，现代社会呈现出工业化、市场化、战争工业化和惩戒系统化的特征，与之相伴随的，是自然科学对社会生活领域的强势入侵，以及由此形成的"科学主义"思潮在现代学术研究中的主导地位。① 一方面，现代社会的独特性，要求将对社会生活的理解建立在客观性、可靠性、固定性、确定性和多元性的基础上（任剑涛，2003：103）；另一方面，人们发现，以往关于社会生活的所有价值陈述，不过是思想家们的一种随意性的和情感化的主观陈述，它在解释现代社会生活方面显得十分苍白（任剑涛，2003：99—100）。因此，"人们试图在经验发现（与'思辨'相对而言）的基

---

① 在此，"科学主义"也可置换成"实证主义"，如德兰逊（Delaney，2005：20）所说，"在孔德式的世界观里，实证主义是科学主义的最高表达……"

础上确保并推进关于'实在'的'客观'知识,社会科学领域中许多学科的创立便是这项一般性工作的一部分,其根本宗旨是要'认识'真理,而不是去创造它,直觉它"(华勒斯坦等,1997:15)。

以政治学研究为例。20世纪初叶开始,政治学研究中不仅出现了政治哲学与政治科学的对立,更出现了政治科学取代政治哲学而成为政治学之唯一研究途径的趋势。这一转变可以追溯到20世纪初美国政治学界在科学主义的影响下所发生的关于政治学科学化的争论。现代政治学是为维护自由民主的政治制度应运而生的,但是这样的制度在20世纪上半叶却卷入了两次世界大战,加上20世纪20—30年代美国国内陷入经济大萧条中,这些都形成了对政治学的重大打击,同时也对政治学提出了重大挑战:面对现实的政治经济危机,政治学能有何作为?该有何作为?以梅里亚姆(Charles E. Merriam)为领袖的芝加哥学派认为,当问题出现以后,如果现有的政治学不能像经济学和社会学那样,设计出一套解决政治经济危机的有效方案,那么政治学就必须加以重大革新。自然科学的新成果将会给政治学带来变革,政治学不能只靠假设提出问题,而是要通过精确的资料计量和验证的过程对问题作出回答(西蒙,1998:78—88;杨光斌,2005)。在这样的大背景下,梅里亚姆试图将政治学从对国家机构的静态描述转向政治过程研究,力图建立一种精准而普适的政治理论,最终形成了行为主义政治科学。

虽然行为主义政治科学后来有很多变种,但大体说来,其思维取向却是共通的:即主张政治科学按照自然科学的模式对现象进行解释和预测,并把自己限制在能够被观察到的现象上,其数据应该尽可能地数量化;并主张摒弃对政治的形而上学思考,摒弃对"善"和"正义"之类的价值性问题的探讨(柏伊姆,1990:78—79)。"政治科学"这一提法正是在这一背景下生成的,它有别于传统的以规范分析为主的"政治哲学"(胡伟,1999)。"政治科学"虽然使得政治学具有了"科学的尊严",但人们对于政治行为的实际情况的理解,并没有达到政治科学所期许的那种比之于"政治哲学"更为科学的程度,有时反而变得更加模糊。另一方面,政治学真正的尊严并不在于借助理性主义的可靠性、客观性,而在于解释政治生活时的有效性,但政治科学对这一有效性的解释显然缺乏足够的力度（任剑涛，2003：107—110）。特别是20世纪60年代之后出现的许多政治"现实"问题对行为主义政治研究路径提出了严重质疑，规范研究再次得到重视。罗尔斯的巨著《正义论》的问世，以及柏林、诺齐克、哈贝马斯等对规范价值的不懈坚持，便是此一复兴的明证。

二、规范研究的基本要素与质量标准

前已述及，"规范研究"总是相对于"经验研究"而言的。所谓规范研究与经验研究的对立，实质上是在社会科学领域中运用哲学文化方法与运用自然科学方法的对立，在公共行政学中则表现为政治哲学与行政科学的对立。[①] 本文认为，规范研究是一种以价值问题为核心关注点、以解读和阐释文本为主要表现形式、通过严谨的逻辑构造来回答某个学科乃至人生与世界的"大问题"（big questions）的研究方法。这个定义从研究内容、研究手段和研究目的这三个维度阐明了规范研究的基本要素，并划清了其与经验研究的界限。

第一，就其研究内容而言，规范研究偏重于从价值的层面来看待社会问题和理解社会生活，也即侧重于回答"什么是好的"、"什么是值得的"、"应当是什么"（what should be）等价值问题（即规范性的"应然"问题）。从宽泛的意义来看，规范研究把所有有关"应然"的问题都作为自己的议题（郭正林，2003）。如"是否应该相信有天堂和地狱存在？"与"效率比道德更有价值吗？"都属于规范研究的范畴（风笑天，2001：4）。

这和经验研究不同。对于经验主义取向的社会科学研究来说，事实问题和价值问题是可以区分的（马什、斯托克，2006：21）。休谟（David Hume）关于"是"与"应该"的论述为事实与价值的区分提供了最初的理论源泉，他本人也因此被称为"实证主义哲学的真正鼻祖"（巴克勒，2006：178）。休谟认为，"是"（事实）与"应该"（价值）是两种

---

① 笔者更愿意把这种对立看做是一种辩证对立，两者虽彼此独立，但对学术研究而言，如同鸟之两翼，相辅相成，缺一不可。

不同的范畴，从"是"是无法推出"应该"的，否则"就会推翻一切通俗的道德学体系，并使我们看到，恶与德的区别不是单单建立在对象的关系上，也不是被理性所察知的"（休谟，1980：509—510）。休谟的这一思想被逻辑实证主义继承并发扬光大了，他们认为事实与价值的这一区分是价值判断不可证实的有力论据，并普遍相信，价值不是事物本身所具有的，作为外在于客观世界之外的东西，不具有经验的性质。既然价值不是经验的事实，不可被经验证实，因而，所谓的价值谓词、价值判断等都不过是妄概念和妄判断而已（艾耶尔，1981：121—123）。由于坚持这一原则，逻辑实证主义就从根本上放逐了价值与伦理问题。简言之，如果说经验研究强调可观察到的事实根据和实证材料，主张对价值问题进行中立化的处理①；那么，规范研究则把价值问题作为研究的核心关注点，即直接切入价值问题并对价值问题进行论证。

第二，就其表现方式而言，规范研究主要是对思想史上的重要文本（text）的诠释与解读。由于规范研究所讨论的是与价值相关的问题，无法从经验数据中寻找答案，因而，它所依托的研究资料主要来源于现有的各种历史文本，其理论分析总是以思想史为依托，不打开这些思想的史册，就无法把握规范价值的起源与真谛。

规范研究中的"文本"不同于经验研究中的"文献"（documents）。在经验研究中，所有我们希望加以研究的现象的任何信息形式，如文字、数字、图片和符号等，都可以被看做是"文献"（风笑天，2001：213—214）。文献的一个重要特点在于其可复制性和可接受性，即对文献的研究往往排斥了所获得的知识的个性，因而，人们对于这种知识的把握主要以"接受"为主，即把前人累积下来的经验知识原原本本地接受下来。规范研究中的文本，乃是过去的历史思想与观念的浓缩，具体表现为那些饱含着前辈学人个性化的思考与探索的著述（李维武，2007），其特点表现为个性化与非实证性，我们绝不能把它们"仅仅当作过去的死东西，而是看做来自以往的活生生的信息，这些信息在用它们自己的语言向我

---

① 一般来说，定量研究要求完全的价值中立；虽然定性研究强调任何研究都摆脱不了主观价值的影响，但是定性研究并不探讨价值本身。

们说话"（卡西尔，1985），因而仅仅接受这些文本所讨论的命题和结论是远远不够的，必须对它加以诠释和解读，只有经过解读，人们才可能对文本有比较深入和透彻的把握，也才能由此开展自己的规范研究。对文本的解读，要求研究者立足于个体的生命体验，与文本作者开展一种心灵对话，读者从而在这种对话中读出文本作者所赋予文本的原有思想，并对文本的原有思想作出新的理解、深化与发展。通过解读，读者不仅把文本作者所赋予文本的思想一层一层地读了出来，而且对文本的原有思想进行了新的理解、新的深化与新的发展。因此，解读文本就是一种创新的研究，一种规范的致思路径。

第三，就其研究目的而言，规范研究试图回答某个学科甚或人生与世界的"大问题"。[①] 这些大问题超越了对现实生活的客观描述而指向那些对人生与世界的永恒关切，如对真善美圣的追求和对意义的追问等。

经验研究侧重于反映和描述现实生活，揭示现实生活中的规律性，体现的主要是一种实证精神。规范研究则不仅有反映现实的一面，更强调对现实生活的反思、批判与超越，如博克斯（Box，2008：102）所言，规范性思想的首要目的，就是探讨社会生活的替代性未来（alternative futures）。这种对现实的超拔，构成了人们对未来"美好生活"的理想和追求，而对美好生活的追求，构成了规范理论的源泉，并存在于"从古希腊到现在的道德哲学与政治哲学的漫长历史之中"（巴克勒，2006：176）。如沃尔多（Waldo，1948：65）所指，在任何一种政治哲学中，我们都可以看到对"美好生活"的勾画，即使是在那些"无情的"（Hard－boiled）或"科学的"学者那里，这一点也不例外。

从理论方面来看，这些大问题可以是一个学科的元问题，即该学科无法回避的基本问题，比如现代政治学都必须处理权力与权利的关系问题；也可以是各门社会科学的基本问题，是所有社会科学学科都必须加以处理的问题，比如现代社会科学都必须处理"社会"为何的问题；还可以是人文社会科学的共同的、基本的问题，只要试图研究人文社会科

---

① 本文在此借用了所罗门（Solomon，2004）关于"大问题"的提法，同时参考了任剑涛（2008）对"元问题"的解释。

学的各门学科，就都必须对这些问题进行表态，比如关于人及其基本处境的问题（任剑涛，2008）。与此不同，经验研究的目的可以是检验现有理论的解释力，也可以单纯解释某种社会现象，它们完全可以不对这些大问题作以表态。

由于规范研究带有极强的个性化、主观性与非实证性的特征，因而要对规范研究的结论的有效性作出评价是困难的，我们既不能依据经验的检验，也不可能根据大多数人的看法，更不可能以一种政治意识形态作出判定（李维武，2007：302—303）。但是，"从事规范研究，并不能成为回避质量判断的理由"（马骏，2006）。那么，我们如何衡量某个规范研究是一个"好"的研究？或者说，规范研究有没有公认的质量标准呢？本文认为，一个好的规范研究，首先必须从研究内容、手段与目的三个方面满足规范研究的基本特征，缺乏其中任何一个要素的研究，都难以被看成是一项真正的规范研究。

其次，一个好的规范研究还必须符合如下两个基本要求。一是形式上的要求，即逻辑上的自洽性。[①] 大凡要思维，就必须提出概念，进行逻辑推理，最终作出确定的判断。作为一种具有浓厚的非经验性特征的思维方式，规范研究的主要表达方式是思辨，即在哲学、美学、科学和艺术等的基本观念指引下作出关于认识对象的理论猜测，并力求逻辑地构造理论体系的一种概念推演。因而，所谓逻辑上的自洽性，包含两层含义，其一，是指规范理论的文字表达，即很好地运用了概念、判断、推理这一套最基本的逻辑语言。其二，是指规范研究在其思想内容上合乎逻辑，即其各部分内容之间都有着内在的逻辑联系。一个好的规范研究，其用于推演的概念必须是高度一致的，而不能是自相矛盾的，不能进行没有根据的"论证"和跳跃式的推理，更不能以类似"独断论"的方式进行激进的批判（顾肃，2005）。比如在某篇规范性论文中，其前提中的"理性"一词用的是"rationality"，而结论中所使用的"理性"一词是"reason"，那么我们就需要慎重地检讨这一结论是否具有逻辑上的自

[①] 虽然实证研究在形式上也必须具有逻辑上的自洽性，但实证研究的成果要令人信服，关键在于其数据的真实性，及其所采用的对经验事实的呈现、分析和解释。而从具体阐释的过程来看，规范研究遵循严谨的逻辑分析的路径，因而逻辑自洽性对于规范研究具有相对独特的意义。

洽性。

二是实质上的要求,即价值目标上的"合法性"。以行政理论为例,所有注重规范研究的理论,无论它在社会环境与具体内容上有多大的差异,但它们对行政的价值目标的设想都是超越性的、理想性的。所谓价值目标上的"合法性",是指这种价值理想必须根植于社会生活的土壤之中,必须与某种现实价值目标相互照应、同时不能违反人类既有的社会实践。与其他社会科学一样,行政学是社会生活的一部分——公共行政实践在理论形态上的反映、结晶和升华,它必须也应该与行政实践密切相关,及时地观察和研究行政现象变化、发展的过程,解决社会存在的现实政治问题。与行政实践相脱离的行政学,只能成为一种空洞的抽象物而丧失其存在的价值和应有活力(金太军,1998:17)。

三、公共行政学何以需要规范研究

任何一个公共行政理论体系的建构,都不能缺少对公共行政之规范维度的关注。"如果缺乏规范理论,那么,我们将无法意识到目前公共行政实践与理论背后隐含的价值或更大的政治哲学,无法认识到现有经验之外的其他可能性,只能跟在现有经验事实的后面,研究已经发生了的事情,更无法超越现实的局限,变成沃尔多所说的那样,'过分地拒绝讨论原则,而拥抱缺乏批判的经验主义'"(马骏、刘亚平,2007:9)。而规范研究,是产生规范理论的巨大源泉。具体来说,我们可以将公共行政必须重视规范研究的理由归结为如下三个方面。

首先,现代行政学正是为了服务于宪政与民主价值而兴起的[沃尔多:1988:14]。斯蒂尔曼(Stillman,2000:20)强调,"美国公共行政思想过去是——现在依然是——宪政价值与民主价值的侍女",没有这些规范性价值目标的指引,就不可能产生行政学这门学科。一般认为,自我意识的公共行政学肇始于1887年威尔逊的《行政之研究》一文,该文清晰地凸显了威尔逊创立行政学的价值蕴涵。

19世纪末期,美国社会完成了从农业文明向工业文明的转变,工业革命带来的社会化大生产和科学技术的进步渗透到社会生活的方方面面,对各个社会领域都产生了深刻的影响,进步主义的观念深入人心。早期的公共行政学者深受进步主义的影响,他们大都"视推进民主为己任,以表明民主能在现代社会条件下得以维系"(登哈特,2002:46),同时,他们也"热心于建立一些使他们能够应对日益城市化和技术化的具体机制,从而发现自身的价值"(登哈特,2002:46)。威尔逊的《行政之研究》就是在这样的背景下应运而生的,它所阐述的"政治与行政二分"理论将有助于促进文官改革运动,使"干净的"行政从弊端丛生的"政党分肥制"中摆脱出来。

威尔逊的出发点在于祛除政党分肥制的弊病。他认为,政党分肥制的弊病是由行政领域和政治领域混合在一起造成的,如果行政人员过多地以一种政治方式行事,无论是由于任命他们的过程还是由于他们继续在政党组织中扮演原有角色,均可能产生贪污腐化,也几乎肯定会出现独断专行的决策(休斯,2007:29)。而"政治与行政二分法"则使行政发展成为一个摆脱了政治干涉的独立领地,它将通过树立公共服务受到公众信任的神圣尊严,使官场生活中的道德气氛得到澄清,它还通过使公共服务非党派化,开辟了行政职业化的道路,惟其如此,行政系统才能够以科学、效率、效益、技术合理性等价值为行为准则,并由此建立一个高效合理的政府管理模式。但是,对威尔逊来说,政治与行政二分的意义在于为行政划定独立的领地,独立出来的、以去政治化原则为基础的行政体系纯粹是工具性的,它只是在技术上具有优越性,不宜介入政治价值的论辩过程,而应努力成为实现政治价值的手段。吉瑞赛特(2003:26)就此评论说,在威尔逊那里,公共行政研究不过是"一个可以用来纠正政治上的弊端和建立一个富于效率而且反应敏锐的政府的手段"。只有认识到这一点,才能进入威尔逊理论的核心层面,即行政学的研究必须适应美国的民主理念。

其次,公共行政不仅关乎专业技术,更重视对公共服务的道德追求。任何一种公共行政体系,如果不考虑民主等基本的规范价值,不抓住自己领域的"精神",那么就将成为"缺乏灵魂的盲动",从而抓不住公共行政与公共服务的恰当本质。公共行政的一个重要使命在于扮演执行与捍卫民主宪政的角色,无论是公共行政的从业者还是研究者,都有责任维护并发展民主、法治、自由、正义等基本价值（张成福，2006：30）。公共行政对民主宪政等基本价值的回应与落实，关系到政府治理的合法性问题，关系到政府的权威和公信力的问题，也关系到公共行政作为一门学科的合法性问题（张成福，2006：30）。从这个意义上讲，"公共行政首先是关注价值的"，"评估事实与价值的重要性与意义是公共行政者的恰当本质"（Rutgers，2008：43）。

对规范理论家来说，问题最终是伦理的。对此作出恰当注解的是沃尔多。沃尔多（Waldo，1980：164）认为，了解公共行政意义的出发点是弄清它与私人行政的区别，弄清这一区别有助于我们认识公共行政的本质，因为"'公共的'和'私人的'并不是自然的范畴；它们是历史和文化的范畴"。因此，要更好地理解公共行政的本质，就要把行政学放到人类全部事业的历史文化视野中来考虑。沃尔多强调说，文化的概念使我们能够领会到特定社会中的行政，同时使我们能够按照行政环境来理解行政在不同社会之间的差别。同样，当我们讨论私人行政与公共行政的区别时，我们不能仅仅限于"行政本身的一般概念"来判断，而必须通过对多种文化进行比较，"否则我们就很可能陷入错误之中，错误地将仅仅在我们的国家或文化传统中才是真实的或重要的区别看做是普遍存在的东西"（Waldo，1955：10）。实际上，由于各个社会的文化是不同的，作为各个社会内部社会之间的理性合作行为的一种系统也是不同的。因此，"文化"概念有助于识别和处理不同社会之间"公共"的不同方面，同时有助于我们识别和处理不同社会之间"行政"的相同方面（Waldo，1955：12）。或许正是在这个意义上，我们才可以清楚地理解沃尔多的学生塞尔（Sayre，1958：245）的一句名言："私人行政和公共行政只有在所有不重要的方面才是相同的"。

最后，现有的忽视公共行政之价值维度的主流公共行政学"已经无法适应不断发展的民主潮流，不能解决社会冲突或者不能创造解决社会问题的坚实的生活基础"（全钟燮，2008：1）。一种公共行政理论要想得到社会的广泛认同，就必须能够有效地反映当前公共行政实践的真实世界，提供解决当前现实中公共问题的有效方案。在当今社会生活中，随着人们对公共行政依赖性的不断增长以及公共行政机构的不断扩张，一个不争的事实就是，公共行政在我们今天的人类社会中扮演着越来越重要的角色。公共行政所能发挥的空间越来越广，小到街道清扫、大到太空探险，无不可以发现公共行政的踪影；公共行政所能发挥的作用也越来越强，它"不再仅是执行公共政策的工具，而是设计并执行经济、科技、政治和社会变迁的主导力量"。但与此同时，人们不难发现另外一个同样也是不争的事实：今天的公共行政在其实际运作中正遭遇越来越大、越来越多的困境与挑战。凯登（Gerald Caiden）在其《行政变革年代之来临》一书中指出，不管是东方或西方国家，"均可发现许多相类似的行政问题，如行政傲慢、无效能、无效率、行政帝国主义、公共部门膨胀等病象"（江明修，1997：4）。为什么会出现这些问题的呢？全钟燮（2008：25—26）就此分析说，这部分源于"现有公共行政强调将行政管理的重要性置于公共行政的公共性之上"，这种"工具性和理性化取向的公共行政对复杂社会现象的理解非常匮乏，因此，它经常制造出没有预期的负面后果"。

　　公共行政学之所以忽视了公共性，主要是因为它是在一种充满悖论的技术理性的宏大叙事背景下走上历史前台的，因而从一开始它就蕴含着浓厚的工具主义思维倾向，偏重于达成目标之手段的思考，而对于目标本身缺乏反思。诚然，对公共行政管理维度的重视给人们带来了有目共睹的成就，没有对管理维度的重视，我们的公共行政实践就像跛子一样，难以一步一步地向前迈进。但是，没有规范价值指引的公共行政像瞎子一样，它不知道该向哪个方向迈进。有趣的是，公共行政领域的管理学大师西蒙在其晚年的时候，发表了题为《为什么是公共行政》（Why Public Administration）的著名演讲，严词批评了当下行政学界过度迷信管理主义和经济主义的现状，并重申了公共行政理论在行政研究中的重要地位（Simon，1998）。

四、中国公共行政学中的规范研究：问题与出路

　　在西方公共行政学的百年演绎历程中，许多被公认为一流的学者都从事规范研究。早在公共行政学兴起时，安坡比（Paul Appleby）、高斯

(John Gaus)、达尔（Robert Dahl）等人的研究突显了规范价值的重要性。沃尔多将规范研究推到了一个新的高峰，在他之后，又兴起了各式各样的规范研究的标本，如20世纪70年代早期的"新公共行政"运动、始于20世80年代早期的"黑堡宣言运动"和80年代出现并仍然非常活跃的PAT-NET。总的来说，在西方行政学的发展史上，规范研究通常是作为主流的经验研究的反对派而存在的。但正是由于规范学者不间断强调规范研究的重要性，才使得西方行政学一直保持着敏锐而深刻的批判精神以及不断进行创新的活力。

反观我国，公共行政（学）盛行一种"管理主义"的思维方式，而诸如"人类幸福"、"美好生活"等规范性的价值问题则被抛在了一边，少有人问津，我们"无法意识到目前公共行政实践与理论背后隐含的价值或更大的政治哲学，无法认识到现有经验之外的其他可能性，而只能跟在现有经验事实的后面，研究已经发生了的事情，更无法超越现实的局限"（马骏、刘亚平，2007：9）。这种"管理主义"的思维方式使得中国的公共行政学是一个缺乏"公共性"的"公共"行政学，而一个没有"公共性"的公共行政学将不可避免地面临着合法性危机（张成福，2007）。这种合法性危机集中地表现在传统行政管理的缺陷及其所造成的负面效果上，如对经济效率的崇拜，对个人、部门、地方以及短期利益的追逐，无视公民和社会和合法期待，官僚主义和不负责任的行为，甚至贪污、腐化以及对公共资源的公开掠夺，等等（张成福，2007）。在改革攻坚的今天，我们面临着构建社会主义和谐社会的重要任务。对处于如此重大历史时期的公共行政学来说，为这一重要任务作出建设性的探索是义不容辞的责任，但缺乏规范维度的公共行政学是难以为中国真实世界的公共行政实践提供恰当的方向指引的。因此，本文将对现有的"规范研究"作一番反思与批判，并在此基础上提出我们对于未来规范研究路径的方向性设想。

虽然不少作者自称做的是规范研究，且不少评论者也将那些没有严格遵守实证主义标准的著述纳入规范研究之列，但这一类貌似"规范研究"但又难以被严格地称为"学术研究"的著述不能成为我们反思与批判的焦点。我们更愿意将审视的焦点集中于那些探讨行政哲学、行政伦理与行政文化的论文上。之所以如此，一方面是因为公共行政学中的规范研究本身就被称之为对公共行政的哲学探讨，另一方面是因为这类研究一直以来都在我国行政学研究中占有很大比重，据何艳玲（2008）统计，这类研究占到了过去十年内全部研究的13.2%，在各类主题的比重中排名第二；张康之（2003）也认为，"我国关于行政学研究的大量成果都属于行政哲学方面的研究成果"。这类研究虽然一定程度上唤醒了人们的价值意识，但如果对照前文所述规范研究的基本要素与质量标准，我们会发现，总体看来，其缺陷却是显而易见的。

一是现有的规范研究太过沉迷于体系建构，加之马克思主义在中国学术研究中的独特地位，这种体系建构往往又停留于马克思主义的一些既存论断上，因而缺乏针对行政实践的创造性理论（张帆，2007：191）。我们要想超越传统的关于行政实践的理论思考，"就需要与那些热衷于改变我们研究领域的们展开哲学论争和对话"，因为行政哲学着眼于获得更美好的生活，着眼于获得更高的公共利益，从而有助于我们进一步地"理解我们的制度里和纠缠着人类价值的各种问题"（朱恩①，2004）。但遗憾的是，我们现有的行政哲学研究并不能达到这一目的，因为它们往往依赖于马克思主义等"革命理论范式"，但又"对马克思主义分析方法运用流于形式"，即首先把马克思主义当作一个既定的大前提或大原则确立下来，然后在这个大前提或大原则下提出问题或解决问题，最终得出一些无比正确但又无适用性的宏大结论（许多学者对这种研究提出了尖锐的批评，参见王邦佐，2001；王金洪、郭正林，1998；谭君久，1998；陈红太，2003：75）。这种研究不过是一种"画虎不成反类犬"的工作，因为他们所建构出来的行政哲学体系是十分通俗而且简单的，只需找一本通行的哲学教科书，将里面的"哲学"二字前面加上"行政"二字就行了。反过来，只需把这种"行政哲学"体系中的"行政"二字去掉，就成了一般通行的哲学体系。张康之（2003：36）就此辛辣地批评说："写一本行政哲学的书，如果在电脑里把所有'行政'二字替换成'科技'，只要几分钟的功夫，又会出现一本科技哲学的书。其实，这本书既

---

① 即全钟燮，但为尊重该文译者，本文在此保留了"朱恩"这一译法。

不是行政哲学也不是科技哲学，或者说，它什么都不是。"

二是缺乏反思与批判的精神。前已述及，由于规范研究与价值问题、伦理问题具有高度的关联性，因而它往往内在地预设了某种超越性的价值理念或道德理想，以便更好地探求社会生活的意义或价值。而要实现这种道德理想，往往要求我们对公共行政现有理论与实践的固有弊病保持一定的警醒意识，即对"许多习惯性、非反思性、常规性和漫无目的性的"（朱恩，2004）行政思维方式与实践活动提出质疑、挑战，以便让人们从习以为常的生活之中超拔、升华出来。正是这种对现实的批判成就了规范研究者的道德理想，因此，"对于规范理论来说，批判研究是非常重要的。一种没有基本的社会关怀、缺乏批判精神的规范理论很难说是真正的规范理论"（马骏、刘亚平，2007）。总体来看，我国现有的行政学研究始终没有摆脱西方理性的行政理论典范的束缚，我们既缺乏对西蒙路径的超越，也缺乏对沃尔多路径应用于中国实践的反思。即使在现有规范研究的文献中，我们也看不到这种人们所希望看到的规范理论。以现有的行政伦理研究为例，在相当长的时期里，我们的行政伦理"是与现实脱节的，只是不断地重复一些说教，要求人们必须如何如何，而忽视了大多数人是否能够做到"（顾肃，2005）。更深层的问题在于，对道德说教的迷信，会导致人们忽视或掩盖对制度设计本身的反思与检讨，从而弱化人们通过制度化途径来提升公共行政人员的道德素养的反思能力。

综上所述，我们总体上缺乏有质量的规范研究。这种规范研究的缺失，使得我们的公共行政在理论上和实务上都处于一种严峻的合法性危机之中。要解决这种危机，一个重要的工作就是要在公共行政学中重新确立规范研究的路径，这种研究路径"不仅有助于我们重新认识和理解公共行政，也可作为反思和批判公共行政的基础，同时为行政实践提供有价值的指引"（张成福，2007）。这种研究路径，立足于中国公共行政实践，强调以人文精神为内核、以超越性为特征、以公共性为基石、以构建和谐的良序社会为目标，从而成为一种不同于传统公共行政理路的致思路径。

首先，它强调在公共行政研究中彰显人文精神。人文精神是一个历史的范畴,不同的历史时代,不同的民族文化,人的文化生命与人的文化世界不同,人文精神的内涵也各不相同(李维武,2007:36)。在公共行政领域,所谓人文精神,就是要将对美好生活(Good Life)的设想与追求寓于公共行政的研究与实践中,强调通过对"公共性"的弘扬来促进公共行政理论与实践的发展进而促进人类社会的发展,并对主流行政学中所盛行的"管理主义"和"工具主义"思维模式始终保持反思与批判的态度。具体来说,人文精神在公共行政领域有如下三个方面的表现:

一是对"美好生活"的设想与追求。在规范主义者看来,公共行政学不过是政治哲学的一个篇章,而"任何一个写作政治哲学的人,都有一种关于美好生活的理念,并至少对实现这一美好生活怀有一丝希望——要不然他就不是在写作政治哲学"(Waldo,1948:65)。因而,从根本上讲,公共行政理论"应该告诉我们'美好社会'中应当是什么样的,公共行政在这个'美好社会'中应该处于什么位置,公共行政在构建美好社会中应该发挥什么作用"(马骏、刘亚平,2007:9)。

二是对"公共性"(Publicness)的倡导与弘扬。公共行政在许多重要的方面与私营部门的行政有区别。罗森布洛姆、克拉夫丘克(2002:6-15)认为,我们之所以要强调公共行政的公共性,是因为公共行政有其独特的地方:(1)公共行政必须以宪法为基础,宪法确立了公共部门特有的、不同于私人管理的价值观,这些价值观念通常是与私营部门的价值观相背离的,如政府对效率的考虑就必须从属于许多政治原则(如代表性、责任与透明性等)之下;(2)公共行政并非仅仅是一项专业技能,它更是一种实践社会道德的形式,因而,政府有义务增进社会的公共利益,它必须服务于"更崇高的目的",即确保能够代表并回应民众利益;(3)公共行政与私人行政在面对市场机制时的表现也是不同的,它较少受到市场限制立场的限制;(4)公共行政管理者是人民主权的代表者,他主要基于公众的信任来代表主权运作,并根据社会整体的需要进行资源、价值观以及地位的分配,因而其地位有别于一般私人企业的管理者。正因如此,罗森布洛姆等人认为,我们必须强调公共行政之公共性的特质。唯有恰当地理解和持续地弘扬"公共"行政学的"公共性",我们才能恰当地思考"什么是公共行政"、"我们为什么需要公共行政"

以及"什么是好的公共行政"等行政学的基本问题(张成福,2007:7)。

三是对"管理主义"的反思与批判。"在进入现代社会后,人文精神首先强调的是反对片面夸大科技作用的科学主义和片面夸大经济作用的经济主义,实际上包含了对西方近代人文精神赞扬科学、追求欲望的反省和批判"(李维武,2007:36)。公共行政学者只有体现了这种富于批判的人文精神,才能从"管理主义"泛滥的工具性思维中摆脱出来,才能富有生气、富有活力、富有创造性地回答现实的公共问题。如果突破传统"管理主义"的狭隘视角,就会发现,公共行政并不仅是价值中立的手段,也不仅是执行公共政策的工具,更是设计并执行经济、科技、政治和社会变迁的主导力量。公共行政应追求崇高的目标与道德承诺,应以改善人民的生活,追求公平、效率与民主为职业,它在民主治理过程中应扮演着核心的、重要的与正面的角色,而不能仅仅被视为达到民主的工具。因而,公共行政的本质"涵盖了整体社会、政治、经济的重要意义,亦即,在以人民与社会为首要考量的情况下,它必须花费极多的心思,为全体社会寻求确切的发展方向。而公共行政与管理的改良,并不仅是实现这些目标的手段之一;事实上,其本身亦是我们所要完成的目标"(全钟燮,1994:15)。

其次,它并不反对效率价值,但更注重其"公共性"的维度。在我们看来,公共行政管理维度的技术变革与创新是十分重要的,因为它意味着行政体系回应人民需求的速度和提升公共服务品质之必需。但是,尽管技术与效率是公共行政的重要面向,但其决非公共行政的全部。完善的民主行政所涵括的,并不限于组织与管理技术、政策规划与分析、人事与财务管理以及方案评估。虽然,公共行政的确包含这些主题。我们强调的是,效率固然是公共行政的价值追求,但决不是其唯一价值和终极目标。从根本上讲,由于公共行政对于公众生活的各个方面都具有决定性影响,它仍应关注"人类幸福"、"美好生活"等根本问题。公共行政主要讨论公共问题的解决,理应由行政的与公众的关切角度来处理公共事务,倘若公共行政人员仅执行官僚体系所规定的功能,则公众的因素势必会被忽略。因而,"在民主社会里,当我们思考治理制度时,对民主价值观的关注应该是极为重要的。效率和生产力等价值观不应丧失,但应当被置于民主、社区和公共利益这一更广泛的框架体系之中"(Denhart, 2000: 559)。而我们所期望的公共行政,不仅是一个公认有效率的政策执行者,而且是一个在治理行动中拥有正当性的行动者。

最后,它强调立足于中国现实公共行政实践的本土化思考。确立一种立足于中国实践的公共行政学规范研究路径,我们至少面临两个困难。第一个困难,虽然我们的文化沉淀了足够丰富的、有待发掘的行政思想,但我们的传统中缺乏民主宪政赖以孕育与发展的契约意识。契约意识的缺乏,使我们难以从一个私人空间里的"熟人社会"走向一个有着公共承担的"陌生人社会",从而极大地妨碍了我们整体社会公民精神的培育。第二个困难,我们今天所用的理论资源大都来自于西学中的经典,如柏拉图、亚里士多德、洛克、柏林、马克思等,包括一些关键性规范价值的概念,也主要是由西方学界来定义的。这种反差,不仅衬托出西方的政治霸权和学术霸权地位,也暴露了我们自己在理论建构上的失语症(王绍光,2003: 26,36—37)。因此,在近乎失语的情况下,我们如何有能力创造自己的话语体系,如何确立自己的核心价值,如何才能真正做到批判性的吸收与创造性的思考并举,我们能否将西方经典的政治学理论、中国传统的政治文化与马克思主义关于国家治理的理论这三者有机地结合起来,这些是摆在我们面前的不容回避的问题。

虽然本文主张用一种规范研究的路径来直面今天中国的公共行政实践,来纠偏传统"管理主义"取向的中国行政管理学研究,但本文表达的只是一种价值立场,也只触及了复杂的公共行政实践的一部分,它既不可能取代或贬损其他理解视角的价值,也不可以期望这一视角和价值立场是唯一可取的。本文的目的在于引起人们对公共行政规范维度之独到意义的重视,激发人们对于公共行政以及文化整体的批判与反思,并为一个更加伦理的和民主的公共行政奠定理论基础,从而为构建和谐的良序社会提供更多的理论参考。

【参考文献】

艾耶尔:《语言、逻辑与真理》,上海:上海译文出版社1981年版。

巴克勒:《规范理论》,载马什、斯托克编:《政治科学的理论与方法》,北京:

中国人民大学出版社2006年版。

柏伊姆：《当代政治理论》，北京：商务印书馆1990年版。

陈红太：《当代中国政府与政治：体系与方法》，载郭正林、肖滨主编：《规范与实证的政治学方法》，广州：广东人民出版社2003年版。

陈辉：《中国行政学研究评估：基于高校学报的分析》，载《公共管理研究》，2008年第6期。

德兰逊：《社会科学：超越建构论和实在论》，长春：吉林人民出版社2005年版。

登哈特：《公共组织理论》，北京：华夏出版社2002年版。

风笑天：《社会学研究方法》，北京：中国人民大学出版社2001年版。

弗雷德里克森：《公共行政的精神》，北京：中国人民大学出版社2003年版。

顾肃：《重建中国公共哲学的反思与设想》，载《中国人民大学学报》，2005年第2期。

郭正林、肖滨主编：《规范与实证的政治学方法》，广州：广东人民出版社2003年版。

哈贝马斯：《交往与社会进化》，重庆：重庆出版社1989年版。

何艳玲：《"我们在做什么样的研究"：中国行政学研究评述》，载《公共管理研究》，2008年第5期。

胡伟：《在经验与规范之间：合法性理论的二元取向及意义》，载《学术月刊》，1999年第12期。

华勒斯坦：《开放社会科学》，北京：三联书店1997年版。

怀特、亚当斯：《公共行政研究：对理论与实践的反思》，北京：清华大学出版社2005年版。

吉瑞赛特：《公共组织管理：理论和实践的演进》，上海：上海译文出版社2003年版。

江明修：《公共行政学：理论与社会实践》，台北：五南图书出版公司1997年版。

金太军：《规范研究方法在西方政治学研究中的复兴及其启示》，载《政治学研究》，1998年第3期。

卡西尔：《人论》，上海：上海译文出版社1985年版。

李维武：《人文科学概论》，北京：人民出版社2007年版。

罗森布洛姆、克拉夫丘克：《公共行政学：管理、政治和法律的途径》，北京：中国人民大学出版社2002年版。

马骏：《中国公共行政学研究的反思》，载《中山大学学报》，2006年第3期。

马骏、刘亚平：《中国公共行政学的"身份"危机》，载《中国人民大学学报》，

2007 年第 4 期。

马什、斯托克编:《政治科学的理论与方法》,北京:中国人民大学出版社 2006 年版。

麦克斯怀特:《公共行政的合法性》,北京:中国人民大学出版社 2002 年版。

全钟燮:《公共行政:设计与问题解决》,台北:五南图书出版有限公司 1994 年版。

全钟燮:《公共行政的社会建构:解释与批判》,北京:北京大学出版社 2008 年版。

所罗门:《大问题:简明哲学导论》,桂林:广西师范大学出版社 2004 年版。

谭君久:《从与中国社会主义现代化建设关系的角度再论政治学基础研究》,载《政治学研究》,1998 年第 1 期。

王邦佐:《政治学的繁荣和发展需要理论创新》,载《政治学研究》,2001 年第 1 期。

王金红、郭正林:《21 世纪中国政治学的总体性转换》,载《社会主义研究》,1998 年第 1 期。

斯蒂尔曼编:《公共行政学(上)》,北京:中国社会科学出版社 1988 年版。

格林斯坦、波尔斯比编:《政治学手册精选(上)》,北京:商务印书馆 1996 年版。

肖唐镖:《多维视角中的村民直选》,北京:中国社会科学出版社 2001 年版。

休谟:《人性论》,北京:商务印书馆 1980 年版。

颜昌武、刘云东:《西蒙—瓦尔多之争:回顾与评论》,载《公共行政评论》,2008 年第 2 期。

王乐夫主编:《中国公共管理理论前沿》,北京:中国社会科学出版社 2006 年版。

张成福:《重建公共行政的公共理论》,载《中国人民大学学报》,2007 年第 4 期。

张帆:《"行政"史话》,北京:商务印书馆 2007 年版。

张康之:《发展行政学要重视加强行政哲学研究》,载《中国行政管理》,2003 年第 1 期。

朱恩:《什么是行政哲学》,载《北京行政学院学报》,2004 年第 4 期。

Box, R. (2008). Making a Difference: Progressive Values in Public Administration. NY: M. E. Sharpe.

Denhardt, R. & Denhardt, J. (2000). The New Public Service, Serving Rather than Steering. Public Administration Review, 60 (6): 549–559.

Polanyi, M. (1983). The Tacit Dimension. Gloucester, MA: Peter Smith.

Rosenbloom, D. & MeCurdy, H. (2006). *Revisiting Waldo's Administrative State*. Washington, D. C. : Georgetown University Press.

Rutgers, M. (2008). Normative Dimensions of Public Administration. *Administrative Theory & Praxis*, 30 (1): 42 – 49.

Sayre, W. (1958). Premises of Public Administration: Past and Emerging. *Public Administration Review*, 18 (2): 102 – 105.

Simon, H. (1997). *Administrative Behavior: A Study of Decision-Making Processes in Administrative Organizations* (Fourth Edition). NY: The Free Press.

Simon, H. (1998). Why Public Administration. *Journal of Public Administration Research and Theory*, 8 (1): 1 – 11.

Spicer, M. (2008). The History of Ideas and Normative Research in Public Administration: Some Personal Reflections. *Administrative Theory & Praxis*, 30 (1): 50 – 70.

Stillman, R. II (2000). *Public Administration: Concepts and Cases*. Boston: Houghton Mifflin Company.

Waldo, D. (1955). *The Study of Public Administration*. New York: Random House.

Waldo, D. (1948). *The Administrative State: A Study of the Political Theory of American Public Administration*. NY: Ronald Press Company.

Waldo, D. (1980). *The Enterprise of Public Administration: A Summary View*. Calif: Chandler & Sharp.

Wilson, W. (1887). The Study of Administration. *Political Science Quarterly*, 2 (2): 197 – 222.

第二篇

重建中国公共行政的公共理论*

张成福

中国人民大学公共管理学院

[摘要] 中国公共行政最大的问题在于其合法性危机,而合法性危机的根源在于公共行政公共性的丧失。从行政理论发展的角度,有必要摆脱传统的技术理性的行政典范,建立公共行政的公共理论。主旨在于,通过对行政理论和实务的反思,探讨重建公共行政理论的可能。

[关键词] 公共行政　合法性危机　公共理论

一、前言

公共行政,诚如已故的诺贝尔经济学奖获得者、著名的行政学家赫伯特·西蒙所言的那样,是我们人类已经发现的实现人类需要的最有效的工具(Simon, 1998)。的确,在任何一个时代,设计和管理复杂的社会都是一项关键的社会技术和艺术。中国社会正处于历史上从未有过的历史性的变革之中,在过去的20余年,中国社会本身发生了历史性的巨

---

* 本文发表于《中国人民大学学报》2007年第4期。收入本论文集时作了修改。

变，中国社会的主流意识形态实现了从阶级斗争向和谐社会的转变；经济体制从传统的计划经济转向社会主义市场经济；社会的结构从封闭走向开放；社会形态从传统的农业社会转向现代化的工业社会；政治发展更加趋向民主化和法治化。中国社会转型对中国公共行政，无论是理论研究，还是行政实践，都提出了一个最大的挑战：如何建立与发展与社会变革相适应的公共行政。

在笔者看来，中国公共行政最大的问题在于其合法性危机，而合法性危机的根源在于公共行政公共性的丧失。从行政理论发展的角度，有必要摆脱传统的技术理性的行政典范，建立公共行政的公共理论。本文的主旨在于通过对行政理论和实务的反思，从而探讨重建公共行政理论的可能。

需要说明的是，本文在很大程度上是在提出问题，而非解决问题。在我看来，在任何科学研究中，提出问题本身便是有价值的。通过提出这些问题，引发公共行政理论研究者与行政实务者之间、理论研究者相互之间和实务工作者之间的对话与沟通。

二、公共性的丧失与公共行政的合法性危机

在我看来，中国公共行政，无论是理论研究，还是公共行政的实务，存在的最大的问题在于"公共性"的丧失。在现实生活中，随着市场经济模式的发展和逐步的确立，功利主义的思考和行动逐渐地占据了优势的地位。功利主义，对个人利益的追逐，对个人欢乐的诉求，对经济成本和利益的斤斤计较，取代了为公共利益而思考和行为。社会似乎成为人们角逐个体利益的战场，"公共"失去了其存在的意义和价值。我们主张个体权利的革命，但不关注个体决定和行动的后果，从而丧失了公共的责任感。人们似乎不愿意组织起来，参与到集体的行动中以维护共同的利益。这种功利主义的观念不可避免地反映到公共行政领域。在现实中，许多不良行政（bad administration），如对经济效率的崇拜，对个人、部门、地方以及短期利益的追逐，无视公民和社会的合法期待，官僚主义和不负责任的行为，甚至于贪污、腐化以及对公共资源的公开掠夺等

等，皆与此有着十分密切的关系。

就中国公共行政的理论研究而言，作为一门移植的学科，我们在重建中国公共行政研究的过程中，不加反思与批判地套用和沿用了西方发展起来的主流的行政理论典范。这一理论典范即传统的行政理性典范。这一典范的基本命题和假设是：政治与行政的分离；对行政中立的强调；将效率和生产力视为最终的目的；主张集权和控制；强调理性决策和规划；重视专家在政策分析中的角色；强调垂直性的权威关系和协调；主张事实与价值的分离；强调信息的积累和控制（Jun, 1986）。学者奥斯特罗姆曾将该理论典范称之为威尔逊典范，并将该典范概括为：（1）任何政府体系必须存在一个单独的权力主导中心，一个社会的政府必须受那个权力中心的控制；（2）权力愈分散就愈不负责；（3）宪政界定并决定权力中心的构成，并建立制定法律与控制行政的政治结构；（4）政治为行政设定工作，行政在政治之外；（5）就行政功能而言，所有现代政府具有明显的相似性；（6）专业训练的公务员，在完美的等级秩序下，赋予"良好行政"以必要的条件；（7）层级组织的完善可以使效率最大化；（8）良好的行政是人类文明现代化与促进人类福祉的必要条件（Ostrom, 1989）。总之，在他们看来，公共行政是关于如何建立和操作一组织，以便有效地工作。

从研究方法论的角度来看，传统主流行政学典范的方法论是逻辑实证理论，这种方法论最典型的特征在于：主张价值的中立，将应然和实然分离；主张预测控制，认为科学研究的目的是为了获取知识，以便预测和控制社会与自然；主张经验科学，用自然科学的方法论研究社会现象；主张寻求通则，发展超越时空的规律性知识体系；主张化约主义，认为复杂的现象可以简化为其各组成部分加以理解；机器隐喻，视整体为一架机器，可以拆分进行研究。

这种建立在逻辑实证主义之上，主张价值中立、公私不分、效率至上，重视技术理性的公共行政研究及其理论，混淆了公共行政和私人行政的差别，更重要的是忽视了公共行政的公共性质，无力反省公共行政的基本价值和目的，使公共行政变成了一种"牧民之术"（administration of people）。

事实上，对于主流的行政学典范，即使在西方，也有许多有识之士对其进行了分析和批判。早在上世纪40年代，行政学大师沃尔多在其《行政国家》一书中认为，主张价值与事实区别的实证行政理论研究，会使公共行政化约为只重视行政效率与行政技术，而完全忽视公共行政的公共本质（Waldo，1948）。另一位政治和行政学家罗伯特·达尔在其名著《公共行政科学》一文中，反对公私不分的行政科学，认为公共行政，不仅是公共目的的执行，更是公共目的的创造（Dahl，1947）。

在上个世纪六七十年代，以弗里德里克森为代表的新公共行政，对传统典范进行了系统的反思和批判，他们认为，建立在技术理性基础之上的传统行政理论局限了行政的视野和活力，使公共行政成了盲动的理论，主张公共行政要更加关注公共利益，致力于社会公平和正义的实现（Marini，1971；Frederickson，1980；弗雷德里克森，2003）。在80年代，学者魏姆斯利及其同仁在《公共行政与治理过程：转变美国的政治对话》（史称"黑堡宣言"）中批判师法企业的风潮，认为公共行政不同于企业管理，重申了公共利益的重要性，主张公共行政在民主社会的治理中扮演更为积极的角色，如执行和捍卫宪法的角色、人民受托者角色、贤明少数人的角色、平衡论的角色以及分析与教育者的角色。[①] 在九十年代，学者邓哈特（Robert Denhardt），极力反对企业家政府主张，主张以公共利益为中心的公共服务理论。[②]

反观我国的行政学研究，其主流的研究领域始终没有摆脱从西方发展起来的理性的行政理论典范，一方面，我们对西方主流典范缺乏批判和反思；另一方面，无论是理论界还是实务界，对公共行政的基本价值、根本目的方面也缺乏系统化的思考和反思，致使公共行政成了"实务性的盲动"和缺乏目的和意义的行动。这样，公共行政的理论不仅无力解释行政现实，亦无力指导行政行动，解决行政问题，从而出现合法性危机。

在我看来，要解决公共行政在理论上和实务上的合法性危机，重要

[①] 关于《黑堡宣言》的主要观点和思想详见 Wamsley et al.（1990）。
[②] 关于新公共服务的理论详见 Denhardt & Denhardt（2003）。

的一个工作就是要建立和发展公共行政的公共理论,这种理论不仅有助于我们重新认识和理解公共行政,亦可作为反思和批判公共行政的基础,同时亦能为行政实践提供有价值的指引。

三、公共行政的公共理论

诚如学者所言:"行政是政府的核心,但公共才是国家的重心"。对于公共行政学科研究乃至实践而言,公共行政的"公共性"才是构建其合法性的基石。对于如何构建公共行政的公共理论,不少西方学者均进行了许多卓有成效的探讨。弗雷德里克森教授在其大作《公共行政的精神》一书中,提出构建公共行政公共性的一般理论,他认为,公共行政的公共性应满足以下四个基本的构成要件:一是它必须建立在宪法之上;二是建立在得到强化了的公民精神的基础上;三是建立在对集体的和非集体的公众的回应之上;四是建立在乐善好施与爱心基础之上(弗雷德里克森,2003)。行政学家罗森布鲁姆主张从宪政体制、公共利益、市场、国家主权四个方面考虑建立公共行政的公共性(罗森布鲁姆,2002:6—15)。诸如此类的分析,为我们思考建立公共行政的公共理论提供了很好的途径。

在我看来,思考和建立公共行政的公共理论,必须思考和回答以下几个基本问题:

(一)公共行政与公民和公民精神

行政学者迪马克曾言:"行政艺术的起点和中心在于其为之服务的公民"(Dimock,1990),在他看来,这一事实即使是在对民意十分在意的民主政府中,都没有得到足够的重视。的确,现代政府治理所面临的危机,从根本上来讲,是因为它远离了一个伟大的遗产——将人民放在事物的中心,而将政府自身放在事物的中心,公共官员忘记了"人民不应为制度工作,制度应该为人民工作",宪法中人民主权的原则变成了一句空洞的口号。因此,公共行政的重建,最重要的是理解公民与政府的关系。在政府与公民关系上,有三点是十分重要的:

(1)保障和提升公民的权利,是公共部门存在的唯一合法的依据,亦是政府的基本职能。世界上没有抽象的政府职能，只有具体的政府职能。公民政治、经济和社会权力的实现程度，在实质意义上反映着政府能力和施政水平。

（2）公共行政需要"知情的公民"（informed citizen）、"沟通协商的公民"（consultative citizen）以及"参与的公民"（participatory citizen）来协助公共政策的制定、执行与公共事务的管理，并鼓励公民积极地实现公民自治权利和自我管理。

（3）公共行政有义务促进积极的公民精神的形成和发展。公共行政需要的不仅仅是人性化的管理施政，更重要的是有责任进行教育与启蒙、强化与激励公民精神和美德。这并不意味着政府比公民有着更为崇高的道德，而是意味着政府有责任促进社会的美德。

（二）公共行政与公共利益

民主国家的公共行政和公共政策必须反映公共利益，这是政府施政的基本原则。尽管有学者认为公共利益是一个"政治的迷思"（political myth），其目的是将特定团体的利益合理化，使之披上道德的外衣，但是这并不意味着不存在公共利益，恰恰说明了公共利益的正当性。事实上，国家和政府的产生，恰恰是因为某种共同利益的存在。学者梅叶（R. Mayer）曾经从政治学、社会学和经济学三个角度来阐述什么是公共利益，从政治学的视角来看，公共利益的本质是指政府以超越私人利益范围的行动所追求的利益，包括整体的利益（如法律与秩序）、社群的利益（属于个人利益，但为社群的成员所需要，如健康、卫生、教育等每个人都需要的利益）以及个别利益经由政治过程转变而成的公共利益（如政府对弱势群体的照顾，政府对企业家的减税政策等等）。从经济学的角度来看，公共利益就是公共财货和公共服务。从社会学的角度来看，公共利益是以利益所产生的影响为集体性质还是个别性质来决定。（Mayer，1985：63-76）

公共利益的确是一个不易精确界定的概念，但这并不否认公共利益在国家治理过程中的功能和作用。学者顾塞尔（Goodsell）认为公共利益在政治体系中发挥着凝聚功能（the unifying function）、合法化功能（the legitimating function）、授权功能（the delegating function）以及代表功能

(the representing function) (Goodsell, 1990: 96 - 113)。就凝聚功能而言，公共利益提供了团结的象征，可以融合歧见，形成同盟；就合法化功能而言，公共利益向公民确保公共政策所达成的利益平衡是价值期待的，也是值得支持的，使公共利益的诉求获得更大的合法性；就授权功能而言，可以使行政机关得到较多的解放而更有弹性地处理问题，减少引发冲突的可能；就代表功能而言，公共利益提醒公共管理者不可忽视弱势群体的利益。

在我看来，公共利益对于公共行政的价值或重要性，不仅仅在于其政治符号的意义，更重要的是，它具有行政实践的意义。所谓实践意义（praxis），我指的是一种批判意识性行动和目标追求。公共利益的观念要促使行政的行动者对其采取的行动进行不断的思考和批判性评估。这种批判性评估应考虑以下几个基本问题：

（1）公共行政是否尊重了人性尊严？
（2）公共行政是否保护了公民的权利？当个别的公民权利与整体的利益发生冲突的时候，公共行政是否作出了恰当的平衡？
（3）公共行政是否体现了大多数人的利益？
（4）公共行政是否体现了弱势利益优先的原则？
（5）公共行政是否超越了特殊利益集团的利益？
（6）公共行政是否超越了部门利益和地方的利益？
（7）公共行政是否超越了短期利益的考量，追求长期利益？
（8）公共行政是否尊重了科学与理性？
（9）公共行政的过程是否开放，是否尊重了民意？
（10）公共行政的过程是否遵循了民主和法律的程序？

在这里，作者无意于建立一套评判公共利益的标准，重要的是作者认为，对上述问题的回答有助于我们思考什么是公共利益，以及我们怎样做出选择和行动，从而更好地体现公共利益的取向。

（三）公共行政与公共行动

公共行动（collective action），而非自我的行为和选择，或者单个组织的选择和行为，构成了公共行政的真实世界和现实。传统的公共行政研究，将研究的起点和重心放在公共组织，主要是政府及其运作方面。

POSDCORB [Planning（计划），Organizing（组织），Sbatting（人事），Directing（指挥），Coordina ting（协调），Reporting（报告），Budgeting（预算）]就是这种取向的早期经典描绘，公共行政研究的焦点和核心便成为单个组织的经济、效率和效能，到今天，无论是西方还是中国，公共行政的研究皆根植于这一传统。应该讲，这样的研究是有价值和意义的，它毕竟为我们提供了一个观察、理解行政现象的途径，但是，它提供的是一个"割裂"的碎片化的理解行政世界的方式，这种方式无助于我们完整地理解真实的行政世界。

传统的行政理论，就其世界观而言，是建立在牛顿时代的世界观和科学观基础之上的，这种世界观和科学观的要义在于认为外在世界存在于人类心智之外；世界可以部分地分析而不须破坏它的基本结构，将事物、事件化约是无害的；时空是绝对的；自然是有规则的，而规则是可以预测的。事实上，这种世界观已被近代物理学革命所发展起来的理论所否定。爱因斯坦的相对理论已经证明不存在绝对的时空和空间；量子力学中关于主客交融的互动性直接挑战了价值中立，而混沌理论中关于非线性下的复杂，则粉碎了"化约主义"的梦想。——在这里，现代物理学典范为我们提供了一个新的思考公共行政的世界观。现代物理学研究表明，宇宙在本质上具有相互关联性，正如物理学家海森堡所讲的那样，"基本粒子不是独立存在的，不同分解的实体，它本质上是一组外延而涉及其他事物的关系，从而世界呈现为事件的复杂交织，在其中，不同种类的关系相互交错、重叠或结合，由此决定着整体的结构"（Heisenberg，1963：107）。

公共行政，一个社会的集体行动这一性质，表明公共行政是一个由多元行动者组成的网络，这一网络最起码是由政府、市场、公民社会三个大部分构成的。正如弗雷德里克森教授所言的那样："公共行政前辈们明智地选择'公共行政'而非'政府行政'一词来表明这一领域的性质。公共行政包括国家的活动，的确也根植于国家。但是其范围更广，而且应该更广，还包括集体的公共行为的行政或执行层面的多种形式与表现"（弗雷德里克森，2003：196）。将公共行政视为一个行动网络，并不是否认国家和政府的作用，使国家和政府"空洞化"或者实现某种没有政府的治理（governance without government），而是要恰当地认知和界定国家、市场和公民社会在公共事务管理中的角色和责任。基本上，民主社会的有效经营和公共问题的有效解决是建立在三大部门协力关系基础之上的，即一个负责任的政府（accountable government）、有活力的私人部门或企业（dynamic private sector）和自治有活力的公民社会（independent and vital civil society）。在当代社会事务日益复杂，社会利益更加分化的今天，三者之间的有效互动便显得更加重要。

在此背景下，无论是公共行政的理论还是公共行政的实践，摆在其面前的一个重要任务就是必须回答和思考：我们需要建立一套什么样的制度和机制，以保证社会的公民以及团体能够有效地表达他们的利益，行使他们的权利，履行他们的责任，化解他们之间的冲突。具体而言，中国的公共行政要思考和研究以下的问题：

（1）如何根据时代和环境的变化来确定政府的角色和职能以更好地满足社会对政府的管理期待？

（2）如何理解不同政府机构（立法、司法和行政）在公共治理中的角色，并且在强化各自角色和功能的基础上，促使三者之间的有效合作？

（3）私人部门在公共服务中的责任为何？如何有效地处理政府与市场、政府与企业的关系？如何有效地利用市场机制去实现更大的公共利益？

（4）如何有效地处理政府与公民社会的关系，特别是要摆脱"指挥—服从"的思维，促进政府与公民社会之间的良好互动？

（5）如何摆脱零和思维（Zero Sum），有效地建立中央与地方政府之间的关系，实现"兼顾中央与地方利益"的现代中央地方关系，实现权力、利益的"均衡"（equilibrium）。

（6）如何处理不同层级地方政府之间的关系，使之更适应快速变化的行政环境？

（7）如何处理地方政府之间的关系，以更好地实现"区域的合作"，突破跨域的行政瓶颈，提升跨域行政的能力？

（8）在全球化时代，如何实现有效的国际合作以达到国际和国内公共事务的有效解决？

在我看来，上述问题既是中国公共行政实践面临的问题，亦是公共行政理论需要回答的问题。

（四）公共行政与社会设计

公共行政是公共的行动，而公共行动的主要目的是为了解决公共的问题，这样，如何设计高质量的公共政策并加以有效的执行，便成为公共行政关注的焦点问题。的确，在任何一个社会中，公共政策影响着每个人和组织的生活。传统上，无论是在理论还是在实务领域，在如何设计公共政策问题上，占主流地位的是理性设计理论，许多公共行政以及公共政策的研究者，大都强调以科学的政策分析的方法，针对一个或一组社会问题进行政策方案的研拟，这种科学方法期望透过理性分析技术，设计有效率与效果的方案。学者梅琼将这种政策设计称之为决策论，决策论的主要观点是：理性决策者可根据理性法则，界定问题，收集信息，排列目标的优先顺序，设计完整的政策方案，评估备选方案的后果。这种思想可以说是目前公共政策教材的主要观点。

这种理性的政策设计观不仅仅是武断的，而且是十分危险的。说它是武断的，是因为这种观念并没有真正地反映政策设计的真实现实，因为政策设计不仅仅是技术理性的过程，更是政治和社会的过程。说它是危险的，是因为这种政策设计观导致了政策研究的"专制"性格，即由精英控制政策的过程，主宰了一般民众的需求和期望，使得政策建议与民众的需求相行渐远，公共政策的设计很容易成为特殊利益的工具。公共政策学者帕森斯曾谓"公共政策是民意的功能表现，政策需求决定政策供给，事实上，那些被政策制定者注意，并且加以测量与处置的民意，更证实了这种观点：政策议程是民意与公共权力互动的结果"（Parsons，1995：110）。

事实上，晚近的许多公共政策研究者对于这种理性政策观进行了批判，积极倡导民主的政策设计和政策科学。迪杰克主张用整合"问题解决理性"与"民主政治"的方法建立参与式的民主政治（Dryzek，1990：125）；学者德里昂主张参与性政策分析（participatory policy analysis），使得公共政策能够在民主的价值与需求下运作（Deleon，1992：125-129）；学者费舍尔主张以顾客为中心的方法论，促进社会学习，同时建立实践者与顾客之间的民主关系，使得他们能够在集体协商过程中共同解决问题。显然，建立一种超越理性设计观点的政策设计观，乃是公共行政面临的又一个核心问题。在这里，社会设计的观念，或许更能有效地解决理论和实务的问题。

社会问题的解决过程以及变革的过程就是社会设计的过程。所谓的社会设计（social design），指政策方案的形成过程是透过不同利害关系人的社会互动达成的，这里，利害关系人是指与特殊政策议题或问题相关的政治家、行政官员、社会群体以及公民。不同于传统理性设计观，社会设计观，正如全钟燮教授所认为的那样："假定设计的参与者共同工作，寻找解决问题的办法以及实现它们的手段。政策的目标和目的是透过人际的互动、对话以及相互的学习而社会地建构的。政治的共识不是终极的任务，社会设计的焦点在于理解不同的观念、经验、技术和社会的知识，以及通过分权化发展共同的责任。专业人员的知识是有价值的，但专家的投入也要受到质疑和审查。社会设计特别强调社会设计过程中的公民参与"（Jun，1994：181）。简言之，社会设计强调政策设计和规划的开放性；承认差异的重要性，无论这种差异表现于价值偏好还是利益；强调沟通行动（communication action）的重要性；强调政策质疑（questioning）和政策辩论的正当性。

这里，对公共行政理论研究者和实践者提出的一个重大的挑战在于设计一套社会互动的制度安排，使得不同利害关系人能够表达自己的偏好，并通过制度性的对话和协商，发展出具有创建性和公信力的政策方案。在这方面，公共行政必须回答以下的问题：

（1）公共行政的过程怎样才能更加开放和透明，从而使不同利害关系人更加了解问题的真相？

（2）公共行政如何能体现出更大的代表性，从而使不同的利害关系人的利益都能得到反映？

（3）公共行政如何建立一套有效的沟通机制，从而使不同的观点、利益得到表达和传递？

（4）公共行政如何建立一套决策参与机制，使不同的人通过制度化的途径参与到公共政策的设计过程？

(5) 公共行政如何解决公民参与和专业知识之间的冲突，既能尊重民意又不致于陷入民粹主义的陷阱？

（五）公共行政与公共责任

在公共生活领域，责任与义务，而不是权力和权利，使得每一个人的生活和生命显得更有价值和意义。在公共行政领域，公共责任的意识和行动，使得公共服务职业显得更为崇高。在现实行政生活中，不负责任的行政行为，不仅导致公共利益和公民个体权益的损害，更重要的是导致了普通公民对于公共部门的信任危机，因此，公共责任（public accountability）一直被视为公共行政的核心问题。

从一般意义上而言，公共责任意味着公共领域的个体和组织对自己的行为和结果负责，确保其活动和结果能够满足既定的目标和标准。公共责任的概念运用于不同层级的政府（中央、省、地方）、公共企业以及其他在微观层次为公民提供公共服务的公共机构和个人。公共责任的目标在于确保公共政策和公共行动与服务的一致性，促进公共资源有效率和有效果地使用。从消极意义上而言，公共责任的目的在于预防和控制违反公共利益、腐败以及其他不法和不道德的行为。

从历史的发展角度来看，近现代以来的政治和行政发展已经确立了公共责任的以下类型：（1）民主的责任（democratic accountability），公共部门及其官员要向政治领导（民选的或其他的）负责，如部长向议会负责，同时公务人员向部门负责；（2）职业的责任（professional accountability），公共服务的扩展要求技术的专家（如医生、工程师和其他专门人才）要受职业规范的指引，为他们提供的服务负责，在此，责任的标准深受职业规范的影响；（3）法律的责任（legal accountability），公共部门以及工作人员要为其行为及其后果承担法律责任。

在当今社会，社会的变化和公共行政的复杂性使得公共责任的维护变得更加困难。学者罗森布鲁姆曾分析和研究了落实和完善公共责任的九大困境，包括：（1）专业知识技术和信息的增长；（2）公职人员专职地位的优越性；（3）人事制度的保护性；（4）反制的法则；（5）协调的困难；（6）政治领导力的缺点；（7）机关结构和功能的分裂；（8）公共行政规模与范围的庞大；（9）第三部门的介入管理。在他看来，由于这些因素的存在，才会出现责任链条的断裂（罗森布鲁姆，2002：564—567）。

的确，在任何治理体系中，都会出现授权，而授权关系必然引出代理人问题，该问题最严重的结果就是代理人反客为主，使权力成为谋取自我利益，甚至侵害人民权利的工具。从西方发展的经验来看，处理这种问题最重要的安排就是以国会为中心的制衡机制，国会代替人民监督官僚体系也接受人民的监督，是任何民主国家不可缺少的元素，也是民主行政的制度基础。从我国目前的发展来看，民主政治不甚发达，权力制衡机制的缺乏，监督制度的乏力，公共行政道德的衰退更使得公共责任的建立面临着艰巨的任务。

因此，中国公共行政面临的一个重要任务就是探讨建立一套有效的责任机制，以确保公共行动和公共服务的责任的实现。为此，公共行政学的研究必须思考和回答以下的问题：

(1) 公共行政的责任到底意味着什么？
(2) 公共行政要为什么负责？（accountable for what?）
(3) 公共行政要为谁负责？（accountable for whom?）
(4) 在公共行政体系内部如何建立一套完善的责任机制？
(5) 如何通过立法的途径强化责任机制？
(6) 如何通过司法的途径（司法审查）来强化公共责任？
(7) 如何通过公民参与的途径来强化公共责任？
(8) 如何重建公共行政的道德秩序，促进公职人员道德的觉醒和伦理的自觉性，从而使公共责任成为一种自觉的行动？

在我看来，对以上基本问题的思考和回答，有助于我们思考什么是公共行政，我们为什么需要公共行政，以及公共行政如何运作，什么是好的公共行政等公共行政的基本问题。

四、结语

诚如登哈特所言，一个好的管理者与卓越的管理者的区别不在于其专门技术，而在于对自我及其环境的见识，这一见识只能通过深思熟虑的反思，经由理论，才能推导出来（Denhardt, 1993: 223）。无论对于公共行政实践者，还是科学研究者，都需要公共行政的理论建构。理论与实务之间本不存隔阂，尽管理论本身可能永远与"实体"有相当的距离；尽管理论只有"局部的真理性"，但这丝毫不影响理论的重要性。公共行政的公共理论的价值，不仅仅在于反映公共行政的真实世界，帮助人们更好的理解行政的现实，更重要的是要能够引导行政实践，使行政实践因理性的增加而大大地改善。公共行政理论既要对现状进行描述和解释，更要对现状提出批判，同时要有前瞻性，面向未来，寻找可能的理想途径，使公共行政更为优良，从而实现良好的社会。

【参考文献】

弗雷德里克森：《公共行政的精神》，北京：中国人民大学出版社2003年版。

罗森布鲁姆、克拉夫丘克：《公共行政学——管理、政治、法律的途径》，北京：中国人民大学出版社2002年版。

Dahl, R. A. (1947). The Science of Public Administration: Three Problems. *Public Administration Review*, 7 (1): 1 – 11.

Deleon, P. (1992). The Democratization of Policy Sciences. *Public Administration Review*, 52 (2): 125 – 129.

Denhardt, R. B. (1993). *Theories of Public Organization*. Belmont, California: Wadsworth Publishing Company.

Denhardt, J. V. & Denhardt, R. B. (2003). *The New Public Service: Serving, Not Steering*. New York: M. E. Sharpe.

Dimock, M. (1990). The Restorative Qualities of Citizenship. *Public Administration Review*, 50 (1): 21 – 25.

Dryzek, J. S. (1990). *Discursive Democracy: Politics, Policy, and Political Science*. New York: Cambridge University Press.

Frederickson, H. G. (1980). *New Public Administration*. Tuscaloosa: The University of Alabama Press.

Goodsell, C. T. (1990). Public Administration and Public Interest. In Wamsley, G. L. et al. Eds. *Refounding Public Administration*. Newbury Park: Sage.

Heisenberg, W. (1963). *Physics and Philosophy*. London: Allen and Unwin.

Jun, J. S. (1986). *Public Administration: Design and Problem Solving*. New York:

Macmillan.

Jun, J. S. (1994). *Philosophy of Administration.* Seoul: Daeyoung Moonhwa International.

Marini, F. (1971). *Towards a New Public Administration.* NewYork: Chandler.

Mayer, R. R. (1985). *Policy and Program Planning: A Developmental Perspective.* Englewood Cliffs: Prentice – Hall, Inc.

Ostrom, V. (1989). *The Intellectual Crisis in American Public Administration.* Tuscaloosa: The University of Alabama Press.

Parsons, W. (1995). *Public Policy.* Aldershot: Edward Elgar.

Simon, H. A. (1998). Why Public Administration? *Public Administration Review*, 58 (1): 11.

Waldo, D. (1948). *The Administrative State: A Study of the Political Theory of American Public Administration.* New York: Ronald Press.

Wamsley, G, Bacher, R, N., Goodsell, C. T., Kronenbery, P. S., Rohr, J. A., Stivers, C. M., White, O. F., & Wolf, J. (1990). *Refounding Public Administration.* Newbury Park: Sage.

公共行政的管理主义——反思与批判

张成福

中国人民大学公共管理学院

[摘要] 公共行政中的管理主义是20世纪70年代后在特定背景下发展起来并产生广泛影响的政府治理理论以及运动。它为政府管理与改革以及公共行政研究提供了不同的视野。管理主义存在着许多值得反思与批判的缺陷：基本价值的偏颇、对市场机制的迷信、公私管理的混淆、不当的顾客隐喻等。21世纪公共行政的重建需要关注公共行政的公共性，关注政府与社会、市场、公民的互动，不可陷入偏狭的陷阱。

[关键词] 公共行政 管理主义 反思性批判

一、导言

自20世纪80年代以来，公共管理已成为各国政府再造的理论基石和实践指南。正如学者罗森布鲁姆所言，由政府再造所促发的新公共管理

---

* 本文发表于《中国人民大学学报》2001年第1期。

运动,其理论及实务均已展现其独特之处,成为与传统管理途径、政治途径以及法律途径并驾齐驱的新研究途径(Rosenbloom, 1998:20)。同时亦对公共行政学之发展产生了巨大的影响。

依学者哈贝马斯的分类,科学认知包括三种旨趣,即经验—分析性科学(empirical analytical science)、历史—论释性科学(historical-hermeneutical)以及批判取向的科学(critically oriented science)。本文的旨趣在于分析新公共管理作为一种理论主张以及实践的内涵,探讨其出现的环境系络(context),进而进行批判性反思。

二、公共行政管理主义之内涵

从20世纪80年代以后,在西方大部分发达国家,均出现了大规模的政府再造运动,这一运动被冠以不同的称号,如管理主义(Managerialism)、以市场为基础的公共管理(Market-based Public Administration)、企业型政府(Entrepreneurial Government),甚至具有政治理念色彩的名称,如新右派(New Right)(Gray, 1993)、新治理(New Governance),尽管名称各异,但基本上却描述着相同的现象,即传统官僚体制已经被新形态的以市场为基础的治理模式所取代,并认为公共部门正浮现出新的典范(New Paradigm)(Hughes, 1998:1-4)。

那么,这种公共部门的管理主义或新公共管理包含什么样的内涵呢?依据OECD(经济合作与发展组织)所作的界定,西方国家所展现的政府改革的共同内涵,包括以下几个方面:企业管理技术的采用;服务以及顾客导向的强化;公共行政体系内的市场机制以及竞争功能的引入(OECD, 1990, 1993, 1995)。学者拉森和斯图亚特(Ranson & Stewart, 1994:14-15)认为,它包括:视人民为顾客,并强调顾客的价值;创造市场或准市场的竞争机制;扩大个人以及私义部门自理的范围;购买者的角色须从供给者的角色中分离出来;契约或半契约配置的增加;由市场来测定绩效目标;弹性工资。学者胡德(Hood, 1991)特别归纳出其七项要点,认为新公共管理的特质为:

①在公部门之中放手给专业管理，这表示让管理者自己管理；
②目标必须明确，绩效必须能够加以测量；
③特别强调产出控制，重视实际的成果甚于重视程序；
④走向分解的转变分解（disaggregation）的意思是通过设立小型政策领域的机关，将大规模的部门分割开来；
⑤转变为更大的竞争性；
⑥重视私部门形态的管理行为；
⑦资源运用上的克制与节约。

从理论和实务两个方面来看，公共行政中的管理主义包括以下几个方面的基本主张：第一，公共行政研究的焦点在于结果而非运作的过程；第二，为了实际结果，公共行政应妥善运用各种市场竞争机制，以提供更佳的产品或服务，同时在市场机制下，政府各机关一方面应如同企业般从供给者与需求的互动过程中取得经费，另一方面也要与其他组织进行竞争；第三，配合市场导向和市场机制的运作，公共行政也应强调顾客导向（customer driven）的观念；第四，政府应该扮演"导航者"的角色，政府的主要职责应定位于确保各项公共服务与公共财货均可被顺利提供，但却不必要自己动手处理；第五，政府应推动法规松绑的工作，今日的公共管理应改变过去唯法则是向的观念，更重视市场竞争、顾客需求以及成果的达成；第六，公共部门的工作人员应被授予权能（empowered）以充分发挥创意并投入工作；第七，公共行政的文化应尽可能朝弹性的、创新的、解决问题的、具有企业家精神的方向发展。

三、公共行政管理主义的历史背景

在分析管理主义的起源与发展时，学者波利特（Pollitt，1990）曾指出，管理主义的核心思想，从根本上说是一种政治人物所信仰的意识形态，因配合社会与经济情境的改变，最后成为社会所接受的观点，并因此在实践中得到推动。的确，导致管理主义兴起的因素很多，具体分析，以下几个方面的因素至为重要：

1. 政府规模的扩大和政府角色的膨胀以及社会对政府之不满

第二次世界大战以后，在福利更佳观念的推动下，政府的权力不断扩张，政府的职能范围扩大，政府的角色多样化，尤其是为保障公民之福利，政府通过大量立法管制干预人民的生活，包括经济性的管制和保护性的管制，其结果是一方面政府必须投入大量的资源以提供公共服务，另一方面为支付大量公共开支所采取的重税政策也导致经济竞争力的下降和民众的不满。在此情况下，政府遭受到越来越多的抨击，如胡斯所言，对政府的抨击来自三个方面：一是认为政府的规模太大，而且消耗了过多的稀有资源；二是政府的范围，政府自身陷入了过多的活动，而且许多活动的提供皆有替代方法可以运用；三是政府行事的方法，认为通过官僚体制提供服务必然导致平庸和无效率。

2. 经济因素与财政压力

工业化国家朝福利国家的方向发展，造成政府每年必须负担庞大的转移性财政支出，拖垮了政府的预算和经济，而经济衰退、失业率的上升则形成了政治、经济的不稳定。另一方面，国际经济的自由化趋势所造成的竞争压力逐渐加剧，对各国政府均造成巨大的改革压力，如何促进国内经济的发展，节省政府的施政成本，提升国际竞争力，自然成为各国执政者面临的核心课题。在此情况下，想通过政府改革以缓解财政经济压力，追求国家竞争力必成为一重要策略。

3. 社会问题与政府不可治理性的增加

随着工业化和科技发展，在社会进步的同时，也引发了诸多的社会问题，如人口膨胀问题、都市化问题、社会治安问题、环境恶化问题、消费者保护问题、失业问题、教育问题、健康问题、种族歧视问题、交通问题、犯罪问题等层出不穷，旧的问题尚未解决，新的问题又不断出现。政府所面临的公共问题的复杂性、动荡性和多元性环境，导致政府不可治理性（ungovernability）的增加。另一方面，面对日益复杂的社会问题，传统的政府功能实有力不从心之感，加之官僚体系本身的保守、消极、被动，以及官僚制度的墨守陈规、不负责任、衙门作风、繁文缛节、官样文章、腐败，正如凯顿（Caiden，1991：1）所言：不管东西方国家，均可发现许多相似的行政问题，如行政傲慢（administrative arrogance)、无效能（ineffectiveness）、无效率（inefficiency）、行政帝国主义（administrative imperialism），均引发了民众对政府的信任危机，使政府的存在充满了合法性危机。在此情况下，政府改革的呼声日盛，特别是让公共服务回归社会、市场的呼声四起，缩小政府职能成为一股潮流和趋势。

4. 新右派学说与保守主义政治意识形态的巨大影响

从某种程度上来讲，"管理主义"是一种意识形态的运动，正如波利特所言，管理主义乃是新右派在思考国家时，一种可接受的门面。从20世纪70—80年代起，具有保守主义政治倾向的政党在西方执政，新右派的政治主张抨击60年代盛行的社会福利国家和政治有许多重要缺点，例如多元主义盛行使公共支出大幅增加；官僚体系偏好扩大自己所能享有的资源以致发生"预算最大化"；公共服务体系垄断形态的运作模式；政府过度扩张的结果威胁个人自由，同时不利于企业及企业精神之伸张；政府寻求均等的社会正义措施缺乏正当性；公共支出大幅增加会因举债而排斥私部门之成长。在他们看来，政府之失灵比市场更为严重。对于新右派的信仰者而言，更佳管理提供了一种标签，其中私部门领域可引进公部门之中，政治控制可获得强化、预算削减、专业自主性降低、公务员的工会弱化，以及半竞争性的架构将奋起赶走官僚体制天生的无效率。正是在这种意识形态下，亲市场、反国家的信念大行其道，公共行政求助于市场或者类似市场的解决之道，几乎成为一种毋庸置疑的选择。

四、管理主义的反思与批判

公共行政中的管理主义，自从其产生起，理论界和实务界见仁见智。学者胡德认为，管理主义是一种没有实质内涵的"夸大伎俩"，它实际上并没有改变任何东西。根据他的观点，管理主义对公共服务造成伤害，同时它在降低成本的中心主旨方面，也没有太大的效果，它认为管理主义"顶多瓶子是新的，但里面的观念却是旧的"，并认为这是一时之狂热（Cargo Cult）（Hood，1991）。而在其他人看来，管理主义代表着一种新的典范，代表着未来公共行政与国家治理的方面。

在我看来，公共行政中的管理主义，和其他公共行政的理论和学说一样，均代表着人类寻求良好政府治理（Good Governance）的一种努力；在某种程度上反映了社会以及社会公民对有效率的政府服务的合理期待；管理主义的许多主张和创意不能不说是极具启发性的。但是，公共行政中的管理主义，与其说是一种典范的转移，还不如说是另一个解谜之道。对管理主义的过度迷信，也是一种"致命的自负"。从反思批判的观点来看，公共行政之管理主义也存在着许多缺陷。在我看来，这种缺陷主要表现在以下几个方面：

1. 对人性认识的偏颇

管理主义的理论基础主要来自公共选择理论（Public Choice Theory），委托—代理人理论（Principal Agent Theory）以及交易成本理论（Transaction Cost Theory）和新古典经济学理论（The Neoclassical Theory）。管理主义承继了新古典经济学对人性的假设，认为：（1）理性行动者是由自利所激励的；（2）理性行动者是机会主义的、欺诈的、自我服务的、怠惰的和善于利用他人的；（3）由于这种假设，理性行动者不能被信任。然而，管理主义援引新古典经济学的人性假设，可能产生几个盲点。首先，它忽视了文化因素对人性的规制。人的自利性在以下情形下可能会比较突出：无任何社会互动之原子化的个人；团体利益与个人利益严重抵触时；短期互动；涉及自身重大利益且是可以量化的情况下。除此而外，同胞爱、互惠性、互信、容忍、体谅、利他等文化因素同样会对人的行为产生规制的；再者，许多理论同样说明，人性是复杂的，人的需要也是多样化的；更重要的是，当我们接受了人性自私理论假定时，就会产生"习焉不察"的现象，即我们失去了对自私和麻木不仁的道德敏感度，逐渐接受"利己不损人"的生活态度，而忽略了促进良好美德的重要性，也会引发公共利益和公共伦理的危机。因为理论不仅可以是事实的反映，也可能引导人们走到理论假设的方面去。在这样的人性假设下，公务伦理也便失去了存在的价值和依据，而事实上，良好的公务伦理是十分重要的。

2. 管理主义所导致的公共行政价值的偏颇和公共行政在民主治理过程中的正当性丧失

在管理主义看来，政府施政的基本价值在于"3E"：economy（经济）、efficiency（效率）与 effectiveness（效能），也就是强调企业价值的优先性和工具理性（instrument rationality）。然而事实上，公共行政具有追求或要求多元的，有时甚至是冲突的多元价值的特质。公共行政在本质上是以民主宪政为基石，强调追求人民主权、公民权利、人性尊严、社会公正、公共利益、社会责任等多元价值的。过分强调对效率和工具理性的追求，使公共行政无力反省公共行政以及公共服务的根本价值、目的，将其矮化为执行与管理之工具，不但无力负起捍卫公共行政对民主政治价值的责任，也无法实现提升公民道德生活的信息与使命。行政学家邓哈特（Denhardt，1993）认为，以效率为导向的工具理性只会引导人们关注达成既定目标的手段，而忽略对目的本身的关切；也就是在工具理性下的种种行动，将使行政工作越来越远离社会价值的体现，只是斤斤计较减少行政成本，而沦为公务产生过程中的工具，以致完全丧失作为行政体系行动本身的"道德系统"（Moral Content）。学者佩龙和葛尔力（Bellone & Goerl，1992：131 – 132）曾指出，以市场为导向的公共行政或管理主义与民主政治价值之间存在着冲突，即自主性与民主责任（Autonomy vs Accountability）、个人远见与公民参与（Personal Vision vs Citizen Participation）、秘密性与公开性（Secrecy vs Openness）、风险承担与公共财货的监护（Risk-Taking vs Stewardship of Public Good）之间的冲突，这的确是有道理的。笔者也同意泰瑞（Terry，1998）的观点，经由公共选择理论、代理人理论等确立的管理主义对于"民主价值"是无益且经不起深究的。现代政府的正当性或合法性必须奠基于足以承担责任，并能实践民主社会的价值前提。

3. 市场基本教义和对市场机能的不当崇拜

管理主义以方法论上的个人主义为基础，以自利与理性为假定，以演绎推理与计量模型证明市场是最有效率的。至于政府，由于人民对其所有权系分散且不可让渡，故缺乏加以监督的诱因，加上没有市场机制予以制衡，因而自利的官员得以罔顾公益，专注于追求个人利益，是故政府效率低下。因此,主张公共财货与服务应由更有效率的市场来提供,减少政府的职能,使政府更加小而美。然而,这种市场基本教义(market fundamentalism)本身就是天真的、不符合逻辑的。其一,对市场的过分崇拜忽略了市场的缺陷。经济学家事实上并不讳谈市场经济的限制,福利经济学承认市场机能的失调(market failure),政府以财政政策与公共政策介入市场,设定官僚体系执行这些政策,以挽救消费者权益,改正因市场机能失调所产生的问题,是政府存在的目的。晚近的组织经济学(Organizational Economics)从交易成本切入,了解完全竞争市场的理论限制,间接展现市场与政府权力之间的特殊关系,从契约法规权威的建立,财产权的确立,到各种管制政策,都显示市场权威建立的背后,存在政府介入的需要。其二,市场基本教义也忽略了公部门竞争与完全竞争市场诱因结构的差异。对于公私部门竞争而言,存在着本质上的不同,如公部门产品的不可分割性(indivisibility),政府的产出(政策或服务)是公共财产、无法分割、内容上是互斥的;由庞大的规模经济而产生的独断性;政府政策具有强制性;服务具有独占性;进入市场的高门槛(Barriers to Entry);价格系统之不存在等。正是由此,公部门引进竞争机制,是存在很大的限制的。也就是说,公部门引进市场机能的限制,就是市场机能本身的限制,不能将因市场无法运作而交到公部门手中的工作再丢回市场管理。其三,从实践来看,公共部门市场化的途径主要有二,一是民营化(Privatization);二是签约外包(Contracting out),其效用如何,仍是一个未可肯定的问题。"在竞争市场上,私人公司通常比政府体制有效率,但仅凭此推断没有竞争也没有市场考验的私人组织会带来效率,将是不实际的想法"(Dohahue,1989:222)。事实上,公共部门市场化在提供希望的同时,也提供了许多错误,如公益的丧失、规避巧用、寻租、特权与贪污等。

管理主义对市场的迷信,显然是不恰当的。金融大亨索罗斯(1998)在其《全球资本主义危机》一书中认为:"市场基本教义错误解释市场运作方式,让市场扮演一个过度重要的角色,无意中对开放社会构成危险","对政治的不满强化了市场基本教义,而市场基本教义的抬头又回过来使政治失灵。全球资本主义最大的缺陷之一是容许市场机制和利润动机渗透了原来本不应该出现的活动范围之内",吾人值得深思。如同布隆克所言:"自由市场这看不见的手,尽管他有不可怀疑的力量,但是它仍不足以确保许多牵涉到人类幸福以及能让人类持进步乐观态度的社会目标的实现"(布隆克,2000:5)。

4. 向私部门学习之自我解构与公私管理之混淆

公共行政的管理主义的一个主要假设在于:公共部门之管理与私部门的管理不存在差异,存在着一种跨越公私情景的一般管理(Generic Management)。无论是在政府机关还是私营机关从事管理者,都需要类似的管理知识、技能、概念与工具,以帮助同样功能(如计划、决策、组织、领导、沟通、控制)的发挥,从而长期有效地生产和提供财货与服务,在这样的理论下,"企业型政府"几乎成为政府再造的精神支柱,目的在于全面引进私部门的价值、文化、结构、流程、技术来进行政府改造,进行自我解构(deconstruction)。吾人应该承认,公私部门之管理的确存在相似性,管理知识、技能、工具亦可相互学习与借鉴。然而,公共管理与私人管理有本质之差异。行政学大师沃尔多早在1948年便批判此种公私通则性忽略了公共行政之根本,即源于民主政治理念之"公共"本质(Waldo, 1948: 159 - 191),艾利森(Allison, 1980)在其经典著作中便揭示了公私两域之管理,在所有不重要层面上相同,而在所有重要的层面上不同。奥托等(Ott et al., 1991)也指出企业管理与公共行政有不同的意识形态和不同之价值。罗森布鲁姆(Rosenbloom, 1998)亦从国家主权、公共利益、法律规则等方面分析了二者之不同。在我看来,公共管理与私人管理是存在巨大的差异的,这种差异表现在:宪政与市场、公益与私益、法治与契约自由、社会公义与效率利润等多方面。简单而言,公共行政在本质上是以民主宪政为基础,通过政府整合社会资源,落实民主治理的基本理念,展现公共利益之过程。将公共管理与私人管理相混同,恰恰丧失了公共行政在民主治理中的正当角色,丧失了其应有的真正意义。

5. 不恰当的"顾客"隐喻

公共行政中的管理主义,将顾客对企业的重要性比拟为人民—政府间的关系,因此强调以顾客满意(customer satisfied)作为政府施政的目标,并认为顾客导向的理念会促使服务者直接对顾客负责;由顾客作选择提供服务者,排除了政治因素的不当干预;依对象的不同,对民众提供更多的选择;以顾客为导向的产出较能符合大众的需求,而且亦能达成公平(Osborn & Gaebler, 1992:181-186)。但是,顾客导向的公共服务本身乃是一个值得怀疑的不当隐喻:首先,公民在民主治理中的角色是比较复杂的,公民是公共服务的接受者,从这个角度要求政府提供服务;公民亦是公共服务的合伙人或参与者,其行为亦对公共服务的绩效发生影响;公民亦是公共服务的监督者,有责任监督政府的运作;同样公民亦是纳税义务的承担者。将政府服务的对象比作顾客,可能无法全面理解公民的角色,使公民与政府之间的关系不健全、角色错乱。正如佛里克森(Frederickson, 1997)所言,民众是政府的"所有者"(owner),而非顾客,"所有者"概念具有主动性,它可以决定政府的议程为何,更符合人民的地位。其二,虽然顾客至上的初衷是改进公共服务的质量,这是好的,但亦有许多困难必须加以解决:如难以满足多元目标,因为在开放社会下人民要求政府服务的范围相当广泛,甚至于多元目标经常出现冲突,政府在有限资源下,不可能满足每一位顾客;与顾客需求连接的困难,政府的每一个规则从整体利益角度考虑,很难与每一位顾客的需求对接。其三,政府不仅仅是服务的提供者,也是管制者,在许多情况下,政府必须抑制公民的某些需求,才足以保证公共利益的存在,而且事实上,并非公民的一切期求都是合法的,政府满足的仅是公民合法之期待;其四,政府服务的独占性或垄断性,由于缺乏竞争的压力,人民需求弹性又大,无论将其视为顾客或主人,均难以发挥顾客导向所企图的优点。的确,政府与人民间的互动关系,切忌不可单方操纵或过度消极,真正的解决之道在于建立民主之对话机制,并使各自既分享权利又履行义务。

四、公共行政重建之理论与实践的思考

应该承认公共行政之管理主义,对于公共行政之理论与实践提供了一种视角。无论如何,对于公共行政而言,多元视角的透视是有益的。

然而，管理主义是否像有些学者所讲的，是公共行政典范（paradigm）的转移，这还是一个值得怀疑的问题。行政学者全中燮（Jun, 1994）认为，行政学典范的效果不能以其出版的经验著作来衡量，而必须以其"概念架构"（Conceptual Framework）是否健全和能否有效解决问题来判断。新典范取代旧典范，必须表现新典范有效解决问题的能力和解谜（Puzzle Solutions）的能力。显然，现在谈论管理主义是一种典范仍为时过早，这种先于事实（Before the Fact）的典范支持者或许过于自信。另外，将其视为一种典范，很容易将以"市场机制"、"小而能"、"顾客导向"、"效率至上"为特征的企业型政府视为一种绝对的信仰，构成一个不当的"市场中心主义"，而扭曲了公共行政的特质。

我们应承认，每一个时代皆有每一个时代的政府治理，政府治理应随时代政治、经济、文化、技术之变迁而发展。同理，公共行政之理论和学说亦应随时代的发展而发展。在这个社会大转变的时代，公共行政之理论是需要不断重建和发展的。通过对公共行政管理主义的批判性反思，笔者认为，在未来的21世纪，公共行政之理论重建需要关注和思考以下几个方面的问题：

1. 应把公共行政更多视为一种民主国家治理的过程，而不仅仅视为一种管理过程；

2. 公共行政应承认政府在国家治理过程中的正当性，避免过度强调市场，从而造成"空洞化的国家"；

3. 公共行政应关注其公共性，避免公共精神的丧失；

4. 公共行政应从政府与社会、公共部门与私人部门、政府与公民的互动角度思考问题，避免两极化之思考；

5. 公共行政应跨越"左"和"右"的意识形态，发展较为中性的整体观点；

6. 公共行政固然要向企业学习，但大可不必，也没有必要走向"自我解构"，甚至于反国家的道路。更重要的是，在学习企业的同时，应考虑情景之特殊性；

7. 公共行政不应淡化对公务伦理的要求，因为这是实现良好治理之必需；

8. 公共行政既要重视公共系络，亦要重视管理的知能与策略；

9. 公共行政之研究，要采取整合的途径，避免单一视角带来的盲点。

两千余年前，中国先哲大圣老子曾谓："天下皆知美之为美，斯恶矣；皆知善之为善，斯不善也。故有无相生，难易相成，长短相形，高下相倾，音声相和，前后相随，是以圣人处无为之事，行不言之教"。并谓"不自见故明，不自是故彰，不自伐有功，不自矜故长"。对公共行政理论与实务而言，这可谓是至理名言。

【参考文献】

理查德·布隆克：《质疑自由市场经济》，南京：江苏人民出版社2000年版。

索罗斯：《全球资本主义——岌岌可危的开放主义》，台北：联经出版事业公司1998年版。

Allison, G. T. (1980). Public and Private Management: Are They Fundamentally Alike in All Unimportant Respects? *OMP Document*, 127 – 52 – 1: 27 – 38.

Barzelay, M. (1992). *Breaking Through Bureaucracy: A New Vision For Managing in Government*. Berkeley: University of California Press.

Bellone, C. J. & Goerl, G. F. (1992). Reconciling Public Entrepreneurship and Democracy. *Public Administration Review*, 52 (2): 130 – 134.

Bozeman & Straussman. (1990). *Public Management Strategies*. San Francisco: Jossey-Bass.

Caiden, G. E. (1991). *Administrative Reform Comes of Age*. New York: Walter de Gruyter.

Denhardt, R. B. (1993). *Theory of Public Organization*. Belmont: Brooks/Cole.

Donahue, J. (1989). *The Privatization Decision: Public Ends, Private Means*. New York: Basic Books.

Farnham, D. & Horton, S. (1996). *Managing the New Public Service*. London: Macmillan Press.

Flynn, N. (1997). *Public Sector Management*. London: Prentice-Hall.

Frederickson, H. G. (1997). *The Spirit of Public Administration*. San Francisco: Jossey-Bass.

Goodsell, C. T. (1993). Reinvent Government or Rediscover It? *Public Administration Review*, 53: 85 – 87.

Gray, J. (1993). *Beyond the New Right.* London: Routledge.

Henry, N. (1999). *Public Administration and Public Affairs.* London: Prentice-Hall.

Hood, C. (1991). A Public Management for all Seasons? *Public Administration*, 69: 3-19.

Hughes, O. E. (1998). *Public Management and Administration.* New York: ST. Martin's Press.

Ingraham, P. G. (1994). *New Paradigms for Government.* San Francisco: Jossey-Bass.

Jun, J. (1994). *Philosophy of Administration.* Seoul: Daeyoung Moonhwa Internation.

OECD. (1990, 1991, 1993, 1995). *Public Management Developments.* Paris: OECD.

Osborne, D. & Gaebler, T. (1992). *Reinventing Government: How the Entrepreneurial Spirit is Transforming the Public Sector.* Reading: Addison-Wesley.

Ott, J. S., Hyde, A. C. & Shafritz, J. M. (1991). *Public Management: The Essential Readings.* Chicago: Lyceum Books/Nelson Hall.

Peters, G. (1996). *The Future of Governing.* Lawrence: University of Kansas.

Pollitt, C. (1990). *Managerialism and the Public Services.* Oxford: Basil Black-well.

Rainey, H. G. (1991). *Understanding and Managing Public Organisations.* San Francisco: Jossey-Bass.

Ranson, S. & Stewart, J. (1994). *Management For Public Domain.* New York: St. Martin's Press.

Rosenbloom, D. (1998). *Public Administration.* Boston: McGraw-Hill.

Terry, L. (1998). Administrative Leadership, Neo-management and the Public Management Movement. *PAR*, 58 (3): 194-200.

Waldo, D. (1948). *The Administrative State.* New York: Holmes and Meier Publishers.

Wamsley, G. L. & Wolf, J. F. (1996). *Refounding Democratic Public Administration.* California: Sage.

进一步发展中国公共行政学科：四个关键

周敬伟*

四川大学中美大学战略规划研究所、四川大学行政管理系

[摘要] 我国公共行政学学者越来越关注行政学的学科发展问题。近期的三份研究报告采用实证研究方法，对期刊论文进行了定量内容分析，其结果显示：学科在理论建设与知识发展方面都存在许多缺陷；应用型论文也存在诸多不足。论文认为，要加速学科发展，学界必须尽快完成四个关键任务，即掌握公共行政学的本质，发展本土理论，抵制对实证研究的迷信，改变现有的主导逻辑。

[关键词] 本土理论 公共行政 学科发展 主导逻辑

一、引言

中国是发展中的社会主义国家，与西方民主宪政国家以及部分军政型发展中国家相比，其行政系统扮演着更为重要的角色，公共行政理论

---

* 本文发表于《公共行政评论》2009 年第 2 期。

的价值与重要性不言而喻（Chan & Chow，2007）。20世纪90年代初，有学者在国外撰写英文论文，从学科发展的角度讨论了我国公共行政的重大发展问题，包括理论的建立（Chow，1991a）及方法论的完善（Zhang，1993）。与此同时，国内学术期刊上也有多方面的研究成果问世，例如，张梦中、马克·霍哲（2001）对行政学学科研究方法落后的原因进行了审视，并试图通过在行政学主要学术期刊《中国行政管理》上设置专栏，以促进方法论的发展；袁达毅（2002）探讨了中国公共行政研究的六个缺陷，并指出我国行政学研究中，缺乏实证分析精神。近两年，马骏（2006）又针对必须修正的四大研究问题提出了最新的批判，他在2007年发表的论文中指出：中国公共行政学研究存在八大问题，其中之一是中国行政学研究重心的"非中国化"——"相当多的中国公共行政学家都将研究重点放在美国和其他西方国家的公共行政学理论和实践上，而不是中国公共行政本身"（马骏、刘亚平，2007）。

上述审视与批判皆基于研究者的观察和文献研究，缺乏实证检验。而新近的三份研究报告（董建新等，2005；何艳玲，2007；Lu & Chow，2008）则采用了实证研究方法，对期刊论文进行了定量内容分析。董建新等（2005）的文章《中国行政学方法论分析：2000—2004》分析了五种学术期刊（《中国行政管理》、《北京大学学报》、《复旦大学学报》、《武汉大学学报》以及《中山大学学报》）从2000年1月至2004年6月间发表的论文。该研究的目的在于总结近年来研究方法的发展情况。在对855篇行政学论文进行分析的基础上，发现研究方法的使用分布如下：479篇（56.02%）为概念演绎，335篇（39.2%）为问题演绎，36篇（4.2%）为定性实证，5篇（0.58%）为定量实证。对于上述发现，作者认为行政学是一门基础学科，加之在中国发展时日尚短，因此行政学者主要从理论演绎的角度论证课题，缺乏实证的拓展。

何艳玲（2007）的《问题与方法：近十年来中国行政学研究评估（1995—2005）》（以下简称"问题与方法"）分析了1995—2005年间发表在《中国行政管理》的全部论文，发表于《政治学研究》、《中国管理科学》、《管理科学学报》、《人大复印资料》中公共行政类的论文，和2004—2005年间《公共管理学报》、《公共管理评论》中的论文。该研究分析论文 2729 篇，其中，《中国行政管理》1608 篇（58.9%），《人大复印资料》765 篇（28%）。该研究选取了较宽的样本范围，并使用了十个评价指标进行分析，其主要发现如下：（1）论文主题：28.5% 的论文关注"行政改革"，13.2% 的论文关注"行政哲学"（包括行政文化与伦理），9.8% 的论文关注"公共财政"，8.8% 的论文关注"行政组织与职能"，8.6% 的论文关注"政策"，1% 的论文（27 篇）关注"研究方法"。（2）研究类型：94.5% 的论文（2579 篇）采用传统的途径讨论问题与描述对策，5.5% 的论文（149 篇）为实证研究。（3）研究阶段：2.6% 的论文（72 篇）为概念界定，93.4% 的论文（2550 篇）为问题描述，3.9% 的论文（107 篇）为因果关系分析。该研究指出不合格的学术研究加剧了"闭门造车"的困境，阻碍公共行政知识的发展。何艳玲进一步指出，由于 91.7% 的研究未能得到任何资助，在实证研究上的不足可以理解，但此缺陷将必然损害行政学的理论建设。

上述两项研究采用了科学主义研究方法对论文质量进行评估。但是，如果行政学不是或不仅仅是一门基础学科，则使用科学主义或基础学科的标准去评估行政学论文的价值与质量将是错误的。周敬伟（2005）认为，行政学是一门应用科学，解决公共管理问题是其主要使命。同样的论述更早地出现在 Shangraw 和 Crow（1989）的主张中：基于西蒙（Simon, 1969）关于人类创造力的理解，Shangraw 和 Crow 将公共行政当作一门描述行政管理系统、组织及过程的设计科学（design science）（Shangraw & Crow, 1989）。这意味着受到上述学者评判的中国公共行政研究所采取的描述性途径，从设计科学的角度看则是符合学科本质需要的。

基于这一理解，卢琴、周敬伟（Lu & Chow, 2008）认为有必要从基础学科、应用学科以及两者结合的视角，对中国公共行政研究进行重新评估和研究。他们选择的样本是《中国行政管理》2002—2006 年间发表的共 1123 篇论文。其分析显示：1123 篇文章中的 510 篇（45.4%）为基础研究，384 篇（34.2%）为应用研究，105 篇（9.3%）为基础研究与应用研究的结合，50 篇（4.5%）为示范性案例，74 篇（6.6%）为中西方历史及实践的介绍。他们发现，有 43.5% 的文章关注问题解决，这一结论成为质疑董建新等（2005）分析结果的有效性的证据。如上所述，董建新等（2005）认为占总数95.22%的文章为概念与问题描述。此外，何艳玲（2007）将研究类型分为"规范研究"与"实证研究"两大类，并指出有94.5%的文章（2579篇）为规范研究，而卢琴及周敬伟的研究却揭示仅有45.4%的文章属于规范性范围。出现这一差异的原因一方面在于两个研究的样本选择不同，另一方面也因为何艳玲（2007）的研究基于数据处理便利的原因将历史研究法、逻辑论证、文献回顾等研究都归为了规范研究，其研究可能存在测量评估者间信度方面的缺失。卢琴、周敬伟（2008）的两个主要结论是：（1）中国公共行政学科在理论建设与知识发展方面都存在许多缺陷；（2）运用针对应用型研究设计的评价指标，对应用型论文进行评估的结果，显示此类论文有其自身的价值，但也存在诸多不足。

上述三项实证研究结果与本文开篇所列的经验性评论相吻合。因此，如何解决问题，加速学科发展，是目前中国公共行政学发展的关键任务。薄贵利教授在1998年把中国行政学的弱点归结为三个方面，即"理论上欠成熟、理论脱离实际和方法论上的简单呆板"，并指出，"如果中国行政学界不进行深刻的总结、反省和自我批判，不克服自身的弱点，那么，中国行政学就难以有大的发展"（薄贵利，1998）。上述三项实证研究只是阶段性总结，中国行政学者还需要继续进行反省。立足于跨学科文献分析，笔者认为，要加速学科发展，有四个任务至为关键：掌握公共行政学的本质；发展本土理论；抵制对实证研究的迷信；改变现有的主导逻辑。下面分别对之进行阐述。

二、掌握公共行政学的本质

现有的反思都建基于一个假设：公共行政学本身是一种基础学科。但这一假设却是错误的：公共行政学不是一门纯科学，而是一门应用科学。罗伯特·达尔（Dahl，1947）早在1947年便指出：行政学要成为一门科学，就必须进行比较研究。这是因为公共行政的生态环境里有极多要素，如政治文化，会影响某一地域或国家的公共行政特性；即便是同一个国家，处于不同的历史时刻的国家管治的政略和战略亦有差异。然而，比较研究一直停滞不前（Heady，2000），公共行政学便难以成为一门纯科学。

　　作为一门应用学科，公共行政学的目的是更科学地理解公共行政现象和改进实践。在美国，这是学科始祖威尔逊的意愿，也是美国公共行政学在 1939 年创立的本意（Kettl，2000）。掌握了公共行政学的本质，便能觉察学科的存在目的。在国内，王乐夫（2001）指出公共行政理论以解决国家公共事务、政府公共事务和社会公共事务三大类问题为出发点。任晓林（2002）也认为"公共管理理论以解决政府问题为出发点"。因此，学界应去掉将学科建设成为一门社会科学的渴求，同时接受一个现实，即公共行政学是一门建基于社会科学的应用科学。其根本目是：改善中国公共行政实践，解决中国发展的问题。也就是说，公共行政学理论建立的途径及研究方法的应用与基础学科的途径及应用有根本区别。

　　先有公共行政，然后有公共行政学。公共行政学的理论必然来自实践，是中观与微观的理论，只能解释与预测某个情景的公共行政现象，而不是放诸四海而皆准的真理。建立这样的理论，只能在实践的框架下进行，所发现的公共行政规律只是在实践过程中不断改变的规律，时而缓变，时而急变。因此，使用基础学科建立理论的实证研究方法，就容易出现后知后觉的问题。更重要的是，我国公共行政并不是像西方国家那样按照已经建立的民主宪政规范及政客、利益集团的要求来运行、运用公共权力以解决利益相关者所关注的问题，而是要理顺社会发展的深层矛盾。

　　有鉴于此，本文建议学界在以下两个方面积极探索：其一，批判地吸收国外前沿理论、方法论及创新管理模式，为我国实务界所用；其二，客观地分析我国过去、当代的卓越的公共行政模式及方法，并加以完善及推广。继而，从跨学科、跨领域、跨功能的角度分析如何把现有知识库的资料转化为实用的知识，并使用现有知识建立、发展中国公共行政学的专有理论和方法。当然，学者必须持续分析全球和我国的政治、经济、社会及科技的恒变和剧变情况，及其对我国发展公共行政的启示和挑战。换言之，作为应用科学学者，我国公共行政学者应该跳出静态思考的框框，避免耗费精力作明日黄花的研究，把注意力放在动态、前瞻性及战略性的研究，为建设学科作出更大的贡献。最重要的是：学者在进行这两项工作时，要不断反思所作所为如何能促进学科发展出核心能力，并深入分析研究成果对改造公共行政世界的含义和启示。

三、发展本土理论

在吸收国外前沿理论、方法论及创新管理模式的同时，中国公共行政学者必须致力于提高理论本土化的能力，并因地制宜地发展本土理论以满足公共行政的实际需要。由于理论本土化能力的不足，中国引入的相关实践与改革模型就无法达到预期的理想效果。比如 Worthley 和 Tsao（1999）指出，中国已经进入政府再造的进程中。但是根据 Chow（1991）、Lam 和 Chan（1996）的分析，由于中国的特殊国情，公共行政改革折射出中国政治与治理所特有的本质与过程，因而，这样的改革在表面上类似于西方实践，但在内核上却有本质上的区别。同时，Chan 和 Chow（2007）也指出，中国的政府再造实际上只是海市蜃楼。比如他们关于中国新公共管理改革的研究就表明，中国引入的私有化和机构缩减改革在很大程度上仅停留于表层或已经异化。以私有化为例，Worthley 和 Tsao（1999）认为它是新公共管理改革的标志，但是，在中国的国有企业私有化进程中，很多被分配有大量股份的投资者其实是在职或原国家干部。从理论上讲，这样的改革导致一些令人争议的后果也是不可避免的，毕竟，正如 Lijphart（1977）所强调的，所谓的西方理论仅仅只是英美式经验而不具有普遍适用性。因此，不做变通的应用必定导致困境。

同样，不作批判的引进也会制造不必要的麻烦。以新公共管理改革为例。新公共管理运动在上世纪八九十年代席卷全球。许多中国学者在介绍新公共管理运动的发展情况之后便提出改革的建议，而未考虑新公共管理无论在理论还是实践层面都存在重大问题。2005 年 10 月，由全国公共管理硕士（MPA）专业学位教育指导委员会在西安举办的一次会议上，中国人民大学张成福老师在大会发言中就指出，新公共管理在西方国家日渐式微，并建议我国学者不要在介绍国外新公共管理改革的经验上投入过多的精力。武汉大学丁煌老师也在其 2005 年发表的论文中指出：

新公共管理理论已经在西方国家遭到了来自多方面的质疑。然而，我国许多学者尚后知后觉地撰文强调新公共管理的重要性和讨论我国政府应该如何借鉴西方新公共管理改革的经验（丁煌，2005）。总之，不掌握新公共管理的内涵与深层问题便提出借鉴有关理论及方法，获益甚微，甚至会导致国家执政能力的削弱与综合国力的下降。因此，如何对新公共管理进行科学的批判与借鉴就成为关键。在批判的过程中，我们要关注对新公共管理核心意识形态的批判；在借鉴新公共管理一些做法的时候，要首先讨论具备什么样的条件才能进行什么样的改革，等等。

公共行政理论在中国的发展与治理过程中是不可或缺的。因此，学者们需要解决的是如何从战略高度上发展公共行政学科及适合中国国情的理论。对于国家发展必不可缺的理论与实践模式，引进是有必要的，但必须根据国情作出调整与改良。比如，适用于中国的并非是发达国家的"善治"，而是经过改良之后的"足够的善治"（good enough governance），比如，正如哈佛大学教授梅里利·格林德尔（Grindle，2004）所指出的，适用于中国的并非是发达国家的"善治"，而是经过改良之后的"足够的善治"（good enough governance）。同样，私有化改革作为新公共管理时代的政策号角，之所以能够在西方起作用，是因为它以适当的民主宪制、合法可靠的产权制度和有效实施的契约法律为前置条件。没有这些前提，私有化只能导致国有资产被腐败分子非法盗用和挤占（Chow & Luo，2007）。总而言之，中国的公共行政学者必须致力于理论本土化的能力。

四、抵制对实证研究的迷信

建立本土理论，需要有效地应用实证研究法。实证分析是美国社会科学权威期刊中的主流研究方法，而中国尚停留在以描述分析为主的阶段，此差异可能在一定程度上表明中国行政学研究比美国落后 20 年之多。另一方面，正如上文所述，使用基础学科建立理论的实证方法，公共行政学界就容易出现后知后觉的问题。事实上，公共行政理论的建立，并不一定需要社会科学的实证研究：实证分析方法不是也不应是唯一的评价研究完备性的指标。美国战略管理大师普拉哈拉德与贝蒂斯在20世纪80年代初关于主导逻辑的论文（Bettis & Prahalad, 1995）最初被《战略管理学报》(*Strategic Management Journal*)拒载，仅仅因为该文不是实证型研究。在作者的坚持与编辑的同意下，该文得以发表，而且最终被评为《战略管理学报》20世纪80年代最优秀的论文。事实上，虽然大多数期刊对实证研究都持有特别偏好，但在某些情况下，概念类论文却可能具有重大价值而应受到特别重视。以《战略管理学报》为例，其实证型论文与非实证型论文之比为7∶1（Phelan et al., 2002: 1167）。

其实，诺贝尔经济科学奖得主哈耶克教授早已在1974年的颁奖演说中阐明，社会科学的实证研究并不能如自然科学般准确地掌握、计量相关情况及因素；正因为许多经济学家迷信实证主义及其所作出的片面实证研究，导致其研究成果缺乏价值。于1992年去世的哈耶克教授还指出：实证研究是事后分析，即依据过去经济发展情况进行分析；若环境剧变，则实证研究的结论不过是明日黄花。基于上述两点可知：迷信实证主义只会导致学者热衷于实践价值有限的研究。

此外，有学者指出，实证分析的方法本身就存在许多弊病，如调查战略集团的聚类分析方法本身便带有显示集团存在的倾向，容易得出片面的统计数据（Shook et al., 2004）。实证研究者往往有意无意忽略难以观察的因素，导致他们所建立的理论、模式存有重大缺陷。近期出版的论文（例如Hunt, 2005）也指出，实证研究在哲学领域备受争议，诸多实证研究所讨论的内容单独来看或许能够显示某种线性相关关系，但当整合众多同一课题的实证研究时，其结论却难以令人接受。比如，关于交易成本理论的诸多实证研究就是一个很好的说明，整合所有这些研究后表明其可信度并不高。事实上，早在上世纪六七十年代，社会科学实证主义便被后现代主义学派批判（Mir & Watson, 2000）。当前，纯实证主义基本不复存在（Kwan & Tsang, 2001）。

在公共行政领域，实证研究只能比较有效地表述缓变的规律。此外，在非常规情景下，公共管理者的决策与问题应对是建基于直觉的，而直觉来自于专业知识、管理经验、潜规则的掌握以及灵光一闪的内在反应，并非在正态分布情况下建立的实证论据所能全面并深入描述的。公共管理者的决策的优劣也不是实证研究能够轻易判断的——在实践者的圈子，只有富有经验及专业知识、掌握潜规则的公共管理者才能有共识地评判优劣。这不是说公共行政的世界没有规律，而是只有在行动中才能够掌握规律，改变与驾驭规律，从而改变公共管理现象。总而言之，如果批判学科的研究论文过于规范或缺乏实证研究都是片面的批评；同样，追求宏观理论的建立也只是水中捞月的行为。这不是说实证不重要，学界的误区在于其对非实证研究的极端偏见及对定量研究的偏爱。实证研究并非必须是定量的，例如，与精英面谈所得的实证也能够对公共选择理论中效用最大化原则的有效性进行验证，也可以显示出潜知识的形成与分享规律，以及对行政行为的深层影响。因此，在未来的研究中，学者需要考虑的是研究方法的多样性与有效性。

此外，步入新世纪后，我国面临着总体稳定、局部动荡的新的国际环境，世界经济一体化的进程也在不断加速。中国经济、政治、社会及文化系统越来越多地受到国际因素影响，只有符合新时期发展规律的思维与理论才能有助于公共管理者与学者更加深刻认识当前国家发展与治理所面临的问题，并准确把握未来可能显现的问题，从而提出有效对策。从前瞻性视角分析，可预测未来十年的变化会更大，问题会更复杂，矛盾或进退两难的情况会更普遍。要进行有效的公共行政实践与研究，公共管理者与学者必须强化抽象分析能力、直觉分析及决策的能力、分析悖论的能力，并研究全球、本土的历史发展对公共管理者的决策拟订与执行的影响等。这都要求公共管理者与学者充分掌握历史唯物主义的世界观、方法论。事实上，美国战略管理大师阿尔弗雷德·钱德勒（Chandler, 1962）早就指出，机构运作模式（包括创新）是由该机构独特的历史因素所塑造。此外，贝蒂斯和普拉哈拉德（Bettis & Prahalad, 1995）也指出，历史因素影响战略制定者的思维、世界观乃至战略取向。我国行政学学者应加强历史唯物主义方法论的应用，有选择地收集及分析实证资料，找出新的发展规律，以求有效解决当前及即将显现的国家战略发展与管理的问题。

五、改变现有的主导逻辑

普拉哈拉德与贝蒂斯（Bettis & Prahalad, 1995）向《战略管理学报》提交的论文精辟地分析了主导逻辑理论。这一理论认为，要解决战略管理的问题，最根本的途径是分析和研究战略管理者所具有的世界观及心智模式，审视其主导逻辑是否符合组织所处环境的新发展规律。而在1978年，面对经济、政治及文化全球化发展的新规律，邓小平同志就提出要解放思想，更新观念，破除保守僵化的思维模式。这一主导逻辑的改变，为我国创造了有利条件，驱动了近30年的经济急速发展。

时至今日，急速的经济发展与其他因素已让我国人民处于一个以"适者生存"为核心价值的自然进化伦理及市场竞争伦理的生态环境；利益个体化已经成为普遍现象。在这样的生态环境中，对许多公共行政实践者而言，要求公共行政实现公共利益只是一句戏言。因此，只有改变目前利益个体化的主导逻辑，才能让公共行政实践者与学者有所突破。

诺贝尔奖获得者西蒙在1976年介绍了理性的世界观、研究法及应用手段。西蒙论述了两个层面的理性，即实质理性（substantive rationality）和工具理性（instrumental rationality）。实质理性讨论的是如何发挥战略思维能力，找出应该办好的事；而工具理性讨论的是如何把事情办好。二者相辅相承：如果管理者决定做一些不该做的事，却成功地应用工具理性将不该做的事情办得很好，其后果可能是极为严重的；如果管理者基于实质理性找到应该做的事，却未能应用工具理性把应该办的事情办好，则徒劳无益。在现实生活中还有另外两种情况：一是管理者能够将实质理性与工具理性结合，找出应该做的事而办得很妥当，这是卓越的表现；二是决定做不该做的事情并且办得一团糟，这是平庸的表现。

基于实质理性的考虑，公共行政实践者与学者必须反思在新时期国家的历史使命和发展方向，运用战略思维，了解外部环境和内部条件，分析新时期的根本矛盾及矛盾转化的本质、方向及速度，对国家在新世纪必须进行的发展和改革进行批判性分析，作出战略定位，并提出初步战略决策，继而进行相关的战略管理，即全面的环境分析、强弱危机综合分析、战略拟定、编制执行方案及战略执行等活动。

确保发展路线的正确需要理论的支撑。笔者的文献分析显示，新科学群理论的量子理论有重大的指导意义。上世纪60—70年代，自然科学得到突破并形成新科学群，驱使社会科学家从崭新的角度分析社会现象。新科学群理论主要包括：混沌理论、自我组织理论与包含量子理论的复杂理论。量子物理的研究显示，组成物质的粒子（基本的微粒）本质上是高度集中并与其他粒子分享的能量，而物质并非离散的单元而是能量不断变化的"过程"。因此，从量子的角度看，万物都相互联系且处于转成而非存在的状态。量子理论描述组织的管理世界的交互主观性、非确定性、普遍联系性、不同世界的并存、多种思路、非本地因果关系和参与式串连。量子理论要求领导者不仅仅关注实体，还要关注物体的能量与转变；关注事物渐变，而非事物的现状；关注转变趋势，而非显性因果关系；关注战略管理的改造，而非接受静态的现实。量子理论引领管理者及学者去重新思索当代人类认知与意识的形式，从而掌握复杂世界的规律与无规律，衍生智慧，先知先觉，统筹兼顾。

在现代社会，人类行为个体化是普遍现象，即个人、组织以及国家都从个体的视角考虑问题，尤其是要考虑如何保护自我的利益，这使得他们都受困于由人类自己构建的个体化世界。人类及其创造的组织只考虑个体存在、个体享用、个体创造、个体发展及个体成长，同时惯性使用单元化的运作手段，而非协同增效的方法。在我国，许多政府机关、事业单位、国企也受制于个体化思维，不思考共存、共连、共享、共创、共发展、共转成的现象及其含义，只知道致力于促进利益个体化和运作单元化；即使进行合作，其本质也源于个体利益驱策，因而难以进行单位内部的协作、单位之间的合作以及社区内和地区间的合作与价值创造——换言之，难以发掘协同增效的潜力。这都影响到国家和政府机关、事业单位、国企的长远利益和发展，以至于不能发挥潜力，有效地为人类谋福祉，难以为社会解决其存在的严峻问题。

人类行为个体化是与自然世界的连续性、共享性、转成性的固有本质相矛盾的。基于量子理论，笔者认为公共行政实践者与学者必须拥有共同体意识，此意识反对个体化思维而以共体化思维为依归，抛弃单元化运作模式而追求团结,并接受协力增效化——协作的过程包括个体与团体间合作、协作的相互作用,创造出大于个体效力之和的合力、协作效果。量子理论驱策公共行政实践者与学者寻觅佳径以实现团结与协力增效化。能够理解协力增效化在政府机关、事业单位、国企实力化中的作用与价值的公共行政实践者与学者,将视世界为一个共存、共连、共享、共创、共发展、共转成的和谐世界,而政府机关、事业单位、国企则应是共性和个性共存的有机结合体,即在客观情况允许共体性和个体性并存的同时,促进共体性中有个体性的配置(见图1)。

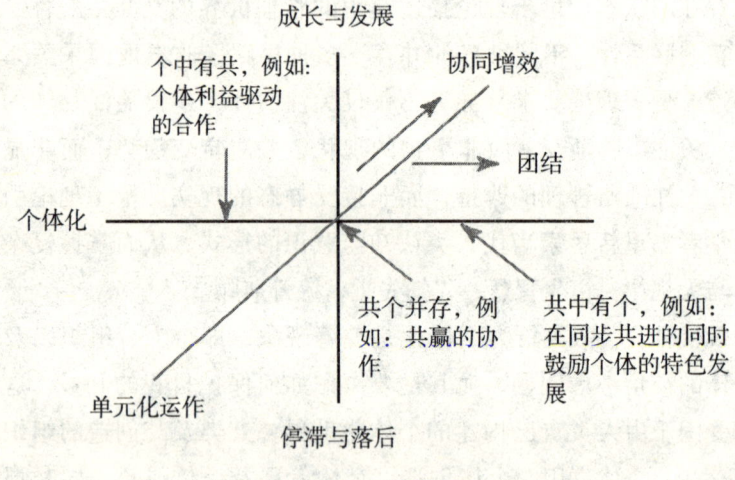

图1 组织的共体化框架

建基于量子理论的共同体的主导逻辑理论,能抵制利益个体化思维,也能够帮助学者找到"大政府、大市场、大社会"并存的规律,以及其他与国家发展相匹配的政略、战略、政策及管理手段。因此,学者有必要致力于研究共同体的主导逻辑理论。

六、结语

上述四个关键任务的完成,将直接影响中国行政学科的提速发展。当然,中国行政学尚有许多其他还需要解决的问题:

其一,行政学正陷入一种"信息丰富却理解贫乏的悖论"——知道的越多,理解的越少。西方的经济发展,已开始从"知识型经济"向"学习型经济"蜕变(Ferguson-Amores et al.,2005),后者强调通过理解与智慧获取新的知识与技能,以创造新价值,而非僵硬的知识累积。当然,知识具有不可否认的作用,但这作用是有限度的,必须有选择地累积与使用,而非盲目地追求。但是,当前的中国行政学领域迷失了方向,陷于简单的知识堆积中,只知道追求国内外的理论与模型,忘记了了解与理解的差异及知识与智慧的不同。中国的行政学学者必须意识到理解与智慧化的重要性,从而提升对公共行政现象的本质、意义及解释的领会力,要善于领会尚未显现及变化中的事物,能提出和评估尚无确实证据的观点与超前的主张,继而进行制度后的分析(基于现有公共行政世界)与制度前的分析(开创新的公共行政世界)。

其二,在简化观当道的年代,学者们常忙于细化专业知识,而忽略了许多问题只能通过整体的视角才能被掌握的事实。简化观降低了公共行政的学术追求价值,制约了思维,限制了认知能力,缩小了研究范围,导致思维僵化、感知混淆、记忆超载与想象窒息。如何培养学者运用系统观、全局观及纵横观以减少简化观的负面影响,是建立有效理论的关键问题。

其三,中国行政管理领域仍带有较明显的传统及保守主义特征。学者们常投入过多的精力从事描述性、规范化、非解析性和或非重要问题的研究;致力于沿袭相同或相似的途径、概念框架与研究方法进行知识累积;惯用传统的牛顿范式的视角看待中国公共行政事务——即认为公共行政领域的现象是静态的、客观存在并难以改动的。袁达毅(2002)指出:"行政学在我国恢复后,我国从事行政学研究的第一代学者,基本上都是'半路出家'。他们分别从法学、哲学、科社、党史、共运史等学科领域转向行政学的研究。但是,这些学科都是以定性分析、演绎分析、宏观分析和文献分析见长的学科。当学者们由这些学科转向行政学研究时,自觉或不自觉地把他们的思维方式、研究方法运用到行政学研究上。同时,又潜移默化地影响着他们培养出来的第二代学者"。敬乂嘉(Jing,2008)检查了2002—2006年完成的公共行政学博士毕业论文,发现这些论文含金量很低,使人怀疑第一代学者是否有能力培养第二代学者。如何减少这种一脉相承所带来的负面影响是学科发展的重大问题。

总之,中国行政学学者必须意识到学科中存在的缺陷与知识进步中的不足,也要意识到理解与智慧化的可贵。同时,学者们必须尽快完成上述的四个关键任务,从而加快中国行政学的发展。

【参考文献】

薄贵利:《中国行政学:问题、挑战与对策》,载《中国行政管理》,1998年第12期。

丁煌:《当代西方公共行政理论的新发展——从新公共管理到新公共服务》,载《广东行政学院学报》,2005年第17期。

董建新、白锐、梁茂春:《中国行政学方法论分析:2000—2004》,载《上海行政学院学报》,2005年第2期。

何艳玲:《问题与方法:近十年来中国行政学研究评估(1995—2005)》,载《政治学研究》,2007年第1期。

马骏:《中国公共行政学研究的反思:面对问题的勇气》,载《中山大学学报》(社会科学版),2006年第3期。

任晓林:《走向本土化研究的公共管理:有限性、逻辑与基本关系》,载《中国行政管理》,2002年第10期。

王乐夫:《论公共管理的社会性内涵及其他》,载《政治学研究》,2001年第3期。

袁达毅:《中国行政学的危机与出路》,载《江西行政学院学报》,2002年第2期。

张梦中、马克·霍哲:《"公共行政学研究方法论"专栏总序》,载《中国行政管理》,2001年第8期。

周敬伟:《中国公共管理学的独特能力的思考》,载《求索》,2005年第6期。

Bettis, R. A., & Prahalad, C. K. (1995). The Dominant Logic: Retrospective and Extension. *Strategic Management Journal*, 16 (1), 5–14.

Chan, H. S., & Chow, K. W. (2007). Public Management and Policy in Western China: Metapolicy, Tacit Knowledge, and Implications. *American Review of Public Administration*, 37 (4), 479–498.

Chandler, A. D. (1962). *Strategy and Structure: Chapters in the History of American Enterprises*, Cambridge, MA: MIT Press.

Chow, K. W. (1991a). Public Administration as an Academic Discipline in China. In A. Farazmand (Ed.), *Handbook of Comparative and Development Administration* (pp. 409 – 420). New York: Marcel Dekker.

Chow, K. W. (1991b). Reform of the Chinese Cadre System: Pitfalls, Issues, and Implications of the Proposed Civil Service System, *International Review of Administrative Sciences*, 57 (1): 25 – 44.

Chow, K. W., & Luo, L. Q. (2007). Rationalizing Public Organizations in Western China: Contending Approaches and Conflicting Logics, *Public Organization Review* 7 (1): 69 – 91.

Dahl, R. A. (1947). The Science of Public Administration: Three problems [J]. *Public Administration Review*, 7 (1): 1 – 11.

Ferguson-Amores, M. C., Garc'a-Rodr'guez, M., & Ruiz-Navarro, J. (2005). Strategies of renewal: The Transition from 'Total Quality Management' to the 'Learning Organization'. *Management Learning*, 36 (2), 149 – 180.

Grindle, M. S. (2004). Good Enough governance: Poverty Reduction and Reform in Developing Countries. *Governance*, 17 (4): 525 – 548.

Heady, F. (2000). Donald C. Stone Lecture. *Public Administration Review*, 61 (4): 390 – 95.

Jing, Y. J. (2008). Dissertation Research in Public Administration in China. *Chinese Public Administration Review*, 5 (1/2), 27 – 38.

Kettl, D. F. (2000). Public Administration at the Millennium: The State of the Field. *Journal of Public Administration Research and Theory*, 10 (1): 7 – 34.

Kwan, K. M., and E. W. K. Tsang. (2001). Realism and Constructivism in Strategy Research: A Critical Realist Response to Mir and Watson, *Strategic Management Journal*, 22 (12): 1163 – 68.

Lam, T. C. & Chan, H. S. (1996). China's New Civil Service: What the Emperor is Wearing and Why. *Public Administration Review*, 56 (3): 479 – 485.

Lijphart, A. (1977). *Democracy in Plural Societies: A Comparative Exploration*. New Haven, CT: Yale University Press.

Lu, L. Q., Chow, K. W. (2008). Monitoring the Growth of Chinese Public Administration Knowledge: Evidence from Chinese Public Administration Journals. *Chinese Public Administration Review*, 5 (1/2), 7 – 26.

Mir, R., and A. Watson. (2000). Strategic Management and the Philosophy of Science: The Case for a Constructivist Methodology, *Strategic Management Journal*, 21 (9): 941 – 53.

Phelan, S. E. , Manuel, F. , & Rommel, S. (2002). The First Twenty Years of the Strategic Management Journal. *Strategic Management Journal*, 23 (12), 1161 – 1168.

Shangraw, Jr. R. F. , & Crow, M. M. (1989). Public Administration as a Design Science. *Public Administration Review*, 49 (2), 153 – 158.

Shook, C. L. , Ketchen Jr. , D. J. , Hult, G. T. M. & Kacmar, K. M. (2004). An Assessment of the Use of Structural Equation Modeling in Strategic Management Research, *Strategic Management Journal*, 25 (4): 397 – 404.

Simon, H. (1969). *Sciences of the Artificial*. Cambridge, MA: MIT Press.

Wooten, L. P. , Parmigiani, A. & Lahiri, N. (2005). C. K. Prahalad's Passions: Reflections on His Scholarly Journey as a Researcher, Teacher, and Management Guru. *Journal of Management Inquiry*, 14 (2), 168 – 175.

Worthley, J. A. , & Tsao, K. K. (1999). Reinventing Government in China: A Comparative Analysis. *Administration and Society*, 31 (5): 571 – 87.

Zhang, C. F. (1993). Public Administration in China. In Miriam K. Mills and Stuart S. Nagel (Eds.), *Public Administration in China*. Westport, CT: Greenwood Press.

公共行政中的对策研究：批判与反思[*]

刘亚平

中山大学行政管理研究中心/中山大学政治与公共事务管理学院

[摘要] 公共行政领域充斥着各种对策研究。因为对策必须是具体的、可操作的，它使得公共行政研究被实践者面临的具体问题所牵引，在当代问题中跳来跳去，难以形成累积性的知识基础；引导研究者过于关注实务细节，而不能抽象思考现实问题，从而极大地伤害了研究指导实践的能力。正是这种对策导向的研究危害了公共行政研究的品质，加剧了公共行政的身份危机。公共行政研究应当将自己定位在帮助实践者更好地理解其身处的现实，这样才能真正有效地指导公共行政的实践。

[关键词] 公共行政　对策研究　实践反思

公共行政学似乎自产生之日起就危机重重，其合法性地位一直受到置疑。[①] 如何化解危机，还公共行政学在大学学科体系中应有的地位和尊

---

[*] 本文发表于《中国人民大学学报》2008 年第 2 期。收入本论文集时作了修改。
[①] 台湾学者江明修（1997）认为公共行政的危机有四种，"合法性危机"、"研究品质危机"、"学科认同危机"与"信任危机"。前三者属公共行政的"学术危机"，而后者属于公共行政的"实践危机"。

严,一直是历代公共行政学学者孜孜以求的事情。在这种种努力之中,构建理论与实践的关联性,成为学者们的智识努力的核心。"公共行政学的永久任务就在于研究和改进公共部门的管理实践"(江明修,1997:3),应用性使得公共行政学不同于其他社会科学。公共行政学学者社群似乎有着一种不谋而合的理念:公共行政学的应用性体现在它在多大程度上能够帮助我们改进公共部门的管理实践。因此,很多学者将主要精力投入到为实践者在实际工作中碰到的问题提出改进对策,而我们的实践者也往往向公共行政研究寻求具体对策方面的指导。许多论文都是以"问题、原因、对策"三部曲方式构成,而论文的重点都在于构建对策。如果一项研究没有能够提出改革的对策和建议,也被认为是有所欠缺的。"如果不谈对策,那论文的创新处何在?"对公共行政领域学术研究的批评也往往集中于对策研究的滞后性和不具体、不具备可操作性。本文要讨论的即是这样的问题:以为实践者提供具体工作指引为目标的对策研究是否可能?公共行政研究应当如何指导实践?

一

尽管公共行政学领域充斥着各种各样的政策建议,但却多被束之高阁,无人问津。这似乎不仅仅只是公共行政研究存在的问题,正如科恩和格雷特(Cohen & Garet,1975:17-43)所指出的,在整个社会科学领域,尝试运用知识来改进政策的努力往往都是令人失望的。我们看到的是这样一种局面:社会研究的许多供应者和使用者都不满意,前者是因为没有人听他们的,后者是因为他们没有听到自己想要听的(Lindblom & Cohen,1979:1)。这一问题在公共行政领域则显得尤为严重,因为公共行政学将自己定位为一门实践导向的"应用性学科",不像其他社会科学那样,还存在着一些"纯粹为了知识而对知识感兴趣"的研究者,公共行政学存在的价值似乎就在于为实践提供指导。当该领域的对策研究并不能很好地指导实践时,我们就会认为这门学科的研究品质出现了严重的问题,实践者就会失去对该学科的信任,这进而会令该学科得不到认同,从而危及其存在的合法性。

对于现有的公共行政理论往往无力反映或指导实际行政行动这一局面（登哈特，2003；马骏、刘亚平，2007），许多研究者从方法论的基础上来对学科进行反思（怀特、亚当斯，2005；马骏，2006；刘亚平，2006），认为当我们生产出来的知识在运用上存在问题时，这可能意味着这种生产过程存在问题，因此我们需要检讨公共行政的方法论基础。除此之外，是否还存在着另外一种可能性，即正是因为我们错误地界定了该领域知识的用途（为实践者提供对策），使得我们将努力投入到我们不在行的领域，从而损害了该学科的研究品质，进而引发了我们学科的危机？

政策建议需要建立在对现实的正确认知之上。现有的对策研究之所以不能指导实践，一个重要原因在于研究者并不了解真实世界的情况，甚至根本就没有去了解真实世界的情况，而是关在书斋里想当然，这样闭门造车而提出的对策当然不会得到实践者的尊重。但是，即使研究者深入进行了调查研究，是否就可以提出对策了呢？也并不尽然。我们需要问这样一个问题：研究者对公共行政现实的认知是否更为准确？如果研究者并不能提供比实践者更为正确的认知，那么，研究者就没有理由提供对策。

至少从以下三个方面来看，研究者并不能够比实践者拥有更为准确的关于他们身处现实的认知。首先，研究者对于真实世界的知识往往是基于过去的经验，如对于已经发生的事情的分析和概化得出的一般性结论。因此，他们是基于过去来看待现在并预测未来。过去的经验是否能够用于指导未知的未来？这是非常值得怀疑的事情，尤其是当未来充满着不确定性时，我们更应该对我们所拥有的过去的知识保持足够的谦虚和谨慎。另一方面，这种基于过去经验得出的对策往往是在强迫实践去符合理论，即，强迫实践按照研究者在过去经验基础上形成的轨道前进。事实上，这样是无视实践者的主观能力性和创造力，限制了可能的选择方案，使得我们无法超越已有选择的局限性。正如周雪光教授（2003：326）对于那些前来美国寻找解决问题的对策的学者所作的批评：

这些问题涉及到了方方面面，光靠学者拍脑瓜是很难找到答案的。但是，不同的农村地域、村庄面临这些问题，他们一定在本能地寻找解决方法。如果有这么多农民、村庄在摸索，找到答案的可能性就大大提高了。与其我们学者在这里苦苦思索，还不如在人民群众的社会实践中寻找答案。

其次，研究者往往会对现实进行抽象和简化，这是为了研究的便利。如何进行抽象和简化，事实上反映着研究者的理论触角的敏锐性。这使得研究者在分析现实时只会关注他认为重要的因素，而有意识地忽略掉那些他认为不太重要的因素。这种知识可以帮助我们更好地理解纷繁杂乱的现实的某些方面，尤其是一些非常关键的方面，但是，它却不能够替代现实。当研究者尝试提出对策时，他们需要还原在研究过程中被抽象掉了的知识的生命力。这种生命力来源于实践者所面对的具体问题情境。而这一情境必然是高度特殊化的，每一个地方、机构、局都各不相同，每一个机构的上下级关系、人员背景、性情、资质等都是非常特殊的。因此，没有对具体情境的亲悉的知识，不可能还原知识的生命力。

因此，在提对策时，必须要回到实践者面临的具体情境，任何对策都必须是高度情境相关的，高度特殊性的。正如阿特来奇特所言，复杂的实际问题需要特定的解决办法；这些解决办法只能在特定的情境中发展出来，因为问题是在该情境中发生和形成的，实际工作者是其中关键的、起决定性作用的因素；这些解决办法不能任意地使用到其他的情境之中（转引自陈向明，2000：454）。政策分析家们被批评得最多的就在于"对决策的具体环境知之甚少"（沃恩、巴斯，2006：138）。而对于以对现实进行抽象化、继而解剖分析这些抽象化了的因素见长——简而言之，以处理资料见长——的研究者而言，要他们通过对具体情境的全面熟悉来还原知识的生命力以提供对策，显然不是他们的长项，甚至不是他们的能力所能及的。

最后，问题的具体情境牵涉到各种利益相关人，他们都有着各不相同的视角，而且，更重要的是，这些视角与研究者是不同的。所以，即使进行了调查研究，即使能够较为全面地了解了具体的问题情境，研究者所提出来的政策建议也可能是"无效的",因为它可能只反映某一方面的利益,或者某一视角下的现实,因此得出的建议可能违背某些利益相关人的利益,以至于"敦促被建议者应采纳的措施,要么超出被建议者的控制范围,要么违背建议者的利益"(Basu,1997)。这种政策建议因不具备"自实施性"而被束之高阁就不足为奇了。正如德茨克所言,研究者要提政策建议,必须要能够理解决策者的社会和政治世界,同时,还必须要理解政策利益相关人眼里的社会和政治世界,以及该社会政治世界是如何与利益相关人联系的。政策分析被拒绝的原因往往是因为它们与利益相关人眼里的情境关联不大(Dryzek,1982)。

正如阿特来奇特对以指导实践为主旨的研究进行的批评:

> 以指导实践为主旨的行动研究认为,实际的问题可以有通用的解决办法;这些解决办法是可以在实际的情境之外的地方发展出来的;这些解决办法是可以由出版物、训练或行政命令等途径转换成实践者的行动的。因此,研究产生理论,理论被用来解决实际问题,应用的结果是生产出一套为特定消费群体服务的产品,这套产品被传播给实践者,各种相应的策略被用来训练、刺激或压迫实践者,以使他们接受这一新产品,并且照章使用。这种工具理性的做法带来一种信誉上的等级,发展理论和制定决策的人地位最高,专家比教师的可信度要高,而教师又比学生更加可信。这种阶层制度对实际工作者极不信任,使他们处于理论知识的最低层,他们的任务就是运用那些在权力上高于他们的学术和行政管理人员所预先界定的知识(转引自陈向明,2000:453)。

公共行政学的权变理论早就向我们揭示了,实际的问题不存在通用的解决办法。解决问题的办法必然是特殊主义的、适用于具体情境的。即使是以"提供政策建议"为主要目的的政策科学,也已是危机重重(Guba & Lincoln,1989;Lindblom,1990)。因此,著名公共政策家林德布罗姆和科恩坚定地认为,"当社会科学家在考虑进行政策建议时,最通常可用的告诫就是'停止'!"(Lindblom & Cohen,1979:92)。

但是，机敏的观察者可能会问道，为什么现实生活中我们经常能够看到实践者主动向研究者寻求对策？而且也能见到研究者所提出的建议得到了实践者的采纳？这是因为，决策者必须向有关人员阐明自己决策的依据。而在这里，专家就成为极为有利的"工具"。"他们了解专家可以聘来得出任何结论"（沃恩、巴斯，2006：140）。实践者对他们工作中的问题非常清楚，不需要研究者指手划脚告诉他们怎么做，他们往往是借助研究者的声音来替他们将自己支持的方案合法化。"政治家极擅长将政治问题伪装成科技专业或行政程序问题，很技巧地以学者专家意见或行政程序，包装或掩藏自己的政治与经济利益"，他们"希望使用来自专家的演讲中的关键句子或段落，说服自己的同事和委托人，或阐明自己对问题的看法"（沃恩、巴斯，2006：169）。因此，正如弗迪尔（Verdier，1984：424）告诫那些旨在提出政策建议的经济学家的："不要去教你的祖母怎样吃鸡蛋"。承担管理和领导责任的是决策者，而不是研究者，所以研究者大可不必越俎代庖，而被实践者利用，成为实践者推卸责任的对象。

二

这样一种以"对策"为导向的研究尽管不能指导公共行政的现实，但它却给该领域带来非常深远的恶劣影响，表现在以下几个方面：

它使得公共行政研究者缺乏应有的尊严。就具体的政策环境和工作情境而言，实践者当然会更有发言权。因此，寻求对策的导向将使得实践者永远认为自己比研究者更有优势，也给实践者充分的理由来鄙视研究者。"研究太空洞，不能够指导实践"。这更使得一些实践者甚至认为自己比研究者更有资格作研究，因此，许多实践者也开始涉足公共行政的研究领域，将自己处理问题的思考形成文字而在公共行政学的学术期刊上发表。他们认为，自己提出来的对策，比研究者的对策要更为可行，更切实际，更具有操作性。这进一步使得研究者们对自己的学术地位诚惶诚恐，如果实践者比自己更有发言权，那么，研究者的存在还有什么必要？更进一步，公共行政学作为一门学科的存在还有什么必要？于是乎，公共行政院校开始聘请实践者来担任顾问甚至是指导教师，以帮助我们的学生更好地了解公共行政的实践，而公共行政研究者不仅仅是作研究的地位岌岌可危，甚至是在大学讲坛的地位都受到威胁。

这样，公共行政研究成了"没有门槛"的领域，即无需经过任何训练，所有人都可以进行研究，且受到专业训练的人所进行的研究反而受到鄙视，因为它们"太深奥"，一般人看不懂。如鲍克斯认为，理论与实践之间的隔阂源于"理论是用一种作为学者之间相互交流代码的语言所写成。这个代码并不那么容易为非学者们所理解"；研究往往在"精彩观点出现之前就用复杂的统计使除技术专家之外的所有人困惑不已并疏而远之"（鲍克斯，2005：67）。鲍克斯（2005：67）断言，如果公共行政研究的语言本身难以被实践者们所理解，或者它构成了一些处理"数据"，而不是研究从事真实工作的活生生的内部人士的天地，那么，公共行政研究对该领域就几乎没有价值可言。

因此，公共行政研究必须要以通俗、平白的语言来进行，以便利实践者的理解。果真如此吗？并不尽然。学者的语言讲求精确，这是日常生活中的语言所无法替代的。如果日常生活中的语言无法准确地满足学术研究的需要，那么我们的确需要使用更为精确的学术语言。正是因为有了这些更为精确的语言，我们的思维才会更为严谨，所以才会有"精彩观点"的出现。而且，鲍克斯将"处理数据"与"研究从事真实工作的活生生的内部人士的天地"简单对立起来，是不妥当的，因为"数据"本身是从真实生活中提炼和抽象出来的，使用数据是为了更为简练地表达现实，使我们的逻辑推理更为精炼。当语言表达太过繁杂时，我们会使用数据来简化。我们不能够为了让实践者能够理解而牺牲逻辑的完美性转向使用粗糙的语言。[①] 当然，这并不是说我们就不能够使用日常生活中的语言，当这种语言能够满足我们的研究要求时，我们没有必要再去创造一套新的语言体系。

如果研究者的目标在于提对策，那么，我们就必须紧跟在实践者的

---

① 事实上，在中国，我们已经有了极好的解决办法，即设有专门的政策研究室人员，他们的主要任务就是将学者的研究成果表达为决策者所能理解的语言，供决策者参考。

后面,密切跟踪他们所面临的实践问题。当我们被实践者关注的问题牵着鼻子走时,我们的研究必然会在当代问题中跳来跳去,而缺乏累积性。现实问题必然一个一个层出不穷地冒出来,研究者只能不断地急速转换自己的研究议题。这样,"大量公共事务和行政的研究都在当代问题中跳来跳去"……"这导致今天积累的成果大部分都是乱七八糟的大杂烩"(纽南得,2005:序)。如果我们听凭实践来主导我们的研究议题,那么我们将永远无法深入地去探讨一个议题,因为"在公共行政领域,时间往往是一位不耐烦的主宰者",即使是"为客观的公共事务探究甚或是工具性的鼓吹研究收集资料都无法在这么短暂的时间内完成"(纽南得,2005:序)。我们的研究也将是"消解了历史的",因为以"对策"为导向的研究没有为历史研究留下足够的空间。缺乏历史根基的研究使得我们认识公共行政现实的能力受到极大的损害,使得我们更加无力指导公共行政现实。正如著名行政史专家拉施尔德斯(Raadschelders, 1994)所说:

> 没有地理和历史的相关知识,我们就无法评估社会现象的独特性和相对性……过去的知识有助于我们增长见识,并有助于我们深入了解当代行政架构和过程是怎样的,为什么会这样,以及它们的起源。

这一种研究导向还使得研究者的中立性受到损害。学者的优势在于其中立性,他不牵涉到具体的利益纷争之中,因此能够更客观、理性地看待现实,分析问题。研究者之所以被信赖,原因在于他是"科学的":没有直接的利害关系、不受干扰、非政治化。一旦学者将自己定位为政策建议者,那么,他将为某一政策而进行积极倡导,这将使他们面临丧失客观中立场的危险。作为学者,我们应当能够看到任何一个政策方案都会有某些收益,同时也必然会有代价。而当我们成为某一政策的倡议者时,那么,我们将积极地支持某一政策,因而可能会夸大其收益,而对其代价轻描淡写或视而不见。在这一过程中,学者极有可能被政治利益所捕获,成为某一利益的代言人,而被斥为"失去学者良知"。同时，采纳建言的政治家也可以因此而得以"转嫁责任"，政策的失误被转嫁到提出建议的学者身上。著名经济学家科尔奈就有过这样的遭遇，他在读了关于医疗诊断的书籍后反思自己作为政策咨询师的工作时曾发表过"为我的专业的徒有虚名而羞愧难当"的感言，因为"我们的工作距系统地收集治疗措施产生的副作用这一标准，相差何止十万八千里"（Kornai, 1983）。

更有甚者，很多研究者干脆放弃了自己作为研究者的身份，跻身实践者行列，直接以解决问题为使命，而不再仅停留于纸上谈兵。这种传统在中国一直非常盛行，如钱穆先生（2005：13）精辟地指出，"中国读书人多半做了官，他们对政治上的理论和思想，早可在实际政治中表现了。用不着凭空著书，脱离现实，来完成他书本上的一套空理论。于是中国的政治理论，早和现实政治融化合一了。"这正是所谓的"学而优则仕"，解决实际问题的能力被当成了检验研究者能力的最佳尺度。它使得研究者无心研究，也使得实践者跃跃欲试，不专心自己的本行，而致力于著书立说，将自己的实践以研究形式表现出来。所以结果是"在中国以往著作里，很少有专讲政治理论的书，也很少专因政治思想而成名的人物"（钱穆，2005：13）。因此，中国古代的治国术，多是"头痛医头、脚痛医脚"，沦为统治者的谋术，无助于整个民族的理性成长。

概言之，至少在公共行政领域，研究者和实践者各有分工，如果研究者要越俎代庖去为实践者提供对策，那么，必然会自取其辱。"研究者成为管理智慧的收集者和散布者，而不是知识的创造者"（Pfeffer, 1982：37）。而且，只要研究者将自己的使命定为为实践者提供对策，研究者就会被引向本末倒置，重对策而轻事实。因为对策是否合乎逻辑、是否站得住脚、能否从道理上说得通，将会成为主要关注点，急于提政策建议的公共行政学者往往会忽略对真实世界的了解。它在某种程度上是与我们的研究将自己定位在"提对策"上密切相关且彼此强化的。

如果我们不把公共行政研究的目标定位在提供对策，那么，我们可以很清楚地看到实践者进行研究的局限性以及研究者的优势所在。首先，实践者对公共行政问题并不会比研究者更有发言权。公共行政实践者更关心问题的解决，尤其是当前的紧迫问题。"控制现场"，是实践者工作的核心（威尔逊，2006：53）。而一旦问题解决了，他们往往开始下一个问题。管理者们很少在任何事件上花较长的时间，这使得管理者很难从事任何漫长的科学分析（哈默尔，2005：189）。托克维尔（2004：235）在偶然中发现，"那些热衷于制造事件的政客们从未对事件本身做过深入的思考"，他们生活在"两个不相连的事实之中，乐于把每一个事件都看做偶尔发生的突发事件"。因此，实践者所看到的现实是非常有限的，他们很容易为纷繁复杂的表象所牵制而无法看到更深层次的因果关系，他们对现实的理解因而将存在着相当的局限性。而且，认为公共行政的实践者在公共行政学上要胜过研究者这种主张事实上是将主题问题与理解主题问题的视角混同了起来。官员不是公共行政学者。实践者的工作经历能够为他们的学术研究提供素材，从这个意义上，他具有研究的便利条件。但这并不意味着他一定能够做出更好的研究。一个成功的公共行政实践者不一定就是一个成功的公共行政研究者。他的成功可能源于他选择了适合当时历史条件的方案，但是他可能只是模糊地知道这一方案与情境的关联性，甚至对他的方案也只是有非常模糊的概念。而研究者需要将这些模糊的东西清晰地呈现出来，并把不相关的因素剔除出去，将因（他的选择）果（他的成功）关系清晰地表述出来，说明他的选择是如何与他的情境相契合，因而导致了他的成功。这样，公共行政实践者的独特、具体的知识才具有了一定程度的可推广性，这样的知识也因而才对其他人具有了使用价值。没有任何行政问题情境会是完全相同的，因此，某一实践者的经验如果不能够进行一定程度的抽象，那么，他的这一经验对其他人就完全没有价值。

另一方面，研究者有着不同于实践者的更为深远的关注点，而且，我们希望他们能够有更为深厚的人文关怀。正如瓦尔达夫斯基（Wildavsky，1979：18）所言，研究者要提对策，就应当像实践者一样，将其主要关注置于所工作的组织及其延续，而不是社会问题。显然，我们对研究者有着更高的要求，他们应当关注的是社会问题，是公共问题。因此，在研究议题的设定上，研究者应当有自己的独立性，不应该完全被实践者牵着鼻子走，而迷失自己作为研究者的使命。"公共部门日常活动中的实践问题并不能自动为有意义的学术研究提供重大论题"（斯托林，2005：147）。一个特定的实践问题在理论上并不一定重要。"要成为理论上有价值的研究论题，需要对它们进行重组，使它们为具有相同形式的更为一般的模式所包容"（斯托林，2005：147）。研究者关心的不是某一个具体的个案，而是这个个案所反映出来的一般性问题。从这个意义上而言，并非所有的实践者都值得研究，也并非所有的实践者的经历都值得研究。有研究价值的，往往是那些能够证伪现有理论的案例，或者帮助我们更生动地揭示因果关系的案例，或者是帮助我们发现关键的因素从而发展理论的案例。因此，研究者对公共行政现实的关注，不同于实践者的关注。研究者的议题应当来自于实践，但不等同于实践者的议题。作为学者，在研究问题的取舍上，应当有自己的独立性。如果我们要求研究者依据当前政策制定者的兴趣来界定其议程的话，公共行政研究将会受到损害而不是得到强化。

即使研究者与实践者在议题上有同样的关注（即，实践者面临的问题同时也具有研究上的意义和价值），他们对同一议题的关注点也各不相同。研究者需要从不同于实践者的视角来关注这些问题。正如登哈特指出的，实践者不应该（大多数也没有）让理论家变成和他们一样的人，要求理论家像他们那样去观察世界（登哈特，2003：225）。实践者之所以需要研究者，就在于他们能够提供不同的思考，事实上，实践者往往希望理论家具有较广阔的视野，或者至少能从另外一个角度来看世界（登哈特，2003：225）。但是，当研究者将自己定位于提供对策时，为了对策的可行性、可操作性，必然要将自己摆在假想的实践者的位置，"位置决定立场"，当他真正体验到实践者的处境因而使得所提的对策可行时，他可能同时已经沦为管理者的代言人，从而危害其作为研究者的使命和关怀。而在这个过程中，他对于实践者的价值也同时丧失殆尽。

如果我们界定清楚研究者的角色，我们就能够更清楚实践者的独特性和不可替代性。研究者不会关注日常工作技巧。因此，实践者也不应该因为日常工作技巧而向研究者求助，否则实践者存在还有什么必要？一位担任公务员培训项目的教师与笔者谈话时说得更为直接了当：（如果要我告诉你具体的建议的话，）"那你把市长的位置让出来，给我来干得了"。实践者也有实践者的任务，而且，他们的任务是研究者所无法取代的。正因为他们对问题的熟悉，所以只有他们才知道一般性知识如何能够适用于他们所面临的独特问题。"源于科学和纯粹理性的大量事实和规则并不能直接解决一个新的问题，必须对其适用性进行判断"（哈默尔，2005：191）。正如登哈特和怀特（Denhardt & White, 1986）所指："有效的公共行政不仅需要技巧，还需要均衡的判断力、宽广的理解，以及对未来可能性的灵敏感知"。

因此，研究者不必自找麻烦去为实践者寻找具体对策，实践者也不应该推卸责任，要求研究者告诉他们应该怎么做。研究者和实践者有着各自的专业分工。各自做好自己的本份工作就足够了，不要尝试去超越自己的角色。否则，只会加剧理论与实践的隔阂，造成提供对策的研究者被实践者不屑一顾，而向研究者寻求对策的实践者也会遭到研究者的鄙夷和轻视。

三

那么，我们是否就应当接受公共行政领域理论与实践脱节的事实？非也。笔者认为，在学者们尝试为公共行政的研究与实践构建关联时，可能走入了这样一种困局：即错误地认定了理论与实践关联的方式。公共行政研究本来就不可能为实践者提供对策，而正因为他们想当然地认为研究与实践关联的唯一方式就是提供对策，从而使得公共行政学本身无法发展出累积性的知识基础，进而使得该学科一直被可怕的"身份危机"所困扰。要解决公共行政领域存在的理论与实践脱节的问题，通过对策研究来指导公共行政实践者的日常工作并不是恰当的解决方法。当我们寄望于对策研究时，研究者就会继续将大量的时间和精力耗费在他们并不在行的领域，我们就面临着继续加大理论与实践隔阂的危险。因此，学者的专长不在提对策，从对策中寻找公共行政的合法性并不是该学科的出路。

那么，公共行政研究者能够对实践作出一些什么样的贡献？从笔者从事公共行政教学的经验来看，那些有着实际工作经验的学生往往对理论有更强的需求。他们到课堂上来不是为了知道应该如何去解决某一工作中的具体问题（老师也不可能给他这种指引），而是更渴望用理论来装备自己。他曾经碰到的问题也不会以同样的方式再次出现，因此，他寻求的只是通过学习来打开自己的思路，使自己能够更好地在未来解决新的问题。一位 MPA 学生曾和我谈到，"我不会操作具体器械，但是我能够管理预算、人事，以及发展规划，从全局的角度向每个部门分配稀缺资源。"他说，"我在 MPA 项目中不会学到一个固定的预算公式。"即，MPA 教育不会具体地告诉他如何去做预算，即使这样做了，这样的教育对他也没有太大的帮助，因为"每个城市的预算都各不相同"。"我们学到的是预算背后的理论，以及不同的预算方法"。"MPA 提升了我的思维层次，帮助我们批判性地思维"。"它帮助我理解民主体制之下官员的作用。帮助我们发展自己收集、分析和公布信息的能力"。或许我们可以用培训（training）和教育（education）这两个词语来区分公共行政研究能够给实践者所提供的指引。对策研究依循的是培训（training）的思路，将实践者通常会碰到的问题模式化，然后传授给培训对象，这样他们在遇到同类事项时就知道如何处理。而教育（education）强调的是开发人的能力，以适应未知的充满不确定性的未来的挑战。而公共行政的实践显然不是一个可以被模式化的领域，公共行政实践者所面临的情境是千变万化的，没有任何两个问题情境是完全相同的。正如哈默尔所认识到的：如果问题都模式化，都可以通过科学来研究，那么，摆在管理者的桌面还有什么必要？一件事之所以成为问题，正是因为它不适合现有的程序（哈默尔，2005：193）。因此，如果公共行政学将自己定位在通过对策研究给实践者提供具体指引，那么，它将永远无法为实践者提供指引，它将永远被放逐到大学里的二等学科的地位，永远受身份危机的困扰。

公共行政研究者不必过于自谦和自贬，我们完全有能力为公共行政实践作出贡献。如果说以往我们的能力受到质疑的话，那也是因为我们错误地界定了自己的任务。作为研究者和学者，我们能够为公共行政实践作出贡献的方式在于教育的层面，即帮助实践者更好地认知公共行政现实。

实践者拥有的公共行政领域的知识非常特殊，它是一种亲悉的知识，即通过亲身经历而获得的对现象的直接了解。亲悉的知识是每个人的独特的知识，没有人能够判断其他人的资格。施密特称之为感知，即无法对它进行测量或者用公式表示出来，它也不遵循规则或标准，无法在教室中讲授这种知识，只能通过特定情景下的直接亲身经历，在师傅的指导下现场学习。它是艺术之精髓，需要在特定的地方环境的背景下深入地理解（哈默尔，2005：179）。实践者的这样一种知识必然是特殊的、具体的，因而也是片面的、有局限性的。实践者只看到了他眼中的事实，而这一事实未必就是事情的全部，他甚至可能曲解了事实。而他在依照自己对于事实的感知去行动时，就可能会出现问题。因此，研究者的贡献之一在于帮助实践者更好地理解他所处的现实。研究者将自己主观的却是外部的视角，贡献给实践者（哈默尔，2005：169）。

另一方面，研究者还可以通过揭示实践者筛选信息的潜在框架来帮助实践者更好地理解真实世界。实践者在理解真实世界时存在着选择性知觉，即他会有意无意地筛选一些信息，因而有些信息得到注意，有些信息则被忽略了。从这个意义上讲，我们往往是通过理论来理解世界的。没有任何客观的真实"在那里"等着被发现。所有的"现实"都是社会构建。而这就为研究者的进入埋下了伏笔。研究者可以通过揭示实践者在筛选信息时隐含的预设来说明他对现实的理解是片面的，并提出另外的筛选信息的方式，还可以向实践者提示被忽略的重要信息，使得他们看到当前做法的局限性，看到他们以前没有看到的东西，从而打开他们的思路。在这一过程中，研究者必须挑战实践者，要求他们超越狭隘的诠释（哈默尔，2005：180）。

是否有一个客观的真实在那里？不同的利益相关人看到的事实会各不相同。"没有人看到了全部，但每个人都能为一个更为完整的真相做出贡献"。因此，"事实不是由所有可想象得到的独立观察者们的一致同意构成的，而是由那些介入问题的人的当前社群所构成的"（哈默尔，2005：191）。通过将不同的子叙事集中起来，通过促进开放性的、辩证性的对话，形成内外合一的沟通，研究者使所有各方都能够更好地理解他们所属其中的更大叙事，从而使实践者能够更好地解决问题。解决问题的答案不是由学者去寻找，而应当由作为当事人的实践者自己去寻找。

但是，研究者能够给他们提供的帮助正在于促进理性审议，将多种视角聚集起来，推动对替代性行动路径的探索，并帮助实践者理解其当前视角的可能局限（哈默尔，2005：169）。因此，研究者不能够告诉实践者应该怎么做，但是可以通过推动实践者重构情境，让实践者更好地认知真实世界。

如果研究者将自己的使命定位于解释现实，那么，我们就真正能够引导实践者，而如果我们将自己的使命定位于提供对策，那么，我们将永远被实践者左右。"解决问题需要耳听八方——技术、科学、理性主义、人际、心理、政治、思想、文化等渠道，还要求以其全部所知来感觉自己的道路，以跨越巨大的断裂而展示不可知的未来的潜力"（哈默尔，2005：204）。因此，解决问题的具体方案更多依赖于实践者的智慧。作为研究者和学者，我们所能做的，不是对实践者的行为妄加指导，而是通过逻辑上的分析，借助我们的专业背景，为实践者打开受制于具体问题细节的思路，从而为发现新的思路和解决方案扫清道路。

当然，我们并不是为那些"自说自话"，关在书斋里不去了解真实世界的公共行政者辩护，也不是对他们所做的那些完全无助于我们理解真实世界的"真空"中的研究套上合法外衣。我们只是提出，判断研究的有用性并不在于它是否能够直接指导我们的实践，而在于它是否能够帮助我们更好地理解我们的实践。因此，公共行政研究者需要研究真实世界，但不必越俎代庖。只有这样，我们才能看到公共行政学走出自己的身份危机，真正稳固自己在学术殿堂的地位。

【参考文献】

鲍克斯：《公共行政研究中的争论：一个检查》，载怀特、亚当斯编：《公共行政研究：对理论与实践的反思》，北京：清华大学出版社2005年版。

陈向明：《质的研究方法与社会科学研究》，北京：教育科学出版社2000年版。

登哈特：《公共组织理论》，北京：中国人民大学出版社2003年版。

怀特、亚当斯编：《公共行政研究：对理论与实践的反思》，北京：清华大学出版社2005年版。

江明修：《公共行政学：理论与实践》，台北：五南图书出版公司1997年版。

刘亚平：《公共行政学的合法性危机与方法论径路》，载《武汉大学学报》，2006

年第 1 期。

马骏：《反思中国公共行政学：面对问题的勇气》，载《中山大学学报》，2006 年第 2 期。

马骏、刘亚平：《中国公共行政学的身份危机》，载《中国人民大学学报》，2007 年第 4 期。

纽南得：《研究理想与现实》（序），载怀特、亚当斯编：《公共行政研究：对理论与实践的反思》，北京：清华大学出版社 2005 年版。

钱穆：《中国历代政治得失》，北京：三联书店 2005 年版。

托克维尔：《论美国的民主（上）》，北京：商务印书馆 2004 年版。

威尔逊：《官僚组织》，北京：三联书店 2006 年版。

沃恩·巴斯：《科学决策方法：从社会科学研究到政策分析》，重庆：重庆大学出版社 2006 年版。

周雪光：《组织社会学十讲》，北京：社会科学文献出版社 2003 年版。

Basu, K. (1997). On Misunderstanding Government: An Analysis of The Art of Policy Advice. *Economics and Politics*, 9 (3): 231 – 250.

Cohen, D. K. & Garet, M. S. (1975). Reforming Educational Policy with Applied Social Research. *Harvard Educational Review*, 45 (1): 17 – 43.

Denhardt, R. & White, J. (1986). Integrating Theory and Practice in Public Administration. In Calista, D. J. Ed. *Bureaucratic and Governmental Reform*. Greenwich: JAI.

Dryzek, J. (1982). Policy Analysis as a Hermeneutic Activity. *Policy Sciences*, 114: 309 – 329.

Guba, E. & Lincoln, Y. (1989). *Fourth Generation Evaluation*. Newbury Park: Sage.

Kornai, J. (1983). The Health of Nations. *Kyklos*, 36: 199 – 215.

Lindblom, C. E. (1990). *Inquiry and Change: The Troubled Attempt to Understand and Shape Society*. New Haven: Yale University Press.

Lindblom, C. & Cohen, D. (1979). *Usable Knowledge: Social Science and Social Problem Solving*. New Haven: Yale University Press.

Pfeffer, J. (1982). *The Variety of Perspectives*. Organizations and Organization Theory. Boston: Pitman.

Raadschelder, J. (1994). Administrative History: Contents, Meaning and Usefulness. *International Review of Administrative Science*, 60: 117 – 129.

Tocqueville, C. A. (1945 [1835]). *Democracy in America*. New York: Knopf and Random House.

Verdier, J. M. (1984). Advising Congressional Decision-makers: Guidelines for Economists. *Journal of Policy Analysis and Management*, 4: 421-438.

Wildavasky, A. (1979). *Speaking Truth to Power.* Boston: Little, Brown and Company.

透视定性研究方法*

牛美丽

中山大学行政管理研究中心/中山大学政治与公共事务管理学院

[摘要] 目前,对定性研究方法的认识存在两种误区。定性研究是具有自身特点、哲学基础和传统工具的一种研究方法。论文探讨了高质量的定性研究的有效性、可靠性以及其中的道德问题,最后提出了选择研究方法通常需要考虑的三个主要因素,即研究的方便性条件、研究者的能力和研究问题本身的特点。

[关键词] 定性研究　定量研究　误区

前言

社会科学研究的两个重要的目标就是理解和预测。作为经验研究的两种重要的范式,定量研究通过构建并检验理论假设,在预测变量之间的相关或因果关系上发挥了重要的作用;定性研究则不同,它的强势在

---

* 本文发表于《中山大学学报》2006年第2期。收入进本论文集时,作了修改。

于构建对社会现象深入透彻的理解和解释。在公共行政学中,定性研究方法也是一种非常重要的研究方法。

这篇文章从以下几个方面阐述了笔者对定性研究的理解:(1) 什么是定性研究;(2) 定性研究的特点;(3) 定性研究的哲学基础;(4) 定性研究的研究工具;(5) 定性研究的有效性和可靠性;(6) 定性研究中的道德问题。最后,本文还探讨了研究方法的选择问题。

一、什么是定性研究?

很难使用简短的几句话把定性研究的内涵完整地表述出来。简单地说,定性研究是以后实证主义为主要哲学基础,在自然情境下通过研究者和研究对象之间的系统互动,并且综合运用多角化技术对社会现象或社会问题进行广泛深入地探索的一种研究活动。目前,笔者看到对定性研究主要存在两种误区。

首先,定性研究不是指对事物的质,或者说对事物的质的规定性的研究。

虽然定性研究来源于英文中 qualitative research,但是中文有两种翻译,陈向明教授(2000)、胡中锋和黎雪琼(2003)、张善馨(2004)将其译为"质的研究"。而王京生(2000)、张梦中和马克·霍泽(Marc Hozer,2001)等人将其译为"定性研究"。

陈向明使用"质的研究"目的是用来强调"质的研究"和"中国社会科学界目前常用的""定性研究的区别(2003:22)。在她看来,中国社会科学界目前认为凡是"非定量的东西均可纳入'定性'的范畴……'定性研究'和'定量研究'一样坚守实证主义的立场……而定性研究大都没有原始资料作为基础,主要使用的是一种形而上学的思辨方式。"(陈向明,2000:22—23)。笔者对"中国社会科学界"对定性研究的定义没有作深入的考察,陈向明教授也没有在她的书中解释为什么会得出如此的结论,所以笔者对她有关中国社会科学界目前对定性研究的观点无从判断。

但是,和陈向明教授不同,笔者不赞同使用"质的研究"和定性研究加以区别。如果陈向明教授所描述的中国社会科学界对定性研究的认识属实，作者更希望通过介绍规范的定性研究的定义来提高广大学者和学生对定性研究的认识，而不是任由"定性研究"一词被草率地使用。因为，第一，既然中国的社会科学界对社会科学研究的认识已经提升到对加强方法论的认同上，那么，介绍规范的定性研究方法是必要的。第二，"质的研究"的提法容易在直觉上产生歧义，认为质的研究就是对事物的质的研究，但是，事实上并非如此，因为对事物的质本身很难形成规范化的操作定义。

陈向明教授指出，质的研究可以使"事物的'质'得到一个比较全面的解释性理解"（陈向明，2000：10）。质的研究"不是'透过现象看本质'，而是针对现象本身再现现象本身的'质'"。她又指出，事物的"质"与"本质"之间又是不同的，"后者是某种假定普遍的存在于事物之中的、抽象的属性；而前者本身就是一个整体的集合，其存在取决于当时当地的情境，而不是一个抽空了时空内容的概念"（陈向明，2003：22）。从这段论述中可以看出，陈教授所强调的是质的研究对事物的整体性认识，但是她对质的研究的认识强调的还是"事物的质"。她的理解还是停留在事物的质的规定性方面。那么，如何定义事物的质？什么才是事物的质？如果不知道什么是事物的质，又何谈对"事物的质"的研究？

此外，对定性研究的歧义包括了"所谓定性研究就是对事物的质的方面的分析和研究。……定性是定量的基础，定量是定性的精确化。"（陈波，1989：121—122）嘎日达（2004）认为，质的研究是"侧重于从质的规定性方面认识事物的研究方法。……质的研究就是通过观察和研究该事物与其他事物之间的具体区别与联系，把握事物的基本特性和特征，从而认识事物的质。"（嘎日达，2004：54）

Qualitative Research 来源于 quality 一词，译成中文是"质量、性质、品质"等义。陈向明将 quality 和事物的本质相区别是必要的。遗憾的是，陈向明对 quality 的解释并不是很清楚。博格（Berg，2001）给出了明确的解释，quality 是指有关事物的"是什么，怎么样，什么时候发生和在哪里发生"等一系列相关的方面。因而，可以推断出定性研究是关于社会现象是什么，怎么样，何时发生，以及在哪里发生等相关问题的研究。

其次，定性研究不以形成理论或理论假设为目标。

陈向明（2003）提出，质的研究要提升出理论（假设）（陈向明，2003：12）。嘎日达（2004）也声明，质的研究通过对事物现象的整体认识和解释，通过归纳和概括形成扎根理论（嘎日达，2004：56）。这两种说法都不准确，因为虽然定性研究强调使用归纳分析来解释和分析社会现象，但是并不一定要形成某种特定的理论。例如，定性研究可以是描述性的（descriptive），只用来描述发生了什么事，是怎么发生的，也可以是解释性的（explanatory），解释事情为什么会发生。是否要构建理论取决于研究者的研究问题和研究目的。

二、定性研究的主要特点

1. 定性研究强调在自然情境下进行。这里所讲的自然情境，并非指相对于社会人文环境的自然环境，而是指开展研究的环境是不受任何的人为控制的。研究者不能够通过主观努力来改变研究的环境，包括社会的人文环境和自然环境。

2. 定性研究是对人的研究。这里所讲的"人"可以是一个广义的人，既包括单个的个体的人，也包括处于某个社会组织或文化群体的人，既可以是现实生活中的人，也可以是历史人物。定性研究研究人的行为和经历，并且力图解释这些行为和经历背后隐藏的深意。

3. 定性研究是关于语言的游戏。首先从定性研究的数据来看，主要的数据形式既包括口头语言、文字记载，也包括影像、图片。其次，对这些数据的分析，要应用相应的语言分析的技术和工具，像编码技术和内容分析方法。再次，在实地调研的过程中，研究人员、参与者和研究对象运用大量的语言、行为的交流，互动和记录。所以，定性研究的专家也必定是善于运用语言的专家。

4. 定性研究强调研究者和研究对象之间的系统互动。大部分的定性研究工具在数据收集阶段要求研究对象的积极参与和配合，有些研究工具，例如行动研究，甚至要求研究对象共同参与研究问题的确定。把研究发现及时反馈给研究对象也是定性研究常用的技术。定性研究笃信对社会问题或现象的认识存在于和研究对象的沟通、互动过程中。虽然有些定性研究工具，例如历史研究、非介入式观察可能不涉及和研究对象的直接互动，但是这些研究工具要求对研究对象的行为、经历进行整体性解释，即把研究对象放在他们所处的宏观的社会环境和微观的个体环境中作深入的解释。在这种情况下，这些外在的变量——社会环境或个体环境——可以看做是研究者和被研究对象之间的间接互动的媒介。

5. 定性研究讲述故事而不是记录、计算数字。这也是定性研究有别于定量研究的主要特点之一。定性研究的优势在于对人物、社会群体或社会现象进行深描。这种深描是通过详细的讲述"故事"来完成的。有些定性研究中也会看到数字描述：一种情况是这些数据可能是对定性数据的量化。例如，内容分析研究方法要求把文字转化成数字，然后采用统计技术作进一步分析。另一种情况是定性研究中本身并不排斥定量分析。例如，案例研究经常使用定量分析来解释研究问题。但是，必须明确的是，这些量化的分析仍然是为"深描"服务的。

6. 定性研究多维度解释社会问题和现象。多角化（Triangulation）是定性研究中最常见的技术。多角化来源于英文中 triangle 一词。从军事或航海学的角度来看，对新点的最佳的预测应该是一个三角形的中心。邓津（Denzin, 1978）最先把这个概念引入定性研究，用来指综合运用多种数据收集方法、多种理论、多个研究人员、多种研究方法来对事实作最真实的描述。

三、定性研究的哲学基础

对研究方法的理解应该着眼于广泛的哲学视角（Maykut & Morehouse, 1994）。定性研究和定量研究的主要差异就在于它们起源于不同的哲学起点。定量研究认为社会现实是一元的，奉守实证主义的观点，认为客观世界是独立于人类的主观感知，研究者和研究对象是完全分离的，因而坚守价值中立的科学研究（Mark, 1996）。然而，与此相对，定性研究认为社会现实是多元的。虽然定性研究承认事实是客观的，但是，对怎样探求客观事实却和定性研究不尽相同。博格（Berg, 2001）指出，符号互动论是定性研究的哲学起点。定性研究者认为,研究者和研究对象之间并不是完全独立的,对社会现象和社会问题的理解取决于研究者和研究对象之间的互动关系,因而社会科学的研究不可能是价值中立的。后实证主义和结构主义是定性研究的理论基础。定性研究强调社会现实的结构性特征(social constructively reality)(Denzin & Lincoln,1998)。

定性研究和定量研究的这些哲学上的争论直接导致了二者研究逻辑的不同,定量研究遵循演绎的逻辑,通常从既定的理论出发,发展出一般的理论假设,然后通过收集一定的经验事实来验证理论假设,是一个从一般到特殊的过程。定量研究看重的是既定的理论对未来事实的预测能力(Mark,1996)。而定性研究则不同,通常没有预设的理论前提。尽管定性研究也关心理论问题,并且时常应用现存的理论,但是并不以理论检验为目的,而是侧重于对社会问题和现象进行广泛深入、全景式探索和挖掘,所以通常从经验事实出发。所以说,定性研究既重视研究结果,同时也强调研究过程(Strauss & Corbin,1998)。

此外,实用主义(pragmatism)也构成定性研究的理论基础之一(Creswell,2003)。定性研究在研究工具的选取和设计上不拘一格,采用多种多样的方法来解决研究中遇到的现实问题。近年来定性研究中研究工具的多样化趋势也有力地证明了克雷斯韦尔(Creswell)的这一观点。

表1列出了定性研究和定量研究的不同点。

表1 定性研究和定量研究的比较

	定量研究	定性研究
哲学基础	实证主义	后实证主义、结构主义、实用主义
实体论	单一事实	多元事实
认识论	研究者和研究对象相分离	研究者和研究对象之间互动
价值观	价值中立	价值相关
研究逻辑	演绎	归纳

四、定性研究方法的五个传统工具

克雷斯韦尔（Creswell，1998）介绍了定性研究的五种传统工具：传记研究、现象学研究、扎根理论研究、民族志研究和案例研究。传记研究讲述人物的生活史，它植根于人类学、文学、历史、心理学和社会学。现象学致力于理解一种社会现象的本质，哲学、社会学和心理学构成了现象学的学科基础。扎根理论研究的重点在于理论的改进和建构，社会学为扎根理论研究提供了坚实的学科基础。民族志研究用于描述和解释特定的社会文化群体的行为。民族志早期的学科基础包括文化、人类学和社会学。案例研究主要被用于深入地理解某一个体或个别社会问题。案例研究被广泛地用于政治学、社会学、城市规划、政策评估等多个领域。（Creswell，1998：51—65）

除了这五种传统的研究工具，定性研究还包括了行动研究、参与观察、非介入式研究、历史研究、叙述分析、话语分析、政策研究构建、比较研究、法律研究、Delphi 方法、内容分析等多种多样的研究工具。

这些研究工具中，每一种工具在数据收集、分析和报告上都有不同的特点和要求，因而适用于不同的研究问题（Cresswell，1998）。研究者在选取研究工具的时候必须要说明为什么所选取的工具是最恰当的，无可替代的（Cresswell，1998）。这就要求研究者对所用的研究工具和研究问题有深刻的理解和认识。这里因为篇幅限制，笔者没有对每种研究工具作详细的介绍。但是，要提醒读者的是，每种研究工具都要求系统规范的操作。所以，大家在选用研究工具前，必须对它就像对自己的五官、四肢一样的熟悉，这样才能达到为我所用的目的。

五、有效性和可靠性

什么样的研究才是高质量的定性研究？要回答这个问题，就要考察研究的有效性和可靠性。有效性和可靠性是两个互补的概念。有效性包括内部有效性和外部有效性。前者是指研究设计本身能够有排除竞争性解释的能力。换句话说，一个内部有效的研究，必须能够排除其他的替代性解释。外部有效性是指研究结论的可推广性。一个能够得出放之四海而皆准的结论的研究，是最具外部有效性的研究。从有效性的定义可以看出，规范的研究设计有助于提高定性研究内部有效性和外部有效性。

可靠性指研究的可重复性。一个可靠的研究应该是，如果给定的条件一致，使用同样的研究工具，并且遵循同样的研究步骤，无论谁来做这项研究，结论都不会改变。也可以说，可靠的研究是指可重复的研究，即研究过程和结果是可重复的（Babbie, 1998; Kirk & Miller, 1986; Yin, 1994）。

定性研究从其诞生的那天起，它的有效性和可靠性就受到质疑，因而定性研究的学者一直致力于研究特殊的技术来提高研究的有效性和可靠性。林肯和谷巴主张，"没有可靠性，就谈不到有效性。对有效性的充分展示足可以证明其可靠性"（Lincoln & Guba, 1985: 316）。定性研究通常使用以下六种技术来提高有效性：

(1) 延长实地调查中观察的时间。定性研究中，有限的时间和空间可能会限制实地调查的范围。延长调查时间可以让研究人员更深入地观察、了解研究对象，从而获取更翔实的信息（Creswell, 1998; Johnson, 1997）。

(2) 多角化技术，包括数据多角化、方法多角化、调查人员多角化、和理论多角化等几个方面（Berg, 2001; Creswell, 1998; Johnson, 1997）。

(3) 参与者反馈。研究者可以通过和被研究对象讨论研究发现和结论是否正确地反映了研究对象的语言、心理和行动，以增加定性研究解释的力度（Creswell, 1998; Johnson, 1997）。

(4) 同行评审。不管这些同行是否直接参与研究，是否与研究者的意见一致，利用一些志趣相投的同行帮助研究者出谋划策，有利于形成更多的竞争性假设，也有助于避免研究者本人的主观偏见（Creswell, 1998; Johnson, 1997; Yin, 1994）。

(5) 自我反省。定性研究的一个难题就是个人的主观认识对研究中数据分析和结论的影响。所以，研究者本人一定要自我反省，批判性地开展自我评估以降低研究者的主观偏见对研究的客观性的影响（Loftland，1971；Johnson，1997）。

（6）模式匹配。定性研究中通常会涉及从一系列预测的结果中找到一种模式，并且验证这种模式在多大的程度上能够真实地反映现实，即为模式匹配。模式匹配有利于增加研究的内部有效性（Johnson，1997；Yin，1994）。

六、定性研究中的道德问题

虽然定量研究和定性研究同样关心道德问题，但是由于所采用的调查和分析工具的不同，定性研究面对道德问题时尤其复杂。研究者在研究设计阶段必须考虑相关的道德问题。处理研究中的道德问题的一般原则包括：（1）自愿参与；（2）取得参与者和被研究对象或者其监护人的口头或者是书面上的同意；（3）对参与者不应造成任何现实或者潜在的伤害；（4）匿名；（5）保密（de Vaus，2001）。然而，在实践中这几项原则可能产生矛盾。例如，如果一定要取得研究对象的同意，可能有些研究很难找到足够的自愿参与者。有些非参与性观察事先取得研究者的同意可能会影响研究环境的"自然情境"。所以在这个时候，就要研究者作出理性的判断，学会灵活地应用这些原则。总的来讲，定性研究中，不应对研究对象或者参与者造成任何现实的或者潜在的伤害是必须遵守的最基本的原则。

在具体处理定性研究中的道德问题时，除了以上的基本原则，还有很多操作上的技术环节。例如，研究者有责任在研究过程中恰当地保护数据，在研究结束后，要及时销毁数据或者对数据进行相关技术处理，避免数据外泄，给研究对象造成不应有的伤害（Creswell，2003）。又例如，在对研究对象进行描述时，尽管是匿名进行的，但是一些特征性的描述还很可能暴露研究案例的真实身份，比如，对某一案例在特定时点的人口数量的描述可能暴露这个案例的真实地点。这时可以进行一些技术上的处理，例如只给出人口的大致规模；如果担心 GDP 的描述会暴露案例的真实身份，可以采用人均 GDP，等等。

七、讨论

要提高社会科学研究的质量就必须系统地掌握研究方法。国外社会科学各个学科研究生以上的教学中基本都开设了研究方法课。我国对社会科学研究方法的重视还不够。定性研究方法是一门学问。另外，研究方法并非只有定量和定性两种，近年来，定性和定量研究方法混合使用也逐渐增多。很多学者也在探讨混合研究方法的应用。但是，不论是选择定性研究方法、定量研究方法还是混合的研究方法，研究者通常主要考虑三个因素：一是研究的方便性条件。如果研究者可以轻易地得到所需要的量化数据，定量研究可能成为自然的选择。如果研究者可以轻易地找到自愿的参与者和研究对象作访谈，或者进行参与性观察，定性研究可能成为研究者的首选。

二是研究者的能力。虽然定性研究和定量研究的研究设计遵循类似的步骤，但是对研究者的能力有着迥然不同的要求。所以，研究者在决定使用定量研究方法前，首先要问自己是否具备了定量研究的基本素质。例如，怎样做实验性研究设计？怎样做统计检验？在确定定性研究方法前，要问问自己：是否具备调查研究的基本素质？观察力很强吗？与人沟通的技巧熟练吗？如果作文献研究，则要问问自己：熟悉内容分析的基本技术吗？如果答案是否定的，则应该或者选择其他研究方法，或者潜心做好研究方法的基本训练。

虽然方便性原则和研究者的能力通常是选择研究方法要考虑的因素，但是研究问题本身的特点应该是选择研究方法的最重要的决定因素（Berg, 2001；Creswell, 1998；Yin, 1994）。例如，如果你的研究问题是关于某个个体或某个群体，是研究"为什么"和"怎么样"的，你可以考虑使用案例研究。如果你的研究问题是关于某一领域的政策构建，你可以考虑使用政策研究构建作为你的研究工具。

总之，研究方法说到底只是手中的工具而已，是服务于研究者的研究问题需要的。如果把研究者比作木匠，研究者一方面要知道自己要解决什么问题，是要做一把椅子，还是一张桌子，然后才决定应该选用什么样的工具来做,至于是否做出高质量的桌子,就要取决于对工具的使用熟练程度。对研究方法的运用,也要像鲁班学艺一样,要假以时日,反复实践。

【参考文献】

陈波:《社会科学方法论》,北京:中国人民大学出版社1989年版。

陈向明:《质的研究方法与社会科学研究》,北京:教育科学出版社2000年版。

嘎日达:《论科学研究中质与量的两种取向和方法》,载《北京大学学报》,2004年第1期。

胡中锋、黎雪琼:《质的研究之反思》,载《广州大学学报》,2003年第11期。

王京生、王争艳、陈会昌:《对定性研究的重新评价》,载《教育理论与实践》,2000年第2期。

张梦中、Hozer, M:《定性研究方法总论》,载《中国行政管理》,2001年第11期。

张善鑫:《试评教育质的研究》,载《河西学院学报》,2004年第6期。

Babbie, E. (1998). *The Practice of Social Research* (8th Ed.). Belmont: Wadsworth Publishing.

Berg, B. L. (2001). *Qualitative Research Methods for the Social Sciences*. Boston: Ally and Bacon.

Creswell, J. W. (1998). *Qualitative in Inquiry and Research Design: Choosing among Five Traditions*. Thousand Oaks: Sage Publications, Inc.

De Vaus, D. A. (2001). *Research Design in Social Research*. Thousand Oaks: Sage Publications, Inc.

Denzin, N. K. (1978). *The Research Act*. New York: McGraw Hill.

Denzin, N. K. & Lincoln, Y. S. (1998). *Strategies of Qualitative Inquiry*. Thousand Oaks: Sage Publications, Inc.

Johnson, R. B. (1997). Examining the Validity Structures of Qualitative Research. *Education*, 118: 282-292.

Lincoln, Y. & Guba, E. (1985). *Naturalistic Iinquiry*. Beverly Hills: Sage Publications.

Loftland, J. (1971). *Analyzing Social Settings: A Guide to Qualitative Observation and Analysts*. Belmont: Wadsworth.

Maykut, P. & Morehouse, R. (1994). *Beginning Qualitative Research: A Philosophic and Practical Guide.* London: The Falmer Press.

Mark, R. (1996). *Research Make Simple: A Handbook for Social Workers.* Thousand Oak: Sage Publications, Inc.

Rubin, A. & Babbie, E. (1993). *Research Methods for Social Work* (2nd Ed.). Pacific Grove: Wadsworth, Inc.

Strauss, A. & Corbin, J. (1998). *Basics of Qualitative Research.* Thousand Oak: Sage Publications, Inc.

Yin, R. K. (1994). *Case Study Research: Design and Methods* (2nd Ed.). Thousands Oaks: Sage Publication Ltd.

"新科学"与公共行政学研究——混沌理论[*]

朱春奎

复旦大学国际关系与公共事务学院

[摘要] 为研究运动过程的非线性动态机制的混沌理论把偶然性、非线性、非平衡性、不稳定性带进了公共行政的视野,混沌理论为深入研究现代行政组织的不可预测性和复杂性提供了新的理论手段和理论范式。在混沌理论的透视下,公共行政系统本身就是一个混沌与复杂系统,遵循从简单到复杂、从复杂到混沌的发展规律;它也是线性与非线性因素并存、有序与无序统一的系统,具有自我组织能力,在演化过程中存在分岔。

[关键词] 公共行政 混沌 复杂性

构建科学理论是包括公共行政学在内的社会科学的重大目标之一。然而,这个"科学",通常以自然科学(或广义的物理学)为基本的典范,其方法论完全立足于以牛顿物理学为基本教义的科学观之上(张璋、武玉英,2001)。最近几十年来,自然科学本身发生了变化,一个新的集

---

[*] 本文发表于《公共行政评论》2008 年第 3 期。

中研究不确定性、不稳定性、不可预测性和复杂性的领域开始出现。这个新出现的研究领域总称为"新科学",其中包括混沌理论、复杂性理论、进化论和量子理论。混沌理论和新科学不仅开创了自然科学研究的新范式,而且将其影响范围延伸到社会科学领域(叶娟丽、马骏,2000)。以前人们视为"公理"的一些研究前提,如确定性、线性因果关系、规律等,现在已被广泛怀疑。混沌与复杂性理论在广泛运用于自然科学研究的同时也为公共行政学注入了新的活力,一些中外行政学者就曾将混沌理论引入公共行政领域,并在这方面取得了一定的成果(左林江,2006)。本文将在阐释混沌理论基本要义的基础上,通过回顾公共行政中的混沌理论研究的已有成果,深入挖掘混沌理论的精髓,并以学校行政与危机管理为例,进一步探讨公共行政系统的混沌与复杂性,从而为公共行政系统管理和控制这些混沌与复杂性提供途径。

一、混沌理论的基本要义

混沌是一种貌似无规则的运动,指在确定性非线性系统中,不需附加任何随机因素亦可出现类似随机的行为(内在随机性)。混沌系统最大的特点就在于系统的演化对初始条件十分敏感,因此从长期意义上讲,系统的未来行为是不可预测的(黄润生,2000)。在理论界,"混沌"一词最早由数学家李天岩和约克提出;1903年,庞加莱(J. H. Poincare)把动力学系统和拓扑学相结合,首次指出了混沌存在的可能性;最早创立混沌理论的著名气象学家洛伦兹(Lorenz,1963年)在《大气科学》杂志上发表了论文《决定性的非周期流》,指出在气候不能精确重演与长期天气预报者无能为力之间必然存在着一种联系(即非周期性与不可预见性之间的联系),在他描述了混沌对初始条件的敏感性这一基本形态(即著名的"蝴蝶效应")之后,混沌理论被大量应用于物理、气象、经济、管理等领域,其影响已经波及到整个社会科学的范围。混沌理论的一个主要成就在于,它能证明一个具有确定关系的简单体系如何能产生不可预测的结果。混沌体系从不回到过去同样的状态,但结果受限制并创造出包含一些数学常量的模型。正是由于混沌理论能够找到复杂事件背后的基本秩序和结构,才引起了如此众多领域对它的极大兴趣(Levy,1994)。

(一) 非线性

非线性是混沌系统最主要的概念之一。非线性意味着一个系统中各种关系的呈现并非严格地成比例,它是由一些小原因产生很大的结果。牛顿科学最重要的原则是假定因果具有成比例的关系,因此在初始状态的小变化就会产生一致性的小改变;但是混沌理论认为非线性才是自然和人文社会的常态,任何事物和现象间常因交互影响与作用,形成错综复杂的混沌状态。

(二) 蝴蝶效应

蝴蝶效应是动态系统理论的中心主题(Griffiths et al.,1991),它假设今天巴西有一只蝴蝶展翅拍动,其对空气造成扰动,将可能触发下个月美国德州的暴风雨。在物理科学上一些小小的错误,经过正向反馈圈的反馈作用,将导致不可收拾的改变。混沌现象指出要对初始要件保持敏锐度,否则,很难将混沌现象加以轮廓图像化,并且由于初始数据的轻微不同,就可能很明显地影响到后来产生的结果,形成"失之毫厘,差之千里"的现象。

(三) 奇怪吸引子

奇怪吸引子,也称"随机吸引子"、"混沌吸引子"。奇怪吸引子是指某些元素或力量浮现出来成为一个中心的组成部分环绕着事件运转循环,而其模式型态是环绕着奇怪吸引子潜藏在混沌系统里发展。混沌状态的奇怪吸引子具有无穷嵌套的自相似结构,奇怪吸引子上的运动对于初始条件极为敏感,来自于初始条件的微小差异会经过迭代过程而加以放大与加成,导致混沌系统的不可预测性。

(四) 复杂的形式

古典几何的形状包括直线、平面、圆、三角形和锥体,它们代表现实世界有力的抽象化,过去两千年以来的几何学对不连续性、复杂性、不完整性等现象视若无睹。在古典科学里,目的物的测量通常被假定为无论选择任何量尺,测量的结果是独立的。但是这个假定只适合规则的外形,却不适合不规则形状的复杂形式,譬如海岸线的长度。当测量工具的量尺减小，则测量的物体不但在数量上会改变，在性质上也会改变。当物体的维数增加，也就形成分形。形状愈复杂，维数就愈增加，曼德布洛特（Mandelbrot）发展了分形几何来处理因为复杂形式所衍生的问题。

(五) 递归对称

为了让数据可视化，劳伦兹用三项变量当做坐标轴，三维空间中每一点的位置代表变量集合的某种状态，这样的数字序列，产生了一系列的点。沿着一条连续轨迹，记录系统之行为，这样的轨迹也许会到达某处定点而停止，这表示系统趋向于稳定状态，速度和温度的变化不再改变；或者轨迹沿着回路不断地打圈圈，暗示系统已陷入周期性地重复运作的方式。在混沌现象里，不管测量尺度如何改变，其复杂形式在不同尺度标准间的回路递移线路仍是对称的，而且从各种角度看不同尺度标准间仍是相互连接的。

(六) 反馈机制

牛顿现代科学的观点断定机械式的宇宙，依据不变的定律运行。在牛顿的世界观里，以负向的反馈来维持系统的稳定性，就像自动调温器对于偏离提出校正而保持一个稳定的状态。而混沌理论的形成则在于正向的反馈，这样的过程就像把一个喇叭摆在麦克风的附近，因此当再次播放时，失真的声音就放得更大，当每一个从扬声器放出来的声音变成麦克风的输入部分，越来越多的杂音进入系统。同样地，当混沌开始发展，每一个步骤的输出，就提供一个新的结果。因此负向的反馈成为控制，使其趋向平衡；而正向的反馈则扩大差异性，暗中颠覆既有的情形并且也引出新的模式。

(七) 分岔

分岔系指在混沌系统中朝向不稳定的走向，以致系统的方向、特性或结构产生突然的改变。在这个分岔点上系统环绕一项新的潜在秩序自我再行安排，这样的系统可能与之前的系统类似，也可能完全不一样。分岔不可预测，事前无法预测改变的关键点或改变的方向，这就是混沌理论的特性。混沌理论认为单纯的均衡状态可以看成同构型的，但是当分岔产生时，它可以产生非均衡性的状况。经过一段时间，分岔可以产生分裂,进而导致新的系统或透过反馈圈创造出它自己的稳定性。

（八）分形与类似

现代科学假定单一的单元是全部系统的小宇宙,可以由单一演绎出整体系统的行为;混沌理论则假定专注于个别单元可能产出无意义或错误的信息。事实上,曼德布洛特因推测英国海岸线长度而提出的一个问题就是,个别的测量单位往往导出不一样的结果。放弃传统量化的测量,改以分形,拥有相同复杂模型的个体如云朵、海岸线或山脉等,在测量上成为可能。因为分形包含重复的元素,因此一个系统的分形图像表现出相当高的类似模式,并显示出连续而夸大的图像。在理论上这样的形式可以分岔出无限的复杂性,但是每一个衍生体都是植基于先前的形式。每一个结果无法与先前的历史分开,每一个步骤都会重塑之前的一些元素。这种自我模仿通过追踪先前的一连串的演进步骤,使得作为分析混沌系统成为一种可能。

（九）自我组织与自我更新

重制意味着系统有连续性,系统可以带着原来的秩序表现为奇怪吸引子或分形的型态,这样在系统不同阶段的一致性或成对性意味着在某一区域的改变会在自身系统整个本体上产生快速的沟通,因此各个单独的部分具有相同的模式。混沌系统以这样的方式产出自己的新型式,通过自身的引导而不假手于外界。混沌遵从内在的逻辑,混沌科学特别推崇机遇的角色、许多结果的几率,以及观察者选择哪一个称为事实的结果的能力。混沌是开放的,但是这样开放的代价是非常不确定的,并且也失去了控制感。

二、公共行政学中的混沌理论

主流行政学认为,公共行政组织是一个线性系统,韦伯的官僚制设计保证了组织目标的实现。然而公共行政的实践证明,公共组织并不具有加和性,即部门目标的实现并不意味着整个组织目标会实现,相反会不时发生"目标错位";无论怎样努力,组织内部的职能和权限范围都不能完全划分清楚,权责交叉、重复、冲突、空白的现象长期存在;组织的资源输入和产出并不是正相关；用人唯庸的机制和组织离心力使得公共行政的管理效率递减成为一个基本的现象；虽然可运用各种手段消除行政的不确定性，但依然不能控制公共行政的产出，组织内外的任何细小的偶然变化都可能使整个组织的工作转向不可预料的方向，产生不可控制的后果。在这种情况下，依托牛顿力学作为基本教义的传统范式并不能解决公共组织这种复杂性和不确定性的问题（张璋、武玉英，2001；勾春萍，2007）。混沌理论正是一种能有效解决这些问题的新范式。

混沌理论下的非线性管理哲学对传统公共行政发起了一场新的革命。将混沌理论运用于公共行政，我们会发现公共行政出现了一些新鲜的图景（麻晓莉、卢文军，2003）：一方面公共行政面临着大量复杂的，无法用简单的、确定性的方法予以解决的客体。就公共行政的现实性而言，永远不存在绝对的确定性和必然性，面对一些复杂的公共行政现象，传统的理论不能给予合理的解释，管理工作中的预测与控制也常常不能取得预期的效果；另一方面组织和政治系统本身就如混沌理论家所说的是一个远离平衡的非线性系统：公共资源投入与产出的非相关性、效能的不确定性、组织自发的变迁等特征都使其更加符合混沌理论的假设。

混沌理论注重分析初始条件和不可预见性。它认为，一个微小的事件可能引发不可预见的后果，在表面的平静之下可能酝酿着巨变，缓慢的变化亦可以突然变得剧烈，从而产生混沌，即有序和无序的统一的状态。通过对初始参数的详细研究，能发现混沌中的秩序和规律，发现系列偶然事件中的必然，从而把握这种秩序。在公共行政中，如果我们能较好的设置初始参数，或者根据初始参数充分准确地预测可能的结果，对政策的制定和执行均有非凡的意义（勾春萍，2007）。近年来许多学者在混沌理论的指导下先后提出了公共行政的新范式。道格拉斯·基尔（Douglas D. L. Kiel）是将混沌理论应用于公共行政学研究最为成功的一位行政学家。他于1994年出版的《政府管理中的无序和复杂性》一书，是将混沌理论应用于公共行政学研究的典范。在他的书中，基尔寻求将混沌理论与公共行政学研究结合的具体途径。他认为，混沌理论确实为理解公共行政的很多方面，比如说组织的变化、公共预算、个人行为的变动提供了新的角度，同时也为公共行政组织管理提供了新的途径，为改进公共行政组织的绩效提供了新的方法。基尔认为非线性力学和混沌理论为管理者提供了一种了解各种变化的可能性的新方法和观察组织的新视野，可以成为政府在管理过程中学习和行动的指南。这一思想主要体现在（叶娟丽、马骏，2000；马骏、叶娟丽，2004；左林江，2006）：第一，无序并不一定是坏事，它可以导致多种可能性的出现，甚至于会导致一种新的组织产生，因为无秩序对秩序的形成至关重要。第二，工作中某些不可避免的变动，可以成为非线性组织中学习知识的一个重要来源。在非线性组织中通过不断的学习来进行管理比通过控制来管理要好得多。第三，基尔还讨论了创立"自我组织的政府"的综合方法，简言之，就是制造某种适度的不稳定和变动，并在组织中学习，以使组织能适应世界的变化。第四，他认为在所有由非线性力学所造成的工作伦理问题中，核心的伦理问题是关于责任的概念。由于"蝴蝶效应"的存在，行政管理者不应该因为意想不到的结果而对其行为负全责看来是合理的，然而这种观点与民主的价值观和行政责任要求有时是相对立的，基尔提出了这一行政伦理问题，认为值得进一步探讨。第五，基尔在对比了传统的以控制来管理的管理哲学后，认为应避免通过控制来进行管理，应建立一种新的非线性动态管理哲学。

除了基尔在将混沌理论应用于公共行政研究方面作出了一系列具有独创性的贡献外，还有一些理论家也作出了相应的贡献。普里斯特·梅耶（Priestmeyer）独创性地对生产和财政数据按时间系列和非线性方式进行分析，以证明在主要的组织过程中存在着无序状态。惠特利（Wheatley）将新科学的三个派别，混沌理论、量子理论和新进化论之间的相互关系与管理理论结合起来，证明在现实中大多数管理者都只重视组织结构而不是组织的过程。同基尔一样，艾略特（Elliott）也认为政府预算是充满变化的非线性的、复杂的系统。康福特（Comfort）则着力证明，在出现自然灾害或技术困难时，复杂性理论将如何成为应用于平等的组织间活动方面的理论模型。欧佛曼（Overman）和洛兰（Loraine）也致力于证明，在非均衡的组织世界里，新的秩序的建立需要根据从外界环境取得的信息来加以指导。格利高里·丹勒克（Gregory Daneke）也将混沌理论与大量其他的管理和政策的理论和实践概念相结合，其中主要是研究新财政管理理论，也为行政学的研究作出了一定的贡献（叶娟丽、马骏，2000）。

张璋、武玉英（2001）认为要将混沌理论真正引入公共行政学中，必须审视混沌理论研究的混沌现象在公共行政之中是否存在，与主流公共行政相比较，公共组织的实际更加符合混沌理论的假设。混沌理论启发人们重新审视组织形式，并进一步分析其内在的复杂性及其与环境的关系，提倡组织的设计仿照自然生态系统而不是以实证主义原则来指导，这些对传统的官僚制提出了挑战。因此，混沌理论崇尚能更灵活应对外界变化的学习型组织和自我组织（Farazmand，2003）。麻晓莉、卢文军（2003）对比了韦伯官僚制和新公共管理范式，认为前者是线性理论下的行政模式，后者是混沌理论视角下的新范式，而后者才是我们应该追求的模式。于萌（2004）指出行政决策急需混沌思维；决策考察要有宏观性，过程把握要有确定性，决策制定要有目的性，决策思维应有敏感性。

混沌理论被引入公共行政后，公共行政领域已初步形成自己的混沌观——公共行政系统中存在着混沌现象。但这只是一个保守的结论，事实上公共行政系统本身就是一个混沌与复杂的系统，遵循从简单到复杂、从复杂到混沌的发展规律；它也是线性与非线性因素并存、有序与无序统一的系统，具有自我组织能力，在演化过程中存在分岔。因此，公共行政活动应在混沌与复杂性理论的指导下树立混杂思维（左林江，2006）。从管理的观点出发，史迪威（Stilwell，1996）认为混沌理论带给管理者最大的启示，包括以下五点：首先，不要过度依赖精准的计划。混沌理论告诉我们精确的计划不太有帮助，因为太多细节会影响整个计划。因此，不如将焦点集中在目标上，允许组织结构随着发展的需要而调整，以配合目标的达成。其次，要剑及履及，及时反应，因为小疏忽将导致大破坏。虽然组织充满了混沌与变化，但管理理论长期以来仍然过于强调秩序与结构。管理者如果能够快速行动，将可以尽早适应急剧变化的环境，导向积极的方向。第三，要能够适应并具备柔性，虽然混沌理论强调潜藏的秩序，但是在一定的范围之内仍然充满了各种变化，因此如何适应这些可能的变化，就显得很重要。随时评估周围的情境并提供新的途径以配合新的需求，将可以带来组织的更新。第四，随时保持一个动态的心境。苟日新，日日新，又日新，可以让管理者在不稳定的环境里，随时提供稳定的公共服务。当环境改变时，随时依据组织目标的达成作一些必要的改变，可以让管理者更贴近小区的服务。第五，善用混沌理论成为你的优势。了解蝴蝶效应的道理，管理者可以创发一些小小的改变，带动组织进行积极正向而影响深远的变革。

三、混沌理论视野下的学校行政与危机管理

综观 20 世纪教育行政的发展与演进，基本上受到四种理论模式的影响，其中包括理性系统模式、自然系统模式、开放系统模式与非均衡系统模式。理性系统与自然系统模式基于牛顿学派的物理学观，认为宇宙现象是规则的、亘古不变的，只要找到了其中决定性的变量并加以操弄，即可控制整个系统。开放系统模式虽已有权变的主张，但基本上只是在一定范围内，为适应环境作有限的改变，原则上仍假定系统是稳定的、平衡的，只要作有限且适当的响应即可使系统趋向均衡。非均衡系统模式的主张无疑是一种革命性的反动（秦梦群，1999）。混沌理论虽源自于自然科学，但是近来有更多的社会科学学者投入相关主题的研究，在教育领域也不例外，范围包括教育行政、研究方法、领导与变革、行政决策、课程设计与发展等，混沌理论可以作为教育行政或学校行政的研究范式之一。

倡导将混沌理论在学校行政中加以应用的夏利斯（Hayles，1990）指出，我们应该将工作复杂、现象多变的工作事务模式化，发现分解结构的潜藏脉络，进而建立混沌系统；亚当斯与罗斯（Adams & Russ，1992）将混沌理论的原理应用于小学资赋优异班，发现其对儿童学习具有良好的成效。格里斯菲斯等（Griffiths et al.，1991）指出混沌理论应该可以应用到学校行政的研究上，他们强烈地感受到混沌理论可以统整过去学校行政研究的其他领域，并从蝴蝶效应、混乱起源、耗散结构、随机庞杂震撼、奇怪吸引子、回路递移对称、反馈机制七个维度来对学校行政进行研究。Trygestad（1997）指出混沌理论研究的要素：系统、分形、初始效应及分歧点，可以应用到教室里的学习中，协助教师管理班级，实现

自我组织的平衡——失衡——再平衡。陈木金（1999）指出，学校行政混沌现象的事件与例行性工作的特性并无直接关联，混沌现象的形成象征着一种混乱状态的发生，但是混沌现象的再出现似乎有规则性和周期性，产生了一种混沌的系统。如果我们能够探究这些事件在混沌原型背后的混沌系统，其必定能产出较高的行政经营之效率和效能。

将混沌理论应用于教育领域的相关论文或研究表明：教育情境或学校情境确实是一个复杂系统，其中，人和事物互动频繁，学生、课程、教学、设备、家长等更是互相牵动。学校组织是一个耗散结构，而所谓分形、蝴蝶效应、奇怪吸引子、分岔、反馈机制等主要概念都可以作为学校运作的隐喻而获得相当的启示与应用（见表1）。在各个不同研究当中对于混沌理论所揭示的主要论点，不同的研究者因为研究主题的不同，对于众多论点各有取舍，值得注意的是有些术语虽用词不同，其主要的涵义却近乎相同或密切相关，例如有些研究者将非线性、蝴蝶效应与初始条件的敏感度视为同一个主张，又如分形与自我类似、反复与反馈机制、分岔与一分为二周期等都指的是同一个概念。虽然由于研究主题的不同，研究结果或发现或许有所差异，但在不同的研究主题上，研究者都是应用蝴蝶效应、分形、反馈机制、分岔、奇怪吸引子等混沌理论的主要论点以隐喻的方式或衍伸的概念进行研究的。研究结果表明，混沌现象普遍存在于各个不同的教育情境或研究领域中，混沌理论的主要论点对于研究主题都具有相当的启发性（李宏才，2003）。

就混沌理论的立场而言，从事教育管理的人员要有效地推进教育创新，就应该有效地利用非线性关系、蝴蝶效应、奇怪吸引子、复杂的形式、递归对称、反馈机制等原理，结合社会变迁进行价值判断，重视学习者的心理特质，保障学习权利；结合整体资源，发挥高强度的教育效能；检视教育计划系统，以统观机制质量；寻求变革因子，利导吸力系统；鼓励多员参与，建立革新共识；敏感细微契机，掌握变革动向；汇聚民间智慧，呼应社会需求；解除平衡假象，灵活动态流动。如此，必能使教育变革之路稳健踏实（蔡文杰，2000）。

表 1 混沌理论对学校行政管理的意义

主要论点	对学校行政管理的意义
混乱的起源	所有的学校行政工作者必须了解更多有关混乱的起源的信息,因为他们都曾有过在一个稳定的情境中,突然间发生一个事件而造成一片混乱的经验。面对混沌现象应该采取勇于创新的因应策略,注意检查沟通系统,采取自我反省和回想过去面对混乱起源的处理经验,创造解决方法,找寻可行的处理模式,检讨自我世界观,相信可将无序引导进入新秩序。
蝴蝶效应	生活中细微的小插曲可能对学生的未来造成重大的影响。学校领导者应该丰富自己的敏锐察觉能力,注意对初始条件的觉察,保持对学校心理、物理环境的敏锐度,注意存在个体或组织生活空间中的各种因素,洞察其是否可能促进或阻碍变革计划的推动。
耗散结构	学校组织的耗散结构系统是一种非线性模式,所有的学校行政工作者必须了解更多有关耗散结构的主题,注意对变革的契机与临界关键点的掌握。面对耗散结构应该采取共同演化的因应策略,对于变革计划的开放对象,及一旦变革被采用时必须执行此变革计划者,应将其纳入变革的设计小组中。
随机震撼	所有的学校行政工作者必须了解更多有关随机庞杂震撼的主题,因为所有混沌系统的出现都指向随机庞杂的震撼。面对随机震撼应该采取乱中求序的因应策略,深入了解变革之来龙去脉,掌握先机。
奇怪吸引子	当学校中有着奇怪吸引子特性的人、事、物层面的改变,可能给学校行政组织的运作带来影响,有些因素的影响立即浮出台面,有些因素的影响可能潜藏在各子系统或成员不易察觉的知觉中,一旦配合时空上其他非线性因素的变化,就可能产生连锁反应,对学校造成较大的影响。面对奇怪吸引子应该采取师法自然的因应策略,注意找出变革混沌之中规律秩序的线索。

主要论点	对学校行政管理的意义
回路递移	面对回路递移应该采取活在当下的因应策略,对有关变革的正反力量敏锐感应,注意各种正反力量的信息,重建内在时钟与大自然的联系,全心全意投入正在发生的事件之中。对已计划好的变革的改变有心理准备,并接受对最初计划的改变的反馈、修饰、增加及修正意见。
反馈机制	学校行政混沌现象中的反馈机制分为正反馈、负反馈,正反馈可以放大影响效果,让系统趋向改变,而负反馈则具有调和的功能,让系统保持稳定。机械的观点是我们过去数百年来所熟知的观点,但机械的观点是从整体理论观点中孕育出来的,学校领导者应该采取天人合一的整体观来面对世界。

资料来源:蔡文杰,2000;陈木金,1996,1999,2000;Hayles,1990;Adams & Russ,1992;Griffiths et al.,1991;Trygestad,1997

混沌理论与危机管理理论具有内在的契合性,在公共危机管理中的应用具有独特优势。西格(Seeger,2002)指出相较于其他系统的观点,混沌理论更适合于作为复杂系统的研究典范。由于混沌理论强调系统的秩序与非秩序的双重本质,重视可以预测的例行操作与骤然混沌的崩溃瓦解,以及对于高度复杂与动态非线性系统的普遍了解,这些因素都促成混沌理论更适于作为研究组织危机的有力工具。

混沌理论认为危机并非完全混乱,其中蕴含着更高层次的秩序,为掌握时机、把握危机和寻找转机提供了强有力的理论支持。混沌理论方法能够揭示复杂现象的内在规律性,可用于预测、模拟产生危机演变的未来图景,有助于辨识出危机演化复杂现象背后的真正原因,为研究公共危机管理提供了新的研究范式。混沌理论为危机情境提供了相当适合的模型。通常来说,危机的型式是一连串的事件,在一段时间中,以很快的速度累积数量及复杂度,危机情境的动态就犹如混沌系统从不断反复的过程中,从复杂的阶段行进到所谓的分岔点,终于造成完全失序的状态。在校园危机的研究中,混沌理论的主要论点,像其他领域或研究主题一样,都有其相同或基本的隐喻或涵义(见表2)。

表2 混沌理论主要论点在校园危机的隐喻

主要论点	校园危机的隐喻
蝴蝶效应	原本显然微不足道、无关宏旨的琐事,却随着事态发展,终于导致重大危机事件的发生。所谓"星星之火可以燎原",说明校园危机的发生就在于一些不起眼的原因产生了蝴蝶效应。
反馈机制	负反馈环随时影响学校的运作,当校园发生一些小意外时,如果能检讨改善,则此一意外就发挥了负反馈的作用,学校继续保持稳定的运作;如果产生的问题无法适时解决,则输出的结果再度成为学校系统的输入项,造成所谓的"连锁反应",反复的结果终于达到分岔点时,也就是危机爆发的时候。
分形	危机事件在不同的组织、不同的层次重复发生,只要追踪其类似的模型,对于危机的预防就成为可能。即使没有两件完全相同的危机事件,但是发生危机的原因或情境总是有类似的模型。
奇怪吸引子	奇怪吸引子是复杂系统主要的秩序与连结的定点,危机管理当中,最重要的意义在于提醒学校主管更应重视塑造积极的学校文化,建立工作意义。利用奇怪吸引子的概念可以抽丝剥茧,把握问题重点,分析危机发生的主要成因。
分岔	分岔是组织的方向特性或结构等面临根本的变化。在校园危机中的主要涵义,既是从稳定陷入危机的关键时刻,更是从危机迈向转机或利机的关键点。

资料来源:李宏才,2003

　　李宏才(2003)以混沌理论的蝴蝶效应、反馈机制、分形、奇怪吸引子、分岔等五个主要论点分别编制问题,以调查受试校长对于校园危机相关概念的看法,调查结果表明:整体而言,校长赞同校园危机的混沌现象,五个方面当中以蝴蝶效应赞同程度较高,分形较低。校长大部分赞同校园危机的混沌现象,可见小学校长们对于整体校园危机的混沌现象知觉敏锐度尚佳。小学校长对于校园危机混沌现象的敏锐度以蝴蝶效应最高,而分形在混沌现象的五个方面当中,得分最低。整体校园危机混沌现象的认知与校长的危机管理,呈显著的正相关。就整体校园危机混沌现象的认知与校长的危机管理各方面,包括危机的预防与准备、危机的处理与控制、危机的追踪与学习而言,也都呈现正相关。就校园危机混沌现象的认知五个方面与整体危机管理及各个方面的相关而言，校园危机混沌现象的认知五个方面与校园危机的混沌现象的每一个方面——包括：反馈机制、分形、奇怪吸引子、分岔等与整体危机管理及危机管理的各个方面（危机预防与准备、危机处理与控制、危机追踪与学习）——都有正相关存在。其中又以分岔及反馈机制两个方面与整体危机管理及其各方面的相关比较高。校园危机混沌现象的敏锐度对校长的危机管理具有预测作用。虽然校长的校园危机混沌现象认知无论是整体或各方面与校长的危机管理及其各方面，都有显著的正相关，但是就混沌现象的个别方面而言，仍然以分岔及反馈机制，对于校长的危机管理较具预测作用。

四、结论

正如自然科学长期受到牛顿力学的影响一样，公共行政学研究长期以来也局限于牛顿力学的狭隘范围，用线性理论模型来理解公共行政，过分强调行政组织的秩序和确定性，而忽视了对组织不确定性、不稳定性和其他复杂性的研究。而作为科学发展新成果的混沌理论，则着重研究运动过程的非线性动态机制，不仅开阔了自然科学研究的视野，而且也为深入地研究行政组织的不可预测性和复杂性提供了新的理论手段和理论范式（叶娟丽、马骏，2000）。

复杂性和非线性是物质、生命和人类社会进化的显著特征。在一个复杂性和非线性的环境中，线性思维和线性管理模式是危险的。为了有效处理非线性问题，就必须改变公共行政的范式，使之具有处理共时性问题的能力。管理的复杂性，需要公共行政学界改变传统的机械的管理思维方式，发展一种有机的、整体的、生态的管理方式。公共行政系统本身就是一个充满了混沌和复杂性的系统，这为混沌与复杂性理论在公共行政系统中扎根提供了现实土壤。

为了建立公共行政学的混沌理论，还有一些现有研究没有很好地解决的问题，需要认真加以思考：一是非线性力学中的个人决策过程问题，二是公共行政管理者如何在组织动态的不可控与控制之间划定明确界限的问题（马骏、叶娟丽，2004）。为了建立公共行政学的混沌理论，国内学术界还需要超越传统的机械思维，切实改变体系意识浓厚、问题意识淡薄的现状，在行政学的人才培养与学科建设中，从政治学、管理学、经济学与法学的单科推进走向多学科整合，在注重社会科学相关领域的重大理论进展的同时，也要特别注意吸收自然科学，尤其是自然科学与社会科学交汇的系统科学相关领域的新进展。

【参考文献】

蔡文杰：《从混沌理论探究教育革新的走向》，载《教育资料与研究》，2000年第35期。

陈木金：《混沌现象（Chaos）对学校行政的启示》，载《教育资料与研究》，1996年第9期。

陈木金：《混沌理论对学校组织变革因应策略之启示》，载《学校行政》双月刊，1999年创刊号。

陈木金：《从奇怪吸引子理论谈新世纪的学校行政革新》，载《学校行政》双月刊，2000年第5期。

勾春萍：《以混沌理论分析中国行政垄断的未来走向》，载《乐山师范学院学报》，2007年第7期。

黄润生：《混沌及其应用》，武汉：武汉大学出版社2000年版。

李宏才：《混沌理论应用在国小校长危机管理之研究》，台湾政治大学未出版博士论文，2003年。

马骏、叶娟丽：《西方公共行政学理论前沿》，北京：中国社会科学出版社2004年版。

麻晓莉、卢文军：《混沌理论视野下的公共行政范式的转变》，载《理论导刊》，2003年第7期。

秦梦群：《教育行政》，台北：五南出版社1999年版。

叶娟丽、马骏：《公共行政学的新范式——混沌理论》，载《武汉大学学报》（人文社会科学版），2000年第5期。

游海疆：《程序合理性与决策成本——混沌状态下的公共行政决策分析》，载《云南行政学院学报》，2006年第4期。

于萌：《蝴蝶翅膀的舞动——行政决策思维中的混沌》，载《行政论坛》，2004年第2期。

张璋、武玉英:《混沌理论与公共行政》,载《北京行政学院学报》,2001年第4期。

左林江:《公共行政中的混沌与复杂性理论》,载《西南科技大学学报》(哲学社会科学版),2006年第4期。

Adams, H. M. & Russ, J. C. (1992). Chaos in the Classroom: Exposing Gifted Elementary School Children to Chaos and Fractals. *Journal of Science Education and Technology*, 1 (3): 191 – 209.

Briggs, J. & Peat, F. D. (1999). *Seven Life Lessons of Chaos: Timeless Wisdom from the Science of Change.* New York: Harper Collins.

Comfort, L. K. (1993). *Self Organization in Complex Systems.* Paper presented at the Annual Research Conference of the Association of Public Policy and Management. Washington, D. C. , October.

Daneke, G. A. (1988 – 89). On Paradigmatic Progress in Public Policy and Administration. *Policy Studies Journal*, Winter.

Farazmand, A. (2003). Chaos and Transformation Theories: A Theoretical Analysis with Implications for Organization Theory and Public Management. *Public Organization Review: A Global Journal*, 3: 339 – 372.

Griffths, D. E. , Hart, A. W. & Blair, B. G. (1991). Still Another Approach to Administration: Chaos Theory. *Educational Administration Quarterly*, 27 (3): 430 – 451.

Hayles, N. K. (1990). *Chaos Bound: Orderly Disorder in Contemporary Literature and Science.* Ithaca: Cornell University Press.

Hudson, C. G. (2000). At the Edge of Chaos: A New Paradigm for Social Work? *Journal of Social Work Education*, 36 (2): 215 – 230.

Kiel, D. L. (1994). *Managing Chaos and Complexity in Government.* San Francisco: Jossey Bass Publishers.

Levy, D. (1994). Chaos Theory and Strategy: Theory, Application, and Managerial Implications. *Strategic Management Journal*, 15: 167 – 178.

Overman, E. S. (1996). The New Sciences of Administration: Chaos and Quantum Theory. *Public Administration Review*, 56 (5): 487 – 491.

Priesmeyer, H. R. (1992). *Organizations and Chaos: Defining the Methods of Nonlinear Management.* Westport: Quorum Books.

Seeger, M. W. (2002). Chaos and Crisis: Propositions for a General Theory of Crisis Communication. *Public Relations Review*, 28: 329 – 337.

Stilwell, J. (1996). Managing Chaos. *Public Management*, 78 (9): 6-9.

Trygestad, J. (1997). *Chaos in the Classroom: An Application of Chaos Theory*. Paper Presented at the Annual Meeting of American Educational Research Association. (ED 413 289)

Wheatley, M. (1992). *Leadership and the New Science: Learning About Organization from an Orderly Universe*. San Francisco: Berret-Koehler Publishers.

第三篇

公共政策研究：繁荣景象下的忧患

朱亚鹏　岳经纶

中山大学行政管理研究中心/中山大学政治与公共事务管理学院

[摘要] 自上世纪80年代开始起步以来，我国的公共政策研究已取得令人欣慰的进展，不仅推动了公共政策学科的发展，而且也对改善我国的公共政策制定和公共管理起到了明显的促进作用。尽管如此，我国的公共政策研究依然存在学科地位较低、本土研究稚嫩、学科理论与实践脱节、学科秩序混乱、研究不规范等一系列问题。近年来，面对我国社会经济领域中日趋严重的公共问题，党和政府开始转变施政理念和决策风格，政府职能进一步调整。公共管理和国家治理实践的变革也极大地推动了公共政策的学术研究和学科发展，大批研究者开始涌入公共政策研究领域。可以说，我国的公共政策研究正处在一个机会和挑战并存的历史关节点。站在这个关节点，有必要对我国公共政策学科20多年的进程进行反思与批判，以求推动本学科的良性发展。论文主要梳理了近年来国内公共政策研究的学科建制与学术研究的基本状况和特点，反思和批判我国公共政策学科领域所存在的问题和不足，最后针对这些问题提出若干建议。

[关键词] 公共政策研究　反思学科建制　学术研究

发祥于美国的公共政策研究（又称政策科学、政策研究、公共政策分析、政策学）有两个基本路向：一是政策（过程）研究（policy studies），旨在更好地理解政策制定过程；一是政策分析（policy analysis），旨在生产和制造可以用于政治领域以解决政策问题之政策相关信息，为公共政策决策提供科学知识。在过去 30 多年，公共政策研究是西方社会科学领域中发展最快的学科之一。这一判断同样适合于公共政策学科在中国的发展。自 20 世纪 80 年代起步以来，我国的公共政策学科研究取得了令人欣慰的发展。尤其是近年来，面对我国社会经济领域中日趋严重的公共问题，党和政府开始转变施政理念和决策风格，政府职能进一步调整。公共管理和国家治理理念的更新和实践的变革也极大地推动了公共政策的学术研究和学科发展，大批研究者涌入公共政策研究领域。可以说，我国的公共政策研究进入了一个高速发展的兴盛时期，成为一门"显学"。然而，在我国公共政策研究繁荣的表象下，还存在着许多令人忧心的问题与不足。可以说，我国的公共政策研究正处在一个机会和挑战并存的历史关节点。站在这个关节点，有必要对我国公共政策学科二十多年的进程进行反思与批判，以求推动本学科的良性发展。本文的主要内容是梳理近年来国内公共政策研究的学科建制与学术研究的基本状况和特点，反思和批判我国公共政策学科领域所存在的问题和不足，最后针对这些问题提出若干建议。

一、中国公共政策研究的学科建制

学科建制化水平是衡量一门学科的发展程度的一个重要指标，也是衡量一门学科在该国学科体系地位的重要评价标准。然而从学科教育、研究机构和学术刊物等方面看，我国的公共政策研究建制化水平较低，学科研究仍然得不到政府相关部门和社会的重视。

（一）学科教育："冷门专业"与二级学科

公共政策虽然是一门新兴的综合性、应用性学科，但其教育模式和发展水平在西方发达国家已经相当完备。在美国，公共政策的学科教育（尤其是公共政策研究生的教育）已经基本实现系统化、专业化和产业化。美国的公共政策研究生教育模式主要有两种类型：一种是依托咨询公司、研究机构（如美国著名的兰德公司下属的政策研究生院），另一种是依托综合性大学（如哈佛大学肯尼迪政府学院）（刘小康，2003）。前者偏重培养公共政策分析员，核心课程是经济学、定量研究方法、社会科学和技术学科，后者注重培养政治和政策领导者，核心课程是各种综合性、基础性学科。尽管两者的培养定位不同，但皆强调公共政策的本质特征——通过公共政策教育培养政策研究者以解决现实政策问题。从美国的政策科学培养模式中，我们可以看出其公共政策研究建制化水平以及公共政策学科地位之高。

相比较而言，我国的公共政策建制化水平和学科地位还比较低。我国的公共政策学科萌芽于上世纪80年代，自90年代开始发育成长。由于我国的公共政策学科缺乏本土的知识积淀，其发展过程一直依托于政治学、行政学和管理学这些在改革开放后才再生的学科。直到21世纪，我国的公共政策学科才开始得以形成，并取得自己的研究领地。其重要标志是公共政策本科专业的设置，以及公共政策培养方向的硕士和博士学位的设立。2002年，中山大学、西北大学以自主招生形式招收了我国第一批公共政策专业的本科生（卞纪，2002），标志着我国公共政策本科教育的发端。不过，经过数年发展，公共政策本科教育仍然局限在极少数的几所综合性高校，如北京大学、中山大学、西北大学。在大多数高校，公共政策学科还只是公共管理、行政管理、政治学等专业的研究方向。其次，在研究生招生方面，2008年全国（内地）具有招收硕士研究生资格的高校和科研机构843所，其中只有4所大学（分别是北京大学、中国人民大学、复旦大学和福州大学）设置公共政策专业，其中只有北京大学把公共政策学科作为一级学科招生。[①] 其他高校则把公共政策作为从属于行政管理、政治学理论、公共管理等一级学科下的二级学科，或仅仅作为一个专业研究方向。在博士研究生方面，公共政策专业似乎还没有设立为专门的博士招生专业，还只是其他学科专业下面的一个研究方

---

① 参见：2008全国硕士研究生招生专业目录查询栏，http://yz.chsi.com.cn/zsml/zyfx_search.jsp。

向。从这个意义上讲，公共政策学科在我国的独立学科地位还有待提升。

（二）学术组织：缺乏独立身份

一个学科的学术组织在一定程度上反映着该学科的发展水平。在过去十多年，尤其在最近几年，我国的公共政策学科的学术组织得到了较快的发展，极大地推动了我国公共政策学科的发展。然而，我国的公共政策研究学术组织大多挂靠于同级的行政管理、公共管理、政治学研究机构，没有取得完全独立的学科地位。①

我国的公共政策学术组织主要有以下几种类型：(1) 全国性的公共政策研究会。目前，在我国公共政策学界，全国性的学术组织大概就是1994年成立的中国政策科学研究会。有趣的是，该学会下设有国家安全政策、公共政策、经济政策、金融政策、文化政策、老年政策等专业委员会，在这里公共政策与经济政策、金融政策等是平行的概念。此外，中国行政管理学会下设有政策科学研究会。(2) 全国性的部门政策研究会，如中国民族政策研究会，专门研究某些政策部门的某项具体政策、制度。(3) 省、市属的政策研究会，如广东省政策科学研究会、黑龙江省政策科学学会、湖北省政策研究会等。(4) 某些高校成立的公共政策学会。

（三）学术刊物：亟待填补的空白

我国公共政策学科地位低的一个重要表征是我国至今还缺乏正式的公共政策研究的专业学术刊物。我国的公共政策研究论文大多发表在行政管理、政治学、社会科学的学报学刊上。中山大学行政管理研究中心与政治与公共事务管理学院于2007年初创办了《中国公共政策评论》（岳经纶、郭巍青担任主编），以以书代刊的方式出版，每年一卷，勉强可以算是我国公共政策学界第一份学科专业学刊。

二、中国公共政策学术研究状况

要对中国公共政策研究的现状作一个"准确"的判断，需要对中国

---

① 也有部分学者（如胡宁生）早在几年以前就认为中国的公共政策学科已经开始从政治学、公共行政分离出去，成为一个独立的研究领域。详情可参考胡宁生，2000：29。

公共政策学在过去20多年形成的研究成果进行全面而且科学的评估。本文仅粗略地从译著、著作、教材和学术论文等方面进行审视。

（一）译著

我国虽然历史悠久，政策领域的实践经验和智慧非常丰富，但是，却并没有形成研究政策及其实践的学科和知识体系。因此，可以说，我国的公共政策学科肇始于对外国和境外相关知识和理论的"引进"。国外公共政策理论著作的翻译出版是我国公共政策学科发展的起点，也是其兴盛的重要标志。从上世纪90年代以来，在广大公共政策研究者的辛勤努力下，我国出版了多套公共政策译丛，如中国人民大学和三联书店都出版了公共政策经典译丛，公共管理译丛中也包含了一些重要的公共政策译著。其他学科，如社会保障、公共财政、政治学等学科的译丛也选入了与公共政策相关的著作。另一重要现象是大量社会政策的学术著作也开始在中国翻译出版。可以说，公共政策领域的重要英文著作差不多都有了中文版。

大量公共政策译著的出版，不仅体现了我国公共政策学者的辛勤劳动，也促进了我国公共政策学科的发展和兴盛。不过，需要指出的是，由于对公共政策译著需求甚殷，加上公共政策学者急于补课，我国的公共政策著作翻译工作存在着急于求成，重速度轻质量的倾向，尽管出版了一些高质量的译著，但是也存在着良莠不齐，甚至粗制滥造的情况。一些非常重要的公共政策著作的中文版错漏百出，质量不高，有损原著的学术性，有的甚至连原著的版本也弄错。然而，值得高兴的是，一些重要的公共政策英文著作开始由国内出版社出版发行，价廉物美，不仅为习惯英文阅读的读者提供了新的选择，也有利于正本清源，避免谬种流传。

（二）教材

与许多其他新兴学科一样，我国的公共政策学科也出现了教科书繁荣的景象。自上世纪80年代后期至今，在广泛出版公共政策译著的同时，我国的公共政策研究者们也开始根据海外文献编写为教学亟需的教科书。我国公共政策教课书的出版出现了两个高潮。一是在上世纪90年代，当时，我国公共政策研究者，也包括政治学和行政学研究者以西方学者或港台学者的著述为蓝本,编写了最早的公共政策教科书,并由此引发出第一个公共政策教科书出版高潮。第二个教科书出版高潮出现在本世纪初,主要是应因 MPA 专业学位教育的发展而形成的。另外,各级政府的公共管理培训也起到了推波助澜的作用。至此,可以说,公共政策教科书出现百花齐放的局面。不过,在公共政策教科书繁荣的表象下,也存在着内容相仿、体例相近、概念不清、大同小异、缺乏特色和个性,以致以讹传讹等问题。

以公共政策的定义为例,各教科书一般都会列出公共政策的若干定义,而这些定义多数是国外学者界定的。作为政策科学的奠基者,许多教科书都会引用拉斯韦尔和卡普兰的公共政策定义。拉斯韦尔和卡普兰在 1950 年的著作 (Lasswell & Kaplan, 1950) 中对公共政策作了这样的定义:"Policy is a projected program of goals, values and practices。"正确的中文翻译是:"政策是关于目标、价值和实践的可预测的计划"。在台湾,有人把它翻译为"政策是对目标、价值和实践的计划",有的译为"政策乃系为某项目、价值与实践而设计之计划"。可是,在我们的教科书中,却是这样翻译的:"政策是具有目标、价值与策略的大型计划。"很多教科书都引用了这一翻译,似乎没有一个编者去查对过原文。原文中只有"projected program",并没有"大型"的意思。按照这一翻译,人们就会认为只有大型计划才是公共政策。那接下来的问题是,什么样的计划才是大型计划呢?

如前所述,在国际上,公共政策研究这一学科的发展呈现出政策(过程)研究 (policy studies) 和政策分析两个基本路向 (Parsons, 1995)。因此,公共政策教科书大体也可以分为两类:一类是关于政策过程的分析和知识,另一类是关于政策分析工具的使用和"用于"政策过程的知识。前者大多以"公共政策"、"公共政策导论"、"理解公共政策"、"政策过程"、"制定公共政策"、"研究公共政策"等作为书名,主要内容是关于公共政策的基本概念、理论或方法,以及政策过程的各个环节和阶段等,主要关心"政策过程的知识" (knowledge of the policy process)。后者大多以"政策分析"、"公共政策分析"、"分析公共政策"、"政策分析方法"等作为书名,主要内容是关于政策问题分析和政策备选方案分析的具体方法,主要关心"政策过程中"和"用于政策过程"的知识(knowledge for and in policy-making)。

反观我国,公共政策教科书的编撰者似乎都没有在意国际公共政策研究中两种基本路向的分野,也许是因为想借助后发优势,试图整合前述两种路向,因此,我国的公共政策教科书,不管是以"公共政策"或"公共政策学",还是以"公共政策分析"为书名,都倾向于把关于政策过程的知识和政策分析工具的知识拼凑在一起。比较而言,我国的公共政策教科书更偏爱"公共政策分析"这一名称。这可能是受官方拟定的有关学科文件和教学大纲的影响,因为官方规定的公共政策的课程和教学大纲大都使用"公共政策分析"概念。为了推动公共政策学科的健康发展,在教科书编撰中厘清"公共政策"和"政策分析"的差异,分别编写关于"公共政策过程"和"公共政策分析"两类教材,是我国公共政策教学中一个需要认真考虑的问题。

我国公共政策教科书的另一个突出问题是没有对我国公共政策的实践给予足够的关注。在美国,有关公共政策过程的教科书的一般编写体例是,先介绍公共政策过程的一般知识和理论,然后用它们来分析美国的主要部门政策(policy sectors),如社会福利政策、教育政策、环保政策、经济政策、医疗政策等,并尝试总结出美国公共政策延续与变迁的规律。在我国,很少有公共政策的教科书把公共政策过程的一般知识和理论与中国实际的政策部门相结合,其结果是理论归理论,现实归现实,导致学生无法用学到的知识来认识和观察公共政策的实践。稍好一些的情况是在教科书中包含几个小案例,以对某个时间点上的政策过程的某个环节中的个案分析,来取代对具体部门政策演变与发展的分析。一些关于我国具体公共政策的教科书和读物,则缺乏公共政策的概念和分析框架,主要是对这些具体的政策领域的政策内容及其变化进行描述,分析性和批判性不足。

更严重的是,我国的一些教科书似乎还没有把行政决策(administrative decision making)与公共政策制定(public policymaking)、决策(decision)与政策(policy)区分开来。一方面,我们看到在有关行政管理学的教科书中,有时包含行政决策的章节,有时则包含公共政策的章节。

另一方面，在某些公共政策的教科书中，在介绍政策制定和政策决策时，讲的往往却是行政决策或者说组织决策的概念、方法和原则，有的教科书甚至不惜笔墨大谈决策心理，完全看不到公共政策的特色。与此相关联的是，大量的教科书用很大气力去区分"政策主体"与"政策客体"，大讲政策主体的"权力"和政策客体的"利益"。表面上看，这类分析充满了辩证法，实际上则完全缺乏公共政策应有的"民主"和"公共"的理念，因为在公共政策的理念中，一切个人、群体、组织都是公共政策的参与者，甚至是制定者，他们都是"政策行动者"（policy actors），没有"主体"与"客体"之分，他们共同构成"政策网络"（policy network）或"政策社群"（policy community）。大概同样是基于没有认清行政决策与公共政策之关系的原因，很多公共政策教科书非常重视"政策"与"法律"的区分，不厌其烦地对二者进行辨析。事实上，在公共政策的视域中，法律也不过是公共政策的一种表现形式，无论是行政部门的决策还是立法机构的决定，都是公共权威机构的产物，都属于公共政策的范畴。

（三）著作

相对于繁荣的公共政策教科书市场，我国的公共政策著作则显得非常凋零。在我国公共政策研究发展的初期，我国的公共政策著作主要是对外公共政策文献的编译和组合。这类著作虽然只是对国外公共政策理论和案例的综述，但是对推动我国公共政策学科的发展起到了重要作用。随着我国公共政策学科的发展，我国的政策研究者们开始把西方概念和理论与中国实际相结合，本土经验事实进入了研究视野，因此，近年来我国的公共政策研究已开始从过去"用国外理论解释国外事件"向"用国外理论解释中国事件"转变，出现了一些有本土关怀的公共政策著作，如，刘伯龙等人的《当代中国农村公共政策研究》（2005）、汪凯的《转型中国：媒体、民意与公共政策》（2005）、金太军的《公共政策执行的梗阻与消解》（2005）、郭剑鸣的《地方公共政策研究》（2006）等。同时，一些关于具体政策部门，如劳动政策、住房政策、教育政策等的学术著作也开始出现。

在有关本土公共政策研究的著作中，值得一提的是自 2001 年开始出版的《中国公共政策分析年报》(初期由中国社会科学院公共政策研究中心与香港城市大学亚洲管治研究中心合编,现由白钢和史卫民主编)。该年报试图对每一年度我国主要的部门公共政策进行介绍与评述,力图勾勒出我国公共政策发展的基本走势,为研究我国公共政策提供了丰富和详尽的背景资料。

相比而言,有关我国公共政策过程的研究著作还不多见。众所周知,中国的社会经济政治都处在大规模的转型之中。转型期的我国公共政策有着丰富的内容,无论是问题认定、议程设置,还是政策制定和执行都有其独特性,为我国的公共政策研究提供了肥沃的土壤和丰富的原料。我国成功的经济改革和持续的经济增长在很大程度上是我国公共政策创新的结果,而经济社会发展不协调、社会问题的突出,也可以归因于公共政策的缺失和失误。相比我国公共政策的丰富实践经验,我国的公共政策学术研究显然是大大滞后了,辜负了时代赋予公共政策研究者的重任。

(四) 学术论文

相对于我国公共政策学术著作的贫乏,我国的公共政策学术论文乍看起来还算丰富。不过,公共政策这个名词通常在两种情况下被使用:一是指国家制定和执行的各种具体的法律和政策;一是指公共政策的学术研究。我国的公共政策学术论文近年来数量不断增加,但是,许多论文似乎并没有把对具体的公共政策描述与作为学术研究的公共政策区分开来,很多公共政策论文只是使用了"公共政策"或"政策"这一概念,而缺乏公共政策学科的专门概念、理论和研究方法。为了说明问题,我们姑且把前者称为"宽泛性的"公共政策研究,后者称为"专业性的"公共政策研究。下面,笔者主要通过在国内的两个期刊网(维普中文期刊数据库和中国期刊网)所做的一组统计数据及其统计结论来说明我国公共政策学界在学术论文方面取得的成果和存在的问题。

笔者首先通过分别在维普中文期刊数据库下属的两大子数据库(维普核心期刊数据库、维普CSSCI期刊数据库)和中国期刊网(CNKI)下属的三个子数据库(中国期刊全文数据库、中国博士学位论文全文数据库、中国硕士学位论文全文数据库)对公共政策研究的一些研究题名或关键词进行跨库搜索（详情参见表1）。具体做法是：第一，把"行政管理"一词列入搜索范围，主要是要说明公共政策研究相对行政管理研究而言学科地位和受关注程度依然过低；第二，把"政策科学"一词列入搜索范围，主要为了从公共政策学的别名的研究热度去反映狭义的公共政策研究热度和公共政策的学科地位；第三，把公共政策学的一些专业名词（政策分析、政策议程、公共决策、政策过程、政策转移、政策执行、政策评估、政策网络）列入搜索对比范围，主要为了真实反映我国公共政策专业研究（即公共政策理论研究或运用公共政策理论方法研究中国问题）的热度；第四，把维普核心期刊数据来源、维普CSSCI期刊数据来源、中国期刊全文数据库、中国博士学位论文全文数据库、中国硕士学位论文全文数据库五大数据来源作为区分和对比主要基于两个需要，一是区分专业性的公共政策研究情况与宽泛性的公共政策研究情况（通过维普CSSCI数据来源的论文数量和中国期刊全文数据作对比），二是区分国内学者和国内研究生对公共政策研究的情况（通过维普核心期刊、CSSCI期刊数据来源论文数量和中国博士、硕士学位论文数量作对比）。

表1　　　　　　　　　　　　　　（单位：篇）

论文来源 / 题名关键词	核心期刊（维普）（1989—2008）	CSSCI期刊（维普）（1989—2008）	中国期刊全文数据库（1994年至今）	中国博士学位论文全文数据库（1999年至今）	中国硕士学位论文全文数据库（1999年至今）
公共政策	1052	690	10400	84	602
行政管理	3551	1704	63438	65	1348
政策科学	72	86	6318	75	334
政策分析	649	381	16391	187	1589
政策议程	26	23	172	2	12
公共决策	95	56	2431	22	164
政策过程	94	59	3667	37	294

论文来源 / 题名关键词	核心期刊（维普）（1989—2008）	CSSCI 期刊（维普）（1989—2008）	中国期刊全文数据库（1994年至今）	中国博士学位论文全文数据库（1999年至今）	中国硕士学位论文全文数据库（1999年至今）
政策转移	2	3	2619	22	117
政策执行	305	124	4467	17	185
政策评估	61	39	1941	15	89
政策网络	17	15	2946	28	86

* 注：本图数据截至 2008 年 7 月 10 日。
数据来源：维普中文期刊数据库，中国期刊网（CNKI）

随后，笔者通过分别在维普 CSSCI 期刊数据库和中国博士、硕士论文数据库对图 1 中的八个公共政策核心关键词（政策分析、政策议程、公共决策、政策过程、政策转移、政策执行、政策评估、政策网络）进行时间序列分析。简单而言，即分别在上述两个数据库，以上述八个概念通过以"题名或关键词"的形式进行五年期的搜索。即：（题名+关键词）{政策分析+政策议程+公共决策+政策过程+政策转移+政策执行+政策评估+政策网络}，得到以下表 2 和图 1。

表 2 （单位：篇）

	1989—1993	1994—1998	1999—2003	2004—2008
CSSCI 期刊	16	29	235	414
中国博士\硕士学位论文	——	——	551	2405

注：中国博士、硕士学位论文数据库的资料只能追溯到 1999 年。

从上述的两表一图（表 1、表 2 和图 1）中，我们可以大致看出中国公共政策学界在学术论文研究方面取得了很大进步：（1）图 1 反映出，公共政策从上世纪九十年代末开始就迎来了一个学科发展的重大契机。学科论文（无论是重要学者发表的论文，还是高校研究生的相关论文）数量迅速上升。这一方面是因为我国的扩招政策和高校相关制度改革让

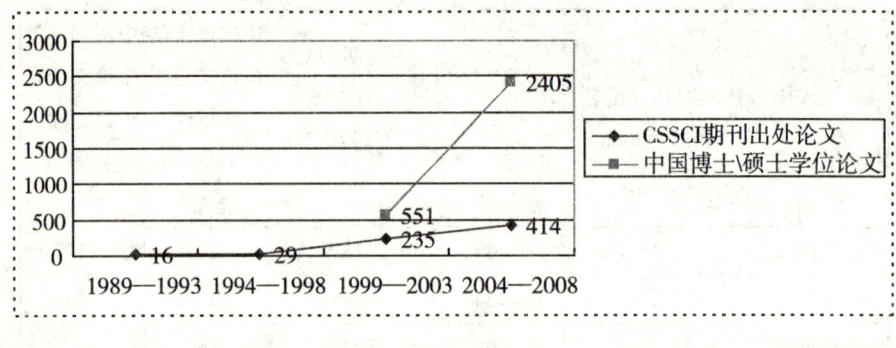

图 1　　　　　　　　　　　　　　（单位：篇）

我国的学者和研究生群体人数激增，带动论文数量的提升，另一方面是因为公共政策学科从无到有，地位有所提高，吸引大量相关研究者进入。(2) 我国的公共政策研究越来越理论化、规范化、科学化。我国学者在公共政策的"公共决策"、"政策执行"等领域还是具备一定的基础和能力的。(3) 我国将很快进入一个公共政策学科发展的黄金时期。从图 1 我们可以看到我国公共政策学科近年的发展势头，尤其是党的十六大提出构建社会主义和谐社会以来，各种涉及到群众利益的公共政策问题已经成为国家和学界的重点关注点。与此同时，大批在国外留学的公共政策学者近年大规模回归，客观上推动我国公共政策研究的科学化、国际化。随着我国对公共政策知识的需求的增长，以及我国公共政策学界自身的发展，公共政策必将迎来一个高速发展期。

但是，表 1 和表 2 的统计数据也反映出一些令人担忧的事实：(1) 我国的公共政策学科地位仍然相对较低。在表 1 中对比公共政策研究和行政管理研究便可以论证该结论。事实上，在统计数据过程中，笔者看到公共政策的研究论文大多数只能发表在政治学、行政管理的相关学刊上。(2) 我国的公共政策相关研究大多数没有运用学科理论与方法，即大多停留在宽泛性的公共政策研究层面。通过对比 CSSCI 期刊来源论文数量和中国期刊全文数据库的论文数量，我们可以看出，尽管跟公共政策相关的研究论文数量可观，但真正运用公共政策理论解释中国公共问题，并发表在 CSSCI 期刊的文章（具有学科价值）依然非常地少。同时我们也应该注意到，我国学者对公共政策学科理论的几个关键概念（政策分析、政策议程、公共决策、政策过程、政策转移、政策执行、政策评估、政策网络)的讨论和研究还相对比较少。这说明我国的公共政策研究大多停留在阐述经验现象层面,而没有对公共政策事件进行深度解释和过程分析。(3) 我国的公共政策研究的质量有待提高。通过图1我们可以看到,尽管近年来我国公共政策学者和学生(博士生、硕士生)的研究呈爆炸性增长势态,然而 CSSCI 期刊文章数量明显少于学生的研究论文和宽泛性的公共政策研究论文,这恰好说明我国公共政策研究重量而不重质。

我国公共政策研究论文质量不高的另一个表现是,许多论文对实践中的我国公共政策过程及其内容没有表现出强烈的学术兴趣和热情,却热衷于对一些公共政策基本概念进行教科书式的论述,但是又没有多少引证,自说自话。很多时候,一篇小小的论文冠以非常宏大的标题,虎头蛇尾。相反,西方公共政策研究领域中出现的一些新概念、新范式和新理论却没有得到应有的关注,如政策话语理论(discourse theory)、推论式政策分析(discursive policy inquiry)、参与式政策分析(participatory policy analysis)、商议性政策制定(deliberative policymaking)等。

三、中国公共政策研究的困境

公共政策作为一门经世致用的学科,从它诞生之日起,就是以解决现实问题为导向的应用型的社会科学。过去由于历史原因,我国的公共政策研究得不到相关政府的重视。政府仅仅把公共政策研究纯粹作为引导、控制社会的工具或单纯作为提高行政管理效率的工具(徐湘林,2000),没有从根本上予以重视。因此,我国的公共政策学科地位一直偏低,政策科学发展一直处于缓慢状态。随着我国经济高速增长、社会贫富分化等问题日益激化,公民意识提高,公共问题日益成为社会的焦点问题。住房、教育、医疗、廉政、就业、农民工等公共问题日益成为建构社会主义和谐社会主旋律中最不和谐的音符,强烈的现实需要让公共政策研究迅速成为学术界的焦点。但是,长期积累下来的种种问题,却成为中国公共政策难以逾越的困境,也成为有效解决中国公共问题的最大障碍。

首先,中国的公共政策研究者与政策制定者被截然分割开来,进而导致理论与实践相脱离。公共政策的创始人拉斯韦尔曾经说过:"政策科学是一门需要学者和政府官员共同研究的学问,后者的实践经验对于政策科学的发展具有重要意义。"(Lerner & Lasswell, 1951: 3 – 15)在国外,尤其是欧美发达国家,公共政策理论和问题的研究者往往是政府部门决策的制定者或参与者,甚至是公共资源分配的参与者。这些公共政策研究者同时活跃于学术界和政府部门之间,成为双栖型的政策问题专家。而中国的公共政策研究者在重大公共问题上则没有太大的参与权。长期以来,公共政策学者跟政府官员之间缺乏对话,政策研究者往往沉迷于理论世界而不屑于现实问题,政府官员则认为政策学者只善于高谈阔论而不足以解决现实问题。结果,我国的公共政策理论和方法对现实中的政策制定并没有显示出指导性。公共政策理论的科学性、合理性、逻辑性和可操作性也受到质疑,政策理论工作者与政策研究者继续各自为政(郝模,2004)。

随着近年来公共政策学界与政府部门的交流日益广泛,理论与实践相互脱离的问题已有很大的缓解。尤其在最近几年,国内社会矛盾加剧、公共政策问题凸显,公共政策研究越来越关注教育、住房、医疗、就业、社会保障以及劳工权益等社会和民生问题。公共政策的研究重心不仅逐步向社会政策领域转移,也越来越趋向微观化、具体化和专业化。相反,过去的热点问题——纯粹的理论研究或宏观问题,则逐渐趋冷。但是,目前我国的公共政策研究者在公共政策的制定、执行、评估等环节的参与度依然不高,公共政策研究者的社会地位仍然低下。显然,要解决我国公共政策研究的理论与实践脱离的问题,就必须为公共政策研究者提供一个参与政策过程的良好平台和渠道。

其次,理论研究的本土化程度不高。我国的政策科学的理论与方法主要是照搬西方的理论,缺乏自身理论建树和理论创新,最终导致政策科学的发展停滞不前(徐湘林,2004)。这主要有两方面的原因:一是在西方理论体系和方法论体系的引进方面,我们缺乏系统且全面的研究,难以有效吸收国外的研究成果(陈振明,2000);另一方面,盲目相信西方理论与方法的普适价值，缺乏对中国本土政策问题的深入研究、思考和理论创新（胡象明，2000）。事实上，西方的政策科学理论源于西方社会的经验，主要建立在西方特定的历史、文化、价值取向的基础之上，对解释西方社会以外的政策问题不具有普遍的解释力。遗憾的是，我国的学者在借鉴西方理论的时候对西方"地方性知识"的局限认识不足，终日沉湎于西方理论体系的"博大精深"而缺乏主体意识，在西方理论面前表现出严重的盲从性（徐湘林，2004）。

再者，对学术研究的监管不足，学术秩序十分混乱。目前国内的公共行政研究（包括公共政策）论文有将近一半是"既无文献引用又无理论对话"（何艳玲，2007）。文献引用是学术论文最基本的规范，而理论对话（包括明显的和不明显的）则是研究的问题意识得以厘清与新的理论得以构建的重要前提，缺乏文献评论或引用必然造成重复研究，进而导致学术成果整体累积性不强（何艳玲，2007）。一些学者甚至戏称"剪刀加浆糊"成为中国公共政策和公共行政研究学界的典型研究方法（肖唐镖等，2001：8）。事实上，学术秩序混乱已经成为制约中国公共政策研究进一步发展的一大障碍，如果不尽快加强监管，不仅会降低公共政策研究的质量，也可能威胁到公共政策研究的学科地位。

最后，作为跨学科、交叉性研究的内在困境逐渐显现出来。随着我国公共问题和公共政策的重要性逐渐凸显，不同学科背景的研究学者纷纷涌入公共政策研究领域。经济学、政治学、管理学、心理学、统计学等相关基础学科研究者的进入，客观上促进公共政策研究的繁荣，推动了学科知识结构的合理化。但是，从整体上看，跨学科研究增多（尤其是计量经济学、统计学、运筹学、计算机）也使得我国公共政策研究出现定性分析多、定量分析少，总结分析多、预测研究少，跨学科、综合分析少等问题（丁煌，2003；王立京，2002）。更为严重的是，学术界难以对这些跨学科、多学科以及交叉性研究进行监管，一小部分投机分子往往利用学术监管的漏洞从事学术投机，从而破坏了公共政策研究秩序。

四、如何研究中国公共政策

鉴于我国公共政策学界存在的学术地位低下、理论本土化不足、理论与实践相脱离、学术秩序混乱等问题，笔者认为中国公共政策研究应该朝着以下几方面不断实现完善和改进。

（一）充分重视公共政策研究，促进公共政策学科的建制化

公共政策学科要得到良性发展必须要得到学术界、社会和政府部门三方的充分重视。首先，学术界要充分重视公共政策，为公共政策提供良好的发展氛围和环境，促进公共政策学科与其他学科的互动、交流。其次，社会要充分重视公共政策学科的现实作用和意义。这有赖于我们的专家学者乃至学生努力地向社会各界人士宣传、介绍公共政策学科及其研究，为公共政策学科树立良好的社会形象，促进社会各界对公共政策研究的了解。最后，政府部门要重视公共政策研究对解决现实中的公共问题的重要意义，要学会跟公共政策专家学者分享政策制定、参与的权力，甚至要敢于把公共政策研究学者引入政府部门，与其分享决策权。在充分重视公共政策学科的前提下，要促进公共政策学科的建制化。具体而言，我们要鼓励高校在本科或研究生（硕士和博士）阶段开设公共政策相关专业和课程；鼓励全国高校和相关科研机构开设公共政策专门研究机构或设立专门的公共政策学刊①、杂志，以便于沟通交流；要鼓励全国高校、科研机构和相关学者定期举行大型公共政策研讨会议，促进交流发展。

（二）促进公共政策研究理论与实践相结合，为公共政策理论的应用搭建一个良好的平台

美国著名公共政策研究学者杰克·普拉诺说过："政策科学与相关学科的'纯科学'不同，它主要是一门'应用性'科学"。公共政策是"注重科学的方法和观点来研究公共政策的制定以及解决公共问题的跨学科性学科"（杰克·普拉诺，1986：104）。应用性和实践性是公共政策学

---

① 可参考中山大学政治与公共事务管理学院的《中国公共政策评论》。

科价值的最根本体现。而在促进公共政策理论与实践走向融合的过程中，政府和公共政策学界将扮演一个至关重要的角色。一个良好的学科理论实践互动平台，应该是学界与政府之间双向交流的。具体而言，政府在制定公共政策或在公共政策执行、修改等过程中，要尽量地从高校或其他研究机构引入公共政策专家学者以及他们的专业意见。甚至在允许的情况下，政府可以考虑把某些公共政策专家聘请为政府政策的兼职甚至是全职专家，从而提高政府决策和施政水平。与此同时，高校等相关的公共政策研究机构应该适当引入一些退休的或者具有丰富公共政策制定、执行实践经验的官员或相关人员，从而强化我国公共政策研究的应用性。

（三）推进政策科学理论的本土化建设，建构一套立足于中国国情的公共政策理论和研究方法

我国政策科学理论本土化程度低是一个不争的事实，这一方面是因为我国公共政策研究起步较晚、基础较差，相关学科研究能力（尤其是创造能力）低下，另一方面则源于我们对西方社会科学理论体系的完备和强大的沉湎与盲从。正如北大徐湘林教授所说，我国要推进政策科学的本土化进程和学科理论创新，就必须在三个层面有所突破（徐湘林，2004）：第一个层面是政策研究的价值伦理层面，即研究者对客观事物进行分析是选择的价值取向和价值定位标准所遵循的伦理基础。简单来说就是树立正确的主体意识、本土意识和学术价值批判意识。第二个层面是本土研究层面，即对本土政策实践进行原创式的经验性研究。通俗地说就是扎根本土，多作经验性研究和实证调查。第三个层面是理论本土化研究层面，即对政策科学有关概念、假设、范畴、理论解说、方法论等作本土化的创新。同时，要建构中国本土化的、原创性的公共政策理论，就要得到各方的重视与支持：社会各界在公共政策研究过程中要对公共政策研究者给予积极的支持和配合；政府部门在公共政策研究过程中要给予足够的政策参与机会和充足的研究资金支持；学术界要为公共政策提供一个良好的学术大环境，建立一套良好的激励—约束机制。只有真正做到上述所说的，树立政策研究者的主体意识，端正研究者的治学态度，创造良好的研究氛围和环境，中国的公共政策研究才有本土化的希望。

（四）健全公共政策学科的激励与约束机制，建立良好的学科研究环境

良好的学术环境、氛围是培养原创性学术理论的一个必要条件。而要建立一个良好的学术氛围，则需要建立一套健全的学术激励与约束机制。我国公共政策学界秩序相对混乱，学科研究不规范的问题较为严重，这跟我国的学术体制有重要联系。我国现有的学术激励与约束机制"重数量不重质量"，硬指标式的学术评审制度客观上助长了学术浮躁心理，促发了学术投机行为。通过建立一套完善的学术激励机制和约束机制，杜绝学术腐败和学术投机行为，规范和优化学科和学界研究环境，从而为创造原创性理论提供一个良好的条件。具体而言，公共政策学界要建立良好的学术氛围，首先应该从行业自律开始。要把本学科内的学生、教师论文质量跟学位、职称相挂钩，严格控制公共政策的准入门槛和输出门槛；对公共政策学界内的学刊、学报实行严格审稿原则，坚持宁缺勿滥；对学术投机和学术腐败行为进行严格处理。与此同时，要坚持规范学科研究，为学科论文提供一套严格的评审标准，从源头上解决学科研究的规范性问题。

五、结语

经过近20年的发展，我国的公共政策研究取得了令人鼓舞的成绩：公共政策的研究成果丰硕，公共政策的学科地位有所提高，公共政策研究成为学术界的焦点。然而，在硕果累累的同时，我国的公共政策学科依然存在学科地位相对较低，学科理论本土化程度不足，学科理论与现实严重脱离，学界研究秩序混乱，学术研究规范性不足等问题。为此，我们公共政策学界必须呼吁社会各界加大对公共政策学科的关注力度；创建一套立足于中国国情的公共政策理论和研究方法；建立一套完善的激励—约束机制，规范学界秩序，为我国的公共政策发展提供一个良好的环境。

【参考文献】

卞纪：《我国高校有了公共政策学本科专业》，载《中国行政管理》，2002年第11期。

查尔斯·蓝伯：《公共政策研究的新进展》，载《公共管理学报》，2006年第2期。

陈振明：《政策科学》，北京：中国人民大学出版社1998年版。

陈振明：《21世纪中国政策科学的研究方向》，载《北京行政学院学报》，2000年第1期。

陈振明：《公共政策分析》，北京：中国人民大学出版社2002年版。

丁煌：《发展中的中国政策科学》，载《管理世界》，2003年第2期。

负杰：《中国公共政策研究的现状分析》，载《政治学研究》，2001年第1期。

郭剑鸣：《地方公共政策研究》，北京：中国社会会科学出版社2006年版。

郝模：《我国政策科学发展的困顿和突破口》，载《公共管理学报》，2004年第2期。

何艳玲：《问题与方法：近十年来中国行政学研究评估（1995—2005）》，载《政治学研究》，2007年第1期。

胡宁生：《现代公共政策研究》，北京：中国社会科学出版社2000年版。

胡象明：《政策科学的中国化与理论创新》，载《北京行政学院学报》，2000年第1期。

杰克·普拉诺：《政治学分析辞典》，北京：中国社会出版社1986年版。

金太军：《公共政策执行的梗阻与消解》，广州：广东人民出版社2005年版。

刘伯龙、竺乾威、程惕洁：《当代中国农村公共政策研究》，上海：复旦大学出版社2005年版。

刘小康：《公共政策研究生教育课程设计——美国模式对中国的借鉴意义》，载《北京行政学院学报》，2003年第1期。

刘雪明：《公共政策学教育的问题与对策》，载《郑州航空工业管理学院学报》（社会科学版），2007年第3期。

刘雪明：《中国政策科学发展的历程与成就分析》，载《南京师大学报》（社会科学版），2004年第4期。

宁骚：《公共政策》，北京：高等教育出版社2000年版。

汪凯：《转型中国：媒体、民意与公共政策》，上海：复旦大学出版社2005年版。

王立京:《中国公共政策科学研究 20 年的回顾与思考》,载《江汉论坛》,2002 年第 10 期。

王绍光:《中国公共政策议程设置的模式》,载《开放时代》,2008 年第 2 期。

吴江:《国外政策科学研究与我国政策科学教育》,载《中国行政管理》,1999 年第 12 期。

肖唐镖、邱新有、唐晓腾:《多维视角中的村民直选》,北京:中国社会科学出版社 2001 年版。

徐湘林:《面向 21 世纪的中国政策科学》,载《北京大学学报》(哲学社会科学版),2000 年第 4 期。

徐湘林:《中国政策科学的理论困境及其本土化出路》,载《公共管理学报》,2004 年第 1 期。

张金马:《公共政策分析:概念、过程、方法》,北京:人民出版社 2004 年版。

Dror, Y. (1986). *Policy Making Under Adversity*. New Jersey: Transaction Inc.

Hill, M. (1997). *The Policy Process in the Modern State* (Third Edition). Hameln Hempstead Prentice Hall/Harvester Wheatsheaf.

John, P. (1998). *Analyzing Public Policy*. London: Continuum.

Lasswell, H. D. & Kaplan, A. (1950). *Power and Society: A Framework for Political Inquiry*. New Haven: Yale University Press.

Lerner, D. & Lassewll, H. D. (1951). *The Policy Sciences: Recent Development in Scope and Method*. Stanford: Stanford University Press.

Parsons, W. (1995). *Public Policy: An Introduction to the Theory and Practice of Policy Analysis*. Aldershot; Northampton: Edward Elgar Publishing, Inc.

Peter, B. G. & Pierre, J. (2006). *Handbook of Public Policy*. London: SAGE Publications.

我国公共部门人力资源管理十年研究之反思

孙柏瑛

中国人民大学公共管理学院

[摘要] 以近十年来我国学术界对公共部门，尤其是政府组织人事行政管理的相关研究成果为基础，概述了我国公共部门从人事行政管理思维向人力资源管理价值转型的过程中，学界研究的问题朝向、目标取向、研究路径和现存困境，分析评价了近年来研究的特征和局限性。本文关注人力资源管理作为提升公共部门管理绩效和公共服务满意度、促进公共部门及其公职人员实现使命的战略行动能力，进而展望学界在推进公共部门人力资源管理的理论研究和实践发展方面应扮演的角色和应发挥的职能，探求他们面临的问题、秉承的理念、志业的精神和研究的方向。

[关键词] 公共部门　人事行政　人力资源管理

一、问题的提出：我国公共部门人力资源研究兴起的缘由

诞生于企业组织的人力资源管理，一直被企业作为实现战略指导目标和持续提升竞争能力的工具。人力资源管理作为激发员工使命感和能力的行动策略，它以倡导组织人力资源管理与战略发展议程嫁接，倡导

差异化、多样化、弹性化的人力资源雇佣、绩效评估、薪酬设计、培训开发的管理模式而著称。人力\资源管理理念具有强调理性化、工具主义和成就—能力取向的先天特质。在我国，随着近年来管理主义和"师法企业"理念在公共组织改革中的强势推进，人力资源管理观念及其技术手段也被引入公共组织，作为人事管理总体改革思路的一部分。

十年来，在我国公共部门，尤其是政府组织的改革框架中，以人事行政管理价值为基础的公务员制度改革一直在渐进前行。在经历了近40年的干部人事制度的磨砺之后，政府及其他公共组织迫切要求建立一套法制化、稳定化、职业化、高效化的人事管理体系，摒除"人治"，建章立制，规范公职队伍的管理。然而，一方面，由于改革存在着路径依赖性，传统的体制和观念积淀深厚，国家公务员制度改革并没有能够完全克服公共组织人事管理中的一些痼疾；另一方面，国外政府在经历了多年公务员制度实践之后，发现这套以稳定、连续为核心价值的管理制度缺乏对外部环境变化的适应性，难以使管理制度充分支持组织的战略性成长，并导致官员的保守性和防卫性心态，从阻滞组织的积极变革。由此，有人开始主张用"以变制变"的人力资源管理模式修正以往的人事管理制度，适应加速变化的外部世界，从人力资源的层面提升组织发展需要的回应性和可持续成长能力。这就促使我国公共组织试图寻找新的、可替代的思维途径来改进人事管理状况，或者在人事行政管理与人力资源管理的制度夹缝和张力中找到某种发展的空间。

可见，公共部门人力资源管理的一些理念和思维是伴随着政府治理结构的调整，伴随着公共部门人事管理改革的推进"浓妆重彩"地"粉墨登场"，逐步渗透到公共组织中，试图构造一套新的人事管理价值和管理工具，解决人事管理中的一些棘手问题。例如，中共中央组织部近期就启动了平衡记分卡的绩效管理项目，尝试将战略管理意图与组织绩效管理、人员绩效考核进行有机融合。公共组织，尤其是政府决策层对人力资源管理途径的需求，明显地刺激了学术界和咨询界将人力资源管理知识与观念推入政府组织的进程，这在客观上使得公共部门人力资源管理成为公共管理研究中一个重要的领域。同时，由于人力资源管理是理论与实践高度联结的行动哲学，因此也激发了不少研究者通过咨询项目将所学投入致用的激情,这方面的研究迅速升温,吸引了大量从事企业人力资源管理的专业人士,他们将相关知识输入到公共组织的管理之中;以企业人事管理研究为背景的研究人员也转型为这个研究领域的主力军。

在此,特别值得一提的是,近十年来,由于公共部门人力资源的研究尚处在管理工具外部接入和传统内在价值转型的过程中,不同背景的研究者所接触的现实时空及它们在研究者大脑中投射的图像与话语存在差异,研究者的价值取向和研究侧重点也存在差异,他们使用的概念的内涵以及规范在尺度上并不一致。故此,在目前的研究中,诸如政府人事管理、人事行政、公务员制度、公共部门人力资源管理等相关概念的界定和应用时有交叉、混同或相互替代,而且,一些相关术语在公共部门环境中的独特话语属性还没有充分体现出来。

将企业组织人力资源管理的知识与实践经验移植到一个生存环境、组织气候和组织文化存在很大差异的组织体系中,其管理哲学的适应性遭遇挑战,而政府人力资源管理实践中的价值冲突和策略实施的进退两难,使得人们必须不断地思考政府人力资源管理理论和实践的独特性究竟在哪里?企业人力资源的管理方式究竟在哪些层面和哪些维度上对政府组织是有效的?公共部门人力资源管理的未来发展能否独辟蹊径?本文立意于对我国近十年来公共部门人力资源研究状况及其取向进行反思,分析相关研究的特征,评价其面对的问题,以期更加系统地思考未来的研究走向,探求公共部门人力资源管理研究者的角色与研究目标定位,努力促使人力资源管理有效地支持公共组织战略和使命的完成,支持公共组织整体治理结构变迁的实现。

二、研究的主要路径:倾向价值层面与比较研究

本文在对现有公共人事行政管理和公共部门人力资源相关研究成果进行检索分析的基础上,回顾了过去十年间我国公共部门人事管理以及人力资源管理的研究历程。笔者认为,尽管相关的研究论文数量众多,类型多样,既包括总体性研究,也包括人力资源分项研究;既包括现实情景的勾画,也包括未来趋势的展望;既包括应然性研究,也包括实然

性分析，但是，总体上看，这个领域的研究成果比较密集在概念界定、内涵阐释、制度比较研究与人力资源管理应然价值等方面。这一现象不难理解，因为对于国人而言，国家公务员制度、政府人事行政制度和人力资源管理制度等概念相继进入人们视线的时间分别为 25 年和 10 年左右，尤其是人力资源管理观念在 10 年前才由企业接入公共组织。因此，这些管理制度与管理工具尚属新生事物，需要一个借鉴、输入、接纳、体验、融合、改进的过程。

概括地讲，目前，我国公共部门人力资源管理研究主要包括如下基本研究路径。

（一）各国公共部门现有人事制度的比较研究，将人力资源管理模式看做一种完善现有人事行政制度的替代形态或者愿景形态

这类研究以一国现有的政府人事管理体系或国家公务员制度为主体，依照国别分类或者人事管理流程的管理事项分类，对不同国家公共组织人事管理法律制度规定、运行机制、管理措施、体制特征等进行比较，试图比较全面、系统地呈现一个国家公共组织人事管理系统状况，尤其是国家公务员制度的结构及其制度运行情况，体现不同国家公共组织人事管理制度的共同性与差异性，评估制度内在的优势与局限性，力图展示一国制度生成机理和生态原因。这类研究较多地集中在有关中外政府人事制度或公务员制度比较研究的著作和论文中。代表性研究有：姜海如的《中外公务员制度比较》，商务印书馆出版社 2003 年版；李和中的《比较公务员制度》，中共中央党校出版社 2003 年版；潘盐林的《秩序、规范、效率——考察欧盟和德国政府公务员制度的几点思考》，《中国人才》，2004 年 12 期；李俊的《我国国家公务员制度与西方文官制度之比较》，《昆明大学学报》，2006 年 1 期。

更为重要的是，一些相关研究以发展的观念，将公共组织人事管理制度的演进放置在一国或一个地区公共组织变革的整体背景之中，将公共组织人力资源管理发展的诉求与其社会现代化进程和政府改革框架紧密联系起来，阐释公共组织人力资源管理方式变革对于整个组织变革产生的意义和作用，并在比较的过程中发现不同国家政府人事制度变化的

方向、方式和途径。这类研究具有两方面的功能：一方面，研究者将公共部门人力资源管理的解释作为一种发生在公共组织制度演进中先进的、符合未来发展的改革工具，具有与当今改革推进方向相适应的策略契合性，藉此认为，在改造官僚体系痼疾的进程中，人力资源管理模式是代表改革愿景的一种重要形态；另一方面，研究者将国外公共部门人力资源管理思维作为可资借鉴的重要经验，在比较分析的基础上加以引进、应用，以为逐步深入的中国政府人事改革提供可以学习的素材和可以参照的范本。代表性研究有：卓越的《新加坡政府人力资源开发初探》，《行政与法》，1998年3期；[韩国]金判锡的《韩国政府人力资源管理改革评述》，《国家行政学院学报》，2000年5期；王彤阳的《澳大利亚公共部门人力资源管理》，《人力资源》，2003年6期；陈天祥的《西方国家政府再造中的人事管理变革》，《中国人民大学学报》，2005年5期；李秀芳、梁永田的《瑞士政府人力资源开发经验及对中国政府的启示》，《河北北方学院学报》，2005年6期；竺乾威的《执行长制——新西兰的政府人事管理创新》，《中国行政管理》，2005年7期；王学军的《美国公共部门的人力资源管理制度》，《人事人才》，2005年8期；陈立的《我国公共部门人力资源管理制度刍议——与英美之比较》，《理论月刊》，2006年6期；狄星华、朱谣的《浅析美国地方政府人力资源管理的特点》，《对外经贸实务》，2007年9期；张忠利的《美国公共人力资源管理的职业化制度》，《北京科技大学学报（社会科学版）》，2008年第24卷1期。

值得注意的是，十年前，由于公共部门人力资源管理还是一个少有涉足的领域，因此，从国外获得成果资源成为知识体系建构的途径之一。这期间，相当一批涉及国外人事行政、公共部门人力资源管理的教材、著作和案例集被引入国内，以译著和原版形式进入大学公共管理专业和干部培训项目。其中，引进版著作绝大部分来自于美国，这在给我们带来公共组织人力资源管理知识和技能的同时，也带来了美国本位的组织管理文化取向，美国式的管理思维对学界以及培训受众的话语影响力明显。

（二）人力资源管理框架下的公共部门人力资源管理研究，界分人力资源管理与传统公共人事行政管理的区别

20世纪末的中后期，人力资源管理理念在我国企业组织中迅速流行。与此同时，在国外政府的改革浪潮中，人力资源管理作为改造传统官僚制，重塑政府组织，提升政府治理能力的工具而被频频提上改革政策议程。于是，20世纪的最后两三年，人力资源概念开始进入公共组织人事管理研究的视野，试图在我国国家公务员制度不断推进的进程中嵌入人力资源管理模式新的思维和新的管理工具，以改造原有制度的缺陷，从而建立更加开放、更有弹性、更富激励能力的管理体系。在研究中，人力资源管理概念被赋予了以下几方面的意涵：一是在广义上代表一个组织中的整个人事管理体系，即以这个词代替原有的人事管理概念；二是代表着一个与传统人事行政管理模式迥然相异的新生管理模式，有不同于传统管理思维的价值特质；三是代表着一系列新的管理工具和技术的嵌入，在这个意义上，人力资源管理模式更多地强调通过诸如绩效管理等新的管理技术的推进来改变组织的管理价值与组织文化。

近年来，我国公共部门人力资源管理的研究重点集中在几个议题：

第一，从应然的角度，揭示公共部门人力资源具有的战略性、整体性、能力导向、结果导向、关注顾客等内在价值和逻辑，突出人力资源管理创新的层面，将其作为公共部门人事管理发展的方向。代表性研究有：高小平的《推进公共部门人力资源管理科学化》（《国家行政学院学报》2002年专刊）；宋斌、谢昕的《政府部门人力资源开发的理念与趋势》（《中国行政管理》，2002年11期）；陆美琴、张明毫的《21世纪的政府人力资源开发管理》（《中国发展》，2003年第3期）；倪星、揭建旺的《试论政府人事管理的治道变革》（《探索》，2003年第5期）；谢婷婷的《论公共部门人力资源管理的发展趋势》（《行政论坛》，2004年第9期）；翟桂萍、苏杨珍的《我国公共部门人力资源管理变迁的趋向分析》（《江南社会学院学报》，2006年第8卷第4期）；刘昕的《论我国政府人事管理职能的战略转型》（《教育与研究》，2007年第2期）；戚曼曼等的《新公共管理视野下我国政府人力资源开发的路径选择》（《沈阳大学学报》，2007年第19卷第6期）。

第二，在价值层面上，分析人力资源管理在公共部门与私营部门之间的差异，试图归纳公共部门人力资源管理的独特性，以说明公共部门人力资源管理面对的不同制度环境及其张扬独特的价值，从而试图解释人力资源管理制度在转移和嵌入过程中如何在公共部门的土壤上生根开花，其管理观念如何契合公共部门的组织环境并平稳着陆。但这些研究大多局限在价值维度，实务层面的操作关怀比较薄弱。代表性研究有：周建国、郑海涛的《论公共部门与私人部门人力资源管理之差异》（《江海学刊》，2003年第5期）；张建军的《我国公共部门人力资源管理的特点及改进对策》（《人才资源开发》，2007年第1期）；刘素仙的《公共部门人力资源管理的特殊性及其有效开发》（《生产力研究》，2007年第10期）。

第三，归纳我国公共部门人力资源管理现存的问题，提出改进现有公共部门人力资源管理的对策建议。这类研究主要从管理机制的角度出发，以列举的方式，指出我国公共组织人力资源管理出现的不足，按照一定价值标准，分析人力资源管理现状与预期比较理想的人力资源管理模式之间存在的差距，以此开列出促进公共部门人力资源管理发展的药方。综览这类研究可以发现，特定研究者揭示的问题与其设定的人力资源管理内涵标准密切相关，不少研究以企业组织的模式为基准线和参照物，据此揭示公共部门人力资源管理中存在的巨大落差。另外，还有一些研究在使用人力资源概念时过于泛化，将人力资源管理混同于一般意义上的人事管理，提出的问题有所偏离于人力资源管理的视野。代表性研究有：刘彩风的《我国公共部门人力资源管理的四大问题》（《浙江工商大学学报》，2005年第6期）；周海、杨莉的《从政府雇员制看我国政府人力资源开发中存在的问题及对策》（《理论月刊》，2006年第1期）；韩严民的《政府人力资源管理存在的问题及对策》（《发展》，2007年第5期）；刘昊的《企业化——政府人力资源管理的新思路》（《科技创新导报》，2007年第34期）；安莹的《我国公共部门人力资源管理存在的主要问题及对策》（《广西社会科学》，2007年第6期）；董涛、黄博、尚彩虹的《我国公共部门人力资源管理的基本情况分析》（《内江科技》，2008年第1期）。

第四，对公共部门人力资源管理研究的现状进行梳理、总结，指出人力资源研究领域存在的问题。这类研究多以学界的研究取向和研究成果为基础，从学科知识基础、研究范式方法、理论资源来源、研究重点集成和回应现实问题的能力等几个关键维度，评估公共部门人力资源研究的进展状况，指出研究领域存在的差强人意之处，提出学科发展的前景及趋势。代表的研究有：杨钰的《政府人力资源管理研究综述与展望》（《甘肃行政学院学报》，2004 年第 3 期）；段华洽、徐俊峰的《关于我国公共部门人力资源管理研究的几个问题》（《中国人力资源开发》，2005 年第 11 期）；郭庆松的《公共部门人力资源管理研究存在的问题和发展趋势》（《中国行政管理》，2007 年第 5 期）。

（三）诠释与评价中国公务员制度的建构内容，分析我国公务员制度发展的动力，探讨公务员制度立法的突破点

随着 1993 年《国家公务员暂行条例》和 2005 年《中华人民共和国公务员法》的颁布，公务员制度成为我国政治体制和行政管理体制的重要组成部分。评价中国公务员制度建立的基础，解释公务员制度实施的背景，说明我国公务员制度的独有特征和发展走向也成为近十年来公共部门人事管理研究的一项主要内容。这类研究延续了上个世纪 80 年代中期开始的公务员制度描述和解释方法，将焦点较多地集中在展示我国公务员制度的主要内容，详细解释《条例》和《公务员法》的法条规定，从多个角度说明我国公务员法律、法规的立法内涵，论证公务员制度政治价值取向的意义。代表的研究有：金太军的《从法制到法治——我国推行公务员制度的深层次思考》（《学海》，2000 年第 3 期）；钱再见的《公务员制度创新与实施》（广东人民出版社 2002 年 7 月版）；崔长勇的《WTO 背景下我国公务员制度的创新和完善》（《郑州航空工业管理学院学报（社会科学版）》，2004 年第 4 期）；徐礼明、彭兴业的《国家公务员制度》（高等教育出版社 2005 年 1 月版），等等。

（四）公共部门人力资源内含具体管理环节的分项研究，将应用性管理工具推入公共部门人力资源管理实践

最近几年，随着公共部门人力资源基础管理知识的逐渐普及，随着公共组织对人力资源管理的需求面不断清晰，为适应项目咨询的要求，学界对政府人力资源管理的研究从一般理论和价值阐释走向更为具体的

管理工具在组织中的应用。主要表现为：对公共部门人力资源管理程序中的一些关键管理环节及其操作手段的关注与研究加强，内含的次级研究领域进一步细化和分化，专业性与职业性知识需求更加明显，对微观制度或技术问题的探讨逐步上升。其中集中凸显的是以下几个热点议题。

第一，随着政府组织对组织绩效和个人绩效的测量需求不断强化，绩效管理和公务员绩效评估成为一个热门的研究领域，政府有关人事管理咨询项目很大程度上在这个领域展开，催生并开发了各种类型的公职人员绩效考核测量指标体系。第二，为了建立公共部门人力资源管理的基础信息和评价系统，工作分析与职位说明和干部素质模型（俗称"两书"，即职位说明书和干部任职说明书）研发需求攀升。前者旨在明确职位的工作责任与权限，合理配置职位工作任务，为绩效管理、培训管理与薪酬管理提供客观依据；后者旨在构建不同人员的任职素质与能力结构，以表达组织对公职人员素质与能力的期待，为公职人力资源的能力开发提供规范的基础与标准。第三，对我国地方政府人事制度中的一些热点改革政策和具体措施给予关注，比较突出的包括干部"公开竞聘"、晋升任职中的"两推两考"程序、"聘任"制度（即"雇员制"）等等。第四，对政府换届以后新一届高层领导干部（主要是省部级领导者）构成的结构进行评估，分析年龄、性别、知识背景、民族等结构性发展趋势，试图说明高层领导干部的职业生涯变化规律。

三、研究的基本特征：企业经验与工具主义影响力大

对于近十年的研究状况，笔者试图用以下特征加以概括：对研究的需求不断增加，逐步走向关注问题的导向；注入强势的企业管理经验，企业人力资源管理研究者拥有话语权，管理技术和管理工具先行；人力资源管理两个层面上内在价值之间的张力明显，人力资源管理模式的设计指向与公务员制度设计之间存在着某些断裂，迫切需要选择适应我国政府组织的人力资源管理模式等。如果用一句话诠释，笔者注意到，目前我国公共部门人力资源管理研究正经历着以企业组织管理途径为模板，经过剪裁、筛选和适应、改变而逐步建立政府人力资源管理架构的过程，

维持平衡和组织文化适应成为我国公共部门人力资源管理突破的关键。

（一）公共部门人力资源管理研究处于持续上升状态，并从宏观的原则阐释逐步走向以问题制导的具体策略开发

由于公共组织改革和人事管理改革的需要，实务界对公共部门人力资源管理的观念、方式和手段保持着比较旺盛的需求，这推动着公共部门人力资源管理研究从无到有，不断前行。学界对公共部门人力资源管理的研究呈上升状态，不仅相关研究成果的数量在增加，而且研究的议题也更加丰富，逐渐向次级领域的纵深方向发展。在上个世纪最后几年以及本世纪的最初几年，研究较多地停留在公共部门人力资源管理原则层面与价值层面的宏大论述上，教科书式的概述和面面俱到构成了研究的鲜明特征；继而学术界开始追寻我国公共部门人力资源管理实践中存在的问题，罗列诸多不尽如人意之处；再后来即是在一些具有操作性的、可提供直接管理技术手段的次级领域推进研究，形成具体的管理措施。作为一个实践性和倡导行动哲学的研究领域，公共部门人力资源管理是以针对组织特有问题提出具体解决方案，将组织管理的理念嵌入到策略实施为使命的，而非坐而论道。因此，这个领域研究的发展路径代表着它的研究取向逐步归位。也正是受到这个领域研究性质的决定，大量的研究成果应以为组织设计、策划的咨询方案、政策方案形式存在，而不是以学术论文的形式存在。

（二）企业人力资源管理知识和经验的推入，构成近十年公共部门人力资源管理研究的主要场景

如同公共行政的发展演进历程一样，公共组织在接入人力资源理念和管理模式的过程中，其基本精神和管理思路也导源于企业组织的知识与实践经验，即企业组织的范本构成了人们所依赖的知识库。在研究中，这意味着：其一，公共部门人力资源管理的知识基础是以企业组织的环境和文化体验为背景的，带有由外部强势渗透的色彩；其二，研究者的构成和政府管理项目的承担者多为以往从事企业人力资源管理研究和实践的人员，他们以企业实践的背景和视野，向以政府为主体的公共组织传播了人力资源管理的知识，并试图以企业人力资源管理的思路改善政府人事管理的现状，嵌入一种新的管理机制，并由此拉动组织文化的变

迁；其三，人力资源管理研究的强化逐步将专业化和职业化的人力资源管理功能引入到政府组织之中，将政府人力资源管理活动逐步纳入到专业化和职业化的轨道，促使政府采用理性的态度和技术手段对待政府的人事管理活动。

（三）人力资源管理的理性技术工具应用在公共部门人力资源管理研究中占据了重要地位，在整体研究进展中逐步成为研究重点

人力资源管理本身就是一个充满工具理性，倡导操作主义的业务领域，所以，以工具的应用和创新带动组织文化变迁常常成为组织变革优先选择的路径。此外，人力资源管理工具的外显效应明显，使组织领导者比较容易识别其拟解决的问题以及可能取得的成效，领导者采用管理工具进行组织行为强化的动力较强。正如汤因比所言，由于工具具有有形性和使用的直接性，因而，器具的变革往往先于观念变革影响组织的行为。公共部门人力资源管理研究的进程依循了这样的路径依赖，技术工具的使用和作用评估、技术程序的设计与精致化成为研究的重中之重，这使得诸如工作分析、职位分类、绩效评估、薪酬设计、职业生涯规划、培训需求分析等技术工具的研究和开发备受研究者关注。

（四）理论研究中的人力资源管理模式与我国现实的政府人事管理情形之间存在着诸多断裂

对于政府组织而言，产生于倡导战略导向、强调竞争优势的企业组织的人力资源管理思维和模式显然是一种外生物，在进入政府肌体的过程中，难免对原有肌体平衡产生排异，导致新旧价值观之间的相互冲突。当前，公共部门人力资源理论的推进与现实的公务员制度运作方式之间存在着一些显性或者潜性的断裂，表现为价值取向选择的困境，也折射出不同管理体制转换之间的利益胶着和力量对抗。这些价值冲突在研究中体现为：一是人事管理整体性、连续性与稳定性价值取向与人力资源管理多样化、差异性、弹性化价值要求之间冲突，客观上反映出现有制度支持官位序列与张扬能力本位之间存在的紧张，从而需要学界更加清晰、精确地区分不同价值的现实适用性、适用的范围以及理念推进的突破点和频率；二是人力资源管理内在的理性化和非人格化设计与我国"人情社会"人情关系普遍化之间存在的冲突，人力资源工具的理性化设

计与组织领导者实施目的的选择之间具有张力，这意味着技术选择的立场与倾向受制于公共组织领导者的价值观，因而正确的、科学的价值观研究与推进依然为研究的重要任务；三是自主化、分权化的人力资源管理模式与现有人事管理体系受到多元牵制和趋向集中化的管理方式之间凸显的内在紧张。总之，经历了十年，公共部门人力资源管理研究依然面临着如何在公共部门独特的土壤上生根开花的问题。

（五）研究视野相对狭窄，公共部门人力资源管理研究缺乏更广泛的视角，与公共组织改革的大背景联系不紧密

也许由于人力资源管理研究者将自身定位于十分专业化的领域，也许由于研究者对政府组织运作体系的性质认识不充分，公共部门人力资源管理的不少研究较多地局限于就事论事，战略视野和前瞻观念明显不足；同时，项目研究的咨询者受到政府领导者意识和短期施政目标的局限，项目研究较多地定位于微观组织内近期需求的工具，而缺乏对相关更加广泛而深刻的政府发展背景的思考。这样，使得公共部门人力资源管理的研究范式较多地徘徊在职位与人员关系的具体问题上，而很难将组织人事管理发展与组织发展联系起来，以人事管理的方式促进组织的变革，这种研究状况本身就与人力资源管理内在思维逻辑和角色职能背道而驰。

四、研究突破：研究者的角色与研究重点取向

从上述的分析可以看到，目前，公共部门人力资源管理研究存在着一些比较明显的问题，基本上可以概括为四个方面：第一，在现实研究中，公共部门人力资源管理应有的角色和功能归位尚未得到体现，管理研究的定位有待清晰；第二，公共部门人力资源管理研究与公共部门整体改革政策和发展要求脱节，尚未形成支持和促进公共部门的战略管理的能力；第三，公共部门人力资源管理研究中强势的管理主义价值取向与政治主义和法律主义等价值取向之间的有机平衡还处于盲区，人力资源管理在政府组织人事管理中的适应性平台尚需明确；第四，在关注技术理性的同时，对于嵌入在技术理性之中的价值观导向和对技术维持可

持续发展能力观念的确立显得尤其不足,导致没有整体性和长期性愿景支持的定量管理工具引入,刺激了实践中短期利益行为,在一定程度上驱动了政府公共性价值的偏离。因此,面对技术工具既可助推创新又可助纣为虐的两面性特征,以公正、合理的价值选择来遏制工具上的负面效应,应是一条重要的道路,由此也赋予研究者不可推卸的责任。

对于一个承载着以人力资源管理方式推进组织变革、政府治理能力提升、公共服务水平提升为使命的研究领域,研究者对自身角色和功能的认知具有先导性。为了改进我们研究中不尽如人意之处,研究者必须清晰地认识到研究的方向。将人力资源管理研究放置在政府改革目标诉求以及政府总体改革方向的制高点上,公共部门人力资源管理研究势必获得更广泛的发展空间。

(一) 公共部门人力资源管理研究应凸显作为公共组织战略目标形成与实现的决策伙伴以及组织变革推动者的角色地位,将人力资源管理政策与组织功能变迁和发展目标一体化

强化公共部门人力资源管理的战略制导功能是其未来研究发展的关键任务,这不仅是因为经由人力资源管理展示战略愿景是人力资源管理模式的应有之义和擅长之项,而且更是当今政府最需要的组织变革手段之一。

对于变革中的政府而言,把握未来社会的走向,识别我们所面对的环境中的关键问题,评估政府应对问题的资源能力和资源配置方向,无疑是政府控制制高点,降低风险,防范危机,获得制胜机会的重要条件。应站在长期可持续发展的战略视角上抉择发展机遇,促使政府发现自身的核心能力与独特性所在,形成战略制导的机制,以抉择正确的发展道路。

公共部门人力资源管理具有天然的战略制导性质,这是因为,作为组织合理界分功能与资源配置的手段,它必然以组织面对的问题,清晰的目标和具有成长力的愿景为基础和指向,因此,人力资源管理客观上需要组织建立起基本的战略规划和评估平台,以此形成与战略相匹配的组织发展政策,它是公共组织实现战略管理的重要工具。

公共部门人力资源管理能够为组织战略发展提供以下资源:第一,

它通过组织内外部环境评估,为组织描画出优势、机会、困境和问题,它能够提供涉及本组织发展的资源、能力储备清单,从而为组织的战略决策谋划基本的思路;第二,它可以通过绩效规划将组织的战略目标化为具体的行动,以使命和相配套的人事发展和补偿政策,激励组织及其人员按照既定的战略目标前行;第三,它可以根据组织功能的变迁,进行组织设计和资源重组,并建立组织的核心团队,为组织奠定资源配置的基础;第四,它可以依据组织对人员的预期,稳健地进行员工职业生涯规划和能力素质建构、开发,为组织的长期发展储备有效资源。公共部门人力资源的上述功能使得它日益成为组织领导者决策不可或缺的伙伴,成为组织变革的积极推动力量。研究者应以人力资源管理的战略性功能为基点,清晰地认识我国公共组织改革的大背景和整体思路,运用人力资源管理的制导工具,有机联结改革总体愿景目标与各个部门、各个人员的工作任务,前瞻性地分析问题,并保障组织目标的实现。

(二) 公共部门人力资源管理研究应致力于在战略性管理的框架下,建构系统性、整体性的人力资源管理体系,促进公共部门人力资源管理整体效能的发挥。

战略管理框架之下的公共部门人力资源管理将两个基本问题或原则突出出来:其一是政府组织人力资源管理模式如何应对并适应内外部环境的变化,如何动态地反映组织变迁对人力资源管理方式的要求;其二是政府如何围绕着人力资源对组织发展和目标的贡献能力和价值,对人力资源进行有效的评价,反映不同职类、职种和职层人力资源核心输出能力和特定贡献,突出组织对人力资源独特性价值的认同。显然,传统政府的人事行政管理过于关注以稳定性为基础的一体化和单一性管理结构,所以,它无法很好地解决上述两个问题,造成了人事管理与组织战略目标、组织发展愿景相互脱节,导致人力资源管理无法成为推进组织增值目标实现的有效工具。

公共部门战略性人力资源管理作为将人事管理与公共部门核心目标一体化的过程和手段,它致力于建立反映组织目标选择、使人力资源各个环节与整体目标相适应的整合管理系统,这意味着人力资源管理的所有环节和活动均在组织增值目标框架下和核心使命引导下统一、协调起来，人力资源管理行动要支持组织使命的完成。

公共部门战略性人力资源管理整合系统要求：第一，在公共部门人力资源结构整体性规划的前提下，建立人事权合理划分、有机结合的分权框架，促进组织用人与治事的统一；第二，按照公共组织发展要求，清晰描述公职人员的能力与素质结构，界定各个部门公职人员的核心能力与成长因素，塑造与组织任务要求相匹配的素质结构；第三，为此，公共部门人力资源管理应当潜心进行基础性的职位信息汇集与职位评价系统建设，透视组织职位设计的理念，通过组织职位再设计建立公平职位组合。在此基础上，建立相互配套的绩效评价、职业生涯发展、培训开发、薪酬福利和组织文化等子系统，形成整体性的人力资源开发与管理制度。在这个基点上，学界更应该从事一些基础性研究，例如组织设计与职位单元设计标准、工作设计的依据以及职位评价与职位分类的标准等。

（三）公共部门人力资源管理应精致化地研究公共组织人力资源管理的分类标准，区分政府人力资源队伍结构的特征，以对应选择适应不同人力资源管理体系的管理价值和管理途径

为使公共部门人力资源管理能够发挥其战略制导的作用，就势必要求人事管理具有弹性与回应的机制和能力。在当今倡导人力资本能力得以充分开发的时代，铁板一块僵化的管理方式显然已经不合时宜，能够显示人才独特成长特性和开发内涵的人才管理机制才能适应组织成长力对人才的需求，因此，建立公共部门合理的人力资源分类管理体系是一个必然的趋势。

人力资源分层分类管理的假定前提是，作为人力资本的每一个员工都是组织的资源，但是每一个员工的个性特征、人生体验、体力与智力能力构成、适应性状况均不相同，因此，职业上升与发展路径应该是有区分度的。如果制度结构过于僵硬，不考虑不同类别人员的独特性，必然阻滞不同人员的发展：要么有能力的人受组织激励政策的限制，能力成长被抹平或遏制；要么人员的独特性能力被淹没在僵化的评价体系中无法张扬；要么碌碌无为之人被体系一统的没有区分度的评价体系保护而无忧无虑，这不仅导致组织公平性、激励性政策的缺失，还为任人唯

亲、裙带关系提供了方便。

公共部门人力资源管理的弹性制度即是按照一定职位上人力资源对于组织发展的不同贡献能力和不同性质，将人力资源划分为一定的类型，突出不同类型的人力资源的核心特征和评价要素，确定不同人力资源的职业发展路线和选任标准，只有这样，才能为各种人力资源的成长构建长效的开发机制，才能将人文关怀的价值与能力开发培养的管道有机配合，塑造"不拘一格降人才"的组织环境。

弹性化的管理制度引申出多样化和差异化的人事管理政策，它要求公共组织根据不同职类、职种、职层的独特性质、核心素质要求和职业生涯上升路径，在涉及公职人员招募甄选、绩效考评、晋升任免、交流调配、开发培训、薪酬福利和职业生涯发展规划等管理方面，设计符合组织目标，适应各类人力资源独特性和能力发展的多样化人事管理政策和激励模式；它强调公共组织的人力资源管理模式应适应组织环境或者组织结构的变迁要求，通过工作再设计、组织发展、团队建设等手段，不断跟进组织目标的要求，使得人力资源管理成为支持组织目标的有效工具（如下表1所示）。

表1　多样化的政府人力资源管理途径

管理环节＼人力资源形态	核心高级公职人力资源	通用管理公职人力资源	独特技术公职人力资源辅助性	公职人力资源
基本职位性质	战略目标设定与管理决策责任	日常事务管理与工作协调	独特技术能力运用于专业技术工作	常规性、例行性的辅助工作事务
工作设计	授权与提供资源因人设岗	界定工作职责适度授权	团队建设突出核心技能	明确界定工作职责清晰的工作范围
招募任用	内部提升交流调配	内部晋升交流调配部分合同外包	合同外包晋升任用	合同外包

管理环节 \ 人力资源形态	核心高级公职人力资源	通用管理公职人力资源	独特技术公职人力资源辅助性	公职人力资源
绩效考评	关注对组织战略发展能力的贡献	关注工作绩效和关键工作行为	关注技术能力和技术发展潜质关注团队发展	关注工作完成状况
开发培训	以思维、理念创新为中心	以提升工作业绩和工作能力为中心	以提升专业技术创新能力为中心	以提高短期、直接的工作效果为中心
薪酬设计	高薪、年薪	等级薪金或者为绩效付薪	高薪、年薪	绩效薪酬和临时工作付薪

资料来源：笔者整理，另参考彭剑锋、饶征，2003：13—14。

我国颁布的《中华人民共和国公务员法》将我国政府的公职人员划分为综合管理、专业技术和行政执法等三类，且国务院可以根据公务员法，对于具有职位特殊性，需要单独管理的，可以增设其他职位类别。这标志着我国政府已经充分意识到应根据不同职类公职人员的性质和特点开辟各具所长的人力资源发展途径，建立以促进各类公职人员核心能力为导向的公共人力资源管理结构。随着职位分类工作的深入展开，学界应当在人力资源分类的标准、分类结构、分类与评价、薪酬和培训的关系等方面提供更加有力的知识基础和技术基础。

对于学人来讲，是使用人事管理、人事行政概念还是使用公共部门人力资源管理概念都不重要，重要的是，我们赋予政府组织及其他公共组织人力资源管理怎样的精神实质，也就是说，我们在一个特定的历史时期，需要用怎样的理念引导人力资源管理的实践活动，这不仅是知识的传播和传承，更取决于学人本体的视野、责任意识、认知能力和理性行动。

【参考文献】

亨利·明茨伯格:《战略历程:纵观战略管理流派》,北京:机械工业出版社 2002 年版。

加里·德斯勒:《人力资源管理》(第九版),北京:中国人民大学出版社 2005 年版。

蓝志勇:《行政官僚与现代社会》,广州:中山大学出版社 2003 年版。

刘昕:《我国政府人事管理职能的战略转型》,载《教学与研究》,2007 年第 2 期。

罗纳德·克林格勒、约翰·纳尔班迪:《公共部门人力资源管理:系统与战略》,北京:中国人民大学出版社 2001 年版。

彭剑锋、饶征:《基于能力的人力资源管理》,北京:中国人民大学出版社 2003 年版。

琼·派恩斯:《公共和非营利组织的人力资源管理》,北京:清华大学出版社 2002 年版。

孙柏瑛主编:《公共部门人力资源开发与管理》,北京:中国人民大学出版社 2006 年版。

孙柏瑛:《政府人力资源的战略管理时代》,载《探索》,2006 年第 5 期。

萧鸣政:《中国政府人力资源开发及其战略》,载《上海行政学院学报》,2007 年第 3 期。

詹姆斯·沃克:《人力资源战略》,北京:中国人民大学出版社 2001 年版。

Berman, E., Bowman, J. S., West, J. & Wart, M. (2001). *Human Resource Management in Public Service*. Thousand Oaks: Sage Publications, Inc.

Burns, J. P. Ed. (1994). *Civil Service Systems: Improving Efficiency and Productivity*. Singapore: Times Academics Press.

Dresang, D. L. (2002). *Public Personnel Management and Public Policy*. New York: Addison-Wesley Longman, Inc..

Hays, S. Eds. (1990). *Public Personnel Administration: Problems and Prospects*. New Jersey: Prentice Hall.

中国公共预算研究述评*
——对期刊论文的评估（1998—2007）

武玉坤

华南农业大学公共管理学院

[摘要] 论文旨在对近十年来发表于期刊的中国公共预算研究进行初步的计量性评估，考察现有公共预算研究的学科视角、研究焦点、研究方法和研究质量，尝试回答当前中国公共预算研究处于一种什么状况这一问题。评估发现，虽然近十年来我国公共预算的相关研究在数量和质量上都有所改进，但现有期刊上刊载的公共预算相关研究的学科来源较为单一，大部分研究缺乏制度性资金支持，研究更多是概念化的、非经验性的和非理论取向的，研究质量不高，研究规范性不强，科学研究方法缺位，既缺乏对公共预算真实世界的了解又缺乏公共预算的本土化理论努力。

[关键词] 公共预算研究　研究主题　研究质量　研究方法

当下的转型中国，公共预算逐渐成为一个重要的研究领域。近十年来，公共预算的相关研究取得了可喜的成就，研究数量不断增多，研究主题范围不断扩展，研究质量也有所改进。但目前还没有对中国公共预

---

* 本文发表于《公共行政评论》2009 年第 1 期。

算研究的综合性评述。适时的评估与反思是增进知识积累、完善和改进研究的有效方法。当前的公共预算研究都是从哪些学科视角展开的，现有研究关注公共预算的哪些主要方面，研究的质量如何等问题都有待评估。针对这些问题，本文旨在对近十年来公共预算的相关研究进行初步的计量性研究，以期对后续研究提供有益平台，促进我国公共预算相关研究的展开与深入。

一、文献来源、选取方法和指标设计

（一）文献来源、选取方法

本文评估的文献来自近十年来（1998—2007）公开发表于期刊杂志的论文、文章，而相关专著、会议论文、硕博士论文等则不在本次评估之列。由于国内目前还没有专门（或主要）讨论公共预算问题的期刊，因此本文选定"中国知识资源总库"（CNKI）的"中国期刊全文数据库"作为文献来源①，选择时间段为1998年到2007年。按"篇名"带有"预算"的"关键词"进行搜索，共得2309篇文章，剔除"企业预算"、"通知"、"公告"等明显的非"公共预算研究"的文章后，共得文献996篇。

从研究内容来看，共有100篇文献是关于境外（大陆外）预算改革做法和经验的介绍性文章，有896篇讨论中国公共预算相关问题的文章（为表述方便，本文将这部分文献称为综合性预算研究文献），本文将对这两部分文献分别进行评估。

（二）指标设计

1. 介绍境外公共预算改革和经验的文献

对于介绍境外（大陆外）公共预算改革和相关经验的文章，本文主要考察这些文献所涉及的国别及其研究主题，以便考察哪些国家或地区的哪些预算改革经验最能吸引研究者的兴趣。

---

① 由于CNKI"中国期刊全文数据库"不能提供某些杂志所有年份的电子数据（如《审计理论与实践》仅提供到2003年），而且有些杂志不提供电子数据（如《财政研究》）。因此，本文的文献检索受到一定限制，并使用了部分纸质文献。

2. 探讨中国公共预算相关问题的文献

对于探讨中国公共预算相关问题的文献，主要选用以下评价指标：

(1) 论文发表年份。设计这一指标的目的是了解不同时间段的公共预算研究是否呈现出不同特征和趋势。

(2) 作者的单位与学术地位。设计这一指标的目的是了解"哪些人在作公共预算研究"以及研究者所处的系统与学术地位对其研究倾向有无影响。作者单位分为：高等院校、社科院系统、党校系统（行政学院）、民间研究机构（学会、协会等）、政府部门、政府研究机构、其他或无标明等。研究者的学术地位分为：教授、副教授、讲师、助教、博士研究生、硕士研究生及以下、政府官员、无标明或无学术身份等。

(3) 研究的学科门类。设计这一指标目的在于了解已有研究是从什么学科视角来研究公共预算的，具体门类分为：公共行政学、政治学、财政学、法学、管理学、审计学和无明确门类等。

(4) 研究资助。帕里、克里默（2005：85）指出，"对研究的支持的最主要指示器是财政资助"，设计这一指标的目的是了解制度性资金支持对公共预算研究的影响，具体包括：国家级、省市级政府基金、校级基金、特定基金会等非营利组织和无资金支持①。

(5) 研究的中心议题。设计这一指标的目的是了解既有的公共预算研究主要从哪些层面上展开，以便在宏观上了解当前的公共预算研究。具体议题分为：理论类（构建、扩展或修正理论、模型或假设的文章）、议题类（讨论公共预算中广阔议题、趋势或观点的文章）和实践类（讨论、说明或调查专业实践中存在的问题或难点的文章）。

(6) 研究主题。马骏（2005a：315）曾经指出，公共预算研究的基本问题包括总额控制、配置效率、管理效率和公共责任等四个方面。结合我国的实际情况和公共预算研究的主要问题，本文将公共预算的研究主题划分为：总额控制（包括税收、非税收入、预算外收入、制度外收入等）、配置效率（部门预算、绩效预算、零基预算、预算决策等）、管理效率（预算会计、预算编制、国有资本经营预算、预算执行管理、国

---

① 所有未标明资金来源的文献都被看做是没有制度性资金支持的。

库集中支付制度和政府采购制度等)、公共责任(预算执行审计、预算约束与监督、预算法治、人大监督与公民问责、公民参与和民主以及预算透明度等)、综合性预算改革探讨和预算理论研究等六个方面。

(7) 研究阶段。帕里、克里默(2005)将研究阶段分为问题描述、变量识别、确定变量之间的关系、建立变量间的因果关系、为政策的形成而控制变量、评估替代性政策或者项目等几个阶段。借鉴这一分类方法,本次评估将研究阶段简单地分为:问题描述、变量分析和对策建议三个阶段。

(8) 研究类型。借鉴何艳玲(2007)对研究类型的分类,本次评估采用规范研究与实证研究作为我国公共预算研究的基本分类,规范研究一般先提出符合预设立场的标准,然后提出如何达到这些标准的对策,并以此作为解决问题和制定政策的依据。相反,实证研究往往会撇开预设立场,致力于在经验事实中证明某一种解释或者建构某一种理论。

(9) 研究规范。设计这一指标主要考察既有公共预算研究的规范性,这一指标包括是否具有文献引用、是否有文献评估、是否有明确的研究问题以及是否有理论假设。

(10) 资料搜集方法。科学的资料搜集方法是保证资料搜集全面、准确的重要保证,进而也成为高质量研究论文的基础。设计这一指标的目的是考察当前公共预算研究的资料搜集方法情况,侧面考察文献的研究质量。按照人文社会科学资料搜集方法的一般分类,本文将资料搜集方法分为参与观察、问卷调查、深度访谈、文献搜集、没有或无标明具体资料搜集方法等类。

二、样本分析

(一) 介绍境外公共预算改革和经验的文献

从1998年到2007年,探讨境外公共预算相关经验和做法的文献共100篇,表1给出了文献内容所讨论的国家(地区)超过5次的比较数据。其余被讨论小于5次的国家涉及日本、德国、英国、新加坡、瑞典等11个国家,共30篇。从表中可以看出,对美国相关经验的介绍和研究远远多于其他国家,这在一定程度上说明,美国的公共预算改革经验得到了人们较多的关注。对香港、澳门公共预算状况的讨论也比较多,而且大部分集中在 1998 年和 1999 年,这一定程度上是由于香港和澳门回归期间其社会经济状况得到国内学者的较多关注。对俄罗斯公共预算进行讨论的文献也相对较多,共有 6 篇,这一定程度上与俄国曾是社会主义大国(与我国类似并形成了许多关注俄国的学者)并正经历着巨大的社会转型有关。

表1 被讨论 5 次以上的国家(地区)的文献数

国别(地区)	美国	俄罗斯	香港	澳门	综合
文献数	34	6	8	6	16

从时间上来看,1998 年和 1999 年开始进入关注境外经验的高峰期(见表 2),这一定程度上与香港和澳门回归引起的对港澳社会经济问题的探讨有关,这两年中涉及香港和澳门的文献各有 5 篇。进入 21 世纪以来,除 2002 年较少外,其余年份较为平均,2006 年更是出现了讨论境外公共预算经验的高峰,达到 14 篇。

表2 介绍境外公共外预算改革和经验文献的时间分布

年份	1998	1999	2000	2001	2002	2003	2004	2005	2006	2007
篇数	12	15	4	10	6	9	10	9	14	11
总数	100									

从文献讨论的内容看,大多数文献都是对域外公共预算经验的综合性介绍,共有 47 篇,占总数的 47%。其余文献涉及绩效预算、公民参与预算、部门预算、预算会计改革、国会预算审查、预算透明度、国库改革、预算权力配置等主题。相对而言,讨论大陆境外公共预算改革失败、总结经验教训的文献不多,考察并研究发展中国家公共预算改革经验的文献不多。

(二)探讨中国公共预算相关问题的文献

1. 总体情况

图 1 对文献发表的时间情况、表 3 对研究的制度性资金支持情况给出

了一些描述性信息,这些信息有利于在整体上把握当前的公共预算研究的基本情况。

(1) 论文发表时间。从文献发表的时间来看(见图1),1998—2007年间除小幅度波动外,公共预算研究的文献数量基本呈上升趋势,2006年达到顶点,占全部文献的13.7%。1999年我国开始了新一轮的、将重点置于公共支出上的公共预算改革,从1998年的改革酝酿期到1999年后陆续开始的部门预算改革、国库集中支付制度改革和政府采购改革等措施,使得公共预算成为一个研究热点。随着改革的持续深入和改革中新问题的不断涌现以及绩效预算、参与式预算和预算监督等问题引起研究者的注意,公共预算研究获得了较为持续的关注,并在2006年达到顶点。一个值得注意的现象是,除个别年份外(2002年和2004年),2001年后文献发表的数量相对稳定,年平均102篇,远远多于2001年以前(平均每年59篇)的发表数量。这在一定程度上说明,进入21世纪以来,公共预算研究已经逐步进入研究者的研究视野,成为一个相对固定的研究领域。

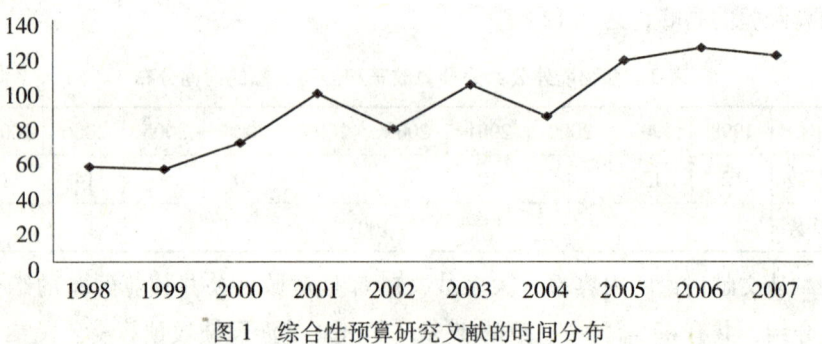

图1 综合性预算研究文献的时间分布

(2) 研究资助。就现有研究的制度性资金支持而言(见表3),明确标明资金支持的文献非常少,仅占总数的5.8%,而无资金支持的文献占总数94.2%。这可能因为有些文献没有标明支持资金来源,而更确定的原因是对公共预算的制度性资金支持还相当匮乏。在明确标明资金支持来源的文献中,国家级的支持多于省市级的,省市级的多于校级的,分别占总数的3.9%、1.1%和0.7%。而与表4比较发现,尽管已有的公共预算研究大部分来自高校（占总文献的47%），但高校对公共预算研究的制度性资金支持还相当有限。

表3 综合性预算研究文献的制度性资金支持

资助情况	国家级	省市级	校级	特定基金会或非营利组织	无资金支持
文献篇数	35	10	6	1	844
占总文献比例（%）	3.9	1.1	0.7	0.1	94.2
文献总数	896					

2. 哪些人在作公共预算研究

（1）作者单位。从作者的单位来看（见表4），来自高校的研究共419篇，占总数的46.8%，这说明高校是公共研究的主要阵地；来自政府部门的文献共347篇，占总数的38.7%，这说明政府部门的公务从业人员也高度关注公共预算问题。来自社科院、党校/行政学院和民间研究机构的研究非常少，仅占总数的3.1%。而来自政府研究机构的研究相对较多，占总数的2.8%，这部分研究绝大部分来自财政部和各级政府的财政研究所，这种状况一定程度上与公共预算长期以来一直是经济学家（财政学家）的研究和关注领域相关。

表4 综合性预算研究的作者单位

作者单位	高校	社科院	党校/行政学院	民间研究机构	政府部门	政府研究机构	其他或无标明
文献篇数	419	20	8	2	347	25	75
占总文献比例（%）	46.8	2	0.9	0.2	38.7	2.8	8.4
文献总数	896						

（2）研究者的学术地位。就研究者的学术地位而言（见表5），明确标明研究者学术地位的文献仅占总数的20.8%，政府官员占38.7%，而无标明或无学术身份的占40.5%。就标明学术地位的文献而言，教授和

副教授所占比例较大,分别占到6.5%和4.2%。这说明教授、副教授等具有较高学术地位者是公共预算研究的主要贡献群体。值得注意的是,博士(研究生)的文献占到总数的5.8%,仅次于教授、高于副教授和讲师,这说明接受更多、更严格学术训练的青年学者开始关注公共预算研究。

表5 综合性预算研究者的学术地位

学术地位	教授/研究员	副教授	讲师	博士(研究生)	硕士研究生及以下	政府官员	无标明或无学术身份
文献篇数	58	38	23	52	15	347	363
占总文献比例(%)	6.5	4.2	2.6	5.8	1.7	38.7	40.5
文献总数	896						

(3)研究的学科门类。从研究的学科门类看(见图2),财政学视角的公共预算研究最多,共626篇,占总文献的近70%,这支持了马骏、於莉(2005)的结论,即当前公共预算研究主要是财政学家的研究领域。相对而言,公共行政学、政治学、管理学和法学视角的公共预算研究还较少,分别为36篇、3篇、27篇和20篇,分别占总数的4%、0.3%、3%和2.2%。这说明公共预算的公共行政学、政治学、管理学和法学意义还有待进一步挖掘,一定程度上说明公共预算的多学科视角研究还没有形成。

值得注意的是,从审计角度考察预算的研究较多,共有82篇,占总数的9.2%。这一方面是由于近几年掀起的"审计风暴"使得预算执行审计获得了人们的较多关注;另一方面与相对稳定的从业人员和研究阵地有关。全国各级政府审计部门的从业人员从自身角度关注公共预算问题,成为从审计视角考察公共预算的主要群体。所有82篇审计视角的预算研究中,没有一篇是来自高校的,有57篇文献明确标明来自"审计部门",25篇没有标明。同时《中国审计》、《审计理论与实践》和《审计与经济研究》等杂志成了预算审计研究的固定阵地,使得审计视角的公共预算研究得以相对稳定的展开。

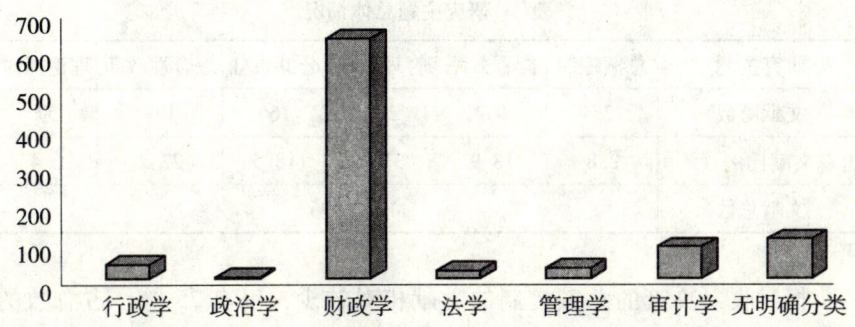

图 2 综合性预算研究的学科门类

3. 在研究什么

(1) 研究议题。就研究议题而言（见表6），理论类的论文仅占总数的4.4%；讨论公共预算广阔议题的文献占总数的5.6%；探讨实践类问题的文献最多，占到90%。这说明，当前的中国公共预算研究在理论研究和理论化努力方面还较为欠缺，对公共预算发展的广阔议题和趋势的探讨不足。

表6 综合性预算研究的研究议题

研究议题	理论类*	议题类	实践类
文献篇数	40	50	806
占总文献比例（%）	4.5	5.6	90
文献总数		896	

注：此处的"理论类"指对公共预算既有理论的探讨，而研究主题中的"预算理论"则除了既有理论外，还有一些涉及中国具体情况的、带有"理论努力"倾向的文献，因此后者多于前者。

(2) 研究主题。就研究主题而言（见表7），探讨总额控制和预算理论的文献相对较少，分别占总数的2.8%和6.4%；探讨管理效率的文献最多，达到总数的31%；探讨配置效率、公共责任和综合改革的相对较为平均，分别为169篇、166篇和199篇，分别占总数的18.9%、18.5%和22.2%。下文将对总额控制、配置效率、管理效率和公共责任等公共预算研究的四大问题分别进行讨论。

表 7 研究主题总体情况

研究主题	总额控制	配置效率	管理效率	公共责任	综合性改革	理论探讨
文献篇数	25	169	280	166	199	57
占总文献比例（%）	2.8	18.9	31.3	18.5	22.2	6.4
文献总数	896					

探讨收入决策的总额控制的文献相对较少，仅有 25 篇，占总数的 2.8%（见表 7）。这一方面由于 1994 年的分税制改革后，中央和地方所得的税种和比例以及相应的转移支付制度已经确定下来，收入方面的改革告一段落；另一方面由于 1999 年的预算改革将重点转到支出方面，公共支出获得了较多关注，相应地收入方面受到的关注减少了。还有一个重要原因是本文的文献选择造成的，本文以"预算"为关键词进行文献检索，忽略了大部分从财政、税收角度讨论税收、非税收入、预算外收入、制度外收入等问题的文献，这对本文的研究结论造成了一定影响。但相对而言，将收入作为"公共预算"一部分的研究还比较有限。同时，1994 年分税制在确定中央和地方的收入基础和比例时，一方面没有在省级以下继续进行分税制改革，同时也没有进行相应的支出改革，这使得地方政府尤其是低级地方政府财政运转很困难，而对这些财政困难政府的收入状况探讨不多。另外，对近年来逐渐受到关注的预算外收入、制度外收入等收入处理问题的研究也较少。

探讨配置效率的文献 169 篇，占总数的 18.9%（见表 7）。从时间序列看，除 1999 年、2005 年和 2007 年这三年有所回落外，十年来探讨配置效率的文献基本呈上升趋势（见图 3）。

图 3 给出了四个具体研究主题十年来研究数量的分布。可以看出，部门预算一直是配置效率研究的主要关注点，而且明显的是从 1999 年预算改革后开始受到持续关注。值得注意的是自 2004 年开始，绩效预算的研究开始直线上升（见图 3），到 2006 年达到顶点，有 16 篇。这说明研究者在关注当前预算改革的同时，开始关注预算绩效。这一定程度上反映出一种相对"激进"的预算改革愿望，纵观西方的成功预算改革，大致经过由控制到绩效的过程，而且在没有建立起严格的"控制预算"时

采取绩效预算容易造成诸多问题,一定程度而言,"控制阶段"是成功的预算改革所不能逾越的(马骏、赵早早,2005)。相对而言,"控制预算"是当前中国预算改革的目标(马骏,2005a:89),而(新)绩效预算只能是中国预算改革的远期目标(马骏,2005a:126)。相对而言,探讨零基预算和预算决策的文献较少。这或许是因为零基预算在中国实施的失败(马骏,2005b),加之对数据信息的巨大需求而使其逐渐淡出了研究者的视野;预算改革的成功意味着预算决策过程和预算结果的改变(马骏,2007),而对预算决策研究的不足或许由于中国的预算改革还在进行中,可以改变预算过程和结果的预算改革还没有成功。

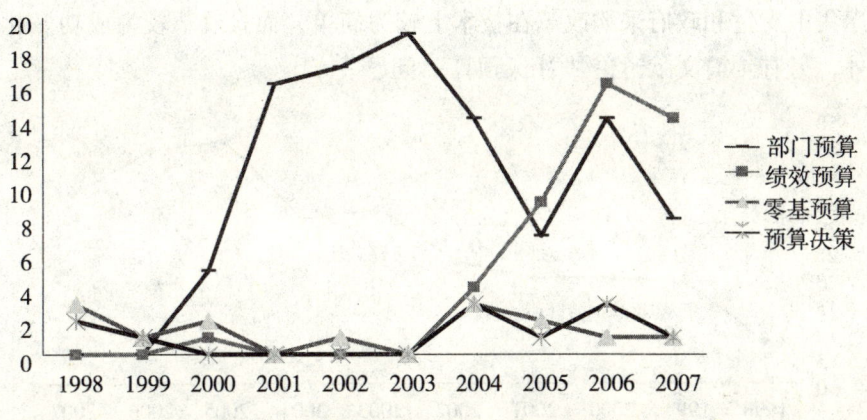

图 3　配置效率四个主题文献的年度分布

探讨管理效率的文献最多,共 280 篇,占总数的 31%(见表 7)。图 4 和图 5 给出了公共预算管理效率的一些描述性信息。就数量来看,十年来对公共预算管理效率的研究基本呈上升趋势,2006 年和 2007 年数量有所减少,但仍维持在 36 篇以上。这说明公共预算的管理效率是研究者持续关注的话题。

就具体内容而言,探讨预算会计改革的文献最多,共 84 篇。这部分研究主要集中在讨论"权责发生制"会计的优越性并呼吁改变现行的会计制度,实行"权责发生制"会计体系。值得注意的是讨论"国有资产预算"的文献很多,有 70 篇。其原因与上文提到的"预算执行审计"研究较多的原因类似,中国所有的公共部门都或多或少地涉及"国有资产"

问题，因而关注这一问题的群体人数较多且较为固定，同时《国有资产管理》也成了"国有资产预算"研究的稳固阵地，这两者共同导致了"国有资产预算"研究的相对丰富。相对而言，讨论"预算编制"和预算执行管理的文献也比较多，均为 50 篇。预算编制问题的研究焦点比较集中，主要集中在"预算编制细化"和呼吁实行"复式预算"两个方面；而预算执行管理的讨论则比较分散，涉及软预算约束、执行不力、预算信息系统建立和预算执行主体间博弈等问题。与部门预算改革获得的较多关注形成鲜明对比的是，对"国库集中支付制度"和"政府采购"改革的讨论较少，只有 22 篇。这或许是由于相对部门预算改革而言，国库集中支付和政府采购改革在技术上较为简单，而且改革较为成功。此外，另有 4 篇文献讨论"社保预算"问题。

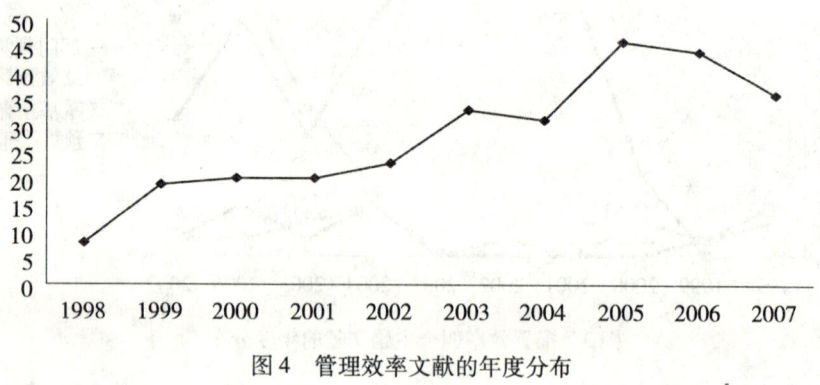

图 4　管理效率文献的年度分布

探讨"公共责任"的文献共 166 篇，占总文献的 18.5%（见表 7）。就具体内容而言（见图 6），讨论预算执行审计的文献最多，共 90 篇。其原因与前文提到的从审计视角研究预算的文献较多的原因类似，相对固定的从业人员和稳定的研究阵地为研究得以持续展开提供了基础。讨论预算的法律监督的文献也相对较多，达到 32 篇，研究多集中于对《预算法》存在问题的探讨和对修订《预算法》的相关建议。讨论综合性"预算约束监督"的文献有 29 篇，涉及执行控制、执行监督体系建立等多个方面。讨论人大预算监督及预算问责、公民参与预算及预算民主和预算透明度的文献较少，但发表时间相对集中，均集中在 2006 年和 2007 年，这两年发表的三个主题的文献分别为 3 篇（十年共 5 篇）、6 篇（十年共

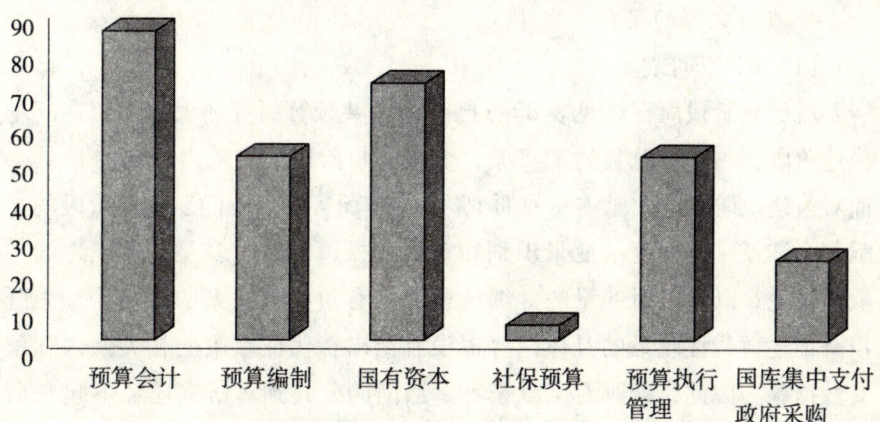

图 5　管理效率具体主题的数量分布

6 篇) 和 4 篇 (十年共 4 篇)。这说明研究者在关注预算的"公共责任"方面的同时, 也开始逐渐扩展"预算责任"的考察方式, 更多地关注人大的预算监督及预算问责, 更关注公民参与预算的研究和对预算透明度的讨论。这说明对预算控制和预算责任的考察已经超出行政体系而转向对外部的政治控制和政治责任的关注。无疑, 这种转向将对中国公共预算研究和进行中的公共预算改革具有重要意义。

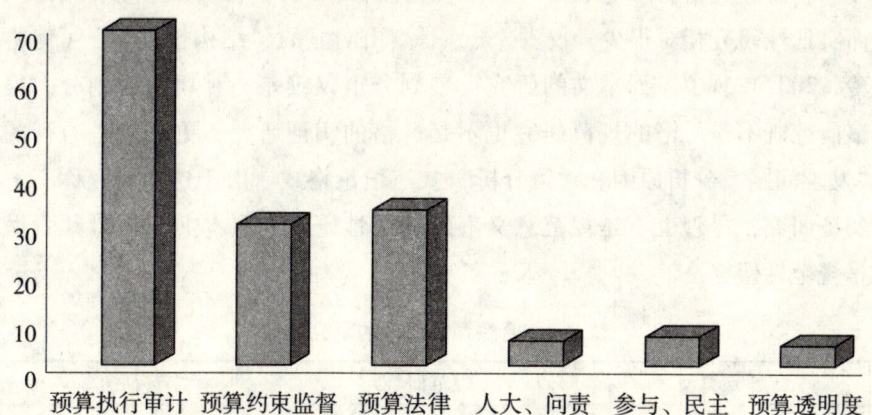

图 6　公共责任文献具体主题的数量分布

4. 在作怎样的研究

（1）研究阶段。

就研究阶段而言（见表8），已有的公共预算研究还大多停留在问题描述阶段，占文献总数的91.2%，变量分析阶段的文献占总数的6.1%，而对策建议阶段的文献占总数的1%。总体而言，处于问题描述阶段的文献都会涉及一定程度的变量识别和对策的探讨，但大多是笼而统之的一般性讨论，既缺乏对变量的详细梳理也没有对相关关系的严格论证，既没有描述替代性政策的具体内容也没有给出替代性政策的相关条件和配套性措施。因此，就既有文献来看，当前的公共预算研究还经不起"研究阶段"这个标准的学术考量。

表8 综合性预算研究的研究阶段

研究阶段	问题描述	变量识别	替代性政策	其他
文献篇数	817	55	9	15
占总文献比例（%）	91.2	6.1	1	1.7
文献总数	896			

（2）研究类型。

就研究类型看（见表9），规范研究有872篇，占文献总数的97%，而实证性研究相对很少，仅占3%，暴露出明显的"结构性失衡"（何艳玲，2007）现象。而本文的研究类型划分也仅仅是一种粗略的划分，很多研究既不是严格的规范研究也不是严格的实证研究，更多的是通行的"发现问题、分析原因和对策分析"式三段论格式。由于这些研究称不上实证研究，尽管也不是规范意义上的规范性研究，但本文权且将其看做是规范性研究。

表9 综合性预算研究的研究类型

研究类型	规范研究	实证研究
文献篇数	869	27
占总文献比例（%）	97	3
文献总数	896	

(3) 资料搜集方法。

现有文献中，明确给出资料搜集方法的文献仅占总数的 4.8%，而 95.2% 的文章都没有明确的资料搜集方法（见表 10）。在给出资料搜集方法的文献中，采用文献搜集法的占了四分之三，占总文献的 3%，而采用参与式观察、问卷调查和深度访谈等社会科学研究常用资料搜集方法的文献相当少，仅有 16 篇，仅占总数的 1.7%。这是"由于关于中国的公共预算的数据是不公开的"（马骏，2005a：309），因此，定量相对减少，但参与式观察、问卷调查和深度访谈等必不可少的定性研究方法的不足，充分暴露出现有公共预算研究存在严重的质量问题。

表 10　综合性预算研究的资料搜集方法

资料搜集	参与观察	问卷调查	深度访谈	文献搜集	无标明
文献篇数	3	2	11	27	853
占总文献比例（%）	0.3	0.2	1.2	3	95.2
文献总数	896					

5. 研究的规范性如何

表 11 给出了综合性预算研究规范性的一些描述性信息，总体而言，既有的公共预算研究在文献引用、文献评估、研究问题和研究假设等方面显示出规范性不足，研究质量不高的总体特征。下文将对这四个方面分别进行时间序列分析。

表 11　综合性预算研究的规范性

研究规范	文献引用		文献评估		研究问题		研究假设	
	有	无	有	无	有	无	有	无
文献篇数	262	634	145	751	300	596	108	788
占总文献比例（%）	29.2	70.8	16.2	83.8	33.5	66.5	12	88
文献总数	896		896		896		896	

在所有文献中，有文献引用的仅占 29.2%，而有 70.8% 的文献没有明确的文献引用（见表 11）。当然这与某些期刊（如《财政研究》）出于

多种理由而省略参考文献有关，但也从侧面反映出现有研究对"知识积累"和前人研究成果的忽视。但从时间序列上看（见图7），十年来有文献引用的文献占本年文献的比例呈逐步上升趋势，这说明研究者开始逐步重视前人积累的研究成果，也从侧面说明相关研究的规范性逐步增强。

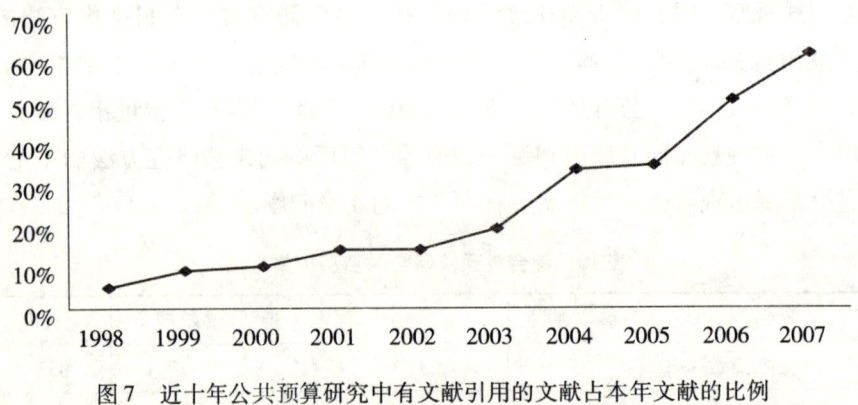

图7　近十年公共预算研究中有文献引用的文献占本年文献的比例

文献评估也是学术研究的基本规范（马骏、刘亚平，2007），但本研究中只有16.2%的文献进行了一定程度的文献评估（见表11），而且相当一部分研究的文献评估属于"文献评估与研究问题缺乏紧密的联系，只是简单地罗列文献而不是进行批判性的评估"的"虚假的文献评估"（马骏、刘亚平，2007）。这说明既有的公共预算研究既缺乏基本的学术规范也存在严重的研究质量问题。从时间上看（见图8），十年来有文献评估的文献占本年研究的比例基本呈上升趋势，但2007年有所回落。值得注意的是从1999—2003年有文献评估的文献占本年文献比例维持在较低的年均水平，不足10%；自2004年开始，有文献评估的文献占本年研究的比例开始有较大幅度的提升，到2006年达到60%，尽管2007年有所回落但仍高于除2006年之外的其他年份。这说明从2004年开始，公共预算研究开始逐步加强了对前人研究成果的关注，当然文献评估的具体质量还有待于进一步评估。

马骏、刘亚平（2007）指出，"形成有价值的研究问题是学术研究的第一步"，但就本文考察的文献看，仅有33.5%的文献可视为有一个相对明确的研究问题，而有66.5%的文献没有明确的研究问题（见表11）。

从时间分布来看（见图9），十年来有研究问题的文献比例基本呈逐年上升趋势，这说明研究者的问题意识逐渐增强，也从侧面说明研究的质量正逐步改进。

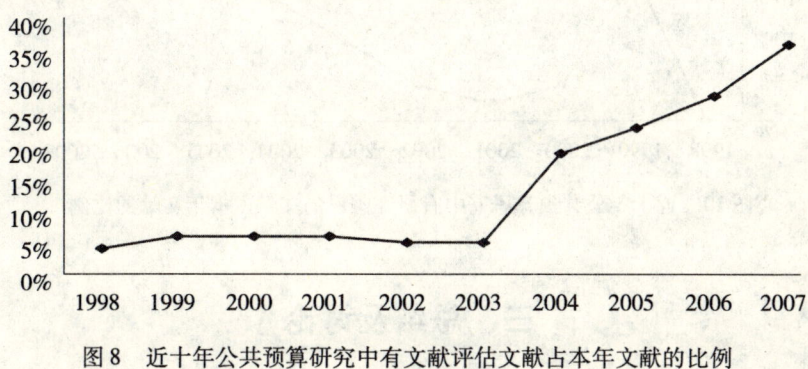

图8　近十年公共预算研究中有文献评估文献占本年文献的比例

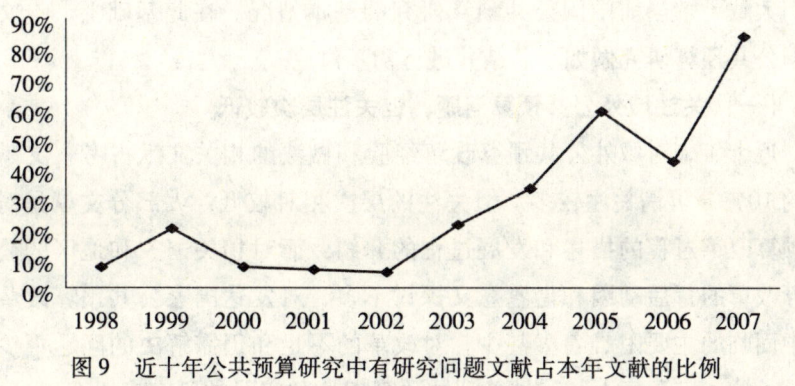

图9　近十年公共预算研究中有研究问题文献占本年文献的比例

明确一定的研究假设，通过研究检验假设的正确性是判断研究科学性的通用标准之一，本研究考察的文献中，具有明确研究假设的仅有108篇，占总数的12%（见表11）。因此，从总体上看，当前的公共预算研究还很不规范。从时间上看（见图10），有研究假设的文献数量有两个相对高峰，而且第二次高峰的振幅明显大于前者，相对而言，2001—2007年间有研究假设的文章数量波动相对缓慢。但以上从总体来看，历年有研究假设文献的比例的总体水平很低，十年均低于20%。

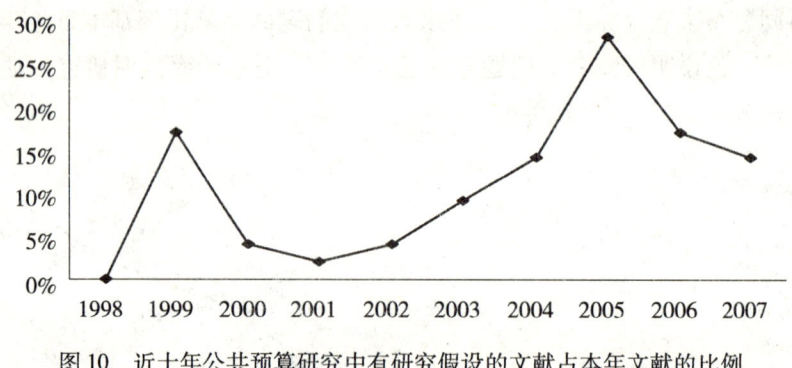

图 10　近十年公共预算研究中有研究假设的文献占本年文献的比例

三、总结及讨论

通过对近十年来公共预算研究的整体状况的描述性统计，可以帮助我们大致了解当前中国公共预算研究的基本情况。在此基础上，本文对中国公共预算研究做如下总结并进行初步讨论。

（一）关注域外公共预算问题，但关注层次较低

近十年来对域外公共预算改革经验和做法的相关文献占考察文献总数的 10%，可谓关注较多。但关注的层次相对较低，大部分文献是对公共预算改革过程的描述和发展过程的介绍，而对相关国家和地区的公共预算改革的背后动因和借鉴意义探讨不多，对发达国家公共预算改革过程中面临的主要困难着墨甚少，对改革的不足和仍需解决的问题更少有提及。这一定程度上与对域外公共预算理论和实践的研究多以会议论文、专著或译著的形式出现有关。但就公开发表于期刊的文献来看，显然缺乏对域外公共预算改革的深入探讨和分析。

（二）研究视角较为单一，研究的制度性支持不足

来自财政学视角的公共预算研究占综合性研究文献总数的近 70%（尚未包括未从"公共预算"视角讨论收入问题的财政学文献），是其他研究视角总数的 2.3 倍多。这一定程度上说明，政治的、法律的和管理中的公共预算研究仍然比较少。就研究资助情况看，没有获得任何资金支持的文献占综合性文献总数的 94.2%，这说明当前对公共预算研究的制

度性资金支持还非常有限，而这种制度性资金支持的缺失显然将极大地阻碍公共预算研究的进展。

（三）大部分研究是概念化的、非经验性的和非理论取向的

大部分研究都不是从公共预算的实践出发进行实证取向的研究，而更多的是讨论概念性的应然问题。相当多文献属于讨论预算的概念、功能、原则，良好的预算改革应该从何处着手以及如何进行等对策性研究。相当一部分研究停留在概念之间的循环论证的概念分析层面。少有文章对理论问题进行检验，更少有文章试图进行理论建构。没有经过检验的理论就被看成真理，发达国家的某些做法在没有深入本土化之前就作为解决我国当前问题的万能药。讨论的问题过于具体而对策过于抽象，既缺乏对具体问题相关背景的深入考察又缺乏对指导理论的深入探究。相对而言，对中国公共预算运行的制度背景和运作过程、公共预算的基本理念、良好运算程序所需要的各种制度性支撑的考察和研究还相对较弱。在转型的当下中国，何种持续性的努力有助于推动中国公共预算的现代化进程、阻碍预算改革推进的背后因素是什么、不同层级政府间的预算过程为什么差异这么大、预算过程如何与政策过程结合起来以发挥预算的约束作用等问题还亟待研究。这种研究的概念化、非经验性和非理论化取向将严重制约中国公共预算理论的建构。

（四）总体研究质量不高，研究的规范性不强

总体上看，中国公共预算研究的研究质量仍然有待提高。目前，大部分研究是应用性的、非积累性的。大量文献没有明确的研究问题，没有真正的文献综述，甚至没有参考文献。这样，在对前人研究的批判的基础上进行知识的积累性研究便难以形成，也就难以形成高质量的能够为后续研究提供有益的可证实或证伪的研究基础。而"无视过去的经验和研究，这导致今天积累的成果都是乱七八糟的大杂烩"（帕里、克里默，2005），难以推进知识的积累性增长。对资料搜集方式的忽视和对科学的研究方法的忽视进一步弱化了既有研究的研究质量。

现有研究的规范性相当弱。大部分文章没有明确的研究问题和研究假设，没能进行有力的文献综述，甚至没有参考文献，而这些都是规范的社会科学研究所必备的规范性要求。仅有有限的几篇文献经得起"研

究阶段"和"研究类型"等学术研究的规范性考虑。就研究阶段而言，大部分文献处于具体操作问题的简单描述阶段，很少有文献考察变量之间的相关关系和替代性政策的选择。绝大部分文献根本没有这种"阶段意识"，而这种对研究阶段的"无意识"造成了很多文献太过笼统而又野心极大，看似涉及了问题的方方面面，而任何一个方面的论述又显得似是而非且不够深入。

（五）缺乏科学的研究方法，缺少衡量研究质量的统一标准

科学的研究方法是形成科学的研究结论的有力保障，也是形成知识讨论必要的基础性平台。现有的大部分研究没有给出明确的资料搜集方法和资料分析方法，文章内容上找不到科学研究所必要的组成部分，既没有明确的研究问题也没有研究假设，既没有有力的文献综述又没有明确的概念化、操作化步骤。同时，现有的相当大一部分公共预算研究，既称不上严格的规范研究，也称不上严格的实证研究。规范性研究没能预先提出符合预设立场的标准，然后提出如何达到这些标准的对策，并以此作为解决问题和制定政策的依据。科学研究方法的缺位和研究质量标准的缺失，难以形成高质量的学术研究并推进知识的积累。

四、小结

尽管近年来公共预算研究逐渐获得了较多的关注，但相关研究的学科来源较为单一，大部分研究缺乏制度性资金支持，研究更多是概念化的、非经验性的和非理论取向的。缺乏对科学研究方法的运用，缺乏相应的研究规范，缺乏衡量研究质量的统一标准，对基础理论关注程度不高，没能在相应的知识体系内进行积累性研究。这一方面与公共预算研究在中国起步较晚，基础较为薄弱有关。另外一方面也与我们目前研究机构现状有关。帕里、克里默（2005：Ⅷ）明确指出"某一学术领域中研究的质量和特点通常被认为在很大程度上取决于该领域是一门学科还是一种职业"。而目前我国公共预算研究相对薄弱与"研究"更多的作为一种"职业"而不是一门"学科"密切相关。中国公共预算研究的进展也有赖于淡化研究的"职业"、"职称"色彩，而强化其"学科"色彩。

同时，中国公共预算研究的深入展开还有赖于财政学、政治学、公共行政学、法学等多学科视角的齐头并进，需要在科学研究方法的指导下按照科学的研究规范深入中国的公共预算运作的实际过程，以增进我们对中国公共预算的了解和认识。

【参考文献】

何艳玲：《问题与方法：近十年来中国行政学研究评估（1995—2005）》，载《政治学研究》，2007年第1期。

杰伊·怀特、盖·亚当斯主编：《公共行政研究：对理论和实践的反思》，北京：清华大学出版社2005年版。

马骏：《中国共预算改革：理性化与民主化》，北京：中央编译出版社2005年版。

马骏：《中国的零基预算改革：来自某财力紧张省份的调查》，载《中山大学学报》（社会科学版），2005年第1期。

马骏：《中国公共行政学研究的反思：面对问题的勇气》，载《中山大学学报》（社会科学版），2006年第3期。

马骏：《中国预算改革的政治学：成就与困惑》，载《中山大学学报》（社会科学版），2007年第3期。

马骏、刘亚平：《中国公共行政学的"身份危机"》，载《中国人民大学学报》，2007年第4期。

马骏、於莉：《预算研究：中国政治学和公共行政学亟待加强的研究领域》，载《政治学研究》，2005年第2期。

马骏、赵早早：《中国预算改革的目标选择》，载《华中师范大学学报》（人文社会科学版），2005年第5期。

帕克、克里默：《〈公共行政评论〉（1975—1984）中的研究方法》，载杰伊·怀特、盖·亚当斯主编：《公共行政研究：对理论和实践的反思》，北京：清华大学出版社2005年版。

我国行政伦理研究状况的分析与反思*

罗 蔚

华南师范大学政治与行政学院

[摘要] 面对创建行政伦理学学科的呼声与需求，考察了我国行政伦理研究十余年来的发展状况，对研究主题、研究方法、研究者作了描述，并分析了我国行政伦理研究在学术共识、方法运用、问题意识、知识积累方面的问题，同时从学科身份危机与研究路径模糊两方面反思了我国行政伦理学目前存在的合法性与有效性问题。

[关键词] 行政伦理研究　反思

一、前言

我国的行政伦理研究从20世纪90年代初开始起步以来，目前已经取得非常大的进展，文献数量在稳步增长，探讨的问题也越来越丰富和深刻。随着研究的深入，行政伦理学的学科创建之需求日益显现。虽然有一些文献已开始阐释行政伦理学的学科理论架构、基础问题与核心问题

---

* 本文发表于《公共行政评论》2009年第1期。

等内容，但是，在行政伦理学学科创建之时，我们有必要对十多年来在行政伦理领域的知识积累状况进行反思，有必要考量我们的理论贮备在多大程度上为公共行政实践发展所用，以及我们能在多大范围内传播和推广行政伦理知识。

目前，国内已有少量论文开始反思行政伦理研究状况。例如，史鸿文对1997—2001年间《中国行政管理》刊载的行政伦理研究论文数量进行了统计，也对MPA行政伦理课程设置、行政伦理学专著情况进行了简单统计。在此基础上，他提出行政伦理研究的不足与空白之处在于："缺乏对行政制度以及目前行政体制改革的价值基础进行哲学考察，对中外丰富的行政伦理资源比较分析不够，对创立何种行政伦理规范以引导和约束政府行为研究不够深入，不能在行政伦理建设机制上提供完整的操作性方案"（史鸿文，2003：62）。刘祖云总结了5部专著、1部译著以及120多篇期刊文章的研究内容，对行政伦理学的研究对象、内涵以及学科定位等问题进行了反思，提出行政伦理研究需要改变思路和拓展内涵：在思路上，需要加强对西方行政伦理学发展史和我国传统政治伦理思想的研究；在理论上，需要拓展对角色冲突、责任冲突与伦理冲突和行政伦理关系两大基本理论问题的研究。同时也指出，需要加强对伦理教育、伦理咨询、伦理评价、伦理监督等四个实践性问题的研究（刘祖云，2005）。张康之认为行政伦理研究最大的特点就在于从学科建构出发去开展这项研究工作，这就需要建构一种新的思维方式，并明确道德存在如何从可能性转化为现实性，并以此为起点，展开对行政人员的行为以及行为空间、环境、规范途径和内容的叙述（张康之，2006）。

我们注意到，在对行政学发展的评估研究中，也有学者指出，行政哲学（包括行政伦理、行政文化）是我国行政学研究中一个非常重要的主题（何艳玲，2008）。这似乎表明，行政伦理研究正在中国行政学的发展过程中蓬勃发展。但我们发现，一方面，在西方行政学发展过程中，行政哲学或行政伦理研究一直未成为主流话题①，上述状况与西方行政学的发展有所不同；另一方面，行政哲学与行政伦理研究在理论研究方面蓬勃发展，却未能与国内行政实践有效地衔接②。鉴于此，我们认为，现在到了需要对近十余年来我国行政伦理研究状况作整体把握的时候，需要对这些研究成果作进一步的描述、分析与反思。

本文选取了自1996年以来的565篇行政伦理研究论文作为分析文本③，目的在于识别十多年来行政伦理研究的主题、方法、路径、结构及其发展趋势，并在此基础上对行政伦理研究的状况进行分析与批判性反思，希望能为行政伦理研究的发展提供一定的参考。

二、我国行政伦理研究基本状况

（一）研究主题

行政伦理研究发展十多年来，论文数量剧增，研究者关注的对象也越来越多，我们按时间顺序详细考察了文章标题、摘要、关键词与内容后，对行政伦理研究主题进行了大致归类，包括："国外行政伦理思想资源"研究、"中国行政伦理思想资源"研究、以"行政伦理建设/政府建设"为议题的研究、以"政府公务员/行政人员/政府官员"为议题的研

---

① 贝格汉（Bingham）等在其研究中就承认，行政学从学术专业的角度来分析行政伦理事务是1980年代才有的特点，他认为从美国行政学的权威期刊《公共行政评论》（Public Administration Review）看，行政学60%的文章都是在谈论政府与组织行为、公共管理和人力资源等内容，同时他也承认，有一些学者是在专门讨论行政伦理问题，于是他在1994年对《公共行政评论》的文章作回顾性反思的时候，将公共行政研究分为14个主要范畴，"伦理"范畴就是其中分析的内容之一（Bingham & Bowen, 1994）。
② 就目前国内行政领域的实践状况看，行政学中的伦理研究与哲学研究并未很好地回应行政领域的伦理需求，也未能解决行政伦理的实际问题。
③ 565篇分析文本是登录中国期刊全文数据库，以"行政伦理"为主题词，在"文史哲、经济政治与法律、教育与社会科学"数据库，对1996—2005年时间段进行精确匹配搜索，一共搜索到相关全文索引文章472篇。除去会议消息、专家随笔、书评、短讯之类的文章，以及少数内容重复性论文等，剩余402篇。此外，我们登陆中国期刊全文数据库，以"行政伦理"为主题词，没有选择相应数据库，对2006—2008年时间段（实际收录情况到2008年4月止）进行精确匹配搜索，经过筛选获得163篇。对前10年的论文，采用了描述性统计的方法进行分析，对近年来的163篇论文采用了文献分析方法进行分析。

究、以"行政组织/官僚制度"为议题的研究、"行政文化/行政荣誉/行政责任/行政人格/行政忠诚"等范畴的研究、"以德治国/和谐社会/科学发展观"等为议题的研究、"行政伦理基础问题"的研究、"行政实践中真实伦理情境"的研究、"行政伦理研究的反思"。表1是行政伦理研究各研究主题的数量统计。

表1 我国行政伦理研究主题（1996—2005年）

研究主题	1996	1997	1998	1999	2000	2001	2002	2003	2004	2005
国外行政伦理思想资源	4	2		2	1	2	2	5	1	1
中国行政伦理思想资源		1	1		1		4	3	9	8	1
行政伦理建设/政府建设			3	5	4	12	17	27	38	41
公务员/行政人员/政府官员	1					1	8	5	5	11
组织理论/制度分析/行政文化/行政荣誉/行政责任等概念范畴	1		1	4		1	6	6	5	6
						14	12	27	28	
意识形态/以德治国/和谐社会						14	12	7	6	5
其它	1			1	1	1	1	2	1	3

我国行政伦理研究始于1990年代，学者们首先关注的主题是探究"国外行政伦理思想资源"。其研究从介绍西方国家行政伦理建设的经验开始，主要介绍了美国、韩国、日本等国的行政伦理制度、机构与规范要求。近年来，其研究转向西方行政伦理理论前沿分析。其中，学者对新公共行政、公共管理、公共服务理论关注较多，文章大多是分析这些理论不同的价值取向、价值基础及其实现机制的。很遗憾的是，在我们现有的研究中，仅有少量文章在探究美德理论、后现代理论、女性主义理论在行政伦理理论知识上的塑造，这使国外行政伦理理论的知识背景描述不清晰。

"中国行政伦理思想资源"的研究涉及古代儒家、墨家行政伦理思想，也包括现代一些党政领导人的行政伦理思想分析。在古代行政伦理思想资源的分析上，大多数研究围绕"礼"、"仁"、"慈"等范畴概括古代行政伦理的德目，仅有少量研究研究改变传统的归纳式写作方式，进而探究传统行政伦理理论的分野与行政伦理观念的不同类型，这些文章虽则有限，但毕竟也促使该主题的理论研究更深化。至于党政领导人的行政伦理思想研究，更多则侧重于建立领导人的行政伦理思想体系，而较少分析这些思想体系及观点对行政伦理实践的影响与作用。

"行政伦理建设/政府建设"是行政伦理研究的一个非常重要的议题。此议题涉及内容广泛，主要围绕行政伦理困境、行政伦理规范、行政伦理改革途径、反腐败机制、行政监督中的伦理机制等内容展开。从表1可以看出，这一议题的研究在1996—2005年间所发表的相关论文中所占比重最大。而且，从2006年至今，有关这个主题的研究论文数量也最多。但是，其研究存在的突出问题是，很多研究者都在做重复性工作，或者将一些没有经过讨论和理论验证的观点直接作为已达成的共识。

也有些行政伦理研究关注的对象以行政人员为行政主体，即以"政府公务员/行政人员/政府官员"为议题的研究。这主要涉及官员下海、政府官员引咎辞职、公务员行政伦理自主性等方面。从近些年来看，关于官员下海类主题的讨论已经消失，研究者将理论深化到了"公务员的责任冲突类型"、"公务员的道德判断层次"的层面，同时也有研究者在进行"公务员的行政伦理观念与意识"的个案分析。

以"行政组织/官僚制度"为议题的研究主要是对有关官僚制、科层制、组织中的行政权力、行政问责制、引咎辞职等的制度分析。其研究近两年虽然已经在谈论组织理论、行政自由裁量权、对传统公共行政模式的伦理反思等内容，但我们认为，目前行政伦理研究中还没有发展出中国自身的组织伦理研究。

以"行政文化/行政荣誉/行政责任/行政人格/行政忠诚"等范畴为议题的研究主要是对公共精神、行政责任、公共道德、责任行政、行政文化、权力与利益的关系等基本概念与范畴的研究。此主题也是行政伦理研究中发展较快的领域之一，其中对一些相关行政伦理范畴的研究已经在深化。可见行政伦理研究中概念范畴正在不断丰富和扩展。

以"以德治国/和谐社会/科学发展观"等为主题的研究主要涉及政治发展过程中政治领导人提出的主题思想。这一主题归为一类也许很多人不易接受，但在实际的行政伦理研究中，确实有不少论文与政治领导人提出的主题思想有关。例如，"以德治国"方面的研究前些年成果较多，而近些年和谐社会与行政伦理建设方面的研究则较多。

对"行政伦理基础问题"的研究是近年来逐渐显现出来的主题之一。研究者主要围绕以下方面进行了探究：行政伦理价值定位与规范体系、行政伦理的重大问题、公共行政的伦理维度、行政伦理的历史演进、行政伦理合法性的语境分析、行政伦理的必要性、行政伦理关系等等。这是一个重要的研究主题，目前以此为关注焦点的一些研究论文质量较好。

"行政实践中真实伦理情境"研究只是近两年才出现的新兴研究主题，这方面的成果很少，我们可以看到的如：海林市公务员行政伦理观念调查、温州市公务员行政伦理观念调查、周口市郸城县城关镇"下告上"的行政伦理困境分析、大连市"禁讨区"的行政伦理分析等。但在学术研究论文中，我们没有看到学者对较大社会影响的"周老虎"事件、"艳照门"事件、"奶粉"事件等的关注。而这些事件的发生也许反映出了中国社会转型期的一些特点，需要我们从行政不行为、行政乱作为、行政超作为等角度分析不良行政与行政伦理失范的关系。但就目前研究状况而言，尽管目前有很多转型期的行政伦理研究，但研究者并没有走入中国政府行政实践的真实伦理情境中。

"行政伦理研究的反思"也许还不构成行政伦理研究的一个主题，其研究也只在近两年才出现，研究者关注的是：行政伦理研究与推广的现状及意义、行政伦理研究中的理论追求、行政伦理研究的反思与建构、行政伦理研究中的话语重构、行政伦理的研究进路与反思，等等。但我们将其归为一个类别，是因为这类研究代表了行政伦理研究发展过程中的一种自省意识，也反映出行政伦理研究有了批判性意识。

（二）研究方法

对行政伦理研究方法进行准确描述是一件困难的工作，这种困难和本文谈到的行政伦理学科性质的定位以及行政伦理研究缺乏学术规范有关。在考察国内学者对研究方法的讨论与行政伦理研究的实际状况的基础上，我们对行政伦理的研究方法①作了一个大致的分类，希望以此掌握

---

① 目前国内的行政伦理研究中还没有出现专门讨论研究方法的文章，本文在此所归纳的研究方法更多是指一种写作方式，行政伦理研究方法的探究在本文第二大部分中分析。

行政伦理研究在10余年发展过程中的方法取向。

我们认为，目前行政伦理研究中展现出的方法（或许只能称为写作方法，还不是严格意义上的研究方法）主要有：问题演绎、概念演绎、现象归纳、文献分析、案例分析、比较分析等。其中，问题演绎主要是探究问题产生的原因，问题的表现形式，以及解决问题的应对措施、途径与方法等。概念演绎主要探究概念的外延、内涵、意义、比较等方面的研究。问题演绎与概念演绎体现出研究者关注的焦点有所不同。问题演绎侧重于在某个概念范畴内解释既存的或设想的问题。而概念演绎侧重于探究概念的形成、内涵与意义，目的不在于提出和解决问题，而在于建构范畴。现象归纳主要是指采用描述性或解释性的方式对社会现象进行归纳分析。文献分析法主要是指不对社会现象或客观现实进行描述或解释，只对已有文献理论进行解读，并发展或修正某个理论观点。案例分析旨在深入理解某一具体的社会问题，往往是对某一代表性社会事件进行概括、总结、分析，以此通过案例建立一个理论模型。比较分析主要是指对某一社会现象或具体问题的不同表现和特征等进行共性与差异性的分析。经研究发现，行政伦理研究方法中最常用的是：问题演绎、概念演绎和文献分析，其中又以问题演绎与概念演绎的运用更为突出。

问题演绎法一般是将一个抽象的概念范畴演绎为具体问题。在进行行政伦理研究时，运用问题演绎法就是将抽象的行政伦理概念范畴演绎成具体的行政伦理问题，或者说是通过分析具体的行政伦理问题来揭示某个行政伦理概念的涵义。研究者们所关注的行政伦理具体问题非常多，但从方法运用上看，不同的问题探究都以某个核心概念为中心展开。例如，廉洁奉公、勤政为民、行政效率、社会公正等问题的探究，主要是围绕行政伦理价值概念展开的；权力滥用、渎职失责、不作为、行为失范等问题的探究，主要是围绕行政伦理问题类型概念展开的；廉政、反腐、监督、教育、立法、改革等问题的探究，主要是围绕行政伦理建设概念展开的。由此可见，正是概念演绎方法的使用与发展为问题演绎方法提供了拓展的平台。在采用概念演绎法的文献中，行政伦理研究者主要拓展了行政伦理学的一些重要概念。例如，官员道德、政府道德、公务员职业道德这些概念被演绎成行政责任、行政文化、行政义务、行政良心、行政忠诚、行政人格、行政荣誉等范畴。并且，在概念演绎过程中，一些概念之间的关系也得到了分析，如行政公平与效率、公民美德与行政伦理、公共利益与公共精神、自由裁量权与德性、制度的关系等。

从方法运用方面看，行政伦理研究存在概念集中、问题范围逐步扩展的趋势，一些概念以不同的表达方式重复出现。近年来问题演绎和概念演绎的研究方法增长最快，而文献分析的研究方法呈下降趋势。此外，案例方法、比较方法的运用非常少。这说明，行政伦理研究更多地采用了哲学反思、概念推论、逻辑推理这样的方法来研究行政伦理。而且，其研究主要通过概念建构、逻辑论证等方式提出观点与得出结论。

（三）研究者

按照美国著名行政伦理研究专家库珀（Cooper，2001）所说的建立行政伦理学的三个标志来看[①]，首要的标志是"有一群对该学科有持续兴趣的学者存在，最少其中一些人是专家"。目前国内行政伦理研究的学者越来越多，并趋于形成一个稳定的研究群体，他们的学术身份也逐渐多元化，有教授、副教授、青年博士等高校教师，有科研机构工作人员，也有在校研究生群体。这表明，行政伦理学建立所需要的持续稳定的研究主体是存在的。表2是我国行政伦理研究作者学术身份的数量统计。

表2 我国行政伦理研究作者分布（1996—2005年）

学术身份	教授/研究员	副教授	讲师	博士（研究生）	硕士研究生及以下	其他	无标明或无学术身份
文献篇数	91	57	43	18	50	42	101
占总文献比例（%）	22.6	14.2	10.7	4.5	12.4	10.4	25.1
文献总数	402						

[①] 行政伦理学作为学科研究领域的标志有：第一，有一群对该学科有持续兴趣的学者存在，最少其中一些人是专家。第二，有持续的出版资料、书、出名的期刊和推动该理论发展的会议。这些文献应该集中在：在彼此的工作基础上批判地分析、反思、建构。第三，在大学专业教育项目中的专业课程的设立。此文只考察第一个标志：研究者的状况。

目前行政伦理研究者群体由三大部分组成：高校与科研机构研究者、党校（行政学院）研究者、博士硕士学位攻读者。从研究者的基本状况看，在发展的前十年，研究者主要是来自高校和党校系统的学者，他们的专业领域并不集中在伦理学或行政学。近年来，随着国内的博士点与硕士点的增加，从事行政伦理研究的学生群体也加入研究行列，发展势头迅猛，甚至成为研究者的一个主要构成力量，他们为行政伦理研究队伍增添了新鲜血液。但我们从研究者角度来考察时却发现一个问题，这就是具有博士学位者或是博士学位在读者的成果比具有硕士学位者或硕士学位在读者的成果更具学术规范。通常，在具有博士学位者或是博士学位在读者的论文中，有明确的问题意识、丰富的理论支持和足够的观点援引。但是，具有硕士学位者或硕士学位在读者的论文则逊色很多，不仅呈现不出明确的问题意识，而且甚至不符合学术论文写作的基本要求，既没有文献引用，也没有理论支持和理论预设。从这点看，在未来的行政伦理学的建设过程中，需要加强行政伦理课程建设的内容，并对研究者进行规范的学术训练。值得一提的是，在研究者群体中，从事博士后研究的群体其成果在理论拓展方面具有较大贡献。现在的硕士、博士是未来行政伦理研究的中坚力量，他们的研究会对行政伦理研究的主题、方法、路径与方向起主导作用。因而，在寻求建立行政伦理学的同时，我们必须看到行政伦理课程教育建设的重要性与紧迫性，而这种建设需要有研究支撑与支持。

"在大学专业教育项目中的专业课程的设立"也是行政伦理学建立的标志。关于大学行政教育中行政伦理专业课程的设立状况，本研究未作考察。但是，我们要明确，专业课程的设置可以看做是行政伦理发展的研究支撑。行政伦理专业课程的设置意味着行政伦理研究有了知识传播、推广的舞台，通过行政伦理学教育支撑行政伦理研究的发展。在研究支撑与支持方面，本研究通过论文发表时声明的项目资助情况统计，考察了行政伦理研究中的资助状况。

在1996—2005年的行政伦理研究中，绝大多数论文在发表时并没有标明有无获得研究资助。我们以国内论文发表的惯用传统与经验可以判断出，无标明获得研究资助的论文一般是未获得研究资助的。数据表明，只有4%的样本明确表示获得过研究资助,这表明总体上行政伦理研究在资助来源方面非常薄弱。但是,自2006年以来这种状况有了明显改观,各类研究的资金来源渠道增多,覆盖层次变广。这说明,行政伦理研究的客观条件在改善,研究者受到的研究支持呈现出增长趋势,这对建立我国行政伦理学是有很大帮助的。

三、我国行政伦理研究的质量分析

不管从行政伦理研究的时间发展还是从行政伦理研究的数量积累上看,经过研究者十余年的共同努力,行政伦理的理论建构和知识贮备都应该算是比较丰富了。但是当我们从学术共识、方法运用、问题意识、知识积累四个方面考察行政伦理研究时,发现我国行政伦理研究还存在一些必须改善的重要问题。这些方面的问题造成了行政伦理研究总体上质量不高的状况。

(一)缺乏学术共识

要建立一个学科,必然要在研究者之间形成一些基础共识,这样才有可能推进该学科的建设与发展。我们发现,在中西方的行政伦理学建立过程中,都存在缺乏学术共识的阶段。但是,尽管中西方行政伦理研究都缺乏学术共识,但是性质却各不相同。

美国行政伦理问题的探究从20世纪40年代就开始了,但直到70年代它作为一个独立学术领域兴起时,在行政伦理学的一些基础问题方面并未达成共识。布鲁斯(Bruce,1995:112)指出:"一致认同的公共行政伦理观似乎并不存在,也很少有新的答案出现。"对于"行政伦理"概念有多种理解,行政伦理的基本含义包括:个体品质、社会价值、职业道德、公民责任、群体理念、宪政精神等等。除此以外,行政伦理还有一些具体内容,如能力、社会公平、正义、公民精神、诚实、公正、职责、避免腐败等等。我们看到,美国行政伦理话语表达中对"什么是行政伦理"这样的基础问题缺乏共识,但这反映出的是其行政伦理研究多视角、多维度的特征。因为他们的讨论与争论都在确定的行政伦理研究范围之内,越缺乏共识则越能带来行政伦理研究的繁荣。正如柯亨(Cohen)和艾密克(Eimicke)在新世纪来临之际回顾与展望美国20世纪行政伦理的发展状况时所说的:"如今,行政伦理学家们正处于争论之中,这有可能为下世纪创建一个新的伦理范畴。"(Cohen & Eimicke, 2000: 573)也就是说,美国行政伦理研究学术共识的缺乏,反映出其理论对话的繁荣与研究视角的多样性。

中国行政伦理问题的探究始于20世纪90年代,但时至今日实际上也并未形成一个真正的独立学术领域,其原因在于缺乏学术共识。我国行政伦理研究缺乏学术共识具体地表现在:我们试图建立一个行政伦理学独立学科,却连行政伦理学的研究对象和范围是什么这样的根本问题都没有弄清楚,这就很难建立起成熟完善的行政伦理学。我们对最近两年的行政伦理研究的研究成果(2006年1月到2008年4月)进行了考察,发现虽然行政伦理研究已经进行了十余年,但研究者对行政伦理含义的理解还有很大不同。这种不同造成的结果是对行政伦理研究的范围和领域认识模糊。目前对行政伦理含义的理解大致有如下几种:

> 行政伦理,是对公共行政人员在公共行政活动中的行为道德规范、行政伦理制度、价值观念模式等的总概括。(陈晶, 2008)①
>
> 行政伦理是行政机关和全体公务人员在治理国家的过程中,在公共行政领域所应遵循的伦理道德要求的总和。(徐汝华, 2007)②
>
> 行政伦理是整个行政系统的特殊要求,是一般社会道德在行政管理领域的特殊表现,是行政主体(包括国家行政机关及其工作人员)在治理国家和管理社会公共事务时所必须遵守的道德标准和行为规范。(陈江, 2006)③
>
> 行政伦理是指权力主体(即执政党、国家机构和全体公职人员)在治理国家的过程中,在公共行政领域所应遵循的伦理道德的总要求。(沈晓辉, 2006)④

---

① 代表性作者还有朱旭东、史丹、齐海丽等人。
② 代表性作者还有甘慧琛、齐海丽、张震、陈秀珍等人。
③ 代表性作者还有淳于淼泠、胡桃子、唐梅桂、林丽芳等人。
④ 代表性作者还有王伟、鄢爱红、祝丽生、郭燕、徐彦伟、李桂华、李涛等人。

行政伦理是指人们关于行政过程是非对错的判断过程以及判断的理由，这主要涉及行政主体行动的正当性与合理性，它是行政人员个体道德规范和行政机关群体价值规范的综合体，它的基本问题是行政主体的道德关系问题。（王蓓，2007）①

公共行政伦理，指的是在公共行政活动过程中，以实现公共行政价值为目的而用来调节公共行政主体与公共行政客体之间特定公共行政关系的应然性要求和伦理性规范。（冯务中，2008）②

可以看到，人们对行政伦理概念的认识各不相同，有的界定为关于行政人员的研究，有的界定为行政机关与行政人员的研究，还有的界定为权力主体包括执政党、行政机关、行政人员的研究，这都是在行政主体的视阈内进行研究，而且这种定位占主导。此外，也有人界定为行政主体与行政客体之间关系的研究。从这些概念看，我国行政伦理学在建立之时，它的理论目标并不清楚，对于行政伦理的研究范围与领域也并不确定。可以说，行政伦理研究是在没有形成必要的学科框架的基础上发展的，有点散乱无章。而美国的行政伦理研究很明确的目的是，行政伦理学是在质疑公共行政学的理论预设——"行政价值中立"基础上发展起来的。而且，在回应与挑战"行政价值中立"的理论预设中，研究者拓展了公共行政价值研究、公共行政伦理关系研究、公共行政道德标准研究、公共行政组织伦理研究等内容。所以，中国行政伦理研究只有首先就行政伦理学的理论基础、理论目标和研究领域达成共识，才有可能促使行政伦理学完善地建立与良好地发展。我们需要一批对行政伦理感兴趣的学者就研究中的一系列问题建立共识，从某种意义上说，这是就定义该领域的基础研究问题建立共识。通过研究者的集体关注，建立起公共行政伦理研究的中心重点，使公共行政伦理能作为一个有分量的、连贯的、持续发展的研究领域，这项工作是研究者在行政伦理未来的发展中需要共同努力完成的任务。

---

① 代表性作者还有于凯、肖勇、屈振辉、于秀琴、洪燕等人。
② 代表性作者还有罗德刚、刘祖云、高艺惠、曾盛聪等人。

(二) 方法运用单一

当行政伦理作为一个独立的研究领域建立时，它不仅需要拥有自身的研究对象，而且需要形成行政伦理领域独特的研究方法，这是它在发展过程中逐渐显现出来的一个需求。行政伦理研究绝非一门书斋里的学问，它伴随着行政学日益成为"显学"而愈加受人关注。在我们试图建立行政伦理学之际，研究方法的运用问题便凸显出来。而从研究方法来考察行政伦理研究，就会发现其"方法运用单一"的特点和弱点。在现有的研究中，我们看不到成熟的研究方法的运用。按照学者对研究方法的总结看①，我们的行政伦理研究尚未思考方法运用的理论基础、操作程序、具体手段、作用范围等构成学科建设的必备内容。现有研究几乎绝大多数都是采用非经验主义的方法进行的，运用了大量归纳与演绎方法，采用了大量概念式的写作方式，而忽略了经验研究。

行政伦理研究大致有三个步骤：资料收集、资料处理和资料研究。资料收集采用的方法可以是经验主义的或非经验主义的；资料处理采用的方法可以是定量化的或质性化的；资料研究采用的方法可以是实证主义的或后实证主义的。资料收集是研究中的第一个步骤，在这个步骤中，研究者根据研究的理论假设设定资料收集范围与领域，在收集过程中采用的具体方法有经验主义的和非经验主义的。经验主义的方法又可以分为访谈、实验、问卷调查、热线电话等。非经验主义的方法主要有文献查阅。资料处理在此只指对收集到的资料进行数量化分析或质性化分析。数量化侧重于对资料进行数据处理，用数字作为解释的工具；而质性化则侧重于对资料进行信息加工，用文字作为解释的工具。资料研究则是强调研究的方法论基础，在实证主义方式下，研究者一般认为行政伦理的研究可以通过了解行政伦理的观点、意识、态度来观察行政领域的伦理现象，从而建立一些行政伦理知识的理论模型。而后实证主义则关注实际发生的行政伦理行为，希望通过描述一个事件，亦即详细叙述事件

---

① 陈向明将研究方法看做是从事研究的计划、策略、手段、工具、步骤以及过程的总和，是研究的思维方式、行为方式以及程序和准则的集合。参见陈向明（2000：5）。

的发生、发展与结果来建立行政伦理知识的理论模型①。

我们看到，行政伦理研究要提出理论观点、建立理论模型、发展理论知识，研究者的研究资料则必须有相当一部分来自经验的调查，而不仅仅是查阅文献。但很遗憾的是，行政伦理研究十余年的发展过程中，绝大多数研究都没有采用经验主义的方式收集资料，更没有对资料进行定量化或质性化的处理。在这种情况下，行政伦理研究在理论上得出许多结论。但由于研究方法的缺陷，一些未经检验的理论假设被其他论文当做已经被事实检验的理论来引用，因而理论建构大多停留在概念分析与推理层面。由此我们认为，目前行政伦理研究中急需采用现代社会科学的方法进行社会调研工作，采用定量化和质性化的方式对调研数据与资料进行分析，用实证主义或后实证主义方法解释真实的行政伦理生活。也只有这样，才能形成有意义的概念和分析框架。所以，我们在强调传统的思辨方式在行政伦理研究中有其重要价值的同时，鉴于思辨方式必须有清晰的研究进路与理论脉络以体现出方法的传承，行政伦理研究首先必须回到行政学的背景中，回到现实的行政实践中去。

（三）问题意识不强

一个较好的研究大致应涵盖"问题陈述、研究回顾、研究设计与研究结果"这四个方面的内容。如果详细地分析，则应具备这些要素：问题陈述、背景文献、概念框架、研究假设、研究方法、研究设计、研究步骤、资料收集、资料分析、研究结论等等。我们可以看到，研究问题的陈述是开展研究的第一步，也是基础工作。很遗憾的是，我们在考察行政伦理研究的成果时，发现很多论文并没有具备足够完善的研究要素。而且，一些论文甚至根本没有问题陈述，甚至并不存在问题意识。如果我们在一项研究中找不到清楚的问题陈述，就可以认为这项研究是低质量的和无意义的。这也表明，其研究缺乏学术规范，或者说，研究者还

---

① 美国行政伦理学家弗雷德里克森（Frederickson）在《行政伦理研究与知识》（Research and Knowledge in Administrative Ethics）一文中，将行政伦理的研究方法归纳为实证主义的和后实证主义的。实证主义方法的行政伦理研究方式有五大类：问卷调查法、实验法、访谈、数据运用、案例分析。后实证主义具体的行政伦理研究方式有历史文献法、自然主义探究或人种学（Ethnography）、故事叙述法。我们参考了其观点并作了改动。（参见 Frederickson & Walling, 2001）

不知道怎样作研究。问题意识可以算是学术研究的基础技术标准，也是学术研究的尊严和意义的基点，如果一项研究找不到有针对性的问题，作不出好的问题陈述，那就说明此项研究是不成功的。而目前行政伦理研究呈现出问题意识不强的特征。

　　例如，在对行政伦理研究主题进行描述时，我们看到"行政伦理建设"是一个最大的主题。对于这个主题的研究，学者们大致从行政伦理建设的理论前提、内容方法途径、影响三个方面进行探究。其中，研究又相对集中在行政伦理建设的内容、方法途径方面的探究。当我们将视点放在这一点上，就会发现，从早期研究到现在的研究，行政伦理建设的内容都只停留在行政伦理制度、立法和机构上。但在其设置的探讨方面，研究者没有给我们呈现出研究的多元视角与进路。学者们分析了行政伦理制度化、法治化的途径，考察了完善行政伦理的监督机制、行政伦理选择机制与行政责任实现机制、行政伦理建设机制等建设内容，同时，也有对政府信用建设、廉政建设、公职伦理建设、执法行为规范建设、公务员行为规范建设、社会保障制度、行政伦理立法与伦理咨询等专题进行的探讨。但是研究大多只停留在概念范畴维度，并没有展现出这些专题探讨在历史维度、制度维度与哲学维度上的理论问题。就行政伦理建设的方法与途径的探究而言，研究只大致停留在行政行为的外在控制与内在控制方面，而一些研究还直接将外在控制与内在控制等同于行政人员个体行为的他律与自律方式。与此同时，在这个主题的探讨中，一些论文重复性地提出相同或类似的问题。

　　有些论文提出一些研究议题，却在其后的发展中没有对此作出回应，也没有展开讨论与理论对话。这说明研究者在研究中并没有作很好的研究回顾，对具体问题的关注也比较薄弱。有的论文甚至没有参考文献和观点援引，就更谈不上发展性探究了。研究中的这种盲视与不规范现象，必须在建立和完善行政伦理学的过程中根除，我们要对没有问题陈述的研究予以杜绝，对问题意识模糊的研究予以改善，对问题意识敏锐的研究予以倡导。强调问题意识、倡导问题意识，目的在于促使研究者迅速找到学术前沿，掌握学术动态，使研究有针对性、指向性，减少重复性的、无意义的学术研究。总之，问题意识不强是导致行政伦理研究总体质量不高的原因之一，而其直接的一个影响就是导致中国行政伦理理论的知识积累缓慢。

（四）知识积累缓慢

"知识积累缓慢"与研究缺乏学术规范、问题意识不强有直接联系。行政伦理研究在国内已有十余年的发展时间，从最初"行政伦理"概念的提出，到行政伦理问题的分析、行政伦理范畴的概括，再到行政伦理基本内容的构成，研究成果可算是丰硕，特别是近年来学术论文数量增长迅猛。但是，需要指出的是，并非研究成果多就代表了知识增长快。前文已提到，缺少研究回顾和问题意识已经导致许多重复性的研究出现，这些研究对于行政伦理理论知识的增长毫无贡献。

在对1996—2005年的论文进行统计分析中我们发现，探究行政伦理研究的概念范畴的论文所占比重最大。因此，我们可以对行政伦理概念范畴作进一步的分析，探究在这方面的知识积累状况。我们查看了样本范围内的197篇理论导向文章，主要对它们涉及的概念范畴进行了考察。这些文章中，几乎有一半的论文在探究一个基本概念，即行政伦理。学者们对行政伦理的含义、主体、核心价值、基本问题、核心问题、依据、原则、体系、问题实质等分别作了分析。在各种分析中，我们可以看到基本的理论逻辑是：人们认为公共行政中缺失伦理因素，而公共行政中又有大量伦理诉求，譬如公共行政有公共的伦理导向与目标，存在一些价值原则等，所以需要对行政伦理关系、行政伦理的社会基础以及行政伦理的发展规律与现代价值进行研究。在对行政伦理概念进行研究的过程中，行政伦理论纲、行政哲学、行政责任、行政文化、行政荣誉、行政义务、行政良心、行政忠诚、行政人格等范畴得到关注。并且，以下一些具体行政伦理问题得到分析：行政执行的伦理问题、行政选择中的伦理妥协、行政行为的伦理冲突、行政执法的公正性及其实现、行政行为的确定力与信赖保护、公共政策的伦理考量、行政道德法律化。一些行政伦理中的概念关系也得到分析：行政公平与效率、公共责任与行政伦理、公共利益与公共精神、公共行政伦理与公共道德、自由裁量权与德性、制度等。可以说，随着行政伦理研究的发展，越来越多的行政伦理概念、范畴与理论框架得以建立。但是，一个值得我们关注的问题是，从整体上看人们是在重复行政伦理研究中一些基本理论问题，或者说人们并没有就一些基本理论问题形成讨论，并在讨论中使概念范畴的研究得到深化发展。譬如对于什么理论问题推动行政伦理研究这样的基础思考，我们尚且缺乏知识方面的积累。因此，总体上看尽管经过了十多年的发展，但行政伦理理论基础依旧没有夯实。

行政伦理研究是学者们发展和提炼行政伦理理论的一种努力和尝试，建立行政伦理理论，则可以通过清晰地解释公共行政活动以帮助我们更好地理解现实的公共行政生活。行政伦理研究的目的是为了解决问题，用行政伦理理论告诉人们关于公共行政在伦理方面的知识以作为公共行政活动的基础。行政伦理研究建立的理论主要用来提供解释和预测某一行政伦理问题发生的可能性，同时它也可以诠释公共行政生活中存在的伦理意义。从这方面看，行政伦理研究并没有给我们提供足够的知识贮备，这种积累和增长在十余年间是缓慢进行的。

四、对我国行政伦理研究的反思

（一）学科身份危机：合法性问题

前文指出过我国行政伦理研究中存在的一个问题是其研究对象与研究范围不明了。这个问题引发了学科的身份危机，它具体体现在未明确自身的学科归属与学科性质。一方面，行政伦理研究可以属于伦理学的一个子领域，另一方面，它也可以属于行政学的子领域，这是两个不同的学科领域。在我国，对伦理学学科性质的定位，是将其归为哲学一级学科的子学科，属于哲学的二级学科。根据这种定位，国内学者、研究者大多将伦理学定位为人文科学，并采用哲学思辨、逻辑推理、概念演绎等研究方法。而目前国内行政学学科性质的定位，尚属于社会科学类型，它自20世纪80年代中期在我国得到重建后，现已逐渐成为一门"显学"，其发展道路是按社会科学门类拓展的，主要采用的研究方法是是定量研究方法与定性研究方法。①

通常，社会科学与人文科学之间的界限比较模糊，经常被合起来作为一个与自然科学相对立的整体。但社会科学的任务是阐述社会现象及其发展规律，而人文科学则构成一种独特的知识，是关于人类价值和精神表现的人文主义学科②。按照这种理解，行政伦理既作为公共行政领域的一种社会现象表现形式，又关乎人类的价值与精神表现，因而，可以说它是一门新兴的交叉学科。按照这种推论方式，任何一个关于人类生活领域的伦理研究都可以建立一门交叉学科。例如，"医学伦理学"、"政治伦理学"、"经济伦理学"等学科都可以说是"交叉学科"。至此，我们不禁要追问：如果行政伦理学是交叉学科，其特点何在？如果行政伦理学不是交叉学科，又该属于哪一个研究领域呢？

我们发现，关于行政伦理学的学科性质与归属，研究者大致有三种定位：一种是将行政伦理学视为伦理学的构成内容，属于应用伦理学。认为行政伦理学是伦理学理论在行政领域的运用与分析，主要是关于行政人员的职业伦理规范研究。另一种是将行政伦理学视为行政学的构成内容，认为行政伦理学是被作为行政学的一个分支学科而提出来的，是从属于行政学的学科体系和作为它的一个构成部分而存在的。还有一种是认为行政伦理学是行政学和伦理学交叉的一门学科。它的产生，一方面体现了伦理学反思从单纯的理论构造、规范、论证到关注行政管理实践的一种历史转变，另一方面也反映了公共行政领域从单纯的注重技术和科学管理到关注伦理自主性的一种历史转变。可以说，行政伦理学的产生是伦理学学科发展和公共行政实践发展相互回应的过程。这三种不同定位造成行政伦理学遭遇到身份不确定的危机，我们可以称其为行政伦理学的合法性问题。因为学科身份定位不同，行政伦理学的理论基础、研究方法与核心问题都会不同。所以行政伦理学在发展之初便遇到了它

---

① 虽然公共行政学是不是"显学"还需进行讨论，而且公共行政学中规范理论的地位与意义也需重视，但这也许属于公共行政学在自身发展中需要讨论和反思的内容，我们不作探究。详见马骏、刘亚平（2007）。

② 这是陈向明（2001）在《质的研究方法与社会科学研究》中的阐述，这种阐述符合我国的学科分类状况。

作为一门学科建立的可能性问题。

从现有的行政伦理研究成果看，研究者没有关注行政伦理学的学科性质归属与身份定位问题，也很少有学者关注行政伦理学作为交叉学科的特色问题。我们认为，要建立行政伦理学，必须在研究中解决这门学科的一些基础性的"大问题"。

首先，行政伦理学作为一个独立的学科领域，其研究对象是什么？这是一个最基本的问题，也是研究者应该达成共识的问题。前文曾指出，有一些研究者认为"行政伦理本质上就是政治伦理"。如果是这样的话，建立行政伦理学就没有必要也不可能了，因为它没有自身的研究对象。行政伦理研究发展到今天，其研究对象与范围是研究者要讨论的第一个"大问题"。将这个问题解决了，也就明确了行政伦理学的学科性质和特点。

其次，行政伦理学作为一个独立的学科领域，其研究方法是什么？研究方法的运用脱离不了学科的性质与身份定位问题。在西方行政伦理学的发展过程中，也曾经出现过对研究方法的思考。美国行政伦理学家弗雷德里克森（Frederickson）认为，行政伦理要研究公共行政学中的四个范畴：价值、规范、背景与行为。研究者则既可以采用实证主义又可采用后实证主义方法对这四个公共行政范畴进行研究。例如，对公共行政价值进行研究，可以采用调查法、访谈法、历史文献法和人种学方法。我们看到，一些研究者在涉及个体价值观研究时，采用的是调查法和访谈法，对组织价值的研究则采用历史文献法、案例分析法和人种学的方法。我们认为，如果从研究方法的运用看，西方行政伦理学是将其学科性质定位为社会科学，行政伦理学是作为公共行政学的子领域展开研究的。不管怎样，行政伦理学在建立过程中，其研究方法的确定也是研究者要讨论的另一个"大问题"。

我们正视行政伦理学的身份危机与合法性问题，可以促使研究者在解决这个问题的过程中逐步地完善和改进行政伦理研究，从而促进行政伦理学的发展与创新。目前行政伦理学学科建设方面的成就一般，我们需要更深入地讨论如何来夯实行政伦理学的学科基础。作为一个新兴学科，需要在研究方法、研究取向与理论目标的追求上有所创新与发展。

可以明确的是，它肯定要超越将行政伦理学作为"伦理学的部门学科"或"职业伦理学"的视阈。因为从行政伦理学的产生源头看，行政伦理研究的出现并非伦理学家的贡献，也不是伦理学向行政学的运用与推广，而是产生于行政学研究者的理论敏锐与行政领域本身的现实需求。所以，行政伦理学的研究并未体现传统伦理学的理论框架与问题意识。

（二）研究路径模糊：有效性问题

也许正是由于合法性问题没有解决才带来了第二个问题——行政伦理研究的有效性问题。研究的有效性问题在这里指的是行政伦理在研究过程中没有形成有效的理论模型。这是由研究者在研究过程中路径不清晰造成的。研究路径模糊的表现在于：研究者在提出观点与结论的时候，并没有清楚的理论预设。而这是学术论文的一个基本学术规范。这也表明，研究者缺少理论的传承，没有形成理论对话，更没有建立成熟的理论派别，提出有代表性的理论模型。

行政伦理的研究属于行政学的规范研究取向①。通常，规范研究涉及评价问题，评价是表达说话者对事物的看法与观点，需要作出判断。规范判断不仅仅是描述判断对象、表明事实状态，说话者还要对事实的陈述表达肯定或否定的观点。可以说，行政伦理研究是为了给行政学增添规范理论，指明一种好的行政实践活动应该是怎样的，应该具有什么规则与价值，并表达出社会对"好政府"的愿景。好的行政伦理研究就可以为"好政府"的创造提供理论指导。但是，很遗憾的是，行政伦理研究就目前状况而言，并非是一种"好的研究"，它缺乏研究的有效性，在这方面存在很大问题。

行政伦理研究要成为行政学研究中的成熟规范理论，消除研究路径

---

① 虽然本文中我们强调了行政伦理研究的实证主义取向，但传统主流的行政伦理研究是在规范研究基础上发展起来的。在美国，行政伦理学一直以规范研究为主流取向，只不过近十多年来实证主义取向研究的增长弥补了规范研究的一些不足。在中国，行政伦理研究自诞生之时到目前，似乎以规范研究为绝对取向，但存在的问题是，行政伦理的规范研究脱离公共行政的理论与实践视阈，自说自话，不进入公共行政学的问题域。我们试图通过强调实证主义研究取向，为规范研究提供更翔实的经验资料，使行政伦理研究能转向公共行政学问题域而展开。从行政伦理的理论性质看，它应当属于公共行政学的规范研究领域，是为公共行政建立价值指导与道德标准的规范理论。

的模糊性，建立规范的学术研究体系是必经之路。然而，杰·怀特和盖·亚当斯也告诉我们，"无论倾向于哪种路径，我们相信必须回答这一问题：如果我们不能对我们这个时代的重大问题做出建设性的贡献的话，我们作为一个领域又有什么可取之处呢？"（杰·怀特、盖·亚当斯，2005 [1994]：16）在对行政伦理学学科性质进行判断的时候，没有人会反对行政伦理学是一门应用性的学科，其研究要为政府创新与社会进步起到推动作用。然而，对中国政府与公共行政在社会中处于何种位置、发挥何种作用等基础问题，我们的研究中并没有理论上的建构。服务型政府、责任型政府、诚信政府等概念已经提出，但在行政伦理的理论知识的支持上我们并没有很多创新。有的时候会发现，我们的研究对中国问题缺少理论分析，没有在理论讨论中产生一种中国语境。例如，虽然也有相当多论文在探究转型期中国行政伦理建设的议题，但很多时候这些讨论是在使用西方行政伦理学的话语。所以，行政伦理研究一方面显示出无效性的特色，另一方面也显示出理论的应用性、可行性不强的特色。

五、总结

一个领域的研究在发展到一定阶段后，迫切需要回顾和反思。反思会带来怀疑，怀疑会带来论争，论争会促进学科不断地进步。本文对我国行政伦理研究的主题、方法、路径、结构及其发展趋势，进行了分析与批判性反思。本文认为，学科身份危机与研究路径模糊是我国行政伦理研究存在的主要问题。就目前我国行政伦理学的知识贮备、研究方法与实践检验等状况来看，目前我们还无法创建科学规范的行政伦理学学科，其原因在于：行政伦理研究缺乏方法论上的指导；行政伦理研究缺乏学者与从业者之间的合作；以及行政伦理研究还主要停留在理论概念的逻辑分析上，缺乏实践指导能力。

目前国内已经有少量对行政伦理研究展开反思的论文，但比较而言，本文试图在1996年以来我国行政伦理研究有关数据的基础上，把握行政伦理学研究中存在的"大问题"，这是本文最有意义的地方。毋庸讳言，本文对具体文献的把握尚不够精细，对研究历史的统计工作还不够扎实，这表明我们的反思工作仍然还将继续！①

【参考文献】

陈江：《行政伦理体系的委托代理分析》，载《长江大学学报》，2006年第2期。

陈晶：《我国行政伦理的失范及其治理建议》，载《法制与社会》，2008年第4期。

陈向明：《质的研究方法与社会科学研究》，北京：教育科学出版社2001年版。

冯务中：《构建和谐社会与公共行政伦理的模式选择》，载《理论导刊》，2008年第3期。

何艳玲：《"我们在做什么样的研究"：中国行政学研究述评》，载《公共管理研究》，2008年第5期。

杰伊·D.怀特、盖·B.亚当斯主编：《公共行政研究：对理论与实践的反思》，刘亚平、高洁译，北京：清华大学出版社2005年版。

刘祖云：《行政伦理何以可能：研究进路与反思》，载《江海学刊》，2005年第1期。

马骏、刘亚平：《中国公共行政学的"身份危机"》，载《中国人民大学学报》，2007年第4期。

沈晓辉：《行政伦理：构建和谐社会的伦理之维》，载《华南理工大学学报》，2006年第3期。

史鸿文：《当前国内外行政伦理研究与推广的现状及意义》，载《高校理论战线》，2003年第4期。

王蓓：《论和谐社会视角下的行政伦理制度化》，载《东南大学学报》，2007年第9期。

徐汝华：《行政伦理重构的制度化路径与实施机制》，载《辽宁行政学院学报》，2007年第8期。

张康之：《行政伦理研究的反思与建构》，载《浙江学刊》，2006年第3期。

---

① 几乎在本文研究的同时，《中国行政管理》2008年第9期发表了张增田、骆小琴撰写的《我国行政伦理研究文献统计分析》是定量评估的代表作。该文作者通过对1996—2007年间我国学术期刊所发表的行政伦理研究论文进行统计分析，指出行政伦理研究存在的问题在于："研究人员参差不齐，过多初步性、浅表性和应景性的研究以及研究方法的单一等。这些现象表明，我国行政伦理研究在理论视角、主题设定和方法运用等方面均有待突破。"

张增田、骆小琴:《我国行政伦理研究文献统计分析》载《中国行政管理》,2008年第9期。

Bingham, R. D. & Bowen, W. M. (1994). "Mainstream" Public Administration Over Time: A Topical Content Analysis of Public Administration Review. *Public Administration Review*, 54 (2): 204 – 208.

Bruce, W. (1995). Ideals and Conventions: Ethics for Public Administrators. *Public Administration Review*, 55 (1): 111 – 116.

Cohen, S. & Eimicke, W. B. (2000). Trends in 20th Century United States Government Ethics. *International Journal of Organization Theory and Behavior*, 3: 571 – 592.

Cooper, T. L. (2001). The Emergence of Administrative Ethics as a Field of Study in the United States. In Cooper, T. L. Ed. *Handbook of Administrative Ethics*. New York: Marcel Dekker, Inc.

Frederickson, H. G. & Walling, J. D. (2001). Research and Knowledge in Administrative Ethics. In Cooper, T. L. Ed. *Handbook of Administrative Ethics*. New York: Marcel Dekker, Inc.

White, J. D. & Adams, G. Eds. (1994). *Research in Public Administration: Reflections on Theory and Practice*. Thousand Oak: Sage.

中央编译出版社政治与公共行政类书目

协商民主译丛

书　名	作者	定价
公共协商：多元主义、复杂性与民主	［美］詹姆斯·博曼	38.00元
作为公共协商的民主：新的视角	［南非］毛里西奥·帕瑟林·登特里维斯	38.00元
协商民主及其超越：自由与批判的视角	［澳大利亚］约翰·S. 德雷泽克	35.00元
协商民主：论理性与政治	［美］詹姆斯·博曼　威廉·雷吉	45.00元
协商民主	［美］约·埃尔斯特	35.00元
协商民主论争	［美］詹姆斯·S. 菲什金等主编	38.00元
民主与差异	［美］塞拉·本哈比	38.00元
美国式协商民主	［美］艾森·J. 莱布	30.00元
协商全球政治	［澳大利亚］约翰·S. 德雷泽克	38.00元

中国民主治理丛书

书　名	作者	定价
依法治国与依法治党	俞可平	38.00元
党内民主制度创新——一个基层党委班子"公推直选"的案例研究	王长江	40.00元
城乡公民参与和政治合法性	何增科	55.00元
公民社会与民主治理	何增科	38.00元

政治学类

书　名	作者	定价
社会主义体制——共产主义政治经济学	［匈牙利］雅诺什·科尔奈	68.00元

民主的模式（新）	[美] 赫尔德　燕继荣	26.90元
当代中国社会政治分析	张明军等	55.00元
保守主义的含义	[英] 斯克拉顿	25.00元
自由主义基本理念	顾肃	39.00元
政治文明：理论与实践发展分析	许耀桐　胡叔宝　胡仙芝	68.00元
帝国——统治世界的逻辑	[德] 赫尔弗里德·明克勒	29.00元
国家与市民社会	邓正来	32.70元
国家起源新论	刘军	38.00元
新自由主义意识形态	张才国	36.00元
台湾政治转型与分离倾向	赵勇	38.00元
民主社会主义论	殷叙彝	68.00元
奔向自由	俄罗斯戈尔巴乔夫基金会	46.00元
中国国际政治经济学	郑彪	60.00元
中国社会阶层政治心态研究	孙永芬	35.00元
庶民研究	刘健芝、许兆麟选编	29.80元

政党政治研究类

书　名	作者	定价
中国政党制度年鉴（2006）	中央社会主义学院政党制度研究中心	260.00元
中国政党政治研究（1905—1949）	李金河	55.00元
中国政治体制改革研究	何增科	46.00元
台湾政治转型与分离倾向	赵勇	38.00元
责任政党政府研究	姚尚建	38.00元
坚持走中国特色社会主义政治发展道路研究	北京社会主义学院	38.00元
社会主义的理论创新与实践探索——中国国际共运史学会年会论文集	张兴茂	55.00元
中国转型期的政治治理若干问题与趋势	沈远新	32.00元

自我耗竭式演进——政党—国家体制的模型与演进	[匈牙利] 玛利亚·乔蒂纳	55.00元
全球化与欧洲社会民主党的转型	史志钦	38.00元
战后西欧社会党与共产党比较研究——以法、意为个案	韩灵	20.00元
人民政协概论	张平天	40.00元
党的领导民主监督	刘书林 王群瑛	49.00元
当代俄罗斯政党	刘淑春	60.00元
意共的转型与意大利政治变革	史志钦	28.00元
统一战线新论	李小宁	42.00元
民主党派和无党派人士关注的20个理论问题	李金河 郑宪	20.00元

青年政治学丛书

书　　名	作者	定价
全球化与国际政治	和平 俞景华	46.00元
世界青年政治运动史论	和平 王军	38.00元
中国国际关系研究四十年	王军 但兴悟	49.00元
青年与国际政治	江广平	32.00元
联合国青年事务	《国际政治与青年》课题组	36.00元

公共行政学类

书　　名	作者	定价
英国经验的中国启示：广东省高级公务员公共管理研究论文集（1）	刘玉浦主编	28.80元
公共管理与社会发展：广东省高级公务员公共管理研究论文集（2）	刘玉浦主编	32.80元
公共管理与和谐社会：广东省高级公务员公共管理研究论文集（3）	刘玉浦主编	30.00元

公共管理与制度创新：广东省高级公务员公共管理研究论文集（4）	刘玉浦主编	36.00元
公共管理与创新型国家：广东省高级公务员公共管理研究论文集（5）	刘玉浦主编	38.00元
公共管理与区域发展：广东省高级公务员公共管理研究论文集（6）	胡泽君主编	35.00元
公共管理与治理转型：广东省高级公务员公共管理研究论文集（7）	胡泽君主编	36.00元
管理创新与政策选择：广东省高级公务员公共管理研究论文集（8）	胡泽君主编	36.00元
公共管理与社会服务：广东省高级公务员公共管理研究论文集（9）	胡泽君主编	36.00元
我国政府转型中的公共服务	刘厚金	29.00元
转型社会与大都市治理	郑德涛　余耀胜	49.00元
公司应对商业贿赂指南	张文镝　何增科	58.00元
社会资本与中国农村治理改革	周红云	28.00元
从理念到程序——我眼中的美国大选	刘亚伟主编	30.00元
从多元到和谐——和谐社会的构建	韩雪选编	30.00元
从减负到发展——中国三农问题剖析	叶子选编	30.00元
从管理到治理——中国地方治理现状	尹东华选编	30.00元
中大政治学评论第3辑	谭安奎	49.80元
西部经济跨越式发展社会环境研究	尹庆双	38.00元
现代公共政策学——公共政策的整体透视	胡宁生	45.00元
动态环境下的治安防范与控制——以广州为分析典型	舒扬　彭澎	36.00元
转型期中国改革与社会公正	陈伯君	45.00元
激活和谐社会的细胞——"盐田模式"制度研究	侯伊莎	38.00元
区域经济的制度分析	蒋年云	38.00元

公民社会与治理转型——发展中国家的视角	刘明珍	25.00元
公共行政的价值向度	张富	26.00元
行政机关公务员处分条例——条文释义	屈万祥	28.00元
西部跨越式发展中政府与市场关系新论	申晓梅 任勤	35.00元
民政工作创新与和谐社区建设实务全书	王基健	390.00元
管理与会计监督实务全书	丁中一	498.00元
国土资源管理与执法监督实务全书	王基建	398.00元
香港立法机关研究（修订版）	朱世海	28.00元

图书在版编目(CIP)数据

反思中国公共行政学:危机与重建/马骏,张成福,何艳玲主编.
—北京:中央编译出版社,2009.4
(中山大学公共行政学丛书)
ISBN 978 – 7 – 80211 – 864 – 5

Ⅰ. 反…
Ⅱ. ①马… ②张… ③何…
Ⅲ. 行政学 – 研究 – 中国
Ⅳ. D63
中国版本图书馆 CIP 数据核字(2009)第 029820 号

反思中国公共行政学:危机与重建

出 版 人	和 龑
责任编辑	贾宇琰
责任印制	尹 珺
出版发行	中央编译出版社
地　　址	北京西单西斜街 36 号(100032)
电　　话	(010)66509236　66509360(总编室)　(010)66509350(编辑室)
	(010)66509364(发行部)　(010)66509618(读者服务部)
网　　址	www.cctpbook.com
经　　销	全国新华书店
印　　刷	北京东方圣雅印刷有限公司
开　　本	787×960 毫米　1/16
字　　数	250 千字
印　　张	17.5
版　　次	2009 年 4 月第 1 版第 1 次印刷
定　　价	39.00 元

本社常年法律顾问:北京大成律师事务所首席顾问律师　鲁哈达
凡有印装质量问题,本社负责调换。电话:(010)66509618